AF545783

# SAP®-Testmanagement

SAP PRESS ist eine gemeinschaftliche Initiative von SAP SE und der Rheinwerk Verlag GmbH. Unser Ziel ist es, Ihnen als Anwendern qualifiziertes SAP-Wissen zur Verfügung zu stellen. SAP PRESS vereint das Know-how der SAP und die verlegerische Kompetenz von Rheinwerk. Die Bücher bieten Ihnen Expertenwissen zu technischen wie auch zu betriebswirtschaftlichen SAP-Themen.

Damit Sie nach weiteren Titeln Ihres Interessengebiets nicht lange suchen müssen, haben wir eine kleine Auswahl zusammengestellt.

Allissat et al.
SAP Solution Manager. Das Praxishandbuch.
2021, 930 Seiten, geb.
ISBN 978-3-8362-7918-5
*www.sap-press.de/5197*

Thomas Tiede
Sicherheit und Prüfung von SAP-Systemen
5., aktualisierte Auflage 2021, 1.010 Seiten, geb.
ISBN 978-3-8362-7754-9
*www.sap-press.de/5145*

Kiwon et al.
SAP-Schnittstellenmanagement.
Der praktische Leitfaden für die hybride Integration
2021, 512 Seiten, geb.
ISBN 978-3-8362-7982-6
*www.sap-press.de/5217*

Densborn et al.
Migration nach SAP S/4HANA
3., aktualisierte und erweiterte Auflage 2020, 676 Seiten, geb.
ISBN 978-3-8362-7455-5
*www.sap-press.de/5047*

René Allissat, Stefan Hortig

# SAP®-Testmanagement

Das Praxishandbuch

# Liebe Leserin, lieber Leser,

schmecken Sie Ihre Gerichte ab, bevor Sie sie Ihrer Familie oder Ihren Gästen servieren? Halten Sie erst einen Zeh ins Wasser des Badesees, bevor Sie reinspringen, oder schauen Sie morgens nochmal in die Wetter-App, bevor Sie die Regenjacke anziehen? Dann ist Ihnen das System *Testen* bereits bestens bekannt. Im Alltag ist uns bewusst, wie wichtig das Testen im weitesten Sinne ist, um das Gelingen eines guten Abendessens zu garantieren, die Wassertemperatur einzuschätzen oder trocken auf der Arbeit anzukommen.

Im unternehmerischen Kontext, besonders wenn es um das Testen neuer Software geht, wird dagegen oft zu unsystematisch oder gar nicht getestet, um Kosten zu sparen. Dadurch können Fehler unentdeckt bleiben, die dann im laufenden Betrieb beseitigt werden müssen. Ein systematisches Testmanagement unterstützt Sie dabei, solche kosten- und zeitintensiven Überraschungen zu vermeiden.

René Allissat und Stefan Hortig vermitteln Ihnen in diesem Praxishandbuch alles, was Sie zum Thema Testen von SAP-basierten Lösungen wissen müssen. Lernen Sie anhand von übersichtlichen Anleitungen und Screenshots alle wichtigen Konzepte des Testmanagements und den Umgang mit den Testmanagement-Werkzeugen von SAP kennen. Entwickeln Sie eine maßgeschneiderte Teststrategie und erfahren Sie, wie Sie Ihre Testprozesse automatisieren und optimieren.

Das Buch hat Ihnen gefallen, Sie haben Anregungen oder Kritik? Wir freuen uns über Anmerkungen, die uns helfen, unsere Bücher zu verbessern. Zögern Sie also nicht, sich bei mir zu melden.

**Ihre Nicole Hohmann**
Lektorat SAP PRESS

nicole.hohmann@rheinwerk-verlag.de
www.rheinwerk-verlag.de
Rheinwerk Verlag · Rheinwerkallee 4 · 53227 Bonn

# Auf einen Blick

Wir hoffen, dass Sie Freude an diesem Buch haben und sich Ihre Erwartungen erfüllen. Ihre Anregungen und Kommentare sind uns jederzeit willkommen. Bitte bewerten Sie doch das Buch auf unserer Website unter **www.rheinwerk-verlag.de/feedback**.

An diesem Buch haben viele mitgewirkt, insbesondere:

**Lektorat** Nicole Hohmann, Janina Schweitzer
**Korrektorat** Monika Klarl, Köln
**Herstellung** Nadine Preyl
**Typografie und Layout** Vera Brauner
**Einbandgestaltung** Silke Braun
**Coverbilder** iStock: 607463118 © Xavier Arnau; Shutterstock: 1982813513 © OlegDoroshin
**Satz** Typographie & Computer, Krefeld
**Druck** Beltz Grafische Betriebe, Bad Langensalza

Dieses Buch wurde gesetzt aus der TheAntiquaB (9,35/13,7 pt) in FrameMaker.

Gedruckt wurde es mit mineralölfreien Farben auf chlorfrei gebleichtem, FSC®-zertifiziertem Offsetpapier (90 g/m²).

Hergestellt in Deutschland.



Bibliografische Information der Deutschen Nationalbibliothek:
Die Deutsche Nationalbibliothek verzeichnet diese Publikation in der Deutschen Nationalbibliografie; detaillierte bibliografische Daten sind im Internet über *http://dnb.dnb.de* abrufbar.

**ISBN 978-3-8362-8790-6**

1. Auflage 2022


Informationen zu unserem Verlag und Kontaktmöglichkeiten finden Sie auf unserer Verlagswebsite **www.rheinwerk-verlag.de**. Dort können Sie sich auch umfassend über unser aktuelles Programm informieren und unsere Bücher und E-Books bestellen.

# Inhalt

# Einleitung

*»Je mehr sich die Dinge ändern, desto mehr bleiben sie gleich«.*

Es mag vielleicht wenig originell sein, ein Fachbuch mit einem generischen Zitat einzuleiten. Dennoch müssen wir bei unserer täglichen Arbeit im Umfeld des Testmanagements recht oft an diese Worte denken.

**Willkommen in der Zukunft?**

Die SAP-Welt hat sich in den letzten Jahren rasant verändert: Viele SAP-Kunden sind noch immer mit dem Releasewechsel zu SAP S/4HANA beschäftigt. Der Umstieg bedeutet neben neuen Technologien und Datenmodellen auch für die Endanwender*innen wahrnehmbare Änderungen, z. B. in Form völlig neuer Benutzeroberflächen. Gleichzeitig sind in der SAP-Welt, ebenso wie im privaten Umfeld, Cloud-Produkte und -Services mittlerweile allgegenwärtig. Nahezu alle Anwendungen des Alltags stehen als Webanwendungen zur Verfügung, und auch die Nutzung mobiler Anwendungen ist längst selbstverständlich. Anwender*innen von Geschäftssoftware erwarten daher ebenfalls dynamische und leicht zu bedienende Oberflächen, die sie aus Ihrem Privatleben gewohnt sind. Auch das Thema der künstlichen Intelligenz (KI), das bis vor wenigen Jahren wie Science Fiction anmutete, ist im privaten und betrieblichen Alltag angekommen und gewährt Anwender*innen, mal mehr und mal weniger sichtbar, Unterstützung.

**Neue Arbeitsweisen**

Um mit der Geschwindigkeit dieser Entwicklungen Schritt zu halten und den wachsenden Anforderungen gerecht zu werden, haben sich im Geschäftskontext neue Vorgehensweisen etabliert. Agile Projektmanagementmethoden sind heute im SAP-Umfeld eher die Regel als die Ausnahme. Sie ermöglichen es, notwendige Systemänderungen, Innovationen oder gar ganze Implementierungs- und Upgrade-Projekte dynamisch und in kleinen Iterationen umzusetzen und dabei auf Anwender-Feedback zu reagieren. Dies wiederum stellt hohe Anforderungen an die Dokumentation und Kommunikation in Projekten, denen mit Kollaborationswerkzeugen für die gemeinsame Arbeit in Teams Rechnung getragen werden soll. Dieses Phänomen wurde von der Pandemie noch beschleunigt, die uns alle in kürzester Zeit zu Expert*innen im verteilten Arbeiten machte.

**Die Rolle des Testmanagements**

Der Kern der Software-Qualitätssicherung bzw. des Testmanagements bleibt von diesem Wandel weitestgehend unbeeindruckt. Dies hat wiederum sowohl positive als auch negative Auswirkungen: So ist das Testen nach wie vor keine beliebte Aufgabe, und noch immer gibt es Unternehmen und Projekte, die dem Thema eine zu geringe Bedeutung beimessen. Auch die in der IT geläufige Thematik, das methodische Fundament zu vernachlässigen und stattdessen auf Werkzeuge als vermeintliche Lösung zu setzen, ist im Umfeld von SAP-Tests recht häufig anzutreffen. Ein Beispiel hierfür sind die Hoffnungen, die oftmals vorschnell in Testautomatisierungswerkzeuge gesetzt werden.

Die hartnäckige Beständigkeit der Software-Qualitätssicherung bzw. des Testmanagements hat aber auch Vorteile. Ganz gleich, ob Projekt oder Tagesgeschäft, ob agiles oder eher »klassisches« Projekt, ob pragmatischer oder formaler Dokumentationsansatz: Der grundlegende Testprozess mit seinen Arbeitsschritten zu Planung, Entwurf, Umsetzung und Durchführung von Tests kann auf nahezu jedes Umfeld und in jeder Methodik angewendet werden. Mit einer Reihe etablierter Methoden und Prozesse kann in Implementierungsprojekten und im Tagesgeschäft eine angemessene Qualität sichergestellt werden, die die Fehlersituationen im Produktivbetrieb minimiert.

Wird dieses Vorgehen zielgerichtet durch den Einsatz von Werkzeugen zum Testmanagement, zur Änderungsanalyse oder zur Testautomatisierung unterstützt, können so Aufwände reduziert und die Genauigkeit von Tests erhöht werden.

Das hört sich langweilig an? Mitnichten! Der Reiz des Testmanagements liegt u. a. in der Gewissheit, dass Sie mit einem strukturierten Testansatz nicht nur Ihr Investment in Projekte und Systemänderungen bewahren, sondern auch deren erfolgreiche Umsetzung sicherstellen, während Sie gleichzeitig kleine Irritationen und große Katastrophen im produktiven Umfeld vermeiden. All dies gelingt zunehmend besser, denn die Software-Qualitätssicherung lebt – nicht erst seit dem Einzug agiler Methoden – von kontinuierlicher Optimierung.

**Zielgruppe**

Dieses Buch richtet sich an alle, die sich mit dem Thema Testen im SAP-Umfeld beschäftigen dürfen (oder müssen). Insbesondere sprechen wir Testmanager*innen an, die einen Testprozess in ihrem Unternehmen oder bei Kunden etablieren oder optimieren möchten und dabei auf die von SAP zur Verfügung gestellten Werkzeuge setzen.

**Aufbau des Buches**

Dieses Buch ist in drei Teile gegliedert, die jeweils unterschiedliche Informationsbedarfe zum Thema Testen im SAP-Umfeld abdecken.

**Teil I**

**Teil I**, »Testen in Theorie und Praxis«, stellt die wesentlichen Grundlagen des Testmanagements werkzeugneutral, aber mit Bezug zu den SAP-Lösungen vor. Dies ermöglicht es Ihnen, Ihre SAP-Teststrategie produktneutral zu bewerten oder weiterzuentwickeln.

**Kapitel 1**, »Testen im SAP-Umfeld«, erörtert einleitend, warum und in welchem Umfang ein SAP-ERP-System als vermeintliche Standardsoftware getestet werden muss. Anschließend wird der Lebenszyklus von SAP-Lösungen und -Projekten betrachtet, um die im SAP-Umfeld benötigten Testaktivitäten einzuordnen.

Es ist sinnvoll, Testaktivitäten als eigenständigen Prozess zu betrachten. Daher behandeln wir in **Kapitel 2**, »Der grundlegende Testprozess«, den grundlegenden Testprozess, dessen Bausteine und die darin enthaltenen Arbeitsschritte.

**Kapitel 3**, »Testorganisation«, widmet sich der Testorganisation. Wir stellen die wesentlichen Rollen im Testprozess und deren Qualifikationen, Aufgaben und Verantwortlichkeiten vor und verorten deren Positionen in der (IT-)Organisation.

In **Kapitel 4**, »Dimensionen von SAP-Softwaretests«, stellen wir Ihnen die Dimensionen Qualitätsmerkmale, Testtiefe und Teststufen vor. Dieses Wissen unterstützt Sie bei der Beantwortung der Frage, welche Aspekte zu welchem Zeitpunkt und in welchem Umfang getestet werden müssen.

In **Kapitel 5**, »Testfallerstellung«, beschreiben wir, wie Sie einen Testfall richtig aufbauen und erstellen.

**Kapitel 6**, »Testwerkzeuge«, stellt die verschiedenen Kategorien von Testwerkzeugen im SAP-Umfeld vor, mit denen Sie Aufgaben im Testprozess vereinfachen oder beschleunigen können. Dabei gehen wir auch darauf ein, wie Sie das passende Werkzeug auswählen.

In **Kapitel 7**, »Teststrategie und Testkonzept«, skizzieren wir den grundlegenden Aufbau der Dokumente »Teststrategie« und »Testkonzept« als unternehmens- und projektspezifische Ausprägung aller bisher genannten methodischen Aspekte.

Abschließend schildern wir in **Kapitel 8**, »Die Testwerkzeugstrategie von SAP«, die Testwerkzeugstrategie von SAP und stellen die bereitgestellten Werkzeuge für Testaktivitäten vor.

In **Teil II**, »Testen mit dem SAP Solution Manager«, fokussieren wir uns auf das Testmanagement mit der Test-Suite des SAP Solution Managers. Dabei werden Ihnen die Funktionen der Werkzeuge anschaulich und praxisnah dargelegt. Sie lernen außerdem verschiedenste Varianten kennen, um Ihren individuellen Testprozess mit den Werkzeugen umzusetzen. Hierzu gehören sowohl der »klassische« dokumentenbasierte Ansatz als auch die Verwendung der Testmanagementfunktionen der lizenzkostenneutral verfügbaren Erweiterung Focused Build. Teil II

In **Kapitel 9**, »Einführung in das Testmanagement mit dem SAP Solution Manager«, stellen wir zunächst den Testprozess mit der Test-Suite des SAP Solution Managers und verwandten Funktionen vor. Ebenso gehen wir auf wesentliche Aspekte der technischen Grundkonfiguration des Werkzeugs ein. In den nachfolgenden Kapiteln schildern wir jeweils die Umsetzung der einzelnen Phasen des Testprozesses mit den Werkzeugen des SAP Solution Managers; dazu zählt die Testvorbereitung in **Kapitel 10**, »Testvorbereitung und Testfallerstellung mit dem SAP Solution Manager«, die Testplanung in **Kapitel 11**, »Testplanung mit dem SAP Solution Manager«, die Testausführung in **Kapitel 12**, »Testausführung mit dem SAP Solution Manager«, und die Testauswertung in **Kapitel 13**, »Testauswertung«. In **Kapitel 14**, »Individualisieren des Testprozesses mit dem SAP Solution Manager«, gehen wir zudem auf das Defect Management und die Integration in andere Anwendungsbereiche ein.

**Teil III**

In **Teil III**, »Werkzeuge zur Automatisierung und Verbesserung von Tests«, werden Werkzeuge vorgestellt, mit denen Tests in einem beherrschten Testprozess effektiver und effizienter durchgeführt werden können. Hierzu gehören Werkzeuge für die Änderungseinflussanalyse, wie wir sie in **Kapitel 15**, »Änderungseinflussanalyse«, beschreiben und die Testautomatisierung, die in **Kapitel 16**, »Testautomatisierung«, besprochen wird. In **Kapitel 17**, »Weitere Testwerkzeuge«, stellen wir außerdem weitere Werkzeuge vor: Das ABAP Test Cockpit bietet einen einfachen Einstieg in die statische Codeanalyse – ein willkommener Integrationsansatz mit der Qualitätssicherung kundeneigener Entwicklungen. Implementierungsprojekte, die mit agilen Methoden umgesetzt werden, können mit stark integrierten Werkzeugansätzen realisiert werden. In diesem Kapitel stellen wir daher vor, wie Testaktivitäten in diesen Projekten von Focused Build und SAP Cloud ALM unterstützt werden.

**Informationskästen**

In hervorgehobenen Informationskästen finden Sie in diesem Buch Inhalte, die wissenswert und hilfreich sind, aber etwas außerhalb der eigentlichen Erläuterung stehen. Damit Sie diese Informationen sofort einordnen können, haben wir die Kästen mit entsprechenden Symbolen gekennzeichnet:

[»] In Kästen, die mit diesem Symbol gekennzeichnet sind, finden Sie Informationen zu *weiterführenden Themen* oder wichtigen Inhalten, die Sie sich merken sollten.

[!] Dieses Symbol weist Sie auf *Besonderheiten* hin, die Sie beachten sollten. Es *warnt Sie* außerdem vor häufig auftretenden Fehlern oder Problemen.

[+] Die mit diesem Symbol gekennzeichneten *Tipps* geben Ihnen spezielle Empfehlungen, die Ihnen die Arbeit erleichtern können.

Wir wünschen Ihnen viel Spaß beim Lesen.

**René Allissat** und **Stefan Hortig**

TEIL I

# Testen in Theorie und Praxis

# Kapitel 1
# Testen im SAP-Umfeld

*Softwaretests sind erforderlich, um die Qualität einer Lösung sicherzustellen und Fehler im Produktivbetrieb gering zu halten. In diesem Kapitel beschreiben wir, warum dies gerade für SAP-Systeme als vermeintliche Standardsoftware gilt.*

Wenn Sie im Bereich Software-Qualitätssicherung im SAP-Umfeld tätig sind, sei es als Testmanager*in, Tester*in oder in einer anderen Rolle, kennen Sie die Thematik sicherlich: *Testen* trägt zwar maßgeblich zur Qualität und Stabilität der gesamten SAP-Landschaft bei, ruft in der IT-Organisation und den Fachbereichen aber selten Begeisterungsstürme hervor.

**Testen ist notwendig...**

Maßnahmen der Software-Qualitätssicherung im Allgemeinen und Softwaretests im Speziellen wirken sich entscheidend auf die Gesamtqualität einer Lösung aus. Daher vermittelt das Ausbildungsschema des *International Software Testing Qualifications Boards* (ISTQB) auch, dass das Testen eine eigenständige Disziplin mit etablierten Methoden, Prozessen und Werkzeugen ist, die aufgrund der der Komplexität von Software auch dringend benötigt werden. Fehlerkostenmodelle zeigen eindrucksvoll, wie Kosten durch unentdeckte Fehler exponentiell steigen. Wahrscheinlich hat jedes Unternehmen bereits Erfahrungen mit vermeidbaren Fehlern im Produktivbetrieb gemacht. Solche Fehler sorgen im sanftesten Fall für Irritation bei den Nutzer*innen, und im dramatischsten Fall haben sie direkte und bisweilen auch gravierende Auswirkungen auf den Geschäftsbetrieb. Umso entscheidender ist es für Testmanager*innen oder Tester*innen, große und kleine alltägliche Fehler in den SAP-Systemen durch einen angemessenen Testprozess und hinreichende Testaktivitäten zu vermeiden.

**... und aufwendig**

Das Testen ist somit ein wesentlicher Baustein, um eine angemessene Qualität und einen möglichst reibungslosen Betrieb der SAP-Lösungen im Unternehmen sicherzustellen. Allerdings sind die entsprechenden Arbeitsschritte auch mit hohen Aufwänden verbunden: Die Aufgaben im grundlegenden Testprozess, darunter z. B. Testfallerstellung, Testplanung und -steuerung, sind zunächst rein manuelle Tätigkeiten, die in Teilen von der IT und den Fachbereichen erbracht werden müssen. Das *Testmanagement*, das an der Schnittstelle zwischen Fachbereichen und IT operiert, benötigt somit deren

Input und Arbeitsleistungen. In der Regel haben allein die Fachbereiche das Detailwissen zu den jeweils zu testenden Prozessen, während die IT steuert, welche fachlichen und technischen Änderungen wann umgesetzt werden. Da ist es abträglich, dass die Bereiche in der Regel von ihren eigenen Themen voll beansprucht werden: Die IT- oder SAP-Organisation eines Unternehmens muss den möglichst reibungslosen Betrieb einer komplexen Systemlandschaft bei optimalem Ressourceneinsatz sicherstellen, und die Fachbereiche sind meist mit dem Tages- und Projektgeschäft voll ausgelastet.

**Kosten abwägen**

Für angemessene Tests können hohe zusätzliche Aufwände entstehen. Dies gilt besonders bei einer Abkehr vom bisherigen Status quo, z. B. wenn im Rahmen eines Projekts ein neuer Testprozess aufgesetzt wird oder der bestehende Testprozess optimiert werden soll. So stellt z. B. vor allem das Ausarbeiten von angemessen detaillierten Testfällen eine zusätzliche Bürde für die oftmals bereits mit anderen Themen beanspruchten Fachbereiche dar.

Somit ist es Aufgabe des Testmanagements, den Nutzen von Testaktivitäten klar zu kommunizieren und dem Aufwand einen Mehrwert gegenüberzustellen. Ein erster Schritt auf diesem Weg ist das Verständnis, warum Tests im SAP-Umfeld erforderlich und wie sie am Lebenszyklus einer SAP-Lösung ausgerichtet sind.

## 1.1 Testen von Standardsoftware

**Der Begriff »Standardsoftware«**

Noch immer wird der Begriff *Standardsoftware* in einem Atemzug mit ERP-Systemen genannt. Ursprung der Bezeichnung ist die grundlegende Unterscheidung der Entstehung von Software. *Individualsoftware* wird eigens für ein Unternehmen bzw. für einen Kunden maßgeschneidert. Standardsoftware kann als vordefiniertes Produkt erworben werden und steht entsprechend einer Vielzahl von Kunden zur Verfügung.

Im akademischen Kontext ist diese grundlegende Unterscheidung, die noch aus der Urzeit der Informatik stammt, zwar sinnvoll und ermöglicht den Einstieg in eine Vielzahl von Diskussionen, darunter z. B. zu den Kosten für die Erstellung und den Betrieb von Software oder zu deren Eignung zur Realisierung von Vorteilen gegenüber der Konkurrenz. Bezogen auf heutige Softwareprodukte und insbesondere ERP-Systeme scheint diese grundlegende Kategorisierung jedoch zu einfach oder nicht mehr zeitgemäß. Software für die Abwicklung von Geschäftsprozessen muss vielfältig an individuelle Kundensituationen angepasst werden können, um deren spezifischen Vorgehensweisen gerecht zu werden, die sich abhängig von Branche, Größe, Marktaufteilung, Unternehmenskultur, gesetzlichen Erfordernissen und weiteren Kriterien signifikant unterscheiden können.

**Customizing**

In SAP-Systemen können zahlreiche dieser erforderlichen Anpassungen über *Customizing* realisiert werden, d. h. über Einstellungsmöglichkeiten, die vom Hersteller vorgesehen sind und keine Änderung des Systems durch zusätzliche Entwicklung erfordern. Anpassungen mittels Customizing machen typischerweise einen Großteil der kundenspezifischen Einstellungen in SAP-Systemen aus und erlauben bereits eine umfassende Individualisierung, um unternehmensspezifische Prozesse mit dem jeweils verwendeten SAP-Produkt abzubilden.

**Anpassungen durch Entwicklung**

Im SAP-Umfeld streben Unternehmen aus Aufwands- und damit aus Kostengründen meist an, möglichst den verfügbaren Standard zu nutzen und Anpassungen allein durch Customizing umzusetzen. Dennoch können auch weiterführende Anpassungen erforderlich sein. Eigene Entwicklungen im System sind für viele Unternehmen unerlässlich, um stark individualisierte Prozesse abzubilden, die z. B. entscheidende Wettbewerbsvorteile ausmachen. Entsprechende Anpassungen werden im SAP-Kontext als *Modifikationen, Erweiterungen* und *kundeneigene Entwicklungen* bezeichnet. Bei Modifikationen wird ein vorhandenes Codeobjekt kundenseitig angepasst. Diese direkte Methode kann entsprechend zu Herausforderungen führen, sobald SAP für dieses Objekt eine neue Version bereitstellt. Erweiterungen können als eigenständige Entwicklungen an vorgegebene Punkte im System angedockt werden und umgehen damit dieses Problem. Kundeneigene Entwicklungen sind eigenständige Anpassungen des Systems.

**Schnittstellen**

Richtet man den Blick nun aus dem singulären System hinaus auf den Gesamtverbund an Software eines Unternehmens, werden schnell weitere Dimensionen der Anpassung deutlich. *Schnittstellen* zwischen einzelnen Softwareprodukten sind in einer Lösungslandschaft unabdingbar und tragen maßgeblich zur Komplexität einer Lösung bei. Zu berücksichtigen sind zahlreiche unterschiedliche Schnittstellentechnologien, vom einfachen Dateiaustausch über Middleware-Systeme bis hin zur Verwendung von Webservices. Entsprechende Schnittstellen können dabei unternehmensintern oder -übergreifend sein. Auch wenn eine Schnittstelle vordefiniert ist bzw. auf einem etablierten Standard basiert: Die Entwicklung und das Testen von Schnittstellen erfordern besondere Aufmerksamkeit.

**On-premise, Hosting und Cloud**

Diese Herausforderungen werden mitunter weiter durch die verschiedenen Formen des *Hostings* von SAP-Systemen und anhand von per Schnittstellen verbundenen Produkten und Dienstleistungen gesteigert. Systeme können *on-premise*, also lokal im Unternehmen betrieben, von einem *Hosting-Anbieter* bereitgestellt oder als reines *Cloud-Produkt* konsumiert werden – mit unterschiedlichen Möglichkeiten für ein Unternehmen, auf das System Einfluss zu nehmen.

**Rollen und Berechtigungen**

Ein weiterer Aspekt der individuellen Anpassung von SAP-Systemen bzw. ERP-Systemen im Allgemeinen sind *Rollen* und *Berechtigungen*. Tätigkeiten in Geschäftsprozessen werden in Arbeitsteilung erbracht. Berechtigungen sind ein wesentliches Konstrukt, um diese Arbeitsteilung zu realisieren und zu definieren, welche Gruppe von Benutzer*innen welche Tätigkeiten im System ausführen darf. Auch wenn fachliche Rollen die entsprechenden Tätigkeiten und Erlaubnisse vorgeben, die in ähnlicher Form in jedem Unternehmen existieren, ist deren tatsächliche Ausprägung unternehmensindividuell. Es ergeben sich Wechselwirkungen zum bereits umgesetzten Customizing und zu den verwendeten Schnittstellen. Somit müssen auch Berechtigungen im Test angemessen berücksichtigt werden.

**Technologiekomponenten**

Abschließend führt auch das technische Fundament dazu, dass die eingesetzte ERP-Software weitere individuelle Aspekte aufweist, die im Test beachtet werden müssen. Auch wenn es in der Theorie für die zu implementierende Funktionalität keinen Unterschied machen sollte, auf welchem Betriebssystem oder mit welcher Datenbank ein ERP-System betrieben wird: In der Praxis gibt es – auch vor dem Hintergrund der bereits dargestellten Anpassungsoptionen – Fehlersituationen, die sich aus bestimmten Konstellationen ergeben oder erst bei bestimmten Datenvolumen oder -durchsätzen auftreten. Zudem sind bestimmte Produkte oder Einzelfunktionen nur in spezifischen Produktkombinationen sinnvoll ohne Einschränkungen nutzbar. Als Beispiel seien *In-Memory-Datenbanken* genannt, die durch ihre Performance neue Anwendungs- und Auswertungsbereiche erschließen können. Während die Wartung von Technologiekomponenten auf Hosting- oder Cloud-Anbieter ausgelagert werden kann, müssen die fachlichen Auswirkungen von Technologiekonstellationen im Rahmen der Software-Qualitätssicherung berücksichtigt werden.

**Individuelle Ausprägung von Standardsoftware**

Diese nicht abschließende Darstellung von Anpassungsoptionen zeigt: Auch wenn SAP-Systeme als Standardsoftware gelten, ist deren Ausprägung höchst individuell. Die umfassende Anpassbarkeit von ERP-Systemen verschiebt viele der ursprünglichen Argumente über die Vor- und Nachteile von Standardsoftware. Die Tatsache, dass Standardsoftware umfassend angepasst werden kann, bedeutet allerdings auch, dass diese Anpassungen in der unternehmenseigenen Software-Qualitätssicherung erfasst und damit getestet werden müssen.

SAP führt als Hersteller von Standardsoftware zur Abwicklung von Geschäftsprozessen eigene Qualitätssicherungsmaßnahmen durch, die das ausgelieferte Produkt selbst betreffen. Diese Qualitätssicherung kann jedoch unmöglich alle Kombinationen der genannten Änderungen innerhalb eines Unternehmens umfassen. Jede SAP-Lösungslandschaft ist einmalig oder zumindest derart individuell, dass die Qualitätssicherung der individuellen Ausprägung dem Unternehmen obliegt.

## 1.2 Testaktivitäten im Lebenszyklus von SAP-Lösungen

**Lebenszyklus von Software**

Der Einsatz von Softwareprodukten folgt einem Lebenszyklus. Dies gilt entsprechend auch für ERP-Systeme bzw. Geschäftssoftware von SAP. Ein solcher Lebenszyklus einer Lösung umfasst in der Regel folgende Phasen:

- Konzeption
- Entwicklung
- Test
- Betrieb
- Optimierung (oder Austausch)

Abhängig von der verwendeten Projektmethodik bzw. dem genutzten Vorgehensmodell können die Phasen unterschiedlich benannt oder der Lebenszyklus selbst in unterschiedlichen Varianten dargestellt werden. In der Praxis hat sich die Darstellungsform von ITIL bewährt, dem De-facto-Standard im Bereich IT-Servicemanagement. Entsprechend orientiert sich die Darstellung des Lebenszyklus im SAP-Umfeld meist an den sechs Phasen des *ITIL Application Managements* (siehe Abbildung 1.1).

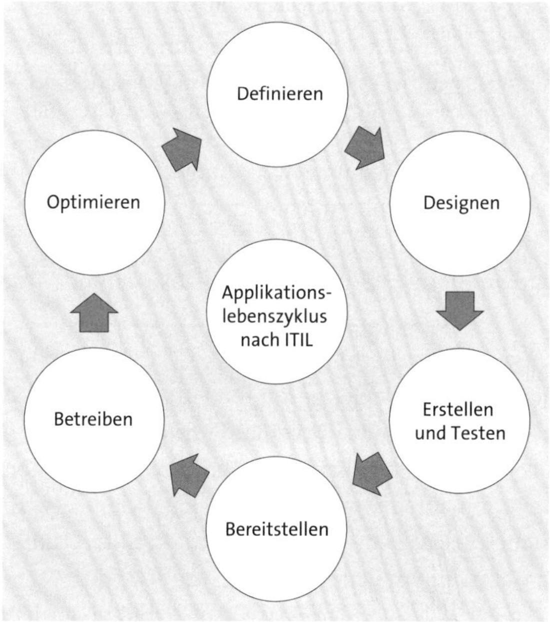


**Abbildung 1.1** Applikationslebenszyklus nach ITIL

Die Darstellung des Lebenszyklus kann sich dabei sowohl auf die Entwicklung einer Software selbst als auch auf deren Einsatz in einem Unternehmen beziehen.

Für den Test von ERP-Systemen innerhalb einer Organisation ist letzterer Fall von Relevanz. Um zu bestimmen, wann Testaktivitäten in welchem Umfang erforderlich sind bzw. wie diese gestaltet werden können, muss zunächst betrachtet werden, wann und wie dieser Zyklus durchlaufen wird.

**Einführung von ERP-Systemen**

So bietet sich zunächst der Vergleich zur Entwicklung des Softwareprodukts an: Die Einführung eines ERP-Systems als – wie im vorangehenden Abschnitt beschrieben – vermeintliche Standardsoftware lässt sich grob mit der Entwicklung einer individuellen Lösung vergleichen, bei der ebenfalls alle Phasen des Applikationslebenszyklus durchlaufen werden:

1. Zunächst werden die Anforderungen an das ERP-System definiert.
2. Anschließend werden diese in der Phase **Designen** konzeptionell umgesetzt.
3. In der Phase **Erstellen und Testen** erfolgt die Realisierung dieser Konzepte im System.
4. Die Phase **Bereitstellen** widmet sich der strukturierten Produktivsetzung der neuen Lösung.
5. Diese Lösung wird anschließend an den produktiven Betrieb übergeben. Hier wird sichergestellt, dass die Lösung wie spezifiziert funktioniert und auftretende Fehler angemessen schnell beseitigt werden.
6. Die Phase **Optimieren** dient der weiteren Anpassung und Erweiterung der Lösung; mit den hieraus resultierenden Anforderungen wird der Lebenszyklus erneut gestartet.

Somit ist die Implementierung einer neuen SAP-Lösung ein Szenario, in dem Testaktivitäten eine wesentliche Rolle spielen. Tatsächlich birgt in der Praxis eine Neuimplementierung die besten Chancen, um einen Testprozess im Rahmen des Implementierungsprojekts neu aufzusetzen und fest zu etablieren.

**Upgrade von ERP-Systemen**

Betrachtet man den Lebenszyklus des gesamten Produkts, kann das Ergebnis der Optimierungsphase das Upgrade des gesamten ERP-Systems durch eine neue Version sein. Analog zu einem Implementierungsprojekt wird hierdurch ein Upgrade-Projekt ausgelöst, bei dem ebenfalls die einzelnen Phasen des Lebenszyklus durchlaufen werden. Ein solches Upgrade wird z. B. ausgeführt, um ein neues Release eines SAP-Produkts zu nutzen. Aber auch ein Technologiewechsel zu einem neuen Produkt, wie etwa der Wechsel von SAP-ERP-Produkten zu SAP S/4HANA, kann als Upgrade realisiert werden. Dabei können Kund*innen den Zeitpunkt des Upgrades grundlegend selbst bestimmen, sind aber an die Wartungszyklen von SAP gebunden. Auch ein Upgrade-Projekt erfordert umfassende Aktivitäten im Bereich der Software-Qualitätssicherung, kann aber im Idealfall schon auf bestehende Vorgehensweisen und Inhalte zurückgreifen, die im ursprünglichen Implementierungsprojekt etabliert wurden.

Die weitere Betrachtung der Phase **Optimieren** verdeutlicht, dass es in Theorie und Praxis nicht bei der einmaligen Einführung und dem gelegentlichen Upgrade der Lösung bleibt. Vielmehr unterliegt eine SAP-Lösung konstanten Änderungen. Jede dieser Änderungen durchläuft ebenfalls einen Lebenszyklus von der Konzeption bis hin zur Produktivsetzung und gegebenenfalls zur weiteren Optimierung. Entsprechend gilt, dass auch Testaktivitäten angemessen berücksichtigt werden müssen. Diese konstanten Änderungen lassen sich in kundenseitige und Hersteller- bzw. SAP-seitige Änderungen unterteilen.

**Kundenseitige Änderungen**

Kundenseitige Änderungen werden durch das Unternehmen initiiert, das ein ERP-Produkt von SAP verwendet. Aufgrund interner oder externer Einflüsse entstehen neue Anforderungen, die eine Umsetzung einer Änderung entlang des Lebenszyklus in Gang setzen. Die bisherige Art und Weise, in der das Produkt im Unternehmen oder in einem Teilbereich des Unternehmens verwendet wird, soll angepasst werden. Die wesentlichen Kategorien für kundenseitige Änderungen sind:

- *Anpassungen von Geschäftsprozessen* resultieren aus neuen Anforderungen, die aufgrund externer oder interner Einflüsse entstehen. Dies können z. B. die Einführung vollständig neuer Prozesse bei der Erschließung eines neuen Geschäftsfelds oder die Anpassung bestehender Prozesse an einen neuen Markt sein. Ebenso können gesetzliche Anforderungen oder geänderte Marktverhältnisse Änderungen an Prozessen auslösen. Auch interne Einflüsse wie eine regelmäßige oder projektbasierte Optimierung von Prozessen können entsprechende Änderungen auslösen. Testaktivitäten müssen dabei alle fachlichen und technischen Änderungen erfassen, die der veränderte Prozessablauf mit sich bringt.
- Die *Umsetzung neuer Funktionen* kann im weitesten Sinne ebenfalls als Prozessänderung definiert werden; allerdings ist der Auslöser in diesem Fall die verwendete Software selbst. In diese Änderungskategorie fallen Verbesserungen des ERP-Systems, die mit einem Update bereitgestellt werden, aber zunächst optional sind. Die Umsetzung erfolgt entsprechend, wenn ein Unternehmen sich Mehrwert von der Funktionalität verspricht. Beispiele für diese Art von Änderungen sind neue Benutzeroberflächen wie etwa der Umstieg von einer klassischen SAP-GUI-Anwendung auf eine webbasierte SAP-Fiori-App oder der Einsatz neuer

Auswertungsmöglichkeiten. Testaktivitäten für diese Kategorie fokussieren sich meist auf die entsprechende Funktionalität, dürfen aber auch umliegende Prozesse nicht außer Acht lassen.

- *Organisatorische Änderungen* des Unternehmens bringen auch in der IT-Landschaft umfassende Änderungen mit sich. Hierzu zählen z. B. der Zusammenschluss oder die Ausgliederung von Unternehmen, die auch auf die jeweiligen ERP-Systeme Auswirkungen haben und entsprechend umfassende Testaktivitäten erfordern.
- *IT-seitige bzw. technische Änderungen* haben Auswirkungen auf die technologische Basis der Systeme. Änderungen dieser Art reichen von systemseitigen Optimierungen wie etwa der Anpassung von Profilparametern über den Austausch der verwendeten Datenbank bis hin zur Auslagerung von Systemen an Hosting-Anbieter. Tests für diese Kategorie gestalten sich vielfältig, von einzelnen funktionalen Tests über Regressionstests bis hin zu nicht fachlichen Testaktivitäten, z. B. um die Performance von Systemen zu messen oder sicherzustellen.

**SAP-seitige Änderungen**

Hersteller- bzw. SAP-seitige Änderungen sind Anpassungen an der durch den Kunden erworbenen Standardsoftware, die durch SAP als Anbieter dieser Software zur Verfügung gestellt werden. Ähnlich wie bei dem Upgrade auf ein neues Release oder Produkt im Rahmen eines Technologiewechsels gilt bei dieser Kategorie: Die Änderungen werden von SAP zur Verfügung gestellt. Kunden entscheiden selbst im Rahmen ihrer eigenen Releasestrategie, ob und wann eine Änderung umgesetzt wird. Dabei sind sie jedoch in Abhängigkeit der Art der Änderung an Wartungszyklen gebunden. SAP passt die Standardsoftware auf verschiedenen Wegen an:

- *SAP-S/4HANA-Releases* werden jährlich ausgeliefert und enthalten wesentliche Anpassungen, Erweiterungen und Neuerungen für SAP S/4 HANA.
- Mit *Support Packages*, *Support Package Stacks* oder *Feature Packages* liefert SAP Produktaktualisierungen aus, die je nach Schwerpunkt allgemeine Verbesserungen, Fehlerbehebungen und neue Funktionen beinhalten können.
- Mit *Enhancement Packages* liefert SAP Neuentwicklungen oder Erweiterungen bestehender Anwendungen aus. Die einzelnen Erweiterungen oder Optimierungen (*Business Functions*) können nach Bedarf aktiviert werden. Ein Unternehmen kann somit selbst entscheiden, welche der angebotenen Neuerungen zum Einsatz kommen sollen.
- *SAP-Hinweise* sind das Standardauslieferungsformat von SAP für Programmkorrekturen. Sie enthalten meist eine Beschreibung des jeweiligen Fehlers aus Geschäftssicht oder technischer Sicht und Maßnahmen

zur Fehlerbehebung. Viele SAP-Hinweise enthalten Fehlerbehebungen, die automatisch in das betroffene System eingespielt werden können, und andere SAP-Hinweise enthalten manuelle Arbeitsanweisungen, um einen spezifischen Fehler zu lösen.

**Testen von Änderungen**

Jede Änderung der SAP-Lösungen durchläuft einen eigenen Lebenszyklus und muss damit in der Software-Qualitätssicherung berücksichtigt werden. Das Testmanagement arbeitet hier in der Regel mit dem *Änderungs- und Releasemanagement* zusammen, das einen Prozess für die Verwaltung, Umsetzung und Einplanung dieser Änderungen etabliert. Aufgabe des Testmanagements ist es, in diesem Prozess angemessene Methoden und Werkzeuge bereitzustellen, um sicherzustellen, dass die Systemänderungen in angemessener Weise umgesetzt werden und keine Auswirkungen auf vorhandene Funktionen haben. Ebenso müssen die vom Testmanagement bereitgestellten Verfahren der jeweiligen Änderung angemessen sein. So unterscheiden sich z. B. Testplanung, Testfallauswahl, Testdurchführung und Aufwand für ein SAP-S/4HANA-Release grundlegend von dem Test einzelner Prozessänderungen im Tagesgeschäft. Dennoch ist das vom Testmanagement bereitgestellte Fundament – z. B. Testfälle, Vorgehensweisen und Testwerkzeug – identisch.

**Test im gesamten Lebenszyklus**

Dabei ist die vereinfachte Darstellung des Lebenszyklus in Abbildung 1.1 trügerisch: Keinesfalls fängt die Arbeit der Software-Qualitätssicherung erst in der Phase **Erstellen und Testen** an – das Testmanagement ist idealerweise in alle Phasen des Lebenszyklus involviert. Auf diese Weise wird sichergestellt, dass z. B. frühzeitig angemessene Testfälle zur Verfügung stehen, den Testaktivitäten genug Ressourcen eingeräumt werden und Methoden und Werkzeuge für die Qualitätssicherung kontinuierlich optimiert werden. Ebenso sollte sich das Testmanagement oder die Testorganisation als Dienstleister verstehen, der durch diese Optimierung dafür sorgt, die Qualität und Treffsicherheit der Testaktivitäten zu erhöhen, um Fachbereiche weiter zu entlasten.

Die Mittel hierzu sind vielfältig und werden in diesem Buch beschrieben. Nachdem wir in Teil I, »Testen in Theorie und Praxis«, zunächst auf das theoretische Fundament des Testmanagements eingegangen sind, das die Grundlage für jegliche Optimierungsbestrebungen bilden sollte, widmen wir uns in Teil II, »Testen mit dem SAP Solution Manager«, und Teil III, »Werkzeuge zur Automatisierung und Verbesserung von Tests«, Testwerkzeugen, die administrative und technische Aufgaben im Test automatisieren und optimieren können.

# Kapitel 2
# Der grundlegende Testprozess



*Der Testprozess ist die Basis für alle Testaktivitäten, die im Unternehmen durchgeführt werden. In diesem Kapitel beschreiben wir, wie die einzelnen Phasen des Prozesses im Detail ablaufen und geben Ihnen einige praktische Tipps zum Ablauf der Phasen in der Praxis.*

Der in diesem Kapitel beschriebene grundlegende Testprozess zum Testen von Software kann unabhängig davon, ob es sich um zu testende Standardsoftware (siehe Abschnitt 1.1, »Testen von Standardsoftware«) wie im Fall von SAP oder um eine Individualentwicklung handelt, eingesetzt werden. Der Testprozess gliedert sich in mehrere Phasen, die im Rahmen eines Softwaretests durchlaufen werden. Er orientiert sich aufgrund des hohen Verbreitungs- und Reifegrads am internationalen Softwareteststandard des *International Software Testing Qualifications Boards* (ISTQB).

**International Software Testing Qualifications Board**

Das ISTQB ist ein ehrenamtliches und international tätiges Zertifizierungsgremium für Softwaretests und wurde 2002 in Edinburgh gegründet. Inzwischen gibt es weltweit mehrere national agierende Member Boards. Im deutschsprachigen Raum wird das ISTQB durch das *German Testing Board*, das *Austrian Testing Board* sowie durch das *Swiss Testing Board* vertreten.

Der grundlegende Testprozess setzt sich aus insgesamt fünf Phasen zusammen (siehe Abbildung 2.1), die wir in den folgenden Abschnitten beschreiben. Ausgenommen der Phase **Testüberwachung und Steuerung**, die eine Klammer um die anderen Phasen bildet, laufen die Phasen nacheinander ab. Der Output einer Phase dient meist der darauffolgenden Phase als Input.

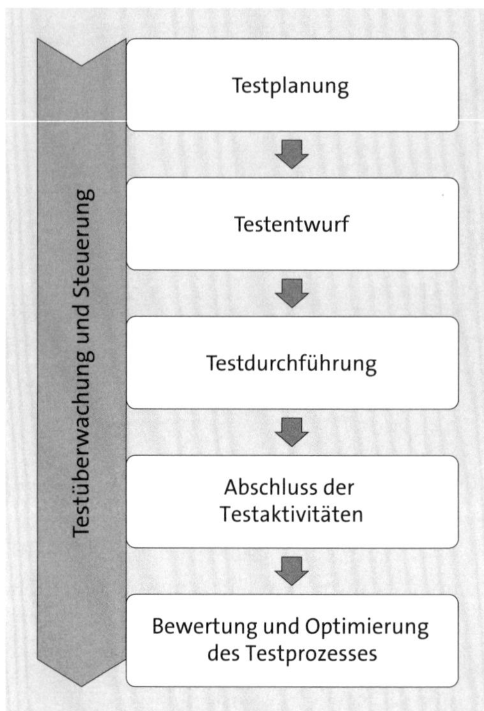


**Abbildung 2.1** Schematische Darstellung des Softwaretestprozesses

## 2.1 Testplanung

Der Testprozess beginnt mit der *Testplanung*. Die Hauptaufgabe der Testplanung ist die Fortschreibung des Testkonzepts.

**Testkonzept**

Ein *Testkonzept* ist ein Dokument, das u. a. den Gültigkeitsbereich, die Vorgehensweise, die Ressourcen und die Zeitplanung der beabsichtigten Tests mit allen Aktivitäten beschreibt. Im Testkonzept werden die zu testenden Features festgehalten und die *Testaufgaben* den Tester*innen zugeordnet. Außerdem werden dort die *Testumgebung*, die *Testentwurfsverfahren* und die Verfahren zur Messung und Dokumentation der Tests beschrieben.

**Grundlage des Testkonzepts**

Als Grundlage eines Testkonzepts dient im Optimalfall eine bereits im Unternehmen vorhandene *Teststrategie*. Diese Teststrategie beschreibt die im Unternehmen üblichen und aktuell geltenden Testmethoden. Dort wird in der Regel festgehalten, welche Rollen für einen Test erforderlich sind und nach welchen Kriterien die Erstellung und die Auswahl der Testfälle vollzogen wird (z. B. risikoorientiert). Aus dieser Teststrategie können Sie dann ein projektspezifisches Testkonzept ableiten, das sich an die in der Teststrategie beschriebenen Vorgaben halten muss.

Verankerung im Management



Zusätzlich zur Teststrategie ist es sinnvoll, ein weiteres Dokument im Unternehmen zu verankern, die *Testrichtlinie*. Diese beschreibt, warum im Unternehmen Softwaretests durchgeführt werden. Sie wird üblicherweise von der Geschäftsleitung oder einer anderen hohen Managementposition unterschrieben. Die Testrichtlinie ist somit eher ein politisches Instrument und dient dazu, den gesamten Testprozess durch das Management grundsätzlich abzusichern und zu legitimieren. In Abbildung 2.2 sehen Sie schematisch, wie das Testkonzept abgeleitet wird.

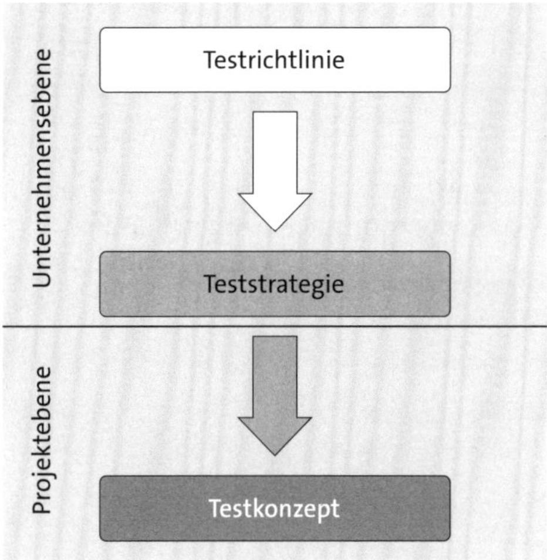


**Abbildung 2.2** Ableitung des Testkonzepts

**Testrichtlinie als Sicherheit**

In der Praxis zeigt sich, dass besonders in Projekten, die ohnehin eng getaktet sind und deren Umsetzung in Verzug gerät oder geraten könnte, der Rotstift zunächst bei der Qualitätssicherung durch Softwaretests angesetzt wird. So ist es durchaus üblich, bei Zeit- und Ressourcenengpässen in einem Projekt zuerst Kürzungen im Testmanagement, z. B. in der Testphase, vorzunehmen. In der Regel wird ein Teil der Testfälle gestrichen oder die Komplexität der Testfälle reduziert. Existieren im Unternehmen eine vom Management unterschriebene Testrichtlinie und eine gültige Teststrategie, können Sie sich bei einer solchen »Einspardiskussion« auf diese Dokumente berufen und so mehr Zeit und Ressourcen für die Durchführung von Softwaretests durchsetzen.

Die Testrichtlinie und die Teststrategie dienen in erster Linie dazu, den Testprozess über das gesamte Unternehmen hinweg zu formalisieren und weitestgehend zu vereinheitlichen. Dies führt dazu, dass unternehmensweit die gleichen Qualitätskriterien für Software gelten und der Prozess zur Erreichung dieser Kriterien ebenfalls einheitlich gestaltet wird. Wichtig ist, dass beide Dokumente bei der Erstellung des projektspezifischen Testkonzepts genügend Spielraum bieten, um verschiedene Projekte und Anwendungsfälle für Softwaretests abbilden zu können. Oft benötigt beispielsweise ein kleineres Projekt mit weniger beteiligten Systemen und Ressourcen auch einen weniger komplexen Testprozess. Es ist daher sinnvoll, in der Teststrategie bestimmte Punkte optional zu gestalten, damit auch die Durchführung kleiner Projekte weiterhin zu bewältigen ist. Weitere Details zu Testrichtlinie, Teststrategie und Testkonzept finden Sie in Kapitel 7, »Teststrategie und Testkonzept«.

**In- und Output der Testplanung**

In Tabelle 2.1 sind alle Elemente enthalten, die in der Phase der Testplanung als Input dienen und nach Abschluss der Phase als Output zur Verfügung stehen und somit in die nächste Phase übernommen werden können.

| Input | Output |
|---|---|
| Teststrategie | Testkonzept |
| Risikoanalyse | |
| Rahmenbedingungen | |
| Anwendungen und Systeme | |

**Tabelle 2.1** Testplanung

## 2.2 Testentwurf

Im Standard des ISTQB folgt auf die Testplanung zunächst die Testanalyse und danach erst die Phase **Testentwurf**. Wir werfen in diesem Buch beide Phasen in einen Topf und nennen diese Phase nur **Testentwurf**, denn im SAP-Umfeld hat sich eine formale Unterscheidung der beiden Phasen in der Praxis nicht bewährt. Ziel der Testentwurfsphase ist es, den Output der Testplanung, also das Testkonzept, zusammen mit der sogenannten *Testbasis*, in konkrete Testfälle zu überführen. Dabei stellen sich vor allem folgende Fragen:

- Was ist zu testen?
- Wie ist es zu testen?

**Testbasis**

Um diese Fragen zu beantworten, schauen wir uns zunächst die Testbasis genauer an. Als Testbasis werden alle Dokumente bezeichnet, aus denen sich die Anforderungen an eine Software oder an ein System ableiten lassen.

In der Praxis umfasst dies meist den beschriebenen zukünftigen Soll-Prozess sowie die zugehörigen technischen Umsetzungsdokumente (z. B. die Spezifikationen für die Entwickler*innen). Je granularer die Testbasis beschrieben ist, desto einfacher lassen sich daraus qualitativ hochwertige Testfälle ableiten. Ist die Testbasis hingegen nur grob beschrieben, kann auch das gewünschte Soll-Ergebnis eines Testfalls nicht ausreichend spezifiziert werden. Im ungünstigsten Fall führt dies bei der Testdurchführung dazu, dass Fehler nicht entdeckt werden, da die wesentlichen Eingabeparameter fehlen oder das zu erzielende Testergebnis zwar formal erreicht wird, sich aber im Produktivbetrieb zeigt, dass dies den Anforderungen an den Prozess gar nicht gerecht wird.

**Inhalte eines Testfalls**

Ein Testfall besteht üblicherweise aus mehreren kleineren *Testschritten*, die folgende Elemente enthalten sollten:

- **Testobjekt**
  Das Testobjekt ist der Teil der Anwendung, der getestet wird. Testobjekte können einzelne Funktionen, Oberflächen oder Transaktionen sein.
- **Testdaten**
  Testdaten sind die Parameter, die während der Testdurchführung im Testschritt eingegeben werden müssen.
- **Beschreibung**
  Die Beschreibung dient als Anleitung, wie die Anwendung bedient werden soll.
- **Erwartetes Ergebnis**
  Das erwartete Ergebnis ist der Output, der bei einer korrekten Eingabe der Testdaten sowie bei korrekter Ausführung der Beschreibung entstehen soll.

Optional können weitere Elemente an den Testfall bzw. den Testschritt angehängt werden:

- **Nummerierung**
  Zur Verbesserung der Kommunikation ist es sinnvoll, die Testfälle und Testschritte eindeutig zu benennen und zu nummerieren.
- **Kritikalität**
  Die Kritikalität wird aus dem Testfall zugrundeliegenden Geschäftsprozess abgeleitet. So können die Testfälle bei einem risikobasierten Testansatz anhand ihrer Kritikalität priorisiert werden.
- **Rolle**
  Soll ein Testschritt von einer bestimmten Rolle ausgeführt werden, kann diese ebenfalls im Testentwurf festgehalten werden.

Das in der Abbildung 2.3 dargestellte Beispiel dient als Orientierung, wie aus der Testbasis ein Testfall abgeleitet werden kann. Im Optimalfall sollten sowohl die Anforderung als auch der Testfall selbst noch ausführlicher beschrieben werden, damit auch die Tester*innen, die mit dem Prozess nicht vertraut sind, den Testfall ausführen können.

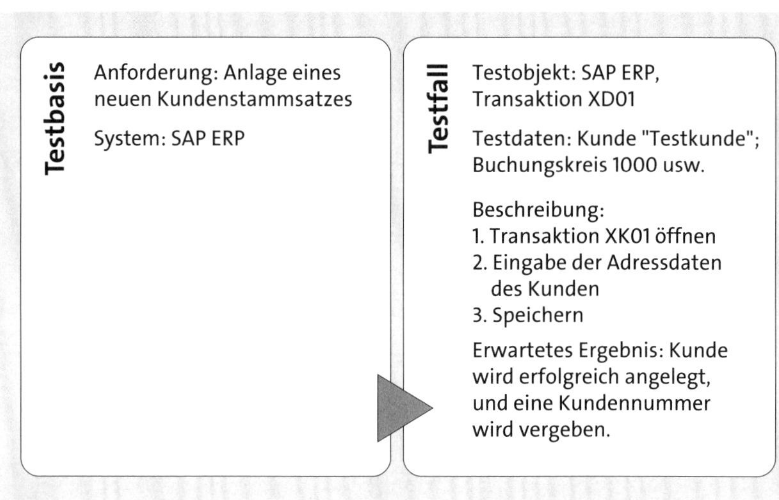


**Abbildung 2.3** Beispiel für die Entwicklung eines Testfalls

[+]

**Homogenität der Testfälle sicherstellen**

Werden in einem Projekt Testfälle von mehreren Personen erstellt, ist es zudem essenziell, dass all diesen Personen klar ist, in welcher Granularität sie vorzugehen haben. Denn andernfalls passiert es leicht, dass ein Fachbereich einen Testfall mit fünf Testschritten und ein anderer Fachbereich einen Testfall mit 50 Testschritten erstellt, der dann einen viel größeren Bereich abdeckt. Bei einer Erfassung der Testergebnisse auf Testfallebene führt es dann dazu, dass die Testergebnisse nicht direkt miteinander vergleichbar sind und auch eine Aufwandsschätzung auf Testfallbasis erschwert wird.

Schauen Sie sich auch die Gruppe der Tester*innen, die den Testfall später oder zukünftig testen soll, genau an. Handelt es sich insgesamt um geübte und mit dem Prozess vertraute Tester*innen, muss der Testfall weniger detailliert beschrieben werden, als wenn es sich um weniger erfahrene Tester*innen handelt. Wenn Sie hingegen eine Testautomatisierung oder das Outtasking von Testaktivitäten planen, erfordert dies in der Regel detailliertere Testfallbeschreibungen.

Während der Erstellung der Testfälle sollte darauf geachtet werden, dass die Testfälle wiederholbar, nachprüfbar und auf die Anforderungen zurückzuführen sind.

**In- und Output des Testentwurfs**

In Tabelle 2.2 sind alle Elemente enthalten, die in der Testentwurfsphase als Input dienen und nach Abschluss der Phase als Output zur Verfügung stehen und somit in die nächste Phase übernommen werden können.

| Input | Output |
|---|---|
| Testkonzept | Testfälle |
| Testbasis | |

**Tabelle 2.2** Testentwurf

## 2.3 Testdurchführung

In der Phase **Testdurchführung** werden die einzelnen Testfälle schließlich manuell oder automatisiert zur Ausführung gebracht. Der Standard des ISTQB unterscheidet auch an dieser Stelle differenzierter zwischen zwei Phasen: die Phase **Testrealisierung** und die Phase **Testdurchführung**. Wie bereits beim Testentwurf hat sich jedoch in der SAP-Praxis gezeigt, dass auf die Phase **Testrealisierung** als explizite Phase verzichtet werden kann. Die Voraussetzungen, die zur tatsächlichen Testdurchführung noch geschaffen werden müssen, fassen wir im nächsten Abschnitt zusammen. Je nach Dauer und Umfang der Testdurchführung müssen die vorbereitenden Aktivitäten auch während der Testdurchführung immer wieder ausgeführt werden, was ebenfalls dafür spricht, die Testrealisierung nicht als eigene Phase zu betrachten.

### 2.3.1 Vorbereitung

**Vorbereitung zur Testdurchführung**

Bevor Sie mit der Testdurchführung tatsächlich losgehen können, sind einige vorbereitende Aktivitäten notwendig, die im Folgenden beschrieben werden.

**Priorisierung der Testfälle**

Um auch bei großen Projekten und vor allem unter Zeitdruck den Überblick über eine große Anzahl an Testfällen zu behalten, ist eine *Priorisierung* notwendig. Diese legt fest, welche Testfälle am wichtigsten sind und zuerst getestet werden müssen. Dabei ist die vorher festgelegte Kritikalität hilfreich. Es empfiehlt sich, die Testfälle mit der höchsten Kritikalität als Erstes zu testen, um möglichst viel Zeit für Nachbesserungen und einen erneuten Test der fehlerhaften Testfälle zu haben.

**Kontrolle der Testumgebung**

Kurz bevor Sie mit der Testdurchführung beginnen, muss die in der Testplanung festgelegte Testumgebung noch einmal geprüft werden. Nichts ist ärgerlicher als eine nicht funktionierende Testumgebung, die den Teststart verzögert oder die Testdurchführung unterbricht. Im Fall vom SAP-System muss beispielsweise sichergestellt werden, dass die Testsysteme verfügbar sind und alle Tester*innen die notwendigen Berechtigungen zur Testdurchführung haben. Zur Kontrolle der Testumgebung kann auch ein *explorativer Funktionstest* durchgeführt werden. Dabei werden die wichtigsten Funktionen des Systems ohne größeren Zusammenhang einfach ausprobiert. So kann in der Regel die grundlegende Funktionalität eines Systems sichergestellt werden.

**Kontrolle der Ressourcen**

Genau wie die Testumgebung muss auch sichergestellt werden, dass die Ressourcen, allen voran die Tester*innen, zur Verfügung stehen. Dafür bietet sich ein Kick-off-Termin an, in dem allen am Projekt beteiligten Personen noch einmal die zu erfüllenden Aufgaben erklärt werden. Im Anschluss kann dann eine kurze Verfügbarkeitsabfrage (z. B. schriftlich per E-Mail) gestartet werden. Terminkonflikte oder andere Gründe, die zum Ausfall von Tester*innen führen, können im Vorfeld (eventuell auch mit der zuständigen Führungskraft) proaktiv geklärt werden.

**Bereitstellung der Testdaten**

Für die Testdurchführung unerlässlich sind die Testdaten. Sind diese nicht bereits vorhanden, sollten sie spätestens zu diesem Zeitpunkt erzeugt werden. In größeren Tests ist es auch erforderlich, Testdaten im Rahmen der Testdurchführung noch einmal zu erzeugen, da die ursprünglich geplanten Testdaten eventuell bereits durch andere Tester*innen verbraucht wurden oder aus anderen Gründen nicht mehr funktionieren. Gerade bei größeren, aufeinander aufbauenden End-to-End-Tests kann es sinnvoll sein, die Testergebnisse eines vorangegangenen Testfalls als Ausgangsbasis für zukünftige Tests zu verwenden. Dies muss dann bei der Ablaufplanung und Priorisierung der Testfälle berücksichtigt werden.

**Der Aufwand zum Aufbau von Testdaten**

Gerade in einem ERP-System ist die Generierung von Testdaten oft sehr aufwendig, da verschiedene Belege aufeinander aufbauen. So müssen für einen bestimmten Testdatensatz oft erst einige Vorgängerprozesse durchlaufen und Vorgängerbelege erzeugt werden. Hier empfiehlt es sich, etwas mehr Zeit einzuplanen.

Um den Aufwand zu reduzieren, können Skripte erstellt werden, die bestimmte Testdaten automatisch erzeugen. Auch die Testdatenwerkzeuge diverser Anbieter können den Aufwand reduzieren.

Sind automatisierte Tests vorgesehen, müssen dafür die entsprechenden Skripte entwickelt werden. Auch das kann, je nach Methode und Werkzeug, sehr zeitaufwendig sein (siehe Kapitel 16, »Testautomatisierung«).

**Entwicklung von Skripten**



### 2.3.2 Durchführung

Nachdem alle Vorbereitungen abgeschlossen sind, kann mit der Testdurchführung begonnen werden. Die Testdurchführung umfasst folgende Aufgaben:

- Ausführung der Testfälle
- Vergleich des Ist-Ergebnisses mit den erwarteten Soll-Ergebnissen
- Protokollierung der Testergebnisse

**Testfälle ausführen**

Die Aus- bzw. Durchführung der Testfälle ist die Hauptaufgabe in dieser Phase. Testfälle werden anhand ihrer Beschreibung manuell durch die Tester*innen in der Testumgebung oder automatisiert durch ein Skript ausgeführt.

**Ergebnis prüfen**

Um festzustellen, ob die Durchführung eines Testfalls erfolgreich war, muss im Anschluss das während der Durchführung entstandene Ist-Ergebnis mit dem Soll-Ergebnis abgeglichen werden. Stimmt es überein, war die Testdurchführung erfolgreich. Stimmen die Ergebnisse nicht überein, muss nochmals nachgebessert und nachgetestet werden.

**Teststatus protokollieren**

Damit die erhaltenen Testergebnisse stets nachvollziehbar bleiben, ist es unerlässlich, diese exakt zu dokumentieren. Dazu werden die Testergebnisse meist in einem *Testergebnisdokument* oder in einem entsprechenden Tool festgehalten. Verwendet man ein Dokument für die Dokumentation des Testfalls, ist es hilfreich, den Testfall gleichzeitig zum Testergebnisdokument zu machen. Dies erreicht man, indem man im Testfall entsprechende Felder für die Beschreibung des Testergebnisses sowie Screenshots hinzufügt. Neben der reinen Dokumentation des Ergebnisses in Schrift- und Bildform muss auch der Status des Testfalls festgehalten werden. Der Status wird dann auch für das Test-Reporting verwendet. In der Praxis haben sich dafür die in Tabelle 2.3 aufgeführten *Teststatuswerte* etabliert.

| Teststatuswert | Beschreibung |
|---|---|
| OK | Wird vergeben, wenn das Ist-Ergebnis mit dem Soll-Ergebnis übereinstimmt. |

**Tabelle 2.3** Teststatuswerte

| Teststatuswert | Beschreibung |
|---|---|
| **OK mit Einschränkung** | Wird vergeben, wenn das Ist-Ergebnis mit dem Soll-Ergebnis weitestgehend übereinstimmt, es aber kleinere Schönheitsfehler gibt, die die Funktionalität jedoch nicht beeinträchtigen.<br>Die Einschätzung, ob ein **OK mit Einschränkung** ausreicht oder ob der Testfall doch **Fehlerhaft** ist, obliegt den Tester*innen. |
| **Fehlerhaft** | Wird vergeben, wenn das Ist-Ergebnis nicht mit dem Soll-Ergebnis übereinstimmt. |
| **Nachtest OK** | Wird vergeben, wenn es sich um einen Nachtest handelt und das Ist-Ergebnis mit dem Soll-Ergebnis übereinstimmt. |

**Tabelle 2.3** Teststatuswerte (Forts.)

### 2.3.3 Fehlerbehebung und Nachtest

Nachtest

War die Testdurchführung nicht erfolgreich und der Testfall fehlerhaft, muss der Fehler behoben werden und der Testfall noch einmal in einem Nachtest getestet werden. Abbildung 2.4 zeigt das Vorgehen. Der fehlerhafte Testfall bleibt so lange im Teststatus **Fehlerhaft** stehen, bis er in einem Nachtest einen anderen Status erhält. Ist auch der Nachtest fehlerhaft, ändert sich der Teststatus nicht.

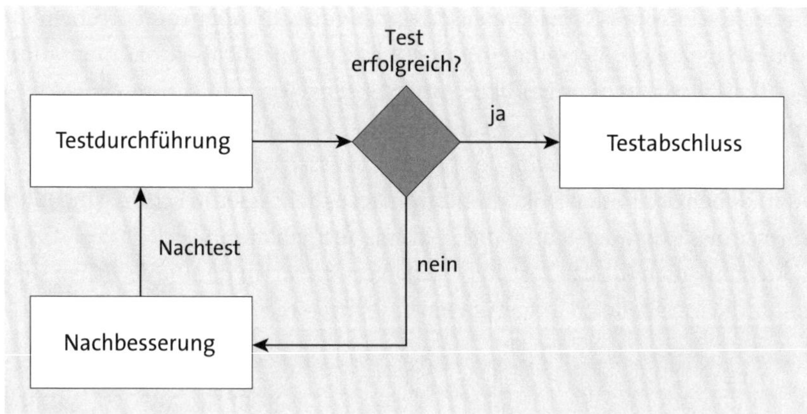


**Abbildung 2.4** Nachtest eines Testfalls

Fehlerbehebung oder nicht?

Ist der entstehende Aufwand zur Fehlerbehebung so hoch, dass er den Nutzen übersteigt, kann auch entschieden werden, den Fehler zu akzeptieren und nicht zu beheben. Diese Entscheidung muss in Absprache mit allen Beteiligten, vor allem der vom Fehler betroffenen Abteilung (Stakeholder), abgewogen werden. Faktoren wie die Kritikalität des Testfalls und damit die Bedeutung für den Prozessablauf im Unternehmen sind dabei entscheidend.



[+]

**Einsatz eines Defect Managements**

In der Praxis ist es gerade bei größeren Projekten oft schwierig, bei vielen fehlerhaften Testfällen den Überblick zu behalten. Um Transparenz zu schaffen und den Status der Fehlerbehebungen im Blick zu behalten, ist daher ein formales *Defect Management* unabdingbar. Eine entsprechende Funktionalität, die meist einem Ticketsystem entspricht, ist üblicherweise Bestandteil eines Testmanagementwerkzeugs. Wird bei der Testdurchführung ein Fehler festgestellt, kann bereits während der Durchführung eine *Testfallfehlermeldung* (Ticket) erzeugt werden. Diese wird dann entsprechenden Bearbeiter*innen zugewiesen. Ist der Fehler behoben, gilt das Ticket als gelöst, und die Tester*innen werden benachrichtigt. Der Nachtest kann stattfinden. Wie das Defect Management im SAP Solution Manager funktioniert, erfahren Sie in Kapitel 14, »Individualisieren des Testprozesses mit dem SAP Solution Manager«.

**In- und Output der Testdurchführung**

In Tabelle 2.4 sind alle Elemente enthalten, die in der Phase **Testdurchführung** als Input dienen und nach Abschluss der Phase als Output zur Verfügung stehen und somit in die nächste Phase übernommen werden können.

| Input | Output |
|---|---|
| Testfälle | Testergebnisdokumentation |
| Testumgebung | Fehlertickets |

**Tabelle 2.4** Testdurchführung

## 2.4 Abschluss der Testaktivitäten

**Abschließende Bewertung**

In dieser Phase werden die Testendekriterien abschließend bewertet und ein Testabschlussbericht erstellt. Bei der Bewertung geht es hauptsächlich um die Frage, ob das Testende im Hinblick auf die im Testkonzept festgelegten Testendekriterien erreicht ist. Ist z. B. das festgelegte Testendekriterium »Alle Testfälle mit der Priorität ›hoch‹ haben den Teststatus **OK** oder **OK mit Einschränkung**« nicht erfüllt, da sich die hoch priorisierten Testfälle noch im Status **Fehlerhaft** befinden, ist das Testende formal noch nicht erreicht, und es müsste weitergetestet werden.

**Risikoabwägung**

In vielen Projekten wird die Zeit zum Ende der Testphase knapp, und es kommt nicht selten vor, dass die Testendekriterien zu diesem Zeitpunkt nicht vollständig erreicht werden. In diesem Fall sollten Sie eine Risikoabwägung treffen und gegebenenfalls die Testendekriterien oder die Testfälle anpassen. So könnte z. B. die Priorität der fehlerhaften Testfälle herabgestuft werden. Durch diese Maßnahme werden die Testendekriterien erfüllt, und der Test kann abgeschlossen werden.

**Testabschlussbericht**

Zum Abschluss des Tests sollte ein Abschlussbericht erstellt werden. In diesem Bericht sollte Folgendes festgehalten werden:

- **Zusammenfassung des Test-Reportings**
  Welche Zahlen hier genau interessant sind, hängt von den Stakeholdern des Projekts ab. In der Regel sind es aber die Anzahl der Testfälle, die Anzahl der Fehler sowie die Bereiche mit besonders hohem Testaufwand oder besonders vielen Fehlern.
- **Zusammenfassung des zeitlichen Ablaufs**
  Wann wurden welche Testfälle getestet? Wie viele Testfälle wurden insgesamt getestet? Wie schnell wurden die Fehler behoben?
- **Bewertung der Endekriterien**
  Die bereits angesprochenen Endekriterien und die Bewertung dieser sollten ebenfalls Teil des Berichts sein.
- **Besondere Fakten**
  In diesen Teil des Berichts gehören alle Themen, die während des Testens aufgekommen und aus irgendeinem Grund erwähnenswert sind (z. B. Ressourcenengpässe, Nicht-Verfügbarkeit von Systemen usw.).

Je nach Umfang des Tests oder des Projekts und der Zusammensetzung der Stakeholder kann der Bericht mehr oder weniger detailliert und umfangreich ausfallen. Wichtig ist der Bericht vor allem, um den Stakeholdern, also in der Regel dem Management, transparent zu machen, warum die Testphase so abgelaufen ist und wie die Systemqualität nach der Testdurchführung eingeschätzt wird.

**In- und Output des Testabschlusses**

In Tabelle 2.5 sind alle Elemente enthalten, die in der Phase **Abschluss der Testaktivitäten des Testprozesses** als Input dienen und nach dem Abschluss der Phase als Output zur Verfügung stehen und somit in die nächste Phase übernommen werden können.

| Input | Output |
|---|---|
| Testfälle | Testabschlussbericht |
| Testergebnisdokumentation | |
| Fehlertickets | |

**Tabelle 2.5** Abschluss der Testaktivitäten

## 2.5 Bewertung und Optimierung des Testprozesses

**Gründe für die Testprozessverbesserung**

Ein Punkt, der in Projekten gerne vernachlässigt wird, ist die kontinuierliche Verbesserung des Testprozesses. Wie alle Prozesse im Unternehmen sollte auch der Testprozess fortlaufend optimiert und an die aktuellen Gegebenheiten angepasst werden. Dafür gibt es unterschiedliche Gründe:

- **Vereinfachung des Prozesses**
  Einfachere Prozesse reduzieren eventuell den erforderlichen Schulungsaufwand und können sogar das gesamte Projekt leichter beherrschbar machen.
- **Steigerung der Effektivität**
  Eine gesteigerte Effektivität des Testprozesses sorgt für eine erhöhte Softwarequalität.
- **Steigerung der Effizienz**
  Steigt die Effizienz, sinken meist die Kosten (z. B. durch Ressourceneinsparung) und der Zeitbedarf.

Je nach Anspruch, verfügbarer Zeit und Ressourcen gibt es verschiedene Möglichkeiten, wie der Testprozess verbessert werden kann. Drei dieser Möglichkeiten stellen wir Ihnen im Folgenden vor.

### 2.5.1 Lessons Learned

**Positive und negative Erfahrungen**

Die einfachste Möglichkeit zur Optimierung Ihres Testprozesses ist die Durchführung von ein oder mehreren *Lessons Learned Sessions*. Dafür setzen sich mehrere am Testprozess beteiligte Personen aus verschiedenen Bereichen zusammen und sammeln als Erstes Punkte, die während der Testphase besonders gut und solche, die nicht optimal gelaufen sind. Die positiven Punkte werden in einer Liste gesammelt und sollten für die Planung und Durchführung des nächsten Testprozesses herangezogen werden. Die negativen Punkte werden nach Dringlichkeit oder Schwere kategorisiert. Danach werden Lösungsansätze gesucht. Diese Lösungsansätze sollten im Anschluss allerdings ebenfalls bewertet und nach Umsetzbarkeit (Zeit und Kosten) kategorisiert und priorisiert werden. Wichtig ist es, jedem umzusetzenden Thema einen Verantwortlichen zuzuweisen. Dies erhöht die Chance, dass keine Themen untergehen bzw. im Sande verlaufen.

### 2.5.2 Deming-Zyklus

Der *Deming-Zyklus*, auch *PDCA-Zyklus* genannt, ist ein bekanntes allgemeines Modell zur Verbesserung von Prozessen. Er besteht aus den vier Phasen **Plan**, **Do**, **Check** und **Act**, die ständig wiederholt werden und so eine kontinuierliche Verbesserung des Prozesses sicherstellen (siehe Abbildung 2.5). Im Fall des Testprozesses sieht das wie folgt aus:

- **Plan (Planen)**
  In dieser Phase werden Verbesserungspotenziale identifiziert und Maßnahmen entwickelt, wie diese umgesetzt werden sollen.
- **Do (Durchführen)**
  Die geplanten Maßnahmen werden während des nächsten Durchlaufs des Testprozesses im Rahmen eines Pilotversuchs umgesetzt.
- **Check (Überprüfen)**
  Die Wirksamkeit der umgesetzten Maßnahmen wird überprüft.
- **Act (Verbessern)**
  Erfolgreiche Maßnahmen werden in dieser Phase dem Standard hinzugefügt (beispielsweise indem diese in die Teststrategie oder das Testkonzept aufgenommen werden).

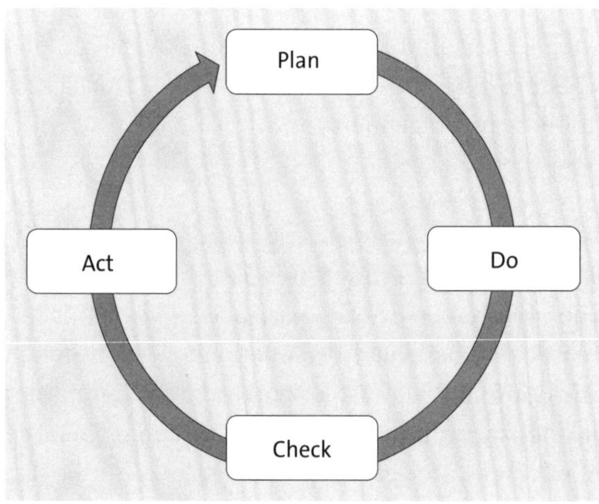


**Abbildung 2.5** Deming-Zyklus

### 2.5.3 Weitere spezielle Modelle zur Testprozessverbesserung

Neben den beiden bereits genannten allgemeingültigen Verfahren zur Prozessverbesserung gibt es auch noch einige spezielle Modelle zur Verbesserung des Testprozesses. Diese können teils kostenlos, teils kostenpflichtig vom jeweiligen Anbieter erworben werden und bauen im Wesentlichen auf zwei verschiedenen Vorgehensmodellen auf:

- Stufenmodelle (z. B. TMMi®)
- kontinuierliche Modelle (z. B. CTP®, STEP®, TPI NEXT®)

Stufenmodelle sind hierarchisch aufgebaut. Die höheren Reifegrade (Stufen) lassen sich meist nur erreichen, wenn die unteren Reifegrade bereits vollständig erreicht wurden. Kontinuierliche Modelle bieten in der Regel mehr Freiheiten bei der Auswahl, welcher Prozessaspekt zur Verbesserung herangezogen werden kann. Hier können höhere Reifegrade auch in Teilbereichen erzielt werden, ohne dass die unteren Reifegrade komplett erreicht wurden.

Die Anbieter einiger dieser Modelle bieten auch Zertifizierungen für Unternehmen an. Weitere Informationen zu den einzelnen Modellen finden Sie auf den Webseiten der Anbieter.

**In- und Output der Optimierung des Testprozesses**

In Tabelle 2.6 sind alle Elemente enthalten, die in der Phase **Bewertung und Optimierung des Testprozesses** als Input dienen und nach Abschluss der Phase als Output zur Verfügung stehen und somit in die nächste Phase übernommen werden können.

| Input | Output |
|---|---|
| Testfälle | Maßnahmen zur Prozessverbesserung |
| Testumgebung | |
| Testbasis | |
| Testkonzept | |
| Teststrategie | |
| Testdokumentation | |
| Testabschlussbericht | |

**Tabelle 2.6** Optimierung des Testprozesses

## 2.6 Testüberwachung und -steuerung

Die Phase **Testüberwachung und -steuerung** dient, wie der Name schon andeutet, der Steuerung des gesamten Testprozesses. Nach ISTQB ist die Teststeuerung die »Anwendung von Korrekturmaßnahmen, um in einem Testprojekt die Abweichung vom geplanten Vorgehen zu beherrschen« (Quelle: ISTQB Glossary, *https://glossary.istqb.org/de/term/teststeuerung-1*).

### 2.6.1 Aufgaben der Teststeuerung

Die Testüberwachung und -steuerung umfasst einige zentrale Aufgaben:

- **Rechtzeitiges initiieren der Testaufgaben**
  Alle bereits in den vorherigen Phasen besprochenen Aufgaben und Aktivitäten müssen rechtzeitig gestartet werden, damit der Zeitplan der Testphase eingehalten werden kann. Das Testmanagement sollte daher alle Aufgaben im Blick behalten und rechtzeitig mit der Initiierung beginnen.
- **Ergebnisse messen und analysieren**
  Das Testmanagement ist dafür verantwortlich, dass die Ergebnisse (Output) der jeweiligen Phasen zum richtigen Zeitpunkt und in der benötigten Qualität fertiggestellt werden.
- **Reporting des Testfortschritts**
  Während der Testdurchführung ist es die Aufgabe des Testmanagements, den Testfortschritt mittels geeigneter Metriken zu überwachen und nach Beendigung des Tests die Erreichung der Testendekriterien festzustellen.
- **Korrekturmaßnahmen einleiten und Entscheidungen treffen**
  Bei allen Themen, die nicht wie geplant ablaufen, ist das Testmanagement dafür verantwortlich, entsprechende Korrekturmaßnahmen einzuleiten und gegebenenfalls Entscheidungen zu treffen, um den geplanten Ablauf sicherzustellen.

### 2.6.2 Reporting

Metriken

Innerhalb der Phase **Testüberwachung und -steuerung** werden verschiedene *Metriken* angewendet, die Aufschluss über den aktuellen Stand geben und in den verschiedenen Reports (meist für die Stakeholder) gebündelt werden können. Diese Metriken können je nach Projekt und Zusammensetzung der Stakeholder ganz unterschiedlich ausfallen. Eine gute Metrik zeichnet sich dadurch aus, dass Sie einfach und objektiv sowie eindeutig zu interpretieren ist.

Folgende Metriken haben sich in der Praxis bewährt:

- **Aktivitätenbasierte Metriken**
  - **Anzahl der Tests und deren Ausführungsstatus**
    Diese Metrik gibt eine Übersicht über den aktuellen Testfortschritt. Sie zeigt, wie viele Testfälle bereits durchgeführt wurden und welchen Status diese haben (**OK**, **Fehlerhaft**, **In Bearbeitung** usw.). Noch ungetestete Testfälle verbleiben im Status **Initial** bzw. **Geplant**.
  - **Status der Nachtests**
    Diese Metrik zeigt das Verhältnis von fehlerhaften Testfällen zu Testfällen, die bereits den Status **Nachtest OK** erhalten, haben und zeigt somit die Aufarbeitung von Fehlern an.
  - **Zeitlicher Aufwand**
    In diesem Fall wird die Anzahl der für den Test geplanten Teststunden oder Testtage den bereits geleisteten Teststunden oder Testtagen gegenübergestellt. So erhält man Auskunft darüber, wie weit der Test bereits fortgeschritten ist. In der Regel wird diese Zahl noch mit den bereits bearbeiteten Testfällen abgeglichen, um einschätzen zu können, ob die noch zu testenden Testfälle in der verfügbaren Zeit getestet werden können (gleichbleibender zeitlicher Aufwand vorausgesetzt).
- **Fehlerbasierte Metriken**
  - **Fehlerdichte**
    Diese Metrik ermittelt mithilfe einer Klassifizierung die Fehlerhäufigkeit in verschiedenen Bereichen der Software. So kann festgestellt werden, ob ein Bereich der Software besonders fehleranfällig ist.
  - **Anzahl Fehler**
    Hier wird das Verhältnis von offenen Fehlertickets zu bereits gelösten Fehlertickets gegenübergestellt.
  - **Bearbeitungsdauer der Fehlertickets**
    Die durchschnittliche Bearbeitungsdauer der Fehlertickets wird ermittelt, indem die Zeit von der Eröffnung der Meldung bis zur Lösung der Meldung kumuliert und durch die Anzahl der gelösten Meldungen geteilt wird. Dies gibt Auskunft über die Bearbeitungsgeschwindigkeit und ist ein wichtiger Faktor zur Steuerung der Testdurchführung.

**Erfahrung ist hilfreich**

In der Praxis ist für die Aufgaben der Testüberwachung und -steuerung meist ein gewisser Erfahrungsschatz erforderlich. Nicht alle auftretenden Themen können zuverlässig durch Metriken und Pläne abgedeckt werden (vor allem bei größeren Projekten). Die im Testmanagement tätigen Personen benötigen an der einen oder anderen Stelle eine gehörige Portion Kreativität, um die Zeit- und Qualitätsvorgaben zu erreichen. Die Erfahrung hat außerdem gezeigt, dass es wahre Wunder bewirken kann, hartnäckig zu bleiben und den Stand der aktuellen Aufgaben stoisch in regelmäßigen Abständen persönlich zu erfragen.

In Tabelle 2.7 finden Sie die Ressourcen, die Sie beim Start der Phase benötigen, sowie die Ergebnisse, die am Ende der Phase entstehen.

| Input | Output |
|---|---|
| Testkonzept | Korrekturmaßnahmen |
| Teststrategie | Entscheidungen |
| Daten aus dem Testprozess | Reports |

**Tabelle 2.7** Testüberwachung und -steuerung

# Kapitel 3
# Testorganisation



*In diesem Kapitel betrachten wir die handelnden Personen und ihre Aufgaben innerhalb des Testprozesses. Ein effektiver und vor allem effizienter Testprozess erfordert eine Testorganisation, die den Prozess sowohl während der Vor- und Nachbereitung als auch bei der Durchführung unterstützt.*

In vielen Unternehmen mit »gewachsenen Strukturen«, also Organisationsstrukturen, die sich im Laufe der Zeit organisch gebildet haben, ist das Testmanagement wenig formalisiert. Meist testen Personen aus dem Fach- und/oder IT-Bereich neue Entwicklungen und nehmen diese dann produktiv in Betrieb. Leider stößt diese über Jahre gehegte und gepflegte Vorgehensweise oft gerade in größeren Projekten wie beispielsweise einem SAP-S/4HANA-Einführungsprojekt an ihre Grenzen. Oft liegt dies nicht daran, dass nicht gründlich genug getestet wurde, sondern vielmehr daran, dass es keine klaren Zuständigkeiten gibt und Aufgaben nicht ausreichend definiert werden.

Mit der Einführung einer formalen *Testorganisation* können Sie jedoch einen Rahmen schaffen, der die Testaktivitäten zusammenhält. Gerade bei temporären Projekten ist es wichtig diese Testorganisation geschickt mit der bestehenden Linienorganisation des Unternehmens zu verzahnen und so alle Beteiligten mitzunehmen. Gleichzeitig benötigt die Testorganisation aber auch genügend Entscheidungsgewalt, um nicht in eventuell vorhandenen unternehmenspolitischen Auseinandersetzungen zwischen die Fronten zu geraten.

In diesem Kapitel werden zunächst die wesentlichen Rollen im Testprozess und deren Qualifikationen, Aufgaben und Verantwortlichkeiten vorgestellt. Anschließend erklären wir, wie die Position der Rollen in der IT-Organisation eingeordnet wird.

## 3.1 Rollen

Innerhalb der Testorganisation gibt es fünf zentrale Rollen mit unterschiedlichen Aufgaben. Nicht alle Rollen sind für jedes Projekt sinnvoll und notwendig. Welche Rollen in welchem Projekt zum Einsatz kommen, sollte im Testkonzept individuell geregelt werden (siehe Abschnitt 2.1, »Testplanung«).

### 3.1.1 Testmanager*in

Die *Testmanager*innen* sind für den gesamten Testprozess verantwortlich und stellen sicher, dass Ressourcen, wie Personen, Software, Hardware und Infrastruktur, effizient eingesetzt werden und so einen Mehrwert schaffen. Damit der Testprozess auch einen Mehrwert für das Softwareentwicklungsprojekt liefert, muss er zum Erfolg des Projekts, also zu einer qualitativ hochwertigen Software beitragen. Dies gelingt, indem der oder die Testmanager*in den Testprozess so gestaltet, dass während des Testens möglichst viele (vor allem schwerwiegende) Fehler gefunden und anschließend behoben werden. Andernfalls verschlingt der Testprozess lediglich Ressourcen, ohne einen Mehrwert für das Projekt zu schaffen.

**Aufgaben der Testmanager*innen**

Eine entscheidende Aufgabe, die in den Bereich der Testmanager*innen fällt, ist das Personalmanagement, also die Rekrutierung, Erhaltung und Betreuung der Testteams.

In einem *Testteam* muss sichergestellt sein, dass alle Rollen an die richtigen Mitarbeitenden verteilt werden. Folgende Fähigkeiten sind für einen Mitarbeiter oder eine Mitarbeiterin im Testteam hilfreich:

- Motivation
- Kommunikation
- Selbstorganisation
- Teamfähigkeit
- Konfliktfähigkeit
- technisches Know-how
- Kenntnisse

**Qualifikation und Motivation**

Je nach Rolle und Softwareentwicklungsprojekt sind beispielsweise mal mehr oder mal weniger kommunikative Fähigkeiten gefragt. Es kommt auf die richtige Mischung an. Ein Team, das nur aus technisch versierten Spezialist*innen mit wenig ausgeprägten Kommunikationsfähigkeiten besteht, kann zwar höchstwahrscheinlich einen exzellent geplanten Test durchführen, aber eventuell in Konfliktsituationen schlecht vermitteln oder auch schlecht dem Projektmanagement Ergebnisse präsentieren. Welche Fähigkeiten bei welcher Testmanagementrolle von Vorteil sind, werden wir im weiteren Verlauf dieses Kapitels bei der Beschreibung der jeweiligen Rolle erwähnen.

Erforderliche Qualifikationen können sich im Verlauf des Projekts auch ändern. So ist beispielsweise ein hohes Maß an Motivation immer von Vorteil. Allerdings ist gerade am Ende eines Softwareentwicklungsprojekts, kurz vor dem Go-live, die Arbeitsbelastung im Projekt, und meist vor allem im Testmanagement, besonders hoch. Hier versuchen viele Projektmitarbeitende im Vorfeld verlorene Zeit zu Ungunsten der finalen Testphase wieder aufzuholen und so den Go-live-Termin doch noch zu halten. Befinden sich zu diesem Zeitpunkt hochmotivierte Mitarbeiterinnen und Mitarbeiter im Testteam, lässt sich eine solche Lastspitze deutlich leichter bewältigen.

Der oder die Testmanager*in muss somit rechtzeitig auf diese sich verändernden Rahmenbedingen reagieren und gegebenenfalls geeignete Fortbildungs- und Entwicklungsmöglichkeiten finden, um das Testteam zu erhalten und die besten Leistungen zu fördern.

**Treiber des Testfortschritts**

Eine weitere wichtige Aufgabe der Testmanager*innen ist ihre Aufgabe als Treiber des gesamten Testfortschritts. In jedem Projektplan eines Softwareentwicklungsprojekts gibt es eine Zeitplanung, in der auch die Testaktivitäten enthalten sind. Das zum Projekt gehörige Testkonzept regelt, wie und von welcher Rolle die einzelnen Phasen des Testprozesses durchgeführt werden. Der Testmanagerin oder dem Testmanager obliegt es, diese Aufgaben an die dafür vorgesehenen Personen zu kommunizieren und nachzuhalten.

**Offene Informationspolitik**

Am effektivsten gelingt dies durch eine offene Informationspolitik. Die Mitarbeitenden sollten zu Beginn des Projekts durch einen Kick-off über die anstehenden Testaktivitäten informiert werden. Bei diesem Treffen kann ein Übersichtsdokument mit einer Rollenbeschreibung sowie mit den wichtigsten Meilensteinen des Projekts ausgeteilt werden. So wird das vermittelte Wissen verfestigt und kann bei Unsicherheit als kompaktes Nachschlagewerk genutzt werden. Zusätzlich sollten für alle Mitarbeitende, die den Testprozess und die verwendeten Tools noch nicht kennen, Schulungen angeboten werden. Zur Messung des Fortschritts während der Testphasen, und um gegebenenfalls eingreifen zu können, sollte ein entsprechendes Reporting etabliert werden. Wichtige Kennzahlen in diesem Zusammenhang sind beispielsweise die Anzahl der bereits erstellten Testfälle in Abhängigkeit zur Testbasis oder auch die Anzahl der bereits beendeten Testfälle in Abhängigkeit zur Gesamtanzahl der Testfälle. Weitere Informationen zum

Thema Reporting finden Sie in Kapitel 2, »Der grundlegende Testprozess«, sowie in Kapitel 13, »Testauswertung«.

**Testfortschritt vorantreiben**

In größeren Testorganisationen mit vielen Tester*innen, Key Usern und weiteren Rollen muss der Testfortschritt stetig vorangetrieben werden. In der Praxis ist es häufig so, dass die Rollen in der Testorganisation an die Mitarbeiter*innen zusätzlich zu ihren täglichen Aufgaben vergeben werden. Die Mehrbelastung könnte während der Projektlaufzeit dazu führen, dass die Aufgaben aus den Rollen der Testorganisation »hinten herunterfallen«. Deshalb muss das Testmanagement permanent dafür sorgen, dass die Aufgaben erledigt werden. Dies erfordert viel Kommunikation (z. B. regelmäßiges aktives Nachfragen) sowie ein hohes Maß an Reporting. Eine umfassende Informations- und Schulungskampagne im Vorfeld und während der Testphase kann die Notwendigkeit dafür reduzieren, da allen klar vermittelt wird, wie wichtig eine pünktliche und gewissenhafte Erledigung der übertragenen Aufgaben ist. So steigt das Pflichtbewusstsein der Mitarbeitenden, und den zusätzlichen Aufgaben wird eine höhere Priorität im Arbeitsablauf eingeräumt. Hier das richtige Maß zwischen aktiver Nachfrage und Überwachung zu finden, erfordert etwas Fingerspitzengefühl und Erfahrung seitens der Testmanager*innen. Daher sollte diese Rolle mit jemandem besetzt sein, der die Tester*innen bereits kennt.

Eine weitere wichtige Aufgabe der Testmanager*innen ist es, die Stakeholder während des Softwareentwicklungsprojekts mit für sie relevanten Informationen zu versorgen. Wir verwenden »Softwareentwicklungsprojekt« als Synonym für alle Änderungen, die an Software durchgeführt werden – sowohl SAP-Projekte mit Customizing und Entwicklung als auch Änderungen an anderen Softwareprodukten.

**Arten von Stakeholdern**

In diesen Projekten gibt es verschiedene *Stakeholder*. Stakeholder sind Personen oder Organisationen, die ein Interesse an den Testaktivitäten, den Testergebnissen oder an der Qualität des Softwareprodukts haben. Das Interesse der Stakeholder ist in den meisten Fällen darauf zurückzuführen, dass sie direkt am Testprozess beteiligt oder von der Qualität des Softwareprodukts betroffen sind. Folgende Stakeholder sind typischerweise in diesen Projekten vorhanden:

- *Entwickler*innen*: Erstellen die zu testende Software und beheben im Test gefundene Fehler.
- *Consultants und Systemarchitekt*innen*: Entwerfen die zu testende Software, helfen bei der Erstellung von Testfällen und reagieren auf Testergebnisse mit Maßnahmen.

- *Mitarbeiter*innen von Fachbereichen (z. B. Key User)*: Definieren Anforderungen an die Software und die erstellen Testfälle.
- *Tester*innen*: Sind für die Testdurchführung verantwortlich.
- *Geschäftsleitung, Produktmanager*innen und Projektsponsor*innen*: Sind an Entscheidungen auf Basis der Testergebnisse beteiligt und wollen ein qualitativ hochwertiges Softwareprodukt.

Die oben genannten Stakeholder müssen durch den Testmanager oder die Testmanagerin zielgerichtet informiert werden. Üblicherweise erfolgt die Information in Form von Reports und/oder Statusmeetings. Dabei sind allerdings je nach Interessengruppe unterschiedliche Informationen wichtig.

Zielgerichtete Informationen

So interessieren sich z. B. Entwickler*innen und Consultants vor allem für die Anzahl und Art der gefundenen Fehler. Mitarbeiter*innen von Fachbereichen und Tester*innen wollen über die Anzahl und Qualität der Testfälle sowie über den Testfortschritt informiert werden. Das Management möchte in der Regel sowohl über den aktuellen Testfortschritt, die Anzahl und Schwere der gefundenen Fehler (Qualität), die Einhaltung der Budgetgrenzen sowie über Abweichungen zum Zeitplan informiert werden.

Risikomanagement

Der Test eines Softwareprodukts ist auch immer mit verschiedenen Risiken verbunden. Neben dem risikoorientierten Testen, auf das wir in Kapitel 5, »Testfallerstellung«, näher eingehen werden, gibt es verschiedene Risiken, die sich aus der Natur des Testens und des Testmanagements ergeben. Die Aufgabe der Testmanagerin oder des Testmanagers ist es, diese Risiken zu erkennen, zu bewerten und angemessen darauf zu reagieren. Grundsätzlich gibt es immer zwei Möglichkeiten, wie auf Risiken reagiert werden kann:

- **Das Risiko tragen**
  Zunächst wird die zu erwartende Schadenshöhe und die Eintrittswahrscheinlichkeit bewertet und dem Aufwand (Zeit, Kosten) zur Beseitigung des Risikos gegenübergestellt. Ist der Aufwand zur Beseitigung des Risikos größer als der zu erwartende Schaden bei Risikoeintritt, ist es sinnvoll, das Risiko zu tragen. Dies bedeutet, dass sich das Testmanagement des Risikos bewusst ist und ein Eintritt des Risikos in Kauf genommen wird. Falls es mit vertretbarem Aufwand möglich ist, sollten Maßnahmen ergriffen werden, um die Eintrittswahrscheinlichkeit zu senken.
- **Das Risiko beseitigen**
  Ergibt die Abwägung, dass die Kosten für den Eintritt des Risikos höher als der Aufwand zur Beseitigung sind, und ist die Eintrittswahrscheinlichkeit des Risikos auch noch relativ hoch, sollte das Risiko unter Zuhilfenahme entsprechender Gegenmaßnahmen beseitigt oder zumindest minimiert werden.

Das Risikomanagement ist ein kontinuierlicher Prozess. Die in Abbildung 3.1 beschriebenen Phasen wiederholen sich iterativ während des gesamten Testprozesses. Das Risikomanagement gehört innerhalb des Testprozesses zur Phase **Testüberwachung und -steuerung**.

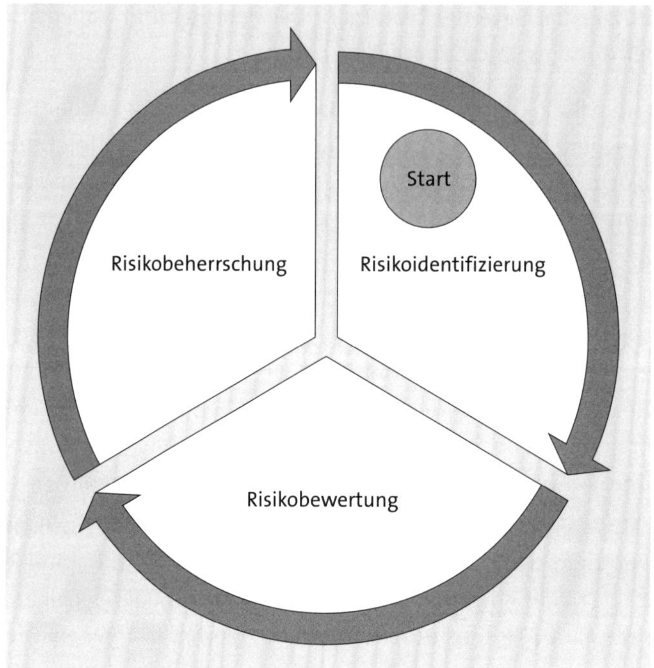


**Abbildung 3.1** Risikomanagement

Folgende Risiken sind für das Testmanagement typisch und sollten mindestens überwacht werden:

- Ressourcenengpässe
- unzureichende Qualität der Testdaten
- unzureichende Qualität der Testfälle
- Probleme bei der Funktion des Testsystems
- Zeitverzug
- unzureichende Zusammenarbeit
- fehlende Kenntnisse der Tester*innen bzw. des Testteams

Neben den genannten Risiken kann es, abhängig von der Organisationsstruktur und/oder vom Projektcharakter, noch weitere potenzielle Risikofelder geben. In Kapitel 5, »Testfallerstellung«, gehen wir nochmal detailliert auf das risikoorientierte Testen ein und zeigen Ihnen, wie man Testfälle in Abhängigkeit des Risikos erstellt und priorisiert.

[+]

**Auf Erfahrung der Beteiligten aufbauen**

Erfolgreiches und effektives Risikomanagement basiert auf den Erfahrungen aller beteiligten Personen. Dies bedeutet, dass, je besser der Testmanager oder die Testmanagerin im Unternehmen bzw. im Projekt vernetzt ist, desto eher können die potenziellen Risiken identifiziert werden. Binden Sie also möglichst viele der unterschiedlichen Stakeholder in das Risikomanagement ein.



**Planung und Steuerung der Tests**

Der Testmanager bzw. die Testmanagerin ist für die Planung und Steuerung der Testaktivitäten verantwortlich. Dazu gehören vor allem folgende Aufgaben:

- Termine erstellen, zu denen bestimmte Aufgaben zu erledigen sind.
- Testplan erstellen, der vorgibt, wann welcher Testfall zu testen ist.
- Testphasen mit Anfangs- und Endpunkt definieren.
- Vorgaben zum Reporting des Testfortschritts erstellen.
- Weitere konzeptionelle Tätigkeiten des Testprozesses durchführen.

**Vorgabe des Testkonzepts**

Im Vorfeld eines anstehenden Softwareentwicklungsprojekts ist die Testmanagerin bzw. der Testmanager die Person, die die Erstellung des projektspezifischen Testkonzepts vorantreibt. Dazu muss das Testkonzept aus der unternehmensweiten Teststrategie abgeleitet und den Anforderungen des Softwareentwicklungsprojekts angepasst werden. Teile dieses Prozesses haben wir bereits in Abschnitt 2.1, »Testplanung«, besprochen. Wir gehen allerdings in Kapitel 7, »Teststrategie und Testkonzept«, noch einmal detailliert auf diesen sehr wichtigen Prozess ein.

**Bewertung der Testabschlusskriterien**

Gemäß der gleichnamigen Phase im Testprozess ist der Testmanager bzw. die Testmanagerin dafür verantwortlich, dass das Testergebnis mit den definierten Abschlusskriterien abgeglichen und bewertet wird (siehe Abschnitt 2.4, »Abschluss der Testaktivitäten«). Im optimalen Fall sollte die Bewertung mithilfe der Stakeholder erfolgen. Das letzte Wort dazu, ob die Testabschlusskriterien erreicht wurden oder nicht, hat allerdings der Testmanager oder die Testmanagerin.

**Testabschluss unter Zeitdruck**

In der Praxis kommt es gerade bei den finalen User Acceptance Tests oft vor, dass diese unter großem Zeitdruck stattfinden, da der Go-live unmittelbar bevorsteht und es im Verlauf des Softwareentwicklungsprojekts bereits Verzögerungen gegeben hat. Tritt nun der Fall ein, dass Testfallfehler mit einer hohen Priorität existieren, wurden die definierten Testabschlusskriterien des User Acceptance Tests nicht erreicht, und der Test müsste nach erfolgreicher Fehlerbehebung wiederholt werden. Reicht die Zeit für die Behebung und den Nachtest nicht aus, wird der Fehler häufig von den Stakeholdern niedriger priorisiert, was dazu führt, dass die Testabschlusskriterien doch noch erfüllt werden.

Ein solches Vorgehen sollte ein Testmanager oder eine Testmanagerin in keinem Fall tolerieren, denn es mindert die Qualität der Software und kann im schlimmsten Fall Folgekosten nach sich ziehen, wenn der Fehler im Produktivbetrieb behoben werden muss. Leider zeigt sich in der Praxis auch, dass die Testmanager*innen in solchen Fällen gerne vom Management oder den Sponsoren überstimmt werden. Greifen Sie deshalb, wenn Sie eine solche Situation kommen sehen, frühzeitig ein und suchen Sie das Gespräch mit den Stakeholdern. Oft hilft es, allen Beteiligten die Relevanz des Testmanagements noch einmal zu verdeutlichen.

**Sicherstellung der Qualität der Dokumentation**

Ein wichtiger Bestandteil des Testens ist die Dokumentation. Nur mit einem ausreichend dokumentierten Testergebnis kann die Bewertung der Testabschlusskriterien durchgeführt werden. Außerdem interessieren sich Wirtschaftsprüfer*innen oder die interne Revision ebenfalls brennend für die Testergebnisse. Finden diese dann nur unzureichend dokumentierte Testfälle vor, kann das erhebliche Kosten und sogar Strafen nach sich ziehen. Aus diesem Grund ist die Sicherstellung einer qualitativ hochwertigen Dokumentation Aufgabe der Testmanager*innen. Wie die Dokumentation vorzunehmen ist, wird im Testkonzept geregelt. Qualitativ gut ist eine Dokumentation dann, wenn sie nachvollziehbar ist. Dies bedeutet, dass Belegnummern und/oder Ergebnisse anhand von Screenshots, gegebenenfalls ergänzt durch Ablaufbeschreibungen, dokumentiert werden.

**Schulungen zur Motivation einsetzen**

Leider zeigt sich in der Praxis, dass viele Tester*innen das Thema Dokumentation eher lästig finden, weshalb die Qualität der Dokumentation oft unzureichend ist. Hier hilft nur eine umfassende Schulung der Tester*innen und eine ständige stichprobenartige Kontrolle. Auch hier geht es darum, die Tester*innen zu motivieren und ihnen die Tragweite des Themas bewusst zu machen. Gelingt Ihnen das, kommt auch eine qualitativ hochwertige Dokumentation dabei heraus.

### 3.1.2 Testkoordinator*in

Unterstützung der Testmanager*innen

Der Testkoordinator oder die Testkoordinatorin ist die »rechte Hand« des Testmanagers bzw. der Testmanagerin. Die Rolle unterstützt somit die Testmanager*innen bei ihren Aufgaben. In kleineren Softwareentwicklungsprojekten werden die Rollen oft zusammengelegt, da der oder die Testmanager*in alle Aufgaben selbst übernehmen kann. Doch gerade in größeren Organisationen oder Projekten kann es auch mehrere Testkoordinator*innen pro Testmanager*in geben.

Definition von Testobjekten

Die Testkoordinator*innen arbeiten in Abstimmung mit dem Testmanager bzw. der Testmanagerin den Testplan aus. In diesem Testplan ist geregelt, welcher Testfall wann und von wem getestet werden soll. Üblicherweise werden dazu aus der Menge der vorgesehenen Testfälle mehrere Testpakete geschnürt, die dann einem Testzeitraum zugeordnet werden. Diese Aufgabe ist, je größer das Projekt und damit die Menge der Testfälle und der beteiligten Personen sind, sehr zeitraubend und komplex. Die Testfälle müssen nicht nur in eine prozessual sinnvolle Reihenfolge gebracht werden, sondern auch die Tester*innen müssen so koordiniert werden, dass sie zum notwendigen Zeitpunkt zur Verfügung stehen.

Überwachung des Testfortschritts und der Testdokumentation

Eine weitere Aufgabe, bei der die Testkoordinator*innen den oder die Testmanager*in unterstützen, ist die Überwachung des Testfortschritts. Wie in Abschnitt 3.1.1, »Testmanager*in«, beschrieben, sind die Testmanager*innen die Treiber des Testfortschritts und dafür zuständig, dass der Testprozess ohne Unterbrechungen durchgeführt werden kann. Da die Testmanager*innen gerade in größeren Projekten mit vielen beteiligten Stakeholdern und Tester*innen nicht alle Informationen zum Testfortschritt selbst beschaffen können, ist es Aufgabe der Testkoordinator*innen, den Testfortschritt zu überwachen. Dazu werden den Testkoordinator*innen Zuständigkeitsbereiche zugewiesen. Alle Testkoordinator*innen sind somit für bestimmte Prozesse oder Teams zuständig, überwachen den Testfortschritt und stehen für Fragen zum Testablauf zur Verfügung.

Sicherstellung der Testdokumentation

Ähnlich verhält es sich mit der Qualitätssicherung der Testdokumentation. Wie eingangs erwähnt, kann eine hohe Dokumentationsqualität nur durch umfassende Schulungen der Tester*innen und stichprobenhafte Kontrollen sichergestellt werden. Aus diesem Grund kann es hilfreich sein, wenn die Testkoordinator*innen an einzelnen ausgewählten Testterminen teilnehmen und die Tester*innen auf die Notwendigkeit der Dokumentation hinweisen. Außerdem sollte der Testkoordinator oder die Testkoordinatorin Stichproben der Testdokumentation im eigenen Zuständigkeitsbereich vornehmen. Bei unzureichender Dokumentation sollte Kontakt mit den zuständigen Tester*innen aufgenommen und, falls noch möglich, die Dokumentation ergänzt werden.

**Koordination und Moderation von Testterminen**

Gerade wenn komplexe Szenarien manuell getestet werden sollen (z. B. bei einem End-to-End-Test), besteht im Vorfeld ein hoher Koordinationsaufwand bei der Organisation dieser Testtermine. Im Optimalfall sollten alle Ressourcen nicht länger als unbedingt notwendig gebunden werden und jede Testerin und jeder Tester genau wissen, wann im Prozess sie oder er an der Reihe ist. Leider zeigt sich in der Realität oft ein anderes Bild. Die Tester*innen haben in vielen Fällen nur eine sehr begrenzte Sicht auf die Gesamtzusammenhänge, da sie nur den eigenen zu testenden Prozessausschnitt kennen. So kann in diesem komplexen Testterminen schnell Chaos entstehen, wenn nicht klar ist, wer welchen Schritt als Nächstes ausführen muss. Im schlimmsten Fall führt das dazu, dass die Testdaten unbrauchbar werden, da spätere Schritte im Prozess bereits ausgeführt worden sind, bevor alle Voraussetzungen geschaffen waren.

Aus diesem Grund ist es sinnvoll, dass die Testkoordinator*innen die Moderation dieser Termine übernehmen und so für Struktur und Effizienz sorgen. Allerdings ist dafür ein umfassendes Prozesswissen aufseiten der Testkoordinator*innen notwendig.

**Schulung der Testmethodik**

Im Vorfeld eines durchzuführenden Tests müssen alle beteiligten Personen die Testmethodik verstanden und verinnerlicht haben. Da Testkoordinator*innen ein ähnlich hohes Verständnis für den Testprozess und die Testmethodik mitbringen wie der oder die Testmanager*in sind sie gut geeignet, um diese methodischen Schulungen durchzuführen.

Anhand der oben beschriebenen Aufgaben wird schnell klar, dass ein Testkoordinator oder eine Testkoordinatorin ausgeprägte Kommunikationsfähigkeiten benötigt, gut im Team arbeiten können und unter Umständen gut über ausgeprägte Prozesskenntnisse verfügen muss.

### 3.1.3 Test Engineer

Die Test Engineers sind das »Backoffice« des Testmanagements. Sie sorgen dafür, dass die für das Testmanagement benötigten Daten, Systeme und Termine verfügbar sind. Ihre Aufgaben umfassen z. B. das Anlegen von Testplänen und Arbeitspaketen.

**Anlegen von Testplänen und Arbeitspaketen**

Unabhängig davon, welches Testmanagementwerkzeug eingesetzt wird, müssen im besagten Tool Einstellungen zur Testdurchführung vorgenommen und die auszuführenden Tests strukturiert und eingeplant werden. In den meisten Tools ist das die Anlage eines Testplans. Diesem Testplan werden die zu testenden Testfälle und die durchführenden Tester*innen zugeordnet. Gegebenenfalls wird der Testplan weiter in Aufgabenpakete oder logische Abfolgen untergliedert und diesen meist ein Ausführungszeitraum zugeordnet. In vielen Tools können auch weitere Merkmale ergänzt werden, die der späteren Auswertung des Testergebnisse dienen bzw. spezifische Filtermöglichkeiten bieten.



**Erstellung der Dokumentenvorlagen**

Je nach gewähltem Test-Tool ist es notwendig, Vorlagen für Testdokumente zu erstellen. Diese Vorlagen dienen beispielsweise den Tester*innen als Grundlage für die Ergebnisdokumentation oder den Key Usern als Grundlage zur Erstellung von Testfällen.

**Erstellung von Schulungsunterlagen**

Da die Test Engineers ein umfassendes Verständnis des Test-Tools mitbringen sollten, sind sie außerdem prädestiniert für die Erstellung von Schulungsunterlagen zur Bedienung des Test-Tools. Diese Unterlagen können den Tester*innen dann im Vorfeld eines durchzuführenden Tests oder im Rahmen einer Schulung zur Verfügung gestellt werden.

**Aufbereitung des Test-Reportings**

Das während eines Tests zu erstellende Test-Reporting wird meist täglich in unterschiedlichen Ausprägungen an die Stakeholder verschickt. In vielen Fällen müssen die Daten, die aus dem Test-Tool extrahiert werden, allerdings noch aufbereitet werden. Diese, meist täglich zu erledigende Aufgabe, übernimmt der Test Engineer.

[+]

**Reporting durch das Test-Tool**

Gerade beim täglichen Reporting kann Zeit und Aufwand gespart werden, wenn das Test-Tool bereits selbst ein möglichst aussagekräftiges Reporting erstellt und verschickt oder wenn Dashboards zur Verfügung stehen, die die Stakeholder bei Bedarf selbst aufrufen können. Im Optimalfall wird durch die Automatisierung das täglich manuell zu erstellende Reporting deutlich reduziert oder ganz obsolet.

**Versand von Testterminen**

Bei der Testdurchführung gibt es zwei Vorgehensweisen, die sich in der Praxis etabliert haben. Entweder das Testmanagement informiert die Tester*innen über den Start der Tests, und die Testdurchführung erfolgt komplett selbstorganisiert (sie muss lediglich in einem definierten Zeitraum durchgeführt werden), oder das Testmanagement gibt Testtermine vor, zu denen sie die Tester*innen treffen und die Tests durchführen. Wird die zweite Variante gewählt, müssen diese Termine erstellt und versendet werden. Diese Tätigkeit übernehmen die Test Engineers. Eine weitere Aufgabe ist es, die Zu- und Absagen zu den Terminen zu überwachen. Sind von den eingeladenen Teilnehmer*innen zu viele nicht verfügbar, muss der betreffende Termin verschoben werden. In einigen Fällen müssen die beteiligten

Personen auch noch einmal auf die Wichtigkeit der Testdurchführung hingewiesen und gebeten werden, ihre Prioritäten anzupassen. Die terminbasierte Vorgehensweise ist vor allem beim Test komplexer End-to-End-Szenarien hilfreich, da aufgrund der Vielzahl von beteiligten Tester*innen andernfalls kein Test zustande kommt.

**Einplanung von automatischen Tests**

Eine weitere Aufgabe, die üblicherweise von einem Test Engineer übernommen wird, ist die Einplanung bzw. die Ausführung von automatischen Testfällen (*Testskripten*). Moderne Test-Tools sind in der Lage, Testskripte für die automatische Ausführung von Testfällen zu generieren und auszuführen. Bei einem korrekt definierten Testfall wird das Testergebnis automatisch erkannt und entsprechend im Test-Tool dokumentiert. Da es sich hierbei um eine Tätigkeit handelt, die innerhalb des Test-Tools ausgeführt wird, ist die Rolle des Test Engineers die richtige Wahl. Er oder sie wirkt ebenfalls bei der Erstellung des Testskripts mit und unterstützt die Key User und Consultants.

### 3.1.4 Tester*in

Die grundlegende Rolle der Tester*innen bedarf keiner großen Erklärung. Die Rolle hat im Wesentlichen zwei Aufgaben:

**Mitwirkung bei der Erstellung von Testfällen**

Bevor die eigentliche Testdurchführung startet, müssen die Testfälle erstellt werden. Dies ist Aufgabe der Key User. Die Tester*innen unterstützen die Key User allerdings in vielen Fällen bei dieser Tätigkeit, da gerade Tester*innen mit viel Erfahrung wissen, worauf es bei der Beschreibung von Testfällen ankommt, damit ein Testfall so beschrieben wird, dass er auch von Tester*innen getestet werden kann, die den zugrundeliegenden Prozess nicht kennen.

**Testdurchführung**

Die Hauptaufgabe der Tester*innen ist natürlich die Testdurchführung. Während der Testdurchführung müssen die Tester*innen die zum Test bereitgestellten Testfälle entsprechend der im Testfall enthaltenen Beschreibung im Testsystem ausführen: Das erzielte Testergebnis muss anschließend dokumentiert und der Teststatus des Testfalls gesetzt werden.

**Neugier ist Trumpf**

In der Praxis hat sich gezeigt, dass Personen, die eine gewisse Technikaffinität, Neugier und einen Entdeckerdrang mitbringen, sich besonders gut für die Rolle der Tester*innen eignen. Sie stellen oft die richtigen Fragen und trauen sich, die Software abseits der herkömmlichen Wege auszuprobieren.

### 3.1.5 Key User

**Aufgaben der Key User**

Die Key User sind für die Definition der Testfälle in einem User Acceptance Test verantwortlich und sollten Vertreter*innen aus den am Projekt beteiligten Fachbereichen sein. Um die Aufgaben des Key Users optimal ausfüllen zu können, ist ein umfassendes Prozesswissen erforderlich. In vielen Organisation übernehmen deshalb die Geschäftsprozessverantwortlichen die Rolle des Key Users. Im Optimalfall sind die Key User auch an der Beschreibung der Anforderungen für das Projekt beteiligt gewesen. So kann sichergestellt werden, dass die Key User sowohl den aktuellen Ist-Prozess als auch den zukünftigen Soll-Prozess kennen. Das macht gerade die Definition von Testfällen deutlich einfacher, da sich die Key User nur noch mit der neuen Software auseinandersetzen müssen. Neben der reinen Beschreibung, wie ein Testfall abläuft, legt der Key User bei einem risikoorientierten Testansatz auch die Risikoklassifizierung des Testfalls fest. Diese Klassifizierung bestimmt, mit welcher Priorität der Testfall getestet werden sollte. Weitere Details zum Thema Testfallerstellung finden Sie in Kapitel 5, »Testfallerstellung«.

[«]

**Tester*in und Key User in Personalunion**

In vielen Projektorganisationen sind Key User und Tester*innen dieselben Personen. Der Grund dafür sind meist fehlende Ressourcen. Werden beide Rollen in denselben Personen gebündelt, benötigt man in der Regel weniger detaillierte Testfälle, da die Key User die zu testenden Prozesse kennen. Testerinnen und Tester, die normalerweise mit dem zu testenden Prozess keine Berührungspunkte haben, benötigen eine deutlich ausführlichere Testfallbeschreibung, um den Test durchführen zu können. Nachteil dieser Konstellation ist eine gewisse fehlende Objektivität. Fehler, die mit der Benutzerfreundlichkeit zu tun haben, werden durch die Key User oft kritischer bewertet, da sie später mit der neu entwickelten Software arbeiten (müssen) und diese deshalb gerne an Ihre persönlichen Vorlieben und Arbeitsweisen anpassen möchten.

## 3.2 Organisationsaufbau

Nachdem die für den Testprozess relevanten Rollen beschrieben worden sind, werden in diesem Abschnitt die unterschiedlichen Formen des Aufbaus einer Testorganisation erläutert. Gleich zu Beginn ist anzumerken, dass es so etwas wie die »optimale Organisation« nicht gibt. Die für den entsprechenden Anwendungsfall passende Organisation ist immer von der

Unternehmensorganisation oder der zugrundeliegenden Projektorganisation abhängig.

### 3.2.1 Organisationseinheiten im Test

Die erste Fragestellung, die im Rahmen der Testorganisation geklärt werden muss, ist die, ob die Organisation einen dauerhaften Charakter hat oder lediglich temporär existieren soll.

Eine dauerhafte Testorganisation sorgt dafür, dass die Teststrategie des Unternehmens etabliert und im Zeitverlauf an veränderte Rahmenbedingungen angepasst und weiterentwickelt wird. Außerdem kann eine dauerhafte Testorganisation auch operative Aufgaben übernehmen, um beispielsweise in Softwareentwicklungsprojekten die Testmanager*innen, die Testkoordinator*innen oder andere Rollen zur Verfügung zu stellen. Die Notwenigkeit zur Etablierung einer dauerhaften Testorganisation ist unabhängig davon, ob Tests zentral oder dezentral stattfinden.

Bei einer temporären Testorganisation wird die Teststrategie des Unternehmens einmalig erstellt. Im Falle eines anstehenden Softwareentwicklungsprojekts werden die erforderlichen Rollen besetzt (allen voran der Testmanager oder die Testmanagerin), und aus der Strategie wird das projektspezifische Testkonzept abgeleitet. Steht das Testkonzept fest, werden gegebenenfalls weitere erforderliche Rollen besetzt.

**Testorganisation als Governance**

Eine dauerhafte Testorganisation ist vor allem dann von Vorteil, wenn eine zentrale Governance für das Thema Testmanagement etabliert werden soll. Die Governance kann dann alle im Unternehmen stehenden Tests begleiten und so sicherstellen, dass diese nach der aktuell gültigen Teststrategie durchgeführt werden. Außerdem gibt es so immer ein oder mehrere Ansprechpartner*innen zum Thema Testmanagement und Testdurchführung, die im Optimalfall auch die Teststrategie anpassen und so die Vorgaben für das Thema Testen im Unternehmen maßgeblich gestalten.

Nachteil einer dauerhaften Testorganisation ist der damit verbundene Aufwand. Je nach Größe des Unternehmens und Anzahl der Releases bzw. der Projekte muss minimal eine Vollzeitstelle für das Thema etabliert werden. Der Aufwand bei einer temporären Testorganisation ist allerdings auch nicht zu unterschätzen, da, solange sich niemand um die Aktualisierung der Teststrategie kümmert, diese vor dem Start des Softwareentwicklungsprojekts erst einmal geprüft und gegebenenfalls aktualisiert werden muss. Neu ernannte Testmanager*innen müssen sich erst in die Thematik einarbeiten und benötigen in der Regel auch länger, bis sie die produktive Arbeit aufnehmen können, als Personen, die ständig mit der Materie zu tun haben.

**Dauerhafte Testorganisation**

Sie sehen es vielleicht bereits an der obigen Argumentation: Wir empfehlen die Etablierung einer dauerhaften Testorganisation. Die Erfahrung zeigt, dass Unternehmen mit dauerhafter Testorganisation effizientere und oft auch effektivere Tests durchführen. Dies führt letztendlich zu einer steigenden Softwarequalität, zu weniger Fehlern im Betrieb und damit auch zu sinkenden Kosten für die Fehlerbehebung.

**Hierarchie in der Testorganisation**

Zur Organisation der einzelnen Testmanagementrollen untereinander empfiehlt sich eine hierarchische Organisation, egal ob es sich um eine dauerhafte oder eine temporäre Testorganisation handelt. Vorteil der hierarchischen Organisationsform ist die schnelle Entscheidungsfindung bei Konflikten oder Problemen (siehe Abbildung 3.2). Gibt es bei der Testdurchführung ein Problem, sollten sich die Tester*innen an die für sie verantwortliche Testkoordinatorin oder den für sie verantwortlichen Testkoordinator wenden. Der oder die Testkoordinator*in kann sich dann, falls er oder sie die Entscheidung nicht selbst treffen kann, an den oder die Testmanager*in wenden. Die Testmanagerin bzw. der Testmanager ist für den gesamten Test verantwortlich und trifft in letzter Instanz die Entscheidung.

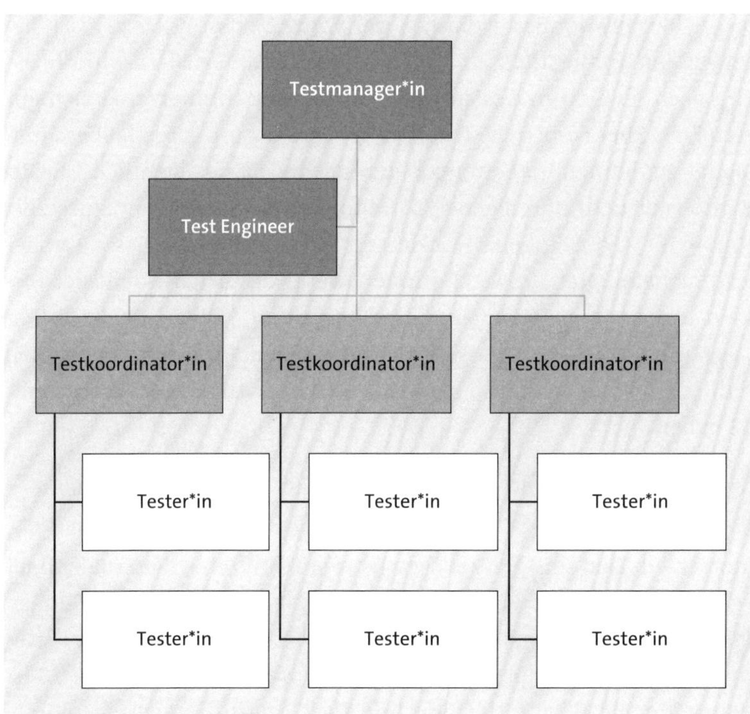


**Abbildung 3.2** Hierarchische Testorganisation

Unabhängig vom fachlichen Führungsmodell der hierarchischen Organisation können die Tester*innen in verschiedenen Teamstrukturen zusammenarbeiten.

### 3.2.2 Dezentrale Teams

Ein dezentrales organisiertes Team ist ein Team, in dem die einzelnen Teammitglieder, in diesem Fall vor allem die Testerinnen und Tester, Teil einer normalen Linienorganisation sind und trotz der Ausübung der Testerrolle weiter den Fachabteilungen zugeordnet werden. Bei einem User Acceptance Test sind die Tester*innen somit unmittelbar von der zukünftigen Software betroffen oder befinden sich zumindest sehr nahe am Prozess. Dies hat Vor- und Nachteile.

Vorteil einer solchen dezentralen Konstellation ist, dass sich die Tester*innen sehr gut mit den an die neue Software gestellten Anforderungen auskennen, diese eventuell sogar mitformuliert haben und somit auch ohne eine exakte Testfallbeschreibung gut in der Lage sind, den User Acceptance Test durchzuführen.

**Fehlende Unabhängigkeit der Tester*innen**

Nachteil dieser Konstellation ist die fehlende Unabhängigkeit der Tester*innen. Bei der Durchführung von User Acceptance Tests kann das dazu führen, dass Fehler bei der Benutzbarkeit der Software besonders kritisch betrachtet werden und Testfälle so den Status **Fehlerhaft** erhalten, obwohl die Software nach objektiven Gesichtspunkten gut funktioniert und sich gut bedienen lässt. Hier neigen die Tester*innen also dazu, die Testfallbeschreibung etwas zu dehnen und strenger auszulegen, als sie eigentlich ist. Oftmals wird so versucht, die eigenen Vorstellungen der Software umzusetzen. Schaut man hingegen einen Entwicklertest an, kann es sein, dass die an der Entwicklung beteiligten Entwickler*innen, wenn sie auch die Rolle der Tester*innen übernehmen, weniger kritisch sind und offensichtliche Fehler nicht als solche deklarieren. Aus diesem Grund sollten nicht die Personen testen, die an der Entwicklung der Software bzw. des zu testenden Teils mitgewirkt haben.

### 3.2.3 Zentrale Teams

**Vor- und Nachteile**

Im Unterschied dazu sind zentral organisierte Teams eine dauerhafte oder temporäre Organisation, die sich, unabhängig von den Fachabteilungen und der Entwicklungsabteilung, mit dem Testen beschäftigt. Durch dieses Vorgehen wird der Grad der Unabhängigkeit wesentlich verbessert. Tester*innen können nur das testen, was im Testfall spezifiziert wurde und ziehen keinen persönlichen Vorteil daraus, Themen strenger oder großzügiger zu bewerten als notwendig. Damit diese Form der Organisation funktioniert, bedarf es allerdings sehr gut beschriebener Testfälle. Die Tester*innen haben in der Regel keine oder kaum vorhandene Prozesskenntnis. Unzureichend beschriebene Testfälle führen in diesem Szenario zu Testfallfehlern, die durch falsche Bedienung ausgelöst werden und somit eigentlich keine Fehler sind.

Ein dauerhaft zentral organisiertes Testteam kann auch als Serviceorganisation für das Testen fungieren und so den gesamten Testprozess eines Unternehmens als Servicedienstleistung übernehmen.

[«]

**Outsourcing**

Eine zentrale Testorganisation eignet sich hervorragend für das Outsourcing. Es gibt auf dem Markt zahlreiche Anbieter, die Testdienstleistungen anbieten und häufig sogar eigene Tools und Methoden bereitstellen. Gerade dann, wenn man sich den Aufbau einer temporären Testorganisation in einem größeren Projekt ersparen will, kann Outsourcing eine sinnvolle Methode sein, um unabhängiges Testen zu gewährleisten. In der Praxis scheitern allerdings viele Unternehmen an der Testfallbeschreibung. Ist diese für Dritte ohne Prozesskenntnis nicht verständlich, gelingt das Outsourcing des Testens meist nicht. Ein weiteres Anwendungsgebiet sind spezielle Testarten, wie z. B. ein Last- und Performancetest, der aufgrund von fehlenden Tools oder Know-how gerne extern ausgelagert wird.

# Kapitel 4
# Dimensionen von SAP-Softwaretests



*Auf die Testplanung folgt die Testentwurfsphase. In dieser Phase legen Sie fest, was genau getestet werden muss. In diesem Kapitel stellen wir Ihnen eine passende Hilfestellung zur Auswahl der zu testenden Elemente vor: die Testdimensionen.*

In diesem Kapitel möchten wir Ihnen drei Testdimensionen vorstellen, die wir aufgrund von langjähriger praktischer Erfahrung in SAP-Softwareentwicklungsprojekten aus verschiedenen Standards wie ISTQB oder ISO 25001 zusammengestellt haben (siehe Abbildung 4.1):

- Teststufen
- Qualitätsmerkmale
- Testtiefe

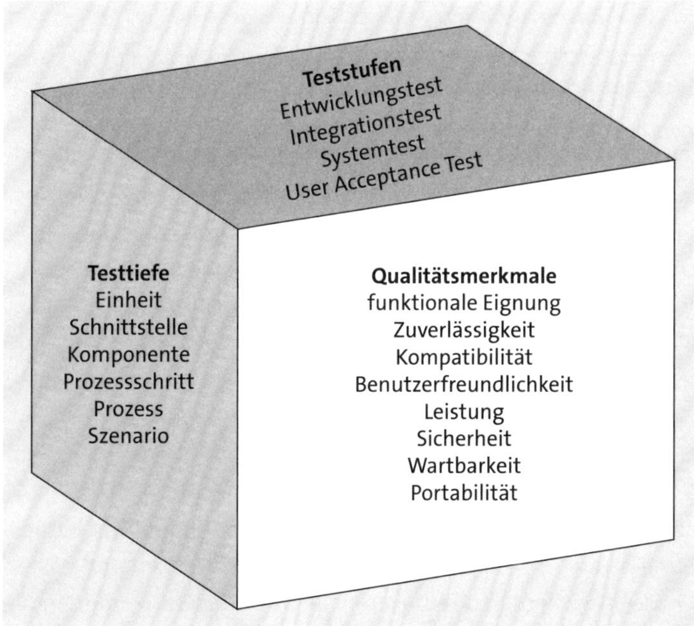


**Abbildung 4.1** Übersicht der Testdimensionen

Die genauen Bezeichnungen der einzelnen Dimensionen sowie deren Inhalte können Sie beliebig an Ihre Bedürfnisse anpassen. Je nachdem, welche Anforderungen ein Test hat, werden die drei Dimensionen unterschiedlich miteinander kombiniert. Mehr dazu erfahren Sie in Kapitel 5, »Testfallerstellung«. Achten Sie darauf, die von Ihnen genutzten Dimensionen auch in der Teststrategie und im Testkonzept festzuhalten und zu beschreiben.

## 4.1 Teststufen

**Welche Tests sind möglich?**

Die Teststufe bestimmt, welcher Test durchgeführt wird. Je nach Teststufe unterscheiden sich in der Regel die beteiligten Personen, die Granularität, in der die Tests durchgeführt werden, sowie die zu testenden Qualitätsmerkmale. Im Rahmen des Softwareentwicklungsprozesses unterscheidet sich zudem der zeitliche Ablauf der Teststufen. Üblicherweise wird der Entwicklungstest sehr früh im Prozess durchgeführt, während der User Acceptance Test meist sehr spät im Prozess erfolgt. Da der Fokus der einzelnen Teststufen sehr unterschiedlich sein kann, sollten für jede Teststufe eigene Testfälle erstellt werden. Welche Teststufen in einem Softwareentwicklungsprozess zum Einsatz kommen, regelt das Testkonzept. Die einzelnen, hier aufgeführten Testmethoden werden in Kapitel 5, »Testfallerstellung«, näher beschrieben.

**Bezeichnung der Teststufen**

Die Bezeichnung der Teststufen basiert auf den geläufigen Bezeichnungen aus unserer Projekterfahrung. Abhängig von den verwendeten theoretischen Grundlagen (z. B. die Terminologie des ISTQB), den organisch gebildeten Begriffen innerhalb eines Unternehmens oder auch der Größe des jeweiligen Projekts können die Bezeichnungen der Stufen, deren genaue Definition und deren Bedeutung im Projekt abweichen. Relevant ist in jedem Fall, dass die Begriffe und deren Bedeutung innerhalb eines Projekts bzw. eines Unternehmens konsistent verwendet werden.

### 4.1.1 Entwicklungstest

Beim Entwicklungstest kann ein breites Spektrum von Fehlervermeidungs- und Erkennungsstrategien angewandt werden, um Risiken, Zeit und Kosten für die Softwareentwicklung zu reduzieren. Entwicklungstests können die statische Codeanalyse, die Analyse der Datenflussanalysemetrik, die Peer-

Code-Überprüfung, den Komponententest, die Code-Coverage-Analyse, die Rückverfolgbarkeit und andere Softwareverifizierungspraktiken umfassen.

**Unit Test**

Der Entwicklungstest wird oft auch als *Unit Test* bezeichnet, da in der Praxis üblicherweise die einzelnen Softwarekomponenten (engl. Units) im Entwicklungstest getestet werden. Je nachdem, wie der Entwicklungstest in Ihrem Testkonzept spezifiziert ist, können dort aber auch andere Elemente getestet werden.

**Mögliche Tester*innen**

Üblicherweise wird der Entwicklungstest von der Person durchgeführt, die den zu testenden Code erstellt hat. In großen Organisationen kann es dafür aber auch spezielle Tester*innen in der Entwicklungsabteilung geben, die den Test durchführen.

Die Testbasis des Entwicklungstests sind die Dokumente mit den *technischen Spezifikationen*, die den Entwickler*innen als Anforderung dienen, um die Entwicklung umzusetzen. Aus dieser Testbasis werden die Testfälle für den Entwicklungstest abgeleitet.

**Formalisierungsgrad des Entwicklungstests**

In der SAP-Praxis ist der Entwicklungstest häufig weniger formalisiert als spätere Teststufen. Viele Unternehmen verzichten beim Entwicklungstest auf die Ausarbeitung konkreter Testfälle. Stattdessen bleibt es den Entwickler*innen überlassen, ihre Entwicklung nach den Unternehmensvorgaben zu testen und zu bestätigen, dass die Testbasis korrekt umgesetzt wurde.

### 4.1.2 Integrationstests

**Integration von Komponenten und Modulen**

Im Gegensatz zum Entwicklungstest kommt es beim funktionalen Test nicht nur auf korrekt funktionierenden Code, sondern auch auf das Zusammenspiel der einzelnen Komponenten und Module an. Diese Tests werden durchgeführt, um Fehler in den Schnittstellen und in der Interaktion zwischen integrierten Komponenten aufzuzeigen. Im Integrationstest werden einzelne Softwaremodule kombiniert und als Gruppe getestet.

Die Testbasis bei Integrationstests ist in der Regel ein *technischer Systementwurf*, sie kann sich aber auch aus einer *funktionalen Anforderungsspezifikation* und den bereits im Entwicklungstest herangezogenen technischen Spezifikationen zusammensetzen.

### 4.1.3 Systemtests

End-to-End-Test

Der Systemtest ist ein erweiterter Integrationstest. Im Unterschied zum Integrationstest wird beim Systemtest auch das Zusammenspiel verschiedener Systeme und Software im Gesamtkontext betrachtet. Der Systemtest wird auch oft als *End-to-End-Test* bezeichnet. Der Systemtest kann funktional oder nicht funktional durchgeführt werden.

Bei einem nicht funktionalen Systemtest wird kein Programmcode ausgeführt, und es kommen Testmethoden wie die statische Analyse oder Reviews zum Einsatz (siehe Kapitel 5, »Testfallerstellung«).

Wird der Systemtest hingegen funktional durchgeführt, wird der Programmcode zur Laufzeit getestet. Dabei können auch logische Faktoren einbezogen und geprüft werden, ob die Ein- und Ausgabewerte eines Programms auch von einem integrativen prozessualen Standpunkt aus Sinn ergeben, beispielsweise ob die SAP-Transaktion korrekt rechnet oder der erzeugte Beleg aus prozessualer Sicht die korrekten Daten enthält.

Gerade wegen der logischen Faktoren und des größeren Zusammenhangs werden Testfälle für den Systemtest klassischerweise von Consultants erstellt und oft auch von diesen getestet. Diese bringen sowohl den nötigen technischen Background als auch das erforderliche Prozesswissen mit, um die logischen Faktoren mit einbeziehen zu können.

Die Testbasis des Systemtests besteht in der Regel aus dem technischen Systementwurf, der funktionalen Anforderungsspezifikation sowie der *Anforderungsdefinition*.

### 4.1.4 User Acceptance Tests

Abnahmetest

Der User Acceptance Test bzw. Abnahmetest ist ein formaler Test, mit dem geprüft wird, ob die Software den Bedürfnissen der Benutzer*innen, den Anforderungen Ihrer Organisation und den durchgeführten Geschäftsprozessen entspricht. Er wird verwendet, um festzustellen, ob eine Software die Akzeptanzkriterien erfüllt. Üblicherweise findet der User Acceptance Test als einer der letzten Tests vor dem Go-live statt. Die Benutzer*innen, die in Zukunft mit der Software arbeiten, sollen prüfen, ob sie ihren Anforderungen gerecht wird.

Je nach Größe der Software sowie der verwendeten Testtiefe sind an einem User Acceptance Test viele unterschiedliche Abteilungen und Personen beteiligt. Sowohl die Erstellung der Testfälle als auch die Testdurchführung werden dabei meist von den Mitarbeitenden in den Fachbereichen übernommen. Diese prüfen bei der Testdurchführung, dass die Anforderungen an die Software (Testbasis) korrekt umgesetzt wurden. Neben der reinen Funktionalität wird beim User Acceptance Test auch Wert auf weiche *Qualitätsmerkmale* wie z. B. Benutzerfreundlichkeit gelegt.

[«]



**Der strengste Test**

Der User Acceptance Test ist in den meisten Organisationen die strengste aller Teststufen. Es werden bei der Zielerreichung meist nur geringe Toleranzen gestattet. Dies liegt vor allem daran, dass der User Acceptance Test in vielen Fällen die letzte Teststufe vor dem Go-live darstellt. Was nach einem User Acceptance Test immer noch nicht korrekt funktioniert, wird normalerweise in die Releaseversion übernommen und auch dort nicht korrekt funktionieren. Dies kann hohe Kosten zur Fehlerbeseitigung nach sich ziehen.

### 4.1.5 Regressionstests

Unterschiedliche Definitionen

Regressionstests sind keine Teststufe im eigentlichen Sinn, sondern bezeichnen viel mehr den Zweck des Tests. Hinter dem Begriff Regressionstest verbergen sich zwei verschiedene Bedeutungen:

1. **Wiederholung von Tests für bereits getestete Teile der Software**
   Hier wird bereits getesteter Code z. B. nach einem festgestellten und anschließend korrigierten Fehler noch einmal getestet. Ziel ist es festzustellen, ob der Teil der Software nach der Fehlerkorrektur funktioniert. Im Sprachgebrauch hat sich für diese Konstellation allerdings eher der Begriff des *Nachtests* oder *Retests* durchgesetzt.
2. **Sicherstellung der Funktionalität bereits existierender Teile der Software**
   Fügt man einer bestehenden Software neue Funktionen hinzu, muss sichergestellt werden, dass der bereits bestehende Teil der Software nach wie vor wie gewünscht funktioniert und der neue Code keine negativen Auswirkungen auf die bestehende Funktionalität hat.

Sicherstellung der Funktionalität

Gerade im Bereich von Standardsoftware wie den Produkten von SAP wird der Begriff *Regressionstest* üblicherweise im zweiten Kontext verwendet. Die Grundfunktionalität der Software wird bereits durch SAP ausgeliefert und in aller Regel von den Kunden nur an einigen wenigen Stellen erweitert. Nach der kundeneigenen Erweiterung muss jedoch sichergestellt werden, dass die bereits ausgelieferte Grundfunktionalität von SAP noch korrekt funktioniert. Der Begriff Regressionstest sagt dabei aber nichts über die verwendeten Teststufen aus. Je nach Anforderung an den Regressionstest können unterschiedliche Teststufen, Qualitätsmerkmale und Testtiefen sinnvoll sein.

**Balance zwischen Aufwand und Nutzen**

In der Praxis wird ein Regressionstest oft in Form eines Integrationstests oder User Acceptance Tests durchgeführt. Dabei ist es wichtig, auf die richtige Balance zwischen Aufwand und Nutzen zu achten. Wollen Sie z. B., nachdem Sie einer SAP-Standardsoftware eine Funktion hinzugefügt haben, die gesamte Standardsoftware testen, sind Sie unter Umständen selbst mit vielen Tester*innen monatelang beschäftigt. Gleichzeitig darf aber auch nicht zu wenig getestet werden, da sonst die Gefahr besteht, dass eine wichtige Standardfunktionalität nicht korrekt funktioniert. Wie Sie die korrekte Balance zwischen Aufwand und Nutzen finden, wird in Kapitel 5, »Testfallerstellung«, näher beleuchtet. Ebenso können technische Hilfestellungen wie die Änderungseinflussanalyse (siehe Kapitel 15) oder die Testautomatisierung (siehe Kapitel 16) den Aufwand von Regressionstests reduzieren.

## 4.2 Qualitätsmerkmale

Merkmale zur Messung von Softwarequalität

Zur Messung der Softwarequalität lässt sich der ISO-Standard 25010 heranziehen. Der Standard beschreibt insgesamt acht verschiedene Qualitätsmerkmale, die jeweils weitere Teilmerkmale beinhalten. Dabei werden sowohl interne (Qualitätserwartung der Softwareentwicklung) als auch externe (Qualitätserwartung der Endbenutzer*innen) Qualitätsmerkmale aufgeführt. Qualitätsmerkmale legen fest, auf welche qualitativen Aspekte im Test wert gelegt werden soll. Sie können beliebig mit Teststufen und Testtiefen kombiniert werden. Je nach Testtiefe und ausführender Testerrolle ist es allerdings nicht immer sinnvoll, alle Qualitätsmerkmale in jeder Teststufe zu testen.

### 4.2.1 Funktionale Eignung

Funktionalität

Das erste Qualitätsmerkmal ist die *funktionale Eignung*. Wenn eine Software oder ein Produkt die Funktionen bereitstellt, die den angegebenen und implizierten Anforderungen entsprechen, gilt dieses Qualitätsmerkmal als erfüllt. Die funktionale Eignung lässt sich in die folgenden Untermerkmale unterteilen:

- **Funktionale Vollständigkeit**
  Die Funktionen decken alle spezifizierten Aufgaben und Benutzerziele ab.
- **Funktionale Korrektheit**
  Ein Produkt oder System liefert die korrekten Ergebnisse mit dem erforderlichen Grad an Präzision.
- **Funktionale Angemessenheit**
  Die Funktionen erleichtern es, bestimmte Aufgaben zu erfüllen und Ziele zu erreichen.



### 4.2.2 Zuverlässigkeit

**Verlässliche Software**

Das Qualitätsmerkmal *Zuverlässigkeit* beschreibt den Grad, mit dem ein System, Produkt oder eine Komponente bestimmte Funktionen unter bestimmten Bedingungen für einen bestimmten Zeitraum ausführt. Dieses Merkmal setzt sich aus den folgenden Teilmerkmalen zusammen:

- **Reifegrad**
  Eine Software hat einen hohen Reifegrad, wenn es im Betrieb nur selten zu Fehlern kommt, die eine korrekte Funktion verhindern. In der Regel ist der Reifegrad einer Software vor dem Testen relativ niedrig. Je mehr Tests stattfinden, Fehler gefunden und behoben werden, desto höher wird der Reifegrad der Software.
- **Fehlertoleranz**
  Bei der Fehlertoleranz verhält es sich ähnlich wie beim Reifegrad. Sie misst, inwieweit ein System oder eine Softwarekomponente trotz vorhandener Hardware- oder Softwarefehler funktioniert.
- **Wiederherstellbarkeit**
  Die Wiederherstellbarkeit gibt den Grad an, mit dem ein System im Falle einer Unterbrechung oder eines Ausfalls die direkt betroffenen Daten und den gewünschten Zustand des Systems wiederherstellen kann.

### 4.2.3 Kompatibilität

**Kompatibel mit anderen Systemen?**

Das Qualitätsmerkmal *Kompatibilität* bezeichnet den Grad, mit dem ein Produkt, System oder eine Komponente Informationen mit anderen Produkten, Systemen oder Komponenten austauscht. Ebenfalls relevant für die Kompatibilität ist es, ob die erforderlichen Funktionen ausgeführt werden können, während andere Systeme die gleiche Hardware- oder Softwareumgebung nutzen. Dieses Merkmal besteht aus den folgenden Untermerkmalen:

- **Koexistenz**
  Eine Software oder ein System kann die erforderlichen Funktionen effizient ausführen und gleichzeitig eine Umgebung und Ressourcen mit anderen Programmen oder Systemen teilen, ohne dass sich dies nachteilig auf andere Programme oder Systeme auswirkt.
- **Interoperabilität**
  Zwei oder mehrere Systeme, Produkte oder Komponenten können Informationen austauschen und die ausgetauschten Informationen nutzen.

### 4.2.4 Benutzerfreundlichkeit

Nutzerzufriedenheit

Kann ein Produkt oder System von Benutzer*innen verwendet werden, um ihre Ziele effektiv, effizient und zufriedenstellend in einem bestimmten Nutzungskontext zu erreichen, gilt das Merkmal *Benutzerfreundlichkeit* als erfüllt. Es besteht aus den folgenden Untermerkmalen:

- **Zweckmäßigkeit**
  Dieses Untermerkmal beschreibt den Grad, anhand dessen die Benutzer*innen erkennen können, ob ein Programm oder System für ihre Bedürfnisse geeignet ist.
- **Lernfähigkeit**
  Ein Programm oder System kann von bestimmten Benutzer*innen verwendet werden, um bestimmte Ziele zu erreichen, d. h. um das Programm oder System effektiv und effizient sowie risikofrei und zufriedenstellend in einem bestimmten Nutzungskontext zu verwenden. Ist dies gewährleistet, ist das Programm oder System lernfähig.
- **Bedienbarkeit**
  Die Bedienbarkeit umschreibt den Grad der Attribute eines Programms oder Systems, die dessen Bedienung und Steuerung erleichtern.
- **Schutz gegen Bedienerfehler**
  Ein System, das Benutzer*innen vor Fehlern schützt, zeichnet sich durch dieses Untermerkmal aus.
- **Ästhetik der Benutzeroberfläche**
  Dieses Untermerkmal bescheinigt der Software oder dem Produkt eine angenehme und zufriedenstellende Benutzung für den User.
- **Zugänglichkeit**
  Ein Programm oder System, das von einem breiten Personenkreis verwendet werden kann, um ein spezifisches Ziel in einem bestimmten Nutzungskontext zu erreichen, gilt als zugänglich.

[!]

**Bewertung der Qualitätsmerkmale**

In der Praxis wird das Thema Benutzerfreundlichkeit gerade bei einem User Acceptance Test von den Geschäftsprozessverantwortlichen, die für die Erstellung der Testfälle zuständig sind, oft überbewertet. So neigen einige Testfallersteller*innen dazu, gerade eine im persönlichen Arbeitsablauf nützliche Funktion direkt in eine entsprechende Anzeige zu integrieren oder die Darstellung an die persönlichen Vorlieben anpassen zu wollen. Sie bauen diese als Kriterien zur Benutzerfreundlichkeit in die Testfälle ein. Lassen Sie sich als Testmanager*in von diesen zusätzlichen versteckten Anforderungen nicht irritieren. Was bei der Anforderung im Vorfeld nicht definiert bzw. im Optimalfall schriftlich festgehalten wurde, darf auch nicht getestet werden.



### 4.2.5 Leistung

**Leistungs-Ressourcen-Verhältnis**

Das nächste Merkmal stellt die *Leistung* im Verhältnis zur Menge der unter den angegebenen Bedingungen verwendeten Ressourcen dar. Dieses Merkmal besteht aus den folgenden Untermerkmalen:

- **Zeitverhalten**
  Das Untermerkmal Zeitverhalten bezeichnet die Reaktions- und Verarbeitungszeiten einer Software oder eines Systems im Bezug zu den an die Software oder das System gestellten Anforderungen.
- **Ressourcennutzung**
  Die Ressourcennutzung gibt an, inwieweit die Mengen und Arten von Ressourcen, die von einem Programm oder System bei der Ausführung seiner Funktionen verwendet werden, die Anforderungen erfüllen.
- **Kapazität**
  Die Kapazität umschreibt den Grad, bis zu dem die maximalen Grenzen eines Produkt- oder Systemparameters den Anforderungen entsprechen.

### 4.2.6 Sicherheit

**Datenschutz**

Das Qualitätsmerkmal *Sicherheit* gibt den Grad an, in dem ein Produkt oder System Informationen und Daten schützt, sodass Personen, andere Produkte oder Systeme über einen Datenzugriff verfügen, der ihrer Berechtigungsstufe entspricht. Dieses Merkmal besteht aus den folgenden Untermerkmalen:

- **Vertraulichkeit**
  Wenn ein Produkt oder System sicherstellt, dass die Daten nur Personen mit Systemzugang zugänglich sind, gilt es als vertraulich.
- **Integrität**
  Das Untermerkmal *Integrität* garantiert, dass ein System, ein Produkt oder eine Komponente den unbefugten Zugriff oder die Änderung von Computerprogrammen oder Daten verhindert.
- **Nachvollziehbarkeit**
  Ein Produkt oder System, bei dem nachgewiesen werden kann, dass Aktionen oder Ereignisse stattgefunden haben, sodass die Ereignisse oder Aktionen später nicht mehr rückgängig gemacht werden können, erhält dieses Untermerkmal.
- **Rechenschaftspflicht (Verantwortlichkeit)**
  Die Rechenschaftspflicht beschreibt die Möglichkeit, Aktionen einer Einheit eindeutig auf die Einheit zurückführen zu können.
- **Authentizität (Berechtigung)**
  Die Beweisbarkeit der Identität eines Subjekts oder einer Quelle.

### 4.2.7 Wartbarkeit

Wartungsoptionen

Mit dem Merkmal *Wartbarkeit* wird bestimmt, wie effektiv und effizient ein Produkt oder System modifiziert werden kann, um es zu verbessern, zu korrigieren oder an Änderungen der Umgebung und der Anforderungen anzupassen. Dieses Merkmal besteht aus den folgenden Untermerkmalen:

- **Modularität**
  Wenn ein System oder Computerprogramm aus diskreten Komponenten besteht, sodass eine Änderung an einer Komponente nur minimale Auswirkungen auf andere Komponenten hat, hat es einen hohen Grad an Modularität.
- **Wiederverwendbarkeit**
  Bei diesem Merkmal wird gemessen, inwieweit Teile der Software in anderen Modulen oder Teilen der Software wiederverwendet werden können.
- **Analysierbarkeit**
  Die Analysierbarkeit beschreibt, wie effektiv und effizient die Auswirkungen einer beabsichtigen Änderung eines oder mehrerer Teile auf ein Programm oder System beurteilt werden können, ein Produkt auf Mängel oder Fehlerursachen untersucht werden kann oder zu modifizierende Teile identifiziert werden können.

- **Modifizierbarkeit**
  Ein Programm oder System, das wirksam und effizient modifiziert werden kann, ohne dass Mängel auftreten oder die bestehende Produktqualität beeinträchtigt wird, erhält das Merkmal Modifizierbarkeit.
- **Testbarkeit**
  Dieses Untermerkmal umschreibt die Effektivität und Effizienz, mit der Testkriterien für ein System, ein Produkt oder eine Komponente festgelegt werden können. Bei einem hohen Grad an Testbarkeit können Tests durchgeführt werden, um festzustellen, ob diese Kriterien erfüllt wurden.



### 4.2.8 Portabilität

**Übertragbarkeit**

Ein weiteres Merkmal zur Bewertung der Qualität ist die *Portabilität*. Damit beschreiben Sie, wie leicht ein System, Programm oder eine Komponente von einer Hardware, einer Software oder von einer Betriebs- oder Nutzungsumgebung auf eine andere Umgebung übertragen werden kann. Dieses Merkmal besteht aus den folgenden Untermerkmalen:

- **Anpassungsfähigkeit**
  Kann ein Programm oder System effektiv und effizient an unterschiedliche oder weiterentwickelte Hardware, Software oder andere Betriebs- oder Nutzungsumgebungen angepasst werden, ist es in einem hohen Grade anpassungsfähig.
- **Installationsfähigkeit**
  Wird ein Programm oder System in einer bestimmten Umgebung erfolgreich installiert und/oder deinstalliert, erhält es dieses Untermerkmal.
- **Ersetzungsfähigkeit**
  Die Ersetzungsfähigkeit umschreibt die Fähigkeit eines Programms, ein anderes spezifiziertes Softwareprodukt für den gleichen Zweck in derselben Umgebung zu ersetzen.

**Erfahrung der Mitarbeitenden**

Viele dieser Qualitätsmerkmale wirken in der Theorie etwas sperrig und sehr abstrakt. In der Praxis wissen die Geschäftsprozessverantwortlichen aber oft sehr genau, worauf beim Testen eines Prozesses oder einer Funktion geachtet werden muss, damit diese korrekt funktioniert und effizient damit gearbeitet werden kann. Verlassen Sie sich als Testmanager*in bei der Erstellung der Testfälle daher ruhig ein Stück weit auf das Gespür Ihrer Geschäftsprozessverantwortlichen. Nutzen Sie anschließend die Liste der Qualitätsmerkmale, um noch fehlende Aspekte zu identifizieren.

## 4.3 Testtiefe

Die Testtiefe eines Tests legt fest, in welchem Detailgrad ein Test stattfindet. Die Einheit stellt dabei die unterste Ebene dar und ist der kleinste testbare Teil. Auf der anderen Seite ist das Szenario der größte testbare Teil. Der Integrationsgrad und damit in der Regel auch die Komplexität steigen mit jeder höheren Ebene weiter an (siehe Abbildung 4.2).

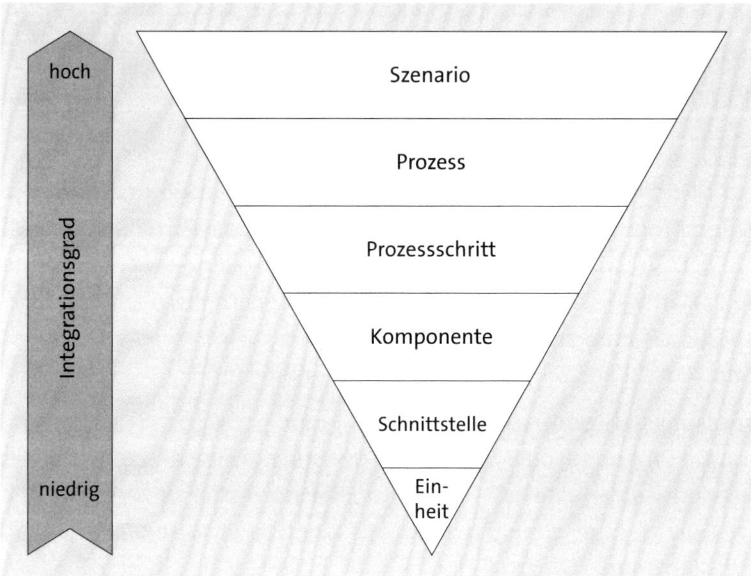


**Abbildung 4.2** Testtiefe

Wie wir bereits bei den Qualitätsmerkmalen betont haben, sollten Sie hinsichtlich der Testtiefe unbedingt einen Standard für das Unternehmen sowie für das Projekt definieren und diesen unternehmensinternen Standard in der Teststrategie anwenden sowie an dem daraus abgeleiteten Testkonzept festhalten.

### 4.3.1 Einheit

**Niedrigste Ebene der Testtiefe**

Eine *Einheit* oder Entität kann als der kleinste testbare Teil einer Anwendung angesehen werden. Bei der prozeduralen Programmierung könnte eine Einheit ein ganzes Modul sein, aber es handelt sich dabei häufiger um eine einzelne Funktion oder um ein Verfahren. In der objektorientierten Programmierung ist eine Einheit oft eine gesamte Schnittstelle, beispielsweise eine Klasse; sie kann jedoch auch eine einzelne Methode sein.

### 4.3.2 Schnittstelle

Softwareschnittstellen sind logische Berührungspunkte in einem Softwaresystem. Sie ermöglichen und regeln den Austausch von Kommandos und Daten zwischen verschiedenen Komponenten oder Einheiten. Um eine Schnittstelle testen zu können, müssen mindestens zwei Einheiten oder Komponenten beteiligt sein. So muss es im Test beispielsweise eine Einheit Daten geben und eine weitere Einheit auf der anderen Seite der Schnittstelle, die die Daten empfängt. In modernen SAP-Systemen mit einer *SAPUI5-Oberfläche* gibt es meist, wie in Abbildung 4.3 dargestellt, noch eine Schnittstelle zwischen der anzeigenden Weboberfläche und der tatsächlichen Programmlogik bzw. der Datenbank.

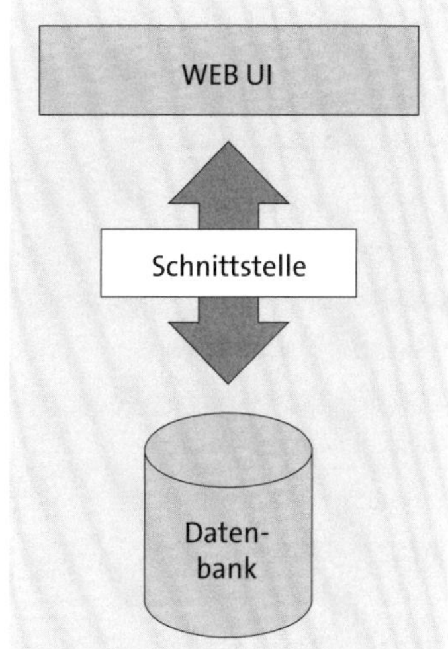


**Abbildung 4.3** Funktionsweise einer Schnittstelle

### 4.3.3 Komponente

In den Programmier- und Bearbeitungsdisziplinen ist eine *Komponente* ein identifizierbarer Bestandteil eines größeren Programms oder einer Konstruktion. Eine Softwarekomponente wird als Softwarepaket, Webdienst, Webressource, Modul oder Objektgruppe bezeichnet, die einen Satz verwandter Funktionen (oder Daten) zusammenfasst.

### 4.3.4 Prozessschritt

Ein Prozessschritt besteht aus mindestens zwei Entitäten oder der Kombination aus Funktion, Komponente und/oder Schnittstelle. Es handelt sich dabei um den kleinsten Teil eines Prozesses mit weiteren Funktionen, Komponenten und/oder Schnittstellen.

### 4.3.5 Prozess

Ein Geschäftsprozess besteht aus zwei oder mehr zusammenhängenden Prozessschritten. Der in Abbildung 4.4 gezeigte Prozess zeigt das Anlegen einer Bestellung mit drei einzelnen Prozessschritten und ist damit relativ kurz. Wird ein Prozess getestet, ist es wichtig, jeden Prozessschritt mit den gleichen aufeinander aufbauenden Testdaten zu testen. Nur so können die Abhängigkeiten korrekt getestet werden. Werden stattdessen unterschiedliche, nicht aufeinander aufbauende Testdaten innerhalb des Prozesses verwendet, kann das Testergebnis ganz anders ausfallen, da die zugehörigen Testdaten nicht unter einheitlichen Voraussetzungen entstanden sind.

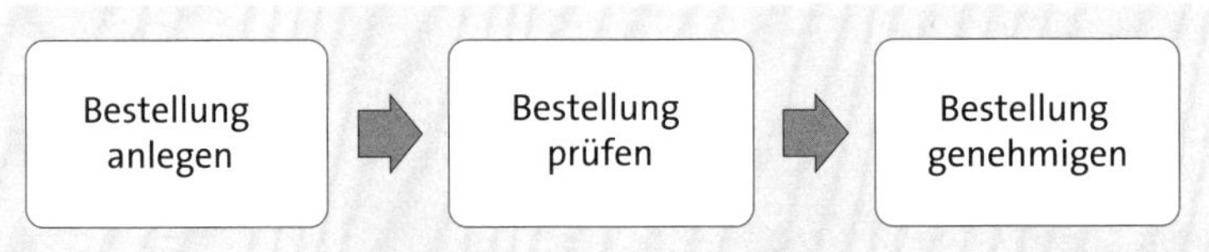


**Abbildung 4.4** Beispielprozess der Bestellanlage

**Integrative Tests**

Die Erstellung eines Testfalls, der sich über einen ganzen Prozess oder gar ein Szenario erstreckt, ist oft relativ aufwendig, da meist mehrere Abteilungen und damit Personen involviert sind und koordiniert werden wollen. Der Aufwand dafür lohnt sich jedoch! Gerade bei Standardsoftware wie der von SAP steckt der Fehlerteufel oft im Zusammenspiel der jeweiligen SAP-Module und den verschiedenen Testdaten. Je integrativer ein Test durchgeführt wird, desto größer ist die Wahrscheinlichkeit, diese Probleme aufzudecken.

### 4.3.6 Szenario

Höchste Ebene der Testtiefe

Ein Szenario besteht aus mehreren verbundenen Prozessen. Die Anzahl der Prozesse ist dabei beliebig. In der Regel werden Szenarien so geschnitten, dass sie eine in sich weitestgehend geschlossene Prozesskette abbilden. In Abbildung 4.5 wird in vereinfachter Form das Szenario einer Bestellabwicklung dargestellt. Es sind insgesamt drei Einzelprozesse beteiligt, die zu einem Szenario verknüpft werden.

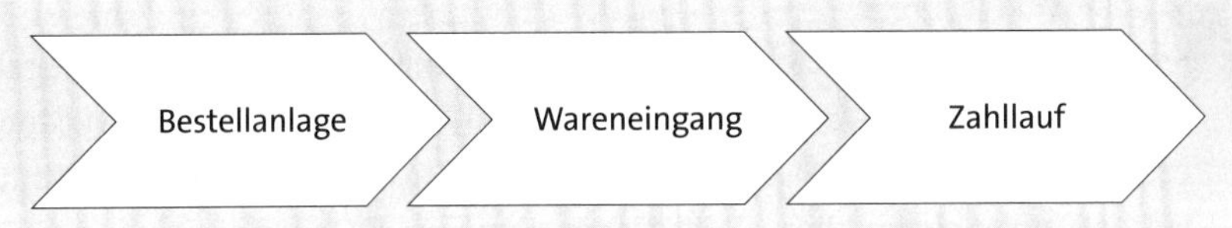


**Abbildung 4.5** Szenario »Bestellabwicklung«



## 4.4 Sonstige Tests

**Weitere Testarten**

Entsprechend der Komplexität der Aufgabe des Testens hat sich über die Jahre hinweg eine große Bandbreite von Testarten etabliert, die verschiedene Arten und Varianten der Teststufen-, Testtiefen- und Qualitätsmerkmalskombinationen abbilden. Die gebräuchlichsten Tests werden hier kurz vorgestellt.

[«]

**Bezeichnung der sonstigen Tests**

Wie bereits bei den Teststufen gilt auch hier: In der Praxis mag es Abweichungen bei den genauen Bezeichnungen der Testarten oder bei deren Definitionen geben. Wichtig ist jedoch, dass innerhalb eines Projekts bzw. eines Unternehmens die Begriffe und deren Bedeutung konsistent sind.

- **Performancetest**
  Der Performancetest geht der Frage nach, wie lang die Antwortzeiten des Systems bei bestimmten CPU- und Speicheranforderungen sind.
- **Lasttest**
  Im Gegensatz zum Performancetest wird das System beim Lasttest an die Grenzen der Leistungsfähigkeit gebracht. Man versucht dabei z. B., möglichst viele User auf dem System zu simulieren, die gleichzeitig auf dieselbe Funktion zugreifen.
- **Sicherheitstest**
  Beim Sicherheitstest werden nochmals verstärkt die sicherheitsrelevanten Qualitätsmerkmale getestet.
- **Crashtest**
  Bei der Durchführung eines Crashtests versuchen die Tester*innen, das System bewusst zum Absturz zu bringen. Ziel ist es herauszufinden, unter welchen Bedingungen dies gelingt, und diese möglichen Fehlerquellen im Anschluss auszuhebeln.

- **Smoke Test**
  Smoke-Test bezeichnet einen Test, der kurz vor dem Go-live in der Regel auf dem Produktivsystem durchgeführt wird. Beim Smoke-Test werden Programme und Funktionen nur kurz »angetestet«. So soll festgestellt werden, ob nach dem Einspielen des finalen neuen Codes die Anwendungen auf dem System grundsätzlich funktionieren und keine flächendenkenden schwerwiegenden Probleme existieren. Dazu werden bestimmte wichtige Anwendungen kurz geöffnet, ein paar Eingaben gemacht und die Anwendungen anschließend wieder geschlossen. Meist wird es dabei vermieden, Daten und Belege im System zu erzeugen. Falls dies doch geschieht, werden diese gleich darauf wieder gelöscht.

Die hier beschriebenen Tests werden vor allem bei größeren Projekten häufig durchgeführt. In vielen Fällen stoßen Testmanagementwerkzeuge an ihre Grenzen und können die genannten Testarten nicht hinreichend unterstützen, sodass gegebenenfalls weitere Testwerkzeuge eingesetzt werden müssen. Eine Aufstellung entsprechender Werkzeuge, die z. B. für einen Lasttest mehrere Tausend User simulieren können, finden Sie in Kapitel 6, »Testwerkzeuge«.

# Kapitel 5
# Testfallerstellung

*In den vorangehenden Kapiteln haben wir dargestellt, wie der Testprozess grundsätzlich strukturiert werden kann, auf welchen Ebenen Tests durchgeführt werden können und wer am Testprozess und an der Testdurchführung beteiligt ist. In diesem Kapitel geht es um ein Thema, das das Testergebnis und damit die Softwarequalität beeinflusst: die Erstellung der Testfälle.*



Der Aufbau eines Testfalls ist von der gewählten Testmethode, den gewählten Testdimensionen und den Personen abhängig, die den Testfall durchführen sollen. Aus diesem Grund gehen wir in diesem Kapitel zuerst auf die möglichen Testmethoden ein und beschreiben diese im Detail. Im Anschluss gehen wir auf den Aufbau eines Testfalls ein und zeigen Ihnen anhand eines Templates, wie ein Testfall erstellt werden kann und welche Stolpersteine in der Praxis bei der Testfallerstellung lauern. Dabei gehen wir auch auf verschiedene Methoden zur Erstellung von Testdaten ein und stellen Vorgehensweisen zur Priorisierung und Automatisierung von Testfällen vor. Zu guter Letzt besprechen wir den Lebenszyklus eines Testfalls und wie Sie Testfälle nachhaltig und wiederverwendbar gestalten können.

## 5.1 Testmethoden

Die *Testmethode* regelt, wie ein Test durchgeführt werden soll. Wir beziehen uns bei den Testmethoden vor allem auf den Branchenstandard des International Software Testing Qualifications Boards (ISTQB), der zwischen statischen und dynamischen Testmethoden unterscheidet (siehe Abbildung 5.1).

Bei den statischen Testmethoden wird kein Code ausgeführt. Stattdessen wird beispielsweise ein Programm(teil) durch strukturierte Betrachtung geprüft, oder es werden Prozesse und Dokumente kontrolliert. So können Fehler direkt in den Arbeitsergebnissen (z. B. Code, Anforderungsbeschreibungen usw.) gefunden werden, ohne den Code erst ausführen zu müssen und zu untersuchen, ob ein Fehler auftritt.

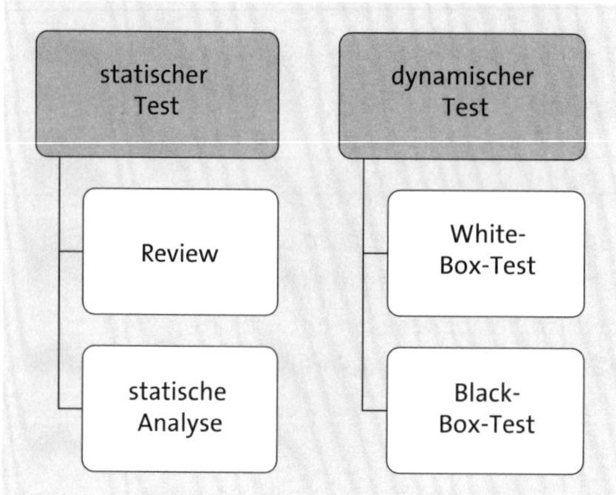


**Abbildung 5.1** Übersicht der Testmethoden

Dynamische Testmethoden kommen hingegen dem, was man sich unter Testen vorstellt, deutlich näher: einer manuellen oder automatischen Ausführung von Code mit dem Ziel, die Funktionalität der Software sicherzustellen. Die Testmethoden, die im Rahmen von SAP-Softwaretests häufig zum Einsatz kommen, werden wir in den folgenden Abschnitten näher betrachten.

### 5.1.1 Statische Tests

Statische Testmethoden werden früh im Softwareentwicklungsprojekt eingesetzt, da durch sie Fehler entdeckt werden können, bevor dynamische Tests notwendig werden. Früh gefundene Fehler lassen sich in vielen Fällen kostengünstiger beseitigen als jene, die später im Projektverlauf entdeckt werden. Besonders ärgerlich und kostenintensiv sind Fehler, die erst nach dem Go-live gefunden werden, wenn die Software bereits produktiv im Einsatz ist. Deshalb ist es fast immer kostengünstiger, auf statische Testverfahren zurückzugreifen, um Fehler zu finden und zu beheben, als dynamische Tests durchzuführen.

**Fehler frühzeitig finden**

Folgende Fehler lassen sich durch statische Tests im Vergleich zu dynamischen Tests einfacher und kostengünstiger finden und beheben:

- **Abweichungen von Standards und Vorgaben**
  Die Einhaltung von Programmierrichtlinien lässt sich mit dynamischen Testmethoden nicht verifizieren, bei der Kontrolle des Codes durch statische Testmethoden allerdings sehr wohl.

- **Fehler in der Anforderungsbeschreibung**
  Die Anforderungsbeschreibung kann beispielsweise inkonsistent und unvollständig sein oder auch Wiedersprüche, ungenaue Beschreibungen oder Redundanzen enthalten.
- **Fehler im Entwurf der Software**
  Dies können beispielsweise ineffiziente Algorithmen oder Datenbankstrukturen sein.
- **Fehler in der Programmierung**
  Fehler dieser Art sind z. B. Variablen, die deklariert aber nie genutzt werden, oder Code, der zwar eingebaut ist, aber nie durchlaufen wird.
- **Schwachstellen in der IT-Sicherheit**
  Auch Probleme mit der IT-Sicherheit, wie z. B. Speicherüberläufe, lassen sich mit statischen Testmethoden finden.

Vorteile statischer Tests

Mit statischen Testmethoden lassen sich nicht nur Fehler ausfindig machen, sondern sie bieten durch ihren Ablauf auch einige weiterte Vorteile:

- **Erhöhte Entwicklungsproduktivität**
  Die Entwicklungsproduktivität steigt, da Entwürfe und Entwicklungsanforderungen geprüft und verbessert werden. Dies reduziert die Nachfragen der Entwickler*innen an die anfordernden Personen und beschleunigt so die Entwicklung.
- **Reduzierter Testaufwand**
  Viele Fehler werden bereits vor dem dynamischen Test, oft sogar bereits vor der Entwicklung gefunden, wodurch die Anzahl der im dynamischen Test gefundenen Fehler mit hoher Wahrscheinlichkeit geringer ausfällt. Dies spart Zeit und Kosten zur Fehlerbehebung während des dynamischen Tests.
- **Reduzierung der Gesamtkosten**
  Aufgrund des Vorhandenseins von weniger Fehlern zu einem späteren Zeitpunkt im Lebenszyklus oder nach der Auslieferung in die Produktion können die Gesamtkosten der Qualität reduziert werden.

Im SAP-Umfeld haben sich vor allem zwei statische Testmethoden bewährt: die Reviews und die statische Analyse.

Bewertung des Produkts

Laut Definition des ISTQB ist ein *Review* »eine Art statischer Test, bei dem ein Arbeitsergebnis oder -prozess von einer oder mehreren Personen bewertet wird, um Fehlerzustände zu erkennen oder Verbesserungen zu erzielen.« (Quelle: ISTQB Glossary, *https://glossary.istqb.org/de/term/review-4*).

Mit dieser Definition wird die Aufgabe von Reviews deutlich. Reviews sind somit Qualitätssicherungsverfahren, vor allem für Dokumente, die während eines Softwareentwicklungsprojekts erstellt werden. Da viele Dokumente, allen voran Anforderungsbeschreibungen und Entwürfe, im Softwareentwicklungsprojekt deutlich früher als der eigentliche Code erstellt werden, können Reviews auch deutlich früher zum Einsatz kommen als beispielsweise die statische Analyse oder dynamische Testmethoden. Reviews nutzen das analytische Denken des Menschen. Der Begriff Review dient als Gattungsbegriff und bezeichnet dabei eine Reihe verschiedener Methoden. Auf die relevantesten dieser Reviews gehen wir in diesem Abschnitt näher ein. Generell können Reviews in zwei Gruppen eingeteilt werden:

- informelle Reviews
- formale Reviews

Im Unterschied zu den informellen Reviews sind formale Reviews an einen bestimmten Ablauf mit mehreren Phasen gebunden.

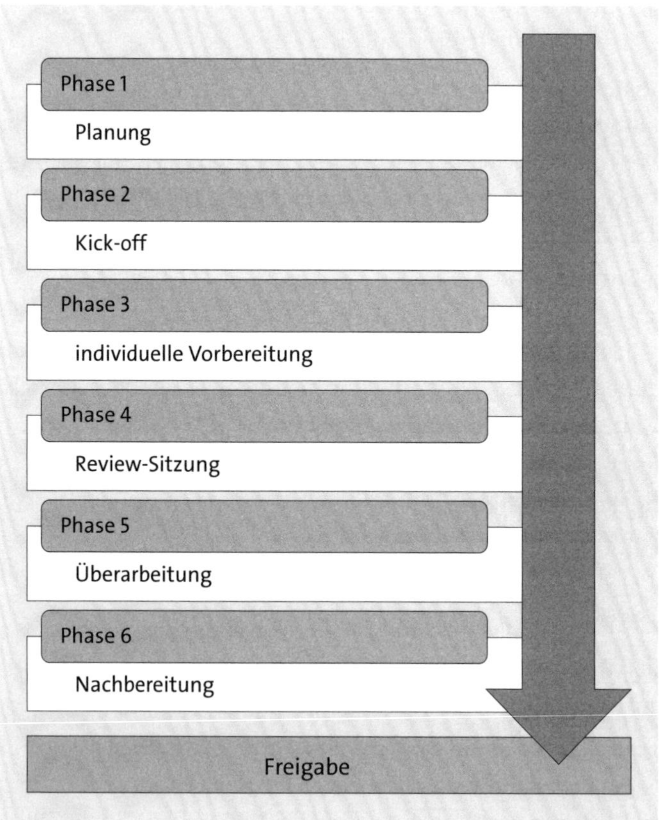


**Abbildung 5.2** Ablauf eines formalen Reviews

Dieser Ablauf ist in Abbildung 5.2 dargestellt und enthält folgende Aktivitäten:

Ablauf eines formalen Reviews

- **Phase 1 – Planung**
  In dieser Phase werden die Prüfkriterien festgelegt, die beteiligten Personen ausgewählt und die erforderlichen Rollen entsprechend besetzt. Zudem werden die zu prüfenden Dokumententeile sowie die Eingangs- und Endekriterien festgelegt.
- **Phase 2 – Kick-off**
  Der Kick-off markiert den Start des Reviews. Ziel ist es, die Teilnehmer*innen über Ziel und Ablauf zu informieren und die für den Review vorgesehenen Dokumente zu verteilen.
- **Phase 3 – individuelle Vorbereitung:**
  In dieser Phase bereiten alle Teilnehmer*innen die Review-Sitzung für sich vor. Dabei werden die Dokumente gesichtet und Fragen oder potenzielle Fehlerquellen notiert.
- **Phase 4 – Review-Sitzung**
  In der Review-Sitzung diskutieren die Teilnehmer*innen die vorgesehenen Dokumente und protokollieren bzw. dokumentieren die Ergebnisse. Dabei werden Fehler, die Empfehlung zum Umgang mit ihnen und eventuell bereits getroffene Entscheidungen festgehalten. Eine Review-Sitzung sollte nicht länger als zwei Stunden dauern.
- **Phase 5 – Überarbeitung**
  In dieser Phase überarbeiten die Autorinnen und Autoren ihre Dokumente anhand der Empfehlungen aus der Review-Sitzung und dokumentieren die abgearbeiteten Punkte.
- **Phase 6 – Nachbereitung**
  Während der Phase der Nachbereitung überprüft die Moderatorin oder der Moderator, ob Fehlerzustände gefunden wurden und ob die Endekriterien erreicht wurden (z. B. ob alle vorgesehenen Dokumente bis zum Ende durchgearbeitet worden sind). Außerdem werden entsprechende Metriken (z. B. zur Anzahl der gefundenen Fehler) gesammelt.

Nachdem alle Phasen durchlaufen worden sind, werden die Dokumente freigegeben.

Für den soeben dargestellten Ablauf eines formalen Reviews sind laut ISTQB diverse Rollen notwendig:

Review-Rollen

- **Manager*in**
  Der oder die Manager*in trifft die Entscheidung zur Durchführung eines Reviews und plant es in den Projektplan ein. Diese Rolle wird üblicherweise von der Testmanagerin oder dem Testmanager übernommen.

- **Moderator*in**
  Moderator*innen übernehmen die Moderation des Reviews sowie die Nachbereitung. Diese Rolle kann beispielsweise von einer Testkoordinatorin oder einem Testkoordinator wahrgenommen werden.
- **Autor*in**
  Die Autor*innen, die an einem Review teilnehmen, haben die zu reviewenden Dokumente erstellt.
- **Gutachter*in**
  Die Gutachter*innen sind die Personen, die den Review durchführen, nach Fehlern suchen und die Dokumente bewerten
- **Protokollant*in**
  Die Protokollant*innen dokumentieren die Ergebnisse des Reviews.

Auch bei den Rollen für einen formalen Review gilt, dass nicht alle Rollen bei jedem Review notwendig sind. Welche Rollen zum Einsatz kommen, muss im jeweiligen Testkonzept beschrieben werden.

Informelle Reviews können hingegen, je nach Bedarf, frei gestaltet werden.

**Reviews in der Praxis wenig verbreitet**

In der Praxis ist der Einsatz von Reviews sehr abhängig von der Branche. Vor allem Unternehmen im validierten Umfeld, wie z. B. Medizintechnikhersteller oder Banken führen Reviews regelmäßig und in großem Stil in ihrer Softwareentwicklung durch. Dazu sind die Unternehmen allerdings aufgrund regulatorischer Anforderungen gesetzlich verpflichtet. Bei vielen Unternehmen aus anderen Branchen ist das Thema Review als Testwerkzeug noch nicht angekommen, obwohl sich hier viel Zeit und Geld einsparen lässt. Der Grund dafür liegt oft im vermeintlich schnelleren Entwicklungsstart, wenn die dafür notwendigen Dokumente nicht erst einem Review unterzogen werden müssen. Zwar werden in vielen Softwareentwicklungsprojekten Dokumente gesichtet und freigegeben, aber in den wenigsten Fällen wird tatsächlich nach objektiven Kriterien beurteilt.

**Informeller Review**

In der Kategorie der informellen Reviews gibt es lediglich eine Review-Methode. Diese wird als informeller Review bezeichnet. Beim informellen Review wird ein Dokument von einem Gutachter oder einer Gutachterin ohne formalen Prozess geprüft und mit Anmerkungen versehen. Die Gutachterin bzw. der Gutachter sollte möglichst eine Person mit vergleichbarer fachlicher Qualifikation wie die Erstellerin oder der Ersteller des Dokuments sein. In der Praxis werden beispielsweise Anforderungsspezifikationen, die durch einen Key User erstellt wurden, häufig nochmal durch einen

Kollegen aus demselben Fachbereich, mit gleichem oder ähnlichem Aufgabengebiet, gegengelesen. Folgende Punkte sollten dabei geprüft werden:

- Sprache
- Schlüssigkeit
- Vollständigkeit
- logischer Aufbau

Das Ergebnis des informellen Reviews ist nicht direkt messbar und stark abhängig von den Qualifikationen der Gutachter*innen. Nichtsdestotrotz ist es ein kostengünstiger Weg, um die Qualität der Dokumente zu erhöhen. Eine Dokumentation im Rahmen eines Testfalls ist bei einem informellen Review nicht zwangsläufig notwendig. Allerdings hilft eine solche Dokumentation dabei, den Überblick zu behalten und ist daher mit Sicherheit sinnvoll.

Walkthrough

Bei einem *Walkthrough* wird das zu reviewende Dokument durch die Autorin oder den Autor schrittweise präsentiert. Dabei werden Informationen gesammelt und ein gemeinsames Verständnis geschaffen. Die Anwendungsfälle und ihre Umsetzung mithilfe der zu entwickelnden Software wird durchgespielt. Die beteiligten Gutachter*innen sind gleichgestellte Mitarbeitende, die sich im Vorfeld mit der Materie vertraut gemacht haben. Damit der Walkthrough gelingt, ist es wichtig, dass nur eine kleine Gruppe von Personen beteiligt ist. Andernfalls kann keine effektive Diskussion entstehen. Die Autorin oder der Autor darf auch als Protokollant*in fungieren und den Review mittels eines Berichts (Testergebnis) dokumentieren. Der Walkthrough gehört zu den formalen Reviews.

Technischer Review

Das Ziel eines technischen Reviews ist es, eine Übereinstimmung zur technischen Vorgehensweise zu erreichen. Dazu diskutiert, ähnlich wie beim Walkthrough, eine Gruppe gleichgestellter Mitarbeiter*innen mögliche Lösungsansätze, deckt Fehler auf und trifft bei Bedarf eine Entscheidung. Die Review-Sitzung wird moderiert und in einem Bericht (Testergebnis) protokolliert. Falls es für die Entscheidungsfindung sinnvoll ist, kann auch das Management an der Review-Sitzung teilnehmen. Auch bei dieser Form des Reviews ist es notwendig, dass sich die Teilnehmer*innen im Vorfeld umfassend mit der Materie beschäftigen, vor allem, da es hier keine schrittweise Einführung der Autorin bzw. des Autors gibt. Der technische Review ist besonders dann hilfreich, wenn ein konkretes technisches Problem gelöst werden soll; er gehört zu den formalen Reviews.

Inspektion

Die *Inspektion* ist die Form des formalen Reviews, die sich am besten für die Überprüfung von Arbeitsergebnissen (Dokumenten) eignet. Ihr Ziel ist es, potenzielle Fehler zu erkennen, die Qualität zu bewerten und Vertrauen in das Ergebnis bzw. das Dokument zu schaffen. Außerdem tritt während der Inspektion ein Lerneffekt für die Autorin bzw. den Autor ein, der dabei hilft, dass zukünftig ähnliche Fehler nicht wieder auftreten. Der Autor oder die Autorin darf deshalb auch nicht als Moderator oder Protokollant fungieren. Die Gutachter*innen sind bei diesem Typ von Review entweder ebenfalls dem Autor oder der Autorin gleichgestellte Mitarbeiter*innen oder andere Experten, die für das Arbeitsergebnis relevant sind. Jede Inspektion folgt einem, im Testkonzept festgelegten Ablauf und hat definierte Eingangskriterien (z. B. welche Qualität das Dokument haben muss, das geprüft wird) sowie definierte Endekriterien (z. B. wie viele Fehler ein Dokument haben darf, damit es noch freigegeben wird). Die Ergebnisse einer Inspektion werden in einem Bericht festgehalten. Zudem werden Metriken (z. B. wie schwerwiegend die Fehler sind) erfasst, um ein Reporting erstellen zu können.

**Statische Analyse**

Die statische Analyse ist in der Regel eine werkzeuggestützte Prüfung ohne Ausführung der zu prüfenden Software. Ziel der statischen Analyse ist es, Fehler im Code, im Softwaremodell oder im Dokument aufzudecken und Metriken für die Qualitätsbewertung zu erhalten.

Die Analysewerkzeuge analysieren z. B. den Kontrollfluss und den Datenfluss von Programmcode sowie auch die generierten Ausgaben (z. B. HTML, XML). Oft sind die Analysewerkzeuge auch in der Lage, die Einhaltung von Konventionen und Standards (z. B. Programmierrichtlinien) sowie die Logik und Syntax von Programmcode zu überprüfen. Die Funktionalität ist stark vom eingesetzten Analysewerkzeug abhängig. Voraussetzung ist die formale Struktur des zu prüfenden Objekts.

Genau wie Reviews können statische Analysen zu einem sehr frühen Zeitpunkt im Softwarelebenszyklus eingesetzt werden. Die Durchführung gestaltet sich, bedingt durch die Tool-Unterstützung, deutlich weniger aufwendig als beim Review. Allerdings können mit der statischen Analyse keine Fehler gefunden werden, die sich beispielsweise auf eine falsche Anforderungsbeschreibung zurückführen lassen. Wie Sie das in vielen SAP-Systemen vorhandene ABAP Test Cockpit als statisches Analysewerkzeug nutzen, erfahren Sie in Kapitel 17, »Weitere Testwerkzeuge«.

### 5.1.2 Dynamische Tests

**Fehlerauswirkungen**

Bei dynamischen Testmethoden kommt es immer zur Ausführung von Programmcode. Sie werden daher später im Softwareentwicklungsprojekt als statische Tests eingesetzt. Es muss dazu erst einmal testbarer Code vorhanden sein. Genau genommen findet man durch dynamische Tests nur die Auswirkungen von bestehenden Fehlern im Programmcode, da ein Fehler (fehlerhafter Code) zu mehreren Fehlfunktionen bei der Ausführung der Software und damit zu Auswirkungen führen kann. Das ISTQB spricht deshalb von Fehlerwirkungen. Im Rahmen dieses Buches bleiben wir allerdings beim in der Praxis etablierten Begriff und sprechen weiterhin einfach von Fehlern.



Um einen Testfall für einen dynamischen Test zu erstellen, gibt es mehrere Testentwurfsmethoden, die wir Ihnen im Folgenden vorstellen.

**Erfahrungsbasierter Ansatz**

Beim *erfahrungsbasierten Ansatz* zur Testfallerstellung spielt das Wissen der an der Testfallerstellung beteiligten Personen, in der Regel der Entwickler*innen, Consultants oder Key User, eine große Rolle. Der Testfall wird erstellt, indem der Ersteller oder die Erstellerin anhand ihres Wissens über Prozesse und Software die wahrscheinlichsten Fehlerquellen und ihre Verteilung identifiziert und daraus Testfälle ableitet. Dabei wird zwischen zwei Typen der Testfallermittlung unterschieden:

- intuitive Testfallermittlung
- exploratives Testen

Die intuitive Testfallermittlung ist ein Verfahren, das Fehler aufgrund des Wissens der Testfallersteller*innen vermutet, u. a.:

- Welche Fehler macht der Anwender oder die Anwenderin üblicherweise?
- Wie hat die Software in der Vergangenheit funktioniert?
- Welche Fehler konnten bei anderen, ähnlichen Anwendungen beobachtet werden?

Anhand dieser Fragen wird eine Liste erstellt, die die möglichen Fehler enthält. Aus dieser Liste werden dann die Testfälle angefertigt.

**Explorative Tests**

In den *explorativen Tests* werden nicht vordefinierte Tests während der Testdurchführung dynamisch entworfen, ausgeführt, aufgezeichnet und ausgewertet. Dies bedeutet, dass die Tester*innen einfach »drauflos testen« und alles, was sie dabei tun, entsprechend dokumentieren. Das Thema Dokumentation ist beim explorativen Testen enorm wichtig. Ohne eine gute Dokumentation können die gefundenen Fehler nicht nachgestellt und somit behoben werden. Die Ergebnisse werden genutzt, um mehr über die Software zu erfahren und um Tests für die Bereiche zu vertiefen, die mehr Tests erfordern. Exploratives Testen ist dort am nützlichsten, wo es wenig oder ungenügende Spezifikationen oder einen besonderen Zeitdruck für das Testen gibt.

Ein Nachteil von erfahrungsbasierten Testerstellungsverfahren ist, dass sie nicht vollständig sind. Dies liegt vor allem daran, dass die Ermittlung der

Testfälle nicht methodisch erfolgt. Jeder Tester und jede Testerin verfügt über einen anderen Erfahrungsschatz, der immer subjektiv ist. Aus diesem Grund eignen sich diese Verfahren nicht als alleinige Testentwurfsverfahren. Als Ergänzung zu anderen Testentwurfsverfahren sind sie aber durchaus sinnvoll.

White-Box-Ansatz

Beim *White-Box-Ansatz* werden die Testfälle aus dem zugrundeliegenden Programmcode abgeleitet. Das Verfahren konzentriert sich auf die Struktur und die Abläufe im Code. Dies hat zur Folge, dass White-Box-Testverfahren nur die Korrektheit des zugrundeliegenden Codes, nicht jedoch die korrekte Semantik überprüfen können. Daher wird der White-Box-Ansatz in der Regel nur in Entwicklungstests oder Integrationstests eingesetzt, bei denen auf der Komponentenebene getestet wird.

Black-Box-Ansatz

Das Testentwurfsverfahren *Black Box* geht im Gegensatz zum White-Box-Verfahren den entgegengesetzten Weg. Die Software wird hier als Black Box betrachtet. Dies bedeutet, dass die Erstellerin oder der Ersteller des Testfalls keinerlei Kenntnisse über die technische Funktionsweise der Software hat. Es werden lediglich Eingaben gemacht und Ausgaben erwartet. Was dazwischen innerhalb der Software basiert, bleibt weitestgehend verborgen. Innerhalb dieses Verfahrens gibt es verschiedene Methoden zur Erstellung von Black-Box-Testfällen. Wir gehen im Folgenden kurz auf die einzelnen Methoden ein, behandeln jedoch nur die Methoden ausführlicher, die sich in der Praxis für Tests von SAP-Standardsoftware bewährt haben.

Äquivalenzklassenbildung

Bei der *Äquivalenzklassenbildung* werden die gesamten Eingabedaten und Ausgabedaten eines Programms in Gruppen von Äquivalenzklassen unterteilt. Man nimmt somit an, dass mit jedem beliebigen Objekt einer Klasse die gleichen Fehler wie mit jedem anderen Objekt dieser Klasse gefunden werden können.

Grenzwertanalyse

Ähnlich wie die Äquivalenzklassenbildung setzt die *Grenzwertanalyse* die Einteilung von Ein- und Ausgabedaten in Klassen. Allerdings müssen die Klassen dazu geordnet sein und somit aus Zahlen oder strukturierten Daten bestehen. Die Minimum- und Maximum-Werte (oder die ersten und letzten Werte) einer Klasse sind ihre Grenzwerte. Diese in der jeweiligen Klasse ermittelten Grenzwerte werden getestet. Die Methode ist aus der Beobachtung heraus entstanden, dass es häufiger Fehler in den Randbereichen der Eingabemöglichkeiten gibt. Die Grenzwertanalyse eignet sich besonders für den Test von numerischen Werten.

Entscheidungstabellentests

Entscheidungstabellen sind sinnvoll, um in den Geschäftsprozessen komplexe Regeln zu erfassen, die in einer Software umgesetzt werden müssen. Grundprinzip ist die Erstellung einer oder mehrerer Entscheidungstabellen. Diese Tabellen enthalten normalerweise boolsche Werte (wahr oder falsch).

Zu Befüllung der Tabellen identifiziert die Erstellerin oder der Ersteller des Testfalls Eingaben und die daraus folgenden Aktionen (Ausgaben) der Software. Dieses Verfahren eignet sich besonders für den Aufbau von Testfällen zu End-to-End-Prozessketten, die eine große Anzahl von Entscheidungen im Prozessablauf enthalten.

**Anwendungsfall-basierter Test**

Das im Rahmen von SAP-Standardsoftware mit Abstand gebräuchlichste Testentwurfsverfahren ist der *anwendungsfallbasierte Test*. Wie der Name schon sagt, wird der Testfall anhand des Anwendungsfalls (engl. Use Case) erstellt. Dieser ist entweder in der Anforderungsbeschreibung oder in einem separaten Dokument vorhanden, da er auch die Grundlage der Softwareentwicklung bildet. Weitere Dokumente, die zur Testfallbeschreibung herangezogen werden können, sind die funktionale Spezifikation sowie Prozessablaufbeschreibungen oder -diagramme. Der Testfall wird meist als Tabelle mit Text in natürlicher Sprache oder als Diagramm beschrieben.

**Anwendungsfallbasierte Tests werden meist favorisiert**

Schaut man sich mit Blick auf die Testentwurfsverfahren das SAP-Umfeld an, fällt auf, dass vor allem ein Testentwurfsverfahren heraussticht: der anwendungsfallbasierte Test. Das Verfahren wird mit großem Abstand am häufigsten verwendet. Dies liegt höchstwahrscheinlich daran, dass das anwendungsfallbasierte Testen der gesamten Projektvorgehensweise am nächsten kommt. Es werden Anforderungen und Prozessbeschreibungen zur Erstellung von Testfällen herangezogen und die Testfallersteller*innen, oft Key User aus den jeweiligen Fachbereichen, machen sich mit den Anwendungsfällen und ihrer zukünftigen Arbeitsweise vertraut. Die anderen Testentwurfsverfahren, egal ob statisch oder dynamisch, können, richtig eingesetzt, eine sinnvolle Ergänzung sein und den Testaufwand reduzieren bzw. die Qualität der Software erheblich erhöhen.

## 5.2 Genereller Aufbau von Testfällen

Bevor wir uns mit dem tatsächlichen Aufbau der Testfälle beschäftigen, werfen wir noch einen Blick auf die Testbasis – also auf das zu testende Ausgangsmaterial.

### 5.2.1 Auswahl der Testbasis

**Testbasis zusammensetzen**

Als *Testbasis* bezeichnet das ISTQB alle Dokumente, aus denen die Anforderungen ersichtlich werden, die an ein System oder eine Komponente gestellt werden, bzw. die Dokumentation, auf der die Herleitung oder Auswahl der Testfälle beruht (siehe Abbildung 5.3).

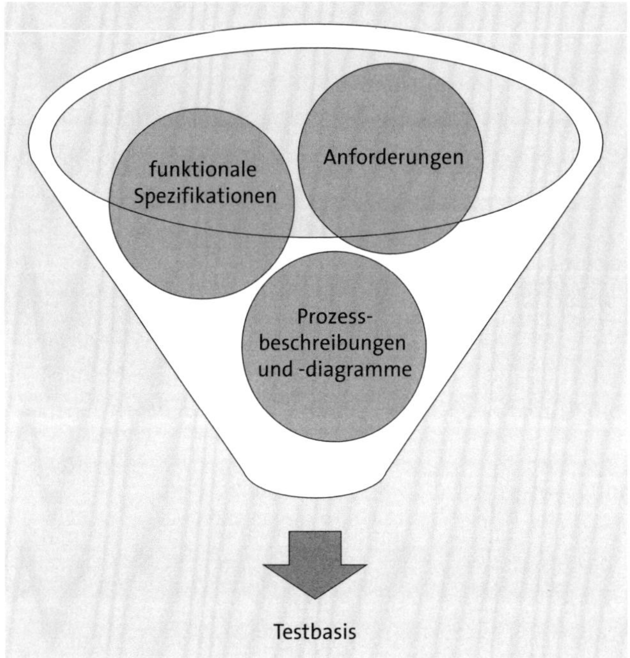


**Abbildung 5.3** Zusammensetzung der Testbasis

Diese Definition ist eine gute Grundlage zur Auswahl der Testbasis. Im ersten Schritt müssen alle Anforderungen des Softwareentwicklungsprojekts gesichtet werden. Dabei ist es hilfreich, die Anforderungen den Unternehmensprozessen zuzuordnen, denn das macht eine spätere Risikobewertung deutlich einfacher. Je nachdem, für welche Teststufe die Testfälle erstellt werden sollen, können unterschiedliche Dokumente als Anforderung dienen. So ist es beispielsweise bei einem Entwicklungstest sinnvoll, die funktionale Spezifikation, die den Entwickler*innen als Vorgabe zu Entwicklung dient, als Anforderungsdokument heranzuziehen.

Zusätzlich zu den Anforderungsdokumenten können weitere Dokumente herangezogen werden, die bei der Erstellung der Testfälle hilfreich sind. Dazu gehören z. B. Prozessbeschreibungen und -diagramme. Diese sind gerade bei komplexen User Acceptance Tests mit einer hohen Testtiefe auf Szenarioebene wichtig, um den korrekten Prozessablauf in den Testfällen abbilden zu können.

[+]

**Auswahl der Testbasis**

Bei der Auswahl der Testbasis sollte allerdings auch darauf geachtet werden, auch nicht zu viele Dokumente hinzuzufügen. Schließlich müssen alle Dokumente im Anschluss gesichtet werden, um daraus Testfälle zu erstellen. Je mehr Dokumente es gibt, desto mehr Zeit nimmt dieser Prozess in Anspruch. Versuchen Sie, jedes Themengebiet, auf das Sie bei ihrer Dokumentensuche stoßen, mindestens einmal abzudecken. Stellen Sie beim einen oder anderen Thema während der Testfallerstellung fest, dass noch Informationen fehlen, können Sie diese später immer noch hinzufügen. Zudem hilft auch bei der Auswahl der Testbasis eine risikoorientiere Betrachtungsweise. Versuchen Sie, die Themen, die ein hohes Risiko aufweisen, besonders gründlich abzudecken. Weitere Informationen zur Risikobewertung finden Sie in Abschnitt 5.4, »Risikoorientiertes Testen«.



### 5.2.2 Aufbau der Testfälle

Testdimensionen

Nachdem nun klar ist, auf welcher Grundlage die Testfälle erstellt werden, wenden wir uns dem Aufbau der Testfälle zu. Dazu kommen die aus Kapitel 4, »Dimensionen von SAP-Softwaretests«, bekannten Testdimensionen zum Einsatz:

- Teststufe
- Testtiefe
- Qualitätsmerkmale

Aus diesen drei Dimensionen werden die einzelnen Testfälle »zusammengebaut«.

Wie in Abbildung 5.4 dargestellt, wird zuerst die Teststufe ausgewählt, für die die Testfälle erstellt werden. Je nach gewählter Teststufe unterscheiden sich sowohl die Qualitätskriterien als auch die Testtiefe und oft auch die zu adressierenden Tester*innen.

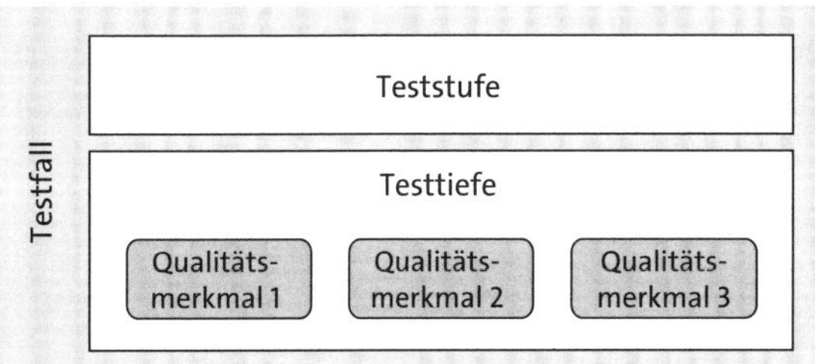


**Abbildung 5.4** Aufbau eines Testfalls

Nach der Auswahl der Teststufe wird die Testtiefe festgelegt. In der Regel gibt es nur eine Testtiefe pro Teststufe, da der Aufbau der Testfälle in den meisten Fällen angepasst werden muss, wenn beispielsweise ein Szenario statt eines Prozessschritts getestet wird. Es gibt zwar auch Möglichkeiten, um mehrere Testtiefen in einem Testfall zu vereinen; das erschwert aber in der Praxis oft den Test, da nicht klar ist, worauf der Fokus liegt (z. B. Funktion versus Integration).

Abhängig von der Testtiefe können dann die Qualitätsmerkmale festgelegt werden. Nicht alle Qualitätsmerkmale eignen sich für jede Testtiefe. So kann beispielsweise die Benutzerfreundlichkeit in einem Entwicklertest mit der Testtiefe **Einheit** nicht nachvollzogen werden, da ein Teil der Software getestet wird (in der Regel nur Programmcode), der über keine Benutzeroberfläche verfügt.

Zusätzlich zum dreidimensionalen Aufbau aus Teststufe, Testtiefe und Qualitätsmerkmalen empfiehlt es sich, weitere Vorgaben zu machen:

- **Testsystem**
  Das Testsystem ist wichtig, da die Testfälle, je nachdem ob auf dem Entwicklungssystem oder dem Qualitätssicherungssystem getestet werden soll, unterschiedlich ausfallen können (z. B. aufgrund unterschiedlicher Anforderungen an die Testdaten).
- **Testdurchführung**
  Je nachdem, welche Personengruppen die Tests durchführen, müssen die Testfälle entsprechend angepasst beschrieben werden. Key User, die gleichzeitig die Rolle der Tester*innen wahrnehmen, benötigen möglicherweise eine weniger detaillierte Prozessbeschreibung als Tester*innen, die keine Key User sind und daher keine Kenntnisse der Prozessinhalte haben.
- **Format**
  Die Testfallersteller*innen müssen außerdem wissen, in welchem Format ein Testfall zu erstellen ist (z. B. als Word- oder Excel-Dokument oder eventuell direkt im Test-Tool). Andernfalls erstellt jeder Testfallersteller und jede Testfallerstellerin den Testfall im Lieblingsformat, was letztendlich eine Vergleichbarkeit verhindert und das Reporting extrem erschwert.

In Abbildung 5.5 sehen Sie, wie diese Vorgaben zum Testfallaufbau in einem Entwicklertest und in Abbildung 5.6 in einem User Acceptance Test genutzt werden können.

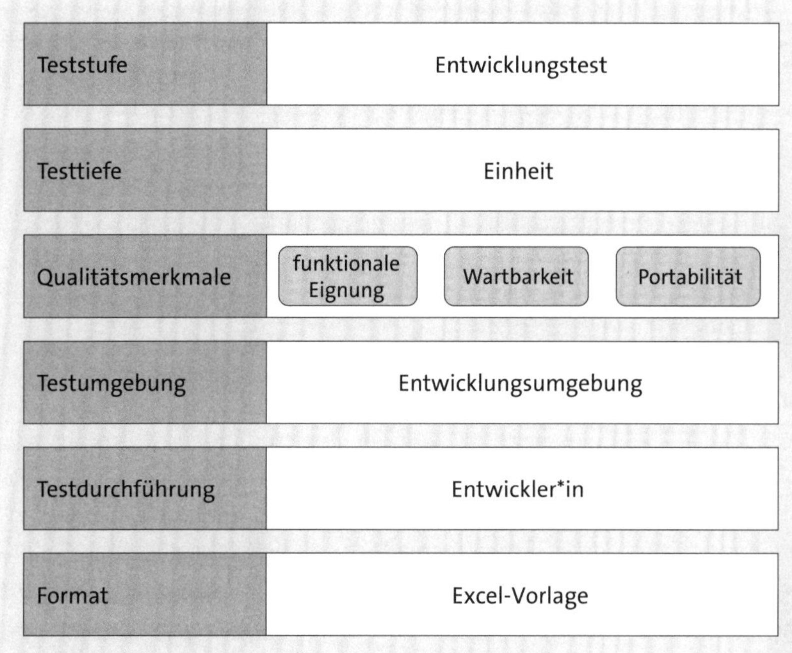


**Abbildung 5.5** Beispielvorgabe: Entwicklungstest

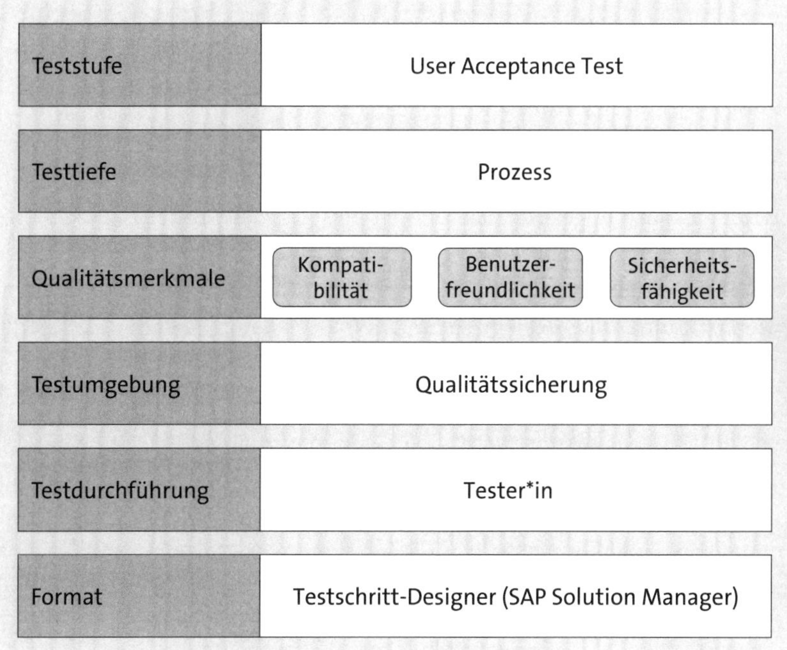


**Abbildung 5.6** Beispielvorgabe: User Acceptance Test

**Rollen und Berechtigungen nicht vergessen**

In der Hektik eines Tests (z. B. gegen Ende der Durchführung von User Acceptance Tests) werden in der SAP-Praxis oft die Rollen und Berechtigungen vergessen. Sie sind Teil des Qualitätsmerkmals *Sicherheitsfähigkeit* und neben der reinen Funktion der Software ein wichtiges Kriterium. Benutzer mit zu wenigen Berechtigungen können im späteren Produktivbetrieb nicht richtig arbeiten, und Benutzer mit zu vielen Berechtigungen können ungewollt Fehler verursachen. Achten Sie deshalb darauf, Rollen und Berechtigungen ausreichend zu testen.

**Vorgabenerstellung**

Die Erstellung der Vorgaben ist grundsätzlich die Aufgabe des Testmanagers oder der Testmanagerin im Rahmen der Erstellung des Testkonzepts. Im Bedarfsfall kann der Testmanager oder die Testmanagerin weitere Vertreter aus den IT- und Fachbereichen hinzuziehen, um die Vorgaben zu erstellen. Je früher man sich zum Thema Testbasis und Testfalllaufbau Gedanken macht, desto genauer wird die Testplanung. Die Auswahl der Testbasis und der Aufbau der Testfälle können erhebliche Auswirkungen auf den zeitlichen Ablauf haben und müssen daher in die Testphase sowie in den Gesamtprojektplan eingeplant werden.

## 5.3 Testdaten

Für die Testdurchführung sind neben der reinen Erstellung des Testablaufs in den Testfällen auch qualitativ hochwertige Testdaten erforderlich. Welche Testdaten für welchen Testfall genau erforderlich sind, wird ebenfalls aus der Testbasis abgeleitet. So benötigt beispielsweise der Durchlauf eines bestimmten Prozesses im Rahmen eines User Acceptance Tests bestimmte Testdaten, um den Prozess so, wie in der Anforderung vorgesehen, durchlaufen zu können. Generell gilt beim Thema Testdaten: Je näher die Testdaten den späteren Produktivdaten kommen, desto besser.

**Produktivdaten**

Im Kontext von SAP-ERP-Systemen gibt es Testdaten, Stammdaten und Bewegungsdaten. *Stammdaten* sind Grunddaten eines Betriebs, die von Prozessen und Anwendungen verwendet werden und relativ langlebig sind. Zu den Stammdaten in einem SAP-ERP-System zählen beispielsweise Kundenstammdaten, Lieferantenstammdaten und Material- oder Artikelstammdaten. Im Gegensatz dazu sind *Bewegungsdaten* deutlich kurzlebiger und werden zur Laufzeit eines Prozesses erzeugt. Zu den Bewegungsdaten in einem SAP-ERP-System zählen beispielsweise Bestellungen, Rechnungen und alle weiteren Belege des Systems.

[+]

**Produktivdaten als Testdaten**

In der Praxis steckt der Teufel bei den Testdaten meist im Detail. Stammdaten und Bewegungsdaten werden in einem SAP-ERP-System oft über einen längeren Zeitraum angereichert. Dies führt dazu, dass diese Daten innerhalb eines Prozessdurchlaufs verschiedene Reifegrade haben und gewisse Informationen (gefüllte Variablen) zu Beginn des Prozesses noch gar nicht vorliegen. Aus diesem Grund ist es sinnvoll, Testdaten zu nutzen, die möglichst den späteren Produktivdaten und deren Lebenszyklus entsprechen. Andernfalls können Fehler, die auf unvollständige Stamm- oder Bewegungsdaten zurückzuführen sind, möglicherweise nicht gefunden werden.

Zur Erstellung der passenden Testdaten gibt es verschiedene Möglichkeiten, auf die wir an dieser Stelle genauer eingehen wollen.

### 5.3.1 Manuelle Erstellung

Der aus Sicht der Benutzer*innen einfachste, aber leider in der Regel auch aufwendigste Weg zur Testdatengenerierung ist die manuelle Erstellung. Dazu werden die Testdaten nach den Vorgaben aus dem Testfall manuell von ein oder mehreren Personen im System angelegt. Wichtig ist dabei der korrekte Lebenszyklus der Testdaten. Die angelegten Daten müssen genau zum Testfall passen und dürfen keine Informationen enthalten, die erst später im Prozess hinzugefügt werden würden. Andernfalls werden die angelegten Testdaten meist unbrauchbar.

Die manuelle Anlage von Testdaten verschlingt gerade bei größeren Testvorhaben sehr viel Zeit. Insbesondere dann, wenn Testdaten für einen Testfall benötigt werden, der im Gesamtprozessablauf erst weit hinten beginnt und somit viele Vorarbeiten nötig sind, um die Stamm- und Bewegungsdaten entsprechend anzureichern.

### 5.3.2 Produktivsystemkopie

Voraussetzungen

Eine effiziente Möglichkeit zur Testdatengenerierung stellt die Produktivsystemkopie dar. Dabei wird dabei die produktive Systemlandschaft, inklusive aller darin enthaltenen Stamm- und Bewegungsdaten, kopiert und als Test- oder Qualitätssicherungssystem zur Verfügung gestellt. Danach werden alle zu testenden Änderungen (im SAP-Umfeld *Transporte* genannt) in das neue System eingespielt und mit den bereits aus der Kopie vorhandenen ehemaligen Produktivdaten getestet. Damit dieses Verfahren angewandt werden kann, gibt es allerdings einige Voraussetzungen:

- **Keine Greenfield-Implementierung**
  Handelt es sich beim Softwareentwicklungsprojekt um eine *Greenfield-Implementierung*, ist dieses Vorgehen nicht möglich, da es kein zu kopierendes Produktivsystem gibt. Bei einer Greenfield-Implementierung wird ein System von Grund auf neu aufgebaut, und es existiert somit vor dem ersten Go-live kein Produktivsystem.
- **Keine Veränderung an den Stamm- und Bewegungsdaten**
  Wenn sich durch die neu entwickelten oder veränderten Funktionen auch die Stamm- und Bewegungsdaten verändern, können die Daten aus dem Produktivsystem nicht zum Testen verwendet werden, da diese aufgrund der veralteten Struktur zwangsläufig zu Fehlern führen würden. Werden allerdings nur wenige Stamm- und Bewegungsdaten verwendet, kann sich eine Produktivsystemkopie trotzdem lohnen.

**Vorsicht bei der Kopie von Produktivdaten**

Je nachdem was für eine Art von Produktivsystem kopiert werden soll, gibt es einige rechtliche Voraussetzungen, die bei der Kopie beachtet werden müssen. In Deutschland dürfen aus Datenschutzgründen keine personenbezogenen Daten kopiert werden. Dazu gehören beispielsweise Namen sowie Adress- und Gehaltsdaten von Mitarbeiter*innen. Achten Sie deshalb darauf, diese Daten nicht zu kopieren oder sie zu anonymisieren.

### 5.3.3 Toolgestützte Erstellung

Testdaten-Tool

Dritte und letzte Option ist die toolgestützte Erstellung von Testdaten. Dabei werden die Testdaten mithilfe eines Testdaten-Tools generiert. Je nach Hersteller gibt es verschiedene Ansätze.

Das Gros der am Markt verfügbaren Produkte setzt darauf, Testdaten ohne Kopie des gesamten Systems aus einen Produktivsystem zu extrahieren, aufzubereiten und in das Testsystem zu importieren. Vorteil dieser Methode ist, dass auch nur ganz bestimmte Daten ausgewählt werden können und im Gegensatz zur Produktivsystemkopie nicht alles übernommen werden muss. Dies spart Zeit beim Kopiervorgang und Platz auf dem Zielsystem. Ein weiterer Vorteil ist die mehrmalige Übernahme der Testdaten: Die meisten Tools sind in der Lage, den gleichen Datensatz nach bereits erfolgtem Import noch einmal in das Testsystem zu übernehmen, indem der Schlüssel (z. B. die Artikelnummer) verändert wird. So können Datensätze, die sich gut für Tests eignen, beliebig übernommen werden. Dies spart die Suche nach neuen passenden Datensätzen.

Es gibt auf dem Markt auch Tools, mit denen sich anhand von Vorgaben Testdaten komplett synthetisch erzeugen lassen. Dies bringt eine hohe Flexibilität auch bei Greenfield-Implementierungen, ist allerdings in der Einrichtung meist deutlich aufwendiger als andere Tools.

**Testdaten durch Automatisieren**

Eine weitere Form der toolgestützten Erstellung ist die Erzeugung von Testdaten mittels Automatisierung. Dazu werden, ähnlich wie bei der Testautomatisierung, die Schritte zur manuellen Erstellung von Testdaten von einer Automatisierungssoftware übernommen. Die Erstellung dieser Automatisierungsskripte ist deutlich aufwendiger als die manuelle Erstellung und lohnt sich somit nicht für die Erzeugung einiger weniger Daten. Geht es allerdings um viele zu erzeugende Daten, kann die Automatisierung durchaus sinnvoll sein. Für diese Variante ist kein spezielles Automatisierungs-Tool für Testdaten erforderlich; ein Testautomatisierungs-Tools kann diese Arbeit meist übernehmen.

## 5.4 Risikoorientiertes Testen

Bei der Testfallerstellung und der damit verbundenen Auswahl der richtigen Testmethode, der Testbasis und der Testdaten liegt die Herausforderung darin, die richtige Auswahl, Zuweisung und Priorisierung vorzunehmen. Testfälle können aus unendlich vielen Bedingungen zusammengesetzt werden. Das Ergebnis muss allerdings mit angemessenem Aufwand getestet werden können. Letztendlich müssen Testfälle so priorisiert werden, dass die Tests möglichst effektiv und effizient durchgeführt werden können. Eine Möglichkeit, um diese Herausforderung zu meistern, ist das *risikoorientierte Testen*.

**Risikomanagement**

Ein Risiko ist die Möglichkeit, dass es zu einem unerwünschten Ergebnis oder Ereignis kommt. Dies kann sich sowohl auf die Produktqualität als auch auf den Projekterfolg beziehen. Funktioniert beispielsweise ein Prozess nach dem Go-live des Softwareentwicklungsprojekts nur noch eingeschränkt oder gar nicht mehr, wäre dies ein unerwünschtes Ereignis, bezogen auf die Produktqualität (die Qualität der Software). Das Eintreten dieses Risikos sollte mithilfe von gutem Testmanagement möglichst minimiert werden.

**Schritte der Risikoanalyse**

Damit Risiken identifiziert werden können, muss eine Risikoanalyse durchgeführt werden. Diese Risikoanalyse besteht aus mehreren Schritten:

- **Risikoidentifizierung**
  Im ersten Schritt werden die möglichen Produkt- und Projektrisiken zusammen mit den Stakeholdern erarbeitet. Dies kann in Form von Work-

shops, Interviews, unabhängigen Bewertungen und einigen weiteren Verfahren erarbeitet werden, ist jedoch in vielen Fällen eine Sache der Erfahrung aus vergangenen Tests sowie aus dem Umgang mit Prozessen im Unternehmen.

- **Risikobewertung**
  Sind alle Risiken identifiziert, müssen sie bewertet werden. Dabei kommt es vor allem darauf an, mit welcher Wahrscheinlichkeit ein Risiko eintritt und welchen Schaden das daraus resultierende Problem verursacht. Für beide Werte gibt es in den wenigstens Fällen genaue Zahlen, weshalb diese geschätzt werden müssen. Unter anderem können folgende Faktoren die Eintrittswahrscheinlichkeit laut ISTQB erhöhen:
  - Komplexität der Technologie in Kombination mit den Fähigkeiten des Projektteams
  - räumlich verteilte Teams
  - Zeit- und Ressourcenengpässe
  - häufige Änderungen an der Software

  Die Bewertung des Schadensausmaßes wird laut ISTQB wiederum von den folgenden Faktoren beeinflusst:
  - Häufigkeit der Nutzung der betroffenen Funktion
  - Kritikalität der Funktion für die Erreichung eines Geschäftsziels
  - möglicher Image-Schaden
  - mögliche entgangene Geschäfte
  - zivil- oder strafrechtliche Maßnahmen
  - Beeinträchtigung der IT-Sicherheit

  In aller Regel lässt sich das Risiko nur qualitativ bestimmen. Dies bedeutet, dass sowohl die Eintrittswahrscheinlichkeit als auch das Schadensausmaß lediglich mit Attributen wie **sehr hoch**, **hoch**, **mittel**, **niedrig** und **sehr niedrig** bewertet werden können. Naturgemäß haben unterschiedliche Personen oder Personengruppen, je nach Aufgabengebiet, unterschiedliche Wahrnehmungen bezüglich der Eintrittswahrscheinlichkeit und des Schadensausmaßes, weshalb die Risikobewertung meist sehr ausführlich diskutiert wird.
- **Risikobeherrschung**
  Auf die Risikobewertung folgen die Maßnahmen zur Risikobeherrschung. Sie können entscheiden, dass Sie die identifizierten und bewerteten Risiken entweder durch Maßnahmen zur Senkung der Eintrittswahrscheinlichkeit oder des Schadensausmaßes minimieren möchten. Die Entscheidung mit dem Risiko zu leben, wird häufig getroffen, wenn

der Aufwand zur Minimierung den zu erwartenden Schaden in Kombination mit der Eintrittswahrscheinlichkeit übersteigt. Die Projekt-, bzw. Unternehmensleitung nimmt den Risikoeintritt somit billigend in Kauf. In der Praxis werden meist Risiken mit einer sehr niedrigen Eintrittswahrscheinlichkeit und mit einem niedrigen bis sehr niedrigen Schadensausmaß getragen.



Risiko minimieren

Zur Minimierung des Risikos können hingegen verschiedene Maßnahmen angewandt werden. Bezogen auf das Testmanagement ist es beispielsweise sinnvoll, die Teile der Software, die hohe Risken enthalten, besonders intensiv und frühzeitig zu testen. Auch die Wahl der Testmethoden spielt dabei eine Rolle. So ist exploratives Testen bei hohen Risiken eher ungeeignet, da es nicht methodisch und vollständig ist.

**Risikobewertung von Geschäftsprozessen**

In den meisten Projekten werden die Schadensausmaße »Kritikalität der Funktion zur Erreichung eines Geschäftsziels« oder auch »entgangene Geschäfte« als die wichtigsten Punkte im Risikomanagement eingeschätzt. Die Annahme, die sich dahinter verbirgt, ist der mögliche finanzielle Verlust, der entsteht, wenn Geschäftsprozesse nicht wie vorgesehen funktionieren oder komplett ausfallen. Um dieses Risiko zu minimieren, ist es sinnvoll, Geschäftsprozesse danach zu bewerten, wie hoch das Schadenausmaß bei einem Ausfall ist. Als Grundlage dazu dient immer der zu erwartende finanzielle Verlust, der z. B. durch entgangene Geschäfte entsteht, wenn der Geschäftsprozess nicht oder nur teilweise ausgeführt werden kann. Der Testfallersteller oder die Testfallerstellerin kann diese Bewertung bei der Testfallerstellung miteinbeziehen und Testfälle, die sich auf einen kritischen Prozess beziehen, entsprechend hoch priorisieren. Außerdem können für kritische Geschäftsprozesse auch mehr Testfälle erstellt werden, die dann alle Eventualitäten und Feinheiten des Prozesses abbilden. So können Sie, wenn im Test Fehler auffallen, die nötigen Maßnahmen einleiten, um auch einem Teilausfall des Geschäftsprozesses entgegenzuwirken.

## 5.5 Testautomatisierung

Voraussetzungen für die Automatisierung

Neben dem klassischen manuellen Testen können Testfälle auch automatisiert ausgeführt werden. Dazu sind neben einem Tool, das die Testfälle automatisiert durchführen kann, noch einige andere Voraussetzungen erforderlich:

- **Qualität der Testfälle**
  Zur Erstellung von automatisierten Testfällen bietet es sich an, bereits vorhandene manuelle Testfälle als Vorlage zu nutzen. Diese werden dann ausgeführt und bei den meisten am Markt verfügbaren *Automatisierungs-Tools* per Capture-and-Replay-Verfahren aufgezeichnet, sodass ein automatisiert ausführbares *Testskript* entsteht. Automatisierte Testfälle benötigen eine hohe Testfallqualität, da die Automatisierungs-Tools Ungenauigkeiten in den Spezifikationen der Testfälle, im Gegensatz zu uns Menschen, nicht durch vorhandenes Prozesswissen ausgleichen können. Eine fehlende Spezifikation im Testfall führt somit in aller Regel zum Abbruch des automatischen Testdurchlaufs und damit in einem SAP-ERP-System auch meist zum Verbrauch der dafür vorgesehenen Testdaten. Dies bedeutet, dass der Testfall inklusive aller notwendigen Testdaten komplett neu aufgesetzt werden muss.
- **Automatisierungsexpert*innen**
  Die durch das Capture-and-Replay-Verfahren erstellten Testautomatisierungsskripte sind nach der Aufzeichnung in aller Regel noch nicht vollständig. Es müssen weitere, für die Automatisierung erforderliche Parameter hinzugefügt werden. Dazu gehört z. B. auch die Verwendung von passenden Testdaten. In vielen Fällen muss das Skript auch an einigen Stellen manuell korrigiert werden. Diese Anpassungen und Korrekturen sollten von Personen mit Erfahrung im Automatisierungsbereich und mit umfassendem Wissen über das eingesetzte Automatisierungs-Tool übernommen werden. Andernfalls kann die Testautomatisierung zu einem sehr zeitaufwendigen Unterfangen werden.
- **Maschinelle Lesbarkeit des Testerfolgs**
  Neben der reinen Aufzeichnung des Testablaufs und der Erstellung des Skripts ist es wichtig, dass das eingesetzte Automatisierungs-Tool das Testergebnis maschinell lesen kann. Dies bedeutet, dass das Ergebnis, das nach der automatisierten Ausführung des Testfalls entsteht, ausgewertet werden muss. Im Kontext eines SAP-ERP-Systems ist dies meist ein entsprechender SAP-Beleg (z. B. Rechnung, Bestellung usw.). Das Tool muss dazu in der Lage sein zu erkennen, ob der SAP-Beleg korrekt erzeugt wurde und im besten Fall auch dazu, die Belegnummer zu erkennen und als Testergebnis festzuhalten. Sind diese Voraussetzungen gegeben, kann die Ausführung der automatisierten Tests direkt im Test-Tool dokumentiert und der Teststatus entsprechend gesetzt werden. Ist der

Testerfolg nicht maschinell lesbar, muss nach der Ausführung des automatisierten Testfalls der Testerfolg durch eine Person kontrolliert und der Teststatus manuell gesetzt werden.

**Wahl des richtigen Automatisierungsobjekts**

Sind diese Voraussetzungen gegeben, steht der Testautomatisierung nichts mehr im Wege. Entscheidend für den Erfolg der Testautomatisierung ist jedoch die Wahl des richtigen Automatisierungsobjekts, also der zu automatisierenden Testfälle. Bedingt durch den relativ hohen Aufwand, der zur Erstellung eines automatisierten Testfalls notwendig ist, lohnt es sich nicht, Testfälle zu automatisieren, die nur einmal getestet werden sollen. Ebenso verhält es sich mit Testfällen, die zwar oft getestet werden, sich aber nach jedem Testdurchlauf ändern. Das Skript müsste dann zur Testautomatisierung an jede dieser Änderungen angepasst und auf seine korrekte Funktion hin getestet werden. In der Praxis zeigt sich, dass sich die Testautomatisierung am ehesten für Regressionstests an stabilen Kernprozessen eignet. Dort können lange, von wenigen Änderungen betroffene Prozessketten für die Automatisierung gewählt werden. Diese Prozessketten verursachen bei manuellen Tests meist hohen Aufwand, weshalb sich der Aufwand zur Erstellung von automatisierten Testfällen schnell amortisiert.

Weitere Details für den Einstieg in Testautomatisierungsprojekte finden Sie in Kapitel 16, »Testautomatisierung«.

## 5.6 Testfallentwurfsspezifikation

**Leitlinie zur Erstellung von Testfällen**

Ob Sie nun mit automatisierten oder mit manuell durchgeführten Testfällen arbeiten, sollten Sie Ihren Testfallersteller*innen in jedem Fall eine Leitlinie an die Hand geben, die alle notwendigen Werkzeuge zur Erstellung von Testfällen enthält. Eine solche *Testfallentwurfsspezifikation* ist meist eine kurze Präsentation oder ein anderes Dokument, das die Auswahl der Testbasis, den Aufbau des Testfalls und der Testdaten sowie diverse Beispiele dazu, wie Testfälle erstellt werden sollten, darstellt. Zusätzlich sollte es die notwendigen Vorlagen zur Erstellung der Testfälle enthalten.

### 5.6.1 Testfall-Template

**Template-Beispiel**

An dieser Stelle möchten wir Ihnen ein solches Testfall-Template vorstellen, das Sie einfach nachempfinden und an Ihre Bedürfnisse anpassen können. In Abbildung 5.7 sehen Sie einen Ausschnitt aus diesem Template.

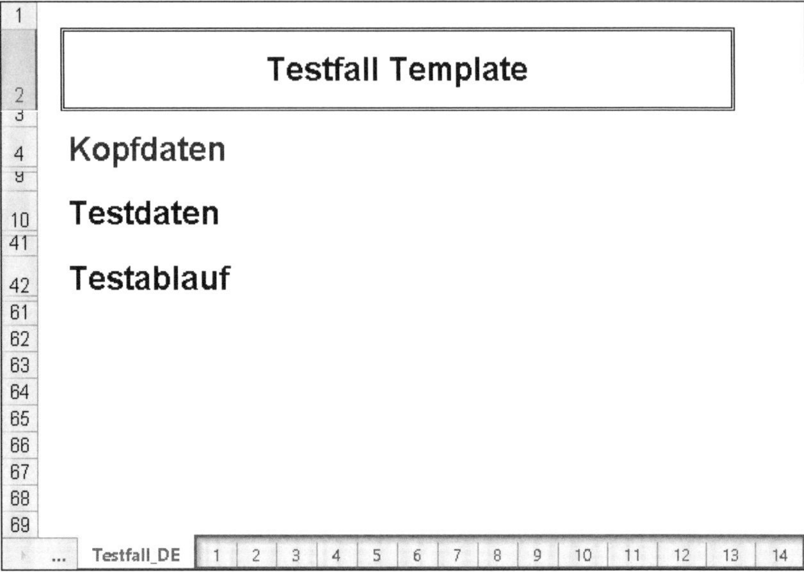


**Abbildung 5.7** Übersicht: Testfall-Template

Das Testfall-Template ist in drei Bereiche aufgeteilt, die zur besseren Übersicht auf- und zugeklappt werden können:

- **Kopfdaten**
  Kopfdaten sind allgemeine Informationen zum Testfall. Dazu gehört neben dem Namen des Testfalls auch eine kurze Beschreibung und die Kritikalität des Prozesseses, auf dem der Testfall basiert sowie weitere individuelle Merkmale wie beispielweise die Landesorganisation, für die der Testfall relevant ist (siehe Abbildung 5.8).

**Abbildung 5.8** Kopfdaten des Testfall-Templates

- **Testdaten**
  Im Bereich **Testdaten** finden alle Stamm- und Bewegungsdaten Platz, die für die Durchführung des Testfalls erforderlich sind. In Abbildung 5.9 finden Sie einige Beispiele zu den Testdaten. Je nach zu testendem System und Anforderungen an den Testfall können die Testdaten völlig frei gewählt werden. Die in Abbildung 5.9 dargestellten Daten sind typisch für ein Unternehmen aus der Handelsbranche.

**Testdaten**

**Organisationsstrukturen**

| | | | | | |
|---|---|---|---|---|---|
| Buchungskreis | | Vertriebsweg | | Standort | |
| Verkaufsorganisation | | Einkäufergruppe | | WE/WA Büro | |
| Einkaufsorganisation | | Lager | | Einlagerziel | |

**Stammdaten**

| | | | | | |
|---|---|---|---|---|---|
| Artikel/Material | | Kunde/Debitor | | SachKonto | |
| Artikelhierarchie | | Betrieb | | Kostenstelle | |
| Lieferant | | Lieferant | | | |

**Bewegungsdaten**

| | | | | | |
|---|---|---|---|---|---|
| Bestellung | | Rechnung | | IDOC-Nr. | |
| Lieferung | | Artikelbeleg | | Handling Unit | |
| | | | | | |

**Abbildung 5.9** Testdaten im Testfall-Template

- **Testablauf**
  Im dritten und letzten Abschnitt des Testfall-Templates befindet sich der tatsächliche Testablauf (siehe Abbildung 5.10). Dieser Ablauf gliedert sich in einzelne Testschritte. Besonders beim User Acceptance Test ist es sinnvoll, eine Transaktion in einem SAP-ERP-System als Testschritt zu wählen. Eine Transaktion ist eine Einheit, die sich gut angeben lässt und eine Begrifflichkeit, die in der Regel jeder SAP-Nutzer und jede SAP-Nutzerin kennen.

**Testablauf**

| lfd. Nr. | Testschrittbeschreibung | Rolle | Tester | Transaktion | System | Bemerkung | erwartetes Ergebnis | Testergebnis |
|---|---|---|---|---|---|---|---|---|
| 1 | Testschritt 1 | Rollenbezeichung (z.B. Einkäufer) | Benutzername | Transaktionsbezeichnung (z.B. ME21N) | Systembezeichnung (z.B. SAP Qulalitätsischerung Q01) | | Beschreibung des erwarteten Ergebnisses | Ok |
| 2 | | | | | | | | Ok |
| 3 | | | | | | | | Ok mit Einschränkungen |
| 4 | | | | | | | | Fehlerhaft |

**Abbildung 5.10** Testablauf im Testfall-Template

**Testschritte beschreiben**

Die Testschritte selbst besitzen verschiedene Attribute, die zur Testausführung notwendig sind und in das entsprechende Feld des Templates eingetragen werden:

- **Laufende Nummer**
  Da die Testschritte in einer definierten Reihenfolge abgearbeitet werden müssen, werden sie durchnummeriert. Die Nummer kann dann in diesem Feld eingetragen werden.
- **Testschrittbeschreibung**
  In diesem Feld wird der Testschritt kurz beschrieben. Je nachdem, wer als Testerin oder Tester vorgesehen ist und wie der Kenntnisstand des Prozesses und der Software ist, muss der Detaillierungsgrad entsprechend angepasst werden.
- **Rolle**
  Wenn Tests von Berechtigungen vorgesehen sind, ist es sinnvoll, die ausführende Benutzerrolle beim Testschritt hier einzutragen.
- **Tester**
  Ist der ausführende Tester bzw. die ausführende Testerin bereits bekannt, kann die entsprechende Person hier eingetragen werden.
- **Transaktion**
  Wird der Testschritt in einem SAP-System ausgeführt, kann die entsprechende Transaktion hier angegeben werden. Dies erleichtert den Tester*innen die Orientierung. Findet der Testschritt in einem System statt, in dem es keine Transaktionen gibt, kann in diesem Feld das entsprechende Äquivalent zur Transaktion abgegeben werden.
- **System**
  In diesem Feld wird das System eingetragen, in dem der Testschritt ausgeführt werden soll.
- **Bemerkung**
  Dieses Freitextfeld ist für Angaben vorgesehen, die notwendig für den Testfall sind, aber thematisch in keines der anderen Felder passen.
- **Erwartetes Ergebnis**
  Dies ist ein wichtiges Feld, das Sie detailliert ausfüllen sollten. Ist das erwartete Ergebnis ungenau definiert, kann das Testergebnis nicht festgestellt werden.
- **Testergebnis**
  In diesem Drop-down-Feld wird nach der Bewertung, ob das Testergebnis dem erwarteten Ergebnis entspricht, das Testergebnis je Testschritt festgehalten. In unserem Template sind die Status **OK**, **OK mit Einschränkung** und **Fehlerhaft** auswählbar. Abhängig von der im Testkonzept festgehaltenen Vorgehensweise können weitere Statuswerte hinzugefügt werden oder nicht benötigte Werte entfernt werden.

**Kumulieren der Testergebnisse**

In der Praxis hat es sich bewährt, die Testergebnisse so zu kumulieren, dass der Status des gesamten Testfalls als **Fehlerhaft** zu bewerten ist, wenn das Testergebnis eines im Testfall enthaltenen Testschritts mit **Fehlerhaft** bewertet wird. Im Umkehrschluss müssen die Testergebnisse aller Testfälle mit **OK** bewertet werden, damit auch der gesamte Testfall den Status **OK** erhält.



Im unteren Bereich des Testfall-Templates (siehe Abbildung 5.7, umrandet) sind einige leere Standard-Excel-Registerkarten enthalten. Diese dienen der ausführlichen Dokumentation des Testergebnisses. Je Testschritt steht eine nummerierte Registerkarte zur Verfügung, auf der während der Testdurchführung Screenshots und weitere Beschreibungen hinterlegt werden können. Dies fördert die Nachvollziehbarkeit des Testdurchlaufs insbesondere dann, wenn Fehler nachgestellt werden müssen.

**Kombiniertes Testfall-Template**

Das Testfall-Template ist darauf ausgelegt gleichzeitig als Anleitung für die Testdurchführung sowie der Dokumentation des Testergebnisses zu dienen. Je nachdem, welches Test-Tool eingesetzt wird, kann die Vorlage auch so aufgebaut werden, dass es ein separates Template mit allen Informationen zur Anleitung und ein weiteres Template zur Dokumentation der Testergebnisse gibt. Insbesondere beim Einsatz des SAP Solution Managers hat sich der kombinierte Ansatz in der Praxis bewährt. Auch Test-Tools, die keine Dokumente im Word- oder Excel-Format verwenden, sind meist ähnlich aufgebaut wie das Template; daher kann es gut auf andere Formate übertragen werden.

### 5.6.2 Homogenität der Testfälle

**Gleichförmige Testfälle**

Wenn mehrere Personen an der Erstellung der Testfälle beteiligt sind, ist es wichtig, die Homogenität der Testfälle sicherzustellen. Dies bedeutet, dass alle Testfälle mit der gleichen Granularität erstellt werden. Um das sicherzustellen, sollten in der Testfallentwurfsspezifikation Beispieltestfälle enthalten sein, die den Testfallersteller*innen als Orientierung dienen. Außerdem ist es hilfreich, die Testbasis in abgrenzbare Pakete zu strukturieren und darauf zu achten, dass die Pakete vom funktionalen oder prozessualen Umfang etwa gleich groß sind. So vermeiden Sie, dass der Testfall eines prozessbezogenen User Acceptance Tests aus dem Fachbereich A 50 Testschritte enthält, während der Testfall aus Fachbereich B beispielsweise nur zehn Testschritte enthält.

Der Grund für diese Diskrepanz liegt meist in der unterschiedlichen Betrachtung der Prozesse und Funktionen je Key User und Fachbereich. Stark unterschiedlich ausgearbeitete Testfälle führen dazu, dass die Dauer der Testdurchführung von Testfall zu Testfall stark variiert und das Ergebnis-Reporting des Tests erschwert wird. Sind beispielsweise acht von zehn Testfällen bereits abgearbeitet, ist nicht klar, ob wirklich auch bereits 80 % des Testaufwands geleistet wurden oder ob es sich bei den noch zu testenden Testfällen eventuell um besonders komplexe und aufwendige Testfälle handelt, sodass vom Gesamtaufwand erst 50 % abgearbeitet worden sind. Das Problem kann dadurch entschärft werden, dass angegeben wird, wie viel Zeit zur Durchführung des Testfalls notwendig ist. Dieses Vorgehen erhöht im Umkehrschluss jedoch die Komplexität der Planung und des Reportings. Bewegen sich die erstellten Testfälle allerdings alle in einem vorher definierten zeitlichen Rahmen von 15 bis 30 Minuten, können größere Diskrepanzen von vornherein vermieden werden.

## 5.7 Lebenszyklus von Testfällen

Nachdem wir die Erstellung von Testfällen nun ausführlich beschrieben haben, möchten wir an dieser Stelle noch auf ein letztes Thema im Bereich der Testfälle eingehen, den *Lebenszyklus*.

Wie die Software, für die die Testfälle erstellt werden, unterliegen auch die Testfälle selbst einem Lebenszyklus (siehe Abbildung 5.11).

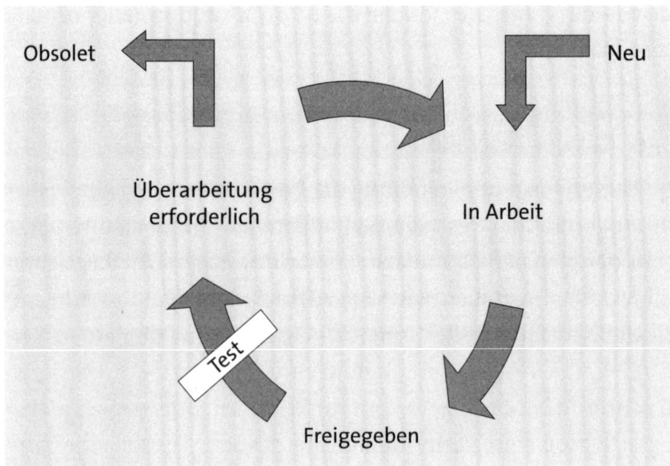


**Abbildung 5.11** Lebenszyklus eines Testfalls

Der dargestellte Lebenszyklus dient der Wiederverwendbarkeit der Testfälle und enthält folgende Statuswerte:

- **Neu**
  Wird ein Testfall während der Phase des Testentwurfs erstmals angelegt, befindet sich dieser im Status **Neu**. Dies bedeutet, dass der Testfall geplant, aber noch nicht ausgearbeitet ist.
- **In Arbeit**
  Im Status **In Arbeit** befindet sich der Testfall, solange die Ausarbeitung des Testfalls andauert und die notwendigen Testschritte und Testdaten hinzugefügt werden.
- **Freigegeben**
  Den Status **Freigegeben** könnte man auch »Bereit zum Test« nennen. Der Status wird gesetzt, sobald die Ausarbeitung des Testfalls abgeschlossen ist. In vielen Organisationen wird dieser Status nur in einem Vier-Augen-Prinzip gesetzt, und somit wird der Testfall noch von einer weiteren Person auf Korrektheit hin geprüft.
- **Überarbeitung erforderlich**
  Nachdem der eigentliche Test durchgeführt worden ist und der nächste Test, bei dem der Testfall potenziell verwendet werden könnte, ansteht, muss geprüft werden, ob eine Überarbeitung des Testfalls erforderlich ist. Ist dies der Fall, wird der Status **Überarbeitung erforderlich** gesetzt. Dieser Status bleibt so lange bestehen, bis die Überarbeitung des Testfalls beginnt und der Status **In Arbeit** wieder gesetzt wird.
- **Obsolet**
  Der Status **Obsolet** wird gesetzt, wenn bei einer Überprüfung der Testfälle festgestellt wird, dass dieser Testfall so nicht mehr durchgeführt werden kann und auch eine Überarbeitung des Testfalls keinen Sinn ergibt. Dies ist beispielsweise dann der Fall, wenn durch eine neue Entwicklung der Anwendungsfall, auf den der Testfall sich bezieht, obsolet wird.

[+]

**Erweiterung des Statuskonzepts**

Das dargestellte Statuskonzept zum Lebenszyklus eines Testfalls kann individuell beliebig erweitert werden. In der Praxis gibt es bei vielen Organisationen vor allem unter dem Gesichtspunkt des Vier- oder Sechs-Augen-Prinzips weitere Status, die anzeigen, in welchem Freigabeschritt sich ein Testfall gerade befindet.

**Flexibler Aufbau**

Achten Sie darauf, die Testfälle so zu gestalten, dass eine Überarbeitung ohne allzu großen Aufwand möglich ist und die Testfälle somit relativ einfach wiederverwendet werden können. Dies spart in der Testentwurfsphase Zeit und Ressourcen, vor allem bei Regressionstests. Dies erreichen Sie beispielsweise dadurch, dass in der Beschreibung von Aktionen keine Testdaten verwendet werden, sondern die Testdaten immer aus den vorgesehenen Feldern im Testfall entnommen werden müssen. So müssen, wenn sich die Testdaten ändern, diese nur an einer Stelle geändert werden. Denken Sie auch daran, die automatisierten Testfälle ebenfalls anzupassen, wenn sich der zugrundeliegende manuelle Testfall ändert.

# Kapitel 6
# Testwerkzeuge

*Testwerkzeuge sollen die in der Software-Qualitätssicherung anfallenden Aufgaben vereinfachen und beschleunigen. In diesem Kapitel stellen wir Ihnen die im SAP-Umfeld relevanten Arten von Testwerkzeugen vor und geben Hinweise, wie Sie die passenden Werkzeuge auswählen.*



**Grundlegender Zweck**

Die vielfältigen Aufgaben der Software-Qualitätssicherung beinhalten zahlreiche Arbeitsschritte, die zudem in Arbeitsteilung erbracht werden. Dies gilt sowohl für die administrativen Aufgaben im Testprozess als auch für deren eigentliche Umsetzung, darunter z. B. Testfallerstellung und -sammlung, Testvorbereitung, -durchführung und -auswertung. Jede einzelne dieser Aufgaben birgt zahlreiche Möglichkeiten, um Arbeitsschritte durch Automatisierung zu beschleunigen und zu vereinfachen und um eine Struktur bzw. ein definiertes Vorgehen für deren Durchführung zu geben – genau dies ist die Zielsetzung von *Testwerkzeugen*.

In diesem Kapitel stellen wir die unterschiedlichen Arten von Testwerkzeugen vor, die im SAP-Umfeld relevant sind. Anschließend geben wir Hinweise zur Werkzeugauswahl. Somit gewinnen Sie einen produktunabhängigen Überblick über die üblicherweise im SAP-Umfeld genutzten Testwerkzeuge und erhalten Impulse für die Bewertung und Auswahl der für Sie relevanten Werkzeuge.

## 6.1 Werkzeuge für das Testmanagement

Die unterschiedlichen Arten von Testwerkzeugen lassen sich anhand des allgemeinen Testprozesses kategorisieren. Abbildung 6.1 zeigt den in Kapitel 2, »Der grundlegende Testprozess«, darstellten Testprozess und ordnet die typischerweise im SAP-Umfeld relevanten Testwerkzeuge den unterschiedlichen Prozessschritten zu.

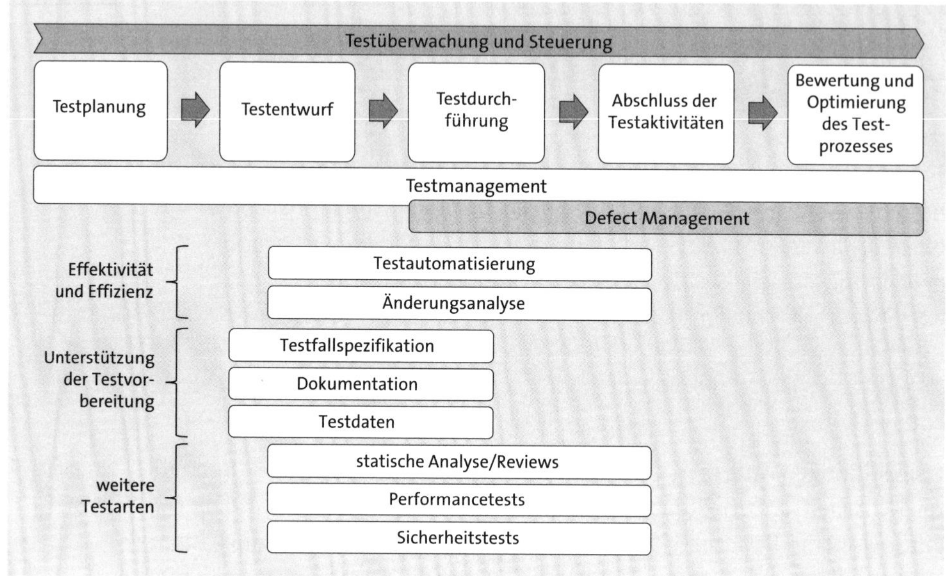


**Abbildung 6.1** Testwerkzeuge im Testprozess

**Kategorien von Testwerkzeugen**

Dabei lassen sich vier Kategorien ausprägen:

- **Testmanagement-Werkzeuge**
  Zunächst wird der gesamte Testprozess selbst durch ein *Testmanagement-Werkzeug* unterstützt. Ergänzend dazu kann die Umsetzung einzelner Aufgaben innerhalb des Prozesses durch weitere Werkzeuge optimiert werden, die wiederum den drei folgenden Kategorien zugeordnet werden:
- **Werkzeuge zur Steigerung der Effektivität und Effizienz**
  Wenn Sie den grundlegenden Testprozess beherrschen und durch ein Testmanagement-Werkzeug unterstützen, regt sich meist schnell der Wunsch, die Effektivität und Effizienz bestehender manueller Testaktivitäten zu erhöhen. Die Effizienz können Sie durch den Einsatz von *Testautomatisierungswerkzeugen* erreichen. Die Effektivität der Tests kann im SAP-Umfeld vor allem durch eine technische Unterstützung der Testfallauswahl optimiert werden, indem durch eine Analyse technischer Objekte relevante Testfälle vorgeschlagen werden.
- **Werkzeuge zur Unterstützung der Testvorbereitung**
  Für den Testerfolg sind qualitativ hochwertige Testfälle entscheidend. Doch deren Erstellung ist zeitaufwendig, und die Fachbereiche setzen oftmals unterschiedliche Prioritäten. Entsprechend existieren Werkzeuge, um die Erstellung von manuellen Testfällen und zugehörigen Elementen wie Testdaten einfacher bzw. weniger zeitaufwendig zu gestalten.

- **Werkzeuge für weitere Testarten**
  Im SAP-Umfeld erfolgen Tests von Geschäftsprozessen oder Prozessschritten überwiegend manuell. Darüber hinaus existieren jedoch weitere Testarten, die entweder in Sonderfällen abseits vom Tagesgeschäft in den Fokus rücken (z. B. Performancetests bei der Neuimplementierung eines SAP-Systems) oder bei einem hohen Reifegrad der Testorganisation als Schnittstelle zu weiteren Bereichen betrachtet werden (z. B. Ergebnisse der statischen Analyse als Teil von Entwicklertests). Für diese mitunter stark spezialisierten Testarten existieren jeweils eigene Werkzeuge, die die jeweiligen Testanforderungen methodisch und technisch unterstützen können.



### 6.1.1 Testmanagement

**Verwaltung und Verteilung von Dokumenten**

Ein Testmanagement-Werkzeug unterstützt die administrativen Aufgaben des Testprozesses in seiner Gesamtheit. Einen großen Teil dieser Aufgaben machen die Verwaltung und die zielgerichtete Verteilung von Dokumenten aus. So müssen z. B. Testfalldokumente verfasst, in einer sinnvollen Struktur geordnet und anschließend der Testdurchführung zugeführt werden. Während der Durchführung der Tests erzeugen Tester*innen weitere Dokumente, die das Testergebnis und den Testverlauf basierend auf dem Testfall beschreiben. Abhängig von den unternehmensspezifischen Anforderungen können sämtliche Dokumente einen einfachen oder komplexen Lebenszyklus haben, der über Statuswerte und Dokumentenversionen abgebildet wird, um so z. B. Dokumenten-Reviews und Änderungen darzustellen. Ebenso erzeugt das Testmanagement selbst Dokumente, um die Testaktivität in ihrer Gesamtheit zu steuern, z. B. in Form von Statusberichten und weiteren Auswertungen.

Mit Hinblick auf diesen Ablauf scheint es möglich, auf ein Testmanagement-Werkzeug zu verzichten; schließlich sind Werkzeuge für das Verfassen und Verwalten von Dokumenten in nahezu jedem Unternehmen fester Bestandteil des IT-Werkzeugportfolios. Ein einfacher Testprozess könnte somit auch z. B. mittels Tabellenkalkulation und zentraler Dokumentenablage abgebildet werden.

**Administrative Aufgaben automatisieren**

Testmanagementwerkzeuge leisten jedoch weit mehr: Es geht nicht nur darum, die verschiedenen Dokumente im Test in ihrem Lebenszyklus zu verwalten. Ebenso ist es das Ziel, Arbeitsschritte wie das Erstellen, Bearbeiten und Kategorisieren der Dokumente bestmöglich zu automatisieren, z. B. indem ein Vorgehen für die Erfassung von Testfällen oder für die Dokumentation des Testverlaufs vorgegeben wird.

Zusätzlich können einige Dokumente, die ohne ein entsprechendes Werkzeug manuell erstellt werden müssen, automatisch generiert werden. Dies gilt z. B. für das Test-Reporting. Teststatusberichte, Fehlersituation und Abschlussberichte können aus den Informationen des Gesamtprozesses automatisch hergeleitet werden.

**Vorgaben für das Testvorgehen**

In der Regel gibt ein Testmanagement-Werkzeug auch Vorgehensweisen vor, um die einzelnen Schritte der Testplanung, -durchführung und -auswertung integriert umzusetzen und die Maßgaben des Testkonzepts (ebenfalls ein Dokument) in Form von geführten Prozessen umzusetzen. Dazu gehört auch der Aspekt der Arbeitsteilung. Testmanagement-Werkzeuge sollen die Kommunikation zwischen den Testbeteiligten bestmöglich automatisieren, z. B. indem Tester*innen bei Testbeginn benachrichtigt werden und über das Werkzeug alle Informationen dazu erhalten, in welchen Systemen sie welche Testfälle ausführen müssen.

**Integration weiterer Werkzeuge**

Als Mindestanforderung sollte ein Testmanagement-Werkzeug die wesentlichen Arbeitsschritte von Testfallersteller*innen, Testmanager*innen und Tester*innen unterstützen. Aufgrund seiner zentralen Rolle bietet ein Testmanagement-Werkzeug meist auch Möglichkeiten, um weitere Werkzeuge in die administrativen Schritte des Testprozesses zu integrieren, die sich einzelnen Aufgaben innerhalb des Testprozesses widmen. Dies sind z. B. Werkzeuge zur Bestimmung des Testumfangs oder für die Automatisierung von manuellen Testfällen.

**Sammeln von Testfällen**

Die konkrete Unterstützung durch ein Testmanagement-Werkzeug beginnt in der Regel bei der Sammlung und Gestaltung von Testfällen. Ein Testmanagement-Werkzeug sollte Ihnen eine Möglichkeit bieten, Testfälle zentral nach einer vordefinierten Logik zu strukturieren, zu erfassen und zu verwalten. Im SAP-Umfeld orientiert sich eine solche Struktur meist an den zu testenden Geschäftsprozessen. Ebenso ist auch ein anforderungsbasierter Ansatz üblich, sodass z. B. im Rahmen der Implementierung neuer Prozesse ein Bezug zwischen Anforderungen und deren korrekter Umsetzung hergestellt werden kann.

**Verwalten von Testfällen**

Innerhalb dieser Struktur müssen Testfälle verwaltet werden. Auch Testfälle haben einen Lebenszyklus, d. h., sie werden verfasst, idealerweise einem Review unterzogen und freigegeben. Auch mit jeder Änderung an dem im Testfall beschriebenen Prozess werden diese Schritte wiederholt. Ein Testmanagement-Werkzeug muss diesen Prozess angemessen unterstützen, ganz gleich, ob ein solcher Lebenszyklus eher implizit abgebildet wird oder jeder Arbeitsschritt formal festgelegt ist. Die Versionierung, die sich aus dem Lebenszyklus ergibt, ist auch in den weiteren Schritten des Testprozesses relevant: Ein Testfall muss stets in der richtigen Version vorliegen, damit die Dokumentation der Testergebnisse valide ist und bleibt. Zusätzlich sollten Testfälle klassifiziert werden können; über vordefinierte Attribute kann die spätere Auswahl von Testfällen erleichtert werden. Ein Beispiel hierzu sind Möglichkeiten, um die Kritikalität oder Geschäftsrelevanz von Testfällen zu bewerten.

**Erstellen von Testfällen**

Üblicherweise unterstützen Testmanagement-Werkzeuge auch bei der grundlegenden Erstellung von Testfällen, z. B. indem Vorgaben für die Gestaltung von Testfällen in Form von Vorlagen oder vordefinierten Eingabefeldern gemacht werden. Ein Teilaspekt hierbei sind der Detailgrad und die Granularität von Testfällen: Abhängig vom Reifegrad und den Anforderungen der Testorganisation kann ein Testfall recht rudimentär oder sehr komplex sein. Ebenso ist zu berücksichtigen, dass Testfälle, die in Arbeitsteilung bearbeitet werden, sinnvoll aufgeteilt werden müssen, da sie bei der Testdurchführung von verschiedenen Personen ausgeführt werden.

**Planung und Steuerung von Testaktivitäten**

Eine wesentliche Aufgabe eines Testmanagement-Werkzeugs ist die Planung und Steuerung von *Testaktivitäten*. Der Begriff *Planung* impliziert grundlegende Projektmanagement-Aspekte z. B. in Form von Aufwandsplanung oder Zeiterfassung. Kernaufgabe bei der Planung ist die Umsetzung des anstehenden Tests. Dazu müssen zunächst geeignete Testfälle aus der Gesamtbibliothek an Testfällen ausgewählt werden. Es gilt, diesen meist manuellen Auswahlprozess bestmöglich zu unterstützen, z. B. durch die genannten Klassifizierungsoptionen. Sofern die Auswahl durch technische Analysen möglich ist, unterstützt Sie an dieser Stelle ein integriertes oder ein zusätzliches Werkzeug.

**Testfälle Tester*innen zuordnen**

Zur Testplanung gehört es auch, die durchzuführenden Testfälle den jeweiligen Tester*innen zuzuweisen. Hier haben Sie vielfältige Steuerungsoptionen, die organisatorisch festgelegt werden können, aber idealerweise durch das Werkzeug unterstützt werden sollten: Es muss festgelegt werden, wer welchen Testfall ausführt. Dies kann durch eine lose Zuordnung von Testfällen zu einer Gruppe von Tester*innen geschehen oder durch eine genaue Zuordnung von Personen zu einem Testfall oder gar zu einem Teilschritt innerhalb des Testfalls. Testfälle oder Teilschritte können zudem in fester oder beliebiger Reihenfolge ausgeführt werden.

**Testdokumentation**

Ebenso wird definiert, wie die *Testausführung* dokumentiert werden soll. Gerade dieser Schritt bietet eine hohe Bandbreite an Gestaltungsmöglichkeiten. Diese reichen vom bloßen Abhaken eines erfolgreich bearbeiteten Testfalls hin zu einer umfassenden Dokumentation des Testverlaufs mit Bildschirmfotos, verwendeten Testdaten und erzielten Testergebnissen. Entsprechend sollte ein Testmanagement-Werkzeug diese Anforderungen unterstützen und verschiedene Möglichkeiten der Dokumentation anbieten.

**Teststeuerung und -durchführung**

Die *Teststeuerung* sollte ebenfalls ein Lebenszykluskonzept für die Testaktivitäten beinhalten: Eine Testaktivität wird geplant, durchgeführt und endet; dabei haben unterschiedliche Testbeteiligte Zugriff auf die zu bearbeitenden Testfälle. Ebenso müssen abgeschlossene Testaktivitäten für Prüfungszwecke weiterhin nachvollziehbar bleiben – einschließlich der zu diesem Zeitpunkt verwendeten Testfallversionen, des Teststatus und der zugehörigen Ergebnisdokumentation durch die Tester*innen.

Des Weiteren setzt die Teststeuerung Optionen voraus, um den gesamten Test oder Teile davon anhalten und fortsetzen zu können sowie Tester*innen benachrichtigen zu können, wenn diese ihre Testfälle ausführen können. Zudem muss es möglich sein, die zuvor festgelegte Planung der Testdurchführung anzupassen. So können sich die Zuordnung von Tester*innen oder auch der Testumfang in der Durchführungsphase ändern. Entsprechende Anpassungen sollten vom Werkzeug protokolliert werden.

In der Testdurchführung müssen Tester*innen auf die Testfälle Zugriff haben und bestmöglich dabei unterstützt werden, diese im System umzusetzen, z. B. indem der Zugriff auf das Testobjekt im Testsystem möglichst einfach gestaltet wird. Parallel bewerten Tester*innen den Testerfolg z. B. durch entsprechende Statuswerte und dokumentieren den Testverlauf nach zuvor definierten Vorgaben.

Da im SAP-Umfeld selten dedizierte Tester*innen zum Einsatz kommen, sondern weitaus häufiger Mitarbeitende der Fachbereiche testen, ist die Benutzerfreundlichkeit des Werkzeugs besonders relevant. Doch in jedem Fall geht die Nutzung eines Werkzeugs mit Schulungsaufwänden einher.

**Test-Reporting**

Schließlich muss ein Testmanagement-Werkzeug das *Test-Reporting* derart unterstützen, dass angemessene Auswertungen für alle testbeteiligte Personen mit geringem Aufwand erstellt werden können. Das Spektrum möglicher Auswertungen reicht von Ad-hoc-Berichten, die die Teststeuerung ermöglichen, bis hin zu aggregierten Darstellungen, z. B. für das Projektmanagement. Dies gilt auch für den Abschluss der Testaktivitäten. Besteht die Anforderung, die umgesetzte Testaktivität einschließlich aller Ergebnisse zu dokumentieren und aufzubewahren, muss das Testmanagement-Werkzeug auch entsprechende Richtlinien und Dokumentationsvorgaben umsetzen.

### 6.1.2 Defect Management

**Fehler finden erwünscht!**

Im SAP-Umfeld dienen Testaktivitäten in der Praxis eher dazu, den Produktivbetrieb abzusichern, indem bestätigt wird, dass die getesteten Prozesse ohne erkennbare Fehler betrieben werden können. Doch der eigentliche

Zweck von Softwaretests ist es, Fehler zu finden, bevor sie im Produktivbetrieb auftreten. Sie sollten sich also freuen, wenn Sie Fehler finden! Wenn Fehler identifiziert wurden, bedarf es eines Werkzeugs, um die gefundenen Fehler in Form einer Fehlermeldung aufzunehmen, zu bewerten und zu beheben. Ein solches Werkzeug für das *Defect Management* ist entweder bereits Bestandteil des Testmanagement-Werkzeugs oder kann nachträglich in dieses integriert werden.



**Prinzip des Defect Managements**

Grundlegend gleicht die Funktionsweise des Defect Managements einem produktiven Incident Management: Bei Fehlern werden Tickets eröffnet, in denen die Fehler üblicherweise mittels Text und Bildschirmfotos beschrieben, klassifiziert und den jeweiligen Bearbeitenden zugewiesen werden. Dabei weist jeder gefundene Fehler seinen eigenen Lebenszyklus auf: Über verschiedene Statuswerte kann die Behebung des Fehlers dokumentiert werden. Sobald ein Lösungsvorschlag vorliegt, kann ein erneuter Test stattfinden. Mindestanforderung ist, dass der gefundene Fehler hinsichtlich seiner Kritikalität klassifiziert werden kann.

**Anpassen des Defect-Management-Prozesses**

Diese Minimalausprägung des Defect Managements sollte abhängig von den Anforderungen der Testorganisation und von dem erwarteten Volumen an Fehlermeldungen angepasst werden können. Analog zu einem Werkzeug für das Incident Management sind vielfältige Erweiterungen und Automatisierungsschritte denkbar. Zusätzliche Statuswerte können den Prozess weiter strukturieren. Zusätzliche Eingabefelder bei der Erstellung und Bearbeitung ermöglichen eine Kategorisierung des Fehlers, z. B. hinsichtlich des Fachbereichs, des betroffenen Systems oder der Art des Fehlers. Idealerweise werden einige dieser Informationen bereits aus dem zugrunde liegenden Testfall oder aus der Testdurchführung übernommen.

Ein weiterer Schritt im Defect Management ist es, die am Behebungsprozess beteiligten Personen zu benachrichtigen: Bei Statuswechseln werden die Personen informiert, für die dadurch eine konkrete Aufgabe anfällt, z. B. den Fehler zu analysieren, zu beheben oder einen Nachtest durchzuführen.

**Integration in das Testmanagement**

Die Integration des Defect Managements in das Testmanagement-Werkzeug muss dabei die Fehlerbehebung und Testdurchführung koordinieren: Fehlerhafte Testausführung und Fehlerticket müssen miteinander verknüpft sein, sodass Tester*innen informiert werden können, wann ein Nachtest möglich ist.

Ebenso sollte die Fehlersituation im Testmanagement-Reporting berücksichtigt werden: Auswertungen zu Fehlermeldungen sollten nicht nur isoliert betrachtet werden, sondern auch im Kontext der Testdurchführung bzw. der betroffenen Testfälle. Somit haben Testmanager*innen nicht nur einen Überblick über Anzahl und Kritikalität der gefundenen Fehler, sondern können auch den Einfluss dieser Fehler auf den Testverlauf einschätzen – schließlich können kritische Fehler mitunter die Ausführung einer Vielzahl von Testfällen verhindern. Entsprechend gilt es auch, den Fortschritt der Fehlerbehebung im Verlauf der Testphase und gegebenenfalls darüber hinaus zu verfolgen. Die Kombination von Metriken zur Testausführung und Fehlersituation ermöglicht zudem die weiterführende Analyse von Fehlerschwerpunkten, die z. B. im Rahmen der kontinuierlichen Verbesserung Rückschlüsse auf Prozessqualität oder Testfallqualität zulassen.

## 6.2 Optimierung der Effektivität und Effizienz von Tests

Während Testmanagement-Werkzeuge vorwiegend administrative Tätigkeiten der Testplanung, -durchführung und -auswertung automatisieren und damit beschleunigen, kann in einem weiteren Schritt auch die Effektivität und Effizienz der Testdurchführung selbst durch weitere Werkzeuge erhöht werden. Im SAP-Umfeld existieren hierzu vor allem zwei Ansätze:

- Die Effektivität von Tests kann durch die Änderungseinflussanalyse erhöht werden, die dabei unterstützt, die für eine Systemänderung relevanten Testfälle zu ermitteln.
- Die Effizienz von Tests kann durch Testautomatisierung erhöht werden, mit deren Hilfe Testfälle maschinell ausgeführt werden.

### 6.2.1 Änderungseinflussanalyse

**Bestimmen des Testumfangs**

Eine der zentralen Aufgaben bei der Planung einer Testaktivität ist die Bestimmung des Testumfangs. Mit Hinblick auf die geplanten Systemänderungen können die durchzuführenden Testfälle zunächst manuell festgelegt werden. Testmanagement und Fachbereiche müssen basierend auf der Dokumentation der Änderung identifizieren, welche Prozesse und Funktionen potenziell von der Änderung betroffen wären. Die zugehörigen Testfälle werden anschließend risikobasiert ausgewählt. Der Testumfang muss so gewählt werden, dass er den Produktivbetrieb durch hinreichendes Testen angemessen absichert sowie gleichzeitig Aufwand spart und damit kosteneffizient ist.

Bei kundenseitigen Änderungen, z. B. Anpassungen an Geschäftsprozessen durch Customizing oder Eigenentwicklungen, können die passenden Testfälle mithilfe der eigenen Dokumentation recht gut ausgewählt werden. Abhängig von der Qualität von Dokumentation und Testfällen kann der Auswahlprozess allerdings auch hier schon recht aufwendig und mit Unsicherheiten verbunden sein.

Schwieriger wird es bei von SAP ausgelieferten Upgrades – hier gilt es, den Testumfang eines Regressionstests sinnvoll zu bestimmen. In der Regel werden für die Bestimmung des Testumfangs die Kritikalität der Testfälle bzw. der zu testenden Geschäftsprozesse sowie verfügbare Releasehinweise zu Hilfe genommen.



**Testfallauswahl technisch unterstützen**

Der Prozess der Testfallauswahl wird im SAP-Umfeld durch Werkzeuge für die Änderungseinflussanalyse technisch unterstützt. Allgemein ist dies möglich, indem die technischen Objekte einer Änderung – z. B. veränderte Programme oder Tabellen – betrachtet werden. Im SAP-Umfeld sind die technischen Objekte leicht zu ermitteln, z. B. da sie in *Transportaufträgen* zusammengefasst sind, mit denen die Änderung schließlich in die Systemlandschaft importiert wird. Abbildung 6.2 zeigt exemplarisch die Objekte eines Transportauftrags.

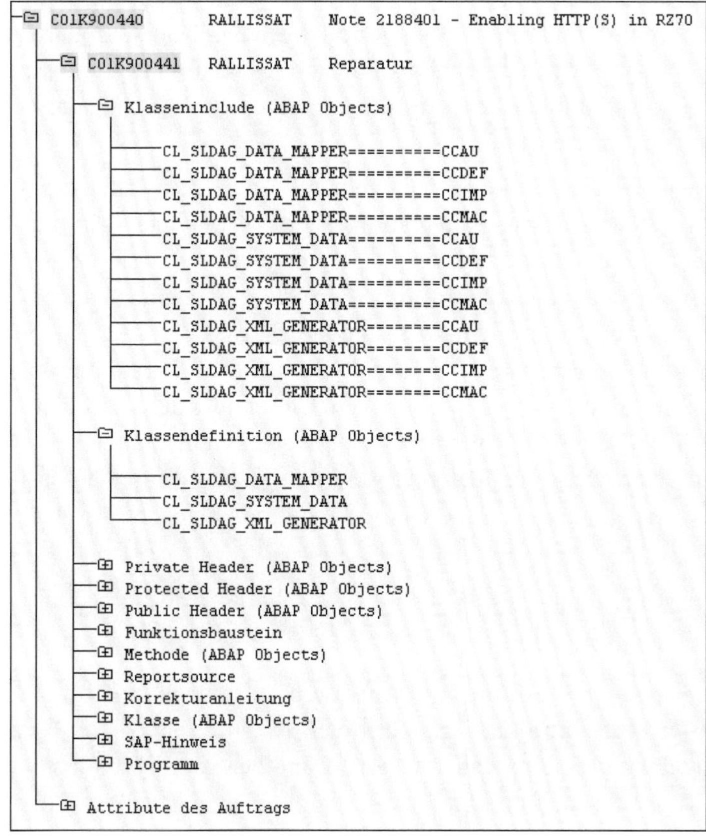


**Abbildung 6.2** Objekte eines Transportauftrags

Jedes modifizierte Objekt ändert das Systemverhalten. Neben den gewünschten Änderungen, z. B. der Anpassung eines Geschäftsvorgangs oder dem Hinzufügen neuer Funktionen, können die Anpassungen daher auch unerwünschte Effekte haben. Die Herausforderung für eine technische Änderungsanalyse besteht also darin, herauszufinden, in welchem Kontext die geänderten Objekte verwendet werden.

Dazu muss das Werkzeug zur Änderungseinflussanalyse einen Bezug zwischen den technischen Objekten eines Systems und den daraus zusammengesetzten Geschäftsanwendungen herstellen. Ist z. B. bekannt, welche Bausteine durch die App **Bestellung anlegen** verwendet werden, kann ermittelt werden, ob diese App oder dieser Prozess von einer Änderung betroffen ist. Wenn dem so ist, muss der entsprechende Testfall ausgeführt werden.

**Priorisierung der Änderungen**

Dabei sollte die Änderungsanalyse nur solche Anwendungen und Prozesse berücksichtigen, die produktiv genutzt werden und damit auch getestet werden müssen. Ebenso kann es sein, dass allgemeine Entwicklungsobjekte in einer Vielzahl von Anwendungen vorkommen. Bei umfangreichen Änderungen kann dies dazu führen, dass – technisch betrachtet – nahezu alle Bereiche des Systems von der Änderung betroffen sind. In beiden Szenarien muss ein Analysewerkzeug Vorgehensweisen anbieten, um die empfohlenen Tests zu priorisieren bzw. den Testumfang durch eine Auswahl der relevantesten Tests zu reduzieren.

**Integration in das Testmanagement**

Da Werkzeuge für die Änderungsanalyse einen Vorschlag für durchzuführende Tests erstellen, ist eine Integration in das verwendete Testmanagement-Werkzeug essenziell. Als Eingabe benötigt das Analysewerkzeug Zugriff auf vorhandene Testobjekte bzw. Testfälle des Testmanagement-Werkzeugs. Als Ausgabe werden zu testende Objekte oder Testfälle zur Verfügung gestellt, die idealerweise unmittelbar in die Testplanung mit aufgenommen werden können. Die konkrete Umsetzung der Analyse mit Integration in ein Testmanagement-Werkzeug stellen wir in Kapitel 15, »Änderungseinflussanalyse«, dar, in dem die Änderungsanalyse mit dem Business Process Change Analyzer (BPCA) des SAP Solution Managers beschrieben wird.

### 6.2.2 Testautomatisierung

Typischerweise werden Tests im SAP-Umfeld zunächst rein manuell durchgeführt: Tester*innen führen Arbeitsschritte im System anhand eines Testfalls aus; sie dokumentieren den Testverlauf und bewerten abschließend das Ergebnis der Testausführung. Entsprechend hoch sind Aufwand und Kosten von Tests, da das Personal an die Testausführung gebunden ist.

Stammen die Mitarbeiter*innen aus den Fachbereichen, kann die Testdurchführung mitunter zulasten des Tagesgeschäfts gehen. *Testautomatisierungswerkzeuge* versprechen, den manuellen Aufwand und somit auch Personalkosten für den Test zu reduzieren.

**Prinzip der Testautomatisierung**

Diese Werkzeuge funktionieren im SAP-Umfeld meist nach dem *Capture-and-Replay-Prinzip*: Die in einem Testfall beschriebenen Benutzerinteraktionen mit dem System werden aufgezeichnet. Die Abfolge der durchgeführten Aktionen wird vom Testautomatisierungswerkzeug festgehalten, meist durch eine Programmier- oder Skriptsprache. Ein derartiges Skript kann anschließend abgespielt werden. Dabei werden die aufgezeichneten Aktionen wiederholt.



**Aufwände und Herausforderungen**

Dieses Vorgehen allein ist in den wenigsten Fällen ausreichend, um einen validen automatisierten Testfall zu erstellen: Nur recht einfache Geschäftsvorgänge lassen sich ohne definierte Start- und Endbedingungen wiederholen. In der Praxis benötigen Testfälle geeignete Testdaten. Während Stammdaten leicht verwendbar sind, können Bewegungsdaten oft nur einmal verwendet werden. Gleichzeitig generieren Testfälle neue Daten oder zumindest eine oder mehrere Ausgaben, anhand derer sich ermitteln lässt, ob der Test erfolgreich war.

Tester*innen, insbesondere mit dem jeweiligen Prozess vertraute Mitarbeitende der Fachbereiche, erledigen diese Arbeitsschritte oftmals implizit. Einem Automatisierungsskript müssen hingegen die benötigten Testdaten als Parameter zugespielt werden, z. B. durch eine Datentabelle oder durch ein vorgelagertes Skript, das die passenden Testdaten vorher generiert und damit deren Vorhandensein sicherstellt.

Ebenso muss die Prüfung, ob der Test erfolgreich war, im Skript abgebildet werden, z. B. indem angezeigte Bildschirmmeldungen ausgewertet werden. Dazu verfügen Automatisierungswerkzeuge über entsprechende Funktionen, um Skripte zu parametrisieren und Prüflogiken einzubauen. Abhängig von dem gewählten Werkzeug können derartige Anpassungen in einer grafischen Benutzeroberfläche oder über eine direkte Bearbeitung des Skripts erfolgen. Allgemein gilt: Je komplexer die Prüflogik, desto eher gleicht die Umsetzung einem Projekt der Softwareentwicklung; entsprechend sind angemessenes Wissen über Automatisierungsmethoden sowie Werkzeug-Know-how erforderlich.

**Komponentenbasierter Test**

Abhängig vom gewählten Werkzeug und der zu automatisierenden Benutzeroberfläche (z. B. SAP Fiori oder SAP GUI) sind die Aufzeichnungen der Testfallaktionen mehr oder weniger robust gegen Änderungen. So kann es sein, dass ein Skript nicht mehr funktioniert, wenn ein Bildschirmelement verschoben oder umbenannt wurde, selbst wenn der Testfall fachlich durchführbar und korrekt ist. Um dieses Phänomen zu umgehen und um die Aufzeichnung und die Bearbeitung von automatisierten Tests zu erleichtern, wird das Prinzip des Capture-and-Replay durch verschiedene Ansätze erweitert. So wird z. B. in der *komponentenbasierten Testautomatisierung* ein Testfall aus Komponenten zusammengesetzt, in denen Eingaben in Bildschirmmasken und Benutzeraktionen jeweils als Bausteine dargestellt werden. Dies erleichtert zunächst die Lesbarkeit der Automatisierungsskripte, da einzelne Arbeitsschritte leicht erkennbar sind und bereits eine sinnvolle Granularität vorgegeben wird. Ebenso vereinfacht dieser Ansatz die Reparatur von Skripten, die durch Systemänderungen nicht mehr lauffähig sind: Manuell wird das erneute Bearbeiten nicht lauffähiger Skripte vereinfacht, indem die Aufzeichnung einzelner Teilbereiche erleichtert wird; automatisch wird das Beheben vereinfacht, indem Bildschirmmasken neu analysiert werden können, um Änderungen zu erfassen.

**Integration in das Testmanagement**

Testautomatisierungswerkzeuge sollten in das eingesetzte Testmanagement-Werkzeug integrierbar sein. Dort werden die Testautomatisierungsskripte gesammelt und idealerweise zusammen mit den korrespondierenden manuellen Testfällen aufbewahrt. Auch hier gilt, dass die Testfälle einen Lebenszyklus haben: Wird ein Geschäftsprozess geändert, sollte dies die Anpassung des manuellen Testfalls zur Folge haben; und dies sollte wiederum die Prüfung und Anpassung des Automatisierungsskripts anstoßen.

Bei der Testdurchführung sollte das Testmanagement-Werkzeug die automatisierten Testfälle zur Ausführung einplanen können, sodass diese ohne Benutzerinteraktion ablaufen – wenn gewünscht auch regelmäßig. Die Ergebnisse der Testfälle sollten nachvollziehbar und analog zu den manuellen Testfällen auswertbar sein.

Im Zusammenspiel mit dem Testmanagement-Werkzeug berücksichtigt ein Automatisierungswerkzeug die Verwaltung der getesteten Systeme (engl. *Systems Under Test*, SUT): Skripte müssen Zugriff auf das gewünschte Testsystem haben und sich dort mit den für den Test benötigten Berechtigungen anmelden, und das, ohne Passwörter preiszugeben.

## 6.3 Unterstützung der Testvorbereitung

Die Testvorbereitung kann mit hohen Aufwänden einhergehen, insbesondere dann, wenn neue Testfälle formuliert und passende Testdaten bereitgestellt werden müssen. Mit dem passenden Werkzeug können Sie Aufgaben in diesem Umfeld beschleunigen oder vereinfachen.

### 6.3.1 Dokumentationswerkzeuge

Das Erstellen hinreichend detaillierter Testfälle ist zeitaufwendig. Dies gilt insbesondere dann, wenn Testanweisungen im Detail beschrieben werden müssen, sodass der Testfall z. B. auch von fachfremden Tester*innen oder Automatisierungsexpert*innen ausgeführt werden kann.

Um den Aufwand zu reduzieren, bieten sich *Dokumentationswerkzeuge* an. Deren Zielsetzung ist es, das Erstellen technischer Dokumentationen zu vereinfachen und zu automatisieren. Oft sind diese Werkzeuge in einen Gesamtansatz für das *Wissensmanagement* eingebettet, bei dem Dokumente über eine Autorenumgebung erstellt und anschließend in verschiedenen Formaten publiziert werden können.



Ein beliebter Ansatz zur Erstellung von Dokumenten mit einem solchen Werkzeug ähnelt dem der Testautomatisierung: Während Benutzer*innen einen Geschäftsprozess ausführen, werden sämtliche Tätigkeiten aufgezeichnet. Die Aufzeichnung kann dann als Video, als interaktive Schulung oder als Dokument dargestellt werden. Auf diese Weise erstellte Dokumente enthalten meist bereits Bildschirmfotos und eine textuelle Beschreibung der Tätigkeiten. Damit bilden sie eine gute Grundlage für detaillierte Testfälle.

### 6.3.2 Werkzeuge für die Testfallspezifikation

**Testfälle aus anderen Quellen herleiten**

Ein überwiegender Teil der Tests im SAP-Umfeld sind Arbeitsanweisungen zur Umsetzung eines (Teil)geschäftsprozesses, die auf der Spezifikation des entsprechenden Prozesses basieren. Derartige Testfallbeschreibungen werden meist manuell oder mit den im vorangehenden Abschnitt genannten Dokumentationswerkzeugen erstellt.

Werkzeuge für die Testfallerstellung spielen im SAP-Umfeld meist eine untergeordnete Rolle. Hierzu zählen Werkzeuge, die Testfallbeschreibungen ganz oder zumindest in Teilen aus anderen Quellen herleiten oder diese Herleitung durch eine geführte Methodik unterstützen. So können z. B. Modellierungswerkzeuge ein Grundgerüst für Testfälle liefern: Liegen Prozesse als Diagramm in einer einheitlichen Notation vor, kann ein Spezifikationswerkzeug aus den dort dargestellten Pfaden Testfälle herleiten, die sämtliche Abzweigungen des Diagramms berücksichtigen. Über die Notationselemente kann zusätzlich eine entsprechende Beschreibung von Systemen, Entscheidungswegen oder Schnittstellen mit in den Testfall aufgenommen werden. Ebenso ist es denkbar, auf vergleichbare Weise Testfälle aus Programmcode oder Bildschirmmasken herzuleiten. Auch die Interpretation von Spezifikationsdokumenten kann durch Werkzeuge unterstützt werden, z. B. indem die Herleitung von Testfällen aus Äquivalenzklassen und Grenzwerten (siehe Abschnitt 5.1.2, »Dynamische Tests«) unterstützt wird.

### 6.3.3 Testdaten-Werkzeuge

**Erstellen relevanter Testdaten**

Testfälle in SAP-Systemen bzw. in ERP-Systemen im Allgemeinen sind stark datengetrieben. Testfälle benötigen Stamm- und Bewegungsdaten, die zudem ein möglichst realistisches Abbild des Produktivbetriebs darstellen sollen. Produktivdaten zu kopieren, um geeignete Testdaten für nicht produktive Systeme zu erhalten, ist nicht immer ein gangbarer Weg. Es müssen z. B. Vorgaben für den Datenschutz eingehalten oder umfangreiche Datenbestände angemessen reduziert werden. Hier setzen Testdaten-Werkzeuge an, die entsprechende Anforderungen technisch – und bisweilen auch methodisch – unterstützen und damit die Arbeitsschritte zur Erstellung einer Produktivsystemkopie vereinfachen. Um datenschutzrechtliche Vorgaben einzuhalten, tragen derartige Werkzeuge dafür Sorge, dass keine sensiblen Informationen (z. B. Adress- oder gar Gehaltsdaten) das Produktivsystem verlassen, sondern angemessen anonymisiert oder randomisiert werden, sodass im nicht produktiven Umfeld nur unkritische Datensätze zur Verfügung stehen. Gleichermaßen können Testdaten-Werkzeuge häufig die in das nicht produktive System zu übernehmenden Daten reduzieren, indem z. B. Datensätze anhand bestimmter Kriterien vorausgewählt werden. Auch das Duplizieren bestimmter Datensätze ist oftmals möglich. Ein ebenfalls anzutreffender Ansatz ist die rein synthetische Erstellung von Testdaten.

## 6.4 Werkzeuge für weitere Testarten

Der Blick über den Tellerrand des Testmanagements hin zu verwandten Themenfeldern der SAP-Technologie wie z. B. Entwicklung, Systembetrieb oder Sicherheit weckt bei komplexen Projekten oder reifen Testorganisationen den Wunsch, auch weitere Themenbereiche durch die Nutzung von Werkzeugen zu optimieren; häufig sind daher folgende Werkzeuge zu berücksichtigen.

### 6.4.1 Statische Analyse

**Analyse von Eigenentwicklungen**

Werkzeuge für die *statische Analyse* (auch *statische Code-Analyse* genannt) untersuchen den Programmcode von Eigenentwicklungen anhand verschiedener Kriterien, um auf potenzielle und tatsächliche Fehler hinzuweisen. Auch wenn derartige Werkzeuge zunächst eher der Softwareentwicklung zuzuordnen sind, ist deren Berücksichtigung im funktionalen Testmanagement sinnvoll: Allgemein gilt: Je früher Fehler entdeckt werden, desto geringer sind die Kosten für deren Behebung. Daher ergibt es aus unserer Sicht Sinn, Aktivitäten im Testmanagement zu berücksichtigen, die die Qualität Ihrer Eigenentwicklungen frühzeitig erhöhen und damit die Arbeitslast der funktionalen Tests senken. Neben der statischen Analyse sind auch Dokumenten-Reviews eine Möglichkeit.



**Prüfkriterien**

Die statische Analyse bei der Softwareentwicklung verpflichtend einzusetzen, kann dabei unterstützen, formale Kriterien an die Gestaltung von Programmcode einzuhalten, z. B. die Berücksichtigung der unternehmenseigenen Entwicklungsrichtlinien, was sich z. B. positiv auf die Lesbarkeit und Verständlichkeit des Programmcodes auswirkt. Ebenso können Aspekte der robusten Programmierung geprüft werden, sodass z. B. auf übermäßig komplexe Abfragen oder fehlende Fehlerbehandlungen im Programm hingewiesen wird. Gleichermaßen können Performance- und Sicherheitsaspekte geprüft werden. Eine Vielzahl potenzieller Fehlersituationen lässt sich so vermeiden, noch bevor eine Eigenentwicklung in den funktionalen Test gelangt.

Softwareentwicklung und Testmanagement agieren typischerweise getrennt. Ein Austausch zwischen diesen Bereichen lohnt sich aber, um die Testaktivitäten zu koordinieren. Die statische Analyse kann hierzu ein geeigneter Einstieg sein. So schafft z. B. der erwähnte verpflichtende Einsatz entsprechender Codeprüfungen vor dem funktionalen Test eine qualitativ höhere Ausgangsbasis für weitere Tests. Tester*innen, die eine Entwicklung anhand fachlicher Spezifikationen prüfen, finden weniger vermeidbare technische Fehler und können sich auf die fachlichen Aspekte der jeweiligen Entwicklung fokussieren.

### 6.4.2 Performancetest

**Systemverhalten unter Last**

Mit *Performancetests* wird das Verhalten einer Anwendung oder eines ganzen Systems unter einer definierten Arbeitslast ermittelt. Solche Tests sollen im SAP-Umfeld primär sicherstellen, dass Anforderungen an die Reaktionsfähigkeit und Verarbeitungszeit erfüllt werden. Sekundär werden mit derartigen Tests aber auch weitere Kriterien überprüft, z. B. die Systemstabilität bei einer bestimmten Systemlast. So kann es z. B. bei einer bestimmten Anzahl von Nutzer*innen, die in fachlich ähnlichen Prozessen arbeiten, zu unerwarteten Blockier- und Fehlersituationen kommen, die durch einen Performancetest aufgedeckt werden.

Lastprofil

Werkzeuge für den Performancetest von SAP-Systemen bilden eine gewünschte Arbeitslast in einem System ab, indem virtuelle Benutzer Prozesse im System ausführen, die möglichst denen des Tagesgeschäfts entsprechen. Ebenso sind weitere lasterzeugende Systemprozesse wie z. B. Schnittstellen und Hintergrundjobs zu berücksichtigen. Die fachliche Herausforderung liegt darin, ein solches Lastprofil möglichst so zu erstellen, dass die Gesamtheit der Lasterzeugung der realen Systembelastung im Produktivbetrieb entspricht.

Ein Performancetest-Werkzeug sollte angemessene Möglichkeiten bieten, die für die Performance relevanten technischen Daten eines Systems während der Testdurchführung zu überwachen und nach der Testdurchführung in Form von Reports darzustellen.

### 6.4.3 Sicherheitstest

Sicherheitslücken aufdecken

Das Thema Sicherheit wird in der SAP-Basis bisweilen unterschätzt. Dabei sind SAP-Systeme ein beliebtes Angriffsziel. Klassische ERP-Systeme sind oft über Jahre »historisch gewachsen«; nicht immer werden neue Sicherheitsfunktionen konfiguriert oder kritische Sicherheitshinweise zeitnah eingespielt. Auch der Umstand, dass SAP-Landschaften ein komplexes Konstrukt unterschiedlicher Systeme mit zahlreichen Schnittstellen sind, erleichtert Angriffe auf das System. Das können direkte Hacker-Attacken und Exploits sein, die Konfigurationslücken ausnutzen oder auch das (un)beabsichtigte Einschleusen von Viren- und Malware.

Um eine hinreichende Sicherheit von SAP-Systemen zu gewährleisten, existieren verschiedene Werkzeuge. Der Einstieg in das Thema erfolgt oft mit Werkzeug-Suiten, die SAP-Systeme analysieren bzw. auditieren, um typische Sicherheitslücken wie Fehlkonfigurationen aufzudecken und entsprechende Befunde darzustellen.

Betrieb absichern

Nach dem Beheben gefundener Sicherheitslücken unterstützen diese und weitere Werkzeuge Prozesse zur Erhaltung der Sicherheit des SAP-Betriebs. Hierzu gehört z. B. das zeitnahe Einspielen von Sicherheitshinweisen von SAP, der Virenschutz für dokumentenbezogene Funktionen in SAP-Systemen (hierzu zählt mitunter auch das Testmanagement!) und das Berücksichtigen von Sicherheitsaspekten bei Systemänderungen wie Updates. Entsprechende Werkzeuge können die genannten Aufgaben technisch umsetzen und administrativ-fachliche Unterstützung leisten, z. B. indem wiederkehrende Prüfungen und Aufgaben automatisiert und dokumentiert werden.

## 6.5 Werkzeugauswahl

Der theoretische Blick auf die verfügbaren Arten von Testwerkzeugen und auf deren grundlegenden Funktionen erlaubt es Ihnen einzuschätzen, welche Werkzeugarten für Ihre Teststrategie relevant sind und zu Ihren individuellen Anforderungen passen.

Dabei gilt allgemein, dass jeder Werkzeugeinführung eine Werkzeugauswahl vorausgehen sollte. Wie vieles in der Informationstechnologie kann auch der Umfang eines solchen Auswahlprozesses je nach Unternehmen und seinen internen und externen Anforderungen unterschiedlich ausfallen: In manchen Unternehmen werden vielleicht pragmatisch, zügig und anhand weniger Kriterien Entscheidungen getroffen, während in es in anderen Unternehmen einen formalen Auswahlprozess mit einer Vielzahl involvierter Entscheidungsträger*innen und Arbeitsschritte benötigt. Die gesamte Vielfalt des Auswahlprozesses können wir im Rahmen dieses Buches nicht wiedergeben. An dieser Stelle schildern wir daher einige zentrale Aspekte, die Sie bei der Auswahl von Testwerkzeugen, unabhängig vom unternehmensindividuellen Prozess, berücksichtigen sollten. Die einzelnen Aspekte orientieren sich an dem in den ISTQB-Materialien dargestellten Prozess und wurden um erfahrungsbasierte Aspekte ergänzt.

**Einführungsreihenfolge**

Zunächst sollte die Einführungsreihenfolge der Testwerkzeuge berücksichtigt werden. Hierzu kann die in diesem Kapitel vorgestellte Kategorisierung dienen.

**Werkzeug für das Testmanagement**

Ein Testmanagement-Werkzeug unterstützt die administrativen Aufgaben des gesamten Testprozesses. Zudem bildet es in der Regel den prozessualen und technischen Ausgangspunkt für weiterführende Werkzeuge: So ist ein Werkzeug für die Testautomatisierung z. B. wenig sinnvoll, wenn kein etablierter Prozess für die Erstellung, Bewertung und Aktualisierung manueller Testfälle besteht. Ebenso werden Automatisierungswerkzeuge meist direkt in das Testmanagement integriert, sodass Automatisierungsskripte gemeinsam mit den zugrundeliegenden manuellen Testfällen aufbewahrt werden können und auch die Einplanung entsprechender Tests über das Testmanagement-Werkzeug erfolgt. Da ein Testmanagement-Werkzeug eine zentrale Rolle für den gesamten Testprozess spielt, sollte es stets zuerst eingeführt werden. Es schafft einen verbindlichen Rahmen für die wesentlichen Arbeitsschritte im Testprozess und ermöglicht es Ihnen idealerweise, die in Ihrem Testkonzept erarbeiteten prozessualen Anforderungen abzubilden und abzusichern: Vorgaben zu Testfallerstellung, Testplanung und -durchführung können im Testmanagement-Werkzeug umgesetzt und mit diesem durchgesetzt werden. Ein genau definierter Prozess schafft Struktur und erhöht die Qualität des Testansatzes.

**Werkzeug für das Defect Management**

Ein Werkzeug für das Defect Management ist oftmals bereits im Testmanagement-Werkzeug integriert. Ist dies nicht der Fall bzw. soll ein anderes Werkzeug verwendet werden, bietet sich dessen Einführung zeitgleich mit dem Testmanagement-Werkzeug an; schließlich ist das Finden, Kategorisieren, Dokumentieren und Beheben von Fehlern eine zentrale Zielsetzung von Testaktivitäten.

**Werkzeug für Teilaspekte**

Das Testmanagement-Werkzeug und der darin abgebildete Testprozess bilden das Fundament für die Einführung weiterer Werkzeuge. Ist der grundlegende werkzeuggestützte Testprozess etabliert, können entsprechend der in diesem Kapitel vorgenommenen Kategorisierung in einem nächsten Schritt Werkzeuge eingeführt werden, die einzelne Teilaspekte des Testprozesses optimieren. Hierzu zählen die Werkzeuge, die die Effektivität und Effizienz der Testdurchführung optimieren. Ebenso können Werkzeuge eingeführt werden, die die Testvorbereitung unterstützen. Die Reihenfolge hängt von den unternehmensindividuellen Bedürfnissen und Voraussetzungen sowie von dem Reifegrad des Testprozesses ab. Relevant ist dabei die erwähnte fachliche und technische Integration. Werkzeuge, die den Testprozess um einzelne Aspekte wie z. B. Automatisierung oder technische Auswahl von Testfällen erweitern, sollten sich möglichst nahtlos in den bestehenden Testprozess einfügen.

**Werkzeuge für weitere Testarten**

Über den Einsatz der in Abschnitt 6.4, »Werkzeuge für weitere Testarten«, dargestellten Werkzeuge können die Testorganisationen individuell entscheiden, wenn entsprechende Anforderungen entstehen. Eine Ausnahme kann die statische Analyse bilden: Wenn in einem Unternehmen bzw. innerhalb eines Projekts Eigenentwicklungen in größerem Umfang erstellt und bearbeitet werden, wird innerhalb der Softwareentwicklung auch das Thema Entwicklertest einen angemessenen Stellenwert haben. Hier sollten beide Bereiche in engem Austausch stehen, da eine funktionierende Schnittstelle zwischen funktionalem Testmanagement und den Testaktivitäten der Softwareentwicklung deutlich zur Erhöhung der Qualität von Eigenentwicklungen beitragen kann.

**Gegenwärtiger Reifegrad**

In einem nächsten Schritt sollte der Reifegrad der gegenwärtigen Testaktivitäten geprüft werden. Zweckmäßig ist hierzu z. B. ein Abgleich des gegenwärtigen Vorgehens und der unternehmensindividuellen Anforderungen mit einem idealen Testprozess; alternativ können auch Reifegradmodelle zurate gezogen werden (siehe Kapitel 2, »Der grundlegende Testprozess«). Auf diese Weise können Sie identifizieren, welche individuellen Stärken und Schwächen die Themenbereiche – grundlegender Testprozess, Testorganisation, Testplanung und Testfallerstellung – aufweisen. Die Ergebnisse einer solchen Analyse offenbaren, ob die genannten Teilaspekte beherrscht werden oder weiter optimiert werden sollten. Eine solche Einschätzung ist sinnvoll, bevor ein weiteres Werkzeug eingeführt wird. Dies gilt insbesondere für die Werkzeuge zur Änderungseinflussanalyse und Testautomatisierung. Fehlen grundlegende Voraussetzungen, wie hinreichend vollständige, detaillierte und aktuelle manuelle Testfälle, ist die Einführung dieser Werkzeuge nicht sinnvoll.



**Auswahlprozess**

Konkretisiert sich die Anforderung, ein neues Testwerkzeug einzurichten und stehen Reihenfolge und Reifegrad diesem Vorhaben nicht entgegen, kann der eigentliche Auswahlprozess initiiert werden. Wie eingangs erwähnt, kann dieser – getrieben von verschiedensten internen und externen Aspekten – beliebig einfach oder komplex sein. In der Regel umfasst er die folgenden Arbeitsschritte:

1. Entscheidung über den Werkzeugbedarf
2. Detaillieren von Anforderungen
3. Identifikation geeigneter Werkzeuge
4. Bewertung der Werkzeuge
5. Auswahlentscheidung

**Werkzeugbedarf**

Der erste Schritt, die Entscheidung über den Werkzeugbedarf, soll das Vorhaben, ein bestimmtes Werkzeug einzuführen, formal definieren. Hierzu ist es sinnvoll, zunächst die Zielsetzung auszuarbeiten, die durch die Verwendung des Werkzeugs erreicht werden soll. Mögliche Ziele könnten sein, den manuellen Aufwand zu reduzieren oder die Qualität von Testfällen zu erhöhen. Idealerweise werden die Ziele so präzise wie möglich definiert und anschließend quantifiziert. Letzteres macht die Vorteile der Einführung wirtschaftlich greifbar und für Entscheider*innen relevant.

Zu den Betrachtungen sollte bereits eine grobe Gegenüberstellung potenzieller Kosten gehören. Auch wenn ein konkretes Produkt noch nicht feststeht, kann bereits im Rahmen einer Vorstudie eine Bandbreite an Lizenzmodellen und Kosten genannt werden. Ebenso können Aufwände und Kosten durch die Einführung überschlagen werden (z. B. Personalbindung im Pilot- bzw. Einführungsprojekt, Schulungsaufwände, Betriebskosten). Ferner sollten im Umfeld möglicher Lizenzkosten auch Aspekte wie Hersteller-Support und – z. B. bei Werkzeugen, die als Cloud-Angebot verfügbar sind – Service Levels berücksichtigt werden.

**Quantitative und qualitative Aspekte**

Zudem ist es sinnvoll, nicht nur Einsparungen hinsichtlich Aufwand und Kosten zu betrachten, sondern auch qualitative Aspekte können quantifiziert werden. So sollte eine höhere Testfallqualität z. B. auch die Qualität der im Test gefundenen Fehler verbessern: Es werden weniger Falschmeldungen eröffnet und mehr tatsächliche Fehler aufgedeckt. Die definierten Ziele mit quantitativer Bewertung können mit einem späteren Pilot- bzw. Einführungsprojekt für das Werkzeug abgeglichen werden.

**Chancen und Risiken**

Ferner sollten Sie in die Entscheidung über den Werkzeugbedarf auch vermeintlich weiche Faktoren aufnehmen: Welche Chancen bietet ein Werkzeug, um das Testmanagement um neue Methoden und Prozesse zu erweitern? Die im vorangehenden Beispiel genannte höhere Qualität der Testfälle schafft z. B. erst die Möglichkeit, in Zukunft ein Projekt zur Testautomatisierung sinnvoll anzugehen. Gleichermaßen sind Risiken zu definieren: Gibt es fachliche, technische oder gar menschliche Unwägbarkeiten, die eine Werkzeugeinführung gefährden? Die Einführung eines neuen Werkzeugs bringt mitunter signifikante Prozessveränderungen mit sich. Neue Schnittstellen, zusätzliche Fehlerpotenziale im Betrieb der Lösung oder mangelnde Akzeptanz der Anwender*innen sind nur einige Beispiele für mögliche Risiken, die mindestens innerhalb des Auswahlprozesses identifiziert, idealerweise aber im Rahmen eines Risikomanagements bearbeitet werden sollten.

**Anforderungen detaillieren**

Steht nach einer Betrachtung der genannten Kriterien die Entscheidung fest, ein Werkzeug einzuführen, können nun Anforderungen an das Werkzeug detailliert werden. Dieser zweite Arbeitsschritt stellt zum einen sicher, dass die Auswahl des Werkzeugs unter verschiedenen möglichen Alternativen anhand definierter, möglichst objektiver Kriterien erfolgt; zum anderen bietet dieser Schritt die Chance, von allen Prozessbeteiligten sämtliche impliziten und expliziten Bedarfe an das Werkzeug einzuholen. Anforderungen können z. B. in einem Workshop mit den betroffenen Ansprechpartner*innen und Bereichen ermittelt werden. Die gesammelten Anforderungen sollten gruppiert und priorisiert werden. Kriterien für eine Gruppierung können z. B. aus Industriestandards wie der Norm ISO/IEC 9126 hergeleitet werden. Die dort aufgelisteten Qualitätsmerkmale geben einen Rahmen für mögliche Kriterien vor. Darüber hinaus sind wirtschaftliche Aspekte zu berücksichtigen; hier können die Überlegungen aus dem vorangehenden Bearbeitungsschritt übernommen werden.

**Kriterienkatalog ausprägen**

Auf diese Weise können Sie einen Kriterienkatalog ausprägen, der als Grundlage für die Bewertung möglicher Werkzeugkandidaten dient. Jedes einzelne Kriterium sollte eine Gewichtung haben, die sich an den zuvor definierten Zielen bzw. an der daraus abgeleiteten Relevanz der jeweiligen Anforderung orientiert. Für die Gesamtheit der Kriterien sollte eine Bewertungsskala festgelegt werden. Für die Kriterien können Sie jeweils skizzieren, wann ein bestimmter Wert der Skala als erreicht gilt. Denkbar ist auch, dass es einzelne fachliche, technische oder wirtschaftliche Kriterien gibt, die ein sofortiges Ausschlusskriterium darstellen, z. B. Lizenzkosten, die einen Maximalbetrag überschreiten oder mangelnde Unterstützung bestimmter Oberflächen bei einem Testautomatisierungswerkzeug.

**Werkzeuge identifizieren**

Parallel identifizieren Sie Werkzeuge, die in den engeren Auswahlprozess kommen und anhand des Kriterienkatalogs bewertet werden sollen. Die Werkzeugalternativen für testbezogene Aufgaben im SAP-Umfeld sind überschaubar und meist bekannt. Dies gilt insbesondere für zunehmend spezialisierte Werkzeuge, z. B. im Bereich der Testautomatisierung. Dennoch lohnen Recherchen bei und Kontakt mit Herstellern, SAP-Nutzergruppen und gegebenenfalls SAP selbst, um einen Überblick über die verfügbaren Werkzeugalternativen zu gewinnen. Alternativ oder ergänzend kann auch die Unterstützung durch Beratungshäuser sinnvoll sein, die Dienstleistungen in den entsprechenden Bereichen (z. B. Testmanagement oder Testautomatisierung) anbieten. Dabei sollten alle betrachteten Werkzeuge zumindest grob aufgelistet werden; sowohl jene, die in die engere Wahl kommen als auch solche, die die erwähnten Ausschlusskriterien erfüllen und damit nicht weiter betrachtet werden.



**Werkzeuge bewerten**

Anschließend kann die eigentliche Bewertung der identifizierten Werkzeuge erfolgen. Während die Bewertungen einiger Kriterien recht schnell durch eigene Rechercheergebnisse ermittelt werden können, erfordert die Auswertung anderer Kriterien eine detaillierte Auseinandersetzung mit dem Produkt. Hier eignen sich Werkzeugpräsentationen durch den Hersteller oder alternativ Beratungshäuser. In beiden Fällen haben Sie die Möglichkeit, sich eigene Fragen oder Beispielszenarien beantworten zu lassen oder gar einen Pilotbetrieb zu vereinbaren. Im Falle von Werkzeugen, die als Hosting- oder Cloud-Lösung angeboten werden, sind zunehmend auch Demosysteme verfügbar, anhand derer einige Kriterien überprüft werden können. Gleichermaßen können Hersteller gegebenenfalls kundenindividuelle Instanzen für einen Pilotbetrieb anbieten.

**Auswahlentscheidung**

Mit einem vollständig ausgefüllten Kriterienkatalog, der die zusammengestellten Anforderungen für jedes Produkt in der Auswahl bewertet, verfügen Sie über die Grundlage für die Auswahl eines Werkzeugs. Die gesammelten Ergebnisse können zu einer Gesamtbewertung für die einzelnen Werkzeuge zusammengefasst werden. Wurden die Kriterien korrekt bewertet und priorisiert, sollte der Gesamtsieg nach Punkten über die Auswahl entscheiden. Abhängig vom Grad der erforderlichen Formalität sollte die finale Auswahlentscheidung dokumentiert werden. Dies gilt insbesondere, wenn es sich um eine knappe Entscheidung handelt oder diese (aus guten Gründen) vom Evaluationsergebnis abweicht.

Die dargestellten Arbeitsschritte sollten mindestens durchlaufen werden, um zu einer validen, auf objektiven Kriterien basierenden Entscheidung zu gelangen. Wie eingangs erwähnt, können die einzelnen Schritte bzw. die Tätigkeiten innerhalb dieser Schritte mehr oder minder umfassend gestaltet werden, abhängig von Aspekten wie dem Umfang der Entscheidung oder den Dokumentationserfordernissen.

# Kapitel 7
# Teststrategie und Testkonzept

*Die Teststrategie, das Testkonzept und die Testrichtlinie sind wichtige Dokumente zur Testvorbereitung. In diesem Kapitel betrachten wir diese Dokumente noch einmal gebündelt und geben Tipps, wie Sie sie in Ihrem Unternehmen einsetzen.*



Das formale Regelwerk ist ein wichtiges Merkmal einer Testorganisation. Wir sind innerhalb dieses Buches immer wieder auf die Notwendigkeit eingegangen, bestimmte Gegebenheiten in der Testrichtlinie, in der Teststrategie oder im Testkonzept festzuhalten und zu regeln. Diese drei wichtigen Dokumente möchten wir daher in diesem Kapitel nacheinander genauer beleuchten. Im Anschluss werden wir außerdem noch auf Teststufenkonzepte eingehen. Die Rangfolge der Dokumente stellt sich wie folgt dar:

1. Testrichtlinie
2. Teststrategie
3. Testkonzept
4. weitere Stufentestkonzepte

Jedes der Dokumente leitet sich aus dem jeweils ranghöheren Dokument ab und detailliert einen bestimmten Bereich. Die Testrichtlinie und die Teststrategie gelten in der Regel unternehmensweit, während sich das Testkonzept meist auf ein konkretes Projekt bezieht (siehe Abbildung 7.1).

In großen Projekten oder Organisationen kann es auch sinnvoll sein, dass unterhalb des Testkonzepts, das projektspezifisch erstellt wird, noch weitere Stufentestkonzepte entstehen. Diese beschreiben eine Teststufe besonders detailliert. Dies ist vor allem dann notwendig, wenn die Regularien innerhalb des Testkonzepts so umfangreich oder komplex werden, dass die Übersicht und Lesbarkeit des Dokuments leiden.

**Harmonisierung des Testprozesses**

Die regulatorischen Dokumente dienen somit in erster Linie dazu, den Testprozess über das gesamte Unternehmen hinweg zu formalisieren und weitestgehend zu harmonisieren. Dies hat den Vorteil, dass unternehmensweit die gleichen Qualitätskriterien für Software gelten und der Prozess zur Erreichung dieser Kriterien ebenfalls einheitlich gestaltet wird.

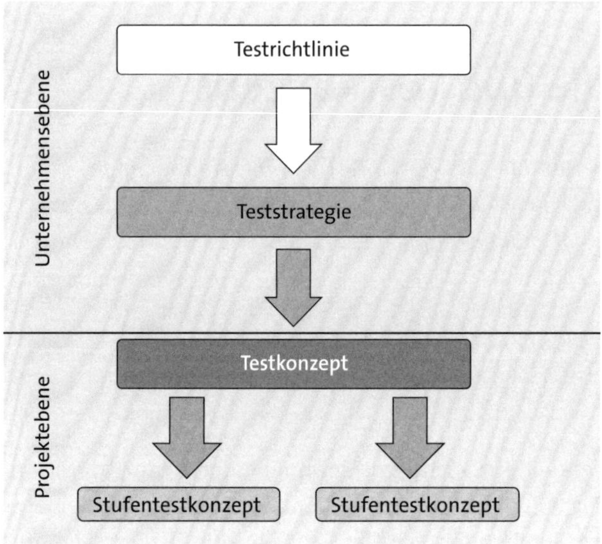


**Abbildung 7.1** Ableitung der Regelwerke

[»]

**Umfang und Detailgrad der Dokumente**

Die in diesem Kapitel skizzierten Inhalte der testrelevanten Dokumente stellen eine Empfehlung der minimalen Anforderungen dar. Die genaue Ausführung der einzelnen Dokumente, deren Umfang und Komplexität können und sollten variieren und sind von einer Vielzahl von Faktoren abhängig, z. B. von Unternehmensgröße, Unternehmenskultur, Branche bzw. branchenspezifischen Erfordernissen, Reifegrad des Testmanagements sowie Anforderungen an den Testprozess hinsichtlich der Nachvollziehbarkeit. Wesentlich ist jedoch, dass die Dokumente Ihren Anspruch an den Testprozess und das Testvorgehen angemessen widerspiegeln.

## 7.1 Testrichtlinie

Inhalte der Testrichtlinie

Die *Testrichtlinie* beschreibt Gründe, warum Tests im Unternehmen durchgeführt werden. Sie definiert außerdem die allgemeinen Ziele, die das Unternehmen durch das Testen erreichen möchte. Erstellt wird die Richtlinie von den für das Testmanagement verantwortlichen Personen im Unternehmen. Dies sind üblicherweise die Testmanager*innen in Zusammenarbeit mit den Stakeholdern des Testprozesses. Folgende Inhalte sollten in einer Testrichtlinie enthalten sein:

- **Wert des Testens für das Unternehmen**
  Hier geht es darum, die Priorität des Testens festzulegen. Stellen Sie dabei insbesondere folgende Fragen:
  - Wie ordnet sich das Thema der Software-Qualitätssicherung in die Strategie bzw. in den Anspruch des Unternehmens hinsichtlich der (Produkt- und Service-)Qualität ein?
  - Warum ist Testen wichtig?
  - Welche Priorität hat das Testen bei Ressourcen- oder Terminkonflikten?
- **Ziele des Testens**
  Die Ziele des Testens sind eng mit dem Wert des Testens für das Unternehmen verknüpft. Allerdings sollten Ziele in diesem Fall konkreter formuliert werden. Mögliche Ziele könnten sein:
  - störungsfreier Geschäftsbetrieb
  - qualitativ hochwertige Software (Schaffung von Vertrauen in die Software)
  - zufriedene Anwender*innen
  - Nachweis, dass die Anforderungen umgesetzt wurden
- **Darstellung des Testprozesses**
  Die Darstellung des Testprozesses sollte sich auf die wesentlichen Aspekte wie z. B. die einzelnen Phasen, in die sich der Testprozess unterteilt, beschränken. Gehen Sie hier nicht zu sehr ins Detail. Denn die Detaildarstellung erfolgt erst in der Teststrategie.
- **Ansatz zur Testprozessverbesserung**
  Ein wichtiger Aspekt, der auch für das Management interessant ist, ist die Verbesserung des Testprozesses. Gehen Sie hier in wenigen Worten kurz auf die Maßnahmen des kontinuierlichen Verbesserungsprozesses ein.
- **Bewertungskriterien für Wirksamkeit und Effizienz des Testens**
  Wichtig ist auch die Definition von messbaren Kriterien zur Bewertung der Wirksamkeit und Effizienz des Testens. Mögliche Kennzahlen könnten eine Incident-Quote für neu eingeführte Software sein.

**Freigabe durch die Geschäftsführung**

Der Umfang der Testrichtlinie sollte dabei ein bis zwei Seiten nicht überschreiten. Der Grund dafür liegt in der notwendigen Freigabe durch die Geschäftsführung. In der Praxis hat sich gezeigt, dass kurze prägnante Dokumente eher von der Geschäftsführung unterstützt und unterschrieben werden.

**Detaillierungsgrad der Testrichtlinie**

Je detaillierter Sie die Testrichtlinie gestalten, desto wahrscheinlicher ist es, dass Sie die Richtlinie bei der Durchführung von Änderungen an Ihrem Testprozess oder von Änderungen an Ihrer Teststrategie anpassen müssen. Diese Anpassung der Testrichtlinie führt dann dazu, dass die aktualisierte Version wieder von der Geschäftsführung freigegeben werden muss. Je nachdem, wie viele Änderungen Sie im Zeitverlauf haben, bedeutet das einen nicht zu unterschätzenden Aufwand. Wir empfehlen daher, die Testrichtlinie auf einer möglichst hohen Flugebene auszuarbeiten, um möglichst wenige Aktualisierungen zu generieren.

## 7.2 Teststrategie

**Teststrategie aufstellen**

Die Teststrategie ist das zentrale Regelwerk zum Thema Testen im Unternehmen. Sie enthält alle Vorgaben, die bei der Planung, Durchführung und Nachbereitung von Tests notwendig sind und detailliert damit die Vorgaben aus der Testrichtlinie. Die Teststrategie sollte zentral vom Unternehmen verabschiedet werden. Allerdings muss sie nicht durch die Geschäftsführung freigegeben werden. In den meisten Unternehmen ist es sinnvoll, nur eine Teststrategie zu etablieren. Mehrere Strategien ergeben nur Sinn, wenn es Unternehmensteile gibt, die gänzlich andere Anforderungen an das Thema Testen und Testmanagement haben als der Rest des Unternehmens. Folgende Themen sollten in der Teststrategie enthalten sein, dienen aber lediglich als Empfehlung. Falls Sie Punkte hinzufügen oder nicht relevante Punkte streichen möchten, können Sie das jederzeit tun.

- **Messbare Endekriterien je Stufe**
  Endekriterien sind die Voraussetzungen, die erfüllt sein müssen, damit ein Test als erfolgreich abgeschlossen gilt, z. B., dass alle Testfälle bearbeitet sind und keine Testfälle der Priorität **hoch** im Status **Fehlerhaft** verbleiben. Wichtig ist, dass diese Endekriterien messbar sind. Denn andernfalls besteht die Gefahr, dass es zu Diskussionen kommt, ob der Test bereits abgeschlossen ist oder nicht.
- **Start-/Eingangskriterien je Stufe**
  Genau wie die Endekriterien, sollten Sie die Eingangskriterien je Teststufe in der Teststrategie festhalten. Zu diesen gehören beispielsweise, dass alle erforderlichen Testfälle definiert sind und zum Test zur Verfügung stehen, dass die geplante Testumgebung bereit für den Test ist, oder auch, dass alle erforderlichen Personen informiert und sich ihrer Rolle

bewusst sind. Ohne definierte Eingangskriterien kann die Testdurchführung schnell ins Stocken und damit der Zeitplan in Gefahr geraten.

- **Testautomatisierung**
  Falls Sie planen Tests automatisiert durchzuführen, sollten Sie dazu ein Kapitel in Ihrer Teststrategie vorsehen. Darin sollten Sie festhalten wie bei einer Testautomatisierung vorgegangen werden soll und welche Automatisierungs-Tools vorgesehen sind.
- **Testumgebungen**
  Beschreiben Sie im Testkonzept grob den Aufbau Ihrer Testumgebungen, also beispielsweise, dass Tests auf einem Testsystem stattfinden sollten und ob Tests auf dem Entwicklungs- oder Produktionssystem stattfinden dürfen. Eine genaue Definition der Teststufen pro konkretem Testsystem sollte eher im Testkonzept beschrieben werden, da diese Thematik bei jedem Softwareentwicklungsprojekt unterschiedlich sein kann.
- **Testprozess im Detail**
  Einer der zentralen Punkte in der Teststrategie ist die Beschreibung des Testprozesses. In der Teststrategie sollten Sie alle Phasen des Testprozesses ausführlich, inklusive aller notwendigen Aufgaben während der Phasen, beschreiben.
- **Testmethoden**
  Auch Testmethoden werden in der Teststrategie im Detail beschrieben. Erläutern Sie, wie die einzelnen, im Unternehmen vorgesehenen Testmethoden funktionieren und in welchem Fall welche Testmethode anzuwenden ist.
- **Fehlermanagement**
  Beschreiben Sie in der Teststrategie auch das Fehlermanagement. In welchem Fall muss eine Fehlermeldung eröffnet werden? Mit welchem Tool soll die Fehlermeldung eröffnet und bearbeitet werden?
- **Change- und Releasemanagement**
  Testmanagement sowie Change- und Releasemanagement sind eng miteinander verzahnt, da das Testmanagement meist in einen Releasezyklus eingebunden ist und Tests der Qualitätssicherung von Changes dienen. Beschreiben Sie diese Abhängigkeiten in der Teststrategie.
- **Risikomanagement**
  Ein wichtiger Teil des Testprozesses ist das Risikomanagement. Gehen Sie in der Teststrategie darauf ein, wie der Risikomanagementprozess abläuft und auf welche testrelevanten Risiken geachtet werden soll.
- **Einzuhaltende Normen oder Standards**
  Normen und Standards sind wichtig, um die Vergleichbarkeit und die gleichbleibende Qualität von Tests über mehrere Projekte hinweg sicher-

zustellen. Beschreiben Sie daher im Testkonzept, wie dokumentiert werden muss, wie Testfälle aufgebaut werden, welche Templates verwendet werden und welche Namenskonventionen eingehalten werden müssen.

- **Testwerkzeuge**
  Neben der Testumgebung ist es auch unerlässlich, die verwendeten Testwerkzeuge in der Teststrategie zu beschreiben. Dabei ist es wichtig festzuhalten, für welche Tests welches Tool zum Einsatz kommt.

**Vermeidung von Excel als Test-Tool**

Microsoft Excel ist aufgrund der hohen Verbreitung und Flexibilität ein beliebtes Tool für die verschiedensten Anwendungsfälle im Arbeitsalltag. Da die Excel-Dateien aber nur mehr schlecht als recht gegen Manipulationen abzusichern sind, eignet sich Excel nicht als reines Test-Tool und ist auch nicht revisionssicher. In Kombination mit einem Test-Tool, das den Upload von Excel-Dateien ermöglicht, können Sie die Vorteile von Excel aber weiterhin nutzen. Wichtig ist, dass klar hervorgeht, wer den Test durchgeführt hat und dass sowohl der Teststatus als auch die zugehörige Dokumentation nach Abschluss des Tests nicht mehr verändert werden können.

- **Testprozessverbesserung im Detail**
  Da der Testprozess im Zeitverlauf immer wieder an neue Gegebenheiten angepasst werden muss, sollte ein kontinuierlicher Verbesserungsprozess etabliert werden. Beschreiben Sie diesen Prozess und die durchzuführenden Aufgaben detailliert in der Teststrategie.
- **Rollen und Zuständigkeiten**
  Falls Sie die Rollen und Zuständigkeiten nicht bereits bei der Beschreibung des Testprozesses beschrieben haben, sollten Sie dafür einen eigenen Abschnitt vorsehen. Stellen Sie die einzelnen Rollen und ihre Zuständigkeiten möglichst ausführlich dar, da es andernfalls auch hier zu Diskussionen oder Missverständnissen bei der Aufgabentrennung kommen kann.
- **Testorganisation**
  Neben der reinen Rollenbeschreibung sollte auch die Testorganisation des Unternehmens im Testkonzept beschrieben werden. Weitere ausführliche Informationen zum Organisationsaufbau finden Sie in Kapitel 3, »Testorganisation«.

**Teststrategie skalierbar gestalten**

Um den Anforderungen aus verschiedenen möglichen Softwareentwicklungsprojekten gerecht zu werden und den Aufwand nicht unnötig in die Höhe zu treiben, sollten Sie die Teststrategie modular gestalten. Machen Sie an den jeweiligen Stellen Ihrer Strategie kenntlich, welche Aufgaben, Rollen,

Phasen, Teststufen, Qualitätsmerkmale, Test-Tools usw. zwingend bei jedem Softwareentwicklungsprojekt vorhanden sein bzw. durchgeführt werden müssen und auf welche der genannten Punkte eventuell verzichtet werden kann. Auch können Sie Vorgaben für eine abgespeckte Alternativvariante machen, die bei bestimmten Voraussetzungen zum Einsatz kommen kann.

## 7.3 Testkonzept



**Elemente des Testkonzepts**

Das *Testkonzept* wird aus der Teststrategie abgeleitet. Es bedient sich der Palette der verfügbaren Elemente der Strategie und fügt sie zu einem auf ein Softwareentwicklungsprojekt maßgeschneiderten Paket zusammen. Wählen Sie dazu die Elemente aus, die speziell zu den Anforderungen des Projekts passen. Bleiben Sie dabei aber immer im von der Teststrategie vorgegebenen Rahmen. Folgende Elemente kann ein Testkonzept enthalten:

- **Objekte, die getestet oder nicht getestet werden sollen**
  Benennen Sie im Testkonzept die Systeme, Prozesse oder Dokumente, die für den Test vorgesehen sind. Falls es Objekte gibt, die explizit nicht betrachtet werden sollen, benennen Sie diese ebenfalls.
- **Testfallerstellung**
  Gehen Sie im Testkonzept möglichst ausführlich auf die Erstellung der Testfälle ein. Sie können dazu entweder auf ein separates Dokument – die Testfallentwurfsspezifikation – verweisen oder die Kriterien zur Erstellung der Testfälle je Teststufe direkt im Konzept beschreiben. Gehen Sie dabei auf das zu verwendende Dokumentationswerkzeug sowie auf die zu verwendende Vorlage ein, und beschreiben Sie den grundsätzlichen Ablauf zur Erstellung der Testfälle. Berücksichtigen Sie dabei auch Punkte wie die zu verwendenden Testdimensionen, die Risikoklassifizierung der Testfälle und die Erstellung von Testdaten. In Kapitel 5, »Testfallerstellung«, beschreiben wir die Erstellung von Testfällen ausführlich.
- **Zuständige Personen, Teams oder Abteilungen**
  Da sich das Testkonzept auf ein konkretes Softwareentwicklungsprojekt bezieht, können Sie darin auch die konkret handelnden Personen benennen. Fügen Sie die handelnden Personen am besten der Aufgaben oder Rollenbeschreibung hinzu. Außerdem ist es sinnvoll, die Schnittstellen von involvierten Abteilungen und Personen darzustellen.
- **Projektspezifische Testorganisation**
  Je nach Projektgröße und -vorgehensweise kann die Testorganisation in einem Projekt von der generellen Testorganisation im Unternehmen ab-

weichen. Beschreiben Sie daher alle Abweichungen wie z. B. eine zentrale oder dezentrale Arbeitsweise sowie die Abweichungen in der Hierarchie im Testkonzept.

- **Relevante Teststufen und die zugehörigen Zuständigkeiten**
  Stellen Sie im Testkonzept die für das Projekt vorgesehenen Teststufen und die dazugehörigen Zuständigkeiten dar.
- **Terminplan, Aufgaben und Meilensteine**
  Das Testkonzert ist als Nachschlagewerk für alle Mitglieder des Testteams sowie für Stakeholder vorgesehen. Daher dürfen auch der ausgearbeitete Terminplan sowie die zugehörigen Aufgaben und Meilensteine nicht fehlen.

Das Testkonzept ist in der Regel ein sehr ausführliches Dokument, da es allen Mitarbeitenden des Testteams und Stakeholdern als Vorgabe und Nachschlagewerk dient. Gestalten Sie dieses Dokument daher so übersichtlich und prägnant wie möglich, und denken Sie daran, den Mitgliedern des Testteams die wichtigsten Punkte in zielgerichteten Schulungen näher zu bringen.

**Pro Projekt ein Testkonzept**

Da es für jedes Softwareentwicklungsprojekt ein individuelles Testkonzept gibt, kann es sein, dass es zeitgleich mehrere unterschiedliche Testkonzepte gibt.

## 7.4 Stufentestkonzept

**Inhalte eines Stufentestkonzepts**

Das *Stufentestkonzept* beschreibt die Vorgehensweise in einer Teststufe noch einmal detailliert. Es ist nicht zwingend notwendig, hilft aber gerade bei umfangreichen Testkonzepten, das Testkonzept zu gliedern, indem alle Inhalte, die konkret eine Teststufe betreffen, in ein separates Dokument ausgelagert werden. Ist ein Stufentestkonzept nicht notwendig, sollten Sie die hier genannten Punkte in das übergeordnete Testkonzept integrieren. Wenn es Stufentestkonzepte gibt, wird das übergeordnete Testkonzept übrigens auch *Mastertestkonzept* genannt. Folgende Inhalte könnten in einem Stufentestkonzept enthalten sein:

- **Abweichende Verwaltung der Testumgebungen**
  Falls es in einer Teststufe spezielle Anforderungen an die Verwaltung der Testumgebung gibt, sollen Sie das vermerken.
- **Testfallerstellung**
  Die Vorgaben zur Testfallerstellung können, je nach Teststufe, den zu testenden Qualitätsmerkmalen und der verwendeten Testart, abweichen.

- **Termine, Aufgaben und Meilensteine je Stufe**
  Sie können im Stufentestkonzept noch einmal auf spezifische Aufgaben und Termine verweisen, die nur für die jeweilige Teststufe relevant sind.
- **Zu testende Qualitätsmerkmale und verwendete Testart(en)**
  Die zu testenden Qualitätsmerkmale und die verwendete Testart bzw. Testarten unterscheiden sich ebenfalls meist nach Teststufe.
- **Einzuhaltende Normen oder Standards**
  Je nach Anforderungen der Teststufe kann es notwendig sein, abweichende Normen und Standards zu definieren (z. B. andere Templates), die eingehalten werden müssen. Bewegen Sie sich dabei aber immer im Rahmen, den die Teststrategie vorgibt.

Bei der Gestaltung der Stufentestkonzepte gilt: »Weniger ist mehr.«. Versuchen Sie auch hier, das Dokument so übersichtlich und prägnant wie möglich zu gestalten. Je umfangreicher und detaillierter es wird, desto höher wird der Änderungsaufwand, wenn möglicherweise alle Stufentestkonzepte angepasst werden müssen.

# Kapitel 8
# Die Testwerkzeugstrategie von SAP

*In diesem Kapitel zeigen wir, welche Werkzeuge SAP seinen Kunden für die Software-Qualitätssicherung anbietet und wie sich diese unter dem Begriff »Application Lifecycle Management« in die Support- und Werkzeugstrategie von SAP einordnen.*

8

**Testmanagement als Kernanwendung**

In den vorangehenden Kapiteln haben wir Methoden, Konzepte und Werkzeuge der Software-Qualitätssicherung für SAP-Systeme weitestgehend herstellerneutral vorgestellt und insbesondere in Kapitel 6, »Testwerkzeuge«, verschiedenste Arten von Werkzeugen unterschieden, die Ihren Testprozess unterstützen können. Im Zentrum einer Werkzeugstrategie steht meist ein Testmanagement-Werkzeug, das die administrativen Aufgaben des Testprozesses unterstützt und manuelle Arbeitsschritte automatisiert, also z. B. die Sammlung von Testfällen, deren Auswahl für einen bevorstehenden Test, das Zuordnen von Tester*innen, das Bereitstellen von Testanweisungen für eine Testphase, Testdokumentation und Reporting. Ebenso dient das Testmanagement-Werkzeug dazu, Ihre Anforderungen an den Testprozess zu formalisieren, indem z. B. festgelegt werden kann, wie Tester*innen ihre Arbeitsergebnisse dokumentieren. Ergänzend dazu existieren weitere Werkzeugarten, die einzelne Aspekte des Testprozesses bzw. vor- und nachgelagerte Arbeitsschritte unterstützen. Hierzu zählen z. B. Werkzeuge zur Steigerung der Effektivität und Effizienz von Tests, z. B. Änderungsanalyse oder Testautomatisierung.

**Testen im Lebenszyklus von Anwendungen**

Die von SAP bereitgestellten Testwerkzeuge sind untrennbar mit dem Begriff *Application Lifecycle Management* (ALM) und den dazugehörigen Produkten von SAP verbunden. Nach einer kurzen Betrachtung »historischer« Testwerkzeuge von SAP ordnen wir das ALM im Kontext von SAP-Produkten ein und geben eine Übersicht über die verfügbaren Testwerkzeuge in den ALM-Produkten von SAP.

## 8.1 Die Rolle von Testaktivitäten im Application Lifecycle Management für SAP-Lösungen

Frühere SAP-Testwerkzeuge

Als Hersteller von Standardsoftware zur Abwicklung von Geschäftsprozessen, insbesondere in ERP-Systemen, lieferte SAP bereits mit frühen Releases seiner Software Methoden und Werkzeuge aus, um Kunden bei der Einführung und Wartung ihrer Systeme zu unterstützen. Hierzu gehörten auch Werkzeuge für das Testmanagement und die Testautomatisierung. So findet sich z. B. noch in den heutigen Releases des SAP NetWeaver Application Server ABAP (SAP NetWeaver AS ABAP) der *Test Organizer*, mit dem im klassischen SAP Graphical User Interface (SAP GUI) Testfälle verwaltet, Testaktivitäten geplant und deren Durchführung dokumentiert und ausgewertet werden können. Zwar ist es heute nicht mehr empfehlenswert, dieses Werkzeug zu nutzen, da wesentlich flexiblere und benutzerfreundliche Alternativen existieren. Doch die dort verwendeten Konstrukte wie z. B. der Testplan und das Testpaket finden sich noch in den derzeitigen Testmanagement-Werkzeugen von SAP wieder.

Ähnlich verhält es sich mit dem *extended Computer Aided Test Tool* (eCATT). Dieses Testautomatisierungswerkzeug ist ebenfalls in jedem SAP-NetWeaver-ABAP-System vorhanden. Auch für die Automatisierung von Testfällen existieren jedoch seit Langem deutlich komfortablere Werkzeuge, die weit mehr Benutzeroberflächen unterstützen. Dennoch wird eCATT aufgrund seiner langen Historie in der Praxis auch heute noch verwendet.

Werkzeuge im SAP Solution Manager

Wachsenden Anforderungen an die Implementierung und den Betrieb von SAP-Systemen trug SAP mit der Entwicklung des *SAP Solution Managers* Rechnung. Konzipiert als integrierte Sammlung von Methoden und Werkzeugen, um die Einführung von SAP-Systemen zu begleiten und deren Wartung zu zentralisieren, wurde der SAP Solution Manager seit seinem ersten Release 2001 laufend um weitere Werkzeuge und Funktionen erweitert. Er ist längst zu einem zentralen Baustein der SAP-Support-Strategie geworden. So ist der SAP Solution Manager heute meist ein verpflichtender Bestandteil von SAP-Systemlandschaften, um System-Upgrades zu planen und Support-Leistungen von SAP zu nutzen. Auch wenn dieser Aspekt nicht alle SAP-Kunden freut, bedeutet dies im Umkehrschluss auch, dass nahezu alle Kunden den SAP Solution Manager im Einsatz haben und die dort integrierten Werkzeuge nutzen können. Zu diesen Werkzeugen gehören auch solche für das Testmanagement, für die Änderungsanalyse und die Testautomatisierung.

Application Lifecycle Management

Mit dieser Werkzeugstrategie geht der Begriff *Application Lifecycle Management* (ALM) einher. SAP fasst darunter Prozesse, Werkzeuge, Vorgehensweisen und Dienstleistungen für die Einführung und den Betrieb von SAP-Lösungen zusammen. Der grundlegende Anspruch von SAP ist es, für alle Phasen des Produktlebenszyklus entsprechende Prozesse und Werkzeuge anzubieten. Die Phasen des Applikationslebenszyklus orientieren sich an den sechs Phasen des *ITIL Application Managements* (siehe Abbildung 1.1). Das Testen wird hier vor allem in der Phase **Erstellen und Testen** verortet.

**Heutige Anforderungen an ALM-Werkzeuge**

Seitdem der SAP Solution Manager im Jahr 2001 verfügbar gemacht worden ist, haben sich die Anforderungen an die Tätigkeiten der IT-Organisation und damit an ALM-Werkzeuge aufgrund allgemeiner Entwicklungen in der IT-Branche teilweise drastisch verändert. Insbesondere die rasante Ausbreitung von Cloud-Produkten und deren zunehmende Marktakzeptanz im Unternehmensumfeld haben zu neuen Methoden und Werkzeugen für die Implementierung und den Betrieb von Systemen geführt. Projekte für die Einführung oder das Upgrade von SAP-Systemen werden zunehmend mit agilen Methoden umgesetzt oder zumindest um agile Aspekte angereichert. Werkzeuge, die das Projektmanagement und die Arbeit mit Projektergebnissen unterstützen, müssen entsprechende Methoden und Konzepte, z. B. Wellen, Sprints und Arbeitspakete berücksichtigen. Werkzeuge für das Testmanagement müssen ebenfalls flexibel genug sein, um die gewählte Methodik zu unterstützen.



Technisch geben Unternehmen bei der Nutzung von Cloud-Produkten die Hoheit über den Systembetrieb in gewissem Grade ab, z. B. indem die Bereitstellung von Updates und Fehlerbehebungen durch die Cloud-Anbieter übernommen werden. Dies verschiebt nicht nur die Anforderungen an technische Werkzeuge, wenn es um die Überwachung der Systemgesundheit oder die Messung von Service Levels geht, sondern hat auch Einfluss darauf, wann, wie und mit welchen Methoden und Werkzeugen ein sinnvoller Test möglich ist. Auch der Umstand, dass Unternehmen in der heutigen Praxis meist auf sogenannte *hybride Systemlandschaften* setzen, bei denen lokal installierte Systeme (*on-premise*), von Dienstleistern betriebene Systeme und reine Cloud-Lösungen zum Einsatz kommen, führt zu Herausforderungen in Bereitstellung, Betrieb und Monitoring sowie beim Testen von Schnittstellen zwischen diesen Systemen.

**Bandbreite der Anforderungen**

Daher variiert auch die Komplexität von SAP-Landschaften bei den Kunden stärker denn je. So finden sich heute Unternehmen mit einer einzelnen, lokal installierten ERP-Landschaft – ebenso wie Unternehmen, die weltweit eine Vielzahl unterschiedlicher SAP-Systeme einsetzen und miteinander integrieren. Gleichermaßen gibt es immer mehr SAP-Kunden, die strategisch allein auf Cloud-Anwendungen setzen. Zusammen mit den fachlichen und gesetzlichen Erfordernissen unterschiedlicher Branchen, wie etwa den Dokumentations- und Signaturvorgaben im validierten Umfeld (z. B. Medizingeräteherstellen), ergeben sich unterschiedlichste Anforderungsprofile, die ALM-Werkzeuge abbilden müssen. Entsprechend hoch ist die Bandbreite, wie einzelne ALM-Themen und damit auch das Testen umgesetzt werden. Während einige Unternehmen bewusst auf standardisierte Lösungen setzen, erfordern komplexe Systemlandschaften individuelle und skalierbare Ansätze.

Im Testmanagement kann für kleine Unternehmen, die ausschließlich auf Cloud-Anwendungen setzen, ein vordefinierter, schlanker Testprozess mit knappen Testanweisungen ausreichend sein. Unternehmen mit komplexen Systemlandschaften, die zudem spezifische Anforderungen an die Nachvollziehbarkeit von Änderungen und Tests haben, benötigen hingegen ein Werkzeug, das entsprechende Anforderungen abbilden kann und auch bei einem hohen Testvolumen leistungsstark bleibt. Das Durchführen einer hohen Anzahl von manuellen Testfällen im vierstelligen Bereich während einer Testphase ist bei Unternehmen mit komplexen Systemlandschaften keine Seltenheit.

**ALM-Produkte von SAP**

Um diesen Anforderungen, Entwicklungen und Trends gerecht zu werden, wurden die Funktionen und technischen Integrationsmöglichkeiten des SAP Solution Managers fortwährend angepasst. Zusätzlich hat SAP sein ALM-Werkzeugportfolio noch erweitert. Aktuell bietet SAP vier ALM-bezogene Produkte an:

- SAP Solution Manager
- SAP Cloud ALM
- SAP Focused Run
- Tricentis Test Automation for SAP

Diese Produkte stellen wir im Folgenden vor.

**SAP Solution Manager**

Der SAP Solution Manager wird von SAP als umfassende ALM-Lösung positioniert, die den gesamten Anwendungslebenszyklus durch unterschiedliche, stark miteinander integrierte Werkzeuge abdeckt. Zielgruppe des SAP Solution Managers sind SAP-Kunden, die On-Premise-Systeme, hybride Lösungen, aber auch Cloud-Produkte einsetzen. In den Marketingmaßnahmen von SAP wurde der SAP Solution Manager bisweilen auch als »ERP für die IT« bezeichnet. Eine treffende Metapher, denn in den 20 Jahren seines Bestehens und mit zahlreichen großen und kleinen Updates in dieser Zeit hat sich der SAP Solution Manager zu einer umfassenden Lösung entwickelt, deren einzelne Prozesse und Werkzeuge gut an individuelle Erfordernisse und Prozesse der IT-Organisation eines Unternehmens angepasst werden können – ähnlich wie bei einem ERP-System von SAP. Zudem betont SAP, dass die Werkzeuge des SAP Solution Managers nicht nur der Verwaltung von SAP-Produkten dienen, sondern für die gesamte IT-Organisation genutzt werden können. Abbildung 8.1 zeigt die wesentlichen Werkzeuge und Prozesse des SAP Solution Managers entlang des Applikationslebenszyklus.

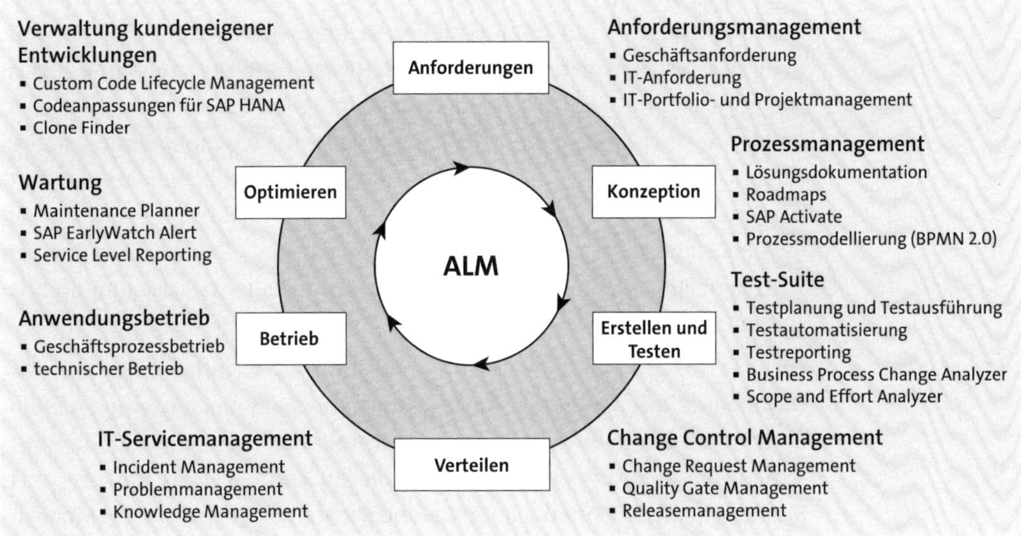


**Abbildung 8.1** Szenarien des SAP Solution Managers im Applikationslebenszyklus (Quelle: Allissat et al., SAP Solution Manager, 2021, S. 29)

**Testwerkzeuge im SAP Solution Manager**

Die Testwerkzeuge sind hier primär in der Phase **Erstellen und Testen** vertreten: Die *Test-Suite* ist das Testmanagement-Werkzeug des SAP Solution Managers, in das weitere Werkzeuge, insbesondere zur Testautomatisierung und Änderungsanalyse, integriert werden können. Diese Werkzeuge, z. B. der *Business Process Change Analyzer* (BPCA) zur Analyse von Änderungen oder die *Component Based Test Automation* (CBTA) für die Automatisierung von Tests, sind bereits im SAP Solution Manager verfügbar und müssen lediglich konfiguriert werden. Ebenso zeigt die Abbildung anschaulich, dass das Testen ein integrierter Prozess im Applikationslebenszyklus ist. So erfolgt die Sammlung von Testfällen bereits in der Konzeptionsphase mit den Werkzeugen des Prozessmanagements. Doch auch die Werkzeuge aus anderen Phasen des Lebenszyklus haben Kontaktpunkte zum Testmanagement: So wird z. B. die Funktionalität des IT-Servicemanagements verwendet, um aus dem Test resultierende Fehlermeldungen aufzunehmen und zu bearbeiten. In diesem Kapitel stellen wir die einzelnen Werkzeuge des SAP Solution Managers mit Bezug zum Test im Detail vor.

**Focused Solutions**

Mit *Focused Build* und *Focused Insights* existieren zwei Erweiterungen für den SAP Solution Manager, die seit Anfang des Jahres 2020 lizenzkostenfrei genutzt werden können und auch für das Testen relevant sind.

**Focused Build**

Focused Build wurde als »schlüsselfertige« Erweiterung konzipiert, um agile Projekte mit dem SAP Solution Manager umzusetzen. Sie setzt auf den bestehenden Werkzeugen und Methoden des SAP Solution Managers, z. B. Anforderungsmanagement, Change Control Management und Test-Suite, auf und ergänzt diese um neue Funktionen und zusätzliche SAP-Fiori-Apps. Auch das Testmanagement lässt sich in diesen Gesamtprozess integrieren (siehe Abschnitt 17.2, »Testmanagement in agilen Projekten mit Focused Build«). In Focused Build enthalten sind jedoch auch Standalone-Erweiterungen. Von diesen sind für das Testmanagement insbesondere der *Testschritt-Designer* und die damit einhergehenden Apps interessant, mit denen eine alternative Möglichkeit zur Verwaltung und Ausführung von Testfällen eingeführt wird, bei der Testfälle – anstelle eines dokumentenbasierten Ansatzes – direkt im System verfasst werden.

**Focused Insights**

Focused Insights ist eine Gestaltungs- und Darstellungsumgebung für Dashboards, mit denen Inhalte und Kennzahlen aus den einzelnen Anwendungen des SAP Solution Managers übergreifend dargestellt und für unterschiedliche Zielgruppen aufbereitet werden können. Dies umfasst auch Kennzahlen des Testmanagements und schafft somit zusätzliche Möglichkeiten bei der Auswertung von Testaktivitäten.

**Focused Build und Focused Insights in diesem Buch**

Focused Build und Focused Insights können lizenzkostenneutral eingesetzt werden. Die für das Testen relevanten Funktionen können mit überschaubarem Aufwand implementiert werden. Da beide Erweiterungen die Möglichkeiten des SAP Solution Managers für das Testmanagement deutlich und sinnvoll ergänzen, stellen wir deren Funktionen zusammen mit den Standardfunktionen des SAP Solution Managers vor.

**Aktuelle Version des SAP Solution Managers**

Die zur Drucklegung aktuelle Version 7.2 des SAP Solution Managers ist seit August 2016 verfügbar. Über Support Package Stacks (SPS) wird der SAP Solution Manager um neue Funktionen erweitert; alle in diesem Buch beschriebenen Funktionen beziehen sich auf SPS 13. Focused Build und Focused Insights können gemeinsam als Add-on installiert werden und erhalten ebenfalls eigene SPS. Im Buch werden Neuerungen bis SPS 07 von Focused Build und Focused Insights berücksichtigt.

[«]

**SAP Solution Manager: Nutzungsrechte**

Grundlegend kann der SAP Solution Manager von allen SAP-Kunden verwendet werden, die mindestens über das Support-Modell *SAP Standard Support* verfügen. Abhängig vom Support-Vertrag gibt es jedoch Unterschiede, die auch Testwerkzeuge betreffen. So können SAP-Kunden mit den Support-Vertragsmodellen *SAP Enterprise Support*, *SAP Product Support for Large Enterprises* (PSLE), *SAP ActiveAttention* und *SAP MaxAttention* die Werkzeuge des SAP Solution Managers für ihre gesamte IT, also auch für Nicht-SAP-Systeme nutzen. Kunden mit Standard-Support können den SAP Solution Manager nur für SAP-Produkte einsetzen und zudem folgende Funktionen des SAP Solution Managers nicht nutzen:

- Custom Code Management
- Business Process Change Analyzer
- Scope and Effort Analyzer
- SAP Test Automation
- Business Process Analytics
- Deployment Best Practices
- End User Experience Monitoring

Somit sind die Werkzeuge zur Änderungsanalyse und Testautomatisierung SAP-Kunden mit SAP Enterprise Support oder weiterführenden Support-Modellen vorbehalten.

Benutzerlizenzen, wie sie bei anderen SAP-Produkten üblich sind, fallen im SAP Solution Manager nicht an. So können z. B. Tester*innen, die keinen Benutzer in einem anderen SAP-System haben, lizenzkostenfrei im SAP Solution Manager angelegt werden und dort z. B. Testfälle für Nicht-SAP-Systeme bearbeiten.

Die Erweiterungen Focused Build und Focused Insights dürfen von allen genannten Support-Verträgen seit Anfang 2020 lizenzkostenfrei genutzt werden. Das dritte ALM-Werkzeug SAP Focused Run muss als eigenständiges Produkt separat lizensiert werden.

Für den technischen Betrieb des SAP Solution Managers kann zudem die SAP-HANA-Datenbank lizenzkostenfrei genutzt werden.

8

**SAP Cloud ALM**

*SAP Cloud ALM* wurde als cloudbasierte ALM-Lösung für SAP-Kunden konzipiert, die ausschließlich oder zumindest vorwiegend Cloud-Lösungen von SAP einsetzen und daher kein eigenes, selbst verwaltetes System (lokal installiert oder gehostet) für ALM-Prozesse nutzen möchten. Auch SAP Cloud ALM verfolgt den Anspruch, Werkzeuge für den gesamten Applikationslebenszyklus bereitzustellen. In Anlehnung an die Phasen des Application

Managements teilt SAP die Anwendungen von SAP Cloud ALM in die Bereiche Implementierung und Betrieb mit jeweils eigenen Phasen auf (siehe Abbildung 8.2).

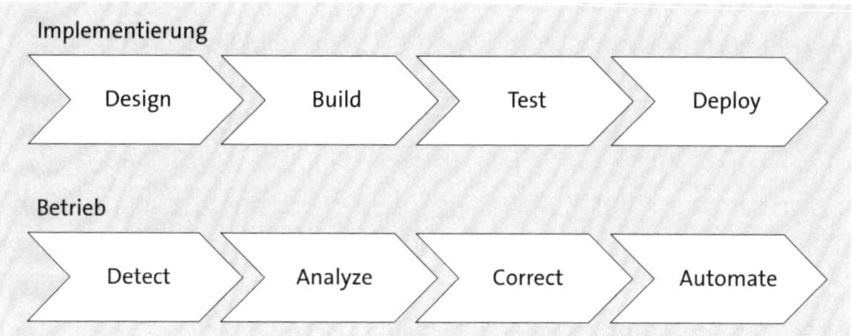


**Abbildung 8.2** Anwendungsbereiche von SAP Cloud ALM

Während sich der Bereich Betrieb Themen wie Monitoring, technische Fehleranalyse und Automatisierung von Support-Aufgaben widmet, ist das Thema Testen im Bereich der Implementierung als eigene Phase vertreten. Grundlegend gilt, dass die Funktionen von SAP Cloud ALM in Abgrenzung zum SAP Solution Manager stark standardisiert und vordefiniert sind. Für den Bereich der Implementierung bedeutet dies, dass SAP Cloud ALM ein Vorgehen für Implementierungsprojekte bereitstellt, das auf der SAP-Activate-Methodik basiert und einen festen Rahmen für Arbeitsschritte wie Fit-to-Standard-Workshops, Anforderungsdefinition, Projektplanung und Test vorgibt. Dabei sind die einzelnen Schritte stark miteinander integriert. Für Implementierungsprojekte werden zudem nicht nur Vorgehensmodelle (Roadmaps), sondern auch Geschäftsszenarien bzw. Prozesse bereitgestellt, die dem Implementierungsprojekt als Grundlage dienen sollen. Aus diesen können auch Testfälle und Testumfang abgeleitet werden. SAP nennt dies *Content-driven Implementation Projects*. Abbildung 8.3 zeigt die wesentlichen Funktionen von SAP Cloud ALM im Bereich der Implementierung. In Abschnitt 17.3, »Testmanagement mit SAP Cloud ALM«, stellen wir den integrierten Testansatz mit SAP Cloud ALM vor.

**Version von SAP Cloud ALM in diesem Buch**

Zur Drucklegung des Buches ist das 2020 erschienene SAP Cloud ALM ein recht neues Produkt, das agil und mit einer hohen Dynamik entwickelt wird. Wir berücksichtigen den Stand der Entwicklung bis zum 4. Quartal 2021. Einige Themen im Umfeld des Testmanagements befanden sich zu diesem Zeitpunkt noch in Planung, darunter das Defect Management und die Integration von Automatisierungswerkzeugen. Allgemeine Informationen zum aktuellen Entwicklungsstand von SAP Cloud ALM finden Sie unter *http://s-prs.de/879001*. Unter *http://s-prs.de/879002* finden Sie außerdem die Roadmap des Produkts, in der die geplanten Entwicklungen aufgelistet sind.

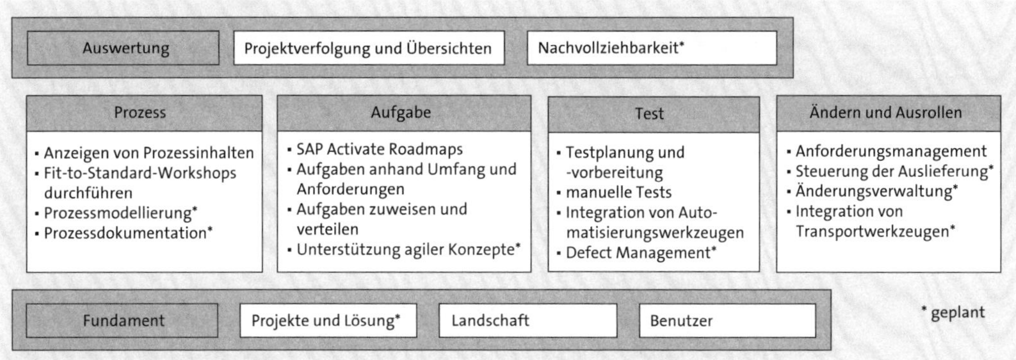


**Abbildung 8.3** Funktionen von SAP Cloud ALM im Bereich der Implementierung (Quelle: SAP)

**SAP Focused Run**

Das nächste ALM-bezogene Produkt *SAP Focused Run* wurde für Unternehmen entwickelt, die eine große Menge an Systemen überwachen und administrieren müssen. Entsprechend richtet sich das Produkt vornehmlich an Kunden mit sehr großen Systemlandschaften wie z. B. Service Provider. SAP Focused Run umfasst ausschließlich Betriebsführungsthemen wie z. B. verschiedenste Monitoring-Varianten, die insbesondere auch auf hybride Landschaften und für viele Schnittstellen ausgerichtet sind. Technisch ist SAP Focused Run ein eigenständiges, lokal installiertes System, das auf einer stark angepassten Installation des SAP Solution Managers basiert. Es ist als SAP-Preislistenkomponente verfügbar. In diesem Buch wird SAP Focused Run nicht näher betrachtet, da darin keine unmittelbaren Funktionen für Testaktivitäten vorhanden sind.

**Tricentis Test Automation for SAP**

Als ein Ergebnis der Partnerschaft zwischen SAP und Tricentis sind SAP-Kunden mit einem Enterprise-Support-Vertrag dazu berechtigt, das vierte ALM-bezogene Werkzeug *Tricentis Test Automation for SAP* für ihre SAP-Systeme zu nutzen. Das Werkzeug für die Testautomatisierung unterstützt verschiedenste Benutzeroberflächen von SAP-Produkten, darunter auch solche, die von dem SAP-eigenen Automatisierungswerkzeug CBTA nicht unterstützt werden. Zusätzlich zu der im Enterprise Support integrierten Lizenz besteht die Möglichkeit, das Produkt *SAP Enterprise Continuous Testing by Tricentis* als SAP-Preislistenkomponente zu erwerben, das u. a. die Testautomatisierung von über 160 Benutzeroberflächen sowie mobilen Apps unterstützt. Die Testautomatisierung mit Tricentis Test Automation for SAP stellen wir in Abschnitt 16.5, »Tricentis Test Automation for SAP«, vor.

## 8.2 Testwerkzeuge von SAP

**Testwerkzeuge in den SAP-ALM-Lösungen**

Die Übersicht im vorangehenden Abschnitt hat gezeigt, dass SAP mit dem SAP Solution Manager und SAP Cloud ALM zwei ALM-Lösungen anbietet, deren Werkzeuge SAP-Kunden für die Implementierung und Wartung ihrer Systeme im Rahmen bestehender Wartungsverträge nutzen können. Beide Lösungen unterstützen neben zahlreichen anderen Themen verschiedene Aspekte des Testmanagements. Zusätzlich bietet SAP weitere Werkzeuge an. So wird z. B. Tricentis Test Automation for SAP prominent als eigenes Werkzeug im ALM-Portfolio angeboten.

Die konkreten Werkzeuge, die Ihren Testprozess unterstützen können, stellen wir in diesem Kapitel kurz vor und orientieren uns dabei an der in Kapitel 6, »Testwerkzeuge«, vorgeschlagenen Werkzeugkategorisierung. Daher kann dieser Überblick auch als erste Grundlage für Ihre individuelle Werkzeugauswahl dienen. Die hier vorgestellten Werkzeuge werden anschließend in Teil II und Teil III des Buches im Detail dargestellt.

### 8.2.1 Testmanagement mit dem SAP Solution Manager

**Testmanagement mit der Test-Suite**

In Abschnitt 8.1 haben wir den SAP Solution Manager als umfassendes ALM-Werkzeug vorgestellt und in Abbildung 8.1 die wesentlichen Anwendungsbereiche skizziert. Das Testen ist in der Phase **Erstellen und Testen** als zentrales Element im Applikationslebenszyklus vertreten. Hier wird die *Test-Suite* verortet, das Testmanagement-Werkzeug des SAP Solution Managers. Die Test-Suite bietet Funktionen für wesentliche Arbeitsschritte des Testprozesses, allen voran die Planung, Steuerung, Durchführung und Auswertung von Testaktivitäten. Dabei gibt das Werkzeug einen Kernprozess vor: das Erstellen von Testplänen, -paketen und -sequenzen aus einer Gesamtbibliothek an Testfällen. Dieser Prozess kann sehr flexibel an unternehmensindividuelle Anforderungen angepasst werden, u. a. durch den Aufbau der genannten Elemente, durch Customizing und optionale Zusatzfunktionen.

**Testfallerstellung in der Lösungsdokumentation**

Ein wesentlicher Aspekt bei der Definition des individuellen Testprozesses in einem Werkzeug ist zudem die Gestaltung von Testfällen. Dieser Arbeitsschritt wird im SAP Solution Manager mit der Funktionalität *Lösungsdokumentation* umgesetzt, die im Applikationslebenszyklus in der Phase **Konzeption** verortet ist. Hier können Testfälle entweder dokumentenbasiert, d. h. als Microsoft-Office-Dokumente oder (mit der Erweiterung Focused

Build) direkt im System angelegt werden. In beiden Fällen existieren auch hier vielfältige Möglichkeiten, um die Testfälle an Ihre eigenen Erfordernisse anzupassen. Eine Stärke der Lösungsdokumentation ist dabei die Verknüpfung fachlicher und technischer Sachverhalte. So können Testfälle mit ausführbaren Einheiten in ihren Systemen verknüpft werden, um Tester*innen die Testausführung zu erleichtern oder die Grundlage für technische Analysen zu schaffen.

Die Test-Suite sowie die Prozessdokumentation zur Anlage von Testfällen stellen wir in Teil II, »Testen mit dem SAP Solution Manager«, dieses Buches im Detail vor.

**Testmanagement als Einzelfunktion**

Die zyklische Darstellung von Lösungsdokumentation und Test-Suite muss Sie nicht verunsichern. Es wäre zwar ideal, wenn im Rahmen eines Implementierungsprojekts sämtliche Geschäftsprozesse, deren Beschreibung, zugehörige Anforderungen und relevante Dokumente im SAP Solution Manager (oder allgemein in einem zentralen Werkzeug) abgebildet werden – und zu jedem Prozess Testfälle nach Maßgabe der im Testkonzept hinterlegten Kriterien erstellt werden. In der Praxis gibt es jedoch zahlreiche Situationen, in denen dies nicht möglich oder gewünscht ist, z. B. wenn der SAP Solution Manager nicht für die Prozessdokumentation verwendet werden soll, da ein anderes Werkzeug eingesetzt wird, oder wenn bereits existierende Testfälle in den SAP Solution Manager übernommen werden sollen. Das ist allerdings unerheblich, denn in solchen Fällen ist es möglich (und sinnvoll), die Lösungsdokumentation nur pragmatisch mit dem Schwerpunkt Testmanagement zu nutzen. Dieses Vorgehen beschreiben wir im Detail in Kapitel 10, »Testvorbereitung und Testfallerstellung mit dem SAP Solution Manager«.

### 8.2.2 Werkzeuge zur Testautomatisierung

Wie bereits in Abschnitt 6.2.2, »Testautomatisierung«, beschrieben kann die Testautomatisierung ein wesentlicher Effizienztreiber sein: Testfälle, die häufig ausgeführt werden und in den Fachbereichen hohe Arbeitsaufwände verursachen, können automatisiert und anschließend beliebig oft ausgeführt werden. Zu diesem Zweck bietet der Markt einige Werkzeuge. SAP selbst ist mit drei verschiedenen Testautomatisierungsoptionen vertreten. Diese arbeiten im Kern allesamt nach dem Prinzip *Capture and Replay*, bei dem Nutzerinteraktionen aufgezeichnet und bearbeitet werden – z. B. um Testdaten und Prüfungen ergänzt – und anschließend beliebig oft abgespielt werden können. Entscheidend dabei ist, dass die Benutzeroberfläche, auf der die Tätigkeiten aufgezeichnet werden sollen, von dem jeweiligen Werkzeug unterstützt wird, und damit eine Aufzeichnung in ein entsprechendes Skript umgewandelt werden kann.

**Test Automation Framework**

Wenn Sie den SAP Solution Manager bzw. die Test-Suite für das Testmanagement einsetzen, können Sie die genannten Testautomatisierungswerkzeuge über das *Test Automation Framework* integrieren, das zudem auch ausgewählte Lösungen anderer Hersteller unterstützt. Automatisierungsskripte der SAP-eigenen Lösungen und Skripte aus den Werkzeugen unterstützter anderer Anbieter können damit in der Lösungsdokumentation des SAP Solution Managers ähnlich wie Testfalldokumente verwaltet werden; deren Einplanung und Ausführung erfolgt mit den Mitteln der Test-Suite.

**Zertifizierte Testautomatisierungswerkzeuge**

Die von SAP für das Test Automation Framework unterstützten und zertifizierten Testautomatisierungswerkzeuge anderer Hersteller sind in der Übersicht zertifizierter Lösungen von SAP gelistet. Sie können diese einsehen, indem Sie unter *http://www.sap.com/sapcertifiedsolutions* nach der Komponente SM-TSTR suchen.

**eCATT**

Das *Extended Computer Aided Test Tool* (eCATT) war seit Release SAP NetWeaver Application Server 6.20 im Jahr 2002 fester Bestandteil der SAP-Basis und ist auch heute noch in den aktuellen Versionen von SAP NetWeaver zu finden. Der Nachfolger von CATT fand aufgrund der unmittelbaren Verfügbarkeit, seiner langen Historie und interessanten technischen Möglichkeiten eine hohe Verbreitung, insbesondere bei der Automatisierung der damals vorherrschenden Oberfläche SAP GUI. Dabei wurde das Werkzeug nicht nur zur Testautomatisierung, sondern häufig auch zur Massenanlage von Daten verwendet. Auch wenn mittlerweile weitaus modernere Alternativen in Bezug auf Skriptpflege und Benutzerfreundlichkeit existieren, bleibt eCATT nach Ansicht der Autoren ein brauchbares Werkzeug für bestehende Automatisierungsskripte und einfache Automatisierungsaufgaben im SAP GUI, zumal entsprechendes Know-how vielfach noch in den SAP-Organisationen und bisweilen auch in den Fachbereichen vorhanden ist. Einen kurzen Einblick in das Werkzeug finden Sie in Abschnitt 16.3, »eCATT«.

**CBTA**

*Component Based Test Automation* , der in den SAP Solution Manager integrierte Quasi-Nachfolger von eCATT, bietet neben einer webbasierten Benutzeroberfläche vor allem die Möglichkeit, moderne SAP-Benutzeroberflächen, z. B. SAPUI5/Fiori, aufzuzeichnen. Zusätzlich setzt das Werkzeug auf das Prinzip der *komponentenbasierten Testautomatisierung*, einer Weiterentwicklung des klassischen Capture-and-Replay-Prinzips, bei dem Testfälle aus Komponenten zusammengesetzt werden. Eine Komponente entspricht dabei einer Benutzerinteraktion, z. B. einer Texteingabe oder dem Betätigen einer Schaltfläche. Dieses Prinzip sorgt für leichtere Lesbarkeit und Anpassbarkeit des Skripts und kann dessen Wiederverwendbarkeit erhöhen. Zusätzlich sind komponentenbasierte Skripte meist robuster gegen Systemänderungen bzw. können leichter repariert werden. In Abschnitt 16.4, »CBTA«, stellen wir die wesentlichen Arbeitsschritte zur Testautomatisierung mit CBTA vor.



[«]

**Von CBTA unterstützte Oberflächen, Systeme und Browser**

SAP-Hinweis 2436142 gibt Ihnen eine Übersicht über die von CBTA unterstützten Betriebssysteme, Browser und SAP-Benutzeroberflächen.

SAP-Hinweis 1835958 listet bekannte Einschränkungen, z. B. nicht oder nur teilweise unterstützte Oberflächen, auf.

**Tricentis Test Automation for SAP**

Bereits im vorangehenden Abschnitt haben wir *Tricentis Test Automation for SAP* kurz vorgestellt. Durch die Partnerschaft zwischen SAP und Tricentis sind SAP-Kunden ab einem Enterprise-Support-Vertrag berechtigt, das Testautomatisierungswerkzeug für ihre SAP-Systeme zu nutzen. Tricentis Test Automation for SAP ermöglicht die Automatisierung von Benutzeroberflächen, die von CBTA nicht unterstützt werden, darunter insbesondere Oberflächen von SAP-Cloud-Lösungen wie etwa SAP SuccessFactors. Damit schließt das Werkzeug funktionale Lücken im bisherigen Angebot von SAP. Als Variante eines kommerziellen Produkts zeichnet sich Tricentis Test Automation for SAP zudem durch eine anwenderfreundliche Benutzeroberfläche und den Anspruch aus, den Aspekt der Programmierung bei der Testautomatisierung durch eine Reihe von Funktionen und Paradigmen möglichst gering zu halten. Abschnitt 16.5, »Tricentis Test Automation for SAP«, gibt einen Einstieg in die Testautomatisierung mit Tricentis Test Automation for SAP.

### 8.2.3 Werkzeuge für die Änderungsanalyse

Eine der größten Herausforderungen in der Testplanung ist die Bestimmung des Testumfangs, den eine Systemänderung mit sich bringt. Ein zu hoher Testumfang führt unweigerlich zu hohen Kosten durch unangemessene Testaufwände; ein zu geringer Testaufwand (in der Praxis häufiger) birgt Gefahren für den Produktivbetrieb. Daher liegt es nahe, diesen Arbeitsschritt technisch zu unterstützen. Im SAP Solution Manager bietet SAP hierzu zwei Werkzeuge an:

- Business Process Change Analyzer
- Scope and Effort Analyzer

BPCA

Grundlage für den Business Process Change Analyzer (BPCA) ist die Lösungsdokumentation des SAP Solution Managers. Diese bietet eine einfache Möglichkeit, um eine Bibliothek tatsächlich genutzter ausführbarer Einheiten in SAP-Produktivsystemen zu erstellen. Der BPCA reichert diese Informationen um zugehörige technische Objekte an. Diese können dann mit einer Systemänderung (z. B. einem Support Package oder einem einzelnen Transportauftrag) verglichen werden. Die Schnittmenge der Objekte zeigt die zu testenden ausführbaren Einheiten an. Zusätzlich kann der Testumfang weiter reduziert werden, indem ausführbare Einheiten mit einer hohen Anzahl von Änderungen bevorzugt getestet werden. Das Ergebnis der Analysen kann in der Test-Suite direkt in einen Testplan überführt werden. Abhängig vom Vorgehen stehen so eigene Testfälle oder – sofern keine Testfälle vorliegen – ausführbare Einheiten für den Test der gewählten Änderung zur Verfügung.

SEA

Mit dem *Scope and Effort Analyzer* (SEA) ist ein weiteres Werkzeug für die Änderungsanalyse im SAP Solution Manager verfügbar. Der SEA kann Aufwände für die Implementierung von EHPs und SPs ermitteln, ohne diese zunächst in ein System einspielen zu müssen. Ebenso werden benötigte Tests in Form ausführbarer Einheiten sowie im Rahmen des Upgrades zu untersuchende kundeneigene Entwicklungen vorgeschlagen. Der SEA basiert auf den Ergebnissen des BPCA und des Custom Code Managements und kapselt die Ergebnisse beider Werkzeuge in einer einheitlichen, vereinfachten Oberfläche.

In Kapitel 15, »Änderungseinflussanalyse«, stellen wir beide Werkzeuge im Detail vor.

### 8.2.4 Weitere Testwerkzeuge

Individueller Testprozess

Die bereits dargestellten Werkzeuge ermöglichen – ausgehend von der Prozessdokumentation und der Test-Suite im SAP Solution Manager – die Umsetzung eines werkzeuggestützten Testprozesses, der umfassend an individuelle Erfordernisse angepasst werden kann. Insbesondere erlauben es die Werkzeuge des SAP Solution Managers, den Testprozess in verschiedenen Ausprägungen umzusetzen – von einem pragmatischen und möglichst einfachen Ansatz bis hin zu komplexen dokumentenbasierten Testprozessen, wie sie z. B. im validierten Umfeld erforderlich sind.

Darüber hinaus existieren in den Produkten von SAP weitere, in der Praxis relevante Testwerkzeuge, die diese Möglichkeiten um alternative Ansätze ergänzen, bei denen das Testen stark in eine Projektmethodik eingebettet wird. Ein weiterer wichtiger Aspekt ist die oft unterschätzte statische Analyse von Programmcode mit dem ABAP Test Cockpit (ATC).

### Entwicklertests und statische Analyse mit dem ABAP Test Cockpit

Bereits in Abschnitt 6.4.1, »Statische Analyse«, haben wir dargestellt, dass die statische Codeanalyse ein äußerst sinnvolles Werkzeug ist, um Fehler in kundeneigenen Entwicklungen möglichst früh zu erkennen, die sonst erst bei den Fachbereichstests auffallen und damit weit höhere Test- und Fehlerbehebungskosten nach sich ziehen würden.



**ABAP Test Cockpit und Code Inspector**

Mit dem *ABAP Test Cockpit* (ATC) steht seit EHP 2 für SAP NetWeaver 7.0 ein eigenes Framework für die Codeanalyse zur Verfügung, mit dem eine Vielzahl von Programmcodeprüfungen etabliert werden kann. So können Programme z. B. auf robuste Programmierung, Sicherheitsaspekte und potenzielle Performanceschwächen hin geprüft werden. Ebenso ist es möglich, die eigenen Programmierrichtlinien z. B. hinsichtlich Namenskonventionen als Prüfung abzubilden. Popularität hat das ATC bzw. auch die zugrundeliegende Funktion des *Code Inspectors* in den letzten Jahren durch Prüfungen gewonnen, die Programmcode auf die Kompatibilität mit SAP S/4HANA hin kontrollieren.

Das ATC kann als eigene App zur Codeanalyse verwendet werden. Ebenso können die ATC-Prüfungen in den bestehenden Entwicklungsprozess integriert werden, z. B. indem entsprechende Prüfungen vor der Freigabe eines Transportauftrags ausgeführt bzw. diese im Fehlerfall verhindert werden. In Abschnitt 17.1, »Statische Analyse mit dem ABAP Test Cockpit«, zeigen wir, wie Sie das ATC für eigene Analyseprojekte einsetzen können.

### Testmanagement in agilen Projekten mit Focused Build

**Requirement-to-Deploy-Prozess**

Die SAP-Solution-Manager-Erweiterung Focused Build enthält als Hauptanwendung den *Requirement-to-Deploy-Prozess*, eine vorkonfigurierte Methode für den Softwareanforderungs- und Entwicklungsprozess in agilen SAP-Einführungsprojekten. Die Methode setzt auf einzelnen Szenarien des SAP Solution Managers auf (insbesondere Projektmanagement, Prozessmanagement, Testmanagement und Change Management) und kombiniert diese zu einem einheitlichen Prozess, der zudem mit agiler Methodik und neuen SAP-Fiori-Benutzeroberflächen angereichert wird. Abbildung 8.4 zeigt die wesentlichen Strukturelemente in diesem Prozess sowie die Einordnung von Testaktivitäten.

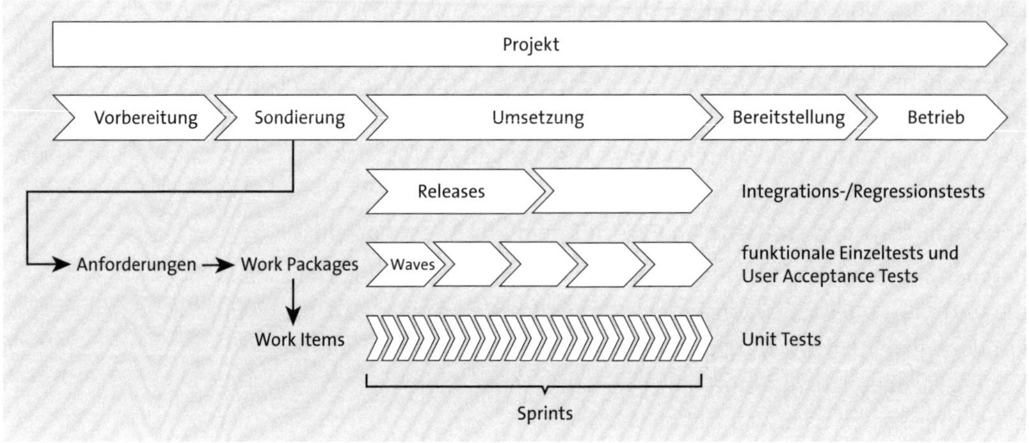


**Abbildung 8.4** Strukturelemente und Testaktivitäten im Requirement-to-Deploy-Prozess von Focused Build (Allissat et al., SAP Solution Manager, 2021, S. 785)

**Agile Konzepte**

In diesem Prozess werden Tätigkeiten im Projekt über Work Packages abgebildet; diese enthalten die technische Umsetzung im System sowie relevante Dokumente. Entsprechend werden im Rahmen eines Projekts hier auch Testfalldokumente bzw. Testschritte hinterlegt. Aus der Gesamtheit der Work Packages können bei Abschluss einer Projektphase (Wave) Testpläne mit der Test-Suite des SAP Solution Managers angelegt werden. Somit können Testmanager*innen auch in Projekten, die mit dem Requirement-to-Deploy-Prozess von Focused Build umgesetzt werden, die bewährten Mechanismen der Test-Suite verwenden. In Abschnitt 17.2, »Testmanagement in agilen Projekten mit Focused Build«, stellen wir das Testen im Kontext des Requirement-to-Deploy-Prozesses im Detail vor.

### Testmanagement mit SAP Cloud ALM

**Tests in SAP Cloud ALM**

In SAP Cloud ALM sind Testaktivitäten ebenfalls in die vorgegebene Projektmethodik integriert. Hier können Tests auf der Grundlage der Prozesse im Projektumfang abgeleitet werden. Testfälle lassen sich anforderungsbasiert anhand des jeweiligen Prozessablaufs erstellen, und Testfallbeschreibungen werden direkt im System hinterlegt. Sämtliche Arbeitsschritte einschließlich der Testausführung erfolgen in den Weboberflächen von SAP Cloud ALM. In Abschnitt 17.3, »Testmanagement mit SAP Cloud ALM«, zeigen wir die Testmanagement-Funktionen von SAP Cloud ALM im Detail.

TEIL II

# Testen mit dem SAP Solution Manager

Kapitel 9

# Einführung in das Testmanagement mit dem SAP Solution Manager

*Mit der Test-Suite und weiteren Anwendungen des SAP Solution Managers können Sie ein umfassendes werkzeuggestütztes Testmanagement aufbauen. In diesem Kapitel geben wir eine Übersicht, wie Sie Ihren individuellen Testprozess mit der Test-Suite abbilden können.*



**Individueller Testprozess in der Test-Suite**

In diesem Kapitel führen wir Sie in das Testmanagement mit der Test-Suite des SAP Solution Managers ein. Dazu zeigen wir zunächst – mit stetem Blick auf dessen Relevanz für das Thema Testen und Testmanagement – die wesentlichen Anwendungsszenarien und Prozesse, die mit dem SAP Solution Manager umgesetzt werden können. Anschließend gehen wir auf die Rolle der mittlerweile lizenzkostenneutral verfügbaren Erweiterungen *Focused Build* und *Focused Insights* für das Testen ein. Im Anschluss stellen wir den Testprozess mit der Test-Suite vor. Dies bildet die Grundlage für die nachfolgenden Kapitel, die die Arbeitsschritte in der Test-Suite im Detail beschreiben.

Auch wenn die technische Konfiguration des SAP Solution Managers bisweilen eher als Aufgabe der SAP-Basis angesehen wird: In Abschnitt 9.4, »Technische Grundkonfiguration«, erläutern wir die Grundkonfiguration des SAP Solution Managers, die minimal erforderlich ist, um dessen testmanagementbezogenen Werkzeuge nutzen zu können. Gleichermaßen zeigen wir die wesentlichen Stellschrauben der für das Testmanagement relevanten Prozesse, die Ihnen die Möglichkeit geben, Ihren individuellen Testprozess abzubilden. Somit können Sie als Testmanager*in Anforderungen an die technische Konfiguration, die z. B. durch die SAP-Basis Ihres Unternehmens erfolgt, kommunizieren.

Abschließend stellen wir in Abschnitt 9.5, »Benutzer und Geschäftspartner«, die miteinander verbundenen Konstrukte Benutzer und Geschäftspartner vor, die für die Arbeit im System benötigt werden und zeigen, wie Sie diese anlegen und verwalten.

## 9.1 Einführung in den SAP Solution Manager

In Abschnitt 8.1, »Die Rolle von Testaktivitäten im Application Lifecycle Management für SAP-Lösungen«, wurde der SAP Solution Manager im Rahmen der Übersicht aller Angebote von SAP für das Application Lifecycle Management (ALM) bereits kurz vorgestellt. Konzipiert als umfassende Lösung für die Implementierung und den Betrieb von SAP-Lösungen enthält er zahlreiche Werkzeuge, um die in einer SAP- bzw. IT-Organisation anfallenden Aufgaben zu bewältigen.

### 9.1.1 Szenarien des SAP Solution Managers und deren Bezug zum Testmanagement

**ITIL Application Management**

Die enthaltenen Werkzeuge und Methoden folgen dabei grundlegend den sechs Phasen des ITIL Application Managements:

- Definieren
- Designen
- Erstellen und Testen
- Bereitstellen
- Betreiben
- Optimieren

**Szenarien des SAP Solution Managers**

SAP verwendet hier den Begriff Application Lifecycle Management. Auch wenn die Darstellung der einzelnen Funktionen über die Historie des SAP Solution Managers hinweg variiert, hat sich die Darstellung der einzelnen Prozesse und Werkzeuge anhand eines Kreislaufs etabliert, wie in Abschnitt 1.2, »Testaktivitäten im Lebenszyklus von SAP-Lösungen«, dargestellt. Alternativ können die Anwendungsszenarien bzw. einzelnen Funktionsbereiche des SAP Solution Managers auch anhand von Ende-zu-Ende-Prozessen der IT-Organisation dargestellt werden (siehe Abbildung 9.1).

Für eine umfassende Darstellung der einzelnen Szenarien und Werkzeuge sei auf das Werk »SAP Solution Manager. Das Praxishandbuch« (Allissat et al., SAP PRESS 2021) verwiesen. Dennoch ist eine kurze Übersicht der einzelnen Anwendungsszenarien sinnvoll, um deren Bezug zu den Testaktivitäten aufzuzeigen.

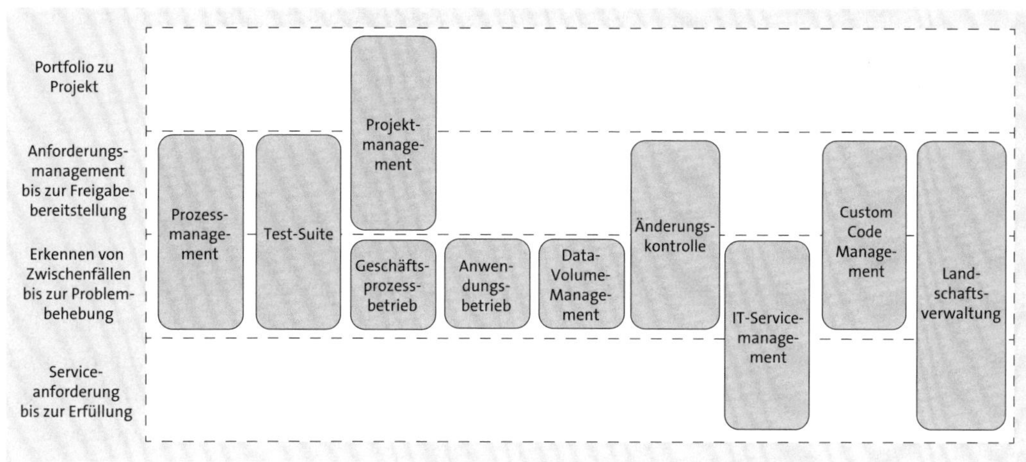


**Abbildung 9.1** Anwendungsszenarien des SAP Solution Managers (Quelle: SAP)

Prozessmanagement

Mit dem *Prozessmanagement* im SAP Solution Manager können Sie die Geschäftsprozesse Ihres Unternehmens dokumentieren. Das Alleinstellungsmerkmal dieses Szenarios ist die Verknüpfung zwischen fachlicher und technischer Perspektive: Geschäftsprozesse werden zunächst in einer Struktur aus Ordnern, Szenarien, Prozessen und Prozessschritten mit festgelegter Methodik angelegt. Anschließend können diese Ordner mit Inhalten gefüllt werden. Dabei beinhaltet das Prozessmanagement umfassende Dokumentenmanagement-Funktionen wie etwa Dokumentenstatus und Attribute zur Klassifizierung sowie – wenn gewünscht oder erforderlich – digitale Signaturen. Ebenso können Prozesse mit der Modellierungssprache *Business Process Model and Notation* (BPMN) 2.0 grafisch dargestellt werden.

Technische Objekte verwalten

Den entscheidenden Mehrwert bietet die Möglichkeit, neben Dokumenten auch technische Objekte zu verwalten, z. B. Eigenentwicklungen oder ausführbare Einheiten. Die genannten Objekte werden auf Wunsch auch direkt aus den angeschlossenen Systemen ausgelesen und in sogenannten Bibliotheken hinterlegt, woraus sich nicht nur für das Testen interessante Anwendungsmöglichkeiten ergeben.

Single Source of Truth

Die Lösungsdokumentation bzw. die hier hinterlegten Informationen werden als *Single Source of Truth* bezeichnet, da – nach SAP-Idealvorstellung – hier die gesamte Dokumentation Ihrer Prozesse beheimatet ist. Zudem bildet die Lösungsdokumentation die Grundlage für einige Szenarien des SAP Solution Managers. Dies gilt insbesondere auch für das Testmanagement, da in der Lösungsdokumentation Testfälle im Kontext der dort abgebildeten Geschäftsprozesse hinterlegt werden. Somit bildet die Lösungsdokumentation die Grundlage für die Testfallerstellung und stellt damit die Bibliothek aller verfügbaren Testfälle dar.

**Test-Suite**

Die Test-Suite als Lösung für die weiteren Aufgaben des Testmanagements, insbesondere Testplanung, Durchführung, Dokumentation und Auswertung stellen wir in diesem Teil des Buches vor.

**Projektmanagement**

Das *Projektmanagement* ist als Teil des in den SAP Solution Manager integrierten *SAP Portfolio and Project Managements* für IT-Projekte nutzbar. Es bietet typische Projektmanagementfunktionen wie Projektplanung, Terminierung und Ressourcenmanagement sowie vielfältige Auswertungen. Besonderheit des Szenarios ist die Integration in Lösungsdokumentation und IT-Servicemanagement des SAP Solution Managers, sodass z. B. die Tätigkeiten in Implementierungsprojekten im SAP Solution Manager durchgeführt und mit dem Projektmanagement geplant werden können. Eine direkte Integration mit der Test-Suite existiert nicht. Im Zusammenspiel mit dem Requirement-to-Deploy-Prozess von Focused Build für die Umsetzung agiler Projekte hat das Projektmanagement jedoch eine zentrale Position – und hierüber auch Kontaktpunkte zum Testmanagement, da Testfälle im Kontext von Projekten erstellt und ausgewertet werden (siehe Abschnitt 9.2, »Die Rolle von Focused Build und Focused Insights für das Testen«).

**Fachlicher Betrieb**

Der *fachliche Betrieb* umfasst mehrere Bereiche, die das Ziel verfolgen, den fehlerarmen Betrieb von (Kern)geschäftsprozessen sicherzustellen, darunter im Wesentlichen:

- Geschäftsprozess-Monitoring
- Jobverwaltung und Monitoring
- Datenkonsistenzmanagement
- Werkzeuge und Methoden zur Optimierung von Prozessen

Auch wenn das Szenario keinen direkten Bezug zum Testmanagement hat: Werden dessen Funktionen eingesetzt, können die überwachten Prozesse Hinweise auf kritische Geschäftsfälle geben und Details für die Testfallerstellung liefern.

**Technischer Betrieb**

Die Anwendungen des *technischen Betriebs* umfassen das technische Monitoring und Alerting, d. h. die Messung und Darstellung von technischen Kennzahlen zur Systemgesundheit sowie die Benachrichtigung, sofern die Kennzahlen einen kritischen Schwellenwert überschreiten. Der technische Betrieb umfasst verschiedene Monitoring-Apps, den *SAP EarlyWatch Alert* als standardisierten, regelmäßigen Bericht zum Zustand Ihrer SAP-Systeme, die Konfigurationsvalidierung zum Prüfen und Vergleichen von Systemeinstellungen sowie Werkzeuge für die Fehleranalyse. Nicht selten fließen in der Praxis Prüfungen und Ergebnisse der SAP EarlyWatch Alerts in technische Tests ein. Ebenso können die hier enthaltenen Werkzeuge der Fehleranalyse und -behebung in Testphasen dienen.

**Wartung**

Unmittelbar verwandt mit dem technischen Betrieb sind die Funktionen des SAP Solution Managers zur *Wartung* der SAP-Systemlandschaft; hierzu zählt insbesondere die Sammlung von Systeminformationen für den *Maintenance Planner*, einem Werkzeug im Support-Portal von SAP, mit dem Upgrades von Systemen geplant werden können. Die über den Maintenance Planner geplanten Upgrade-Vorgänge können vom Scope and Effort Analyzer (SEA) des SAP Solution Managers verwendet werden, um den Testumfang von Upgrades zu bestimmen (siehe Abschnitt 15.2, »Scope and Effort Analyzer«). Darüber hinaus sind weitere Werkzeuge für die Systemwartung enthalten, z. B. die Systemempfehlungen, die einzuspielende SAP-Hinweise für Systeme vorschlagen. Ebenfalls in diesem Szenario angesiedelt sind Funktionen für SAP-Engagement und Servicelieferung, mit denen Support-Angebote und standardisierte Services wahrgenommen und verwaltet werden können.

**Change Control Management**

Mit dem Szenario *Change Control Management* stellt SAP Werkzeuge zur Verfügung, mit denen Änderungen in IT-Systemen strukturiert geplant, verwaltet, umgesetzt und ausgewertet werden können. Kernanwendung des Change Control Managements ist das *Change Request Management* (ChaRM), in dem Systemänderungen als Ticket in Form von Änderungsanträgen und Änderungsdokumenten beschrieben, verwaltet und bearbeitet werden. Die Dokumente verfügen über unterschiedliche Statuswerte, die die entsprechenden fachlichen Rollen (z. B. Change Manager*in, Entwickler*in, Tester*in) in Abhängigkeit ihrer Berechtigungen setzen können.

Das Alleinstellungsmerkmal im Vergleich zu anderen Werkzeugen ist dabei die enge Verzahnung mit dem SAP-Transportsystem: So können z. B. über Änderungsdokumente Transporte angelegt und in Folgesysteme übermittelt werden. Damit wird es möglich, jegliche Systemänderungen in SAP- und auch in Nicht-SAP-Systemen über das ChaRM zu verwalten, sodass von der Anforderung bis hin zur Produktivsetzung einer Änderung sämtliche Verantwortlichkeiten, Entscheidungen und Arbeitsschritte in einem sogenannten *Audit Trail* dokumentiert sind. Darüber hinaus reduzieren verschiedene technische Prüfungen typische Fehlersituationen im SAP-Transportsystem, z. B. das gegenseitige Überschreiben von Änderungen oder das Identifizieren fehlender Objekte. Alternativ steht mit dem *Quality Gate Management* (QGM) zudem eine vereinfachte Variante der Änderungs- und Transportsteuerung zur Verfügung, die im Vergleich zum ChaRM auf umfangreiche und umfassend anpassbare Genehmigungsprozesse und -dokumente verzichtet und stattdessen die Phasenübergänge (Quality Gates) aus Projekt- oder Releasesicht in den Vordergrund stellt.

**Testen im Change Request Management**

Insbesondere das ChaRM hat Kontaktpunkte zum Testmanagement. Bereits die Möglichkeit, eine Reihe von bereits dokumentierten und klassifizierten Systemänderungen zu Releases zusammenzufassen schafft Sicherheit für den Test, da somit der Testumfang bekannt ist und erforderliche Testfälle anhand der eingeplanten Änderungen bestimmt werden können. In Änderungsdokumenten findet sich zudem der Status **Zu testen**, der z. B. für den Einzeltest der Änderung verwendet werden kann. Testanweisungen können direkt im Änderungsdokument hinterlegt werden. Alternativ ist es möglich, im Änderungsdokument Elemente der Test-Suite zu referenzieren: So kann eine Änderung erst umgesetzt werden, wenn z. B. alle Testfälle eines Testpakets erfolgreich ausgeführt worden sind.

**IT-Servicemanagement**

Das *IT-Servicemanagement* im SAP Solution Manager umfasst verschiedene ITIL-konforme Prozesse, die der Kommunikation zwischen Anwender*innen und IT-Organisation im Betrieb dienen. Im Wesentlichen umfasst dies die folgenden Prozesse:

- Incident Management
- Problem Management
- Knowledge Management
- Service Request Management

Die einzelnen Prozesse können umfassend an kundenspezifische Anforderungen angepasst werden. Alleinstellungsmerkmale des IT-Servicemanagements gegenüber anderen Werkzeugen sind z. B. die Möglichkeiten, Meldungen direkt aus jedem SAP-System anzulegen (*Embedded Support*), sie weiterzuleiten und mit dem SAP-Support auszutauschen. Zusätzlich gibt es vielfältige Integrationsmöglichkeiten mit anderen Szenarien des SAP Solution Managers. In der Test-Suite wird das IT-Servicemanagement außerdem für das Defect Management, also für die Bearbeitung von gefundenen Fehlern im Test, verwendet.

**Verwaltung kundeneigener Entwicklungen**

Die *Verwaltung kundeneigener Entwicklungen* (*Custom Code Lifecycle Management*, CCLM) etabliert eine Datenbank aller kundeneigenen Entwicklungen in einer SAP-Landschaft, deren Einträge sich nach verschiedensten Kriterien bewerten, filtern und auswerten lassen. Zusätzliche Werkzeuge ermöglichen es Ihnen, strukturiert nicht länger benötigte Eigenentwicklungen zu identifizieren und zu entfernen (*Stilllegungs-Cockpit*) und Projekte zur Software-Qualität einzurichten und nachzuverfolgen (*Qualitäts-Cockpit*). Das Qualitäts-Cockpit bietet eine Auswertungsumgebung für die Prüfläufe des ABAP Test Cockpits (ATC) und eignet sich dazu, um in der Software-Qualitätssicherung Initiativen zur statischen Codeanalyse auszuwerten. In

Abschnitt 17.1, »Statische Analyse mit dem ABAP Test Cockpit« stellen wir diesen Ansatz aus der Perspektive des Testmanagements vor.

### 9.1.2 Technische Aspekte für den Einsatz im Testmanagement

**Bereitstellung des SAP Solution Managers**

Technisch betrachtet, ist der SAP Solution Manager ein eigenständiges SAP-System, bestehend aus einem SAP NetWeaver ABAP Stack sowie einem SAP NetWeaver Java Stack. Während auf Ersterem die fachliche Funktionalität angesiedelt ist, werden auf Java-Seite primär Funktionen für die Systemverwaltung (*System Landscape Directory*, SLD) und das Monitoring bereitgestellt. Da es sich um ein eigenes System handelt, liegt die Entscheidung, wo und wie der SAP Solution Manager betrieben werden soll, in der Hoheit des SAP-Kunden. Das System kann entweder im eigenen Rechenzentrum installiert (on-premise), von einem Hosting-Anbieter mit Wartungsverträgen betrieben oder in der Cloud über entsprechende Anbieter, z. B. über die *SAP Cloud Appliance Library* (CAL), bereitgestellt werden.

**Sizing**

Unabhängig von der gewählten Betriebsart ist in jedem Fall das *Sizing* des Systems zu berücksichtigen, d. h. die Leistungsfähigkeit des Servers hinsichtlich Rechenleistung, Datenbankkapazität, Durchsatz und weiteren technischen Kriterien. Diese hängen maßgeblich von den verwendeten Szenarien, der Anzahl gleichzeitiger Benutzer, den zu speichernden Daten sowie von der benötigten Systemverfügbarkeit ab.

[«]

**Sizing für das Testmanagement überprüfen**

In der Praxis entstehen oft Herausforderungen, wenn der SAP Solution Manager bislang ausschließlich von der SAP-Basis für die verpflichtenden technischen Szenarien (Systemdatensammlung, SAP EarlyWatch Alert) verwendet wurde. Ein derartiges System ist für fachliche Szenarien wie Lösungsdokumentation und Test-Suite oft unterdimensioniert. Es empfiehlt sich daher, vor dem Einsatz eines neuen Szenarios das Sizing mit der SAP-Basis bzw. mit dem betreibenden Dienstleister zu überprüfen. SAP stellt hierzu Informationen und Werkzeuge wie den *Quick Sizer* (*http://s-prs.de/879004*) bereit. Mit dem Quick Sizer können die Anforderungen an ein SAP-Solution-Manager-System über betriebene Anwendungsszenarien, geplante gleichzeitige Benutzer und erwartetes Dokumentenvolumen bestimmt werden. Für das Testmanagement sind hier insbesondere die gleichzeitigen Benutzer im IT-Servicemanagement (für das Defect Management), Umfang der Lösungsdokumentation (zu verwaltende Testfälle) und – sofern deren Einsatz geplant ist – die Anzahl der technischen Stücklisten für Business Process Change Analyzer (BPCA) und Scope and Effort Analyzer (SEA) zu berücksichtigen.

In Abbildung 9.2 sehen Sie, wie der Quick Sizer alle relevanten Aspekte prüft und übersichtlich in Tabellenform darstellt.

**Table 1: Concurrent Users - Standard Sizing**

Delete/Clear | Insert

| Element | A/P | TI | Low activity users | Medium activity users | High activity users | Mon. | Arch. | St. | Et. | Short text |
|---|---|---|---|---|---|---|---|---|---|---|
| CHARM-U | A | S | | | | | ☑ | 09 | 18 | |
| CHARM-U | P | S | | | | | | 12 | 13 | |
| ITSM-U | A | S | | | | | ☑ | 09 | 18 | |
| ITSM-U | P | S | | | | | | 12 | 13 | |

**Table 2: Throughput - Basic Sizing for Minimal Solution Manager Setup Supporting EarlyWatch Alert & Services**

Clear | Insert

| Element | A/P | TI | ABAP servers | HANA nodes | Mon. | Arch. | Short text |
|---|---|---|---|---|---|---|---|
| EWA | A | S | | | | ☑ | |

**Table 3: Throughput - RCA (based on fully and minimally configured entities)**

Clear | Insert

| Element | A/P | TI | ABAP systems full | ABAP systems min. | Other systems full | Other systems min. | Hosts full | Hosts min. | JAVA nodes full | JAVA nodes min. | Mon. | Short text |
|---|---|---|---|---|---|---|---|---|---|---|---|---|
| RCA | A | S | | | | | | | | | | |

**Table 4: Throughput - Technical Monitoring (based on the relevant subset of RCA-enabled entities)**

Clear | Insert

| Element | A/P | TI | ABAP systems full | ABAP systems min. | Other systems full | Other systems min. | Hosts full | Hosts min. | Short text |
|---|---|---|---|---|---|---|---|---|---|
| TECHMON | A | S | | | | | | | |

**Table 5: Throughput - Solution Documentation**

Delete/Clear | Insert | 1 line(s):

| Element | A/P | TI | Documents | Versions | Size in kB | Mon. | Arch. | Short text |
|---|---|---|---|---|---|---|---|---|
| SOLDOC | A | Y | | | 1.000 | | ☑ | |

**Table 6: Throughput - Change Management - ITSM – Project and Process Management – SAP Engagement and Service Delivery**

Delete/Clear | Insert | 1 line(s):

| Element | A/P | TI | Objects | Displays | Mon. | Arch. | St. | Et. | ID | Short text |
|---|---|---|---|---|---|---|---|---|---|---|

**Abbildung 9.2** Sizing des SAP Solution Managers mit dem Quick Sizer berechnen

**Betrieb und Wartung**

Sofern der SAP Solution Manager im Unternehmen selbst betrieben wird, muss dieser wie ein Business-System von SAP administriert und gewartet werden. Nicht selten scheitern auch heute noch Projekte zur Einführung einzelner Szenarien im SAP Solution Manager daran, dass das System nur für die nötigsten Aufgaben verwendet wird und sich in einem schlechten Wartungszustand befindet. Befindet sich der SAP Solution Manager z. B. auf einem veralteten Support Package Stack (SPS), wurden Zentralhinweise zur Fehlerbehebung nicht regelmäßig eingespielt oder sind zu verwaltende Systeme lückenhaft angebunden, werden fachliche Projekte schnell durch vermeidbare Fehlersituationen und ebenso vermeidbare Mehraufwände für deren Analyse und Behebung gebremst. Umgekehrt können auf einem angemessen gepflegten SAP Solution Manager neue Szenarien wie z. B. das Testmanagement oder konkrete Einzelwerkzeuge wie die Änderungsanalyse mit technisch überschaubarem Aufwand eingerichtet werden. So kann sich das Projektteam ganz auf die fachliche Umsetzung konzentrieren.

Systemlandschaft

Zuletzt ist die Systemlandschaft des SAP Solution Managers bei der Einführung zu berücksichtigen. Wir empfehlen, diese minimal als Zweisystemlandschaft aufzubauen, damit neben dem produktiven SAP Solution Manager ein Qualitätssicherungssystem zur Verfügung steht. In diesem können neue Szenarien und deren unternehmensspezifische Anpassung umgesetzt, erprobt und getestet werden, ehe diese produktiv gesetzt werden. In Unternehmen, in denen der SAP Solution Manager kritische Funktionen für die Systemlandschaft erfüllt (z. B. umfassendes Monitoring oder Verwaltung der Transporte mit dem ChaRM), ist eine Dreisystemlandschaft sehr zu empfehlen, da nur so – wie in klassischen SAP-Business-Systemen – Entwicklung und Test sauber voneinander getrennt werden können. Gleiches gilt für Unternehmen mit hohen formalen Anforderungen wie etwa im validierten Umfeld (z. B. Medizingerätehersteller). Die nicht produktiven Systeme können zudem für Anwenderschulungen genutzt werden.



Support Package Stacks

Neue Funktionen für den SAP Solution Manager 7.2 wurden seither über SPS ausgeliefert. Die jeweils aktuell verfügbare Version kann über die Product Availability Matrix von SAP (*http://s-prs.de/879005*) eingesehen werden. Hier finden sich auch Links zu relevanten SAP-Hinweisen. Die mit dem jeweiligen SPS ausgelieferten Neuerungen werden in den Releaseinformationen der SAP-Hilfe für den SAP Solution Manager beschrieben (*http://s-prs.de/879003*). In diesem Buch werden alle Neuerungen bis SPS 13 berücksichtigt.

## 9.2 Die Rolle von Focused Build und Focused Insights für das Testen

Focused Solutions

Die *Focused Solutions* wurden als separat zu lizensierende Erweiterungen des SAP Solution Managers konzipiert, die den SAP Solution Manager »schlüsselfertig« um neue Funktionen und Prozesse erweitern sollten. Nach SAP-Angaben sind diese Erweiterungen das Ergebnis der Zusammenarbeit zwischen SAP und SAP-MaxAttention-Kunden. Insgesamt wurden drei Focused Solutions entwickelt:

- Focused Run
- Focused Build
- Focused Insights

*Focused Run* wurde als Lösung für das Monitoring und die Verwaltung großer Systemlandschaften als eigenständiges (und separat zu lizensierendes)

Produkt in das ALM-Produktportfolio von SAP aufgenommen (siehe Abschnitt 8.1, »Die Rolle von Testaktivitäten im Application Lifecycle Management für SAP-Lösungen«). Focused Build und Focused Insights können hingegen seit Anfang 2020 ohne zusätzliche Lizenzkosten genutzt werden.

**Focused Build**

Kernfunktionalität von *Focused Build* ist der *Requirement-to-Deploy-Prozess* (R2D-Prozess), mit dem ein Softwareanforderungs- und Entwicklungsprozess in agilen Projekten abgebildet werden kann. Dieses Vorgehen richtet sich primär an die SAP-Implementierungsprojekte, z. B. die Einführung von SAP-S/4HANA-Systemen. Der Prozess umfasst Projektmanagement, Anforderungsmanagement, Prozessdokumentation, Änderungs- bzw. Transportmanagement, Test sowie Aspekte des IT-Servicemanagements. Dabei nutzt der Requirement-to-Deploy-Prozess jeweils die im SAP Solution Manager bereits vorhandenen Szenarien und baut auf diesen einen vordefinierten, integrierten Prozess auf der Grundlage agiler Methoden und der SAP-Activate-Methodik auf. Konkret bedeutet dies, dass im R2D-Prozess die Umsetzungsphasen von SAP Activate durch Werkzeuge oder Arbeitsschritte unterstützt werden:

- **Vorbereitung (Discover and Prepare)**
  Implementierungsprojekt aufsetzen und planen.
- **Sondierung (Explore)**
  Workshops zur Einführung von Geschäftsprozessen durchführen und an das Unternehmen anpassen (Fit-to-Standard-Workshops), Anforderungen und Arbeitspakete definieren.
- **Umsetzung (Realize)**
  Projekt durch Dokumentation, Customizing und Entwicklung umsetzen; Testaktivitäten durchführen.
- **Bereitstellung (Deploy)**
  Neu implementierten Lösung produktivsetzen.
- **Betrieb (Run)**
  Nach der Produktivsetzung unterstützen und Fehler beheben (Hypercare).

**Agile Konzepte**

Im Prozess kommen konsequent agile Elemente zum Einsatz. Insbesondere wird die Umsetzung in *Waves* und *Sprints* unterteilt, innerhalb derer jeweils ein zuvor definierter Teil des Projekts umgesetzt wird; Sprints schließen üblicherweise mit einem Einzeltest der neu implementierten Funktionen. Jegliche Systemanpassungen werden über die Objekte *Anforderungen*, *Work Packages* und *Work Items* dokumentiert und umgesetzt: Anforderungen werden überwiegend in der Sondierungsphase erstellt. Diese werden in Work Packages unterteilt, die die technische Umsetzung der Anforderung beschreiben. Diese Arbeitspakete werden für die Umsetzung innerhalb eines Sprints in Work Items unterteilt.

**Rollenbasierte Benutzeroberflächen**

Für die einzelnen Arbeitsschritte innerhalb der Projektphasen stellt Focused Build rollenbasierte Benutzeroberflächen im SAP-Fiori-Design bereit, die auf die jeweilige Aufgabe zugeschnitten sind und damit eine zielgerichtete Bearbeitung ermöglichen. Abbildung 9.3 zeigt die wesentlichen Arbeitsschritte im Focused-Build-Kernprozess.

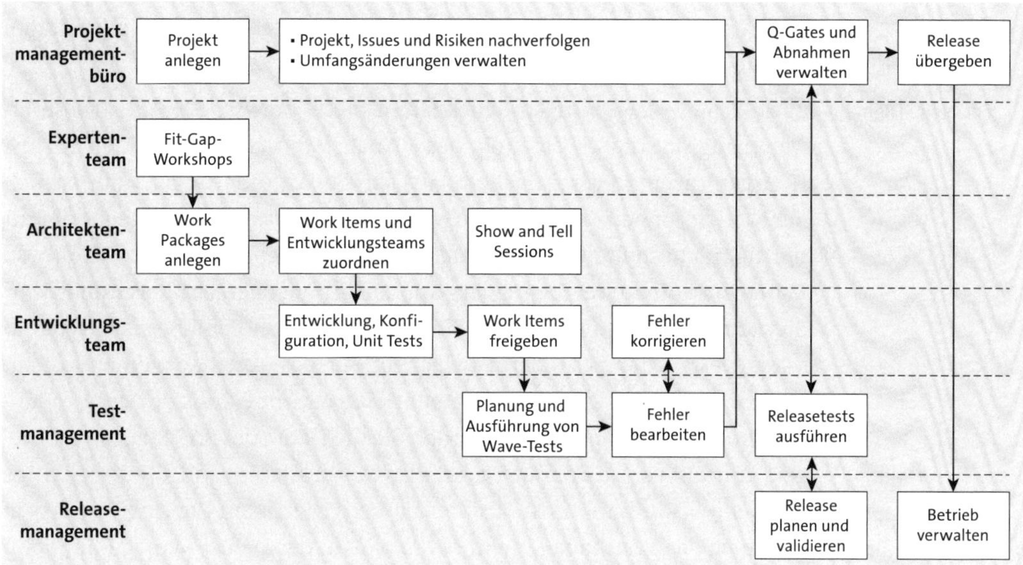


**Abbildung 9.3** Rollen und Arbeitsschritte im Focused-Build-Kernprozess (Quelle: Allissat et al., SAP Solution Manager, 2021, S. 790)

**Testen im R2D-Prozess**

Innerhalb des R2D-Prozesses gibt es zwei Elemente, in denen Testaktivitäten verwaltet werden: Work Items und Work Packages durchlaufen verschiedene Statuswerte. Ein erfolgreicher Einzeltest der jeweiligen Objekte (z. B. Unit Test eines Work Items) wird durch einen Wechsel auf den Status **Erfolgreich getestet** gekennzeichnet. Umfassende Tests bei Abschluss einer Wave (z. B. Nutzerakzeptanztests) werden über die im nachfolgenden Kapitel beschriebenen Mechanismen der Test-Suite durchgeführt. Diese Integration von Testaktivitäten in den R2D-Prozess beschreiben wir in Abschnitt 17.2, »Testmanagement in agilen Projekten mit Focused Build«.

**Testschritt-Designer**

Darüber hinaus enthält Focused Build eine Reihe von *Standalone-Erweiterungen*. Eine dieser Erweiterungen ist der *Testschritt-Designer* sowie dazugehörige Apps. Diese erweitern das im Standard aus Lösungsdokumentation und Test-Suite bestehende Testmanagement des SAP Solution Managers um eine zusätzliche Variante zur Erstellung von Testfällen. Während Testfälle im SAP Solution Manager im Standard dokumentenbasiert (typischerweise Microsoft-Office-Dokumente) sind, ermöglicht es der Testschritt-Designer, Testfälle direkt im System zu erstellen. Testanweisungen und erwartete Ergebnisse werden dabei in einer Eingabemaske formuliert. Die Dokumentation der Testresultate erfolgt ebenfalls direkt im System. Der Testschritt-Designer bietet über Customizing und Detailfunktionen zahlreiche Möglichkeiten, um die Anforderungen des eigenen Testprozesses umzusetzen. Eine weitere Funktionalität ist das Test-Suite-Dashboard, durch das in Focused Build eine zusätzliche Auswertungsmöglichkeit für Testaktivitäten zur Verfügung gestellt wird.

**Focused Insights**

Zusätzliche Auswertungsmöglichkeiten bietet *Focused Insights*. Diese Erweiterung hat die Zielsetzung, das Visualisieren von Kennzahlen für die IT-Organisation zu vereinfachen. Auf Basis der Anforderungen unterschiedlicher Zielgruppen werden dazu verschiedene Dashboard-Kategorien zur Verfügung gestellt, mit denen Daten aus den Szenarien des SAP Solution Managers aufbereitet, aggregiert und zielgruppengerecht dargestellt werden können. Dabei setzt Focused Insights auf ein zeitgemäßes und dynamisches Design der Benutzeroberflächen. Für das Testmanagement ist im Wesentlichen die Dashboard-Kategorie *Operations Control Center* (OCC-Dashboards) relevant. Damit können Sie die Daten des SAP Solution Managers mittels verschiedener Daten-Provider auslesen und über vielfältige Darstellungsoptionen visualisieren lassen. Die Daten-Provider umfassen u. a. auch das Testmanagement sowie das für das Defect Management eingesetzte IT-Servicemanagement.

**Focused Build und Focused Insights in diesem Buch**

Focused Build und Focused Insights können lizenzkostenneutral eingesetzt werden, und die für das Testen relevanten Funktionen können mit überschaubarem Aufwand implementiert werden. Da beide Erweiterungen die Möglichkeiten des SAP Solution Managers für das Testmanagement deutlich und sinnvoll erweitern, stellen wir deren Funktionen zusammen mit den Standardfunktionen des SAP Solution Managers vor.

**Technische Installation von Focused Build und Insights**

Technisch betrachtet sind Focused Build und Focused Insights im gleichen Add-on enthalten, d. h. mit der Installation des Add-ons ST-OST200 sind beide Erweiterungen in Ihrem SAP Solution Manager grundlegend verfügbar. Die gewünschten Funktionen können dann je nach Erfordernis aktiviert bzw. konfiguriert werden. Ähnlich wie der SAP Solution Manager wird auch das Add-on über SPS mit neuen Funktionen ausgestattet. In diesem Buch werden alle Anpassungen bis SPS 07 berücksichtigt.

[«]

**Releaseplanung für Focused Build und Focused Insights**

Der SPS des Add-ons ST-OST muss passend zum SPS Ihres SAP Solution Managers gewählt werden. So kann z. B. das SPS 07 für die beiden Focused Solutions nur mit SPS 12 des SAP Solution Managers betrieben werden. In SAP-Hinweis 2541761 finden Sie die möglichen Kombinationen.

## 9.3 Der Testprozess mit der Test-Suite im Überblick

Die Test-Suite des SAP Solution Managers 7.2 umfasst Werkzeuge für das Testmanagement. Mit ihr kann der in Kapitel 2, »Der grundlegende Testprozess«, dargestellte grundlegende Testprozess werkzeuggestützt umgesetzt werden. Zusätzlich sind die Testmanagement-Funktionen der Test-Suite der Ausgangspunkt für die Verwendung weiterer Werkzeuge zur Optimierung des Testprozesses bzw. einzelner Arbeitsschritte. So kann der manuelle Testablauf z. B. um die Themen Testautomatisierung und Änderungsanalyse erweitert werden. Abbildung 9.4 zeigt die wesentlichen Arbeitsschritte des Testprozesses, die von der Test-Suite unterstützt werden. In diesem Abschnitt geben wir Ihnen einen Überblick über die wesentlichen Arbeitsschritte und deren Umsetzung mit den Werkzeugen der Test-Suite. Die konkrete Umsetzung Ihres Testprozesses mit der Test-Suite im System schildern wir in den nachfolgenden Kapiteln von Teil II.

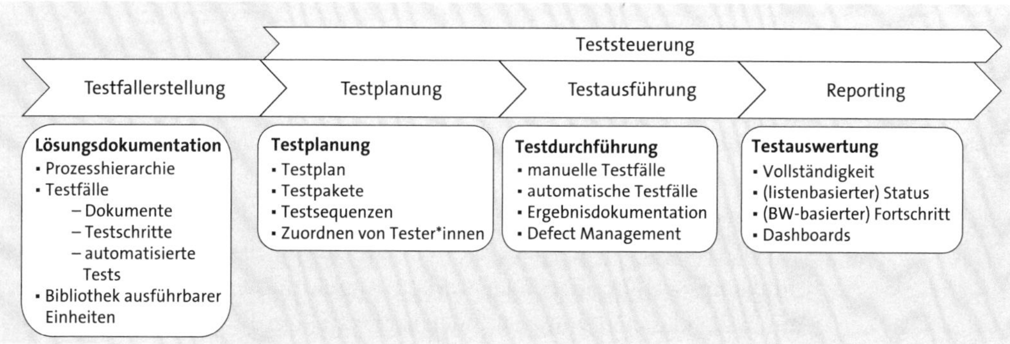


**Abbildung 9.4** Arbeitsschritte in der Test-Suite

### 9.3.1 Testfallerstellung

**Lösungsdokumentation als Testfallbibliothek**

Die Testfallerstellung erfolgt im Szenario *Prozessmanagement* des SAP Solution Managers. In der *Lösungsdokumentation* können Geschäftsprozesse strukturiert abgebildet, dokumentiert und – wenn gewünscht – auch grafisch modelliert werden. Durch die vielfältigen Möglichkeiten, Prozesse abzubilden und deren Dokumentation zu gestalten, bildet die Lösungsdokumentation den optimalen Ausgangspunkt für das Testmanagement. Es kann z. B. eine Bibliothek aller verfügbaren Testfälle erstellt werden, die sich an den Geschäftsprozessen der Organisation ausrichtet.

**Prozesshierarchie**

In der Lösungsdokumentation werden Geschäftsprozesse in einer Ordnerstruktur dargestellt. Diese Struktur kann eine beliebige Tiefe haben, folgt auf den untersten drei Ebenen jedoch gewissen Darstellungsregeln. Die Unterteilung in Szenarien, Prozesse und Prozessschritte erlaubt es, die Prozesse der Organisation zunächst recht zügig und pragmatisch im System abzubilden.

**Testfälle verwalten**

Diese Prozesshierarchie kann anschließend mit konkreten Inhalten gefüllt werden. Dabei agiert die Lösungsdokumentation zunächst als Dokumentenmanagement-System. Die Ordnerstruktur kann mit beliebigen Dokumenten gefüllt werden; auf Wunsch können für unterschiedliche Dokumententypen Vorlagen bereitgestellt und Regeln aufgestellt werden, z. B. um Freigabezyklen oder digitale Signaturen abzubilden. Prozesshierarchie und Dokumente können vielfältig klassifiziert werden, sodass Filtern, Sortieren und Auswerten flexibel möglich sind. Auch die bereits vorhandenen Felder lassen sich kundenspezifisch erweitern. Dokumente werden zudem versioniert, d. h. Änderungen sind nachvollziehbar, und frühere Versionen können jederzeit eingesehen werden.

Zu diesen Dokumenten gehören auch Testfälle, die somit im Kontext von Prozessen abgelegt werden. Die beschriebenen Funktionen zur Klassifizierung können z. B. verwendet werden, um die Kritikalität von Testfällen zu hinterlegen; die Dokumentenversionierung ist für die Testausführung und korrekte Dokumentation des Testablaufs relevant.

**Manuelle Testfälle**

Manuelle Testfälle können in zwei Varianten angelegt werden: Testdokumente sind typischerweise in Microsoft Excel oder Microsoft Word verfasste Testanweisungen. Testschritte sind Testfälle, bei denen mit dem Testschritt-Designer von Focused Build die Anweisungen für Tester*innen direkt im System abgebildet werden. Durch die Wahl der Ordnerebene, durch die Klassifizierungsoptionen und vor allem durch die Gestaltung des Testfalls im Hinblick auf Umfang und Detailgrad legen die Testmanager*innen flexibel den Aufbau der späteren Tests fest.

**Automatische Testfälle**

Im Gegensatz dazu werden automatische Testfälle als Testkonfiguration angelegt. Dabei können über das Test Automation Framework sowohl die SAP-eigenen Testautomatisierungswerkzeuge als auch zertifizierte Werkzeuge anderer Hersteller eingebunden werden. Da automatische Testfälle stets auf der Grundlage eines manuellen Testfalls entwickelt werden, schafft die gemeinsame Ablage in einem Ordner auch bei der Wartung von Testfällen Übersicht – unabhängig von dem verwendeten Automatisierungswerkzeug.

[+]

**Testen ohne Lösungsdokumentation?**

Die Betrachtung von Szenarien im SAP Solution Manager suggeriert oftmals, dass ein funktionierendes Testmanagement nur mit einer umfassend genutzten Lösungsdokumentation möglich sei. Dem ist nicht so! Wenn das Prozessmanagement im SAP Solution Manager bereits verwendet wird oder die Prozesse dort gar in einem Implementierungsprojekt aufgebaut wurden, ist dies ein optimaler Ausgangspunkt für die Erstellung bzw. für die weitere Pflege von Testfällen. Soll der SAP Solution Manager jedoch lediglich für Testaktivitäten verwendet werden, ist ein pragmatischer Ansatz ebenso möglich: Hierzu legen Sie eine Prozesshierarchie an, in der ausschließlich testbezogene Inhalte wie Testfälle abgelegt werden.



**Ausführbare Einheiten**

Die Stärke der Lösungsdokumentation ist die Verknüpfung fachlicher und technischer Inhalte: Die Prozesshierarchie kann nicht nur mit Dokumenten, sondern auch mit technischen Objekten gefüllt werden. Für das Testmanagement sind dabei insbesondere die ausführbaren Einheiten relevant, d. h. der Verweis auf die zu testenden Apps oder Programme in den jeweiligen Testsystemen. Diese können zusammen mit dem Testfall im jeweiligen Ordner hinterlegt und mit diesem verknüpft werden. Zusätzlich bietet die Lösungsdokumentation die Möglichkeit, über die Bibliothek ausführbarer Einheiten die tatsächlich in den Produktivsystemen genutzten SAP-Transaktionen und Programme darzustellen. Die Information, welche Objekte tatsächlich in der Praxis verwendet werden, kann Anhaltspunkte für die Testfallerstellung und -priorisierung geben. Ebenso bildet die Bibliothek den Ausgangspunkt für die Änderungsanalyse mit den Werkzeugen BPCA und SEA.

### 9.3.2 Testplanung

**Testplanung**

Eine Kernaufgabe im Testprozess ist die Planung und Steuerung von Testaktivitäten. Hierzu kommen verschiedene Werkzeuge der Test-Suite zum Einsatz. Primär nutzen Testmanager*innen hierzu die Testplanverwaltung, um Testfälle für einen bevorstehenden Test auszuwählen, Tester*innen zuzuordnen und den Ablauf der Tests zu koordinieren. Zur Planung von Testaktivitäten setzt die Test-Suite dabei auf drei zentrale Konstrukte, die eine flexible Planung von Tests ermöglichen:

- Testplan
- Testpakete
- Testsequenzen

Testplan

Ein *Testplan* ist die Sammlung von Testfällen für eine konkrete Testaktivität. Für den Testplan wird aus der Gesamtbibliothek der Testfälle in der Lösungsdokumentation eine Teilmenge von Testfällen ausgewählt, die in der jeweiligen Testaktivität durch Tester*innen ausgeführt, bewertet und dokumentiert werden sollen. Umfang und Inhalt eines Testplans obliegen dem Testmanagement; je nach Anzahl und Komplexität der Tests und Aufbau Ihres Testprozesses kann ein Testplan eine gesamte Testphase, z. B. einen Regressionstest nach einem Upgrade, abdecken. Ebenso ist es jedoch möglich, dass ein Testplan lediglich einen Teil einer Testphase abdeckt, z. B. für eine Organisationseinheit des Unternehmens oder gar für einen einzelnen Fachbereich. Neben dem Testumfang legt der Testplan zudem fest, in welchen Systemen der Test ausgeführt wird. Außerdem dient er der Steuerung der Testaktivitäten, z. B. indem über die Einstellung des Status Start und Ende der Testaktivitäten festgelegt und die Tester*innen entsprechend benachrichtigt werden. Nach Abschluss der Tests verbleibt der Testplan als Dokumentationseinheit im System – er kann nicht mehr geändert werden, aber dennoch können Details der Testdurchführung wie Testfälle, Testergebnisse und die Dokumentation der Tester*innen eingesehen und nachvollzogen werden.

Testpaket

Innerhalb eines Testplans werden *Testpakete* angelegt. Diese enthalten eine Teilmenge der Testfälle des Testplans. Somit kann der Testplan in logische Einheiten zerlegt werden. Dabei können, abhängig von der Gestaltung der Testfälle und des Testpakets, unterschiedlichste Ansätze gewählt werden. Typisch ist etwa Aufteilung anhand von Prozessen, Fachbereichen oder einzelnen Tester*innen. Auf der Ebene des Testpakets werden ein oder mehrere Tester*innen zugeordnet, d. h., dass hiermit festgelegt wird, wer einen Testfall ausführen soll.

Testsequenz

Innerhalb eines Testpakets ist die Ausführungsreihenfolge von Testfällen beliebig. Wird eine exakte Abfolge von Testfällen gewünscht, kann dies mit *Testsequenzen* umgesetzt werden. In einer Testsequenz werden Testfälle in eine feste Reihenfolge gebracht. Erst wenn ein Test erfolgreich abgeschlossen ist, kann der nachfolgende Test ausgeführt werden. Zudem werden bei einer Testsequenz jedem Testfall einzelne Tester*innen bzw. eine Testergruppe zugeordnet.

Testpläne, -pakete und -sequenzen bieten zahlreiche Möglichkeiten, um Tests zu planen und den individuellen Anforderungen hinsichtlich Testumfang, Komplexität und Arbeitsteilung gerecht zu werden.

### 9.3.3 Testausführung

Testausführung

Für die Testausführung bietet die Test-Suite zwei Werkzeuge an. Mit dem Tester-Arbeitsvorrat können dokumentenbasierte Testfälle ausgeführt und dokumentiert werden; die App **Meine Testausführungen** wird verwendet, wenn Testfälle zum Einsatz kommen, die mit dem Testschritt-Designer erstellt worden sind.

Der Tester-Arbeitsvorrat ist die Standard-App der Test-Suite für Tester*innen. Hier erhalten die testenden Personen eine Auflistung der Testpakete, denen sie zugeordnet sind und können die dort enthaltenen Testfälle ausführen. Für manuelle Testfälle bedeutet dies: Tester*innen arbeiten die Anweisungen des Testfalldokuments im jeweiligen Testsystem durch; dabei dokumentieren und bewerten sie den Testverlauf.



Testobjekt aufrufen

Bei der Durchführung von Tests unterstützt der Tester-Arbeitsvorrat technisch: Wurde dem Testfall eine ausführbare Einheit zugordnet, können Tester*innen diese direkt im Zielsystem aufrufen. Enthält ein Testpaket automatisierte Testfälle, können diese im Tester-Arbeitsvorrat gestartet werden. Alternativ ist eine Einplanung automatisierter Tests möglich, sodass diese ohne Benutzerinteraktion ablaufen.

Bewertung der Testausführung

Die Bewertung manueller, dokumentenbasierter Tests erfolgt über Statuswerte. Nach der Durchführung aller Testanweisungen legen die Tester*innen einen Gesamtstatus fest (z. B. **OK**, **Fehler** oder **Nachtest erforderlich**), der über ein Ampelsymbol Testerfolg oder Fehlerstatus signalisiert.

Defect Management

Im Fehlerfall kann hier auch eine Meldung im Defect Management angelegt werden, sodass über das entsprechende Ticket der Fehlerbearbeitungsprozess initiiert wird. Das Defect Management ist im IT-Servicemanagement des SAP Solution Managers abgebildet, das eine entsprechend flexible Konfiguration des Bearbeitungsprozesses erlaubt.

Testdokumentation im Tester-Arbeitsvorrat

Die Dokumentation des Testverlaufs ist üblicherweise abhängig von unternehmens- oder branchenspezifischen Vorgaben, organisatorischen Parametern oder den Anforderungen, die sich aus dem Test ergeben, z. B. Teststufe, Testumfang und zu testende Prozesse. So kann es für einige Testorganisationen ausreichend sein, je durchgeführtem Test lediglich den genannten Ampelstatus zu setzen sowie kurze Ergebniskommentare zu hinterlegen. Gibt es Vorgaben, wie z. B. im validierten Umfeld (z. B. in der Pharmatechnik), kann der Testverlauf in einem eigenen Dokument oder einer Kopie des Testfalls umfassend dokumentiert und – wenn erforderlich – digital signiert werden. Teststufe, -umfang und -objekt bestimmen z. B. die Art der Dokumentation, wenn es darum geht, Testdaten wie etwa Belegnummern zwischen verschiedenen Tester*innen auszutauschen. Ebenso werden über die Testdokumentation Anforderungen an die Nachvollziehbarkeit erfüllt. Während die Test-Suite bzw. der Tester-Arbeitsvorrat Informationen bereitstellt, wer wann mit welchem Ergebnis einen Test durchgeführt hat, können zusätzliche Anforderungen z. B. von Wirtschaftsprüfer*innen Einfluss auf Umfang und Detailgrad der Dokumentation seitens der Tester*innen haben.

**Dokumentation von Testschritten**

Kommen Testfälle des Typs **Testschritt** zum Einsatz, kann anstelle des Tester-Arbeitsvorrats die App **Meine Testausführungen** verwendet werden, die zusammen mit dem Testschritt-Designer über Focused Build zur Verfügung gestellt wird. Die SAP-Fiori-App zeichnet sich durch eine dynamische Oberfläche aus, die – abhängig vom Projektumfeld und den Anforderungen an ein Testmanagementwerkzeug – von Tester*innen bisweilen als benutzerfreundlicher als der Tester-Arbeitsvorrat empfunden wird. Die App bietet vergleichbare Funktionen zur Durchführung, Bewertung und Dokumentation von Testaktivitäten. Zusätzlich unterstützt sie die Testschritte-Testfälle. Die Bewertung und Dokumentation dieser Testfälle unterscheidet sich dahingehend, dass die Testfälle direkt im System schrittweise bearbeitet und mittels Ampelstatus bewertet werden können; ein Gesamtstatus des Testfalls wird anhand der Teilergebnisse ermittelt. Zusätzliche Optionen umfassen u. a. die verpflichtende Angabe von Dokumentation oder Testergebnissen durch Anlagen oder Eingabefelder.

### 9.3.4 Teststeuerung und Reporting

**Teststeuerung**

Während der Testdurchführung stehen Testmanager*innen verschiedene Mechanismen der Teststeuerung zur Verfügung. So kann die Ausführung von Testplänen oder -paketen angehalten und wieder gestartet werden; Tester*innen können ausgetauscht oder neu zugeordnet werden.

**Test-Reporting**

Ein zentraler Mechanismus zur Kontrolle und Steuerung von Testaktivitäten ist die Testauswertung. Reporting-Funktionen geben einen Überblick über geplante und laufende Tests und erlauben eine Einschätzung hinsichtlich Fortschritt, Fehlerstatus und des Erreichens angestrebter Ziele, z. B. in Form von Testende-Kriterien. Ebenso dient das Reporting der Information sämtlicher in den Test involvierten Personengruppen, von Tester*innen über Testmanager*innen und Projektmanagement bis hin zum Unternehmensmanagement. Entsprechend sind verschiedene Aggregationsebenen sinnvoll, von der Detailanalyse bis hin zu den zusammengefassten Kennzahlen einer gesamten Testphase.

Das im Standard verfügbare Reporting der Test-Suite ist in drei Bereiche unterteilt:

- **Vollständigkeitsberichte**
  Vollständigkeits- und Lücken-Reports helfen bei der Testvorbereitung, indem z. B. die Zuordnung von Testfällen zu einzelnen Ordnern der Lösungsdokumentation überprüft werden kann.
- **Listenbasierte Auswertungen**
  Die listenbasierten Auswertungen der Testausführungsanalyse dienen primär Testmanager*innen dazu, den Testfortschritt im Detail zu verfolgen, die Testdokumentation zu prüfen und die Fehlersituation einzuschätzen. In diesem Bereich ist zudem der Testreport angesiedelt, der den gesamten Status eines Testplans als Dokument darstellt.
- **Status- und Fortschrittsanalyse**
  Die Kategorie Status- und Fortschrittsanalyse umfasst grafisch und tabellarisch aufbereitete Berichte, die mit dem in den SAP Solution Manager integrierten Business Warehouse (BW) aufbereitet werden. Diese unterstützen insbesondere auch die Darstellung der Testaktivitäten im Zeitverlauf. Ebenso findet sich hier ein Dashboard zur Verfolgung manueller Tests.



Dashboards und weitere Auswertungen

Ferner finden sich in der Test-Suite sowie mit den Erweiterungen Focused Build und Focused Insights weitere Möglichkeiten, um Tests auszuwerten. Mit Focused Build steht z. B. ein weiteres Dashboard zur Verfügung, das einen schnellen Überblick über Teststatus und Testverlauf gibt. Individuelle Anforderungen an aggregierte Darstellungen von Kennzahlen im Test lassen sich durch das OCC Dashboard in Focused Insights realisieren.

## 9.4 Technische Grundkonfiguration

Um die Test-Suite und die weiteren Testwerkzeuge im SAP Solution Manager verwenden zu können, müssen diese zunächst technisch und fachlich konfiguriert werden. Voraussetzung hierfür ist, dass die Grundkonfiguration des SAP Solution Managers, die den grundlegenden Betrieb des Systems sicherstellt, bereits erfolgt ist.

Technische Konfiguration

Eine detaillierte Beschreibung der technischen Konfiguration des SAP Solution Managers bzw. aller Voraussetzungen würde den Rahmen des Buches sprengen und wären wenig themenrelevant. Daher fassen wir diese Einstellungen, die in der Regel durch die SAP-Basis eines Unternehmens oder durch einen Hosting-Dienstleister durchgeführt werden, in Abschnitt 9.4.1 »Technische Voraussetzungen«, zusammen. Dabei weisen wir auf die für den Einsatz der Testwerkzeuge besonders relevanten Einstellungen hin. Dies befähigt Sie, den Einsatz Ihres SAP-Solution-Manager-Systems für Testaktivitäten zu prüfen bzw. die SAP-Basis und Dienstleister auf fehlende Einstellungen hinzuweisen.

**Voraussetzungen für die Test-Suite**

Anschließend zeigen wir die wesentlichen Konfigurationsschritte zur Einrichtung der Test-Suite und ihrer Werkzeuge. Dabei legen wir den Schwerpunkt auf Einstellungen, mit denen Sie ihre unternehmensindividuellen Anforderungen an den Testprozess anpassen und im System abbilden können.

Ein Großteil der Konfiguration des SAP Solution Managers wird über die App **SAP-Solution-Manager-Konfiguration** vorgenommen. Um diese verwenden zu können, benötigen Sie einen Benutzer in Ihrem SAP Solution Manager mit einer Benutzerrolle, die das Berechtigungsobjekt `SM_SETUP` enthält und damit Zugriff auf die Konfiguration erlaubt. Um die Konfigurationsanwendung zu starten, melden Sie sich im Launchpad des SAP Solution Managers an und navigieren zum Menü **SAP-Solution-Manager-Konfiguration**. Wählen Sie hier die Kachel **Konfiguration – Alle Szenarien** (siehe Abbildung 9.5).

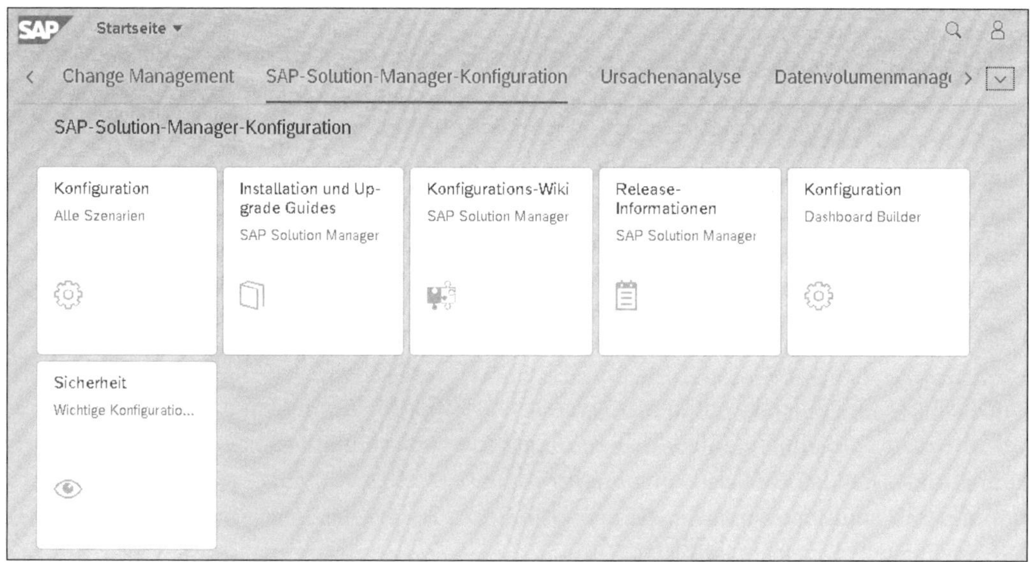


**Abbildung 9.5** Konfiguration des SAP Solution Managers aufrufen

Alternativ können Sie die Konfiguration über das SAP GUI mit Transaktionscode SOLMAN_SETUP starten, dessen Bezeichnung sich auch umgangssprachlich für die Konfiguration etabliert hat.

**Konfiguration des SAP Solution Managers**

Beim erstmaligen Aufrufen der App erscheint gegebenenfalls ein Pop-up-Fenster, das auf Neuerungen der Konfiguration nach einem Upgrade hinweist. Nach der Bestätigung der Informationen gelangen Sie in die Konfigurationsanwendung selbst, die in verschiedene Bereiche unterteilt ist (siehe Abbildung 9.6).

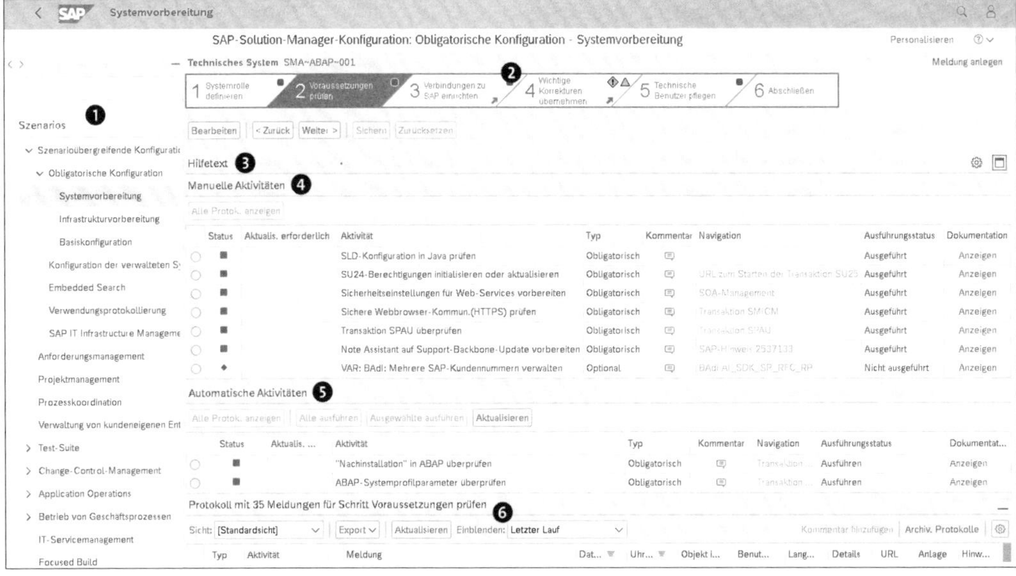


**Abbildung 9.6** Konfiguration des SAP Solution Managers

Auf der linken Seite finden Sie einen Navigationsbereich ❶; hier können Sie die Konfiguration der verschiedenen Szenarien auswählen, die nachfolgend beschrieben werden. Im oberen Teil finden Sie meist einen Fortschrittsbalken ❷, der die Konfiguration eines Szenarios in verschiedene Arbeitsschritte bzw. Themen unterteilt. Durch eine direkte Auswahl des jeweiligen Schritts oder über die Schaltflächen **Zurück** und **Weiter** navigieren Sie innerhalb des Szenarios. Darunter befindet sich der Bereich **Hilfetext** ❸, der grundlegende Informationen zum aktuellen Arbeitsschritt enthält und durch Anklicken ausgeklappt werden kann. Darunter folgt ein Arbeitsbereich, der die durchzuführenden Konfigurationsschritte oder weitere Informationen auflistet. Die Konfigurationsaktivitäten können manuell (Bereich **Manuelle Aktivitäten** ❹) oder automatisch (Bereich **Automatische Aktivitäten** ❺) sein. Nach Betätigen der Schaltfläche **Bearbeiten** können Sie bei manuellen Tätigkeiten meist über die Spalte **Navigation** zu der jeweiligen Einstellungsmöglichkeit gelangen; automatische Aktivitäten können Sie gesammelt oder einzeln ausführen. Bei manuellen Aktivitäten legen Sie nach deren Durchführung den Ausführungsstatus selbst fest; bei automatischen Aktivitäten wird dieser automatisch gesetzt. Abschließend folgt im unteren Bereich ein Protokoll ❻, in dem die vorgenommenen Änderungen aufgelistet werden und der Status von Konfigurationsaktivitäten detailliert wird. Hier finden Sie meist auch Detailinformationen, um Fehler zu beheben.

### 9.4.1 Technische Voraussetzungen

In diesem Abschnitt stellen wir die technischen Voraussetzungen vor, die notwendig sind, um die für das Testen relevanten Funktionen im SAP Solution Manager einzurichten. Hierzu zählt im Wesentlichen die Grundkonfiguration des SAP Solution Managers, die für dessen allgemeinen Betrieb erforderlich ist und die Grundlage für alle weiteren Anwendungsszenarien bildet. Ebenso ist die Anbindung Ihrer SAP-Systeme von hoher Relevanz, da dies u. a. den Zugriff auf Testsysteme und das Auslesen von Nutzungsdaten für die Bibliotheken der Prozessdokumentation ermöglicht.

#### Obligatorische Konfiguration

**Obligatorische Konfiguration**

Die Einstellungen der obligatorischen Konfiguration sind Voraussetzung für die weitere Konfiguration und damit für die Nutzung der einzelnen Anwendungsszenarien des SAP Solution Managers. In Abbildung 9.7 sehen Sie den Bereich **Obligatorische Konfiguration** in der SAP-Solution-Manager-Konfiguration.

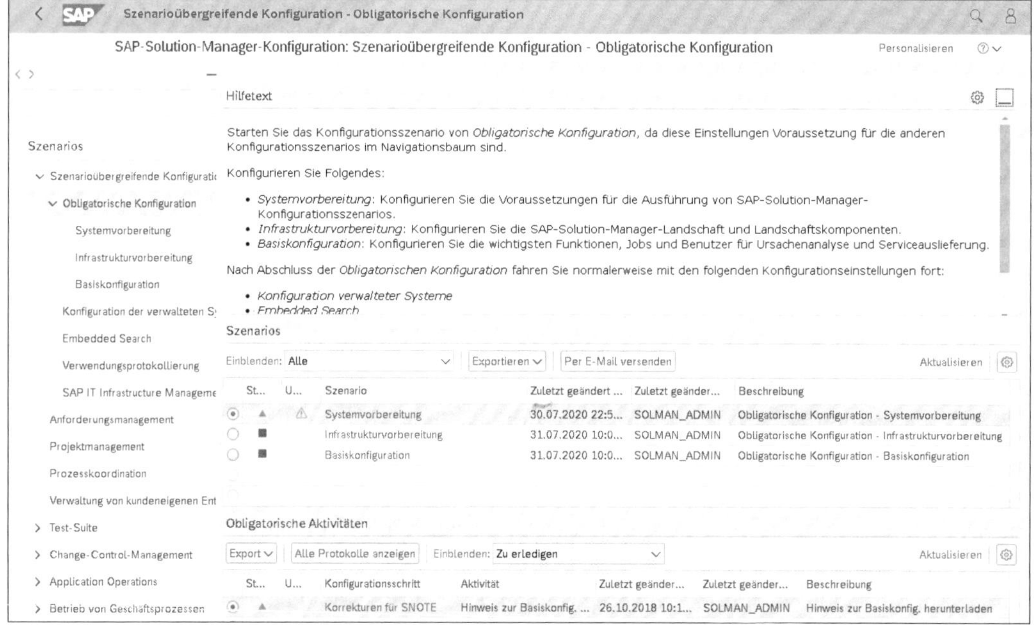


**Abbildung 9.7** Obligatorische Konfiguration

Die obligatorische Konfiguration unterteilt sich in drei Themenbereiche.

**Systemvorbereitung**

Der erste Themenbereich, die *Systemvorbereitung*, umfasst die Definition der Systemrolle des SAP Solution Managers (z. B. kommuniziert nur das produktive System mit dem SAP Support Portal), Prüfungen der Installation, die Einrichtung der Kommunikationsverbindungen zu SAP sowie insbesondere die Prüfung, ob aktuelle Korrekturen auf der Basisebene eingespielt sind. Zudem werden hier technische Benutzer angelegt, über die im System z. B. Hintergrundjobs ausgeführt werden. In Abbildung 9.8 sehen Sie die Arbeitsschritte der Systemvorbereitung, im System als Balken dargestellt.

**Abbildung 9.8** Schritte der Systemvorbereitung

**Infrastrukturvorbereitung**

Im zweiten Bereich, der *Infrastrukturvorbereitung*, werden verschiedene technologische Komponenten des SAP Solution Managers konfiguriert. Hierzu zählen das System Landscape Directory (SLD) und die Landscape Management Database (LMDB), die für die Anbindung Ihrer Systemlandschaft unabdingbar sind. Ebenso werden ABAP- und Java-Teile des SAP Solution Managers miteinander verbunden und das integrierte SAP BW aktiviert. Letzteres dient auch der Test-Suite als Datenquelle für Teile des Reportings. Weitere Schritte umfassen die Einrichtung von CA Introscope zum Monitoring sowie – relevant für die Test-Suite – die grundlegende Einrichtung von E-Mail-Kommunikation und Customer-Relationship-Management-Grundfunktionen. Diese bilden die Basis für IT-Servicemanagement-Szenarien und damit auch für das Defect Management in der Test-Suite. Ebenso finden Sie hier die Aktivierung von Gateway-Services, die dafür sorgt, dass die SAP-Fiori-Apps aus dem Launchpad des SAP Solution Managers einsatzfähig sind. Auch der Ablauf der Infrastrukturvorbereitung wird übersichtlich als Balken dargestellt (siehe Abbildung 9.9).

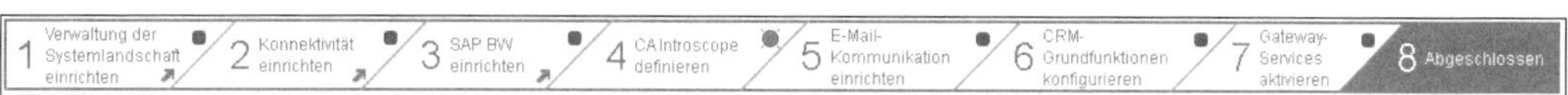


**Abbildung 9.9** Schritte der Infrastrukturvorbereitung

**Basiskonfiguration**

In der *Basiskonfiguration*, dem dritten Bereich der obligatorischen Konfiguration, werden weitere Grundfunktionen des SAP Solution Managers, überwiegend aus dem Umfeld Betriebsführung und Kommunikation mit SAP, eingerichtet. Ebenso werden hier alle benötigten Hintergrundjobs eingeplant (siehe Abbildung 9.10).

**Abbildung 9.10** Schritte der Basiskonfiguration

**Alles grün?**

Nach der Auswahl des Szenarios *Obligatorische Konfiguration* sehen Sie auf der rechten Seite die drei Unterszenarien und deren Ausführungsstatus. Für den reibungslosen Betrieb des SAP Solution Managers und seiner Szenarien ist es empfehlenswert, dass alle drei Szenarien vollständig konfiguriert und grün erscheinen.

### Konfiguration der verwalteten Systeme

Verwaltete Systeme

Im Bereich **Konfiguration der verwalteten Systeme** werden alle Systeme aufgelistet, die mit Ihrem SAP-Solution-Manager-System verbunden sind (siehe Abbildung 9.11).

**Abbildung 9.11** Konfiguration der verwalteten Systeme

Taucht ein System in der Liste der technischen Systeme auf, bedeutet dies zunächst lediglich, dass das System grundlegende Informationen an den SAP Solution Manager gesendet hat. Technisch bedeutet dies, dass die Informationen über ein System Landscape Directory (SLD) an dessen Landscape Management Database (LMDB) sendet. Um vollständig mit dem SAP Solution Manager kommunizieren und in dessen verschiedenen Szenarien genutzt werden zu können, muss das System in der Folge noch weiter konfiguriert werden. Ob das System optimal für die Verwendung mit dem SAP Solution Manager konfiguriert ist, sehen Sie anhand des jeweiligen Ampelstatus der Spalten **RFC-Status**, **Status der automatischen Konfiguration**, **Plug-in-Status** und **Systemstatus**. Über die Schaltfläche **Details anzeigen** erhalten Sie weitere Details zu den einzelnen Punkten bzw. Informationen bei fehlenden Voraussetzungen. Die entsprechenden Detailinformationen öffnen sich am unteren Rand der Seite. Nachdem Sie bei einem System ein Häkchen gesetzt haben, können Sie über die Schaltfläche **System konfigurieren** in dessen detaillierte Konfiguration einsteigen (siehe Abbildung 9.12).

**Abbildung 9.12** Konfiguration eines Systems starten

9

### Vollständige Systemkonfiguration

Auch bei der Systemkonfiguration gilt: Idealerweise erscheinen sämtliche Statusampeln in Grün. In der Praxis resultieren viele Fehlersituationen und damit langatmige Fehleranalysen aus einer unvollständigen Konfiguration, was im Umkehrschluss zu Unzufriedenheit bei den Anwender*innen führt.

RFC-Verbindungen

Die Konfiguration unterscheidet sich je nach Systemtyp. Abbildung 9.13 zeigt exemplarisch die Konfiguration eines Systems auf Basis des SAP NetWeaver AS ABAP. Der hier dargestellte Arbeitsschritt **RFCs bearbeiten** ist von besonderer Bedeutung für testbezogene Aktivitäten: Über RFC-Verbindungen erfolgt ein Großteil der Kommunikation zwischen dem SAP Solution Manager und dem Zielsystem in nahezu allen Szenarien. In Lösungsdokumentation und Test-Suite wird hiermit der Absprung in das Zielsystem im Test ermöglicht. Ebenso werden in der Lösungsdokumentation verschiedene Systemdaten, z. B. die genutzten ausführbaren Einheiten und Eigenentwicklungen, ausgelesen.

### RFC-Verbindungen für Testaktivitäten

Wir empfehlen, alle RFC-Verbindungen für alle Mandanten, in denen getestet werden soll, über den gezeigten Konfigurationsschritt anzulegen. Minimal werden für Lösungsdokumentation und Test-Suite die Verbindung für den Lesezugriff (READ-RFC) und die Trusted-RFC-Destination genutzt. Letztere ermöglicht – namensgleiche Benutzer und entsprechende Berechtigungen vorausgesetzt – den nahtlosen Zugriff auf das Zielsystem. So können z. B. Tester*innen direkt die zu testende Apps anwählen, ohne sich im Zielsystem erneut anmelden zu müssen.

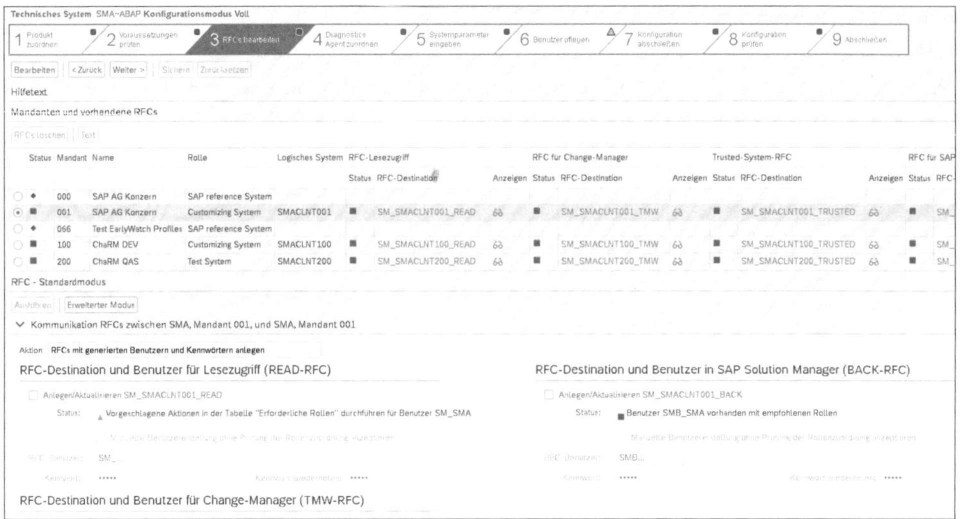


**Abbildung 9.13** Konfiguration eines ABAP-Systems – Schritt »RFCs bearbeiten«

## Embedded Search

**Volltextsuche**

Die *Embedded Search* ist die Suchinfrastruktur des SAP Solution Managers, die für verschiedene Szenarien genutzt wird. Insbesondere in der Lösungsdokumentation wird die Embedded Search zwingend benötigt, um Suchoptionen für Prozesse, Dokumente und technische Objekte bereitzustellen; hierzu gehört auch eine Volltextsuche in den hochgeladenen Dokumenten. Das gleichnamige Konfigurationsszenario richtet diese Funktionalität grundlegend ein (siehe Abbildung 9.14).

**Abbildung 9.14** Konfiguration der Embedded Search

Die Embedded Search kann mithilfe zweier unterschiedlicher Technologien betrieben werden: Wird der SAP Solution Manager auf einer SAP-HANA-Datenbank betrieben, kann die Embedded Search dort ebenfalls betrieben werden. Kommt eine andere Datenbank zum Einsatz, muss zusätzlich TREX als Suchmaschine installiert werden.

**Installation und Konfiguration von TREX**

Details zum Einsatz von TREX (bzw. SAP-Basis oder Hosting-Dienstleister) finden Sie in SAP-Hinweis 1249465.



### Verwendungsprotokollierung

**Verwendungsprotokollierung**

Die *Verwendungsprotokollierung* (*Usage Logging*) wird primär von den Szenarien Custom Code Management und Änderungsanalyse verwendet und ist damit für das Testmanagement relevant. Die Verwendungsprotokollierung basiert auf den Technologien *Usage and Procedure Logging* (UPL) und dessen Quasi-Nachfolger *ABAP Call Monitor* (SCMON). Diese sind versionsabhängig in jedem ABAP-System enthalten und können dort die Verwendung technischer Objekte aufzeichnen.

Über die Verwendungsprotokollierung können die Protokollierungstechnologien in den angeschlossenen Systemen aktiviert werden; ebenso wird die Sammlung der darüber aufgezeichneten Daten im SAP Solution Manager eingerichtet. Das Konfigurationsszenario teilt sich in zwei Bereiche:

- Zunächst wird der SAP Solution Manager in ausschließlich automatischen Aktivitäten für die Datensammlung vorbereitet.
- Anschließend kann die Protokollierung für einzelne Systeme aktiviert werden.

Dabei wird vorab angezeigt, ob die Voraussetzungen für die Verwendung von UPL oder SCMON erfüllt sind und ob benötigte SAP-Hinweise im Zielsystem berücksichtigt wurden. In Abbildung 9.15 sehen Sie z. B., dass die Voraussetzungen für die Verwendung im System C01 nicht erfüllt sind.

**Verwendungsprotokollierung für die Änderungsanalyse**

Um die Funktionen für die Änderungsanalyse (BPCA und SEA) zu verwenden, muss die Verwendungsprotokollierung für die zu analysierenden Produktivsysteme aktiviert werden. Eine generelle Empfehlung ist es, vor der Nutzung der Analysen die Verwendungsdaten aus einem Zeitraum von mindestens drei Monaten vorliegen zu haben.

> Wir empfehlen zusätzlich, die Protokollierung des ABAP Call Monitors statt UPL zu verwenden, da diese für die Änderungsanalyse genauere Ergebnisse erzielt. SAP-Hinweis 1828848 beschreibt die Systemvoraussetzungen beider Technologien.

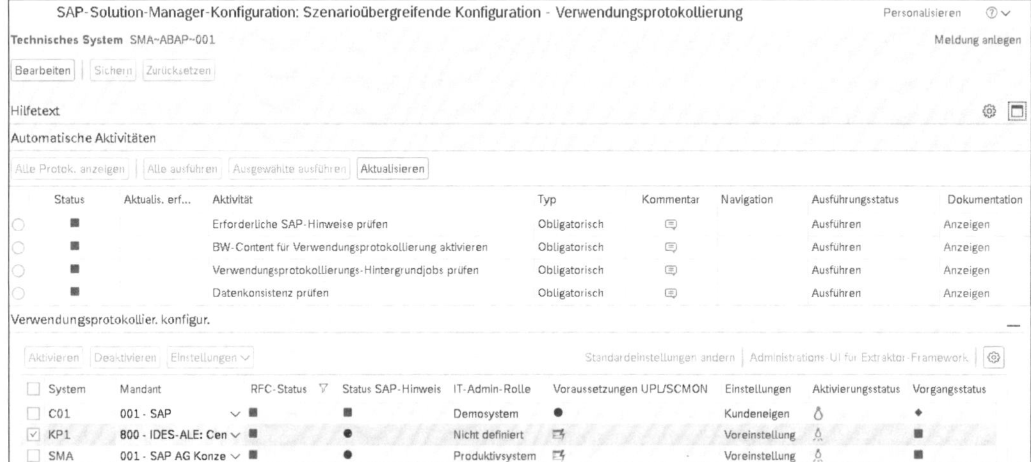


**Abbildung 9.15** Konfiguration der Verwendungsprotokollierung

### 9.4.2 Prozesskoordination

**Prozesskoordination konfigurieren**

Mit dem Konfigurationsszenario *Prozesskoordination* richten Sie die grundlegende Verwendung der Lösungsdokumentation ein, die die Grundlage für die strukturierte Sammlung und Bearbeitung von Testfällen bildet. Aus den verfügbaren Arbeitsschritten zeigen wir die benötigten und sinnvollen Einstellungen für die Verwendung im Zusammenspiel mit der Test-Suite (siehe Abbildung 9.16).

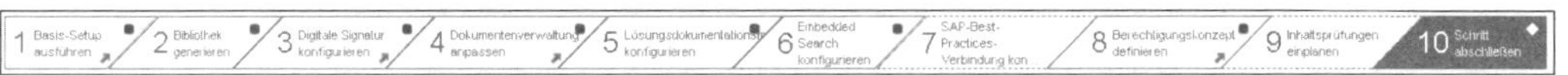


**Abbildung 9.16** Konfigurationsschritte der Prozesskoordination

Schritt 1 (**Basis-Setup ausführen**) enthält ausschließlich automatische Aktivitäten, in denen die vorausgesetzte Grundkonfiguration geprüft wird und Gateway-Services aktiviert werden, um Anwendungen der Prozesskoordination aufrufen zu können. Führen Sie die automatischen Aktivitäten aus bzw. aktivieren Sie alle Services über die entsprechenden Schaltflächen.

Die Aktivitäten in Schritt 2 (**Bibliothek generieren**) stellen sicher, dass die automatische Erstellung der Bibliotheken für ausführbare Einheiten und kundeneigene Entwicklungen genutzt werden kann. Die obligatorischen

Aktivitäten – Prüfung der Basiskonfiguration und der verwalteten Systeme – sollten durch die in Abschnitt 9.4.1, »Technische Voraussetzungen«, dargestellten Konfigurationsschritte bereits erfüllt bzw. ausgeführt worden sein.

Die nächsten erforderlichen Tätigkeiten zur Grundkonfiguration der Prozesskoordination finden sich in Schritt 4.1 (**Services aktivieren**). Die beiden obligatorischen Aktivitäten stellen sicher, dass der Zugriff auf Dokumente über die Prozessdokumentation über verschiedene Wege möglich ist (siehe Abbildung 9.17). Klicken Sie in der Spalte **Dokumentation** auf die Schaltfläche **Anzeigen**, um die dort genannten Services anzupassen. Alle weiteren Unterpunkte von Schritt 4 (**Dokumentenverwaltung anpassen**) sind optional und daher auch für den Einsatzzweck Testmanagement nicht zwingend erforderlich.

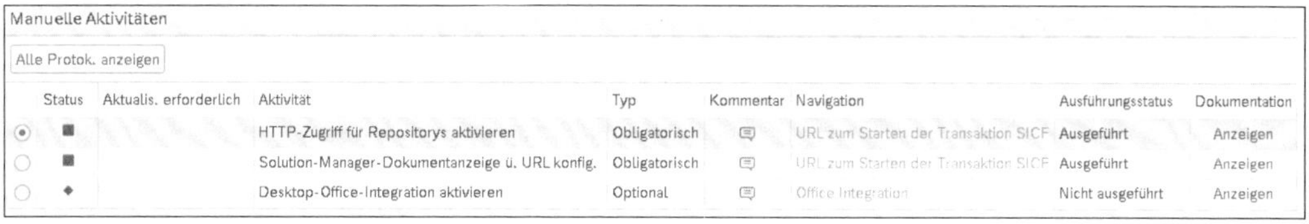

Manuelle Aktivitäten

Alle Protok. anzeigen

| | Status | Aktualis. erforderlich | Aktivität | Typ | Kommentar | Navigation | Ausführungsstatus | Dokumentation |
|---|---|---|---|---|---|---|---|---|
| ◉ | ■ | | HTTP-Zugriff für Repositorys aktivieren | Obligatorisch | | URL zum Starten der Transaktion SICF | Ausgeführt | Anzeigen |
| ○ | ■ | | Solution-Manager-Dokumentanzeige u. URL konfig. | Obligatorisch | | URL zum Starten der Transaktion SICF | Ausgeführt | Anzeigen |
| ○ | ◆ | | Desktop-Office-Integration aktivieren | Optional | | Office Integration | Nicht ausgeführt | Anzeigen |

**Abbildung 9.17** Services aktivieren

Haben Sie die Lösungsdokumentation bereits vor einem Upgrade eingesetzt, müssen in Schritt 5 (**Lösungsdokumentation konfigurieren**) die beiden automatischen Arbeitsschritte ausgeführt werden (siehe Abbildung 9.18); alle weiteren Aktivitäten in diesem Arbeitsschritt sind optional.

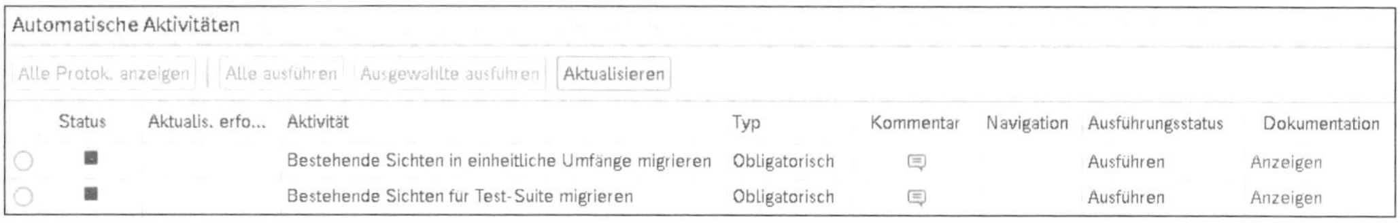

Automatische Aktivitäten

Alle Protok. anzeigen | Alle ausführen | Ausgewählte ausführen | Aktualisieren

| | Status | Aktualis. erfo... | Aktivität | Typ | Kommentar | Navigation | Ausführungsstatus | Dokumentation |
|---|---|---|---|---|---|---|---|---|
| ○ | ■ | | Bestehende Sichten in einheitliche Umfänge migrieren | Obligatorisch | | | Ausführen | Anzeigen |
| ○ | ■ | | Bestehende Sichten für Test-Suite migrieren | Obligatorisch | | | Ausführen | Anzeigen |

**Abbildung 9.18** Sichten migrieren

**Volltextsuche in der Lösungsdokumentation**

In Schritt 6 konfigurieren Sie die Embedded Search für die Lösungsdokumentation. Dieser Arbeitsschritt ist zwingend für die Funktion der Lösungsdokumentation und damit für den Einsatz der Test-Suite erforderlich. Führen Sie die unter dem Feld **Dokumentation** gut dokumentierten obligatorischen Arbeitsschritte aus, indem Sie in der jeweiligen Spalte auf die Schaltfläche **Anzeigen** klicken, um Suchmodelle und -konnektoren anzulegen, Paketgrößen anzupassen und die Erstindizierung einzuplanen. In Abbildung 9.19 sehen Sie die in diesem Schritt durchzuführenden Aktivitäten.

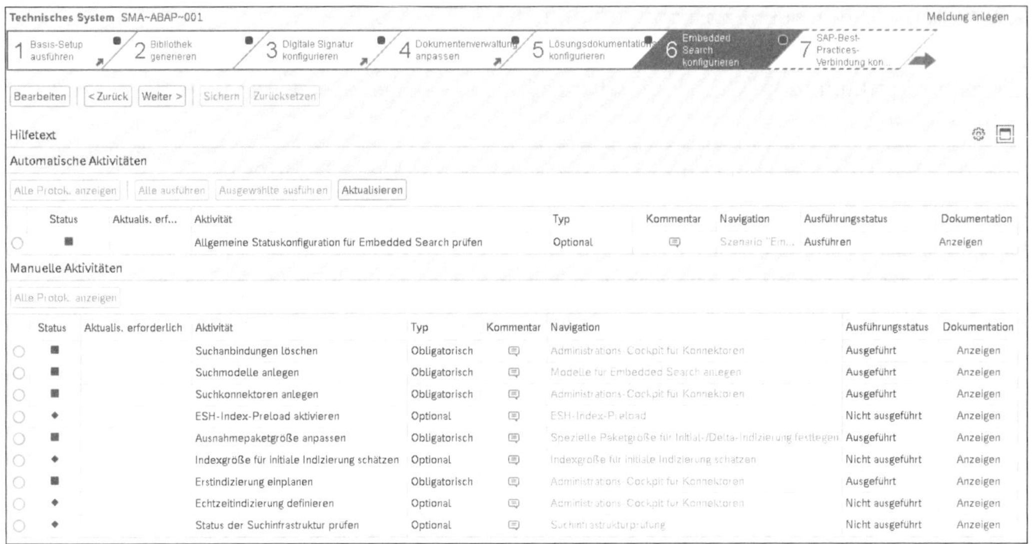


**Abbildung 9.19** Embedded Search konfigurieren

Damit sind alle minimal benötigten Tätigkeiten abgeschlossen, um die Lösungsdokumentation zu verwenden. Wenn Sie die Lösungsdokumentation neu einrichten – z. B. mit dem Ziel, diese für die Test-Suite zu nutzen – empfehlen wir zusätzlich die Beschäftigung mit Schritt 8 (**Berechtigungskonzept definieren**). Hier finden Sie wesentliche Informationen und Einstiegspunkte, um ein eigenes Berechtigungskonzept für die Prozessdokumentation aufzubauen; ebenso können hier automatisch Vorlagebenutzer angelegt werden, die über passende Rollen verfügen.

**Anforderungen an Berechtigungen prüfen**

Prüfen Sie im Rahmen der Testkonzeption und Werkzeugeinführung die Anforderungen an die Berechtigungen in der Lösungsdokumentation. Wer darf auf die Testfälle zugreifen? Wer darf sie ändern oder löschen? Sollen bestimmte Ordner (z. B. für Testfälle der HR-Abteilung) nicht allen Benutzer*innen zugänglich sein? Abhängig von Ihren Anforderungen kann ein pragmatisches oder detailliertes Konzept ausgeprägt werden.

### 9.4.3 Test-Suite-Vorbereitung

**Test-Suite-Vorbereitung**

In der Test-Suite-Vorbereitung wird die Test-Suite grundlegend eingerichtet; ebenso nehmen Sie hier Einstellungen vor, mit denen Sie Ihr Testkonzept im Werkzeug abbilden. Abbildung 9.20 zeigt das Konfigurationsszenario mit dem ersten Konfigurationsschritt **Standardkonfiguration**.

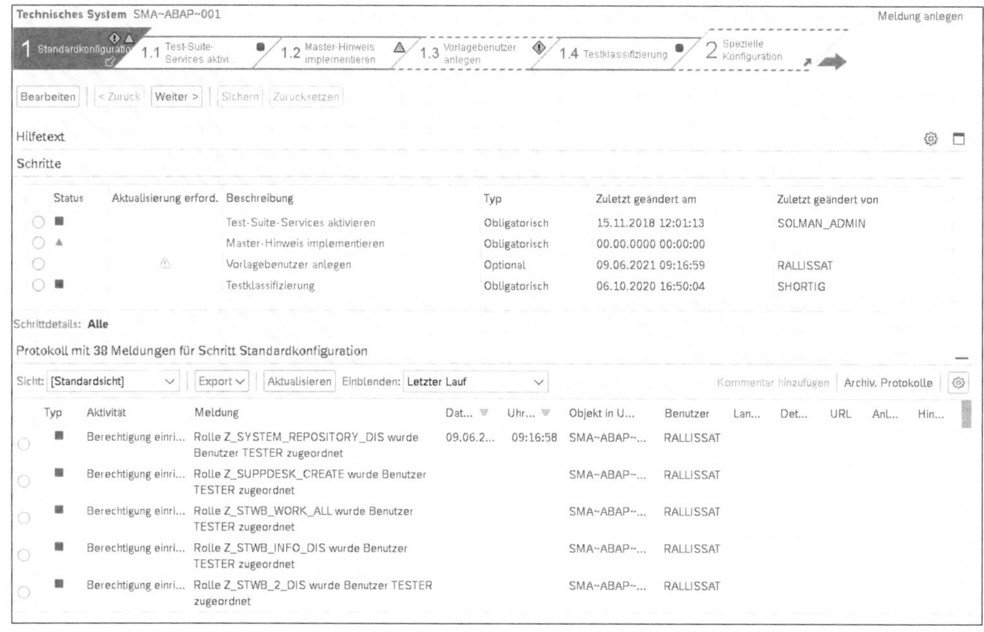


**Abbildung 9.20** Schritt 1: Standardkonfiguration in der Test-Suite-Vorbereitung

### Schritt 1: Standardkonfiguration

Die Standardkonfiguration besteht aus vier Einzelschritten. In Schritt 1.1 (**Test-Suite-Services aktivieren**) werden automatisch benötigte Webservices aktiviert. Schritt 1.2 (**Master-Hinweis implementieren**) trägt dafür Sorge, dass der jeweils aktuelle Sammelhinweis für die Test-Suite eingespielt ist. Sofern dies nicht der Fall ist, können Sie hier den Download der aktuellen Version und die anschließende Implementierung mit dem Hinweisassistenten beginnen.

> **Sammelhinweis regelmäßig prüfen!**
>
> Es empfiehlt sich, den Status des Sammelhinweises regelmäßig, minimal jedoch nach einem Update zu prüfen, da hierüber Fehlerbehebungen für die Test-Suite ausgeliefert werden.

**Rollen und Berechtigungen**

In Schritt 1.3 können Vorlagebenutzer angelegt werden, deren Berechtigungen ein Vorschlag für folgende fachliche Rollen im Testmanagement sind:

- Tester*in
- Basisentwicklungsberater*in
- Projektmanager*in und Test Organizer
- Anzeigebenutzer*in (Leseberechtigung)

In diesem Konfigurationsschritt werden die verwendeten Standardrollen in den Kundennamensraum kopiert und können so die Grundlage für eine individuelle Ausprägung bzw. ein Berechtigungskonzept bilden.

**Testklassifizierung**

Teilschritt 1.4 verweist auf eine Tabelle, in der die *Testklassifizierung* konfiguriert werden kann. Diese ist eine Pflichtangabe bei der Erstellung von Testplänen und wird üblicherweise dazu verwendet, die Teststufe des jeweiligen Tests darzustellen (siehe Abbildung 9.21).

**Abbildung 9.21** Testklassifizierung

### Schritt 2: Spezielle Konfiguration

In Schritt 2 können Sie die Test-Suite weiter an Ihre Anforderungen anpassen sowie optionale Funktionen aktivieren; dieser Bearbeitungsschritt enthält ausschließlich optionale Aktivitäten (siehe Abbildung 9.22).

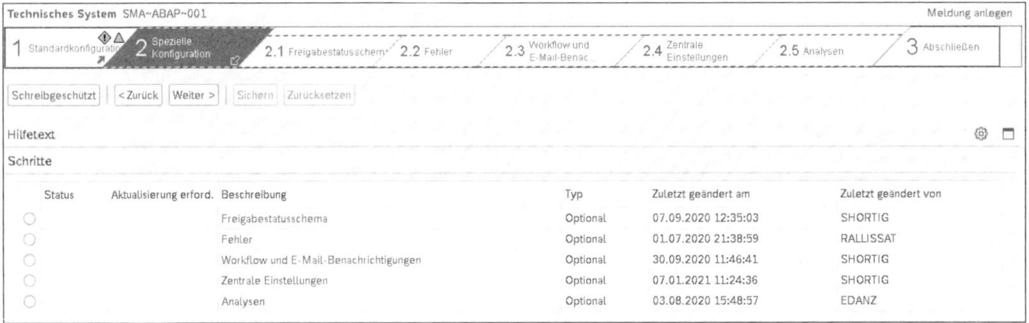


**Abbildung 9.22** Schritt 2: Spezielle Konfiguration

**Statusschemata für Testpläne**

In Teilschritt 2.1 (**Freigabestatusschema festlegen**) können Sie Freigabestatusschemata für Testpläne festlegen. Ein solches Statusschema wird jedem Testplan zugeordnet; über die einzelnen Statuswerte wird gesteuert, welche Aktionen in einem Testplan – z. B. ausschließlich Testplanung oder ausschließlich Testdurchführung – ausgeführt werden können.

Zum Anpassen eines Statusschemas bzw. zum Anlegen eines individuellen Schemas können Sie in der Aktivität **Freigabestatuswerte angeben** zunächst Statuswerte anlegen oder bearbeiten. Anschließend bringen Sie diese in der Aktivität **Freigabestatusschema einrichten** innerhalb eines Statusschemas in eine Reihenfolge; die Auswahl der möglichen Folgestatus wird jeweils über den höchsten und niedrigsten Statuswert bestimmt (siehe Abbildung 9.23). Zusätzlich legen Sie hier Regeln fest, ob im jeweiligen Status der Testumfang geändert werden kann (Spalte **Änderungen verboten**) oder ob Tests durchgeführt werden können (Spalte **Ausführung verboten**). Besteht die Erfordernis, bei bestimmten Status, z. B. bei Abschluss der Testaktivitäten, eine digitale Signatur zu leisten, kann hier eine entsprechende Signaturstrategie hinterlegt werden – mitsamt Folgestatus, wenn die Signatur erfolgreich ist (Spalte **Zielstatus**) oder abgelehnt wird (Spalte **Abbruchstatus**).

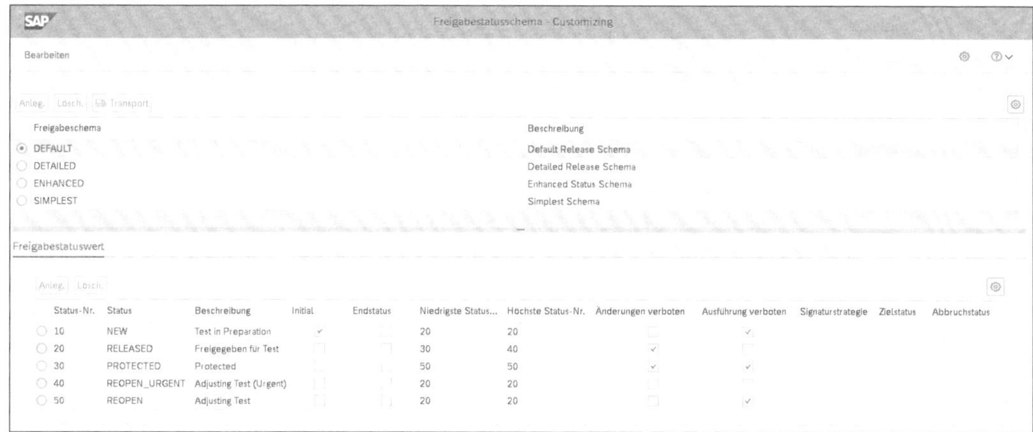


**Abbildung 9.23** Freigabestatusschema

**Defect Management integrieren**

Wenn Sie innerhalb der Test-Suite das Defect Management (als Teil des IT-Servicemanagements im SAP Solution Manager) verwenden wollen, können Sie in Teilschritt 2.2 eine Vorlage für Fehler definieren, sofern Ihnen die Standardvorlage nicht zusagt. Über den Punkt **Geschäftsvorgangsarten und Vorlagen zuordnen** legen Sie fest, welche Vorgangsart des IT-Servicemanagements für die Test-Suite genutzt wird. Werden über die Test-Suite im Test Fehlermeldungen eröffnet, werden Anwendungsfehler und Testfallfehler unterschieden. Bei Ersteren vermuten Tester*innen den Fehler in der Anwendung; bei Letzterem im Testfalldokument. Für beide Kategorien kann die Standardvorgangsart durch einen kundenspezifischen Vorgang ersetzt und jeweils die Vorlage für den Fehlertext ausgetauscht werden (siehe Abbildung 9.24).

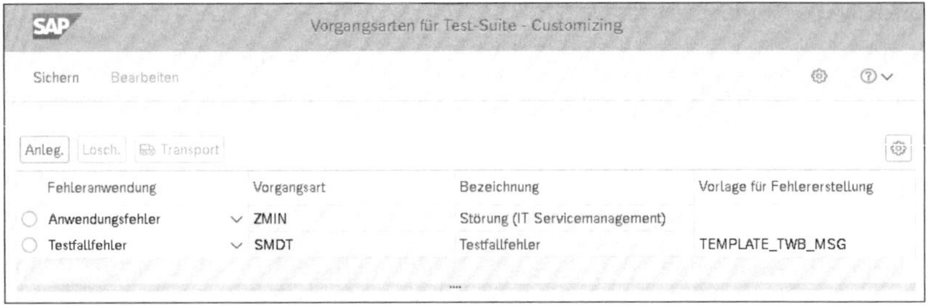


**Abbildung 9.24** Vorgangsarten für Test-Suite

**Versand von E-Mails**

Bei der Erstellung eines Testplans können Sie festlegen, dass an die dort hinterlegten Tester*innen zu bestimmten Ereignissen E-Mails versendet werden. In Schritt 2.3 (**Workflow und E-Mail-Benachrichtigungen**) können Sie die Vorlagen für folgende Ereignisse festlegen und bei Bedarf neue Vorlagen erstellen:

- Der Testplan ist für die Ausführung freigegeben oder gesperrt.
- Die Zuordnung von Tester*innen zum Testpaket ist freigegeben oder gesperrt.
- Der Testfall ist zur Ausführung bereit.

In Teilschritt 2.4 (**Zentrale Einstellungen**) können Sie zu unterschiedlichen Themen Einstellungen vornehmen (siehe Abbildung 9.25).

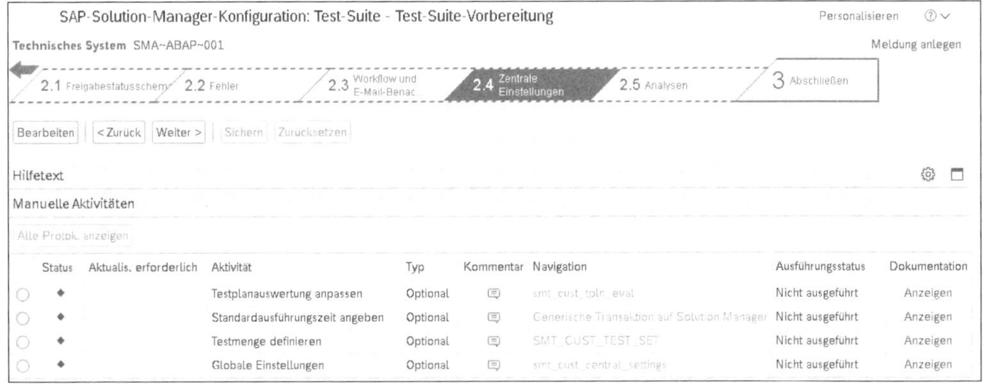


**Abbildung 9.25** Zentrale Einstellungen

**Methode der Testplanauswertung**

Wenn ein Testfall mehrere Teststatus aufweist, z. B. weil er innerhalb eines Testplans mehrfach getestet wurde, kann über die mit dem Arbeitsschritt **Testplanauswertung anpassen** konfigurierbaren Aggregationsregeln festgelegt werden, nach welchen Kriterien der Gesamtstatus des Testfalls angezeigt werden soll. Die für Testplan und Testpaket separat einstellbaren Optionen sind:

- **Last Wins**: Das zuletzt gesetzte Testergebnis ist maßgeblich für den Gesamtstatus.
- **Worst Wins**: Das schlechteste Testergebnis ist maßgeblich für den Gesamtstatus.
- **Worst Wins Optimistic**: Das schlechteste Testergebnis ist maßgeblich, jedoch wird die Ampelfarbe Gelb ignoriert.

Die Aktivität **Standardausführungszeit angeben** verweist auf eine Customizing-Tabelle, in der Sie die durchschnittlichen Aufwände für die Durchführung von Tests angeben können. Diese werden an unterschiedlichen Stellen der Test-Suite verwendet, um Schätzungen über den Testaufwand zu erstellen.



Das Feld **Testmenge** bzw. **Testreihe** kann in einem Testplan verwendet werden, um mehrere Testpläne zu gruppieren. Dies ist z. B. relevant, wenn für eine umfangreiche Testphase mehrere Testpläne angelegt werden oder Testpläne als zusätzliches Kriterium nach Länderorganisationen gruppiert werden sollen. Die Einstellung der möglichen Einträge erfolgt in einer Customizing-Tabelle.

Globale Einstellungen

Im Bereich **Globale Einstellungen** können Sie Voreinstellungen für verschiedene Bildschirmmasken der Test-Suite vornehmen sowie das Verhalten einiger Funktionen anpassen. Die Einstellungen gelten global für alle Nutzer. So kann für die Testplanverwaltung ausgewählt werden, ob die Prozesshierarchie bei der Testfallauswahl ein- oder ausgeklappt gestartet werden soll – bei umfassenden Prozesshierarchien ein in der täglichen Arbeit nicht zu unterschätzender Aspekt. Für die Testausführung kann festgelegt werden, ob Testfälle im Tester-Arbeitsvorrat als Liste oder Hierarchie angezeigt werden sollen und ob letztere im Standard ausgeklappt erscheint. Ebenso kann eingestellt werden, ob die Anlage von Technical Bills of Materials (TBOM) bei der Testausführung möglich und vorselektiert ist – eine Grundlage für die Nutzung der Änderungsanalyse mit eigenen Testfällen.

Ebenso kann im Bereich **Benachrichtigung für automatische Testausführung** eingestellt werden, wie welche Rollen bei der automatischen Testausführung benachrichtigt werden (siehe Abbildung 9.26). Sonstige Einstellungen umfassen vor allem die Einstellungen für die Kategorien **Testnotiz** und **Testergebnis**: Mit beiden Dokumentenarten können Tester*innen den Testverlauf dokumentieren. Hier legen Sie jeweils fest, ob deren Verwendung optional oder obligatorisch ist; zudem geben Sie an, welche Optionen zur Erstellung eines solchen Dokuments den Tester*innen zur Verfügung stehen: Kopie des Testfalldokuments, Upload eines bestehenden Dokuments,

Verwenden der im Testplan hinterlegten Dokumentenvorlage oder Verweis auf eine URL.

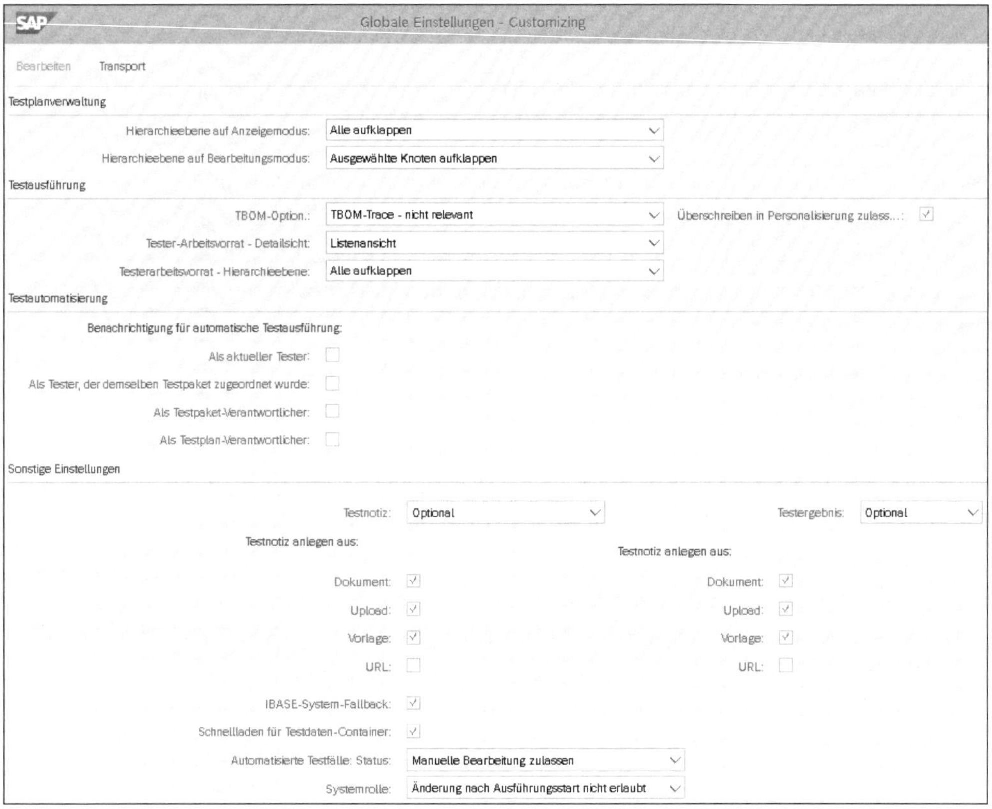

**Abbildung 9.26** Globale Einstellungen

**BW-Reporting für die Test-Suite aktivieren**

Bei der Anlage von Fehlermeldungen während der Testausführung muss das System angegeben werden, in dem der Fehler auftrat. Sofern dieses nicht vorbelegt ist, sorgt die Option **IBASE-System-Fallback** dafür, dass der SAP Solution Manager selbst als System ausgewählt wird. In der Praxis ist dies eine Erleichterung, wenn das System, in dem der Fehler auftrat, nicht ausgewertet werden soll. Ferner kann eingestellt werden, ob das Schnell-Laden von Testdatencontainern aktiviert ist, der Status von automatischen Testausführungen übersteuert werden und ob die Systemrolle eines Testplans während der Testausführung geändert werden darf.

Im letzten Teilschritt 2.5 (**Analysen**) aktivieren Sie das BW-Reporting für die Test-Suite (siehe Abbildung 9.27). Sofern die Grundkonfiguration des integrierten BW erfolgt ist (siehe Abschnitt 9.4.1, »Technische Voraussetzungen«), muss hierzu lediglich die Schaltfläche **BW-Content aktivieren** betätigt werden. Mit einem Klick auf die Schaltfläche **Aktivierungsprotokoll**

**anzeig.** können Sie den Status der Aktivierung prüfen. Im Bereich **Extraktionseinstellungen** ist in der Praxis insbesondere das Feld **Extraktionsintervall** von Relevanz. Das Extraktionsintervall bestimmt, wie häufig die Daten im Business Warehouse aktualisiert werden. Über die Checkbox neben dem Feld **Initialisieren** können Sie alle Daten des Test-Suite-BW-Reportings löschen. Nur wenn diese Checkbox gesetzt ist, können Sie auch die Einstellungen zur Datenlöschung anpassen. Im Drop-down-Menü **Daten löschen, die älter sind als** können Sie auswählen, dass Daten nach einem, zwei oder drei Jahren oder überhaupt nicht gelöscht werden sollen.

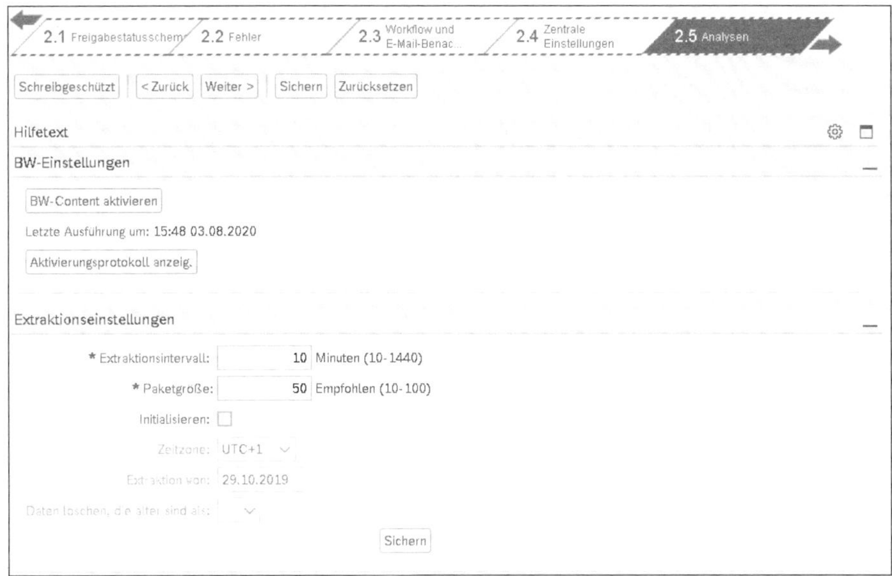


**Abbildung 9.27** Schritt 2.5 (Analysen): BW-Reporting aktivieren

### Schritt 3: Abgeschlossen

In Schritt 3 (**Abgeschlossen**) werden Ihnen alle Konfigurationsschritte inklusive Status zusammengefasst.

## 9.4.4 Testautomatisierungs-Vorbereitung

**Testautomatisierung vorbereiten**

Das Konfigurationsszenario **Testautomatisierungs-Vorbereitung** bereitet Systeme für die Verwendung von Testautomatisierungswerkzeugen vor. Abbildung 9.28 zeigt die einzelnen Schritte der Testautomatisierungsvorbereitung.

**Abbildung 9.28** Arbeitsschritte der Testautomatisierungsvorbereitung

Im ersten Schritt (**Standardkonfiguration**) legen Sie einen eCATT-Benutzer (Extended Computer Aided Test Tool) im SAP Solution Manager an und erlauben Ihrem lokal installierten SAP GUI die Verwendung von *SAP GUI Scripting*, mit dem die Aufzeichnung von Automatisierungsskripten erfolgt.

In Schritt 2 (**System unter Test auswählen**) wählen Sie ein oder mehrere Systeme und deren Mandanten aus, die für die Testautomatisierung konfiguriert werden sollen. In Schritt 3 (**Scripting aktivieren**) stellen Sie sicher, dass die gewählten Systeme automatische Testskripte ausführen können. Der Schritt beinhaltet zwei Aktivitäten: Die Einstellung **eCATT- und CATT-Option im Mandant zulassen** verweist in der Dokumentation auf SAP-Hinweis 519858, der im Detail beschreibt, welche technischen Einstellungen im System vorgenommen werden müssen, um die Automatisierung zu erlauben. Die Einstellung **Scripting im System unter Test aktivieren** stellt sicher, dass der entsprechende Systemparameter in den jeweiligen Systemen korrekt gesetzt ist.

Schritt 4 (**Spezielle Konfiguration**) enthält optionale Tätigkeiten. Ein externes Testwerkzeug kann die Registrierung im SAP Solution Manager erfordern; die Einstellung nehmen Sie hier vor. Ebenso können Sie in diesem Schritt die Inhalte der E-Mails anpassen, die versendet werden, wenn automatische Testfälle ausgeführt werden oder dabei Fehler auftreten.

### 9.4.5 Komponentenbasierte Testautomatisierung

**CBTA einrichten**

In diesem Szenario richten Sie die Verwendung des Testautomatisierungswerkzeugs CBTA ein. In Abbildung 9.29 sehen Sie die einzelnen Arbeitsschritte dieses Szenarios.

**Abbildung 9.29** Arbeitsschritte des Szenarios »Komponentenbasierte Testautomatisierung«

#### Schritt 1: Voraussetzungen prüfen

In Schritt 1 (**Voraussetzungen prüfen**) werden die für die weitere Konfiguration benötigten Voraussetzungen automatisch geprüft (siehe Abbildung 9.30); dies ist die Vollständigkeit der Konfigurationsszenarien **Systemvorbereitung** und **Basiskonfiguration** (siehe Abschnitt 9.4.1, »Technische Voraussetzungen«) sowie die Vorbereitung der Testautomatisierung (siehe Abschnitt 9.4.4, »Testautomatisierungs-Vorbereitung«). In Abbildung 9.30 sehen Sie den Ergebnisbildschirm dieses Schrittes.

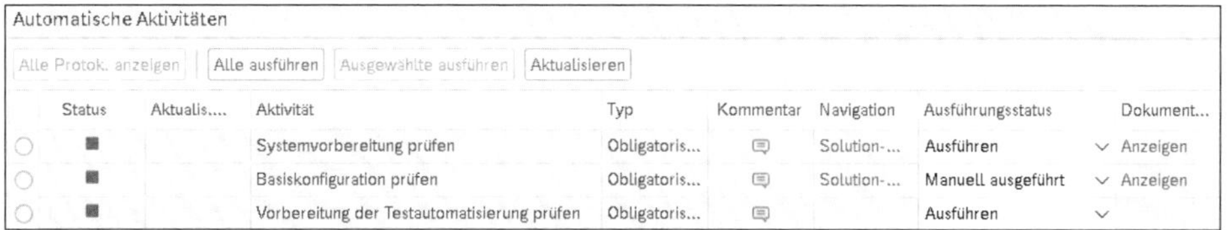


**Abbildung 9.30** Voraussetzungen prüfen

### Schritt 2: Vorlagebenutzer anlegen

In diesem Arbeitsschritt 2 (**Vorlagebenutzer anlegen**) haben Sie die Möglichkeit, folgende Vorlagebenutzer für die Testautomatisierung anzulegen:



- CBTA-Anwendungsbenutzer
- Testingenieur*in
- Testkoordinator*in
- Anzeigebenutzer

Wenn Sie in der jeweiligen Zeile in der Spalte **Dokumentation** auf die Schaltfläche **Anzeigen** klicken, sehen Sie jeweils, welche Tätigkeiten die Benutzer im System ausführen können (siehe Abbildung 9.31). Beim Anlegen eines Benutzers werden die entsprechenden Berechtigungsrollen in den Kundennamensraum kopiert. Benutzer und Berechtigungen können als Vorlage für das eigene Berechtigungskonzept dienen.

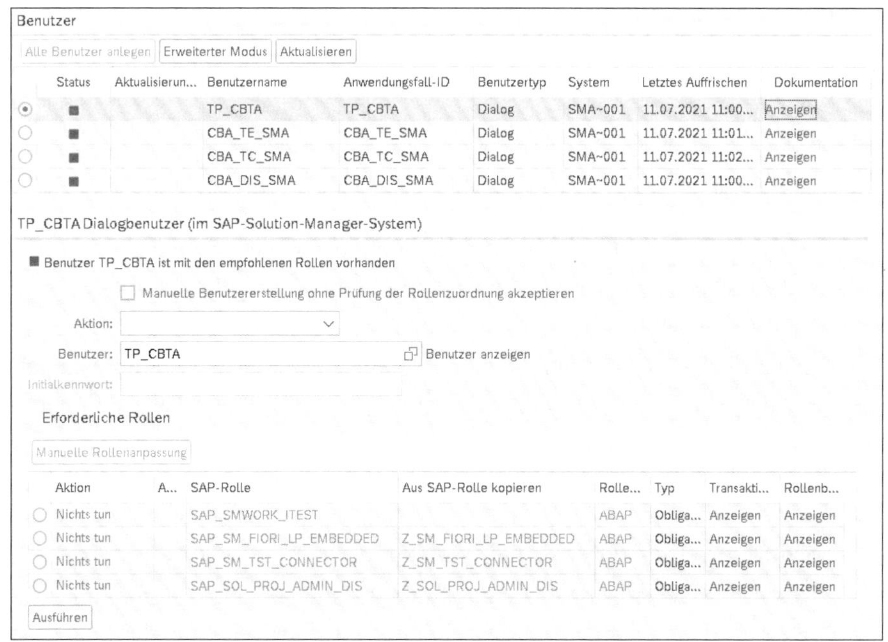


**Abbildung 9.31** Vorlagenbenutzer anlegen

### Schritt 3: SAP Solution Manager konfigurieren

Schritt 3 (**SAP Solution Manager konfigurieren**) enthält drei manuelle Tätigkeiten, die die Nutzung von CBTA in Ihrem SAP Solution Manager ermöglichen. In Abbildung 9.32 sehen Sie die drei Aktivitäten im System.

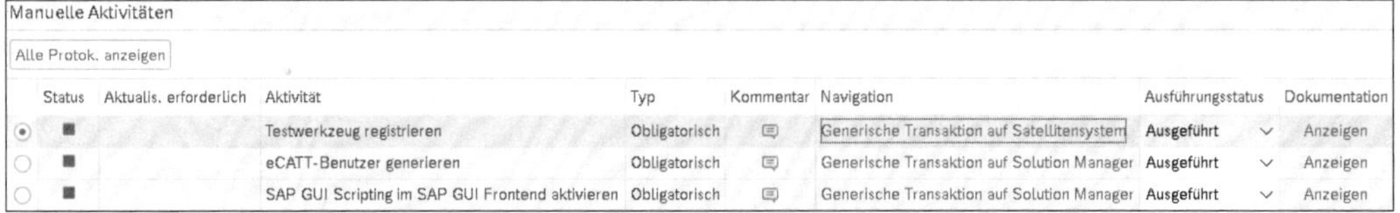


**Abbildung 9.32** SAP Solution Manager für die Nutzung von CBTA konfigurieren

Mit der Aktivität **Testwerkzeug registrieren** verknüpfen Sie ein neues Testautomatisierungswerkzeug mit dem SAP Solution Manager. Über die Spalte **Navigation** gelangen Sie zu einer Customizing-Bildschirmmaske, auf der sie ein externes Testautomatisierungswerkzeug mit dem SAP Solution Manager bekannt machen – in diesem Fall CBTA (siehe Abbildung 9.33).

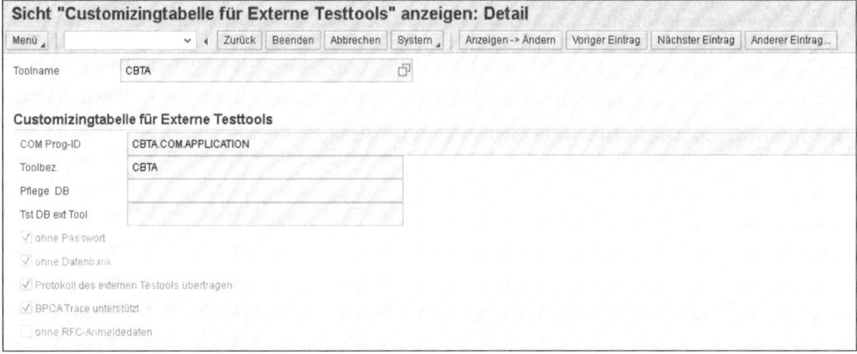


**Abbildung 9.33** Testwerkzeug registrieren

Mit der Aktivität **eCATT-Benutzer generieren** erstellen Sie einen Systembenutzer, damit das externe Werkzeug mit dem SAP Solution Manager kommunizieren kann.

In der dritten Aktivität wird detailliert dargestellt, welche Voraussetzungen für das SAP-GUI-Scripting im Zielsystem und auf dem lokalen PC gelten bzw. wie diese hergestellt werden sollen. Dies ist nur relevant, wenn Sie Testautomatisierungsskripte mit dem SAP GUI aufzeichnen wollen.

### Schritt 4: System unter Test auswählen

In Schritt 4 (**System unter Test auswählen**) können Sie ein oder mehrere Systeme und deren Mandanten auswählen, die in den nachfolgenden Schritten für die Automatisierung mit CBTA eingerichtet werden sollen.

### Schritt 5: UI-Technologien auswählen

CBTA unterstützt verschiedene SAP-Benutzeroberflächen. Wählen Sie die für Ihre Testfälle benötigten Oberflächen in Schritt 5 (**UI-Technologien auswählen**) aus, indem Sie die Checkbox neben der Oberfläche anklicken (siehe Abbildung 9.34).

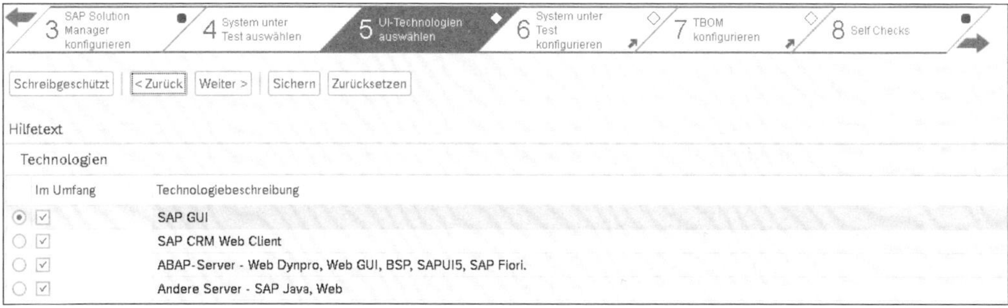


**Abbildung 9.34** UI-Technologien auswählen

### Schritt 6: System unter Test konfigurieren

System unter Test

In Schritt 6 (**System unter Test konfigurieren**) stellen Sie sicher, dass die ausgewählten Systeme die Voraussetzung für die Testautomatisierung mit CBTA erfüllen; ebenso richten Sie die Kommunikation zwischen dem SAP Solution Manager und dem System für die Automatisierung ein. Dieser Konfigurationsschritt ist in drei Unterschritte unterteilt. In Schritt 6.1 (**Voraussetzungen prüfen**) können automatische Prüfungen gestartet werden, um zu testen, ob die benötigten Plug-ins ST-PI und ST-A/PI im Zielsystem in ausreichender Version vorhanden und ob benötigte SAP-Hinweise eingespielt sind. Die manuelle Konfigurationstätigkeit in Schritt 6.2 (**Scripting aktivieren**) beschreibt, wie Sie einen Profilparameter im System setzen, der dort die Automatisierung erlaubt. Mit Schritt 6.3 (**Technischen RFC anlegen**) wird automatisch eine RFC-Verbindung im Zielsystem angelegt.

### Schritt 7: TBOM konfigurieren

Die in Schritt 7 (**TBOM konfigurieren**) enthaltenen Aktivitäten müssen Sie nur durchführen, wenn Sie in der Testautomatisierung mit CBTA auch TBOMs verwenden wollen, z. B. um diese während der automatisierten Ausführung von Tests zu erstellen. Details hierzu finden Sie in Abschnitt 9.4.7, »Business Process Change Analyzer«.

### Schritt 8: Self Checks

Mit der in Schritt 8 (**Self Checks**) enthaltenen Konfigurationsaktivität gelangen Sie zu einer App, die den SAP Solution Manager, die Frontend-Komponente und das zu testende System prüft und auf fehlende Einstellungen hinweist (siehe Abbildung 9.35).

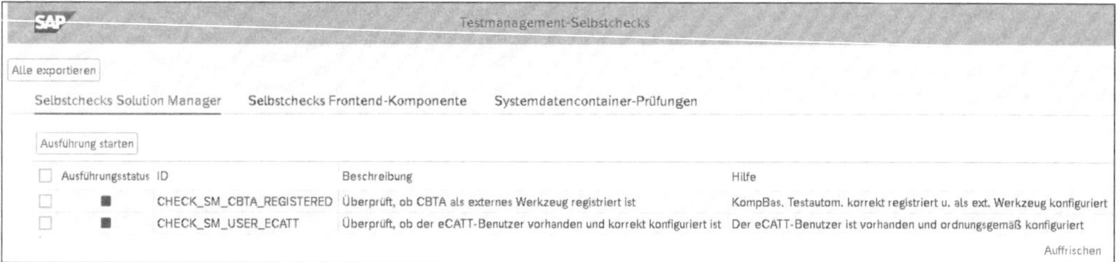

**Abbildung 9.35** Selbstchecks für die Testautomatisierung

### Schritt 9: Abgeschlossen

In Schritt 9 (**Abgeschlossen**) wird Ihnen abschließend eine Übersicht der durchgeführten Konfigurationsschritte angezeigt.

## 9.4.6 Umfangs- und Aufwandsanalyse

**SEA konfigurieren**

Die Nutzung des Scope and Effort Analyzers wird mit dem Konfigurationsszenario **Umfangs- und Aufwandsanalyse** eingerichtet.

### Schritt 1: Voraussetzungen

In Schritt 1 (**Voraussetzungen**) prüfen Sie die Voraussetzungen für die Nutzung des SEA bzw. stellen diese her (siehe Abbildung 9.36).

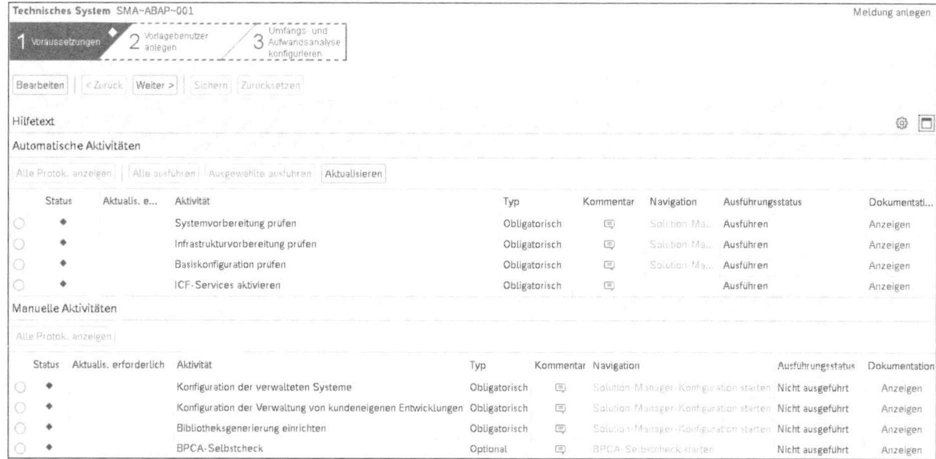

**Abbildung 9.36** Umfangs- und Aufwandsanalyse konfigurieren

Nach dem Ausführen der automatischen Aktivitäten stellen Sie mit den manuellen Aktivitäten sicher, dass für die zu analysierenden Systeme die Konfiguration der verwalteten Systeme hinreichend vollständig ist, dass die Verwendungsprotokollierung für die gewählten Produktivsysteme im Einsatz ist und dass die Bibliotheksgenerierung eingerichtet wird. Die Aktivität **BPCA-Selbstcheck** prüft, ob die Änderungsanalyse für ausgewählte Systeme verwendet werden kann.

#### Schritt 2: Vorlagebenutzer anlegen

In Schritt 2 (**Vorlagebenutzer anlegen**) können Sie Administrations- und Anzeigenutzer für die Arbeit mit dem SEA anlegen; wie in den anderen Szenarien werden die vorgeschlagenen Standardrollen in den Kundennamensraum kopiert.



#### Schritt 3: Umfangs- und Aufwandsanalyse konfigurieren

Hier können Sie in einer optionalen Aktivität ein **BAdI zum Filtern der Analyseliste aktivieren**. SAP liefert eine Implementierung dieses Business Add-ins aus, die die Ergebnisse des SEA nur für Systeme zeigt, auf denen der angemeldete Benutzer eine Anzeigeberechtigung hat.

### 9.4.7 Business Process Change Analyzer

In diesem Szenario wird der Business Process Change Analyzer (BPCA) grundkonfiguriert; die einzelnen Arbeitsschritte zeigt Abbildung 9.37.

**BPCA konfigurieren**

**Abbildung 9.37** Konfigurationsschritte für die Einrichtung des BPCA

#### Schritt 1: BPCA-Vorlagebenutzer anlegen

Im ersten Schritt (**BPCA-Vorlagebenutzer anlegen**) legen Sie im SAP Solution Manager Vorlagebenutzer an. Wie in den anderen Szenarien beschreibt die Dokumentation die Berechtigungen der Nutzer; bei der Anlage eines Nutzers werden die Standardrollen in den Kundennamensraum kopiert. Die folgenden Rollen können als Benutzer angelegt werden und so die Grundlage für die Erweiterung Ihres Berechtigungskonzepts um die Arbeit mit dem BPCA liefern:

- Geschäftsprozessexpert*in
- Qualitätsexpert*in
- Anzeigebenutzer*in
- Anwendungsbenutzer*in für automatische Testausführung

### Schritt 2: Benutzer im verwalteten System pflegen

Analog zu Schritt 1 können in Schritt 2 (**Benutzer im verwalteten System pflegen**) korrespondierende Vorlagebenutzer für die verwalteten Systeme erstellt werden. Somit kann jede der oben genannten Rollen sowohl im SAP Solution Manager als auch im Zielsystem mit den benötigten Berechtigungen arbeiten. Wählen Sie dazu in Schritt 2.1 (**Umfangsauswahl**) zunächst die gewünschten Systeme einschließlich Mandanten aus. In Schritt 2.2 (**Vorlagebenutzer anlegen**) können Sie die Benutzer wie in Schritt 1 erstellen.

### Schritt 3: BPCA-Vorbereitung

In diesem Arbeitsschritt 3 (**BPCA-Vorbereitung**), der in fünf Teilschritte aufgeteilt ist, konfigurieren Sie den BPCA.

Teilschritt 3.1 (**Migration von TBOMs**) ist dabei nur erforderlich, wenn Sie den BPCA bereits vor dem Upgrade Ihres SAP Solution Managers auf SPS 06 eingesetzt haben. In diesem Fall können mit der hier enthaltenen automatischen Aktivität die zuvor angelegten TBOMs in ein neues, effizienteres Repository übertragen werden.

In Teilschritt 3.2 (**Allgemeine Konfiguration**) starten Sie mit der Aktivität **BPCA-Services aktivieren** einen Report, der die Benutzeroberflächen für den BPCA aktiviert. Mit der Aktivität **Benutzerparameter setzen** legen sie über die Benutzerverwaltung fest, ob Benutzer, die mit dem TBOM-Arbeitsvorrat arbeiten, E-Mails erhalten sollen.

Mit den Aktivitäten in Teilschritt 3.3 (**TBOM-Einrichtung**) richten Sie einen Hintergrundjob ein, der regelmäßig prüft, ob TBOMs potenziell veraltet sind. Ebenso legen Sie hier Servergruppen fest, die dabei helfen können, Systemressourcen im Qualitätssicherungssystem bei der Generierung von TBOMs zu verteilen.

In Teilschritt 3.4 (**Setup semidynamischer TBOMs**) verweist die obligatorische Tätigkeit **Nutzungsdaten im verwalteten System einrichten** auf die Verwendungsprotokollierung; diese muss für die zu analysierenden Produktivsysteme, wie in Abschnitt 9.4.1, »Technische Voraussetzungen«, beschrieben, aktiviert sein. Ob dies der Fall ist, prüft die nachfolgende Aktivität (siehe Abbildung 9.38).

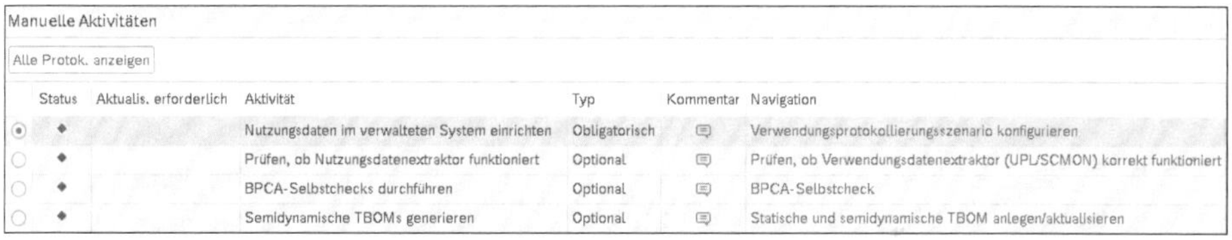

Manuelle Aktivitäten

Alle Protok. anzeigen

| | Status | Aktualis. erforderlich | Aktivität | Typ | Kommentar | Navigation |
|---|---|---|---|---|---|---|
| ◉ | ◆ | | Nutzungsdaten im verwalteten System einrichten | Obligatorisch | | Verwendungsprotokollierungsszenario konfigurieren |
| ○ | ◆ | | Prüfen, ob Nutzungsdatenextraktor funktioniert | Optional | | Prüfen, ob Verwendungsdatenextraktor (UPL/SCMON) korrekt funktioniert |
| ○ | ◆ | | BPCA-Selbstchecks durchführen | Optional | | BPCA-Selbstcheck |
| ○ | ◆ | | Semidynamische TBOMs generieren | Optional | | Statische und semidynamische TBOM anlegen/aktualisieren |

**Abbildung 9.38** Setup semidynamischer TBOMs

Anschließend können Sie über die nächste Aktivität BPCA-Selbstchecks durchführen; die dort verlinkte App prüft, ob die Änderungsanalyse für zuvor ausgewählte Systeme verwendet werden kann. Mit der letzten Aktivität **Semidynamische TBOMs generieren** gelangen Sie zu der Anwendung zur Massengenerierung von TBOMs. Diese beschreiben wir in Abschnitt 15.1.3, »Technische Stücklisten«, näher.

Teilschritt 3.5 (**TBOM-Workitems**) ist relevant, wenn Sie TBOM-Workitems verwenden wollen. Hiermit können Prozessexpert*innen dynamische TBOMs über eine Art Aufgabenplan anlegen. Dies erfordert, dass die beteiligten Benutzer über einen Benutzer und Geschäftspartner im SAP Solution Manager verfügen. Mit der Aktivität **Benutzer Geschäftsprozessexperte anlegen** gelangen Sie zu einer Funktionalität, mit der Sie Benutzer und Geschäftspartner im SAP Solution Manager anhand eines Benutzers aus einem anderen System anlegen können. Ferner können Sie in diesem Teilschritt über die gleichnamige Aktivität den Workflow für den TBOM-Arbeitsvorrat anpassen.



### Schritt 4: BPCA-Integration konfigurieren

Über Schritt 4 (**BPCA-Integration konfigurieren**) können Sie den BPCA mit einem unterstützten Drittanbieterwerkzeug für die Testverwaltung verbinden.

### Schritt 5: Abgeschlossen

In Schritt 5 (**Abgeschlossen**) werden abschließend die durchgeführten Konfigurationsschritte und deren Status zusammengefasst.

## 9.5 Benutzer und Geschäftspartner

Im SAP Solution Manager und damit auch in den für das Testmanagement relevanten Bereichen Lösungsdokumentation, Test-Suite und IT-Servicemanagement kommen zwei Mechanismen zum Einsatz, um Personen zu identifizieren, die mit dem System arbeiten:

- Benutzerstammsatz
- Geschäftspartner

**Benutzerstammsatz**

Alle Anwender*innen, die im SAP Solution Manager arbeiten, benötigen zunächst – wie in jedem SAP-System – einen *Benutzerstammsatz*. Dieser wird meist durch die SAP-Basis oder durch ein dediziertes Berechtigungsteam mit den in SAP etablierten Mechanismen administriert. Hierzu gehört z. B.

die Benutzerpflege (Transaktion SU01 im SAP GUI), in der ein einzelner Benutzerstammsatz gepflegt werden kann. Insbesondere können hier Berechtigungen, Log-on-Daten und Parameter zugeordnet werden (siehe Abbildung 9.39). Ebenso ist es üblich, dass die Administration von Benutzern über eine zentrale Benutzerverwaltung erfolgt, mit der Administrationsaufwände reduziert werden, indem Benutzerstammdaten und Rollen in einem zentralen System verwaltet und von dort in andere SAP-Systeme übertragen werden.

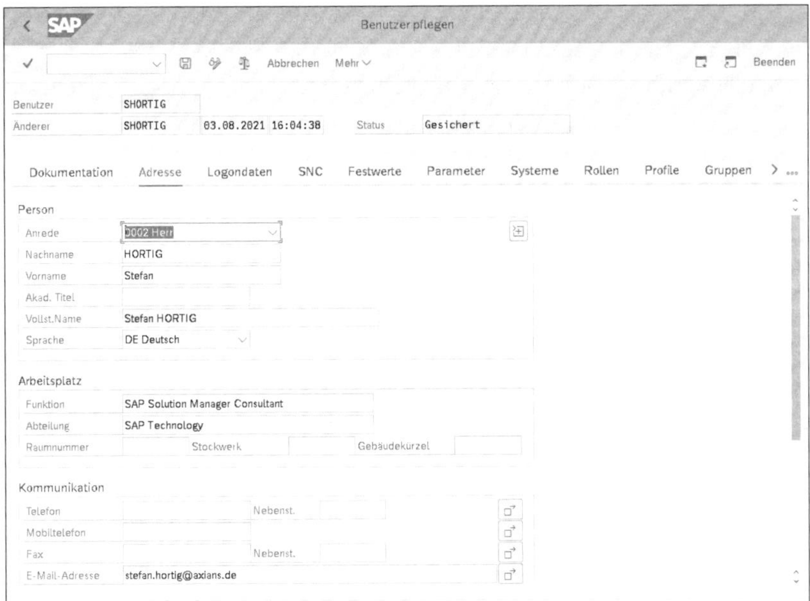


**Abbildung 9.39** Rollenpflege im Benutzerstammsatz

**Geschäftspartner**

Kommen die Anwendungsszenarien **Prozessdokumentation**, **Test-Suite** und **IT-Servicemanagement** zum Einsatz, benötigen Anwender*innen zusätzlich einen *Geschäftspartner* (Business Partner). Allgemein werden Geschäftspartner in SAP-Systemen als Parteien definiert, an denen das Unternehmen ein Geschäftsinteresse hat. Entsprechend können Geschäftspartner unterschiedlichste Rollen einnehmen, eine Person oder eine Organisation sein. Geschäftspartner können z. B. über Transaktion BP (Geschäftspartner bearbeiten) erstellt und bearbeitet werden (siehe Abbildung 9.40).

Alle Anwender*innen, die am Testprozess beteiligt sind, benötigen somit einen Benutzer und einen Geschäftspartner im SAP Solution Manager. Dies gilt auch für Tester*innen, die in der Regel bereits über einen Benutzer in einem oder mehreren Business-Systemen verfügen, aber unter Umständen vor Testbeginn weder einen Benutzer noch einen Geschäftspartner im SAP Solution Manager haben.

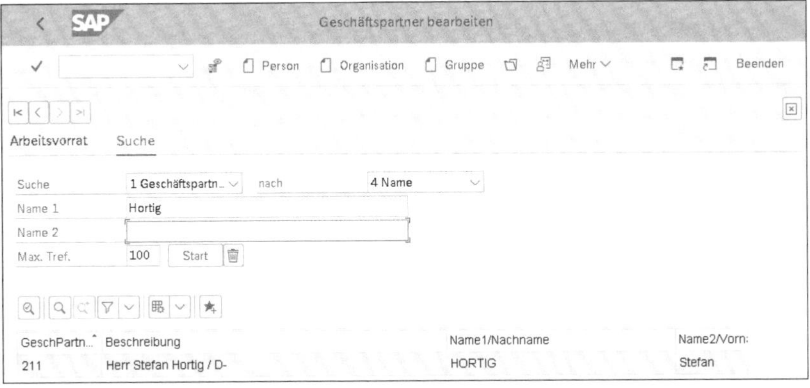


**Abbildung 9.40** Geschäftspartner bearbeiten

**Automatische Erstellung**

Um in einem solchen Fall das Erstellen neuer Benutzer, neuer Geschäftspartner oder beider Elemente zu vereinfachen, steht die App **Benutzer oder Geschäftspartner automatisch anlegen** zur Verfügung, die im SAP GUI über Transaktion BP_USER_GEN aufgerufen werden kann. Abbildung 9.41 zeigt die Bildschirmmaske der Transaktion mit deren wesentlichen Einstellungen. Im Bereich **Benutzer aus verwaltetem System auswählen** ❶ können Sie eine RFC-Verbindung zu einem anderen System (z. B. einem zu testenden Qualitätssicherungssystem) angeben. Hier ist eine lesende Verbindung ausreichend, wie sie z. B. bei der Konfiguration der verwalteten Systeme angelegt wird (siehe Abschnitt 9.4.1, »Technische Voraussetzungen«). Sollen hier Benutzer des SAP Solution Managers selbst gefunden werden, geben Sie anstelle einer RFC-Verbindung »NONE« ein.

Zusätzlich wählen Sie hier, nach welchen Kriterien Benutzer im Zielsystem ausgewählt werden sollen – anhand des Benutzernamens ❷ (z. B. wenn die anzulegenden Benutzer bekannt sind) oder anhand des letzten Änderungsdatums ❸. Ferner wählen Sie hier, ob nur an einem Stichtag gültige Nutzer berücksichtigt werden und ob ein Sperrvermerk Auswirkungen auf die Auswahl hat.

Im Bereich **Benutzer** können Sie festlegen, was mit den auf diese Weise identifizierten Nutzern im SAP Solution Manager geschehen soll. Sie können, basierend auf der getroffenen Auswahl, für jeden Nutzer im Zielsystem einen Geschäftspartner im SAP Solution Manager anlegen oder aktualisieren ❹. Ebenso können Sie einen Benutzer im SAP Solution Manager auf Basis eines Vorlagen- oder Referenznutzers anlegen ❺.

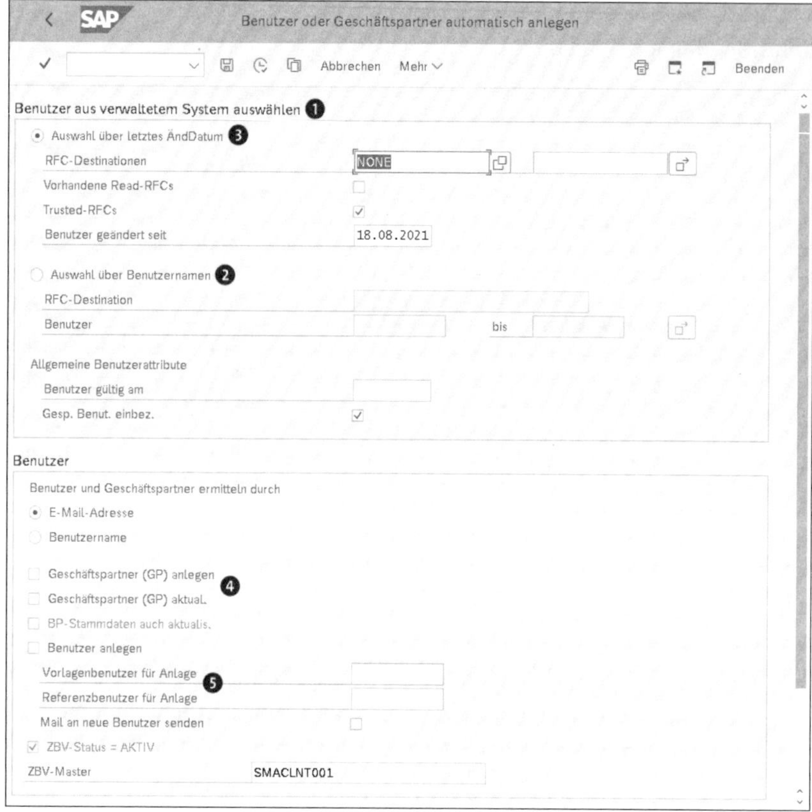


**Abbildung 9.41** Benutzer oder Geschäftspartner automatisch anlegen

Neu angelegte Benutzer können auf Wunsch per E-Mail benachrichtigt werden (wobei gegebenenfalls Unternehmensrichtlinien hinsichtlich im Klartext gesendeter Passwörter zu beachten sind). Bereits im SAP Solution Manager vorhandene Nutzer oder Geschäftspartner werden, abhängig von der getroffenen Auswahl, anhand ihres Benutzernamens oder ihrer E-Mail-Adresse identifiziert.

Zuletzt legen Sie im Bereich **Programm** über die Schaltflächen **Details anzeigen** und **Überspr. Einträge ausblenden** fest, wie die Ergebnisdarstellung erfolgt. Ist die Checkbox **Testmodus** angeklickt, wird die Erstellung von Nutzern und Geschäftspartnern anhand ihrer Kriterien lediglich simuliert. So können Sie vorab etwaige Fehler prüfen und z. B. die Auswahl der Nutzer korrigieren. Ohne Testmodus werden Nutzer und Geschäftspartner im SAP Solution Manager angelegt. Abbildung 9.42 zeigt exemplarisch ein Ergebnisprotokoll der Massenanlage.

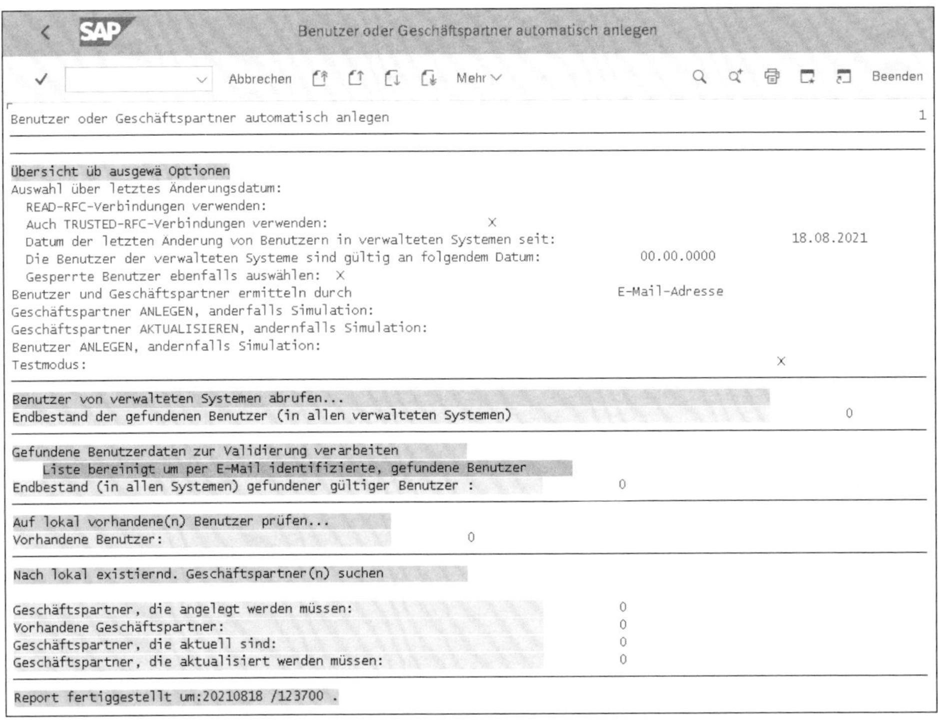


**Abbildung 9.42** Ergebnisprotokoll

# Kapitel 10
# Testvorbereitung und Testfallerstellung mit dem SAP Solution Manager

*In diesem Kapitel erfahren Sie, wie Sie mit der Lösungsdokumentation des SAP Solution Managers eine zentrale, prozessorientierte Ablagestruktur für Testfälle aller Teststufen schaffen und dabei die fachliche und technische Sicht auf Tests kombinieren. Anschließend werden die Optionen zur Erstellung von Testfällen dargestellt.*



**Fundament für das Testmanagement**

Das Szenario **Prozessmanagement** im SAP Solution Manager haben wir bereits in Abschnitt 9.1, »Einführung in den SAP Solution Manager«, kurz vorgestellt. Unabhängig davon, ob das Szenario bereits seit Langem verwendet wird, gerade in einem Implementierungsprojekt zum Einsatz kommt, oder ausschließlich für Testfälle neu verwendet werden soll, bildet die *Lösungsdokumentation* das optimale Fundament für die Testvorbereitung und Testfallerstellung. Indem Geschäftsprozesse als einfache Ordnerhierarchie dargestellt werden, kann sehr schnell eine Struktur erarbeitet werden, die einen prozessorientierten Test ermöglicht. Innerhalb der Ordner können dabei sowohl Dokumente als auch technische Objekte verwaltet werden. Für Dokumente stehen in der Lösungsdokumentation umfassende Funktionen zur Verfügung, die denen eines klassischen Dokumentenmanagement-Systems entsprechen. Darunter z. B. die Option Dokumente anhand zahlreicher Metadaten zu klassifizieren, Vorlagen zu nutzen, über Statuseinstellungen den Lebenszyklus von Dokumenten abzubilden oder digitale Signaturen zu erstellen.

**Verwaltung von zu testenden Objekten**

Die Möglichkeit, dies mit technischen Objekten zu kombinieren, verbindet die fachliche und technische Sicht, was seit Langem ein Alleinstellungsmerkmal des SAP Solution Managers ist. Dadurch wird es z. B. möglich, Testfällen ausführbare Einheiten zuzuordnen, die es den Tester*innen während der Testausführung erlauben, ohne zusätzliche Anmeldungen in das zu testende System zu springen.

**Nutzungsanalyse**

Dieses Vorgehen bildet auch den Ausgangspunkt für eine Nutzungsanalyse technischer Objekte. Für das Testmanagement ist insbesondere die Möglichkeit relevant, tatsächlich genutzte Anwendungen aus den angeschlossenen Produktivsystemen auszulesen. Dies ist nicht nur die Grundlage für die Werkzeuge zur Änderungsanalyse, sondern es kann auch dem Testmanagement z. B. zur Risikoanalyse dienen.

**Bandbreite der Dokumentation**

Dabei ist die Lösungsdokumentation individuell anpassbar und kann auch nur in Teilen genutzt werden. So bleibt es Ihnen überlassen, ob Sie die Dokumentationsumgebung des SAP Solution Managers lediglich für das Testmanagement verwenden oder einen vollumfänglichen Dokumentationsansatz für die gesamten Geschäftsprozesse Ihres Unternehmens etablieren.

In diesem Kapitel stellen wir die wesentlichen Funktionen der Prozessdokumentation mit dem SAP Solution Manager vor – stets mit dem Schwerpunkt auf das Testmanagement. Dabei stellen wir die Funktionen in den Vordergrund, die Sie dabei unterstützen, eine zentrale, fachlich sinnvoll strukturierte Sammlung Ihrer Testfälle zu schaffen.

Anschließend zeigen wir Ihnen die beiden Optionen zur Erstellung manueller Testfälle. Dem im Standard verfügbaren dokumentenbasierten Ansatz (siehe Abschnitt 10.2, »Dokumentenbasierte Testfälle«) ist ebenso wie dem Testschritt-Designer der Erweiterung in Focused Build ein eigener Abschnitt gewidmet, sodass Sie den optimalen und Ihren Anforderungen entsprechenden Weg zur Erstellung und Verwaltung von Testfällen wählen können.

## 10.1 Prozessmanagement im SAP Solution Manager

Im Szenario **Prozessmanagement** arbeiten Sie mit zwei zentralen Apps. Während die tägliche Arbeit mit Prozessen, Dokumenten und technischen Objekten in der *Lösungsdokumentation* erfolgt, dient die *Lösungsverwaltung* dazu, grundlegende technische und fachliche Einstellungen vorzunehmen. Sie rufen beide Apps über das Launchpad des SAP Solution Managers im Menü **Projekt- und Prozessmanagement** auf (siehe Abbildung 10.1).

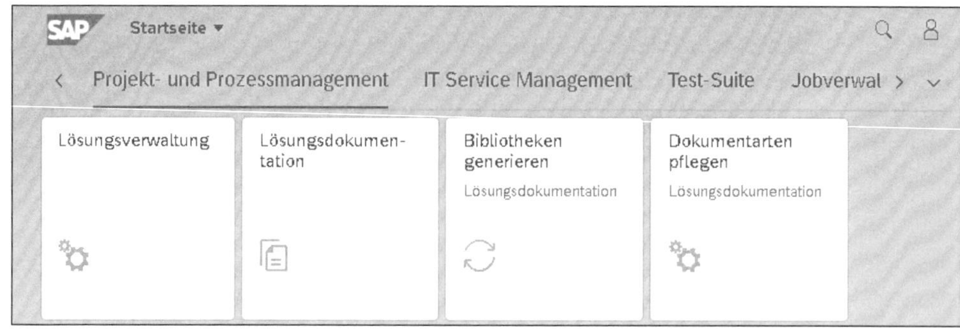


**Abbildung 10.1** Lösungsverwaltung und Lösungsdokumentation

### 10.1.1 Allgemeine Begriffe

Die Lösungsverwaltung und die Lösungsdokumentation nutzen eine Reihe von Konzepten und darauf aufbauenden Funktionen, um die für Sie relevanten Inhalte wie z. B. Prozessdokumentationen und Testfälle zu strukturieren. Nachfolgend stellen wir Ihnen die wesentlichen Begriffe und deren Bedeutung für Testaktivitäten vor.

**Lösung**

Zentraler Ausgangspunkt der Prozessdokumentation ist eine *Lösung*. Diese beinhaltet alle Systeme, Anwendungen und Prozesse eines Unternehmens. Damit bildet sie das zentrale, übergreifende Konstrukt für die gesamte Prozessdokumentation. Entsprechend lautet die Empfehlung, dass unabhängig von der Größe des Unternehmens bzw. der System- und Prozesslandschaft nur eine Lösung angelegt werden sollte. Somit kann die Single Source of Truth etabliert werden, in der alle Sachverhalte an einem zentralen Ort dokumentiert sind. Dabei bestehen viele Möglichkeiten, um eine Lösung bzw. deren Inhalte zu strukturieren, sodass auch multinationale Konzerne mit einer Lösung arbeiten können.



[+]

**Single Source of Truth für das Testmanagement**

Für das Testmanagement liegt der Vorteil einer zentralen Lösung auf der Hand: Testfälle werden nicht in unterschiedlichen Datentöpfen verwaltet, sondern stehen in einer zentralen Struktur zur Verfügung. Daher sollte stets mit einer einzelnen Lösung gearbeitet werden. Abweichungen von der Empfehlung sind nur in Ausnahmefällen sinnvoll, z. B. wenn Dienstleister separate Lösungen für unterschiedliche Kunden anbieten möchten oder um einen zusätzlichen Bereich für Schulungszwecke aufzubauen.

**Logische Komponentengruppen**

Eine Lösung enthält technische und fachliche Aspekte. Technisch wird in einer Lösung insbesondere die Systemlandschaft, in der gearbeitet wird, durch *logische Komponentengruppen* festgelegt. Mit diesen Gruppen können alle Systeme eines Unternehmens – auch Nicht-SAP-Systeme – abgebildet werden. Eine logische Komponentengruppe kann dabei einen Verweis auf die jeweiligen technischen Systeme beinhalten, die an den SAP Solution Manager angebunden sind. Das Konstrukt fasst ein Produkt (z. B. SAP S/4HANA) und die jeweiligen Systeme des Produkts im Unternehmen (z. B. Entwicklungs-, Qualitätssicherungs- und Produktivsystem) mit deren Mandanten in einem Objekt zusammen. Logische Komponentengruppen schaffen eine Abstraktionsebene: In der Prozessdokumentation kann somit auf ein benanntes Produkt verwiesen werden (das SAP-S/4HANA-System), ohne dass Details wie das passende System innerhalb der Landschaft bekannt sein müssen.

Sites

Für Lösungen kann zusätzlich das *Sites-Konzept* aktiviert werden. Damit können mehrere Systemschienen, z. B. mehrere Produktivsysteme oder -mandanten in einer logischen Komponente abgebildet werden. Dies kommt typischerweise zum Einsatz, um Länderorganisationen zu unterscheiden, die über eine eigene Systemlandschaft bzw. eigene Mandanten verfügen.

Branches

Eine Lösung enthält verschiedene *Branches*, mit denen unterschiedlich versionierte Sichten auf eine Lösung abgebildet werden. Im Standard sind dies Betrieb, Wartung und Produktion. Für Projekte empfiehlt SAP zusätzlich die Branches Entwicklung, Design und Import, sodass sich der in Abbildung 10.2 gezeigte Aufbau ergibt.

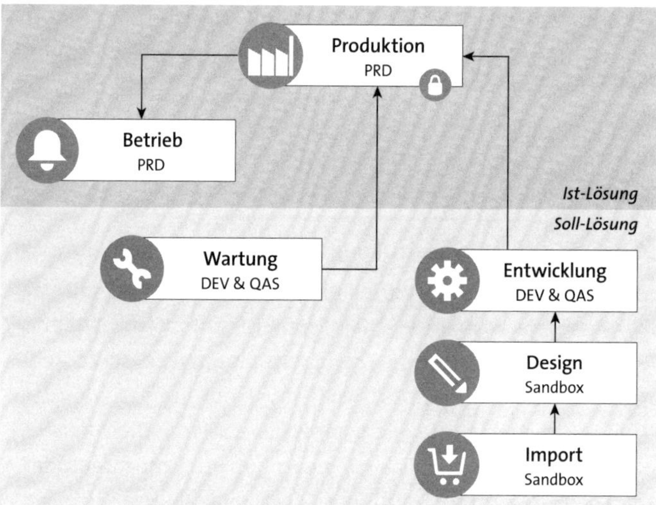


**Abbildung 10.2** Branch-Konzept (Quelle: Allissat et al., SAP Solution Manager, 2021, S. 88)

Branches sind hierarchisch angeordnet und stellen eine Version einer Lösung dar. So können z. B. Änderungen im Tagesgeschäft und neue Projekte in unterschiedlichen Branches abgewickelt werden, ehe die Änderungen an Prozessen, Dokumenten und weiteren Objekten freigegeben und damit in dem produktiven Branch zusammengeführt werden. In dem Branch Produktion wird dann der Stand der Dokumentation in den Produktivsystemen abgebildet.

**Branches im Testmanagement**

Wird die Lösungsdokumentation ausschließlich für das Testmanagement verwendet, kann das Konzept der Branches nahezu ignoriert werden; Prozesshierarchie und sämtliche Testfälle werden dann stets in einem nicht produktiven Branch – meist Wartung – angelegt. Insbesondere in Implementierungsprojekten kann die Verwendung von Branches, bezogen auf Tests, jedoch Mehrwerte bieten, z. B. um Regressionstests bestehender Prozesse und Tests der neuen bzw. geänderten Funktionalität voneinander zu trennen.

**Bibliotheken**

Ein weiteres Konzept der Prozessdokumentation sind *Bibliotheken* für verschiedene Inhalte. Sie sollen Redundanzen innerhalb der Prozessdokumentation vermeiden. In den Bibliotheken sind die Originale der jeweiligen Objekte enthalten; die individuell erstellte Prozesshierarchie enthält hingegen nur Verweise auf diese Objekte. Abbildung 10.3 zeigt die verschiedenen Kategorien von Bibliotheken.

**Abbildung 10.3** Bibliotheken in der Lösungsdokumentation

**Prozessschritte wiederverwenden**

Prozessschrittbibliothek und Schnittstellenbibliothek sammeln die kleinsten Bausteine eines Prozesses in der Lösungsdokumentation, die dann in verschiedenen Geschäftsprozessen referenziert werden können. Enthalten Prozessschritte oder Schnittstellen Dokumente, z. B. Testfälle, sind diese auch an den verschiedenen Orten der Prozessdokumentation verfügbar. Die Konfigurationsbibliothek erlaubt es, Konfigurationsanweisungen für Systeme zusammenzufassen.

**Ausführbare Einheiten und Eigenentwicklungen**

Für das Testmanagement von besonderer Relevanz sind die bereits erwähnte Bibliothek ausführbarer Einheiten und die Entwicklungsbibliothek. Deren Inhalte können direkt aus angeschlossenen Systemen ausgelesen werden; entsprechend sind hier die tatsächlich verwendeten Objekte der Systemlandschaft katalogisiert. Diese Information kann im Testmanagement verwendet werden (siehe Abschnitt 11.1.1, »Testplan anlegen«) und bildet ebenso die Grundlage für die Änderungsanalyse (siehe Abschnitt 15.1, »Business Process Change Analyzer«). Ausführbare Einheiten und Entwicklungsobjekte können auch in Prozessschritten referenziert werden. Abbildung 10.4 zeigt, wie die Wiederverwendung von einzelnen Elementen durch die genannten Bibliotheken ermöglicht wird.

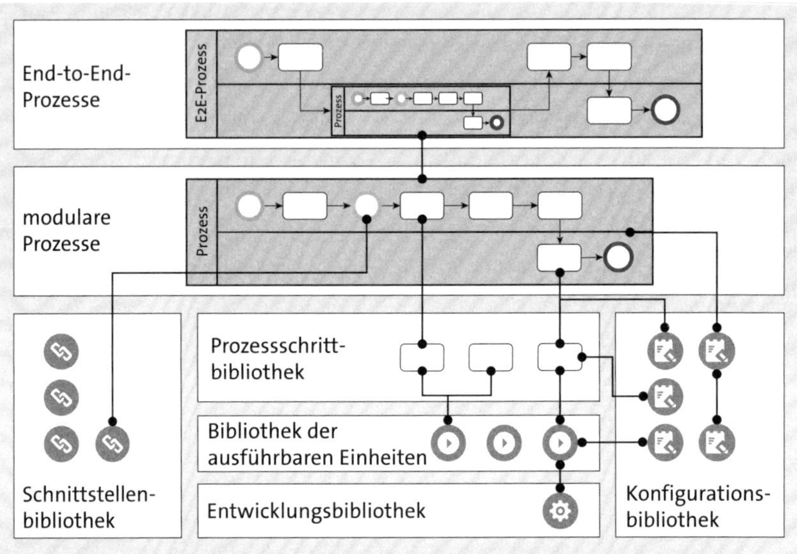


**Abbildung 10.4** Wiederverwendung durch Bibliotheken (Quelle: Allissat et al., SAP Solution Manager, 2021, S. 91)

Die Alerting-Bibliothek und die Analysebibliothek beinhalten ferner Objekte für die Szenarien **Geschäftsprozessmonitoring** bzw. Geschäftsprozessoptimierung.

### 10.1.2 Lösungsverwaltung

In der App **Lösungsverwaltung** nehmen Sie grundlegende Einstellungen vor. Sofern bislang noch keine Lösung existiert, können Sie diese hier erstmalig anlegen; bestehende Lösungen können auf der Registerkarte **Eigenschaften** bearbeitet, umbenannt oder gelöscht werden (siehe Abbildung 10.5). Über das Menü ist auch das Anlegen weiterer Lösungen möglich, wobei – wie bereits dargestellt – meist eine Lösung ausreicht. Ferner können Sie hier z. B. *Inhaltssprachen* festlegen; in diesem Beispiel unterstützt die Lösung die Darstellung der Prozesshierarchie in unterschiedlichen Sprachen.

Systemlandschaft

Die Registerkarte **Systemlandschaft** beinhaltet eine grafische Darstellung der Systemlandschaft, die mit der Lösung verwaltet wird (siehe Abbildung 10.6). Bezogen auf das Testmanagement sollten hier also alle Produkte als logische Komponentengruppen aufgelistet sein, in denen getestet werden soll.

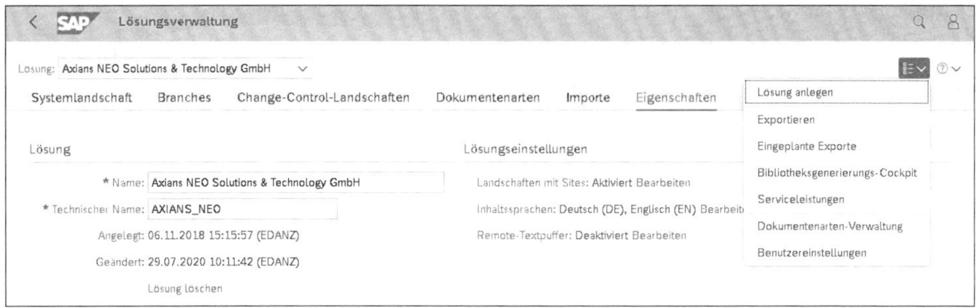

Abbildung 10.5 Lösungsverwaltung – Eigenschaften



Über die Schaltfläche **Technische Systeme zuordnen** können hier zudem die tatsächlichen technischen Systeme einer logischen Komponentengruppe zugeordnet werden – unter der Angabe der entsprechenden Systemrolle und mit Bezug auf den jeweiligen Branch.

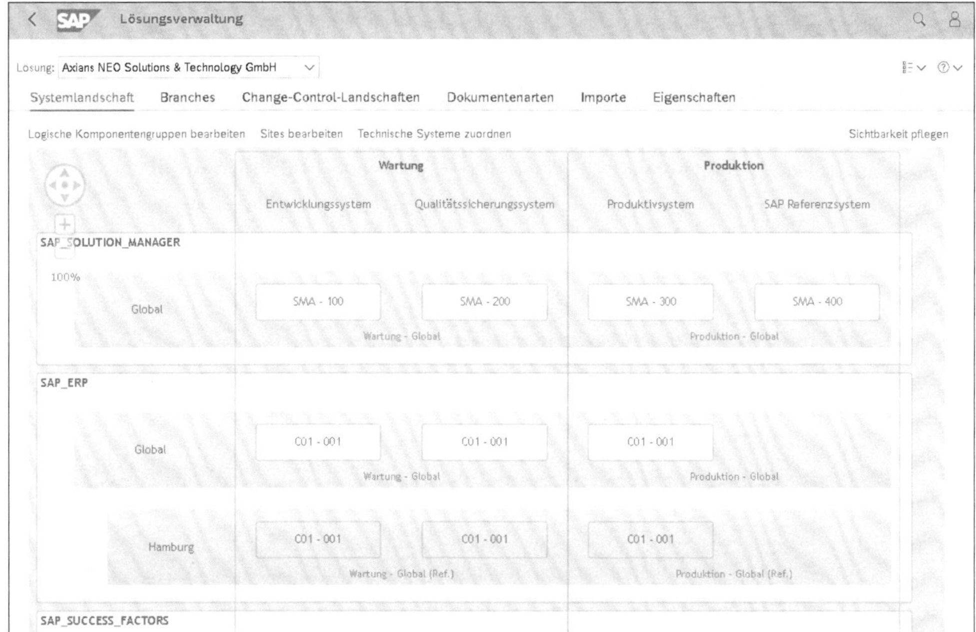

Abbildung 10.6 Systemlandschaft verwalten

Die verwandte Registerkarte **Change-Control-Landschaften** ist für das Testen nicht relevant; hier kann die Systemlandschaft für das Szenario **Change Request Management** durch die Auswahl logischer Komponentengruppen in kleinere Segmente unterteilt werden.

**Branches**

Die Branches der Lösung bearbeiten Sie auf der gleichlautenden Registerkarte (siehe Abbildung 10.7).

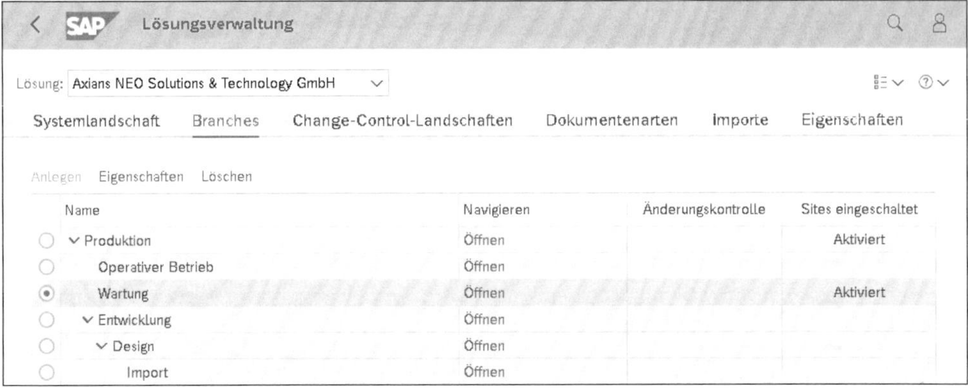


**Abbildung 10.7** Branches der Lösung bearbeiten

Neben dem Anlegen und Löschen von Branches können Sie über die Schaltfläche **Eigenschaften** die Eigenschaften eines bestehenden Branch anpassen (siehe Abbildung 10.8). Hier kann für jeden Branch das Sites-Konzept aktiviert werden. Ebenso kann die Änderungskontrolle aktiviert werden. Hierbei sind Änderungen nur unter der Angabe eines Änderungsdokuments im Change Request Management (ChaRM) möglich – beliebige Änderungen der Lösungsdokumentation sind damit nicht mehr durchführbar.

**Abbildung 10.8** Eigenschaften eines Branch ändern

Dokumentenarten

Auf der Registerkarte **Dokumentenarten** sehen Sie die Dokumentenvorlagen, die in der Lösung verwendet werden (siehe Abbildung 10.9). Wenn Sie die anstatt des Optionsfeldes **Im Umfang** das Optionsfeld **Alle** anklicken, können Sie alle verfügbaren Vorlagen sehen und die gewünschten Vorlagen zur Verwendung in der Lösung auswählen.

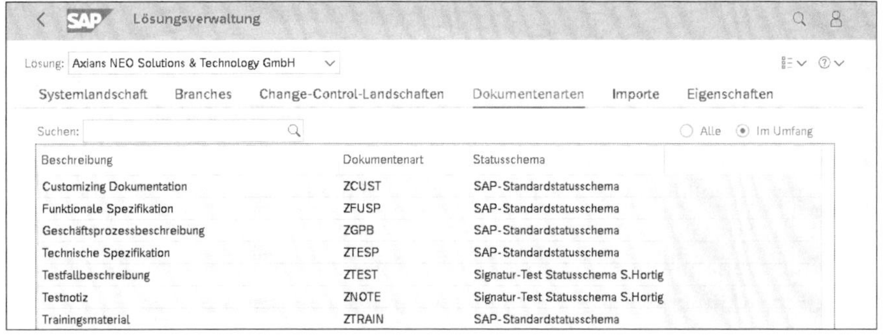


**Abbildung 10.9** Dokumentenarten der Lösung

**Dokumentenarten-Verwaltung**

Um die Vorlagen selbst zu bearbeiten bzw. um neue Vorlagen hinzuzufügen, wählen Sie aus dem in Abbildung 10.5 gezeigten Drop-down-Menü den Punkt **Dokumentenarten-Verwaltung**.

In dieser App können Sie sich über einen Rechtsklick in die Liste auf der linken Bildschirmseite bestehende Dokumentenarten ansehen, sie kopieren sowie neue Dokumentenarten erstellen (siehe Abbildung 10.10). Eine Dokumentenart entspricht einem Vorlagendokument, z. B. einer Vorlage für einen Testfall in Microsoft Excel, der alle benötigten Felder gemäß ihren Anforderung enthält. Eine entsprechende Vorlage kann hier hochgeladen werden.

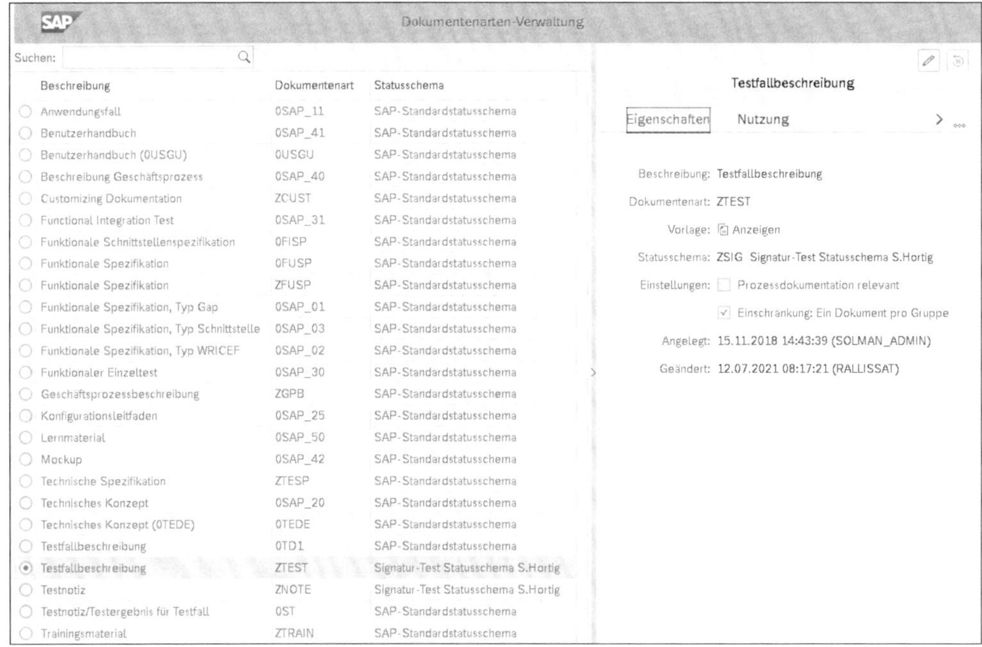


**Abbildung 10.10** Dokumentenarten-Verwaltung

Statusschema für Dokumente

Zusätzlich können für die Dokumentenart Verwendungsregeln für das jeweilige Dokument festgelegt werden. So muss ein Statusschema ausgewählt werden, über das z. B. der Lebenszyklus des Dokuments abgebildet werden kann. Über entsprechende Statuswerte können z. B. Review-Zyklen abgebildet werden. Im Testmanagement ist es später möglich, nur freigegebene Testfalldokumente zuzulassen; Testfälle in einem nicht testbereiten Status können somit ignoriert werden. Zudem kann ein Statusschema mit einer Signaturstrategie verknüpft werden. Auf diese Weise können Regeln für die digitale Signatur abgebildet werden; ein bestimmter Status kann beispielsweise erst dann erreicht werden, wenn die in der Signaturstrategie geforderten Unterschriften geleistet worden sind.

**Dokumentenstatus für Testfälle nutzen**

Wird die Lösungsdokumentation nur für das Testmanagement genutzt, werden die Dokumentenstatus in der Praxis häufig ignoriert. Dabei ist die konsequente Nutzung von Statusschemata eine recht einfache Möglichkeit, um Reviews oder zumindest Qualitätsprüfungen für Testfälle zu etablieren und somit die Testfallqualität zu steigern.

Dokumentationsregeln

Für die Verwaltung von Testfällen kann zudem die Option **Einschränkung: Ein Dokument pro Gruppe** relevant sein. Je nach Aufbau Ihrer Prozesshierarchie und Ihrer Testfälle kann es wünschenswert sein, nur ein Dokument eines bestimmten Typs je Ordner zuzulassen. Ähnliches leisten die Registerkarte **Nutzung** und **Vollständigkeitsregeln**: Auf der Registerkarte **Nutzung** kann festgelegt werden, für welches Objekt der Lösungsdokumentation das Dokument angelegt werden kann (siehe Abbildung 10.11), und auf der Registerkarte **Vollständigkeitsregeln** können Sie je ausgewähltem Element angeben, ob das Dokument optional oder erforderlich sein soll.

**Abbildung 10.11** Nutzungsregeln für Dokumentenarten

Auf diese Weise können Sie Dokumentationsregeln für Testfälle etablieren und z. B. sicherstellen, dass für jeden Geschäftsprozess ein Integrationstestfall vorhanden ist.

**Import bestehender Inhalte**

Über die Registerkarte **Importe** können Sie Inhalte aus verschiedenen Quellen in Ihre Lösung importieren (siehe Abbildung 10.12). Zum einen besteht die Möglichkeit, eine bestehende Lösung über den entsprechenden Menüeintrag in Abbildung 10.5 zu exportieren. Der Export im Dateiformat JSON kann anschließend z. B. wieder in einen anderen SAP Solution Manager importiert werden. Diese Funktion kann z. B. für den Roll-out eines zentralen Projekts in Länderorganisationen verwendet werden. Dabei können nicht nur Hierarchieelemente, sondern über einen begleitenden Transport zwischen den Systemen auch Dokumente berücksichtigt werden.



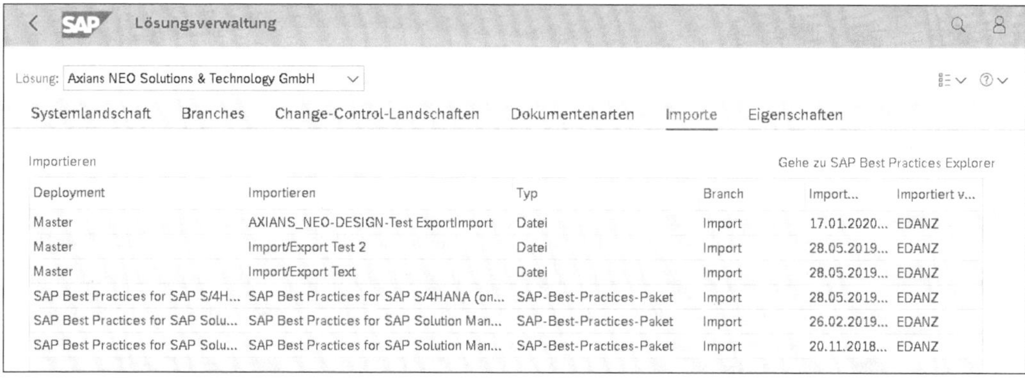


**Abbildung 10.12** Importe

Eine weitere Option ist die Erstbefüllung einer neuen Lösung über einen Excel-Import. Wählen Sie hierzu zunächst **Importieren** und anschließend das Optionsfeld **Import aus lokaler Datei**. Mit dem in Abbildung 10.13 gezeigten Dialog können Sie nicht nur den Upload durchführen, sondern über das Download-Symbol [⤓] können Sie zunächst eine Vorlage herunterladen, in die Sie die zu importierenden Hierarchieelemente eintragen können.

**Abbildung 10.13** Import aus lokaler Datei

**Import von SAP Best Practices**

Eine wesentliche Option ist zudem der Import von SAP Best Practices. SAP stellt entsprechende Inhalte, insbesondere für SAP-S/4HANA-Systeme bereit, um Implementierungsprojekten einen schnellen Start zu ermöglichen. So enthalten die Best Practices typischerweise Standardprozesse mit Prozessmodellen, Prozessbeschreibungen und begleitenden Dokumenten, darunter auch Testfälle. In Abbildung 10.14 sehen Sie, wie Best Practices in Ihre Lösung importiert werden können.

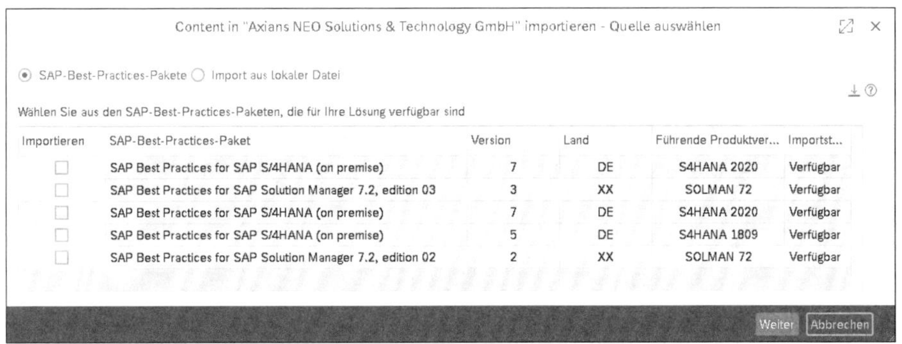


**Abbildung 10.14** Import von SAP Best Practices

Über die in Abbildung 10.12 gezeigte Schaltfläche **Gehe zu SAP Best Practices Explorer** gelangen Sie zum gleichnamigen Angebot von SAP, in dem Sie die verfügbaren Best Practices ansehen und für die Verwendung im SAP Solution Manager markieren können.

Über den Link **Importieren** sind die dort ausgewählten Pakete anschließend sichtbar und können für den Import ausgewählt werden (siehe Abbildung 10.14). Um die Inhalte in Ihre Lösung zu übernehmen, wird in einem weiteren Dialogschritt der Ziel-Branch festgelegt (siehe Abbildung 10.15). Hier empfiehlt sich der in Abschnitt 10.1.1, »Allgemeine Begriffe«, dargestellte Aufbau mit einem Import-Branch, in den neue Inhalte geladen werden können, ohne die bestehenden Inhalte zu beeinflussen.

Ebenso wird hier eine Liste der Systeme angezeigt, die in dem Best-Practices-Paket verwendet werden; hier können Sie Ihre logischen Komponentengruppen den jeweiligen Systemen zuordnen.

**Leere logische Komponenten**

Sind die für den Import erforderlichen logischen Komponentengruppen nicht in Ihrer Systemlandschaft vorhanden, ist es ausreichend, eine logische Komponentengruppe ohne zugeordnete Systeme anzulegen. Somit können Sie die importierten Best-Practice-Prozesse ohne Systembezug betrachten und – wenn gewünscht – die Systeme später der Komponente zuordnen.

Content in "Axians NEO Solutions & Technology GmbH" importieren - Ziel auswählen

Wählen Sie einen Branch für den Inhaltsimport

* Branch importieren: Import

* Importname: SAP Best Practices for SAP S/4HANA (on premise)

Wählen Sie eine Importmethode für den Content

Importoptionen: Master aktualisieren

Neues Deployment — Deployment-Namen eingeben

Systemlandschaft des Quellinhalts der Lösungs...

| Logische Komponentengruppe des Quellin... | | SAP-Best-Practices-Pakete einschließlich logischer Komponentengruppe |
|---|---|---|
| SFSF | | SAP Best Practices for SAP S/4HANA (on premise) |
| ECC | | SAP Best Practices for SAP S/4HANA (on premise) |
| EM | | SAP Best Practices for SAP S/4HANA (on premise) |
| EWM | | SAP Best Practices for SAP S/4HANA (on premise) |
| S4C | SAP_SUCCESS_FACTORS | SAP Best Practices for SAP S/4HANA (on premise) |

Drop-down: SAP_ECC, SAP_ERP, SAP_EWM, SAP_EWM_ABAP, SAP_S4HANA, SAP_SOLUTION_MANAGER, SAP_SUCCESS_FACTORS

Importieren | Abbrechen

**Abbildung 10.15** Logische Komponentengruppen zuordnen



### 10.1.3 Generierung von Bibliotheken

**Bibliotheksgenerierung**

Um die bereits erwähnten Bibliotheken für ausführbare Einheiten und kundeneigene Entwicklungen mit Daten aus Ihren Systemen zu füllen, steht Ihnen die App **Bibliotheksgenerierungs-Cockpit** zur Verfügung, die Sie entweder über das in Abbildung 10.5 gezeigte Drop-down-Menü oder über die entsprechende Kachel im Launchpad des SAP Solution Managers starten können. Abbildung 10.16 zeigt das Cockpit. Hier können Sie auf der linken Seite eine logische Komponentengruppe auswählen, für die Sie anschließend auf der rechten Seite die Bibliotheksgenerierung über die Schaltfläche **Bearbeiten** neu anlegen oder ändern können. Dabei können Sie links oben zunächst zwischen den beiden Bibliotheksarten **Ausführbare Einheit** und **Entwicklung** wählen. Für das Testmanagement sind hauptsächlich die ausführbaren Einheiten relevant.

**Abbildung 10.16** Bibliotheksgenerierungs-Cockpit

Den Dialog zum Anlegen einer neuen Bibliotheksgenerierung zeigt Abbildung 10.17. Hier können Sie zunächst einen Branch angeben, in den die Daten geladen werden sollen. Anschließend können Sie die Generierung als regelmäßigen Hintergrundjob einplanen; dieser kann eine bestehende Struktur um neue Elemente erweitern oder lediglich vorhandene Objekte aktualisieren.

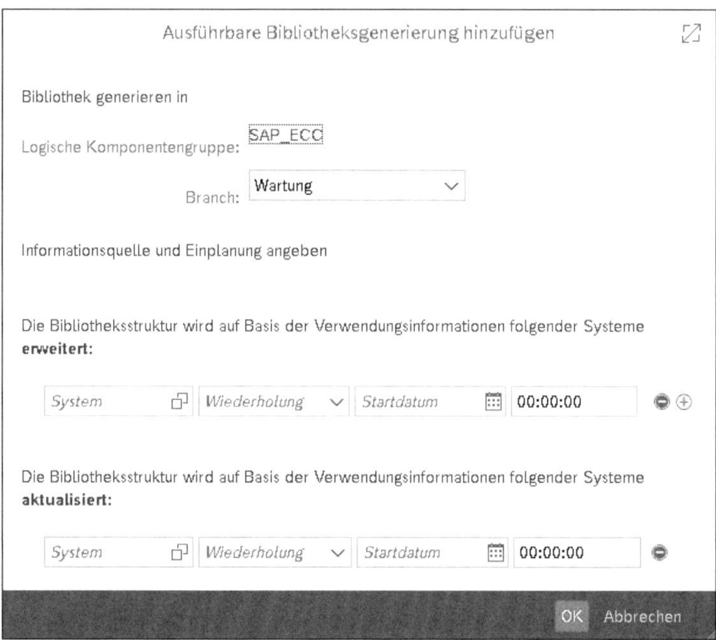


**Abbildung 10.17** Bibliotheksgenerierung bearbeiten

### 10.1.4 Grundlegende Funktionen der Lösungsdokumentation

**Lösungsdokumentation**

Mit der Lösungsverwaltung schaffen Sie die Grundlage für die Dokumentation Ihrer Prozesse, bilden die zu dokumentierende Systemlandschaft ab, nutzen vordefinierte Inhalte und stellen insbesondere Regeln auf, denen die Dokumentation folgen soll. Demgegenüber ist die Lösungsdokumentation die eigentliche Kernanwendung, in der die Dokumentation selbst erfolgt. Hier bauen alle beteiligten Anwender*innen die Prozesshierarchie auf und füllen diese mit Dokumenten und technischen Objekten. Im Kontext des Testmanagements ist die Lösungsdokumentation die zentrale Ablagestruktur für alle Testfälle Ihrer Systemlandschaft.

Nachdem Sie die Lösungsdokumentation über die Kachel im Launchpad des SAP Solution Managers im Menü **Projekt- und Prozessmanagement** gestartet haben, sehen Sie die zentrale Benutzeroberfläche der App. Diese ist in verschiedene Bereiche unterteilt (siehe Abbildung 10.18). Im oberen Bereich können Sie zwischen verschiedenen Ansichten wählen ❶; im Standard ist der Modus **Browser** selektiert, bei dem die Inhalte der Lösungsdokumentation in einer Ordnerhierarchie angezeigt werden. Die »Brotkrumennavigation« ❷ zeigt den Ordnerpfad, in dem Sie sich gerade befinden. Die Ansicht **Liste** zeigt die Inhalte des gewählten Ordners, einschließlich aller Unterelemente, als Liste; dies ist praktisch, um eine größere Menge an Dokumenten zu bearbeiten.

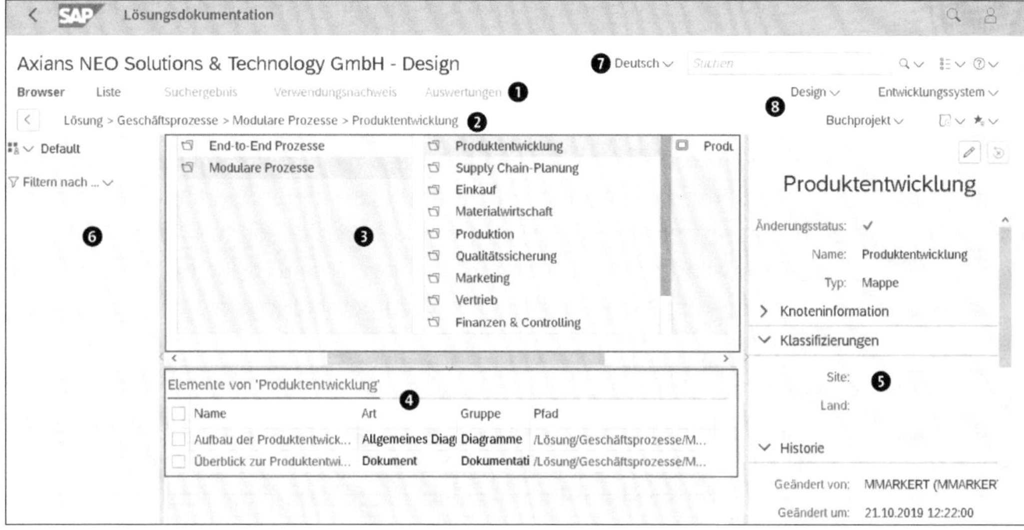


**Abbildung 10.18** Lösungsdokumentation

**Allgemeine Navigation**

Der Bereich in der Mitte der App zeigt in der Browseransicht die Strukturelemente Ihrer Lösungsdokumentation als Ordnerhierarchie ❸. Die jeweiligen Inhalte des selektierten Ordners sehen Sie im Bereich **Elemente von...** ❹; hier legen Sie z. B. auch alle Arten von Testfällen ab. Details zum gewählten Element, ganz gleich ob dies ein Ordner in der Hierarchieebene oder ein Dokument ist, sehen Sie auf der rechten Seite ❺. Hier können Sie u. a. den Dokumentenstatus ändern oder relevante Metadaten verwalten. Für das Testmanagement wäre dies z. B. die Angabe der Testfallkritikalität.

**Suchfunktionen**

Auf der linken Seite finden Sie eine Filterleiste ❻, in der Sie die angezeigten Objekte einschränken können, z. B. um sich nur manuelle Testfälle anzeigen zu lassen.

Des Weiteren enthält die Benutzeroberfläche eine Suchleiste ❼. Eine hierüber durchgeführte Suche bezieht sich stets auf den in der Hierarchie gewählten Ordner. Wenn Sie nach einem Begriff suchen, wechselt die Ansicht ❶ in den Modus **Suchergebnis**.

In demselben Bereich können Sie auch die Sprache wechseln, sofern Sie diese Möglichkeit in den Lösungseinstellungen aktiviert haben – dann besteht die Möglichkeit, die Ordnerhierarchie in die jeweils gewählte Sprache zu übersetzen.

**Branch und Systemrolle**

Über die Drop-down-Bereiche auf der rechten Seite ❽ legen Sie **Branch** und **Systemrolle** fest. Nach der Auswahl des Branch wird die jeweilige Version der Lösungsdokumentation angezeigt; über die Systemrolle legen Sie zusätzlich fest, in welchem System die in der Dokumentation hinterlegten technischen Objekte aufgerufen werden. Wenn Sie *Sites* aktiviert haben, finden Sie hier ein weiteres Drop-down-Element, um z. B. eine Länderorganisation auszuwählen.

**Umfang**

Unter den Elementen finden Sie die Optionen, Umfänge zu selektieren, zu bearbeiten und neu anzulegen. Ein *Umfang* ist eine Teilmenge der Lösungsdokumentation, die durch die Auswahl von Hierarchieelementen oder bestimmten Selektionskriterien festgelegt werden kann. Ein Umfang kann z. B. verwendet werden, um nur Testfälle aus dem HR-Bereich darzustellen; andere Fachbereiche und andere Dokumententypen werden dann ausgeblendet.

**Elemente anlegen und bearbeiten**

Um in der Lösungsdokumentation neue Elemente anzulegen bzw. bestehende Elemente zu bearbeiten, können Sie in der Ordnerhierarchie ❸ und in der Liste der Elemente ❹ ein Kontextmenü aufrufen, in dem Sie entsprechende Optionen vorfinden. Abbildung 10.19 zeigt beispielhaft Optionen für die Ordnerhierarchie.

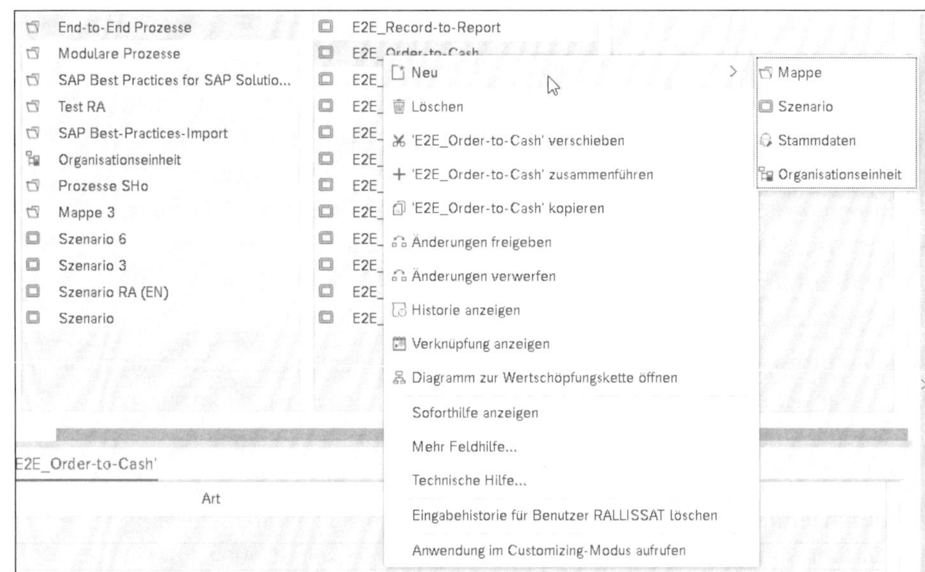


**Abbildung 10.19** Kontextmenü in der Ordnerhierarchie

Über den rechten oberen Bereich der Lösungsdokumentation können Sie zudem jederzeit ein globales Menü aufrufen (siehe Abbildung 10.20), in dem Sie u. a. in eine andere Lösung wechseln können, Zugriff auf das Reporting der Lösungsdokumentation haben und allgemeine Einstellungen für Ihren Benutzer festlegen können.

**Abbildung 10.20** Globales Menü der Lösungsdokumentation



### 10.1.5 Bibliotheken für das Testmanagement

Bibliotheken

Die Hierarchie der Lösungsdokumentation beginnt stets mit den beiden vordefinierten Ordnern **Geschäftsprozesse** und **Bibliotheken**. Während Sie im ersten Ordner **Geschäftsprozesse** weitestgehend frei eine eigene Prozessstruktur anlegen können, ist der Aufbau der Bibliotheken stärker vordefiniert; dabei wird die Zielsetzung verfolgt, die Wiederverwendung von Elementen bestmöglich zu unterstützen. Die in Abschnitt 10.1.1, »Allgemeine Begriffe«, vorgestellten sieben Arten von Bibliotheken und deren Inhalte werden im Ordner **Bibliotheken** dargestellt (siehe Abbildung 10.21).

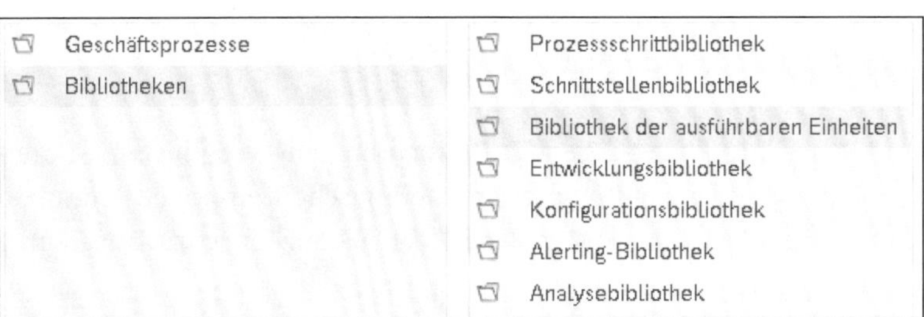


**Abbildung 10.21** Bibliotheken in der Lösungsdokumentation

Grundlegend gilt für jede Art von Bibliothek: Wird ein entsprechendes Element, z. B. ein Prozessschritt, in der Prozesshierarchie angelegt (Ordner **Ge-**

**schäftsprozesse**), handelt es sich dort um eine Referenz. Das Original wird dann automatisch in der jeweiligen Bibliothek abgelegt, z. B. in der Prozessschrittbibliothek.

**Prozessschrittbibliothek**

Prozessschritte sind das kleinste Hierarchieelement zur Beschreibung von Geschäftsprozessen; entsprechend hoch ist deren Bedeutung in der Lösungsdokumentation. Da sämtliche Prozessschritte in der Prozessschrittbibliothek gesammelt werden, ist es zweckmäßig, die Schritte möglichst generisch zu beschreiben, sodass diese in unterschiedlichen Prozessvarianten oder gar unterschiedlichen Geschäftsprozessen verwendet werden können; dies gilt auch für dort enthaltene Testfälle.

Innerhalb der Prozessschrittbibliothek können Sie über das Kontextmenü Ordner und Prozessschritte anlegen. Abbildung 10.22 zeigt einen beispielhaften Aufbau der Bibliothek. Werden Prozessschritte hier zuerst erstellt, können diese später beim Aufbau Ihrer Geschäftsprozesshierarchie auf den Ordner **Geschäftsprozesse** referenzieren. Somit kann der Aufbau der Prozesshierarchie bottom-up oder top-down erfolgen.

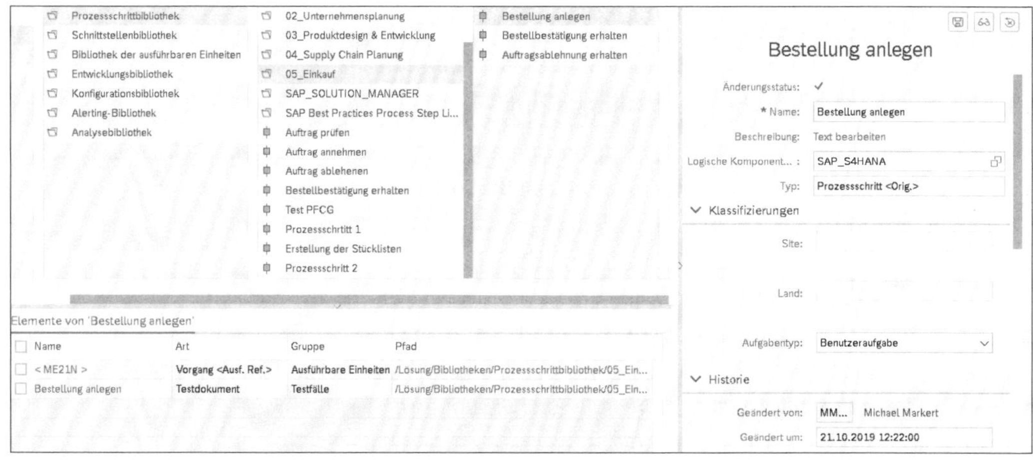


**Abbildung 10.22** Prozessschrittbibliothek

Für Prozessschritte können Sie auf der rechten Seite verschiedene Daten pflegen. Für spätere Testaktivitäten ist die logische Komponentengruppe relevant; hierüber wird das System festgelegt, in dem der Schritt ausgeführt wird. Ohne logische Komponentengruppe hat der Prozessschritt keinen Systembezug, und somit können auch manuelle Arbeitsschritte abgebildet werden.

Darüber hinaus können Sie hier verschiedene Klassifizierungen vornehmen (z. B. Land) und eine verantwortliche Person benennen.

**Logische Komponentengruppen auch für Nicht-SAP-Systeme anlegen**

Wenn ein System technisch nicht an den SAP Solution Manager angebunden ist, wie dies z. B. bei Nicht-SAP-Systemen der Fall ist, ist die Versuchung groß, das Konzept der logischen Komponentengruppen zu ignorieren, da keine technische Integration abgebildet werden kann. Wir empfehlen dennoch, für jedes System, das dokumentiert wird bzw. auf dem getestet wird, eine (leere) logische Komponentengruppe anzulegen. Dies erleichtert das Filtern, Sortieren und Klassifizieren erheblich und vereinfacht so z. B. die Testfallauswahl.



**Schnittstellenbibliothek**

Für die Verwendung im Kontext von Testaktivitäten ist die Schnittstellenbibliothek mit der Prozessschrittbibliothek vergleichbar. Sie legen Schnittstellen als wiederverwendbare Objekte an; das Vorgehen ähnelt der Vorgehensweise in den Prozessschritten. Ein wesentlicher Unterschied ist allerdings, dass die Schnittstellen über zusätzliche Klassifizierungsoptionen verfügen. So können Sie, wie in Abbildung 10.23 dargestellt, Quelle und Ziel der Schnittstelle in Form von logischen Komponentengruppen festlegen und die Schnittstellentechnologie angeben. Mehrere Schnittstellen können zudem in einer Sammelschnittstelle gruppiert werden.

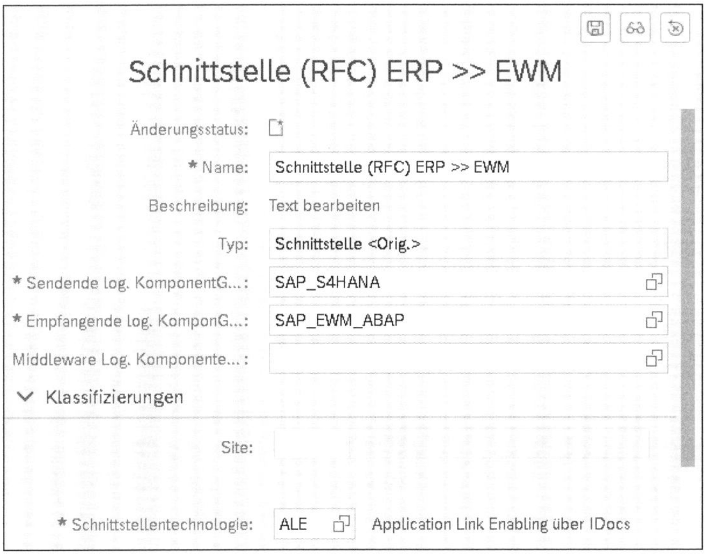

**Abbildung 10.23** Schnittstelle bearbeiten

Schnittstelle und Sammelschnittstelle können mit verschiedenen Dokumenten und Objekten dokumentiert werden; hierzu gehören auch Testfälle. Somit haben Sie die Möglichkeit, Schnittstellen Ihrer Systeme zentral zu dokumentieren – dazu gehören auch generische Funktionstests, die die grundlegende Funktionalität der Schnittstelle sicherstellen.

**Bibliothek ausführbarer Einheiten**

Die *Bibliothek der ausführbaren Einheiten* enthält alle in der Lösung verwendeten ausführbaren Einheiten, also z. B. SAP-Transaktionen oder Programme. Das Besondere daran ist, dass die Bibliothek mit der in Abschnitt 10.1.3, »Generierung von Bibliotheken«, beschriebenen Funktionalität regelmäßig mit den tatsächlich genutzten ausführbaren Einheiten aus den angeschlossenen Produktivsystemen befüllt werden kann. Dabei werden sämtliche verwendeten Objekte anhand der SAP-Komponentenhierarchie sortiert, mit der Sie eine grobe Einordnung nach Fachbereich vornehmen können. Abbildung 10.24 zeigt die Hierarchie und die einem Ordner zugeordneten Einheiten.

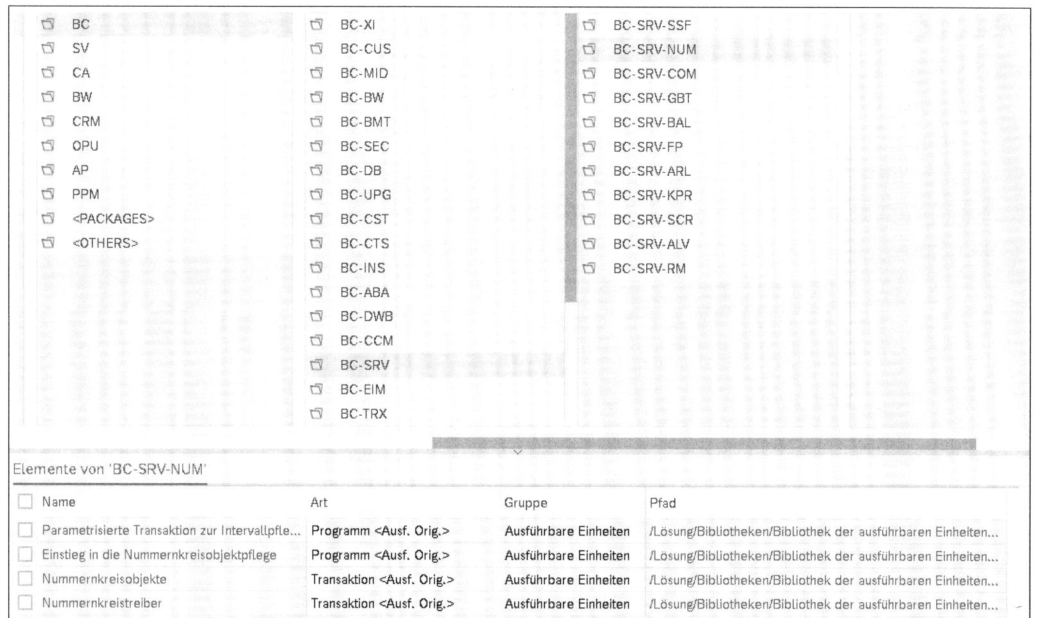


**Abbildung 10.24** Bibliothek ausführbarer Einheiten

Die Bibliothek spiegelt somit die tatsächliche Nutzung eines bestehenden Systems wider. Diese Informationen können im Testmanagement vielfältig genutzt werden. Zusätzlich bildet die Bibliothek der ausführbaren Einheiten die Grundlage für die Werkzeuge der Änderungsanalyse BPCA und SEA (siehe Abschnitt 15.1, »Business Process Change Analyzer«, bzw. Abschnitt 15.2, »Scope and Effort Analyzer«).

**Entwicklungsbibliothek**

Nach dem gleichen Prinzip kann die Entwicklungsbibliothek automatisch mit den tatsächlich verwendeten kundeneigenen Entwicklungen gefüllt werden. Anders als ausführbare Einheiten können diese Objekte nicht direkt im Test referenziert werden. Die Bibliothek kann dem Testmanagement dennoch gute Dienste leisten, wenn es z. B. um die Einschätzung des Testumfangs geht.

**Weitere Bibliotheken**

Wenig relevant in Bezug auf das Testen sind die Konfigurationsbibliothek sowie die Alerting- und Analysebibliotheken. Letztere sammeln Objekte aus dem Geschäftsprozessbetrieb, z. B. dem Geschäftsprozess-Monitoring. In der Konfigurationsbibliothek können Konfigurationsanweisungen, wie z. B. Verweise auf das Customizing eines Systems, gesammelt werden.

### 10.1.6 Aufbau der Prozesshierarchie



**Prozesshierarchie**

Innerhalb des Ordners **Geschäftsprozesse** können die Geschäftsprozesse des Unternehmens beschrieben werden. Die hier etablierte Ordnerhierarchie bildet die Grundlage für spätere Testaktivitäten. In diesem Abschnitt zeigen wir die wesentlichen Elemente und Schritte zum Erstellen und Bearbeiten einer solchen Hierarchie, ehe wir im nachfolgenden Abschnitt Empfehlungen für den Aufbau im Kontext des Testmanagements geben. Abbildung 10.25 zeigt ein Beispiel für eine einfache Hierarchie.

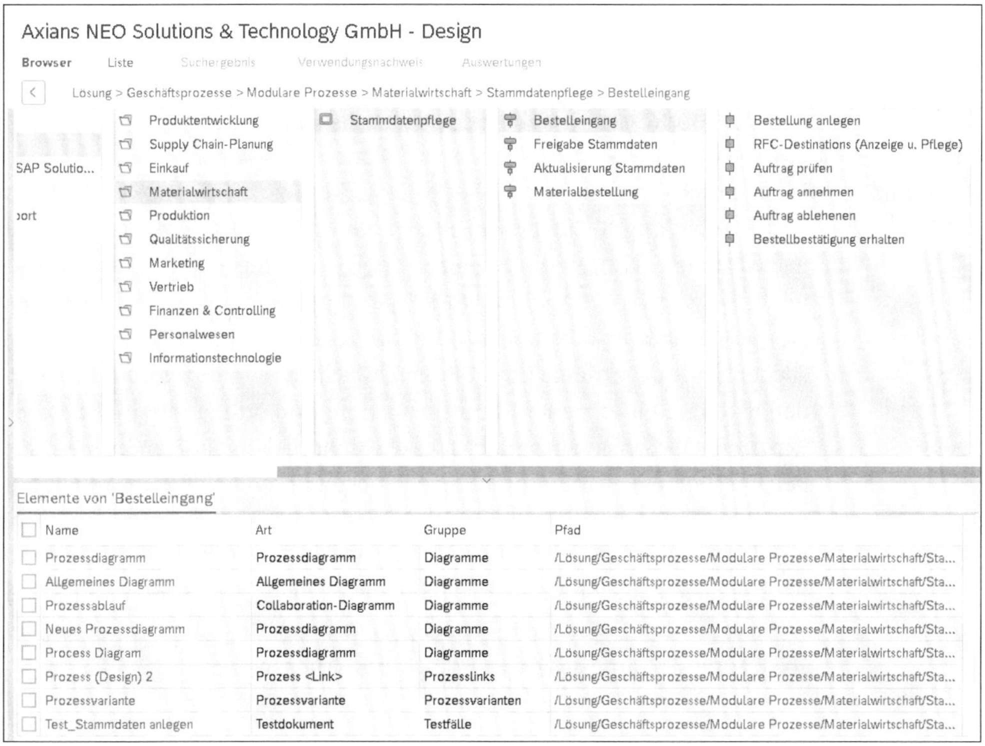

**Abbildung 10.25** Beispiel für eine einfache Geschäftsprozesshierarchie

Aufbau der Struktur

Der Aufbau der Prozesshierarchie folgt einigen grundlegenden Regeln. So kann zunächst über *Mappen* eine beliebige tiefe Struktur aufgebaut werden; lediglich die untersten drei Ebenen haben eine feste Abfolge, dies sind stets **Szenario**, **Prozess** und **Prozessschritt**, die der eigentlichen Darstellung Ihrer Geschäftsprozesse dienen. Die Elemente folgen einer losen Definition: Ein Szenario ist dabei als Sammlung von zusammengehörigen Prozessen definiert. Ein Prozess kann als Geschäftsvorgang mit einer Abfolge von Arbeitsschritten angesehen werden. Diese Arbeitsschritte werden durch die Prozessschritte dargestellt. Die genaue Ausprägung der Ebenen, z. B. der gewünschte Detailgrad der Hierarchie, obliegt dabei dem Unternehmen bzw. der Zielsetzung Ihrer Dokumentation. Ferner können auf der Ebene von Mappen und Szenarien die Elemente **Stammdaten** und **Organisationseinheit** angelegt werden; diese können verwendet werden, um die entsprechenden Sachverhalte zu dokumentieren.

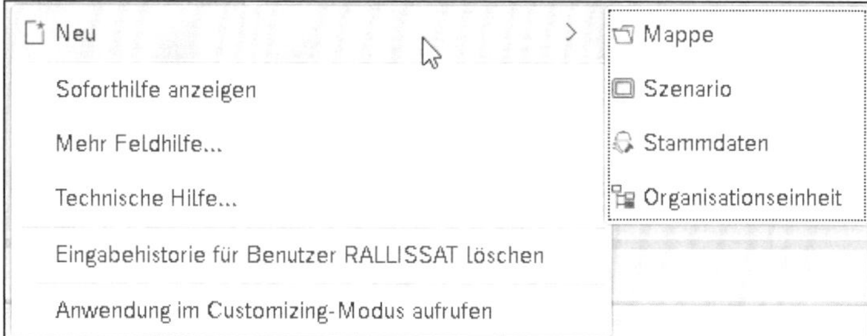


**Abbildung 10.26** Neue Ordner in der Prozesshierarchie anlegen

Neue Hierarchieelemente anlegen

Jedes dieser Elemente kann über **Neu** im Kontextmenü angelegt werden (siehe Abbildung 10.26). Beim Erstellen des jeweiligen Elements ist es zunächst ausreichend, einen Namen zu vergeben; lediglich bei Prozessschritten öffnet sich das in Abbildung 10.27 gezeigte Pop-up-Fenster. Hier haben Sie die Möglichkeit, bereits in der Bibliothek vorhandene Prozessschritte zu suchen und zuzuordnen. Über die Schaltfläche **Neuer Prozessschritt (Original)** legen Sie einen neuen Prozessschritt an und ordnen diesen zu. Dabei wird der neue Schritt automatisch in die Bibliothek mit aufgenommen. Mit den Optionen **In ausführbarer Einheit suchen** und **Ausführbare Einheit angeben** legen Sie einen Prozessschritt an, dem direkt eine ausführbare Einheit (z. B. eine SAP-Fiori-App oder eine SAP-Transaktion) zugeordnet wird. Bei der ersten Option können sie die ausführbare Einheit in der entsprechenden Bibliothek suchen. Bei der Auswahl einer Einheit wird deren Bezeichnung als Name des Prozessschritts übernommen.

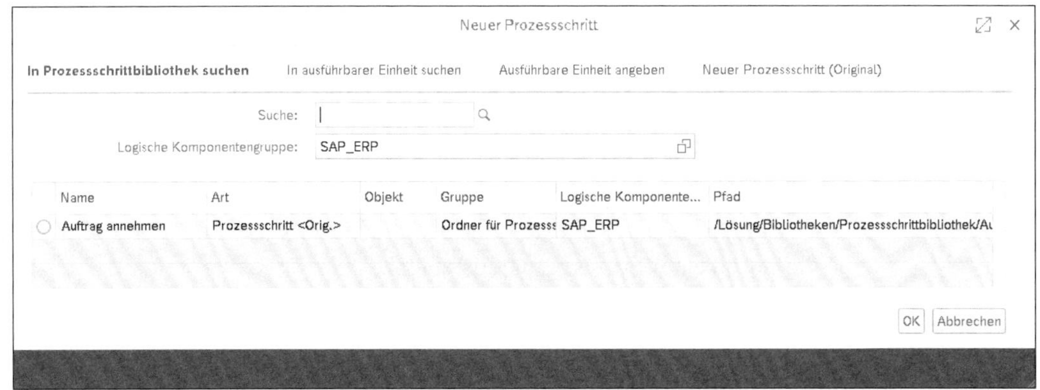


**Abbildung 10.27** Neuen Prozessschritt anlegen



Jedes Element hat unterschiedliche Regeln dazu, welche Inhalte auf der jeweiligen Ebene hinterlegt werden können. So können auf der Ebene von Mappen nur Dokumente und allgemeine Diagramme gespeichert werden. Szenarien, Prozesse und Schritte (sowie ferner Stammdaten und Organisationseinheit) erlauben verschiedenste Typen von Dokumenten und technischen Objekten; insbesondere können hier auch Testfälle gespeichert werden. Abbildung 10.28 zeigt die Optionen für einen Geschäftsprozess mit dem Untermenü für Testfälle.

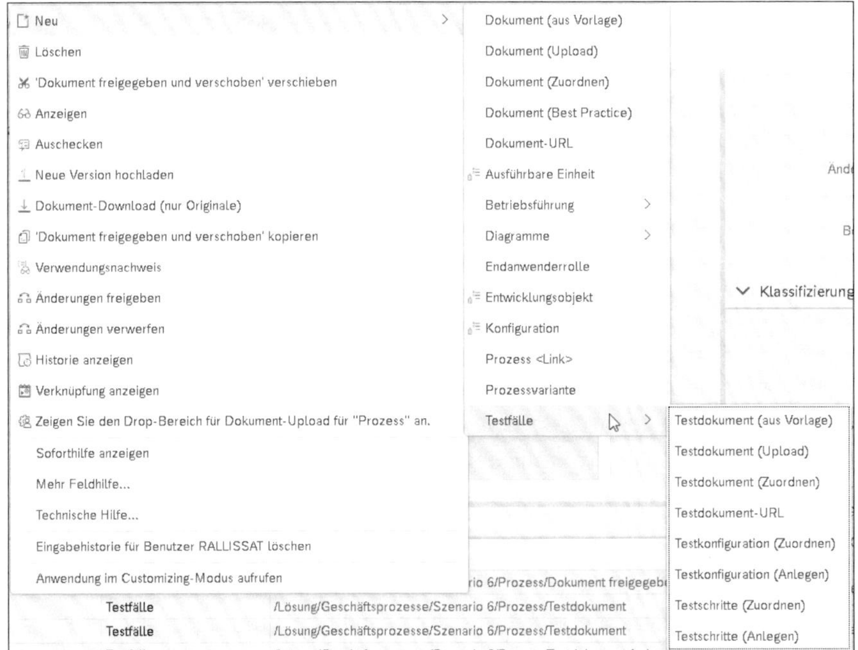


**Abbildung 10.28** Neues Element in einem Geschäftsprozess anlegen

Prozessvarianten

Mit den genannten Elementen kann eine umfassende Prozessstruktur abgebildet werden. Auf der Ebene der Prozesse existieren zusätzliche Mechanismen, um den Aufbau der Struktur weiter zu gliedern: Über den Punkt **Prozessvariante** legen Sie innerhalb eines Geschäftsprozesses einen Unterordner an, der als zusätzliche Registerkarte dargestellt wird (siehe Abbildung 10.29). Nach der Auswahl der Registerkarte können Sie dort ebenfalls Dokumentationen, Objekte und Testfälle hinterlegen, um auf diese Weise Varianten eines Prozesses darzustellen.

Elemente von 'Bestelleingang' Elemente von 'Bestelleingang_DE'

| Name | Art | Gruppe |
|---|---|---|
| Prozessdiagramm | Prozessdiagramm | Diagramme |
| Allgemeines Diagramm | Allgemeines Diagramm | Diagramme |
| Prozessablauf | Collaboration-Diagramm | Diagramme |
| Neues Prozessdiagramm | Prozessdiagramm | Diagramme |
| Process Diagram | Prozessdiagramm | Diagramme |
| Prozess (Design) 2 | Prozess <Link> | Prozesslinks |
| Bestelleingang_DE | Prozessvariante | Prozessvarianten |
| Test_Stammdaten anlegen | Testdokument | Testfälle |

**Abbildung 10.29** Prozessvarianten

Verweise zwischen Prozessen

Über die Option **Prozess <Link>** können Sie im Dokumentationsbereich eines Prozesses auf einen anderen Prozess verweisen; dies kann ebenfalls verwendet werden, um zusammengehörige Prozesse kenntlich zu machen und um Redundanzen in der Dokumentation zu vermeiden.

Für das Testmanagement lohnt abschließend ein Blick auf die Klassifizierungsoptionen für Szenarien, Prozesse und Prozessschritte, die Sie nach der Auswahl des jeweiligen Objekts auf der rechten Bildschirmseite finden. Abbildung 10.30 zeigt die Attribute eines Prozesses.

Im Bereich **Klassifizierungen** können Sie angeben, ob die dokumentierte Aktivität primär oder begleitend sein soll, sowie die angestrebte Prozessverfügbarkeit anführen. Werden diese Angaben konsequent gepflegt, dienen sie dem Testmanagement als wertvolle Hinweise zur Prozesskritikalität.

Im Bereich **Testmanagement** kann im entsprechenden Feld die Art der Testfallzuordnung gewählt werden. Hier legen Sie für Szenarien, Prozesse und Schritte fest, ob die Testfälle der Art **Ausschließlich** oder der Art **Zusätzlich** zugeordnet werden.

- Mit der Option **Ausschließlich** sind die dem gewählten Element zugeordneten Testfälle nur dort verfügbar.
- Bei der Option **Zusätzlich** werden Testfälle von untergeordneten Strukturelementen an das ausgewählte Element vererbt.

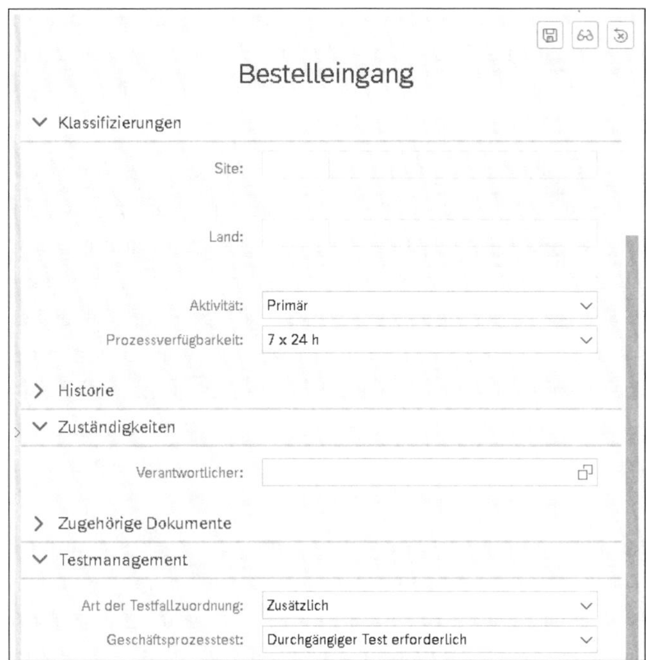


**Abbildung 10.30** Attribute eines Prozesses

Bei Prozessen können Sie im Bereich **Testmanagement** zudem festhalten, ob für den Geschäftsprozesstest ein durchgängiger Test erforderlich sein soll.

### 10.1.7 Prozesshierarchie für Ihr Testmanagement

In den vorangehenden Abschnitten haben wir die wesentlichen Gestaltungselemente der Lösungsdokumentation vorgestellt: Eine Lösung mit zugehöriger Systemlandschaft, bestehend aus logischen Komponenten, Dokumentenvorlagen, teilweise automatisch generierten Bibliotheken und einer Prozesshierarchie, die Dokumente, technische Objekte und eben auch Testfälle enthält. Doch wie sollte nun diese Ordnerstruktur für Ihr Testmanagement in der Praxis aussehen?

Eine Antwort auf diese Frage ergibt sich zum einen aus der Ausgangsposition, aus der Sie mit dem Testmanagement starten. Zum anderen haben Sie idealerweise durch Ihre (werkzeugunabhängig formulierte) Teststrategie bereits eine Vorstellung davon, wie verschiede Aspekte der Testfallgestaltung im Werkzeug umgesetzt werden sollen.

**Implementierungsprojekte**

Die Ausgangsposition bestimmt, wann und wie Sie mit der Erstellung von Testfällen starten. Vorteilhaft ist es, wenn Sie bereits auf eine bestehende

Prozesshierarchie zurückgreifen können. In der Praxis finden wir hier im Wesentlichen zwei Situationen vor: Entweder ist eine Prozesshierarchie vorhanden, die in vergangenen Projekten erstellt worden ist, oder im Rahmen eines Projekts wird aktuell eine neue Hierarchie erstellt.

**Neue Hierarchie in einem Projekt anlegen**

Ein idealer Ausgangspunkt für die Gestaltung von Testaktivitäten ist es, wenn der SAP Solution Manager aktuell für ein Implementierungsprojekt verwendet wird, in dessen Rahmen auch die Lösungsdokumentation zum Einsatz kommt. Hier können Sie unmittelbar an die bereits bestehenden Inhalte anknüpfen. Ebenso sollte die Rolle des Testmanagements fester Bestandteil des Projekts sein, sodass Sie bereits frühzeitig involviert sind und den Aufbau der Prozesshierarchie mitgestalten können. Minimal sollten Sie in diesem Fall definieren können, welche Testfälle und welches Format und welcher Detailgrad erforderlich sind und auf welcher Strukturebene diese von den Fachbereichen hinterlegt werden sollen.

**Vorhandene Prozesshierarchie**

Oft ist in der Praxis bereits eine »historisch gewachsene« Prozesshierarchie vorhanden. Wird diese aktiv genutzt, bietet es sich an, das Testmanagement in die vorhandenen Strukturen zu integrieren. Wird die Lösungsdokumentation nicht aktiv verwendet, ist zu prüfen, inwieweit eine vorhandene Prozesshierarchie brauchbar, aktuell und vollständig ist. Oft finden sich hier »Altlasten« von vergangenen Projekten, die mitunter seit Jahren nicht angepasst wurden. In diesem Fall empfiehlt sich der Aufbau einer neuen Struktur.

**Neue Prozesshierarchie aufbauen**

Wenn Sie eine neue Prozesshierarchie aufbauen, wird die Gestaltung Ihren Anforderungen an Testprozess und Testfälle folgen. Dabei ist zu berücksichtigen, dass die Struktur vielleicht zukünftig auch für weitere Anwendungen, z. B. Prozessdokumentation oder -modellierung verwendet werden soll.

**Vorhandene Quellen nutzen**

In einem ersten Schritt ist eine Bestandsaufnahme der Quellen sinnvoll, mit denen Sie die Prozesshierarchie aufbauen können. Von Prozessmodellen über Schulungsmaterial bis hin zu existierenden Testfällen finden sich in den jeweiligen Fachbereichen Dokumente, die den Aufbau der Prozesse als Ordnerstruktur mit den Ebenen **Szenario**, **Prozess** und **Prozessschritt** ermöglichen. Die entsprechende Struktur kann direkt in der Lösungsdokumentation aufgebaut werden.

**Import aus Textdatei nutzen**

Wenn Sie mit der Lösungsdokumentation neu starten und eine umfangreiche Prozesshierarchie aus anderen Quellen aufbauen wollen, nutzen Sie die Möglichkeit zum Import der Hierarchie als Textdatei.

Um die Prozesse abzubilden, gibt es im Wesentlichen zwei Möglichkeiten:

**Prozesse abbilden**

- *Modulare Prozesse*
  Modulare Prozesse sind die einzelnen Prozesse einer Organisationseinheit bzw. eines Fachbereichs. Derartige Prozesse werden meist anhand der entsprechenden Fachbereiche geordnet (z. B. Vertrieb, Personal).
- *End-to-End-Prozesse*
  End-to-End-Prozesse sind organisationsübergreifende Wertschöpfungsketten eines Unternehmens, die aus Testsicht insbesondere auch die fachlichen und organisatorischen Schnittstellen zwischen Fachbereichen umfassen. Ein Beispiel für einen End-to-End-Prozess ist Bestellung bis hin zur Bezahlung (Order-to-Cash).



Sinnvoll kann – insbesondere aus Testsicht – die Verwendung beider Varianten sein: So ist erfahrungsgemäß zunächst ein großer Teil der von Fachbereichen gelieferten Testfälle modular; mit zunehmendem Reifegrad des Testprozesses entsteht schnell die Anforderung, auch übergreifende Tests formal abzubilden. Über die bereits dargestellten Optionen zur Wiederverwendung ist auch die Verknüpfung beider Varianten denkbar, indem modulare und End-to-End-Prozesse auf die gleichen Prozessschritte zugreifen.

**Prozessvarianten**

Weitere Aspekte, die die Ausgestaltung der Prozesshierarchie beeinflussen, sind Prozessvarianten. Prüfen Sie, ob es ausreichend ist, Prozessvarianten über Testfälle abzubilden (z. B. mehrere Testfälle für den Prozess **Bestellung anlegen**) oder ob Varianten als eigene Elemente in der Struktur dargestellt werden sollen. Letzteres kann sinnvoll sein, wenn die Struktur über das Testmanagement hinaus verwendet wird. Die Aufteilung kann Übersicht bei einer Vielzahl von Dokumenten schaffen, und Varianten können gezielter klassifiziert und zugeordnet werden. Dabei kann das Element Prozessvariante genutzt werden, alternativ kann der jeweilige Prozess in seinen Varianten mehrfach in der Hierarchie angelegt werden, sodass für die Varianten auch eigene Prozessschritte angelegt werden können.

**Detailgrad der Hierarchie**

Während dieser Überlegungen ergibt sich zudem die Frage nach dem Detailgrad der Prozesshierarchie. Wird diese einzig für das Testmanagement im Rahmen eines pragmatischen Ansatzes eingesetzt, ist es z. B. denkbar, (zunächst) auf Prozessschritte zu verzichten. Dies gilt insbesondere, wenn Sie dokumentenbasierte Testfälle nutzen und diese ausschließlich auf der Prozessebene ablegen. Das Ausgestalten der Prozessschritte lohnt erst, wenn diese einen entsprechenden Mehrwert haben, z. B. wenn Sie im Testschritt-Designer neue Testfälle auf der Grundlage von Prozessschritten anlegen wollen. Ebenso gilt dies für dokumentenbasierte Ansätze, die auf granulare Testfalldokumente setzen, die auf der Prozessschrittebene abgelegt werden.

Gestaltung der Testfälle

Entsprechend hat zuletzt auch die Gestaltung der Testfälle Einfluss auf die Prozesshierarchie: Bei modularen Prozessen kann ein Testfall oftmals vollständig von einer Testerin oder einem Tester bearbeitet werden. Ein solcher Testfall kann z. B. einfach auf der Prozessebene abgelegt werden. Gibt es jedoch fachbereichsinterne oder -externe Schnittstellen, ist zu prüfen, ob ein solcher Testfall aufgeteilt wird, damit er in der Testausführung unterschiedlichen Personen bearbeitet werden kann – oder ob die gemeinsame Bearbeitung und Bewertung des Testfalls möglich ist. Dies ist eine individuelle Aufwand-zu-Nutzen-Überlegung, die übergreifend vom Testmanagement getroffen wird: Testszenarien, die aus mehreren granularen Testfällen bestehen, können sehr genau eingeplant und gesteuert werden und ermöglichen ein genaues Status- und Fehler-Reporting – führen aber schnell zu höherem administrativen Aufwand in der Testplanung und -durchführung.

**Pragmatisch starten!**

Auch wenn es offensichtlich klingt: Trotz aller Möglichkeiten, die Prozesshierarchie elegant und redundanzfrei zu gestalten, empfehlen wir, einfach zu starten und die Komplexität der Prozesshierarchie so gering wie möglich zu halten. Dies gilt vor allem mit Blick auf die tägliche Arbeit der Testmanager*innen, Testfallersteller*innen und Tester*innen. Ein gelebter pragmatischer Ansatz kommt der Nutzerakzeptanz (und damit schließlich der Systemqualität) weit mehr zugute als ein komplexes Vorgehen, das schlussendlich an seinen Ambitionen scheitert.

## 10.2 Dokumentenbasierte Testfälle

Testfalldokumente

Dokumentenbasierte Testfälle waren lange Zeit die Standardmethode der Testfallerstellung im SAP Solution Manager. Ein Testfall ist dabei ein Dokument, das in der Lösungsdokumentation verwaltet wird. Als Dokumentenart kommen in der Praxis typischerweise Microsoft Word oder Microsoft Excel zum Einsatz; andere Dokumentenarten (z. B. Textdateien oder Links auf eine externe Ablage) sind jedoch ebenfalls möglich.

Vor- und Nachteile von Testfalldokumenten

Auf den ersten Blick scheint dieser Ansatz schwerfällig und mit zusätzlichen Aufwänden verbunden zu sein; schließlich muss ein Testfall in einem zusätzlichen Werkzeug, z. B. Microsoft Office, bearbeitet werden – und das nicht nur bei dessen Erstellung und Bearbeitung; auch die Dokumentation der Testdurchführung kann in diesem Fall mit Microsoft Office erfolgen. Dieser zusätzliche Bearbeitungsschritt kann von Testfallersteller*innen und Tester*innen als zusätzlicher Aufwand empfunden werden.

In der Praxis ist dies jedoch meist unbegründet, denn die Arbeit mit den bekannten Tabellenkalkulations- und Textverarbeitungswerkzeugen ist nahezu allen Zielgruppen bekannt. Entsprechend entfallen Schulungsaufwände, und auch komplexe Testfälle können mit bekannten Methoden editiert werden. Das Hochladen der Testfalldokumente in die Lösungsdokumentation ist per Drag & Drop möglich. Auch der Massen-Upload wird unterstützt. Dabei ist dem System das Format des Testfalls egal; anders als bei Testfällen, die in einem Werkzeug abgebildet werden, gibt es keine Beschränkungen hinsichtlich der Formatierung oder zu verwendender Felder und Inhalte. Somit können auch bestehende Testfälle ohne aufwendige Anpassungen verwendet werden. Ebenso können Fachbereiche bei der Testfallerstellung zunächst Dokumente vorbereiten und anschließend gesammelt in die Lösungsdokumentation hochladen; was gegebenenfalls dem Arbeitsprozess in der Praxis entgegenkommt.

**Bekannte Bearbeitungswerkzeuge**



Gleichzeitig schaffen Dokumente eine gewisse Verbindlichkeit. Psychologisch ist der Testfall als einzelnes, in sich geschlossenes Dokument »greifbar«, auch jenseits des Testwerkzeugs. Dies erleichtert in der Praxis Bearbeitungs- und Review-Prozesse.

**Verbindlichkeit von Dokumenten**

Mit den technischen Möglichkeiten der Lösungsdokumentation, den Lebenszyklus des Testfalls durch Statuswerte abzubilden oder das Testfalldokument zu klassifizieren, ist das dokumentenbasierte Vorgehen insbesondere dann empfehlenswert, wenn hohe formale Anforderungen an den Testprozess gestellt werden. Hier sei beispielhaft das validierte Umfeld erwähnt, in dem Testfalldokumente auf definierten Vorlagen basieren, einen verpflichtenden Review-Prozess durchlaufen und vor deren Verwendung durch mehrere Parteien digital signiert werden müssen. Entsprechende Regeln lassen sich im dokumentenbasierten Ansatz einschließlich entsprechender Berechtigungen umsetzen.

### 10.2.1 Dokumentenarten und Vorlagen

**Dokumentenarten und Vorlagen**

Um dokumentenbasierte Testfälle zu nutzen, empfiehlt es sich vorab, die in Abschnitt 10.1.2, »Lösungsverwaltung«, beschriebene *Dokumentenarten-Verwaltung* in der Lösungsdokumentation zu besuchen. Hier haben Sie die Möglichkeit, Vorlagen für Testfalldokumente zu hinterlegen. Dabei geht es nicht nur um die Vorlage selbst – also z. B. um ein Microsoft-Excel-Dokument, das Spalten für Testanweisungen, erwartete Ergebnisse und die Dokumentation des Testverlaufs enthält. Gleichzeitig wird hier auch ein Statusschema definiert, über das der Lebenszyklus des Dokuments verwaltet werden kann. So können Sie hier z. B. ein eigenes Statusschema mit Review-Schritten hinterlegen oder einzelne Status an digitale Signaturen koppeln.

Ebenso legen Sie hier fest, ob ein Testfalldokument nur auf einer bestimmten Ebene verwendet werden kann. Zum Beispiel können Sie einstellen, dass ein Dokument vom Typ **Integrationstestfall** nur auf der Prozessebene abgelegt werden darf. Beim Erstellen bzw. Hochladen von Testfällen in die Lösungsdokumentation geben Sie stets den Dokumententyp an, der die genannten Regeln beinhaltet, auch wenn die dahinterstehende Vorlage nicht verwendet werden soll. Es empfiehlt sich daher, für die von Ihnen geplanten Testfallarten jeweils eine Vorlage zu konfigurieren und diese in die Dokumentenarten der Lösung zu übernehmen. Wenn Sie Status und Zuordnungsregeln im Rahmen eines pragmatischen Ansatzes nicht nutzen möchten, muss zumindest eine Dokumentenart für Testfälle erstellt werden.

### 10.2.2 Dokumentenbasierte Testfälle in der Lösungsdokumentation

In der Lösungsdokumentation können Sie auf der Ebene von Szenarien, Prozessen und Prozessschritten neue dokumentenbasierte Testfälle anlegen. Über das Kontextmenü im Bereich **Elemente von ...** finden Sie das Untermenü für die verschiedenen Testfallarten. Relevant sind hier die Optionen, die mit **Testdokument** beginnen (siehe Abbildung 10.31).

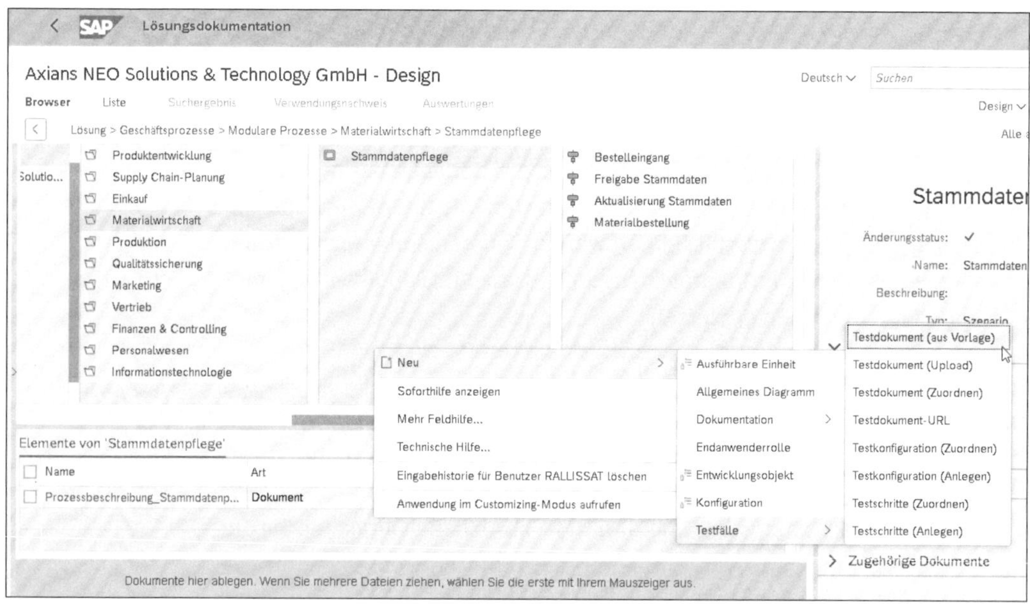


**Abbildung 10.31** Testdokumente in der Lösungsdokumentation hinzufügen

**Testdokument aus einer Vorlage erstellen**

Verwenden Sie die Option **Testdokument (aus Vorlage)**, wenn ein Testdokument in der Lösungsdokumentation neu erstellt werden soll. Daraufhin erscheint ein Pop-up-Fenster, in dem Sie die Bezeichnung des Dokuments angeben (**Name**) und die Dokumentenart festlegen können (siehe Abbildung 10.32). Ebenso können Sie hier den Status des Dokuments angeben; die Auswahlmöglichkeiten werden durch die Dokumentenart bestimmt. Auch können Sie hier bereits Klassifizierungen pflegen, und z. B. die Sensitivität und Priorität des Testfalls festlegen. Ein auf diese Weise erstellter Testfall beinhaltet zunächst nur die etwaigen Inhalte der Vorlage. Das Dokument von Anfang an im SAP Solution Manager zu verwalten, hat den Vorteil, dass Sie jegliche Änderungen direkt nachvollziehen können. Wird die Lösungsdokumentation nicht nur für das Testen, sondern auch z. B. im Rahmen eines Projekts verwendet, werden parallel zum Testfall gegebenenfalls weitere Dokumente wie Anforderungen und die technische Dokumentation des Prozesses verwaltet; somit sind idealerweise alle Dokumente, die für die Testfallerstellung benötigt werden, an einem Ort vorhanden.

**Abbildung 10.32** Testdokument aus einer Vorlage anlegen

**Testfälle hochladen**

Alternativ können Sie über die Option **Testdokument (Upload)** ein bereits vorhandenes Dokument hochladen (siehe Abbildung 10.33). Dazu wählen Sie zunächst ein Dokument über einen Dateidialog aus; anschließend haben Sie die gleichen Optionen zur Klassifizierung wie beim Erstellen aus einer Vorlage.

**Massen-Upload mit dem Drop-Bereich**

Der Upload von Testfalldokumenten lässt sich über den *Drop-Bereich* komfortabler gestalten, den Sie am unteren Rand der Lösungsdokumentation finden (siehe Abbildung 10.34). Sofern dies nicht der Fall ist, können Sie diesen über den entsprechenden Menüpunkt im globalen Menü einblenden.

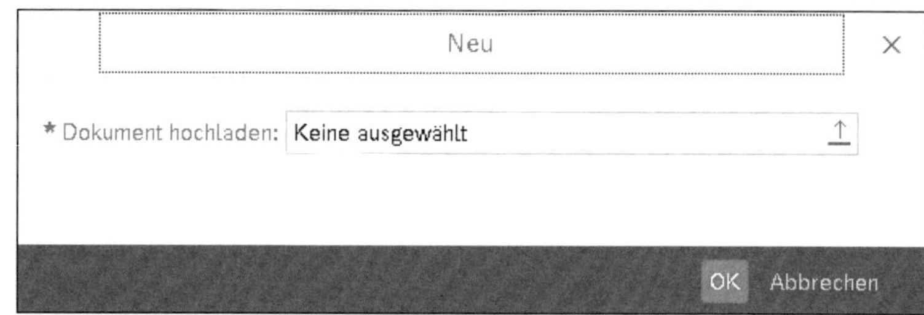


**Abbildung 10.33** Testdokument hochladen

Hier können Sie ein oder mehrere in Ihrem lokalen Dateisystem gespeicherten Dokumente ablegen. Anschließend ordnen Sie den Dokumenten einen Typ zu und geben an, ob es sich um neue Dokumente oder Versionen bestehender Dokumente handelt. Der Upload erfolgt dabei in den jeweils selektierten Ordner der Lösungsdokumentation.

Dokumente hier ablegen. Wenn Sie mehrere Dateien ziehen, wählen Sie die erste mit Ihrem Mauszeiger aus.

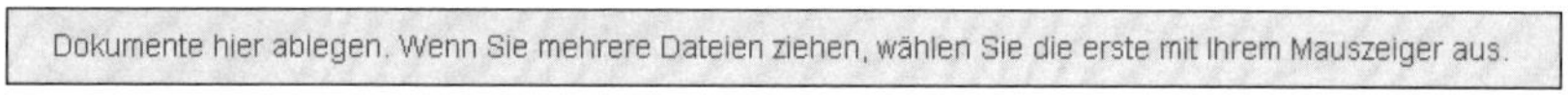

**Abbildung 10.34** Drop-Bereich

**Vorhandene Testfälle zuordnen**

Über die Option **Testdokument (Zuordnen)** können Sie über einen Suchdialog bereits in der Lösungsdokumentation vorhandene Testfalldokumente zuordnen (siehe Abbildung 10.35). Dabei können über das Optionsfeld **Verwaiste Dokumente** auch Dokumente ausgewählt werden, die aus einem Prozess entfernt wurden, aber immer noch im System vorhanden sind.

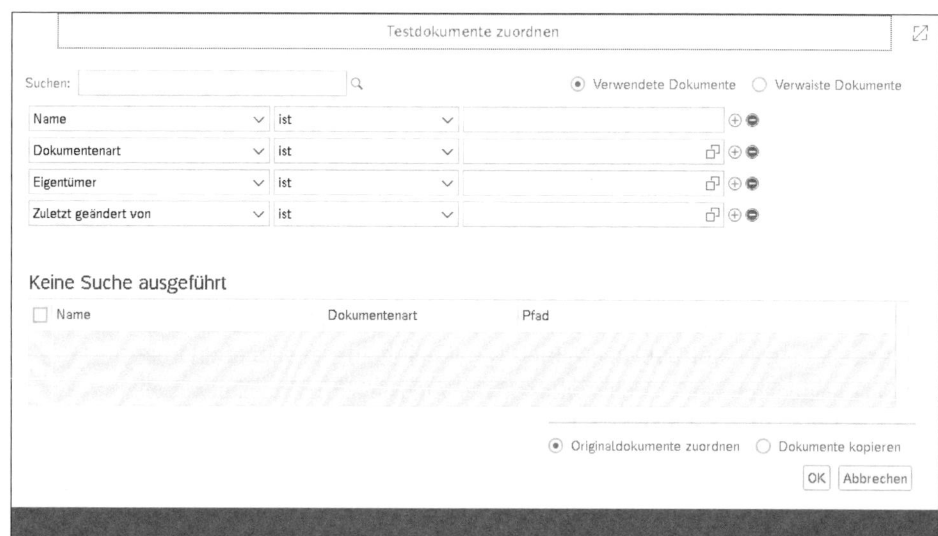


**Abbildung 10.35** Testdokumente zuordnen

Mit dieser Funktion kann ein Testfalldokument mehreren Elementen zugeordnet werden. Dabei existiert das Dokument selbst nur einmal: Ist ein Testfall z. B. mehreren Prozessen zugeordnet und wird in einem Prozess bearbeitet, sind sämtliche Änderungen auch in den anderen Prozessen sichtbar.

**Testdokument-URL**

Als Alternative können Sie über die gleichnamige Option eine Testdokument-URL anlegen. Die grundlegenden Optionen gleichen denen eines Testdokuments; anstelle eines Dokuments geben Sie hier jedoch eine URL an, die z. B. auf ein Dokument in einem anderen Dokumentenverwaltungswerkzeug verweist.

[!]

**Dokumenten-URLs: Versionierung beachten**

Wenn Sie Testfälle nicht in der Lösungsdokumentation verwalten, sondern auf externe Dokumente mittels URL verweisen, bedeutet dies, dass das externe Werkzeug auch für die Versionierung des Testfalls zuständig ist. Während über die Lösungsdokumentation gewährleistet ist, dass in der Testausführung stets die richtige Version eines Testfalls vorhanden ist, muss bei der Verwendung von URLs geprüft werden, ob die Einschränkungen im Umfeld der Versionierung hinnehmbar sind – auch im Sinne von etwaigen Aufbewahrungspflichten.



Bearbeiten können Sie die neu angelegten Testfalldokumente, indem Sie diese im Bereich **Elemente von ...** auswählen; über das Kontextmenü (rechte Maustaste) haben Sie Zugriff auf die Bearbeitungsoptionen (siehe Abbildung 10.36).

**Dokumente bearbeiten**

Wesentliches Mittel zur Bearbeitung von Dokumenten sind die Funktionen **Auschecken** und **Einchecken**, mit denen Sie das gewählte Dokument herunterladen, lokal bearbeiten und anschließend in neuer Version wieder hochladen können. Zwar können Sie Letzteres auch mit der Option **Neue Version hochladen** durchführen, durch das Auschecken wird jedoch anderen Nutzer*innen kenntlich gemacht, dass sie an dem Dokument arbeiten. Gleichermaßen können Sie über das Kontextmenü Dokumente löschen, verschieben und kopieren. Wählen Sie eine der beiden letztgenannten Optionen, können Sie anschließend einen anderen Ablageort wählen und über das Kontextmenü das Verschieben bzw. Kopieren durchführen.

**Verwendungsnachweis und Historie**

Der *Verwendungsnachweis* gibt Ihnen eine Übersicht, ob der gewählte Testfall an verschiedenen Orten referenziert wurde. Wählen Sie den Menüpunkt **Historie anzeigen** aus, werden in einem Pop-up-Fenster sämtliche Änderungen und früheren Versionen des gewählten Dokuments aufgelistet (siehe

Abbildung 10.37) – jede Änderung des Dokuments selbst sowie die Änderungen von Metadaten werden je als eigene Zeile dargestellt.

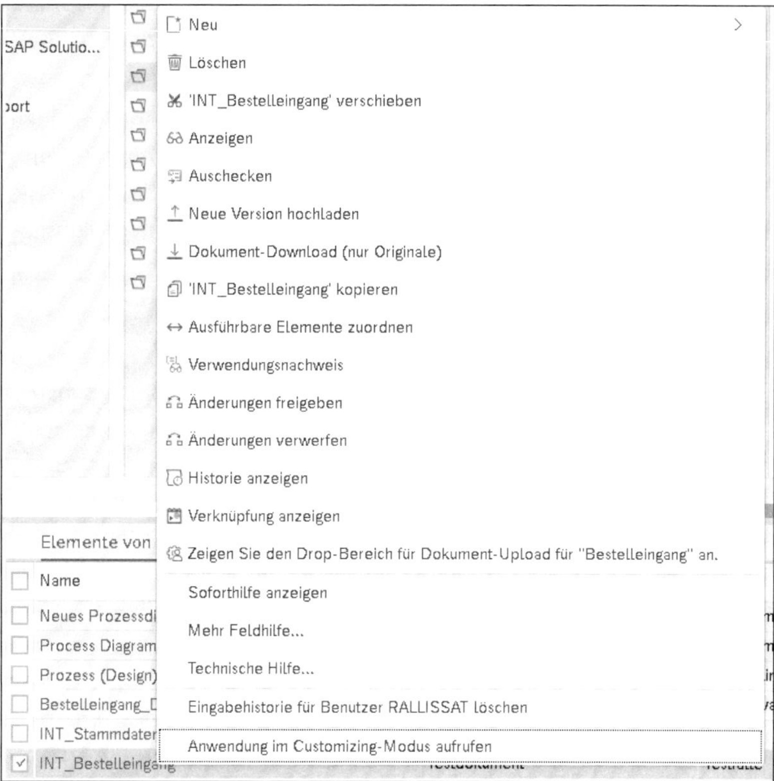


**Abbildung 10.36** Bearbeitungsoptionen für einen Testfall

Dabei haben Sie jeweils auch Zugriff auf die alte Version des Dokuments.

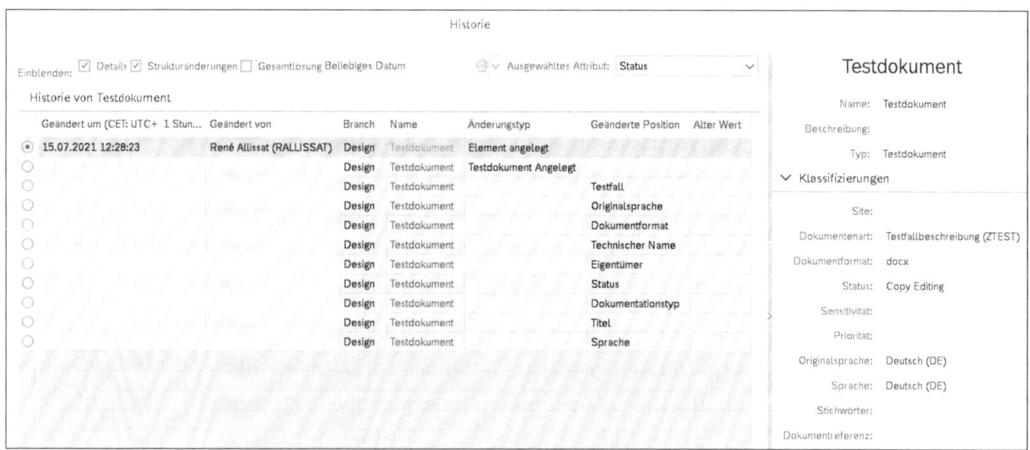


**Abbildung 10.37** Historie eines Testfalls

**Testfälle klassifizieren**

Sofern die entsprechenden Klassifizierungen nicht bereits bei der Erstellung des Testfalls festgelegt worden sind, lohnt sich ein Blick auf die Daten des Dokuments, die auf der rechten Seite der Lösungsdokumentation angezeigt werden. Wählen Sie dazu ein oder mehrere Testfalldokumente aus. Für Testfälle können Sie im Standard insbesondere im Bereich **Klassifizierungen** die **Sensitivität** und **Priorität** pflegen und darüber die Kritikalität des Testfalls festlegen (siehe Abbildung 10.38) – ein entscheidendes Kriterium bei der späteren Testfallauswahl. Im Bereich **Zuständigkeiten** können Sie Eigentümer*innen und Verantwortliche festlegen. Ideal ist es, wenn die benannten Personen in die Wartung des Testfalldokuments involviert sind und dieses bei Prozessänderungen überarbeiten. Über die bereits in Abschnitt 10.1.4, »Grundlegende Funktionen der Lösungsdokumentation«, vorgestellten Filteroptionen können die Ansprechpartner*innen leicht eine Übersicht der ihnen zugordneten Testfälle erhalten.

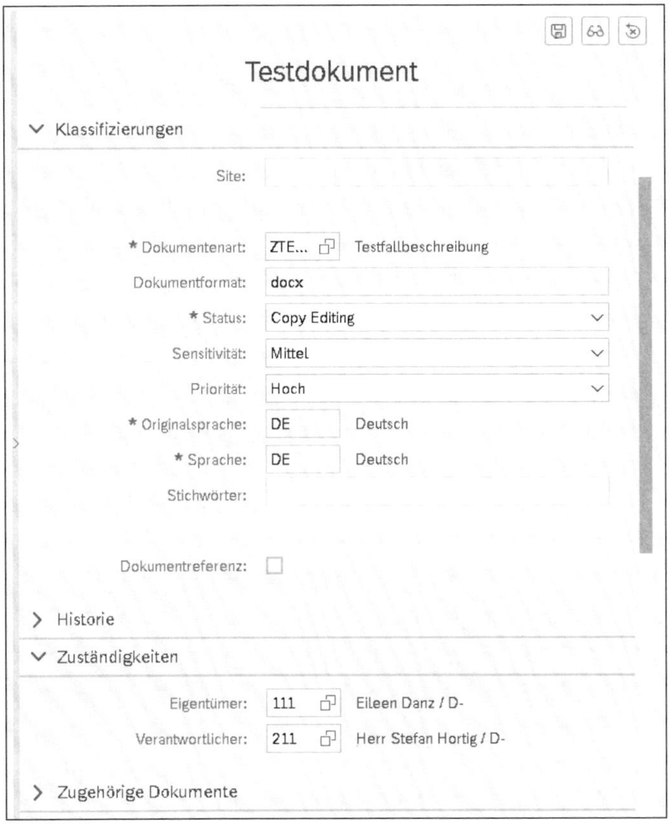

**Abbildung 10.38** Klassifizierung des Testdokuments

Im Bereich **Testmanagement** finden Sie zusätzlich den Bereich **Testfallklassifizierung**. Hier können Sie die Teststufen angeben, für die der Testfall geeignet ist – die entsprechenden Einträge lassen sich im Customizing der Test-Suite anpassen (siehe Abschnitt 9.4.3, »Test-Suite-Vorbereitung«). Ebenso finden Sie hier die Angabe, ob dem Test ausführbare Einheiten zugeordnet sind. Ferner können Sie im Feld **Dauer** den geschätzten Testaufwand hinterlegen.

**Weitere Felder zur Klassifizierung**

Zusätzliche Felder zur Klassifizierung von Testfällen und ebenso von Ordnern der Prozesshierarchie können über das Customizing der Lösungsdokumentation hinzugefügt werden. Nutzen Sie diese Möglichkeit unbedingt, wenn Sie entsprechende Anforderungen haben. Eine zielgerichtete Klassifizierung von Testfällen spart bei der Testfallauswahl Zeit und hilft, nur passende Testfälle auszuwählen, was in der Folge auch die Aufwände für die Testdurchführung reduzieren kann.

### 10.2.3 Verknüpfung von Testfällen mit ausführbaren Einheiten

Fachliche und technische Sicht

Eine Kernfunktionalität der Lösungsdokumentation ist die Verknüpfung von fachlicher und technischer Sicht. Dies gilt auch für das Testmanagement. Dazu können die dokumentenbasierten Testfälle mit ausführbaren Einheiten verknüpft werden. Somit können Tester*innen, die den Testfall später durchführen, direkt auf die zu testende App zugreifen.

Ausführbare Einheiten hinzufügen

Ausführbare Einheiten werden als Element der Lösungsdokumentation auf der Ebene eines Szenarios, Prozesses, oder Prozessschritts angelegt. Wenn Sie im Kontextmenü des Bereichs **Elemente von** die Option **Neu – Ausführbare Einheit** auswählen, erscheint das in Abbildung 10.39 gezeigte Pop-up-Fenster. Hier können Sie in der Bibliothek der ausführbaren Einheiten suchen oder über **Ausführbare Einheit angeben** manuell einen Verweis auf eine App erstellen.

**Ausführbare Einheiten als Testfälle**

Bei der Testplanung können Sie auch angeben, dass Sie ausführbare Einheiten als Testfälle verwenden möchten. Diese können dann wie reguläre Testfalldokumente einem Testplan zugeordnet und damit getestet werden. Auch wenn wir einen Test ohne formale Testanweisungen nicht empfehlen, kann diese Minimalausprägung in bestimmten Situationen nützlich sein, z. B. wenn ein Funktionstest durchgeführt werden soll, der keine prozessualen Anweisungen erfordert, oder wenn für einen Fachbereich keine Testfälle vorliegen, die Durchführung von Tests aber dennoch minimal dokumentiert werden soll.

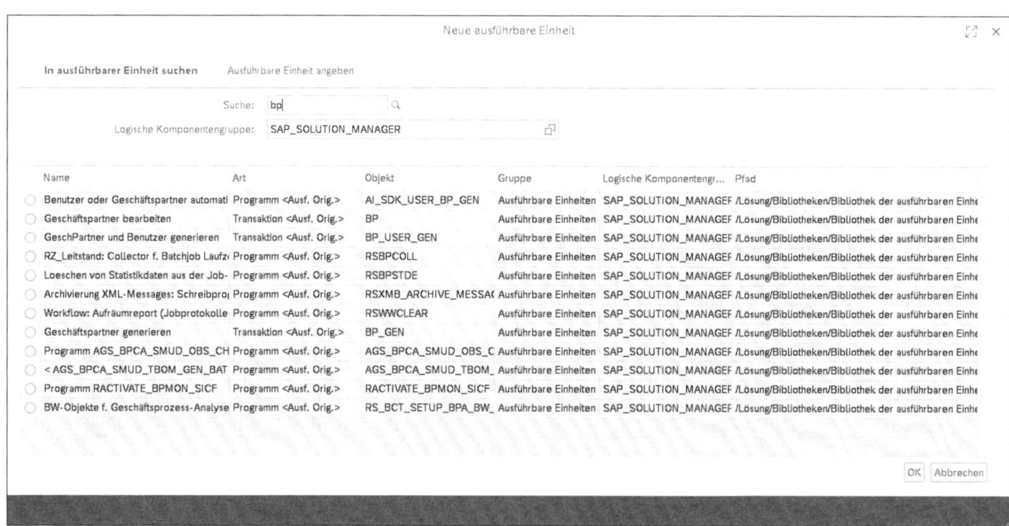


**Abbildung 10.39** Neue ausführbare Einheit suchen oder angeben



Liegen Testfalldokument und ausführbare Einheit im gleichen Ordner, können Sie diese über den Kontextmenüpunkt **Ausführbare Einheit zuordnen** miteinander verknüpfen (siehe Abbildung 10.36). Liegen mehrere ausführbare Einheiten vor, haben Sie über den entsprechenden Dialog die Möglichkeit, alle ausführbaren Einheiten zu wählen oder nur die für den Testfall relevanten Einheiten zu selektieren (siehe Abbildung 10.40).

Ausführbare Einheiten dem Testfall 'INT_BP_Mitarbeiter' zuordnen

Alle ausführbaren Einheiten | Manuelle Auswahl der ausführbaren Einheiten | Alle auswählen | Alle entmarkieren

| Getestet | Name | Logische Komponentengruppe | Typ | Parameter |
|---|---|---|---|---|
| ✓ | Geschäftspartner bearbeiten | SAP_SOLUTION_MANAGER | Vorgang <Ausf. Ref.> | Objekt: BP |

OK | Abbrechen

**Abbildung 10.40** Ausführbare Einheit einem Testfall zuordnen

## 10.3 Testschritt-Designer

**Testschritte**

Der *Testschritt-Designer* und begleitende Apps sind als Standalone-Erweiterung in Focused Build enthalten. Sie ergänzen das im vorangehenden Abschnitt beschriebene dokumentenbasierte Vorgehen zur Erstellung von Testfällen um eine alternative Vorgehensweise. Hierbei werden Testfälle in der App **Testschritt-Designer** direkt im System bearbeitet. Entsprechend erfolgt auch die Testdokumentation direkt im System; hierzu steht die korrespondierende App **Meine Testausführungen** zur Verfügung. Die Verwaltung der Testfälle erfolgt hingegen in der Lösungsdokumentation des SAP Solution Managers. Ebenso werden Tests weiterhin mit der Test-Suite gesteuert und geplant. Abbildung 10.41 zeigt die relevanten Apps im Menü **Focused Build – Test Manager**.

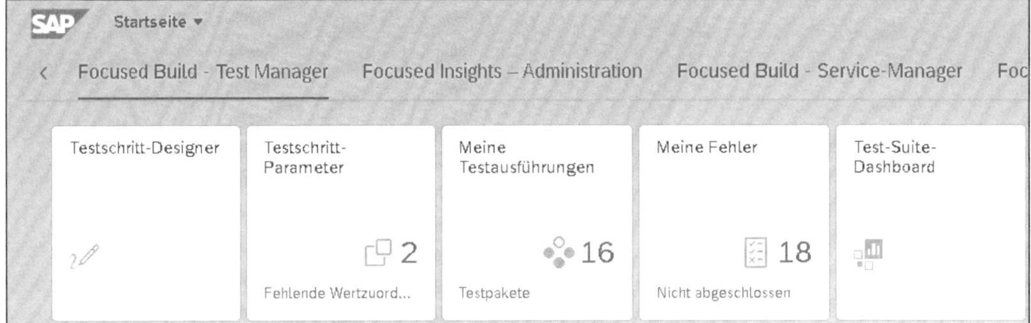


**Abbildung 10.41** Apps in Focused Build – Test Manager

Somit bleiben die Vorteile der Lösungsdokumentation erhalten; Testfälle können prozessorientiert erfasst und in einer einheitlichen Struktur bearbeitet werden. Ebenso stehen weiterhin Statusschemata, Klassifizierungsoptionen und digitale Signaturen zur Verfügung. Dies bedeutet auch, dass innerhalb einer Lösung beide Varianten nebeneinander verwendet werden können, z. B. wenn ein Altbestand an Testfällen abgelöst werden soll oder verschiedene Projekte innerhalb des Unternehmens unterschiedliche Testfallansätze verfolgen.

**Agiles Testen**

Das direkte Erfassen von Testfällen im System und damit der Verzicht auf Dokumente kommt insbesondere agilen Projektansätzen zugute: Neue Testfälle können vergleichsweise schnell skizziert werden, insbesondere mit der Möglichkeit, bereits vorhandene Prozessschritte als Grundlage für einen Testfall zu verwenden. Ebenso können Anwender*innen, die Cloud-Apps gewohnt sind, das Bearbeiten von Dokumenten in einer Textverarbeitung oder Tabellenkalkulation als Medienbruch wahrnehmen. Dieser Schritt entfällt und kann damit bei bestimmten Nutzergruppen die Akzeptanz eines Testmanagementwerkzeugs erhöhen. Da der SAP Solution Manager den direkten Zugriff auf Apps des Testsystems erlaubt, kann mit dieser Methode nahezu nahtloses Testen ermöglicht werden – sämtliche Arbeitsschritte der Tester*innen können in einem Browser stattfinden.

**Unterschiede zu Testfalldokumenten**

Ein möglicher Nachteil des Ansatzes im Vergleich zu dokumentenbasierten Testfällen ist die Beschränkung des Testfalls auf vordefinierte Felder (z. B. Beschreibung, Anweisungen, erwartetes Ergebnis). Zwar können kundendefinierte Spalten zur Beschreibung und Dokumentation eines Testfalls angelegt werden, dennoch bietet ein klassisches Dokument bisweilen eine höhere Flexibilität, z. B. wenn es darum geht, bei komplexen Sachverhalten aus einer festen Dokumentationsstruktur auszubrechen oder recht einfach Bildschirmfotos einzufügen.

Ferner erscheinen Anwender*innen eines stark formalisierten Umfeldes die Testfälle des Testschritt-Designers möglicherweise als weniger greifbar, insbesondere wenn die Erstellung eines Testfalls mit verschiedenen Statusschritten und Signaturen einhergeht. Zwar kann dies auch im Testschritt-Designer abgebildet werden, der Wechsel vom dokumentenbasierten Ansatz erfordert hier aber höhere Schulungsaufwände.



Testfälle vom Typ **Testschritte** können entweder im Testschritt-Designer oder – wie die zuvor beschriebenen dokumentenbasierten Testfälle – in der Lösungsdokumentation angelegt werden. Da Testfälle für die weitere Verwendung in jedem Fall in der Lösungsdokumentation vorhanden sein müssen, empfiehlt sich die Erstellung der Testschritte-Testfälle aus der Lösungsdokumentation heraus.

### 10.3.1 Testschritte in der Lösungsdokumentation

Auch Testschritte-Testfälle können für Szenarien, Prozesse und Prozessschritte angelegt werden. Abbildung 10.42 zeigt die Optionen zum Anlegen eines Testfalls.

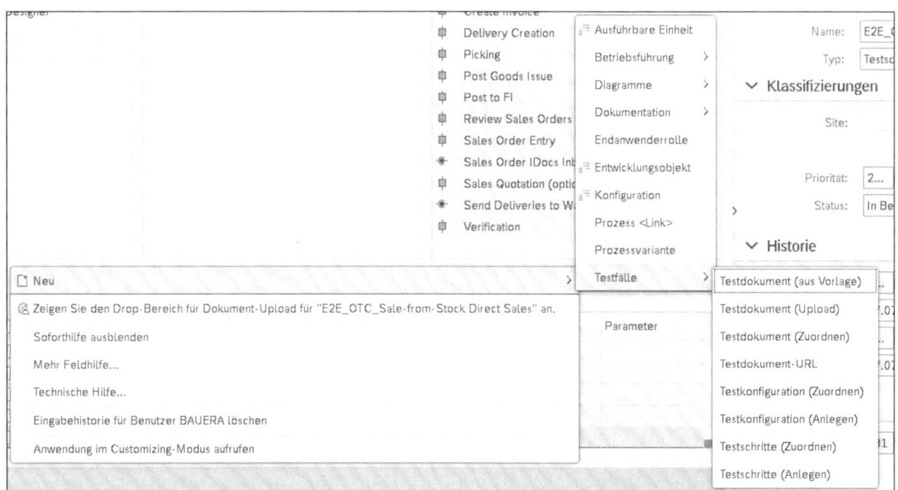


**Abbildung 10.42** Testschritte-Testfall in der Lösungsdokumentation anlegen

**Testschritte-Testfall anlegen**

Wählen Sie hier **Testfälle • Testschritte (Anlegen)**, um einen neuen Testfall in dem zuvor gewählten Ordner anzulegen. Wählen Sie **Testschritte (Zuordnen)**, um einen bereits bestehenden Testfall auszuwählen und dem gewählten Ordner zuzuordnen.

Zum Anlegen eines neuen Testfalls aus der Lösungsdokumentation heraus öffnet sich der Bildschirm **Neuen Testfall anlegen** des Testschritt-Designers (siehe Abbildung 10.43). Hier können Sie den Namen des Testfalls eingeben; als Vorschlag wird der Name der Hierarchieebene in der Lösungsdokumentation verwendet. Unterhalb des Feldes **Testfallname** können Sie einen Ordner auswählen. Dieser hat nichts mit den Ordnern in der Prozesshierarchie zu tun. Es handelt sich hierbei um eine weitere optionale Gruppierung, da alle Testschritte-Testfälle auch im Testschritt-Designer aufgelistet werden und dort gruppiert werden können. Die Ordner können über das Customizing des Testschritt-Designers angelegt werden. Während der Bearbeitung von Testfällen können Sie auf der linken Seite der Anwendung durch die Ordner navigieren und Testfälle auswählen.

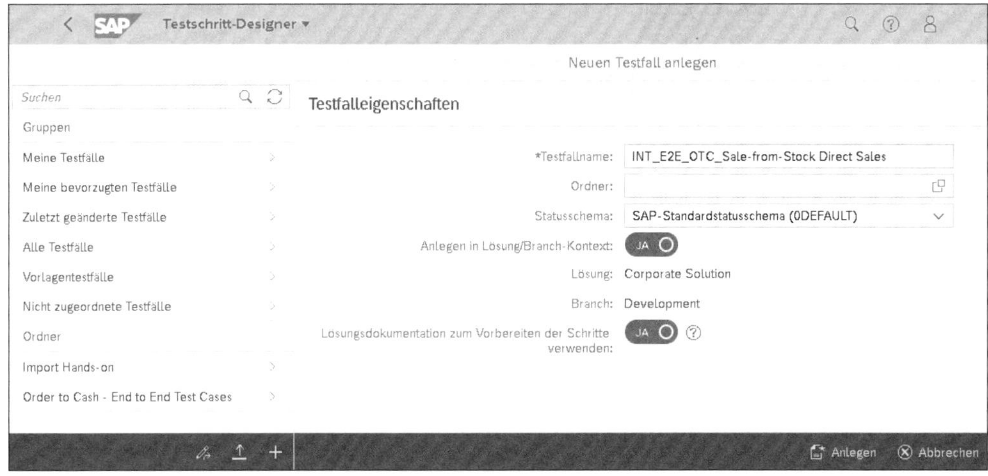


**Abbildung 10.43** Neuer Testschritte-Testfall

Die Option **Anlegen in Lösung/Branch-Kontext** ist automatisch aktiviert, da der Testfall über die Lösungsdokumentation angelegt worden ist. Deaktivieren Sie diese Option, wird der Testfall nicht in die Lösungsdokumentation mit aufgenommen. Die Felder **Lösung** und **Branch** zeigen, in welchem Kontext der Testfall angelegt wird.

**Prozessschritte verwenden**

Die Option **Lösungsdokumentation zum Vorbereiten der Schritte verwenden** ist verfügbar, wenn Sie einen Testfall auf der Ebene eines Geschäftsprozesses anlegen. Wählen Sie hier **Ja**, wird aus jedem Prozessschritt, der dem gewählten Prozess zugeordnet ist, automatisch ein Testschritt angelegt. Dabei wird der Name des Prozessschritts in die Beschreibung des jeweiligen Testschritts übernommen. Ebenso werden in dem Schritt zugeordnete ausführbare Einheiten in den Testfall übernommen.

**Kopfdaten des Testfalls**

Nachdem Sie auf Anlegen geklickt haben, um den Testfall zu erstellen, wechselt der Testschritt-Designer auf die Registerkarte **Kopf** der Testfallbearbeitung. Hier legen Sie grundlegende Eigenschaften des Testfalls fest. Wie bei dokumentenbasierten Testfällen können Sie ein Statusschema und den Status des Dokuments festlegen und ferner **Eigentümer** und geschätzte Dauer (**Dauer min**) pflegen (siehe Abbildung 10.44).

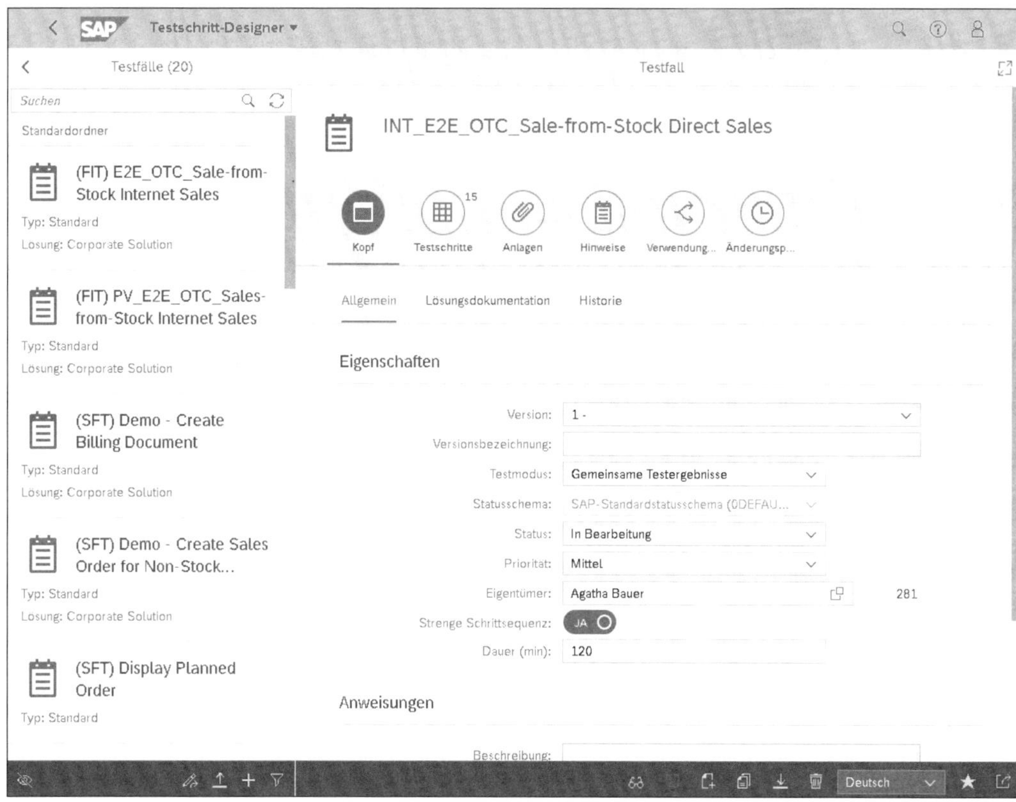


**Abbildung 10.44** Kopfdaten eines Testfalls

**Testmodus – allein oder gemeinsam**

Auch Testschritte-Testfälle können in dieser Ansicht versioniert werden. Über das Feld **Version** können Sie vorherige Versionen aufrufen und im Feld **Versionsbezeichnung** den Namen der aktuellen Version eintragen. Eine neue Version legen Sie über das Symbol am unteren Bildschirmrand an. In dem darauffolgenden Dialog können Sie Versionsbezeichnung und Branch festlegen sowie die Daten einer vorherigen Version übernehmen (siehe Abbildung 10.45).

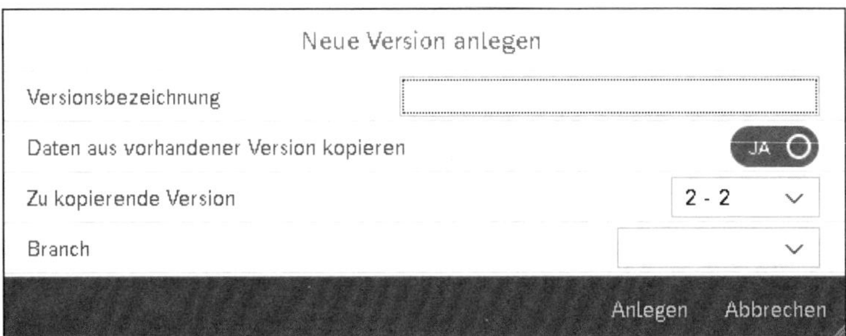


**Abbildung 10.45** Neue Testfallversion

Zusätzlich finden Sie in den in Abbildung 10.44 gezeigten Kopfdaten zwei Besonderheiten der Testschritte-Testfälle: Über den **Testmodus** legen Sie fest, ob Tester*innen, die später den Testfall durchführen, gemeinsam auf diesen zugreifen oder ob sie getrennt voneinander arbeiten. Bei der ersten Option können sich mehrere Personen die Ausführung des Testfalls teilen und sehen die Statuswerte und Dokumentationen aller anderen Tester*innen. Bei getrenntem Arbeiten führen alle Tester*innen den Test in einer eigenen Kopie des Testfalls mit eigenen Status und eigener Dokumentation aus.

Reihenfolge von Testschritten

Die Option **Strenge Schrittsequenz** bestimmt, ob die einzelnen Arbeitsschritte des Testfalls zwingend in der vorgegebenen Abfolge ausgeführt werden müssen oder ob die Reihenfolge beliebig sein soll.

Ferner können Sie in den Kopfdaten im Bereich **Anweisungen** allgemeine Informationen für Tester in Form der Felder **Beschreibung**, **Voraussetzungen** und **Ausstiegskriterien** angeben.

Lösungsdokumentation und Historie

In den Kopfdaten können Sie über die beiden Registerkarten **Lösungsdokumentation** und **Historie** weitere Details zum Testfall abrufen. In der Lösungsdokumentation finden Sie insbesondere Informationen dazu, wo sich der entsprechende Testfall befindet und welche Testfallklassifizierung diesem zugeordnet ist; die Historie zeigt Änderungsdetails zum Testfall an.

**Massenaktualisierung von Kopfdaten**

Über das Symbol am unteren linken Rand der App gelangen Sie zur Massenaktualisierung von Testfällen. Hier können Sie Testfälle anhand von Filterkriterien suchen und anschließend die Kopfdaten für mehrere Testfälle gleichzeitig ändern (siehe Abbildung 10.46).

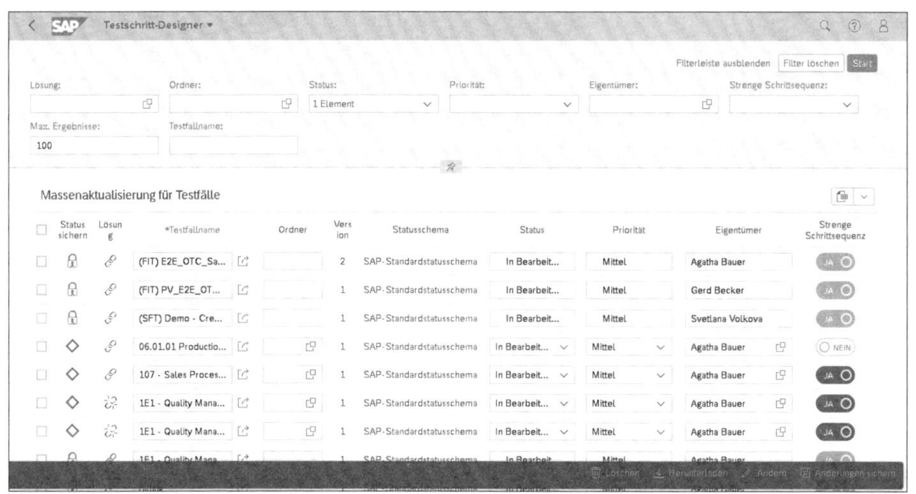


**Abbildung 10.46** Massenaktualisierung von Testfällen

Auf der Registerkarte **Testschritte** bearbeiten Sie die Testanweisungen des Testfalls (siehe Abbildung 10.47). Dabei entspricht ein Testschritt jeweils einer Zeile in der **Schritttabelle**. Die Schritte werden in ihrer Abfolge nummeriert; zusätzlich können Sie über das Symbol [+] Unterschritte anlegen.

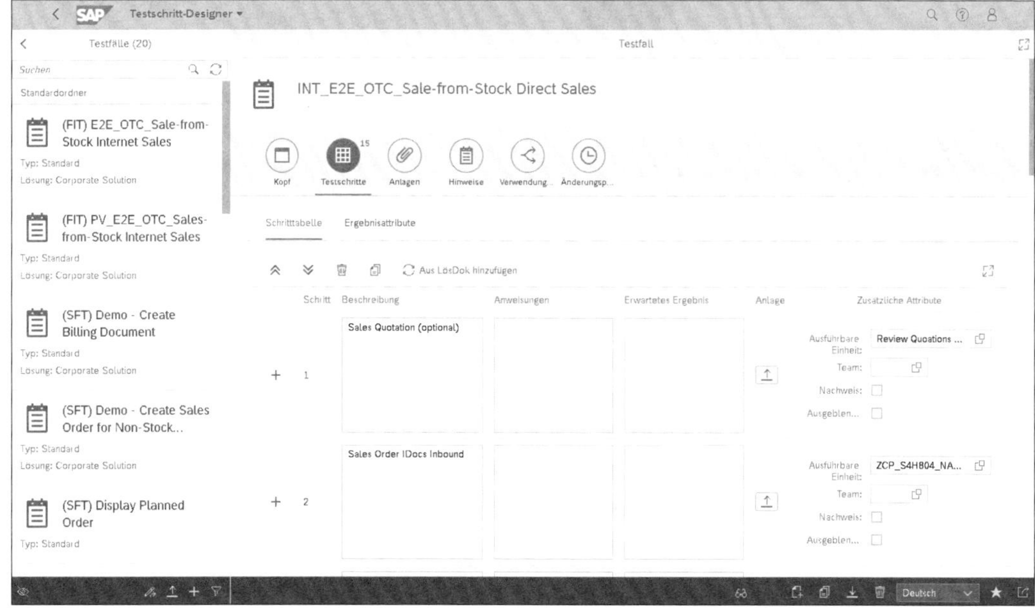


**Abbildung 10.47** Testschritte bearbeiten

**Testschritte bearbeiten**

In der Standardkonfiguration können Sie für jede Zeile die Beschreibung und Anweisungen sowie das erwartete Ergebnis detaillieren und ebenso eine Anlage hinzufügen. Die Schaltfläche **Ausführbare Einheit** ermöglicht Tester*innen bei der Testausführung Zugriff auf das Testobjekt im Zielsystem. Über eine Wertehilfe können Sie entweder alle ausführbaren Einheiten anzeigen und auswählen, die sich im gleichen Ordner der Lösungsdokumentation befinden, oder die Einheit in der Bibliothek der ausführbaren Einheiten suchen (siehe Abbildung 10.48).

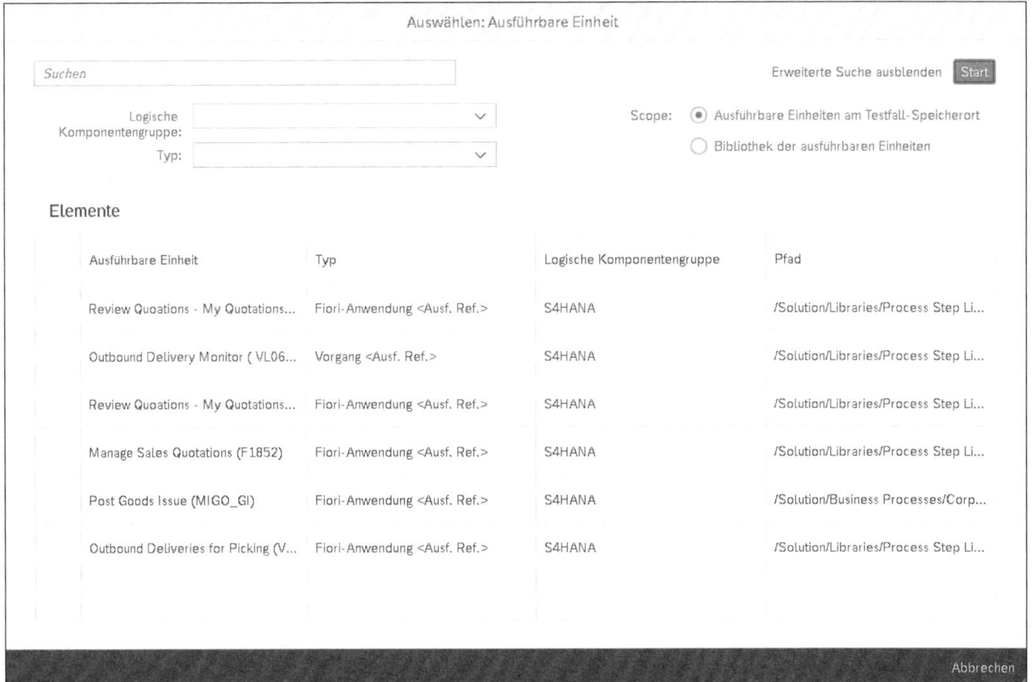


**Abbildung 10.48** Ausführbare Einheiten für einen Testschritt suchen und auswählen

Ferner haben Sie je Testschritt die Option, ein Team festzulegen. Mit der Checkbox **Nachweis** bestimmen Sie, ob für den gewählten Schritt die Dokumentation des Testergebnisses zwingend ist. Wenn Sie die Checkbox **Ausblenden** anklicken, wird der jeweilige Testschritt bei der Testausführung ausgeblendet. Dies kann z. B. relevant sein, wenn sie Testfälle für Varianten eines Prozesses aus einer Kopie heraus erstellt haben und in der Prozessvariante nicht relevante Arbeitsschritte ausblenden möchten.

Am oberen Rand der Schritttabelle finden Sie zudem Schaltflächen, um Schritte zu kopieren oder zu löschen; mit der Option **Aus LösDok kopieren** können Sie Testschritte aus den Prozessschritten der Lösungsdokumentation hinzufügen.

Ergebnisse als Attribute dokumentieren

Über die Registerkarte **Ergebnisattribute** können Sie Attribute festlegen, die im Rahmen der Testausführung dokumentiert werden müssen, z. B. Belegnummern (siehe Abbildung 10.49). Jedes Attribut kann optional oder obligatorisch sein und einer Schrittnummer zugeordnet werden.

**Abbildung 10.49** Ergebnisattribute eines Testfalls



Verwendung und Änderungsprotokoll

Neben Kopfdaten und Ergebnisschritten stehen Ihnen weitere Registerkarten je Testfall zur Verfügung: So können Sie einem Testfall Anlagen in Form von Dokumenten oder Links hinzufügen, Hinweise zum Testfall als einfaches Textfeld pflegen sowie einen Verwendungsnachweis und das Änderungsprotokoll einsehen. Der Nachweis zeigt, ob und wo der Testfall gegenwärtig im Testmanagement verwendet wird; das Änderungsprotokoll listet die Änderungen am Testfall im Detail auf.

## 10.3.2 Vorlagentestfälle

Testfall im Testschritt-Designer erstellen

Für das Anlegen neuer Testfälle ist der beschriebene Weg über die Lösungsdokumentation empfehlenswert; da der Testfall direkt aus dem gewünschten Kontext (z. B. einem Geschäftsprozess) heraus erstellt wird. Der umgekehrte Weg ist jedoch auch möglich: Dabei wird ein Testfall zunächst losgelöst von der Lösungsdokumentation im Testschritt-Designer erstellt und erst nach seiner Fertigstellung zugeordnet. Hierzu rufen Sie den Testschritt-Designer direkt aus dem Launchpad des SAP Solution Managers auf (siehe Abbildung 10.41). Auf der linken Seite der App, in der Sie alle Testfälle in der eigenen Ordnerstruktur des Designers finden, können Sie über das Symbol ➕ einen neuen Testfall anlegen. Die weiteren Arbeitsschritte zur Erstellung des Testfalls sind weitestgehend identisch. Um den Testschritten jedoch ausführbare Einheiten zuzuweisen und um den Testfall später zur Testausführung einplanen zu können, müssen Sie diesen, wie in Abschnitt 10.2.3, »Verknüpfung von Testfällen mit ausführbaren Einheiten«, beschrieben, der Lösungsdokumentation zuordnen.

Vorlagentestfälle

Wenn Sie auf diese Weise einen Testfall anlegen, haben Sie zusätzlich die Möglichkeit, diesen als *Vorlagentestfall* zu erstellen. Vorlagentestfälle können nicht für die Testdurchführung verwendet werden; aus ihnen werden auch weitere Testfälle abgeleitet, die die Inhalte der Vorlage übernehmen. Dieses Vorgehen eignet sich daher insbesondere, wenn Sie mehrere Testfälle erstellen, die untereinander nur kleinere oder klar abgrenzbare Änderungen aufweisen. Dies kann z. B. beim Testen von Prozessvarianten oder Prozessen unterschiedlicher Länderorganisationen der Fall sein.

Um einen Vorlagentestfall anzulegen, stellen Sie dazu die Option **Vorlagentestfall** auf **JA** und geben einen Branch an, auf den der Testfall Bezug nimmt (siehe Abbildung 10.50).

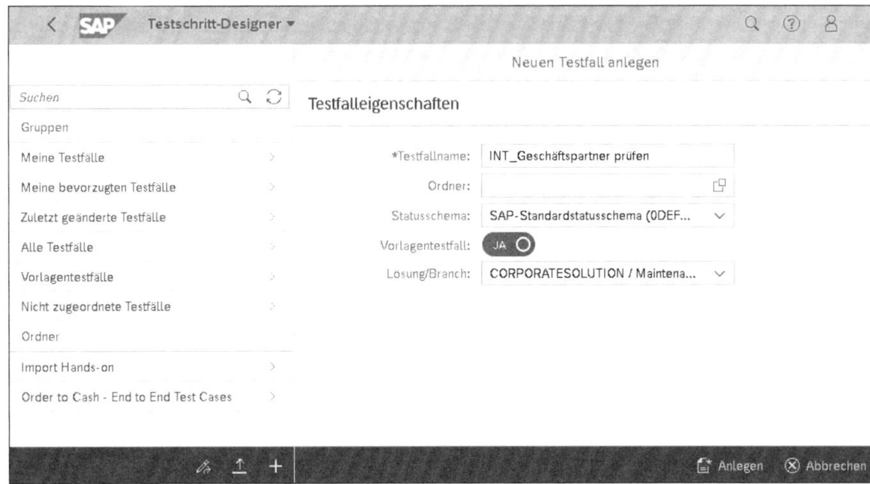


**Abbildung 10.50** Vorlagentestfall erstellen

Vorlagentestfälle können Sie wie normale Testfälle editieren. Sobald Sie den Testfall vollständig formuliert haben, setzen Sie in den Kopfdaten den Status auf **Freigegeben**. Anschließend können Sie über das Symbol am unteren Bildschirmrand neue Testfälle aus der Vorlage ableiten. Abbildung 10.51 zeigt den erscheinenden Dialog. Ein abgeleiteter Testfall übernimmt stets die Inhalte der Vorlage. Indem Sie die Option **Updates aus Vorlage pushen zulässig** aktivieren oder deaktivieren, legen Sie fest, wie der abgeleitete Testfall bei Änderungen der Vorlage aktualisiert werden kann. Bei der Auswahl **NEIN** können Änderungen der Vorlage nur aus dem abgeleiteten Testfall heraus übernommen werden. Bei der Option **JA** können aus der Vorlage heraus alle Änderungen der Vorlage auf die abgeleiteten Testfälle übertragen werden.

**Änderungen aus der Vorlage übernehmen**

Um den Abgleich zwischen Vorlage und abgeleitetem Testfall vorzunehmen, finden Sie in beiden Testfällen die Registerkarte **Beziehungen** (siehe Abbildung 10.52).

**Abbildung 10.51** Abgeleiteten Testfall anlegen



Aus einem abgeleiteten Testfall heraus können Sie nach der Auswahl der Vorlage die Schaltfläche **Update abrufen** auswählen, um die Änderungen der Vorlage in den abgeleiteten Testfall zu übernehmen (siehe Abbildung 10.52). Damit überschriebene Daten nicht verloren gehen, wird dabei automatisch eine neue Version des abgeleiteten Testfalls erstellt. Sofern Sie dies erlaubt haben, ist auch der umgekehrte Weg möglich: Aus der Vorlage heraus können Änderungen an mehrere abgeleitete Testfälle verteilt werden.

**Abbildung 10.52** Vorlagenbeziehungsdetails

### 10.3.3 Import von Testfällen

**Import mittels Tabelle**

Ein weiterer Anwendungsfall, bei dem das direkte Anlegen von Testfällen im Testschritt-Designer sinnvoll ist, ist der Import neuer Testfälle aus einer Datei heraus. Die entsprechende Option finden Sie im Testschritt-Designer unten links (Symbol ⬆). Nach dem Klicken auf das Symbol öffnet sich ein Assistent, der in drei Schritten durch den Upload führt. Abbildung 10.53 zeigt die ersten beiden Schritte. Zunächst empfiehlt es sich, die Schaltfläche **Beispieldatei herunterladen** anzuklicken. Die heruntergeladene Datei im Microsoft Excel-Format kann als Vorlage für den Upload dienen; sie enthält die relevanten Datenfelder und gibt Beispiele für den allgemeinen Aufbau.

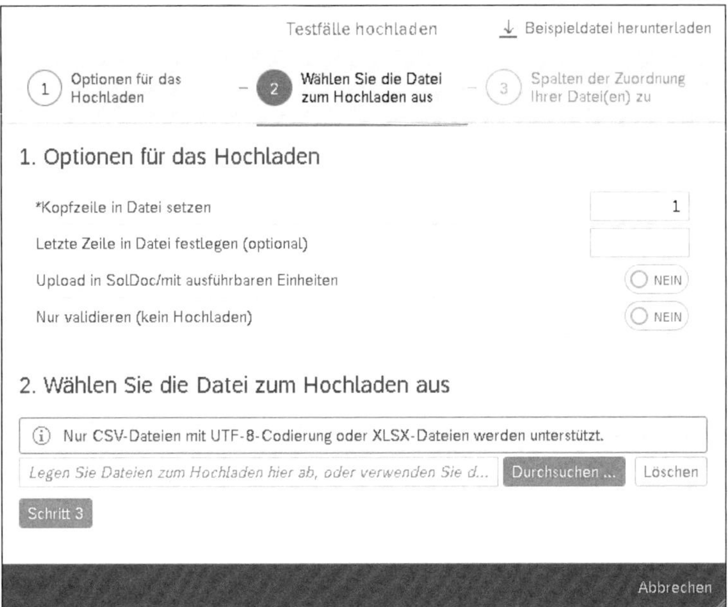


**Abbildung 10.53** Testfälle uploaden

**Massen-Upload bestehender Testfälle**

Die Upload-Funktionalität ist insbesondere nützlich, wenn bereits bestehende Testfälle, die zuvor z. B. in Microsoft Excel erstellt worden sind, in den Testschritt-Designer übernommen werden sollen. Es empfiehlt sich, die jeweiligen Felder der vorhandenen Testfälle in eine zentrale Datei zu kopieren, die auf der herunterladbaren Vorlage basiert.

Nehmen Sie im Assistenten im ersten Schritt die gewünschten Einstellungen vor, und wählen Sie im zweiten Schritt eine Datei im Microsoft Excel- oder CSV-Format aus. In Schritt 3 können Sie die Spalten der Datei den Datenfeldern des Testschritt-Designers zuordnen. Wählen Sie abschließend die Schaltfläche **Upload starten**. Dabei werden für namensgleiche Testfälle, die bereits zuvor mit der Upload-Funktion erstellt wurden, neue Versionen angelegt. Somit eignet sich der Upload auch für die nachträgliche Massenänderung von Testfällen.

### 10.3.4 Testschritt-Parameter

Bereitstellen von Testdaten

Eine weitere Funktionalität des Testschritt-Designers ist die Verwendung von *Testschritt-Parametern*, die dazu dienen, während der Testdurchführung geeignete Testdaten bereitzustellen. Dazu verwenden Sie die in Abbildung 10.54 dargestellte App **Testschritt-Parameter**, um in einem ersten Schritt Platzhalter für die gewünschten Testdaten anzulegen.

**Abbildung 10.54** Testschritt-Parameter

**Parameter anlegen**

Nach dem Aufrufen der App erhalten Sie eine Übersicht aller bislang angelegten Parameter. Nach der Auswahl eines Parameters werden dessen Details angezeigt, insbesondere dessen Verwendung in Testfällen und Testplänen. Über die entsprechenden Symbole im linken oberen Bereich der App können Sie neue Parameter anlegen, Gruppen erstellen und Werte zuweisen. Für neue Parameter ist dabei lediglich die Angabe eines Namens und einer Gruppe erforderlich.

**Werte zuordnen**

Über die Funktion **Werte zuordnen** können Sie den Parametern anschließend konkrete Werte zuordnen, die in der Testdurchführung verwendet werden sollen (siehe Abbildung 10.55). Hier können Sie über die Schaltfläche **Wert hinzufügen** einen zuvor definierten Parameter wählen, für den Sie anschließend auf der Ebene eines Testpakets oder für einzelne Tester*innen die jeweiligen Daten eintragen. Führen Tester*innen, die diesem Paket zugeordnet sind, einen Testfall aus, in dem der Parameter genutzt wird, wird der betreffende Wert angezeigt.

**Abbildung 10.55** Wertzuordnungen

Wenn Sie das Optionsfeld **Nur leere Werte** auf **AN** stellen, werden nur solche Parameter angezeigt, für die noch kein Wert festgelegt wurde. Die Optionen **Hochladen** bzw. **Herunterladen** ermöglichen die Bearbeitung der Daten in einer Tabellenkalkulation.

**Parameter in Testfällen verwenden**

Um die Parameter in einem Testfall zu verwenden, können Sie bei der Bearbeitung der Schritte eines Testfalls jederzeit durch Rechtsklick in eines der Textfelder einen Platzhalter für den jeweiligen Parameter einfügen (siehe Abbildung 10.56).

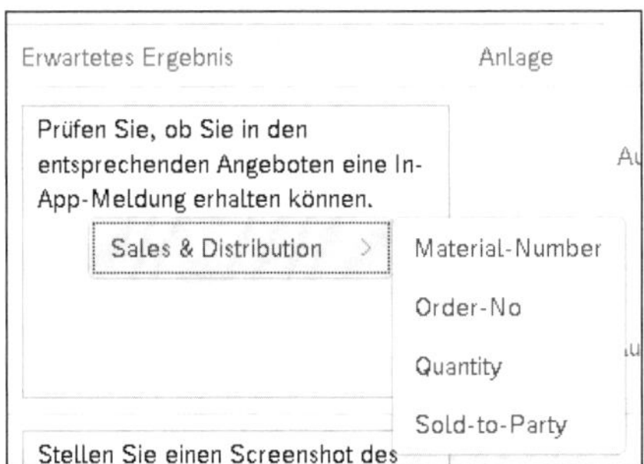


**Abbildung 10.56** Parameter in einen Testfall einfügen

Kapitel 11

# Testplanung mit dem SAP Solution Manager

*In diesem Kapitel lernen Sie, wie Sie eine konkrete Testaktivität in der Test-Suite planen, Testpläne, -pakete und -sequenzen ausprägen und Tester*innen diesen Elementen zuordnen. Außerdem zeigen wir Ihnen Grundlagen für die Steuerung und Ausführung von Tests.*

11

**Tests strukturiert vorbereiten**

Während der Begriff *Testplanung* in der Theorie recht weit gefasst ist (siehe Abschnitt 2.1, »Testplanung«), umfasst dieser Schritt in der Test-Suite hauptsächlich die Vorbereitung einer anstehenden Testaktivität, indem die für den Test relevanten Testfälle aus der Lösungsdokumentation ausgewählt und den Tester*innen zugeordnet werden. Die Testplanung erfolgt dabei mit den drei bereits in Abschnitt 9.3.2, »Testplanung«, vorgestellten grundlegenden Konstrukten *Testplan*, *Testpaket* und *Testsequenz*.

- **Testplan**
  Ein Testplan ist eine Sammlung von Testfällen für eine Testaktivität. Die Testfälle werden dabei aus einem Branch einer Lösung ausgewählt. Alle dort vorhandenen Testfälle (dokumentenbasierte Testfälle, Testschritte, Testkonfigurationen für die Testautomatisierung oder ferner ausführbare Einheiten) können dem Testplan zugeordnet werden.
- **Testpakete**
  Testpakete werden innerhalb eines Testplans angelegt und enthalten eine Teilmenge der Testfälle des Testplans. Testpakete dienen dazu, den Testplan weiter zu unterteilen. Auf der Ebene der Testpakete werden Tester*innen zugeordnet, die die darin enthaltenen Testfälle ausführen sollen. Dabei ist die Reihenfolge der Ausführung innerhalb eines Pakets zunächst beliebig.
- **Testsequenzen**
  Testsequenzen ermöglichen es, die Testfälle in einem Testpaket in einer festen Reihenfolge auszuführen und jeweils eindeutig einer Testerin oder einem Tester zuzuordnen.

## 11.1 Erstellung von Testplänen, Testpaketen und Testsequenzen

Für die Testdurchführung ist die Verwendung eines Testplans mit mindestens einem Testpaket erforderlich. Die Verwendung von Testsequenzen ist hingegen optional.

**Aufbau von Testplänen und -paketen**

Die drei Konstrukte geben keine Granularität vor; diese muss vom Testmanagement vorgenommen werden. Abhängig vom Umfang des anstehenden Tests kann z. B. ein Testplan die gesamte Testphase oder nur die Testfälle eines Fachbereichs umfassen. Entsprechend dieser Entscheidung werden die Testpakete geschnürt. Diese können alle Testfälle eines Bereichs sammeln oder aber auch nur die Testfälle für einen Prozess beinhalten. Testsequenzen können z. B. für End-to-End-Prozesse eingesetzt werden, deren Testfälle für einzelne Teilschritte in vorgegebener Reihenfolge und mit fest definierter Arbeitsteilung ausgeführt werden.

Neben der bereits beschriebenen Möglichkeit, Testfälle unterschiedlicher Granularität in den Ebenen der Lösungsdokumentation zu gruppieren, ergeben sich für die Testplanung zahlreiche weitere Varianten, um Testfälle Ihren Bedürfnissen entsprechend zuzuordnen.

**Testplanverwaltung**

Die zentrale Anwendung, um Testpläne, -pakete und -sequenzen anzulegen, ist die App **Testplanverwaltung**, die Sie über die entsprechende Kachel im Menü **Test-Suite** des SAP Solution Manager Launchpads aufrufen. Abbildung 11.1 zeigt das Menü mit den verschiedenen Apps der Test-Suite.

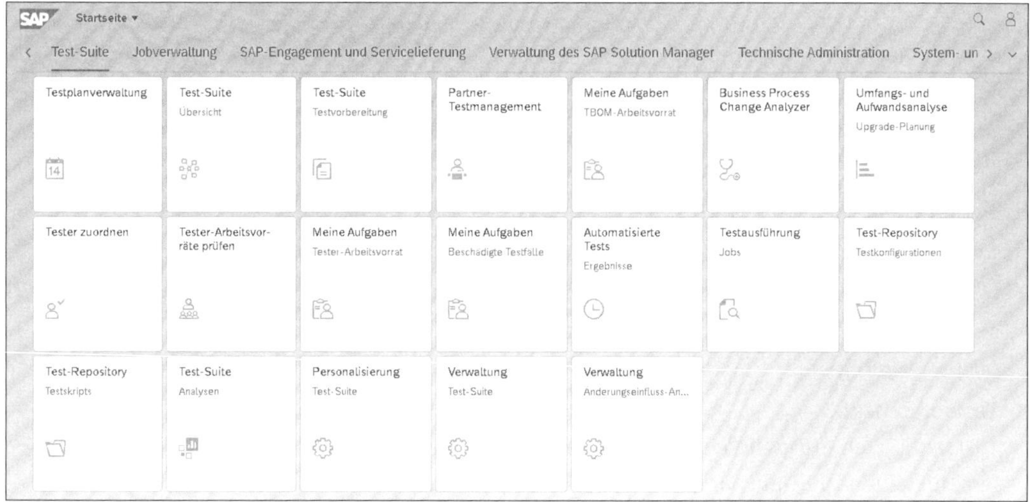


**Abbildung 11.1** Menü »Test-Suite« im SAP Solution Manager Launchpad

In Abbildung 11.2 sehen Sie den Einstieg in die Testplanverwaltung. In der oberen Hälfte der App werden Ihnen zunächst vorhandene Testpläne angezeigt.

**Zugriff auf Testpläne**

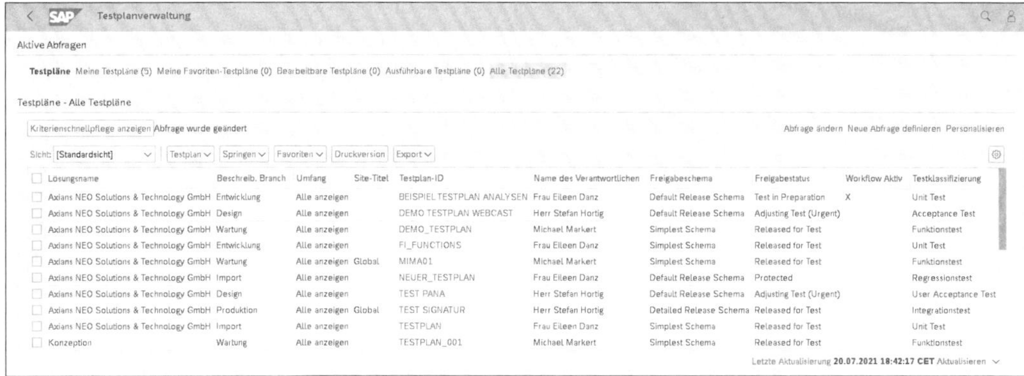


**Abbildung 11.2** Testplanverwaltung

Im Bereich **Aktive Abfragen** finden Sie Suchabfragen für Testpläne, die Ihnen helfen, die vorhandenen Testpläne nach vordefinierten Kriterien zu filtern:

- Die Suchabfrage **Meine Testpläne** zeigt die von Ihnen erstellten Testpläne bzw. jene Testpläne, bei denen Sie als Verantwortliche*r eingetragen sind.
- **Meine Favoriten-Testpläne** stellt Testpläne dar, die Sie als Favorit gekennzeichnet haben. Dies ist insbesondere bei hohem Testvolumen von Relevanz, da alte Testpläne zu Dokumentationszwecken im System verbleiben und Favoriten eine einfache Möglichkeit schaffen, zügig auf aktuelle oder regelmäßig verwendete Testpläne (z. B. Regressionstestpläne oder Vorlagen) zuzugreifen.
- Die Suchabfrage **Bearbeitbare Testpläne** zeigt Testpläne, die gemäß Statusschema durch Testmanager*innen bearbeitet werden.
- **Ausführbare Testpläne** filtert nach Testplänen, die gemäß Statusschema für die Testdurchführung freigeschaltet sind, d. h., dass die zugeordneten Tester*innen die darin enthaltenen Testfälle ausführen und bewerten können.
- **Alle Testpläne** zeigt die Gesamtheit der Testpläne im System.

Über die Schaltfläche **Kriterienschnellpflege anzeigen** können Sie die gewählte Suchabfrage weiter anpassen. Abbildung 11.3 zeigt die möglichen Filterkriterien.

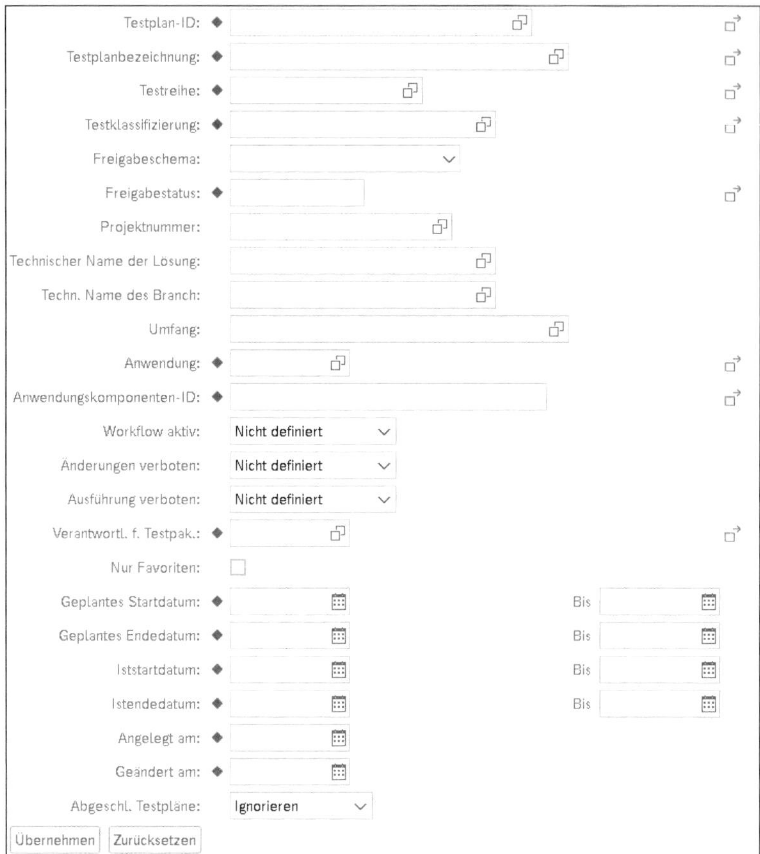


**Abbildung 11.3** Weitere Filterkriterien für Testpläne

### 11.1.1 Testplan anlegen

**Testplan anlegen**

Um einen neuen Testplan zu erstellen, wählen Sie im Bereich **Testpläne** über das Drop-Down-Menü **Testplan** die Option **Anlegen** aus. In der Eingabemaske **Testplan anlegen** finden Sie verschiedene Registerkarten, um den neuen Testplan zu bearbeiten, Testfälle auszuwählen und Testpakete und -sequenzen zu erstellen (siehe Abbildung 11.4). Zunächst können Sie in den Registerkarten **Allgemeine Daten** und **Einstellungen** grundlegende Daten des Testplans und Optionen für die Testfallauswahl, Teststeuerung und Testdokumentation einpflegen.

**Allgemeine Daten**

Auf der Registerkarte **Allgemeine Daten** vergeben Sie zunächst eine eindeutige Testplan-ID und fügen eine Beschreibung des Testplans hinzu; das Feld **Verantwortlicher** wird automatisch mit dem angemeldeten Benutzer ausgefüllt.

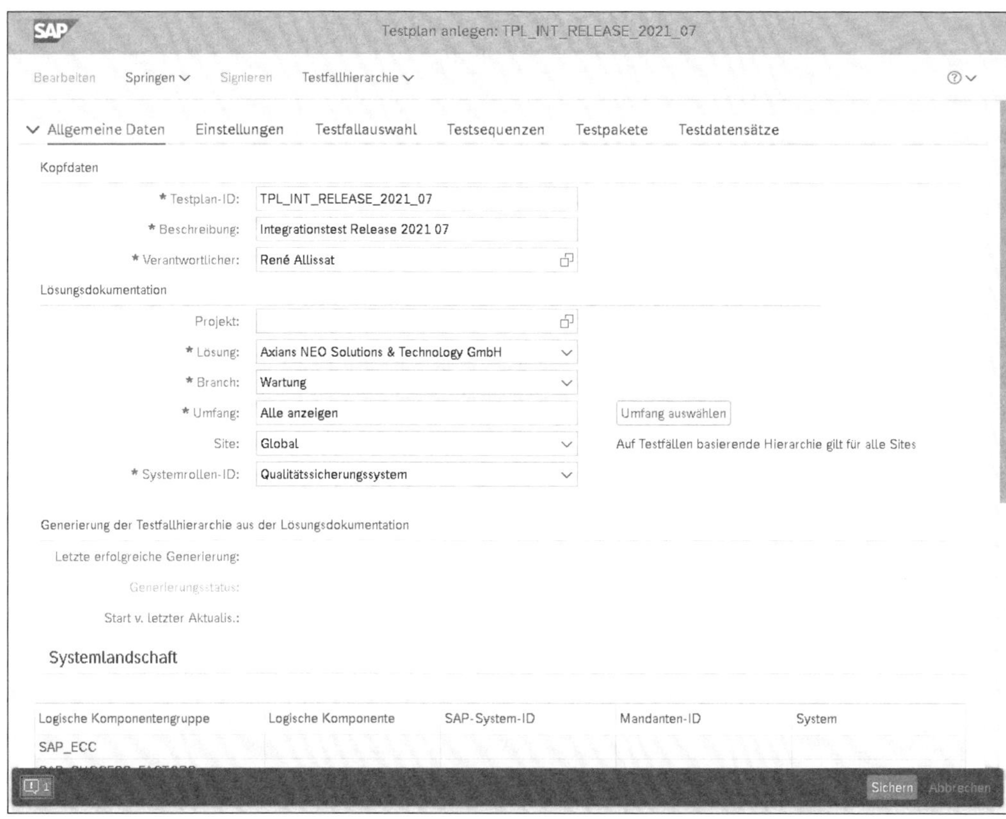


**Abbildung 11.4** Registerkarte »Allgemeine Daten«

Im Bereich Lösungsdokumentation geben Sie Ihre Lösung und den **Branch** an, in dem Sie Ihre Testfälle gespeichert haben. Zusätzlich muss der Umfang ausgewählt werden; wählen Sie hier **Alle anzeigen**, um alle Testfälle zu berücksichtigen.

[+]

**Umfänge nutzen**

Ein Umfang kann in der Lösungsdokumentation angelegt werden. Er enthält eine Teilmenge der gesamten Lösung. Die Auswahl dieser Teilmenge erfolgt durch die Auswahl von Strukturelementen (z. B. nur Mappe »Materialwirtschaft« und/oder Filter, z. B. nur Strukturelemente mit Land »Deutschland«). Damit bieten Umfänge eine sehr einfache Möglichkeit, um umfassende Lösungen für den Test vorab einzuschränken, wodurch die Testfallauswahl erleichtert wird.

Wenn Sie das Sites-Konzept nutzen, können Sie hier außerdem eine Site auswählen. Auch die Systemrollen-ID wird hier festgelegt, mit der bestimmt wird, auf welche Systeme die Tester*innen bei der Testausführung zugreifen. Wenn Sie hier eine Einstellung vornehmen, zeigt der Bereich **Systemlandschaft**, auf welche Systeme und Mandanten sich der Test bezieht.

**Statusschema für Testpläne**

Nach der Eingabe dieser grundlegenden Daten können Sie mit der Registerkarte **Einstellungen** fortfahren (siehe Abbildung 11.5). Hier legen Sie zunächst das *Freigabeschema* für Ihren Testplan fest. Das Schema bildet den Lebenszyklus des Testplans über Statuswerte ab. Status können Regeln für die Bearbeitung beinhalten (siehe Abschnitt 9.4.3, »Test-Suite-Vorbereitung«), wie z. B., dass ein Testplan in Vorbereitung nur von Testmanager*innen editiert werden kann. Durch einen Statuswechsel über das Feld **Freigabestatus** kann der fertige Testplan für den Test freigegeben werden, sodass die Tester*innen mit der Testausführung beginnen können. Bei Anpassung des Testumfangs oder Abschluss des Tests nehmen Sie ebenfalls einen entsprechenden Statuswechsel vor. Bei einem finalen Status kann der Testplan nicht mehr bearbeitet werden. Die Statuswerte bieten dem Testmanagement somit eine Möglichkeit, um den Testverlauf grob zu steuern und festzulegen, wer den Testplan bearbeiten darf.

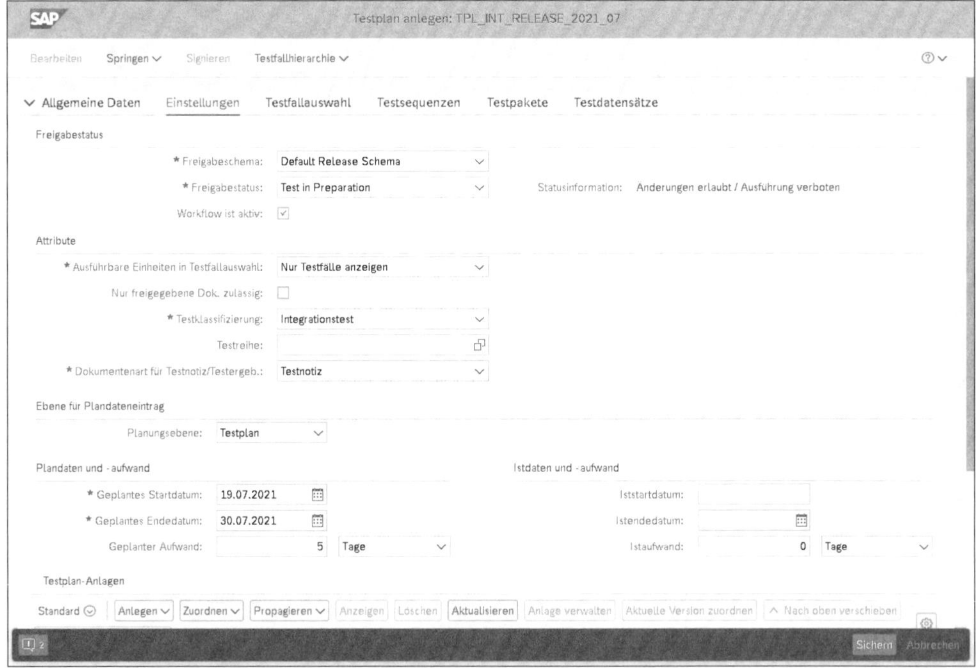


**Abbildung 11.5** Registerkarte »Einstellungen«

Die Statuswechsel werden zudem in der Testplanhistorie (erreichbar über den Pfad **Springen • Testplanhistorie**) festgehalten, sodass z. B. Unterbrechungen oder Änderungen am Testumfang nachvollzogen werden können.

E-Mail-Benachrichtigungen

Wählen Sie im Bereich **Einstellungen** die Option **Workflow ist aktiv** aus, um den Versand von E-Mail-Benachrichtigungen für den Testplan zu aktivieren. In diesem Fall werden zu den folgenden Ereignissen E-Mails an die Tester*innen versandt:

- Sie ändern den Status des Testplans so, dass die Testdurchführung gesperrt oder erlaubt ist. In letzterem Fall werden betroffene Tester*innen über die Testpakete in ihrem Arbeitsvorrat benachrichtigt.
- Sie sperren oder entsperren einzelne Tester*innen in einem Testpaket.
- Sie ändern die Zuordnung von Tester*innen zu einem Testpaket, während der Testplan für den Test freigegeben ist.
- Ein Testfall in einer Sequenz wurde beendet; entsprechend wird die nachfolgende Testerin oder der nachfolgende Tester benachrichtigt.



Zusätzlich erhält die oder der Verantwortliche des Testplans eine E-Mail mit Informationen zu den gesendeten Benachrichtigungen.

Ausführbare Einheiten

Mit den Einstellungen im Drop-down-Menü **Ausführbare Einheiten in Testfallauswahl** können Sie angeben, ob ausführbare Einheiten bei der Testfallauswahl berücksichtigt werden sollen. Dabei geht es nicht um die bereits den Testfällen zugeordneten ausführbaren Einheiten (siehe Abschnitt 10.1.6, »Aufbau der Prozesshierarchie«); diese sind in jedem Fall bei der Ausführung des betreffenden Testfalls verfügbar. Die Optionen in diesem Feld beziehen sich auf das Objekt **Ausführbare Einheit** in der Lösungsdokumentation. Dabei haben Sie folgende Optionen:

- Nur Testfälle anzeigen
- Ausführbare Einheiten anzeigen, wenn Testfall fehlt
- Testfälle und ausführbare Einheiten anzeigen

Ist z. B. einem Prozess kein Testfall, aber eine ausführbare Einheit zugeordnet, können Sie auf diese zurückgreifen.

**Ausführbare Einheiten ohne Testfälle**

Wie bereits im Rahmen der Lösungsdokumentation erwähnt, ersetzen ausführbare Einheiten keine prozessorientierten Testfälle mit strukturierten Testanweisungen. Dennoch gibt es Ausnahmen, in denen die Verwendung der ausführbaren Einheiten sinnvoll sein kann, z. B. bei einfachen technischen Funktionstests. Ebenso können ausführbare Einheiten als Ergänzung zu vorhandenen Testfällen verwendet werden, falls für bestimmte Apps (noch) kein Testfall vorliegt.

Freigegebene Testfälle

Wenn Sie die Checkbox **nur freigegebene Dok. zulässig** anklicken, legen Sie fest, dass nur Testfälle mit einem Freigabestatus auswählbar sind – nutzen Sie diese Funktion, wenn Sie den Lebenszyklus Ihrer Testfälle in der Lösungsdokumentation über Statuswerte verwalten. So stellen Sie sicher, dass im Testplan nur vollständige und gegebenenfalls per Review geprüfte Testfälle verwendet werden.

Testklassifizierung

Im Feld **Testklassifizierung** sind die Einstellungen zu den in Ihrem Unternehmen verwendeten Begriffen für Teststufe oder Testart hinterlegt, die wir in Abschnitt 9.4.3, »Test-Suite-Vorbereitung«, beschrieben haben. Hier wählen Sie den entsprechenden Wert für den Testplan aus. Gleiches gilt für die Testreihe, die Sie im Feld darunter eintragen können, mit der Sie den Testplan weiter beschreiben können.

**Testpläne über Testreihen gruppieren**

Wenn Sie für eine Testphase mehrere Testpläne erstellen, eignet sich das Feld **Testreihe**, um die Testpläne zu gruppieren. Die Testreihe kann z. B. die gesamte Testphase bezeichnen (Nutzerakzeptanztest Release 2021_01) und die zugeordneten Testpläne enthalten Testfälle je Fachbereich (UAT_R_2021_01_FICO).

Vorlage für Testnotiz und Testergebnis

Im Feld **Dokumentenart für Testnotiz/Testergeb.** geben Sie eine Dokumentenart bzw. Vorlage an, in der die Tester*innen den Testverlauf dokumentieren können. Aus historischen Gründen ist dies ein Pflichtfeld; es bestehen jedoch noch weitere Möglichkeiten zur Dokumentation des Testverlaufs, die wir in Kapitel 12, »Testausführung mit dem SAP Solution Manager«, darstellen.

Aufwände planen

Unterhalb der Attribute können Sie Planwerte pflegen. **Geplantes Startdatum** und **Geplantes Endedatum** sind Pflichtfelder, die den Zeitraum der Testphase angeben. Möchten Sie den Testaufwand bestimmen oder Plan- und Ist-Aufwand miteinander vergleichen, können Sie zunächst die *Planungsebene* einstellen. Auf der Ebene **Testplan** können Sie den geplanten Aufwand für die Ausführung des Testplans direkt im Feld **Geplanter Aufwand** eintragen. Alternativ können Sie den geplanten Aufwand für jedes Testpaket erfassen, indem Sie im Feld **Planungsebene** die Option **Testpaket** auswählen. Der geplante Aufwand wird dann automatisch aus der Summe der Aufwände der Testpakete berechnet. Mit der Option **Testfall** wird der Planaufwand aus den Aufwänden errechnet, die Sie in der Lösungsdokumentation für den jeweiligen Testfall hinterlegt haben. Alternativ können Sie auf zuvor konfigurierte Standardausführungszeiten zurückgreifen.

Anlagen

Im Bereich **Testplan-Anlagen** können Sie dem Testplan Anlagen in Form von Dokumenten hinzufügen bzw. hier gelistete Anlagen bearbeiten. Über die Schaltfläche **Anlegen** können Sie ein Dokument aus einer Vorlage neu erstellen, ein Dokument hochladen oder eine URL angeben. Über **Zuordnen** können Sie alternativ ein bereits in der Lösungsdokumentation vorhandenes Dokument als Verweis oder Kopie zuordnen. Über die Schaltfläche **Propagieren** können Sie das Dokument auf Testpakete verteilen, ebenfalls entweder als Kopie oder als Verweis.

Testfallhierarchie generieren

Im nächsten Schritt können Sie über die nächste Registerkarte **Testfallauswahl** den Testumfang bestimmen. Bevor Sie zur Testfallauswahl wechseln, speichern Sie den Testplan und generieren die Testfallhierarchie. Nutzen Sie dazu den Menüpfad **Testfallhierarchie • Aus Lösungsdokumentation generieren** (siehe Abbildung 11.6). Dabei werden alle gemäß ihrer bisherigen Einstellungen infrage kommenden Testfälle in der Testfallauswahl zur Verfügung gestellt.

**Abbildung 11.6** Testfallhierarchie generieren

Alternativ können Sie diesen Vorgang auch aus der Registerkarte **Allgemeine Daten** heraus starten. Verwenden Sie hierzu den Link **Generierung kann gestartet werden** (siehe Abbildung 11.7). Hier sehen Sie auch den Zeitpunkt der letzten Generierung. Wenn Sie bei der Testfallauswahl Elemente der Prozesshierarchie vermissen, prüfen Sie, ob dieser Zeitpunkt zurückliegt, und starten die Generierung erneut.

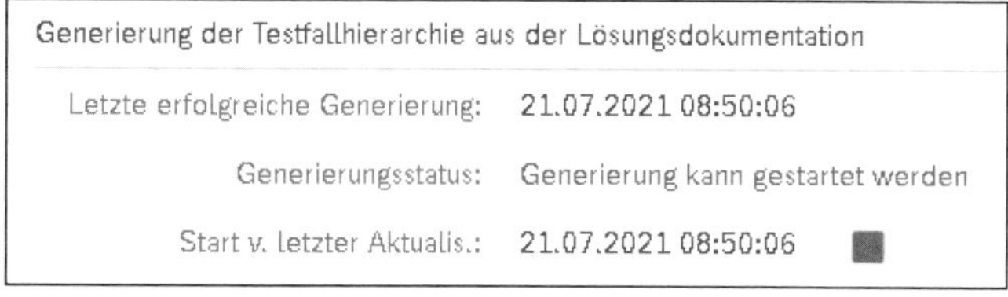


**Abbildung 11.7** Status der Testfallhierarchie

Testfallauswahl

Auf der nächsten Registerkarte **Testfallauswahl** finden Sie alle Testfälle in der Prozesshierarchie, die Ihren bisher gewählten Selektionskriterien entsprechen (siehe Abbildung 11.8). Neben Testfalldokumenten, Testschrittdokumenten und Testkonfigurationen für automatisierte Tests finden Sie –

abhängig von den zuvor gewählten Einstellungen – zusätzlich ausführbare Einheiten.

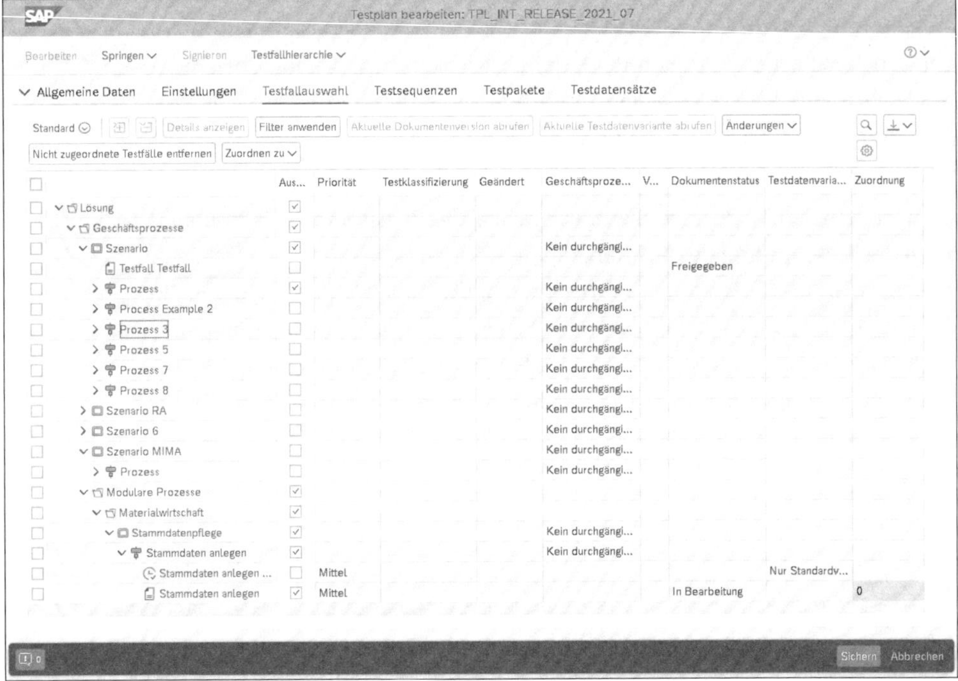


**Abbildung 11.8** Registerkarte »Testfallauswahl«

Um Testfälle in den Testplan zu übernehmen, markieren Sie diese in der Spalte **Ausgewählt**. Wenn Sie eine übergeordnete Hierarchieebene markieren, werden entsprechend alle darin enthaltenen Unterelemente und Testfälle ebenfalls selektiert. Die Spalten rechts daneben listen Attribute des Testfalls auf und helfen so bei der Auswahl.

Bei der späteren Aktualisierung eines Testplans hilft die Spalte **Geändert**. Sie zeigt, ob Testfälle seit der letzten Bearbeitung in der Lösungsdokumentation geändert, gelöscht oder hinzugefügt worden sind. Über die Schaltfläche **Änderungen** können Sie diese Markierungen ein- oder ausblenden, zur jeweils nächsten Änderung springen oder die Markierungen löschen. Inhaltliche Änderungen an Testfällen können über die Schaltfläche **Aktuelle Dokumentenversion abrufen** übernommen werden.

Die Spalte **Zuordnung** zeigt zudem, wie häufig der Testfall in den Testpaketen des Testplans zum Einsatz kommt – der Wert 0 bedeutet, dass der Testfall zwar im Plan vorhanden ist, aber noch keinem Testpaket für die Testausführung zugeordnet wurde. Verwenden Sie die Option **Nicht zugeordnete Testfälle entfernen**, um diese aus dem Testplan zu entfernen.

**Testfälle direkt zuordnen**

Über die Schaltfläche **Zuordnen zu** können Sie Testfälle direkt einem zuvor angelegten Testpaket oder Testplan zuordnen. Wählen Sie dazu vorab einen oder mehrere Testfälle aus; bei beiden Optionen erscheint ein Pop-up-Fenster, in dem Sie die Testfälle ein oder mehreren Testpaketen oder -sequenzen des Testplans zuordnen können. Bei den Sequenzen können Sie zudem auswählen, in welcher Reihenfolge die neuen Testfälle eingeordnet werden sollen. Abbildung 11.9 zeigt die Zuordnung von mehreren Testfällen zu mehreren Paketen.

[+]

### Schnelles Zuordnen von Testfällen

Die Funktion **Zuordnen zu** ist insbesondere in Kombination mit der Massenerstellung von Testpaketen praktisch (siehe Abschnitt 11.2.4, »Massenerstellung von Testpaketen«): Mittels Massenerstellung legen Sie zunächst mehrere leere Testpakete an. Über **Zuordnen zu** können Sie diesen dann die gewünschten Testfälle zuordnen – ohne jedes Testpaket einzeln editieren zu müssen.



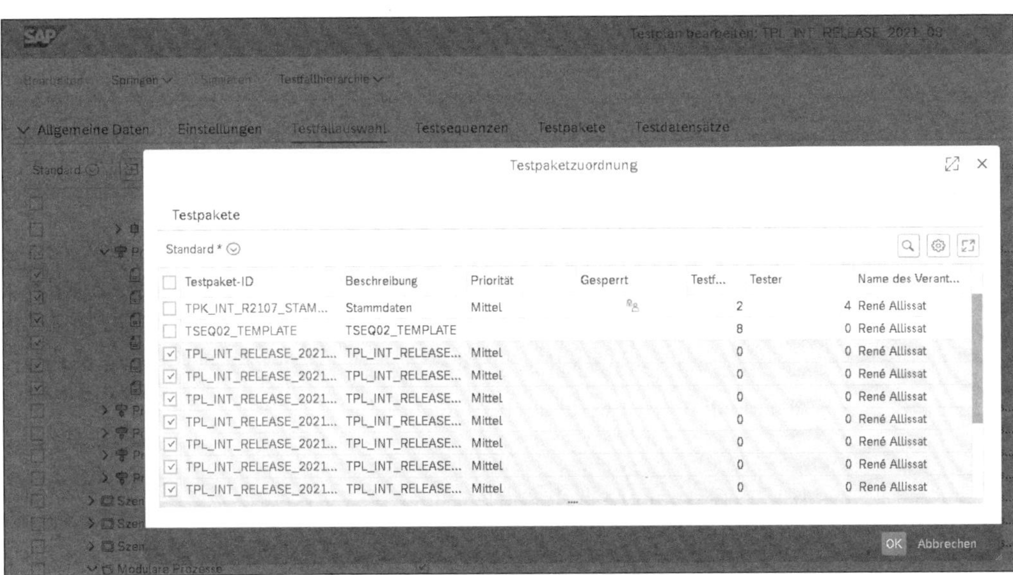


**Abbildung 11.9** Testfälle aus dem Testplan heraus mehreren Testpaketen zuordnen

**Filter für Testfallhierarchie**

Um die in der Testfallauswahl gezeigten Testfälle nach weiteren Attributen zu selektieren, verwenden Sie die Schaltfläche **Filter anwenden**. Im darauf angezeigten Pop-up-Fenster können Sie anhand von Strukturknotenattributen (z. B. alle Prozesse mit bestimmten Verantwortlichen) und Testfallattributen (z. B. alle Testfälle mit hoher Priorität) filtern (siehe Abbildung

11.10). Beide Varianten können Sie kombinieren und einmal erstellte Filter als Filterprofil speichern. Somit können Sie auch einen umfassenden Bestand an Testfällen strukturieren und die für den bevorstehenden Test geeigneten Testfälle auswählen – vorausgesetzt, Sie haben die entsprechenden Klassifizierungsoptionen in der Lösungsdokumentation konsequent genutzt.

**Abbildung 11.10** Filter für die Testfallauswahl

### 11.1.2 Testpakete erstellen

Nachdem Sie alle Testfälle zugeordnet haben, können Sie im nächsten Schritt Testpakete erstellen, die den einzelnen Arbeitspaketen entsprechen und Tester*innen zugeordnet werden.

**Testpaket anlegen**

Ein neues Testpaket legen Sie auf der Registerkarte **Testpakete** in der zuvor dargestellten Funktion **Testplan bearbeiten** an. Alternativ können Sie in der Testplanverwaltung einen Testplan auswählen. Im unteren Drittel der App sehen Sie dann eine Liste der bereits vorhandenen Testpakete; wählen Sie hier **Testpaket • Anlegen** (siehe Abbildung 11.11).

Testpaketliste | Testsequenzliste

Standard | Testpaket | Zuordnung | Anlage | Tester zuordnen | Springen | Aktualisieren

| Testpaket-ID | Beschreibung | Priorität | Gesperrt | Testfälle | Tester | Name des Verantwortlichen |
|---|---|---|---|---|---|---|
| TPK_INT_R2107_STAMMDATEN | Stammdaten | Mittel | | 2 | 3 | René Allissat |
| TPK_SEQ_02 | Beispiel TPK aus Testsequenz | Mittel | | 4 | 4 | René Allissat |
| TSEQ02_REF | TSEQ02_REF | | | 4 | 4 | René Allissat |
| TSEQ02_TEMPLATE | TSEQ02_TEMPLATE | | | 8 | 0 | René Allissat |

**Abbildung 11.11** Testpaketliste eines Testplans

**Allgemeine Daten**

Das Erstellen eines Testpakets gestaltet sich weitgehend identisch zur Anlage eines Testplans. Auf der Registerkarte **Allgemeine Daten** vergeben Sie eine Testpaket-ID, fügen eine Beschreibung des Pakets hinzu und legen Sie Verantwortliche fest (siehe Abbildung 11.12). Das Feld **Priorität** gibt im Testverlauf Hinweise auf die Relevanz der enthaltenen Tests. Sämtliche anderen Inhalte werden durch den gewählten Testplan bestimmt.

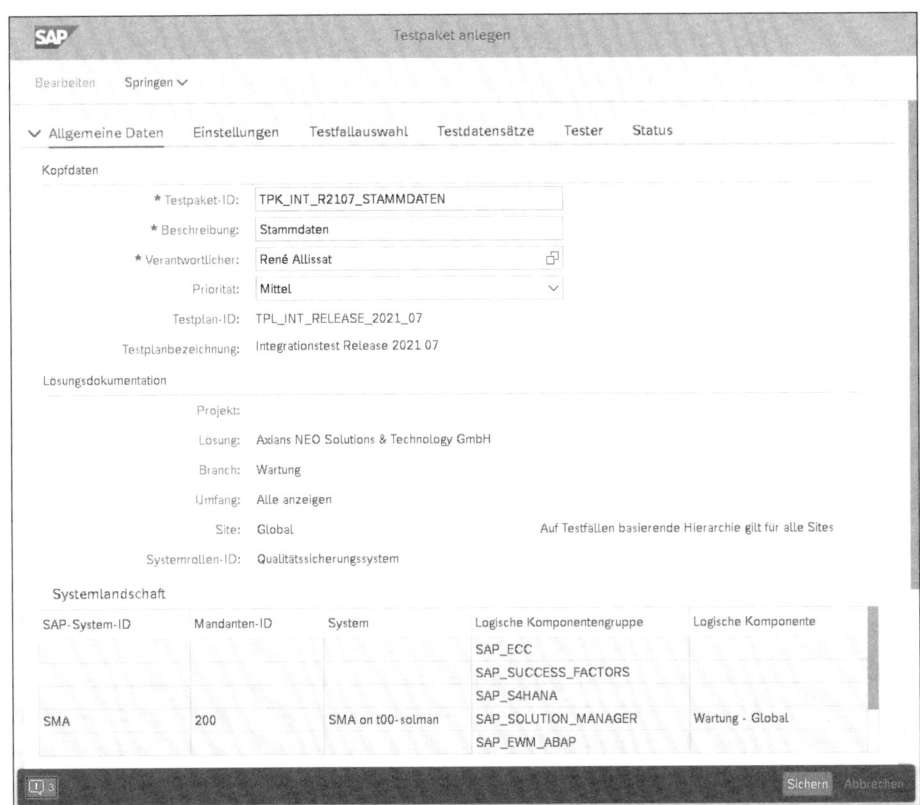


**Abbildung 11.12** Registerkarte »Allgemeine Daten«

**Planaufwand**

Gleiches gilt für die Registerkarte **Einstellungen** (siehe Abbildung 11.13). Hier müssen Sie nur dann Eingaben vornehmen, wenn Sie im Testplan die Plandatenebene **Testpaket** ausgewählt haben. Füllen Sie in diesem Fall das Feld **Geplanter Aufwand** aus. Die Summe der Planaufwände aller Testpakete wird dann im Testplan angezeigt.

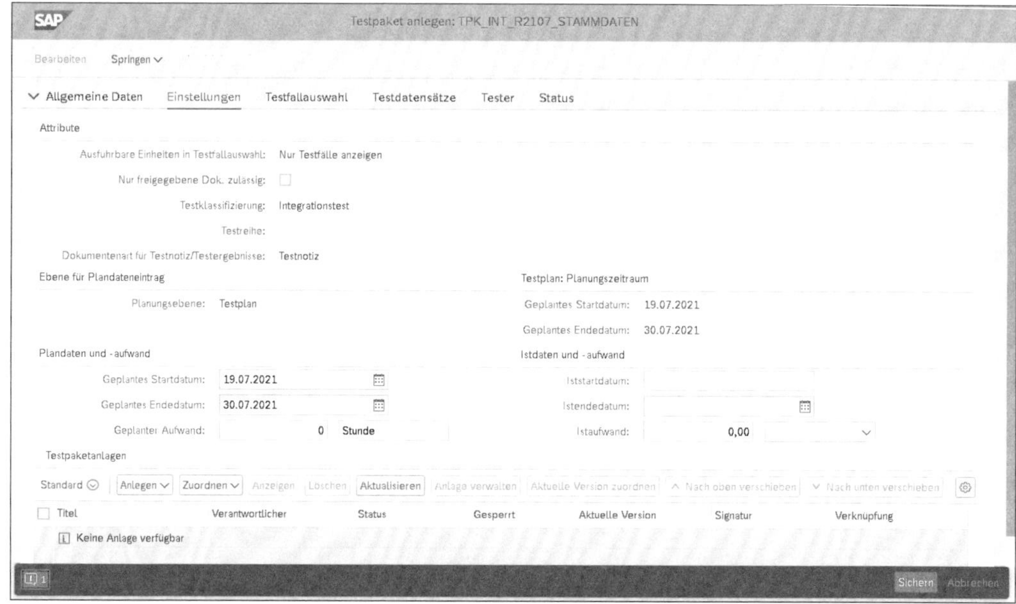

**Abbildung 11.13** Registerkarte »Einstellungen«

**Testfälle für das Paket auswählen**

Auf der Registerkarte **Testfallauswahl** können Sie anschließend Testfälle auswählen (siehe Abbildung 11.14). Hier sind nur die Testfälle verfügbar, die dem Testplan zugeordnet sind. Über die entsprechende Schaltfläche können Sie Filter anwenden, um nur Testfälle anzeigen zu lassen, die bestimmten Kriterien entsprechen.

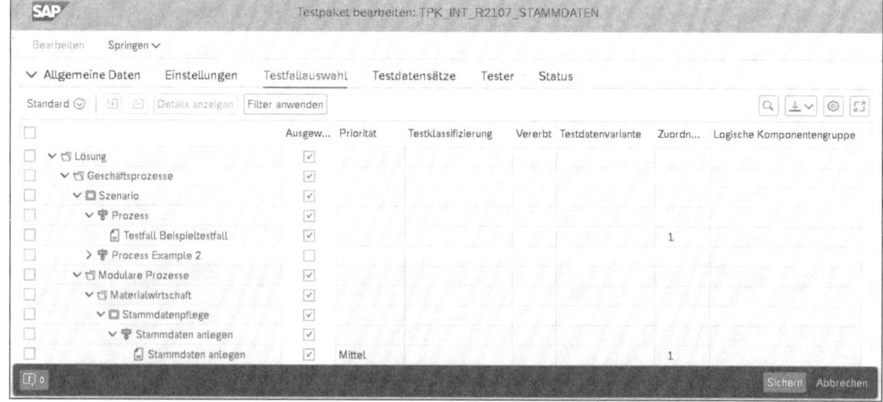

**Abbildung 11.14** Registerkarte »Testfallauswahl« in der Ansicht »Testpaket anlegen«

**Tester*innen zuordnen**

Auf der Registerkarte **Tester** ordnen Sie dem Testpaket einen oder mehrere Tester*innen zu (siehe Abbildung 11.15). Über die Schaltfläche **Tester zuordnen** können Sie nach Tester*innen suchen und diese über eine Mehrfachauswahl in die Testerliste übernehmen. Alternativ können Sie in der Testerliste direkt arbeiten und in der Spalte **Name des Testers** die Wertehilfe verwenden oder die Namen der Tester*innen direkt eintragen. Verwenden Sie die Schaltfläche **Testerzuordnung aufheben**, um einen Tester oder eine Testerin aus dem Testpaket zu entfernen. Die Schaltfläche **Zuordnung (ent)sperren** sperrt oder entsperrt einen oder mehrere Tester*innen; gesperrte Tester*innen können im Testpaket keine Testfälle ausführen.



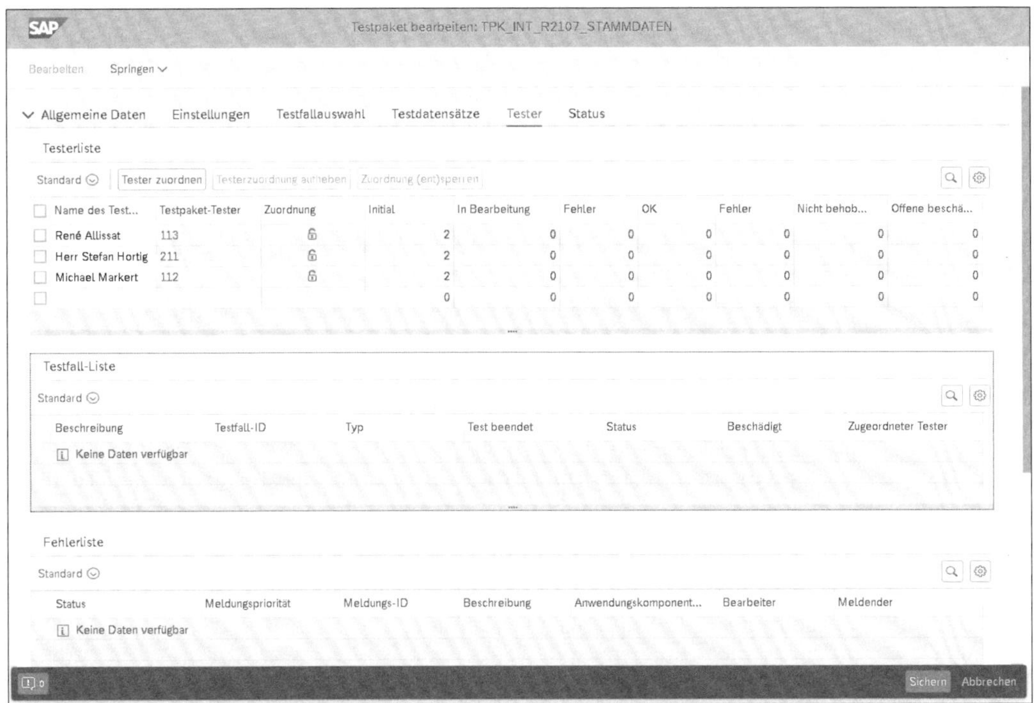


**Abbildung 11.15** Tester*innen zuordnen

In den Bereichen **Testfall-Liste** und **Fehlerliste** sehen Sie jeweils den Ausführungsstatus der zugeordneten Testfälle und die aufgegebenen Fehlermeldungen der ausgewählten Tester*innen.

Ergänzend dazu sehen Sie auf der Registerkarte **Status** (siehe Abbildung 11.16) eine Liste aller Testfälle im Paket und deren Ausführungsstatus sowie die dem jeweiligen Testfall zugeordneten Tester*innen.

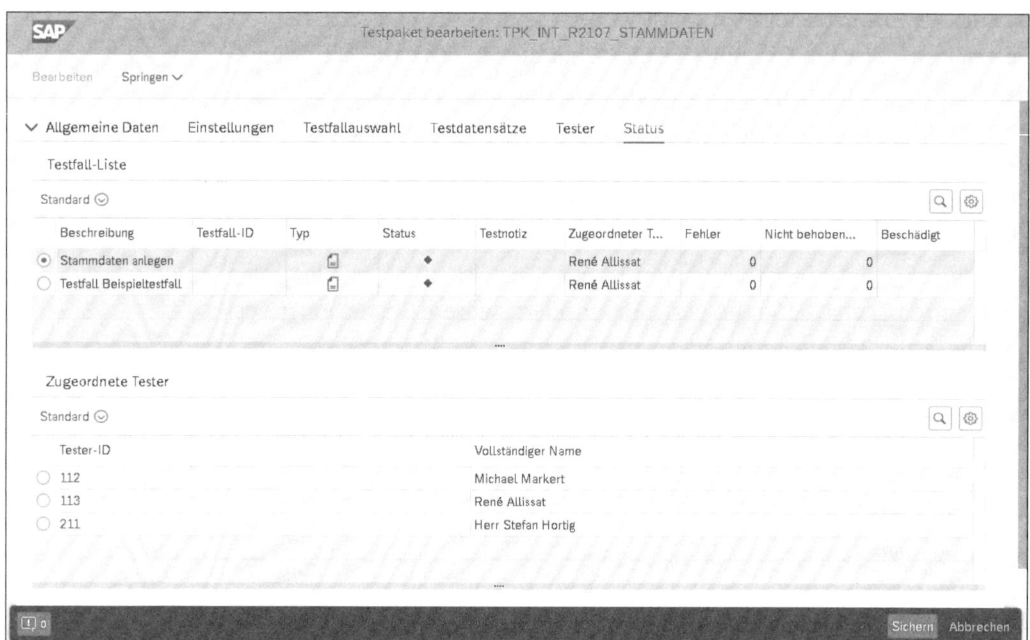


**Abbildung 11.16** Registerkarte »Status«

### 11.1.3 Testsequenzen erstellen

In einem Testpaket ist die Ausführungsreihenfolge von Testfällen beliebig. Sind mehrere Tester*innen zugeordnet, kann jeder Tester oder jede Testerin einen Testfall ausführen. Wenn Testfälle nur in einer vorgegebenen Reihenfolge ausgeführt werden dürfen und zudem je Testfall ein Tester bzw. eine Testerin (oder eine zuvor definierte Testergruppe) festgelegt werden soll, sollten Sie Testsequenzen verwenden.

**Testsequenz anlegen**

Genau wie Testpakete können Sie Testsequenzen direkt aus der Testplanerstellung über die entsprechende Registerkarte anlegen oder alternativ in der Testplanverwaltung einen Testplan auswählen und im unteren Drittel des Bildschirms in der Testsequenzliste über **Testsequenz • Anlegen** auswählen.

**Allgemeine Daten**

Eine Testsequenz kann nicht direkt in der Testdurchführung verwendet werden. Sie entspricht einer Vorlage, aus der heraus in einem zweiten Schritt ein Testpaket angelegt wird. Entsprechend überschaubar sind die Optionen zum Erstellen einer Sequenz. Abbildung 11.17 zeigt die Registerkarte **Allgemeine Daten**, in der Sie die Felder **Testsequenz-ID**, **Beschreibung** und **Verantwortlicher** ausfüllen. Das Feld **Ausführungsstatus referenzierter**

**Testpakete** zeigt, ob Testpakete, die aus der Sequenz erstellt wurden, bereits bei der Testdurchführung zum Einsatz kommen – dies schränkt die Bearbeitungsoptionen ein.

**Abbildung 11.17** Testsequenz anlegen



**Sequenz festlegen**

Auf der Registerkarte **Testfallsequenz** wählen Sie zunächst die gewünschten Testfälle aus – das Vorgehen ist nahezu identisch zur Testfallauswahl in einem Testpaket (siehe Abbildung 11.18).

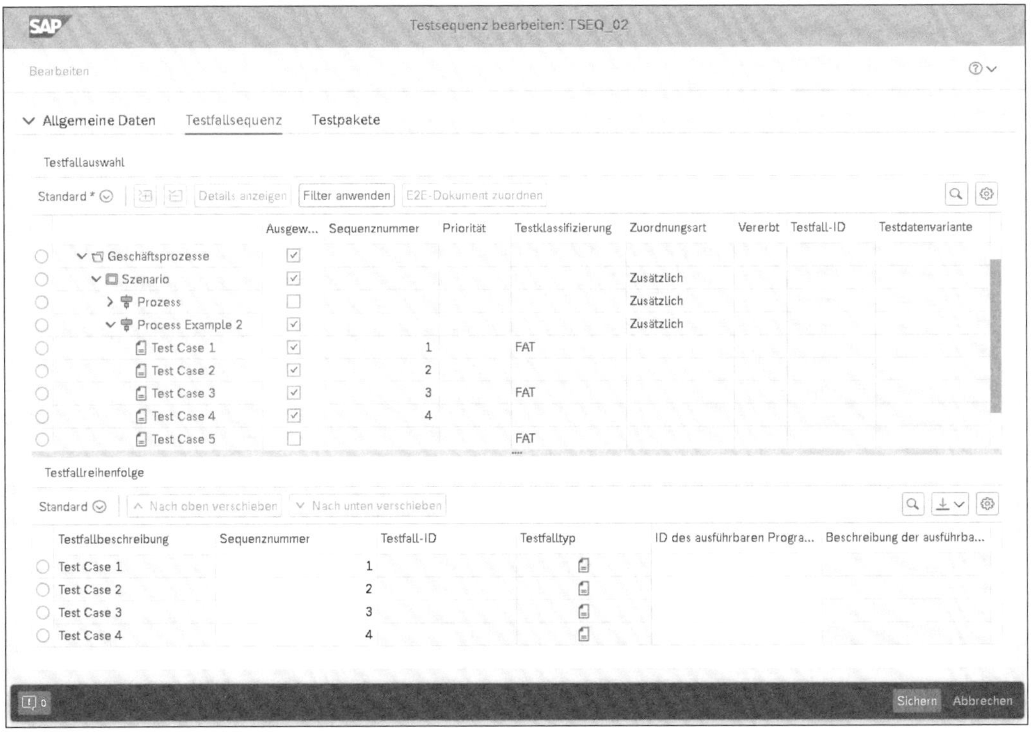

SAP Testsequenz bearbeiten: TSEQ_02

Bearbeiten

Allgemeine Daten | Testfallsequenz | Testpakete

Testfallauswahl

Standard * | Details anzeigen | Filter anwenden | E2E-Dokument zuordnen

| | Ausgew... | Sequenznummer | Priorität | Testklassifizierung | Zuordnungsart | Vererbt | Testfall-ID | Testdatenvariante |
|---|---|---|---|---|---|---|---|---|
| Geschäftsprozesse | ☑ | | | | | | | |
| Szenario | ☑ | | | | Zusätzlich | | | |
| Prozess | ☐ | | | | Zusätzlich | | | |
| Process Example 2 | ☑ | | | | Zusätzlich | | | |
| Test Case 1 | ☑ | 1 | | FAT | | | | |
| Test Case 2 | ☑ | 2 | | | | | | |
| Test Case 3 | ☑ | 3 | | FAT | | | | |
| Test Case 4 | ☑ | 4 | | | | | | |
| Test Case 5 | ☐ | | | FAT | | | | |

Testfallreihenfolge

Standard | Nach oben verschieben | Nach unten verschieben

| Testfallbeschreibung | Sequenznummer | Testfall-ID | Testfalltyp | ID des ausführbaren Progra... | Beschreibung der ausführba... |
|---|---|---|---|---|---|
| Test Case 1 | 1 | | | | |
| Test Case 2 | 2 | | | | |
| Test Case 3 | 3 | | | | |
| Test Case 4 | 4 | | | | |

0 | Sichern | Abbrechen

**Abbildung 11.18** Testsequenz erstellen

Selektierte Testfälle landen hier jedoch in der Liste **Testfallreihenfolge**. Hier werden die Testfälle in eine verbindliche Abfolge gebracht. Ein einzeln ausgewählter Testfall wird an die Liste angehängt. Dies gilt auch bei einer Mehrfachselektion; hierbei werden die ausgewählten Testfälle in der Reihenfolge an die Liste angehängt, in der sie in der Lösungsdokumentation auftauchen.

Über die Nummer in der Spalte **Sequenznummer** und die Schaltflächen **Nach oben verschieben** bzw. **Nach unten verschieben** können Sie die Reihenfolge manuell anpassen.

**Testpaket aus der Sequenz heraus anlegen**

Auf der Registerkarte **Testpakete** können Sie aus der Sequenz heraus Testpakete erstellen. Alternativ finden Sie die entsprechenden Schaltflächen **Testpaket • Aus Testsequenz anlegen** auch in der Testpaketliste der Testplanverwaltung (siehe Abbildung 11.19).

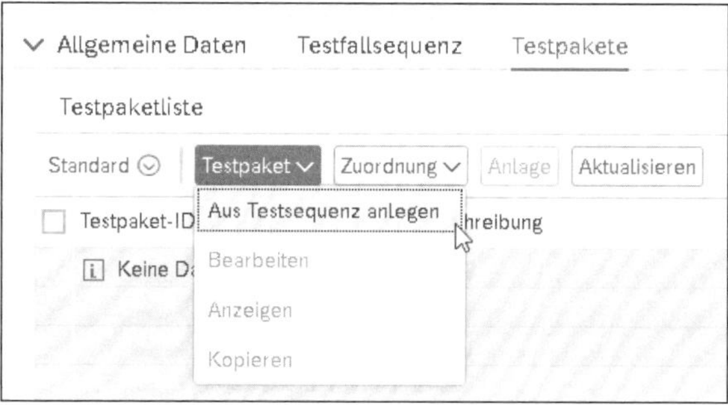


**Abbildung 11.19** Testpaket aus der Testsequenz heraus anlegen

Dabei werden Ihnen zwei Varianten angeboten (siehe Abbildung 11.20):

- Der Anlagemodus **Als Vorlage anlegen** erstellt ein Testpaket, das lediglich die Testfälle der Sequenz enthält, aber keine Reihenfolge vorgibt.
- Der Anlagemodus **Als Referenz anlegen** erstellt ein Testpaket, bei dem die Testfälle in der Reihenfolge der Sequenz abgearbeitet werden müssen.

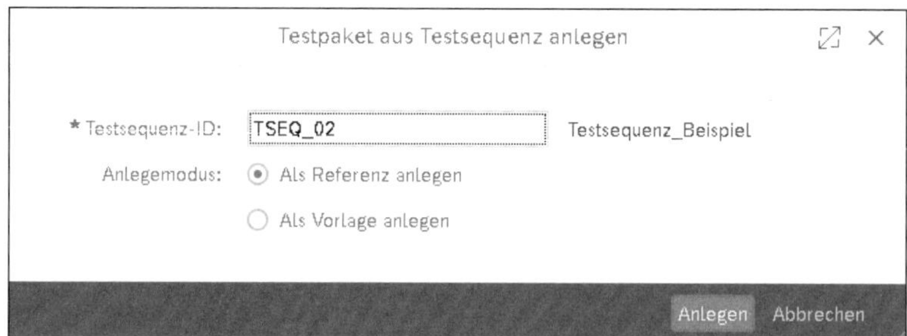


**Abbildung 11.20** Testpaket als Referenz oder Vorlage aus der Testsequenz heraus anlegen

Bei einem als Referenz angelegten Testplan ordnen Sie jedem Testfall der Sequenz in der Spalte **Tester** einen Tester oder eine Testerin zu (siehe Abbildung 11.21).

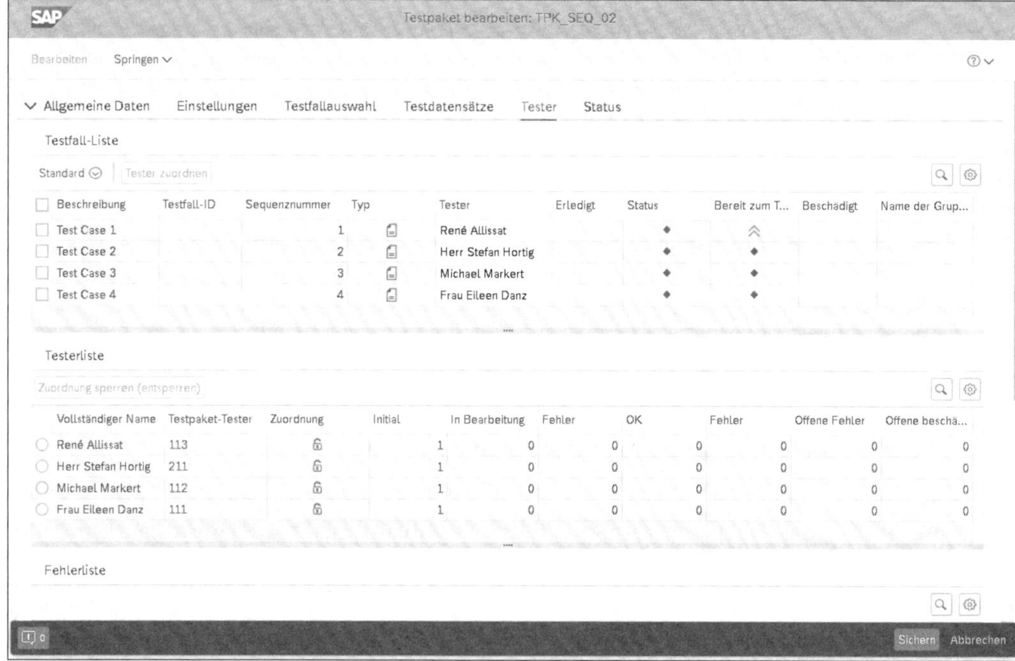


**Abbildung 11.21** Tester*innen in einer Sequenz zuordnen

**Flexiblere Sequenzen mit Testergruppen**

Das Prinzip »Ein Tester bzw. eine Testerin pro Testfall« lässt sich durch Testergruppen lockern. In Abschnitt 14.4, »Geschäftspartner«, zeigen wir Ihnen, wie Sie eine Testergruppe erstellen.

## 11.2 Bearbeitung von Testplänen und Testpaketen

Die dargestellten Funktionen zur Erstellung von Testplänen, Testpaketen und Testsequenzen bilden die Grundlage der Testplanung mit der Test-Suite. Über die Testplanverwaltung können Sie die angelegten Elemente auf die gleiche Weise bearbeiten, sofern der Ausführungsstatus des Testplans dies zulässt. Wählen Sie dazu einen Testplan aus und anschließend **Testplan • Bearbeiten** (siehe Abbildung 11.22). Auf die gleiche Weise können Sie ein Testpaket oder eine Testsequenz innerhalb eines Plans selektieren und über die entsprechende Schaltfläche bearbeiten.

**Abbildung 11.22** Testplan bearbeiten

Darüber hinaus bietet die Testplanverwaltung weitere Möglichkeiten der Bearbeitung, die die Arbeit mit Testplänen und Testpaketen vereinfachen können. Nachfolgend zeigen wir die in der Praxis relevantesten Optionen für die weitere Bearbeitung von Testplänen mit der Testplanverwaltung auf.

### 11.2.1 Funktionen für die Teststeuerung

**Testplanstatus zur Teststeuerung**

Mit dem in Abschnitt 11.1.1, »Testplan anlegen«, vorgestellten Statusschema des Testplans können Sie den Testablauf in seiner Gesamtheit durch die Auswahl eines geeigneten Status steuern. Somit können Sie Testbeginn, Testende und etwaige Anpassungen des Testumfangs festlegen. Dabei legt der Status fest, wer den Testplan bearbeiten darf. Abbildung 11.23 zeigt die Statuswerte und Regeln des Standardfreigabeschemas (engl. Default Release Schema).

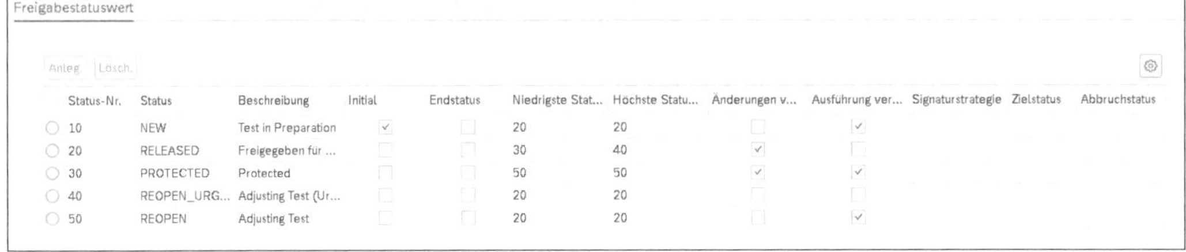


**Abbildung 11.23** Statuswerte und Regeln des Default Release Schema

Dieses enthält die folgenden Statuswerte und daran gekoppelte Bearbeitungsregeln:

- **Testvorbereitung**
  Die Bearbeitung des Testplans ist nur durch das Testmanagement möglich.
- **Freigegeben für Test**
  Testfälle dürfen durch die Tester*innen ausgeführt werden; eine Anpassung des Testumfangs durch das Testmanagement ist nicht möglich.

- **Dringende Anpassung**
  Das Testmanagement kann (kleinere) Anpassungen am Testumfang vornehmen (Testfälle in der Testfallauswahl hinzufügen oder entfernen), Tester*innen können aber weiterhin auf ihre Testfälle zugreifen und diese ausführen.
- **Anpassung:**
  Das Testmanagement kann (umfangreichere) Anpassungen am Testumfang vornehmen; die Testdurchführung ist in diesem Status gesperrt.
- **Geschützt**
  Der Test ist abgeschlossen; der Testplan kann weder vom Testmanagement noch von den Tester*innen bearbeitet werden. Ein Rücksprung auf frühere Status ist nicht möglich. Testumfang, Testfälle und Dokumentation der Tester*innen sind zu Zwecken der Dokumentation und Nachvollziehbarkeit des Testverlaufs und der Testergebnisse eingefroren.



Um einen neuen Status festzulegen, wählen Sie diesen in der Testplanbearbeitung auf der Registerkarte **Einstellungen** aus (siehe Abbildung 11.5). Nach dem Speichern des Testplans wird der Status verbindlich gesetzt. Statusänderungen werden, wie beschrieben, in der Testplanhistorie (erreichbar über **Springen • Testplanhistorie**) vorgenommen. So werden grundlegende Änderungen im Testverlauf dokumentiert.

**Testpakete sperren und freigeben**

Um den Testverlauf feingranularer zu steuern, können Sie Testpakete eines Testplans sperren und wieder freigeben. Selektieren Sie dazu in der Testplanverwaltung die gewünschten Testpakete aus, und wählen Sie **Zuordnung • Sperren** bzw. **Freigeben** (siehe Abbildung 11.24). Gesperrte Arbeitspakete sind für die Tester*innen nicht sichtbar. Nutzen Sie diese Funktionalität beispielsweise, um den zeitlichen Ablauf von Tests zu bestimmen, z. B. wenn die Testfälle des Fachbereichs Finanzen/Controlling nach Abschluss der Tests anderer Fachbereiche ausgeführt werden sollen.

**Abbildung 11.24** Testpakete für die Ausführung sperren bzw. entsperren

Auf ähnliche Weise können Sie in der Testpaketbearbeitung auf der Registerkarte **Tester** die Zuordnung von Tester*innen sperren und entsperren (siehe Abschnitt 11.1.2, »Testpakete erstellen«).

### 11.2.2 Massenaktualisierung von Testplänen und Testpaketen

**Massenaktualisierung**

Über die Testplanverwaltung haben Sie Zugriff auf die Massenaktualisierung von Testplänen und Testpaketen, über die Sie jeweils administrative Daten der beiden Konstrukte ändern können. Wählen Sie dazu mehrere Testpläne bzw. innerhalb eines Testplans mehrere Pakete aus, und nutzen Sie den Pfad **Testplan** bzw. **Testpaket • Massenaktualisierung**. Abbildung 11.25 zeigt die Massenaktualisierung von Testplänen. Hier können Sie für die jeweils ausgewählten Testpläne oder Testpakete – sofern die Bearbeitung durch den Testplanstatus erlaubt ist – Daten aus den Registerkarten **Allgemeine Daten** und **Einstellungen** anpassen. So können Sie z. B. Elemente gesammelt umbenennen, Testpläne neu kategorisieren, den Status mehrerer Testpläne gleichzeitig umschalten oder die Aufwandsplanung überarbeiten, ohne jeweils jedes Objekt einzeln bearbeiten zu müssen.

**Abbildung 11.25** Massenaktualisierung von Testplänen

### 11.2.3 Kopieren von Testplänen, -paketen und -sequenzen

Die Funktion zum Kopieren von Testplänen, -paketen und -sequenzen kann Ihnen eine Menge Aufwand ersparen. So kann z. B. der Testplan eines Regressionstests aus dem Vorjahr kopiert und – nach entsprechender Aktualisierung – erneut verwendet werden. Arbeit, die in die Erstellung des alten Testplans geflossen ist, kann erneut genutzt werden, z. B. können bereits erstellte Testsequenzen oder die Zuordnung von Tester*innen verwendet werden.

**Testpläne kopieren**

Wählen Sie in der Test-Suite einen oder mehrere Testpläne aus, und verwenden Sie die Schaltflächen **Testplan • Kopieren**, um die Bildschirmmaske für die Testplankopie aufzurufen (siehe Abbildung 11.26).

In der Liste im unteren Bereich der App finden Sie die eigentlichen Kopieranweisungen. Jede Zeile entspricht einer durchzuführenden Kopie von einem gewählten Originaltestplan zu einem Zieltestplan, für den Sie jeweils die Spalten **Zieltestplan-ID** und **Zieltestplan-Beschreibung** bearbeiten können. Über die beiden Schaltflächen **Kopieren** und **Löschen** können Sie neue Zeilen hinzufügen bzw. bestehende Zeilen löschen, um so später weitere Kopien eines Testplans zu erzeugen.

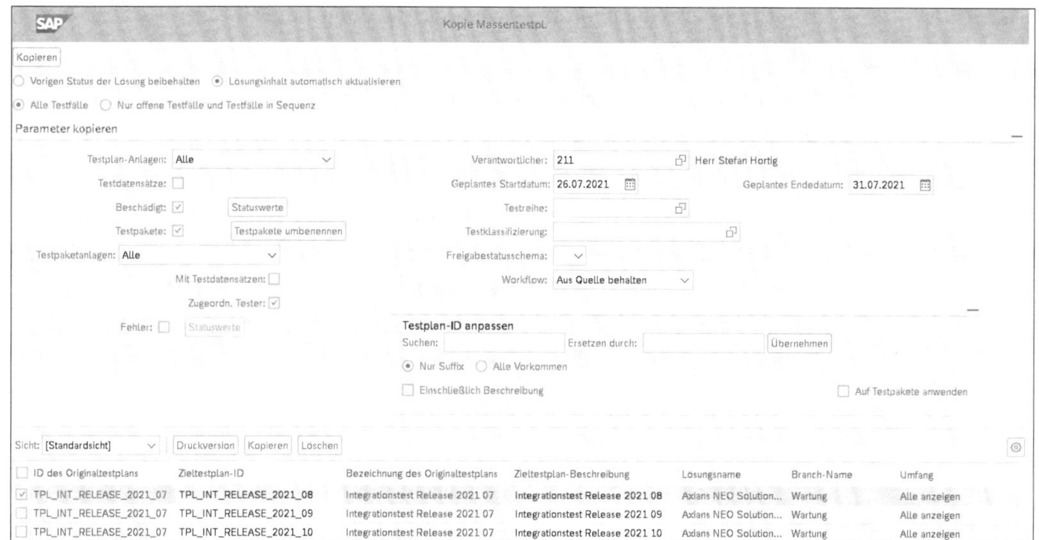


**Abbildung 11.26** Testplan kopieren



Die Kriterien für die Kopien legen Sie im oberen Bereich fest. Mit den Optionsfeldern **Vorigen Status der Lösung beibehalten** oder **Lösungsinhalt automatisch aktualisieren** geben Sie an, ob die verwendeten Testfälle in ihrer aktuellen Form verwendet werden sollen oder ob Aufbau und Inhalt der Lösungsdokumentation dem zu kopierenden Testplan entsprechen sollen. Ebenso legen Sie über die darunterliegenden Optionsfelder fest, ob alle Testfälle in die neuen Testpläne kopiert werden oder nur offene Testfälle und Testfälle in die Testsequenz gelangen sollen. Diese Option eignet sich, um unbearbeitete Testfälle in einen neuen Testplan zu überführen.

Im Bereich **Parameter kopieren** legen Sie mit einem Klick auf die Checkboxen auf der linken Seite fest, ob Testdatensätze, beschädigte Testfälle und insbesondere enthaltene Testpakete übernommen werden sollen. Letztere können Sie direkt über die entsprechende Schaltfläche umbenennen. Für Testpakete können im gleichnamigen Feld Testpaketanlagen, Testdatensätze und zugeordnete Tester*innen übernommen werden; ebenso die von Tester*innen angelegten Fehlermeldungen mit den gewünschten Statuswerten.

Auf der rechten Seite können Sie die administrativen Daten der neuen Testpläne vorgeben. Hier finden Sie ebenfalls den Bereich **Testplan-ID anpassen**. Hier können Sie Textelemente in der Testplan-ID sowie optional die Beschreibung und die Testpakete durch eine Such- und Ersatzfunktion austauschen. Legen Sie dabei fest, ob die Änderung nur als Suffix oder im gesamten Text vorgenommen werden soll. Wenn Sie auf die Schaltfläche

**Übernehmen** klicken, werden die entsprechenden Felder in der Liste unten angepasst.

Um die Kopie zu starten, klicken Sie abschließend auf die Schaltfläche **Kopieren** im oberen Teil der App.

**Testpakete kopieren**

Auf ähnliche Weise können Testpakete innerhalb eines Testplans kopiert werden. Wählen Sie hierzu ein oder mehrere Testpakete aus, und starten Sie die App mit **Testpaket • Kopie**. Aufbau und Funktionalität der App entsprechen der Testplankopie; die verfügbaren Optionen zur Datenübernahme und -anpassung sind auf die Elemente eines Testpakets beschränkt (siehe Abbildung 11.27).

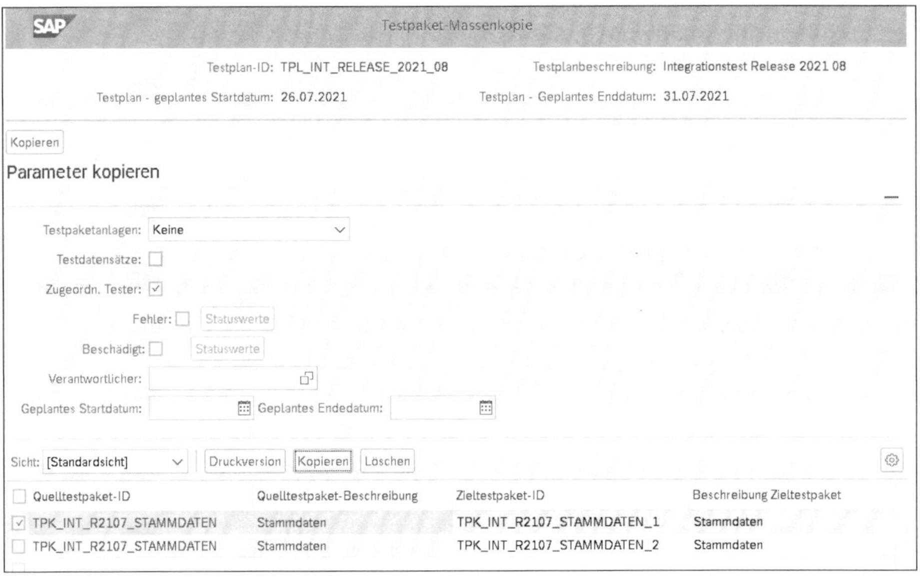


**Abbildung 11.27** Testpaket kopieren

**Paket in anderen Testplan kopieren**

Über den Pfad **Testpaket • In anderen Testplan kopieren** können Sie Testpakete zudem in einen anderen Testplan kopieren, vorausgesetzt, dies ist aufgrund des Testplanstatus erlaubt. Abbildung 11.28 zeigt die App, die sich lediglich durch die Angabe eines Zieltestplans von der vorherigen Ansicht unterscheidet.

**Testsequenzen kopieren**

Auch Testsequenzen können an dieser Stelle kopiert oder in einen anderen Testplan eingefügt werden. Wählen Sie dazu in der Testsequenzliste der Testplanverwaltung eine Testsequenz aus; über die Schaltfläche Testsequenz rufen Sie **Kopieren** bzw. **In anderen Testplan kopieren** auf. Um eine Sequenz zu kopieren, müssen Sie lediglich die ID und eine Beschreibung der Kopie angeben und festlegen, ob die daraus abgeleiteten Testpakete mitkopiert werden sollen.

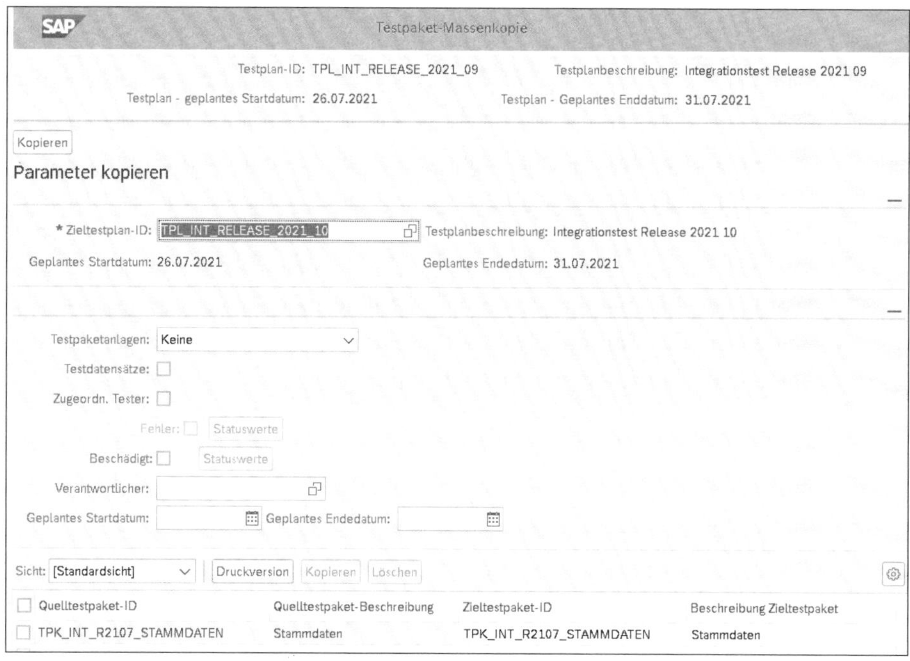


**Abbildung 11.28** Testpaket in anderen Testplan kopieren

Beim Kopieren in einen anderen Testplan geben Sie zusätzlich den Zieltestplan an. Über die Schaltfläche **Kopieren** starten Sie die Kopie. Abbildung 11.29 zeigt den Dialog zur Kopie einer Testsequenz innerhalb eines Testplans.

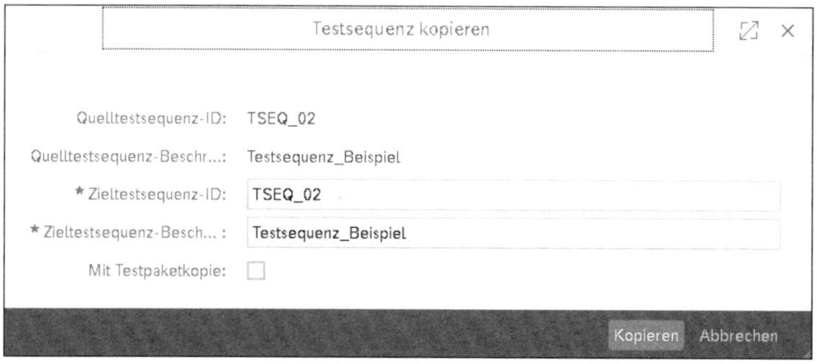

Testsequenz kopieren

Quelltestsequenz-ID: TSEQ_02

Quelltestsequenz-Beschr...: Testsequenz_Beispiel

* Zieltestsequenz-ID: TSEQ_02

* Zieltestsequenz-Besch... : Testsequenz_Beispiel

Mit Testpaketkopie:

Kopieren Abbrechen

**Abbildung 11.29** Testsequenz kopieren

### 11.2.4 Massenerstellung von Testpaketen

**Massenerstellung von Testpaketen**

Für Testpakete steht eine Massenerstellungsfunktion zur Verfügung, mit der Sie mehrere leere Testpakete gleichzeitig anlegen können. Selektieren Sie in der Testplanverwaltung einen Testplan, und wählen Sie in der Testpaketliste **Testpaket • Massenerstellung**. Daraufhin wird zunächst in einem Pop-up-Fenster abgefragt, wie viele Testpakete Sie erstellen möchten. Anschließend wird eine Eingabemaske mit der entsprechenden Anzahl Zeilen angezeigt (siehe Abbildung 11.30). Jede Zeile entspricht einem neu anzulegenden Testpaket, bei dem jeweils Testpaket-ID und Beschreibung mit einem einfachen durchnummerierten Namensschema vorgegeben sind, das Sie anpassen können. Zusätzlich können Sie die Felder **Verantwortlicher**, **Priorität** sowie **Geplantes Startdatum** und **Geplantes Enddatum** pflegen. Hier haben Sie über die Schaltfläche **Attribute festlegen** auch die Möglichkeit, Werte für mehrere gleichzeitig selektierte Zeilen anzupassen oder zu entfernen. Ebenso können Sie Zeilen hinzufügen oder löschen.

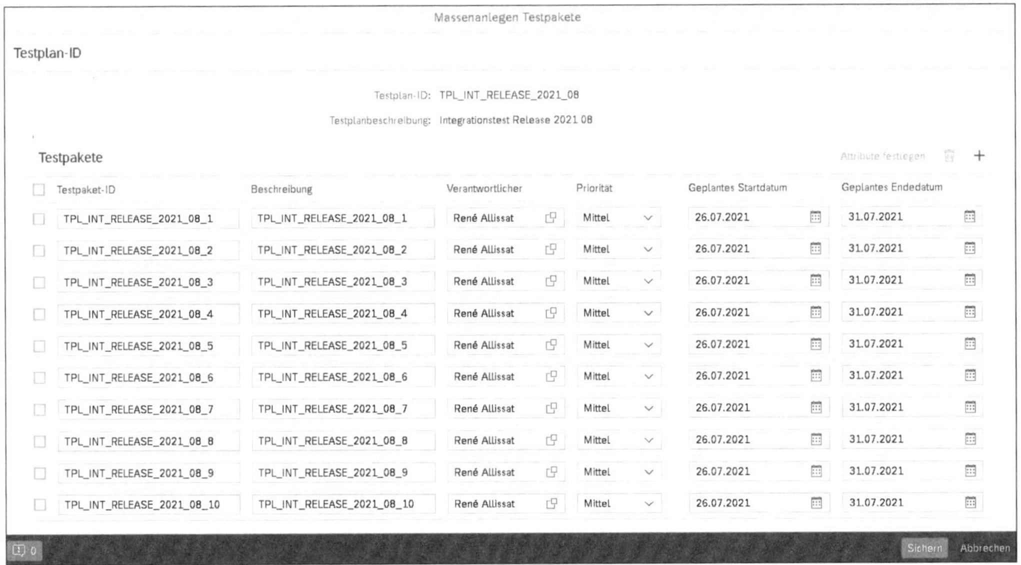

Massenanlegen Testpakete

Testplan-ID

Testplan-ID: TPL_INT_RELEASE_2021_08

Testplanbeschreibung: Integrationstest Release 2021 08

Testpakete

Attribute festlegen +

| Testpaket-ID | Beschreibung | Verantwortlicher | Priorität | Geplantes Startdatum | Geplantes Endedatum |
|---|---|---|---|---|---|
| TPL_INT_RELEASE_2021_08_1 | TPL_INT_RELEASE_2021_08_1 | René Allissat | Mittel | 26.07.2021 | 31.07.2021 |
| TPL_INT_RELEASE_2021_08_2 | TPL_INT_RELEASE_2021_08_2 | René Allissat | Mittel | 26.07.2021 | 31.07.2021 |
| TPL_INT_RELEASE_2021_08_3 | TPL_INT_RELEASE_2021_08_3 | René Allissat | Mittel | 26.07.2021 | 31.07.2021 |
| TPL_INT_RELEASE_2021_08_4 | TPL_INT_RELEASE_2021_08_4 | René Allissat | Mittel | 26.07.2021 | 31.07.2021 |
| TPL_INT_RELEASE_2021_08_5 | TPL_INT_RELEASE_2021_08_5 | René Allissat | Mittel | 26.07.2021 | 31.07.2021 |
| TPL_INT_RELEASE_2021_08_6 | TPL_INT_RELEASE_2021_08_6 | René Allissat | Mittel | 26.07.2021 | 31.07.2021 |
| TPL_INT_RELEASE_2021_08_7 | TPL_INT_RELEASE_2021_08_7 | René Allissat | Mittel | 26.07.2021 | 31.07.2021 |
| TPL_INT_RELEASE_2021_08_8 | TPL_INT_RELEASE_2021_08_8 | René Allissat | Mittel | 26.07.2021 | 31.07.2021 |
| TPL_INT_RELEASE_2021_08_9 | TPL_INT_RELEASE_2021_08_9 | René Allissat | Mittel | 26.07.2021 | 31.07.2021 |
| TPL_INT_RELEASE_2021_08_10 | TPL_INT_RELEASE_2021_08_10 | René Allissat | Mittel | 26.07.2021 | 31.07.2021 |

0 Sichern Abbrechen

**Abbildung 11.30** Massenerstellung von Testpaketen

Die Massenerstellung von Testpaketen ist insbesondere in Kombination mit der direkten Zuordnung von Testfällen aus dem Testplan heraus interessant, da Sie auf diese Weise nicht jedes Testpaket einzeln bearbeiten müssen (siehe Abschnitt 11.1.1, »Testplan anlegen«).

### 11.2.5 Zuordnung von Tester*innen

Das Zuordnen von Tester*innen ist eine zentrale administrative Aufgabe während der Testplanung und -durchführung. Einmalige Aufwände in der Planung umfassen vor allem das Identifizieren geeigneter Tester*innen bzw. die Koordination mit den Fachbereichen, die die entsprechenden Informationen liefern. Diese lassen sich anschließend in den Testpaketen abbilden, wobei hier insbesondere bei der Verwendung von Sequenzen hohe Aufwände entstehen, da eine direkte Beziehung zwischen Testfall und Tester*in besteht. In der Testdurchführung geht es anschließend darum, diese Informationen aktuell zu halten, z. B. wenn Tester*innen ausfallen oder sich der Testumfang ändert. Hier müssen entsprechende Anpassungen zügig vorgenommen werden, um den Testablauf nicht zu verzögern.

Die App **Tester zuordnen** unterstützt Sie dabei, Tester*innen in mehreren Testplänen bzw. -paketen hinzuzufügen, zu löschen oder zu ersetzen. Die App ist über eine eigene Kachel im Menü **Test-Suite** des SAP Solution Manager Launchpads verfügbar. Alternativ können Sie auch in der Testplanverwaltung einen Testplan auswählen, dort ein oder mehrere Testpakete selektieren und die Schaltfläche **Tester zuordnen** verwenden (siehe Abbildung 11.31).

**Abbildung 11.31** Die Funktion »Tester zuordnen« aus der Testplanverwaltung aufrufen

Abbildung 11.32 zeigt den Hauptbildschirm der App. Wenn Sie die App über das Launchpad starten, müssen Sie zunächst über den Bereich **Selektion** einen oder mehrere Testpläne auswählen, die Sie bearbeiten möchten. Über die verschiedenen Suchoptionen können Sie insbesondere auch nach Tester*innen suchen, sodass alle Testpläne angezeigt werden, in denen eine bestimmte Person vorkommt. Haben Sie die App wie im Beispiel über die Testplanverwaltung aufgerufen, werden die betreffenden Daten von dort übernommen.

Die Liste in der unteren Hälfte der App zeigt zeilenbasiert die zu den ausgewählten Testpaketen zugeordneten Tester*innen. Markieren Sie eine oder mehrere Zeilen, um diese mit den Schaltflächen zu bearbeiten.

Mit einem Klick auf die Schaltfläche **Tester zuordnen** können Sie dem gewählten Paket einen Tester oder eine Testerin hinzufügen; bei einer Sequenz wird die bereits zugeordnete Person durch die neu ausgewählte Person ersetzt.

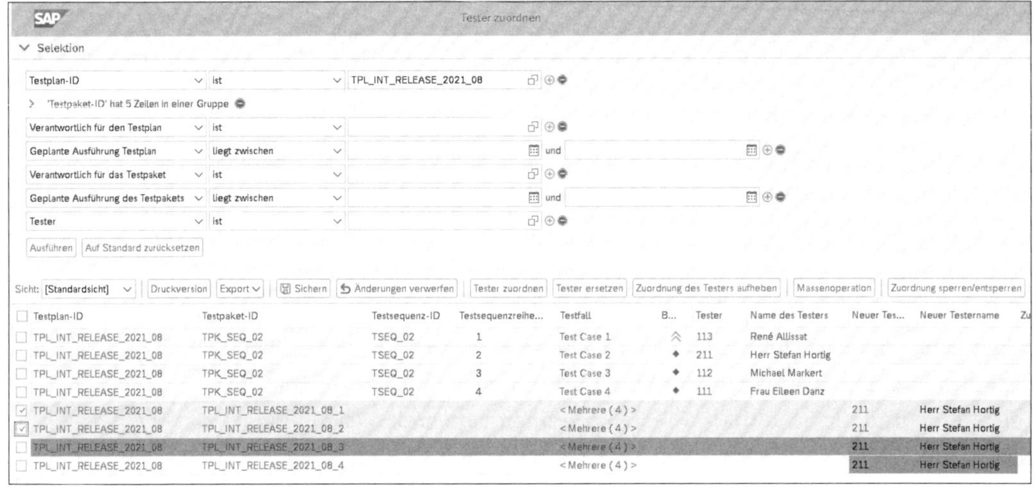


**Abbildung 11.32** Tester zuordnen

Wenn Sie auf die Schaltfläche **Tester ersetzen** klicken, öffnet sich ein Pop-up-Fenster mit den Feldern **Tester** und **Neuer Tester**; entsprechend wird in den ausgewählten Zeilen die Zuordnung ersetzt.

Über die Schaltfläche **Zuordnung des Testers aufheben** entfernen Sie die gewählten Tester*innen aus einem Paket. Bei Sequenzen ist dies nicht möglich.

Die Funktion **Massenoperation** entspricht dem Ersetzen von Tester*innen; allerdings werden hier alle gewählten Tester*innen berücksichtigt. Den Austausch können Sie in einer Tabelle vornehmen (siehe Abbildung 11.33).

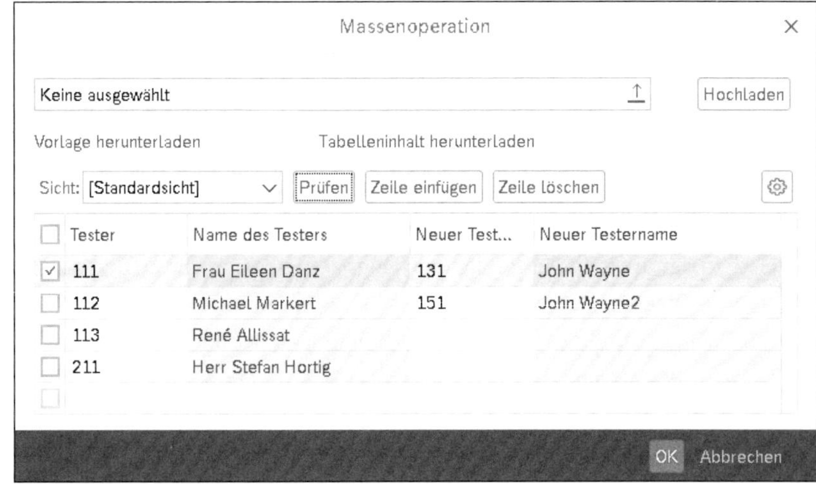


**Abbildung 11.33** Massenoperation

Bei umfangreichen Tauschaktionen haben Sie hier auch die Möglichkeit, die Informationen in eine CSV-Datei zu exportieren, diese in einer Tabellenkalkulation zu bearbeiten und anschließend wieder hochzuladen.

Mit der Schaltfläche **Zuordnung sperren/entsperren** steuern Sie, ob die gewählten Tester*innen die im Testpaket enthaltenen Testfälle ausführen dürfen; der Status wird durch das Schloss-Symbol in der Spalte **Zuordnungssperre** angezeigt.

Sämtliche Änderungen, die Sie vornehmen, werden in der Listenansicht farbcodiert angezeigt. So werden z. B. hinzugefügte Tester*innen grün und Löschungen rot dargestellt. Um die Anpassungen zu übernehmen, wählen Sie abschließend die Schaltfläche **Sichern**; andernfalls klicken Sie auf die Schaltfläche **Änderungen verwerfen**, um Ihre Anpassungen nicht zu speichern.

Kapitel 12
# Testausführung mit dem SAP Solution Manager

*In der Testausführung werden die geplanten Testaktivitäten in die Realität umgesetzt: Tester*innen greifen auf die ihnen zugewiesenen Testfälle zu, führen diese aus und dokumentieren das Ergebnis. Die hierzu relevanten Apps im SAP Solution Manager werden in diesem Kapitel dargestellt.*



**Start der Testausführung**

Im Kapitel 11, »Testplanung mit dem SAP Solution Manager«, haben wir gezeigt, wie ein konkretes Testvorhaben über Testpläne, -pakete und -sequenzen abgebildet werden kann. Ganz gleich, welche Art von Testfällen Sie gewählt haben und ob die Steuerung der Tests eher pragmatisch oder sehr detailliert geplant wurde – das Ergebnis dieser Aktivität sind stets konkrete Arbeitsaufgaben für die Tester*innen. Sobald die Testphase beginnen kann, wird der Testplan durch Setzen eines entsprechenden Status formal freigegeben. Die Tester*innen können auf ihre Arbeitspakete zugreifen und mit ihrer Arbeit beginnen.

Dazu bietet die Test-Suite zwei Optionen an. Der im Standard verfügbare *Tester-Arbeitsvorrat* eignet sich für die Durchführung dokumentenbasierter Tests: Die Tester*innen können die ihnen zugewiesenen Testfalldokumente aufrufen und haben verschiedene Möglichkeiten, um den Teststatus zu bewerten und den Verlauf der Tests zu dokumentieren. Neben manuellen Tests können über den Tester-Arbeitsvorrat auch automatische Testfälle ausgeführt oder eingeplant werden.

Durch die Erweiterung Focused Build steht eine weitere App für die Testausführung zur Verfügung; die App **Meine Testausführungen** kommt zum Einsatz, wenn Sie Testschritte-Testfälle verwenden; Tester*innen können diese Testfälle direkt im System aufrufen und den Testverlauf schrittweise bewerten und dokumentieren. Dokumentenbasierte Testfälle werden von dieser alternativen Oberfläche ebenfalls unterstützt.

In diesem Kapitel stellen wir beide Optionen vor und zeigen die für Sie in der Praxis relevanten Funktionen.

## 12.1 Die App »Meine Aufgaben – Tester-Arbeitsvorrat«

Tester*innen rufen den Tester-Arbeitsvorrat über die Kachel **Meine Aufgaben – Tester-Arbeitsvorrat** im Menü **Test-Suite** des SAP Solution Manager Launchpads auf. Abbildung 12.1 zeigt den Einstieg in die App.

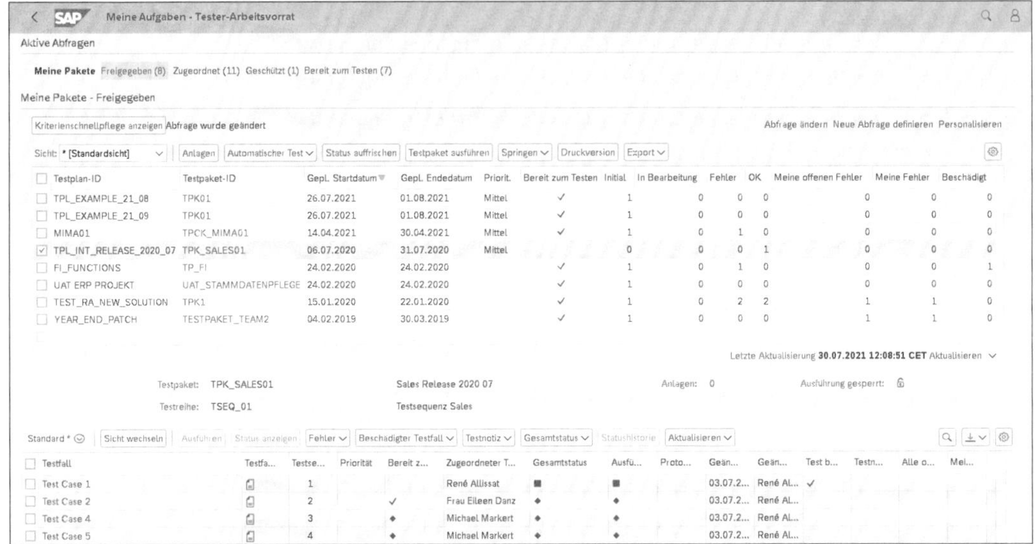

**Abbildung 12.1** Tester-Arbeitsvorrat

**Testpakete anzeigen**

Der Arbeitsvorrat ist in zwei Bereiche unterteilt. In der oberen Hälfte der App befindet sich der Bereich **Meine Pakete**. Hier werden alle Testpakete angezeigt, die dem Tester oder der Testerin zugeordnet sind. Über die Schaltflächen im Bereich **Aktive Abfragen** kann ein Filter gesetzt werden, um nur Testpakete anzeigen zu lassen, die bestimmte Kriterien erfüllen. So zeigt z. B. der Filter **Bereit zum Testen** nur Testfälle, die der oder die Tester*in tatsächlich ausführen kann. Es werden dann keine Tests angezeigt, die durch Testplanstatus, Testpaketsperre oder Reihenfolge einer Sequenz gesperrt sind. Über die Schaltfläche **Kriterienschnellpflege anzeigen** können zudem eigene Filter festgelegt werden; mit einem Klick auf die Schaltfläche **Neue Abfrage definieren** können selbst erstellte Filter als Abfrage hinzugefügt werden. Abbildung 12.2 zeigt die verfügbaren Felder, für die ein Filter gesetzt werden kann.

Die Liste im Bereich **Meine Pakete** enthält zudem verschiedene Spalten, die einen Überblick über das Testpaket ermöglichen und z. B. Plandaten, Priorität, Teststatus und aufgegebene Fehlermeldungen anzeigen. Über das Zahnrad-Symbol [⚙] kann die Darstellung der Liste (z. B. angezeigte Spalten, Sortierung, Darstellungsstil) angepasst werden.

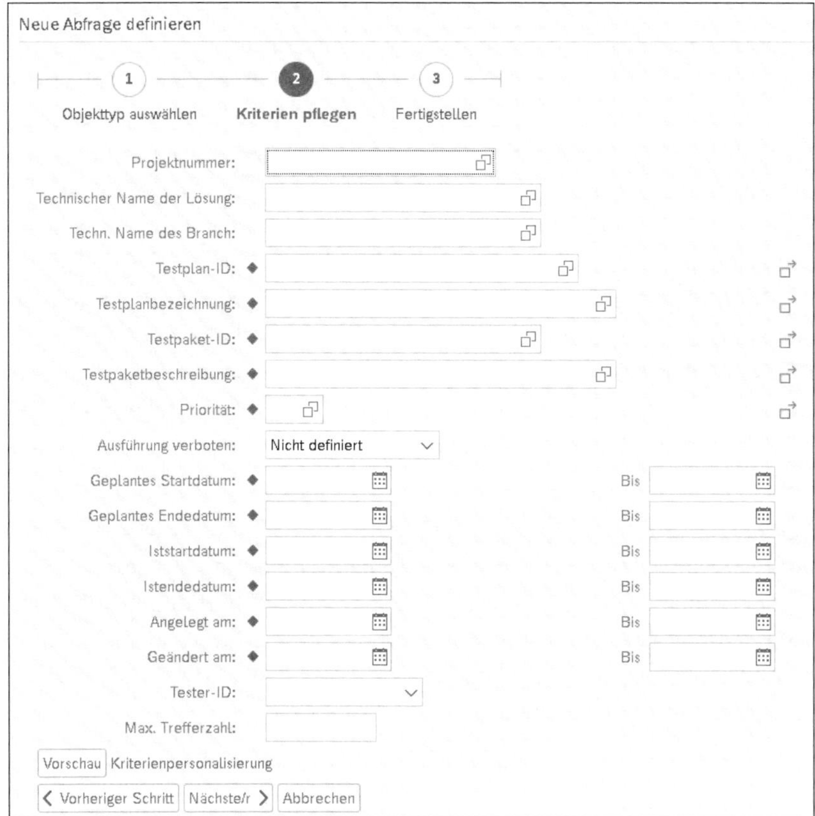


**Abbildung 12.2** Eigene Filterkriterien für Testpakete

Über die Schaltflächen oberhalb der Liste erreichen Sie weitere Funktionen, von denen während der Testausführung insbesondere folgende von Relevanz sind:

- Über die Schaltfläche **Anlagen** können Sie sich alle Anlagen anzeigen lassen, die dem Testpaket zugewiesen wurden. Ebenso können hier Anlagen hinzugefügt werden. Dies kann z. B. dazu genutzt werden, Tester*innen zusätzliche Dokumente zur Verfügung zu stellen, z. B. Prozessbeschreibungen, Schulungsmaterial zur Unterstützung der Testdurchführung oder Testdaten.
- Die Schaltfläche **Automatischer Test** bietet Optionen für die Ausführung bzw. Einplanung automatischer Testfälle.
- Über die Schaltflächen **Springen • Fehlerübersicht** werden Ihnen alle Fehlermeldungen angezeigt, die im ausgewählten Testpaket angelegt worden sind.

**Testfälle im Testpaket**

Haben Sie im Bereich **Meine Pakete** ein Testpaket ausgewählt, werden im unteren Bereich der App die Testfälle angezeigt, die diesem Paket zugeordnet sind. In den hier verfügbaren Spalten, die ebenfalls über [⚙] anpassbar sind, sind insbesondere Testfallname (**Testfall**), **Testfalltyp**, und **Priorität**, die zugeordneten Tester*innen (**Zugeordneter Tester**) sowie **Gesamtstatus** und **Ausführungsstatus** des Testfalls sichtbar. Die Status zeigen die Bewertung des Testfalls in Form eines Ampelstatus; dabei zeigt der Ausführungsstatus die Bewertung des angemeldeten Testers oder der Testerin, während der Gesamtstatus den Status aller Testausführungen gemäß festgelegter Aggregationsregel anzeigt (siehe Abschnitt 9.4.3, »Test-Suite-Vorbereitung«). Die Spalte **Bereit zum Testen** zeigt an, ob der jeweilige Testfall ausgeführt werden kann. Dies ist insbesondere bei Testsequenzen von Bedeutung; hier wird zusätzlich die Spalte **Testsequenzreihenfolge** angezeigt (siehe Abbildung 12.1).

Mit der Schaltfläche **Sicht wechseln** können Tester*innen von der in Abbildung 12.1 dargestellten Listenansicht in die in Abbildung 12.3 gezeigte Hierarchiesicht umschalten. Letztere zeigt die auszuführenden Testfälle im Kontext der Prozesshierarchie. Somit erhalten Tester*innen auch die Information, wo der Testfall hinterlegt ist, bzw. u. a. welcher Prozess oder welche Prozessvariante getestet wird.

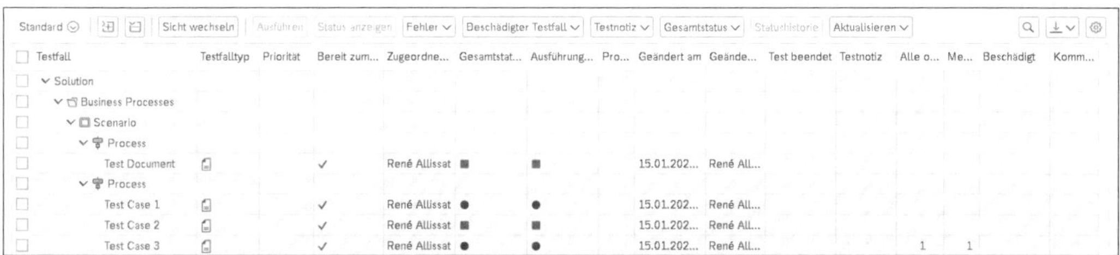


**Abbildung 12.3** Testfälle eines Testpakets in der Hierarchiesicht

**Testfall ausführen**

Um einen Testfall auszuführen, klicken Sie auf den Namen des Testfalls; alternativ wählen Sie den Testfall aus der Liste aus und klicken auf die Schaltfläche **Ausführen**. Daraufhin öffnet sich ein neues Fenster, in dem der Test durchgeführt, bewertet und dokumentiert werden kann (siehe Abbildung 12.4).

Klicken Sie hier auf die Schaltfläche **Testfall anzeigen**, um das Testfalldokument herunterzuladen.

**Testausführung starten**

Über die Schaltfläche **Testausführung starten** beginnen Sie die Testausführung: Wurden zu dem Testfall eine oder mehrere ausführbare Einheiten hinterlegt, werden diese auf der Registerkarte **Ausführbare Einheiten** angezeigt. Die hier in der Liste ausgewählte Einheit wird im Zielsystem aufgerufen, sodass Sie dort direkt mit dem Testen beginnen können.

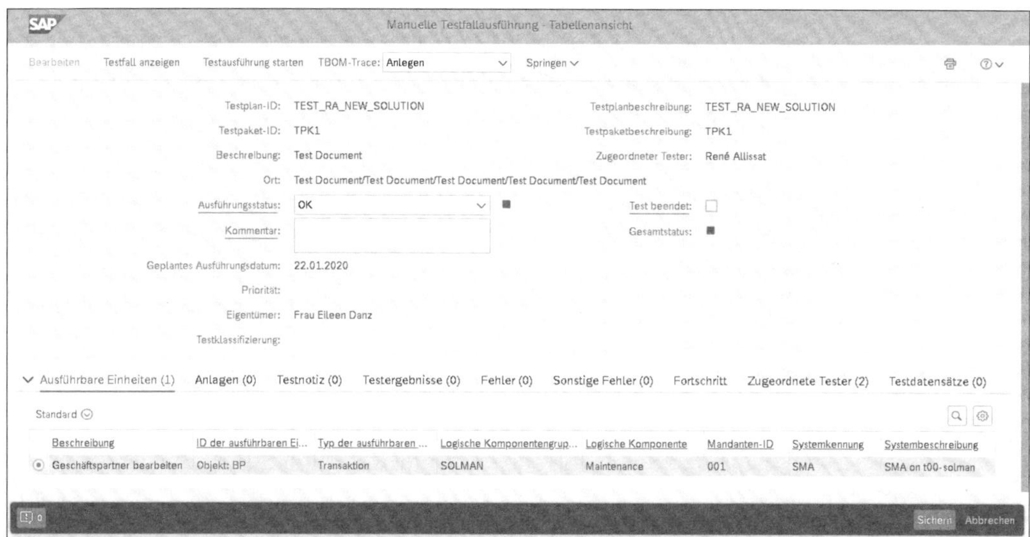


**Abbildung 12.4** Manuelle Testausführung

Das aufgerufene System wurde dabei über logische Komponentengruppen und eine Systemrolle bei der Testplanerstellung festgelegt. Abhängig von der Konfiguration der Test-Suite kann bei der Testausführung eine Zeiterfassung gestartet werden, die bei der Aufwandsplanung von Testaktivitäten hilfreich sein kann (siehe Abschnitt 11.1.1, »Testplan anlegen«). Wurde das Aufzeichnen technischer Stücklisten für die Änderungsanalyse aus manuellen Tests heraus aktiviert, können Sie über das Drop-down-Feld **TBOM-Trace** selbigen aktivieren; bei der Testausführung erscheint dann ein Pop-up-Fenster mit Optionen zum Speicherort der technischen Stückliste. Während der Testausführung wird die Stückliste aufgezeichnet, die von den Werkzeugen zur Änderungsanalyse verwendet werden kann. Nach Abschluss des Tests wählen Sie die Schaltfläche **Testausführung beenden** aus.

Werden Zeiterfassung und TBOM-Erstellung (Technical Bill of Material) nicht verwendet, können Sie auch auf das Starten und Stoppen der Tests verzichten. Stattdessen können Sie sich nur den Testfall anzeigen lassen und die zu testende App im Bereich **Ausführbare Einheiten** direkt aufrufen.

Im Feld **Kommentar** können Sie kurze Notizen zum Testverlauf erfassen oder angelegte Stamm- und Bewegungsdaten eintragen, die für andere Tester*innen von Relevanz sind. Die Daten des Feldes werden z. B. auch in der Übersicht der Testfälle in einer eigenen Spalte angezeigt.

Ausführungsstatus

Mit dem **Ausführungsstatus** bewerten Sie das Gesamtergebnis des Tests und teilen somit dem Testmanagement mit, ob die Durchführung erfolgreich oder fehlerhaft war oder der Test noch nicht abgeschlossen ist. Jedem der Statuswerte ist ein Ampelstatus zugeordnet, der im Reporting einen schnellen Überblick über den Status der Testausführung ermöglicht.

Mit der Checkbox **Test beendet** legen Sie zudem fest, ob der Test abgeschlossen ist. Dies ist insbesondere für Testsequenzen relevant, da nur bei Abschluss eines Tests der nachfolgende Test in der Sequenz durchgeführt wird. Wurde **Test beendet** ausgewählt, können keine Änderungen an Testausführungsstatus und Dokumentation mehr vorgenommen werden. Im Customizing können Sie festlegen, ob die Option **Test beendet** durch die Wahl eines Status automatisch gesetzt wird. Auch die Werte des Ausführungsstatus können im Customizing angepasst werden (siehe Abschnitt 9.4.3, »Test-Suite-Vorbereitung«).

Im Standard können folgende Ausführungsstatus ausgewählt werden:

- **Nicht getestet**
  Der Test wurde noch nicht ausgeführt und gilt daher als unausgeführt.
- **In Bearbeitung**
  Sie haben mit der Testausführung begonnen, diese aber unterbrochen (ohne, dass ein Fehler vorliegt).
- **OK**
  Der Test wurde erfolgreich gemäß Testfall durchgeführt.
- **OK mit Einschränkungen**
  Der Testfall wurde grundlegend vollständig ausgeführt. Es wurden jedoch Fehler gefunden, die den getesteten Prozess nicht signifikant beeinträchtigen.
- **Fehler**
  Ein Nachtest ist erforderlich: Der Testfall kann aufgrund eines (gravierenden) Fehlers nicht ausgeführt werden.
- **Nachtest OK**
  Ein Fehler wurde behoben; der Nachtest war erfolgreich, und es sind keine weiteren Fehler aufgetreten.

Im einfachsten Fall kann das Setzen des Ausführungsstatus, vielleicht kombiniert mit einem kurzen Kommentar, bereits als Dokumentation der Testdurchführung ausreichen: Das Testmanagement kann den Gesamtstatus der Testphase auswerten; für jeden einzelnen Test ist dokumentiert, wer den Test wann und mit welchem Ergebnis ausgeführt hat.

**Ausführungsstatus in der Praxis**

Die im Standard verfügbaren Statuswerte lassen Spielraum zur Interpretation. Es ist daher sinnvoll, Ihr individuelles Verständnis der Statuswerte im Testkonzept eindeutig(er) zu definieren. Dies gilt insbesondere für die Abgrenzung, wann Tester*innen **Fehler: Nachtest erforderlich** und wann **OK mit Einschränkungen** als Status auswählen; hier fließt auch Ihre Definition der Fehlerkritikalität mit ein. Ebenso kann es sinnvoll sein, Status auszublenden (etwa, wenn den Tester*innen nicht die Entscheidung überlassen werden soll, ob ein Fehler kritisch ist) oder eigene Statuswerte zu verwenden.

**Testdokumentation**

Abhängig von internen und externen Anforderungen ist die von Tester*innen zu leistende Dokumentation des Testergebnisses oder auch des Testverlaufs jedoch meist komplexer. Die Testausführung bietet hierzu verschiedene Varianten an.



**Testnotiz**

Mit der *Testnotiz* können Testverlauf und Testergebnis formal in einem Dokument beschrieben werden. Wählen Sie die Schaltfläche **Anlegen** in der entsprechenden Registerkarte aus, um eine neue Testnotiz zu erstellen (siehe Abbildung 12.5).

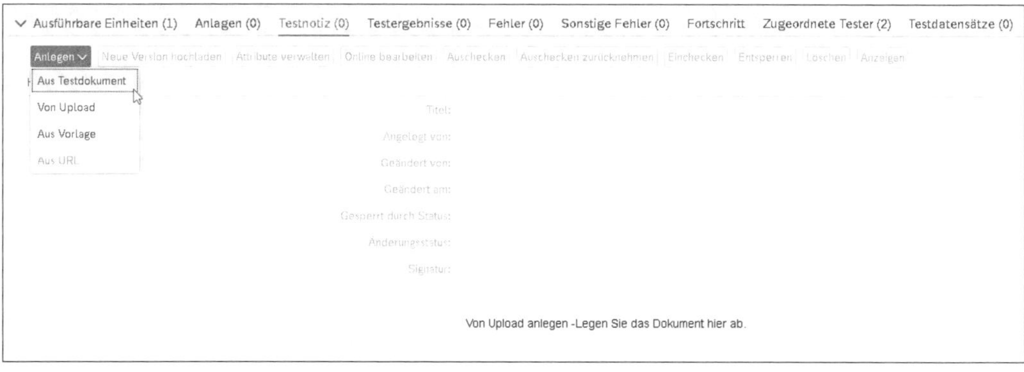


**Abbildung 12.5** Testnotiz erstellen

Hier haben Sie vier Auswahlmöglichkeiten; im Customizing können die nicht benötigten Varianten ausgeblendet werden (siehe Abschnitt 9.4.3, »Test-Suite-Vorbereitung«):

- Die Auswahl der Option **Aus Testdokument** erstellt eine Kopie des Testfalldokuments als Testnotiz. Diese Variante wird in der Praxis häufig verwendet, da Testfalldokumente meist bereits Spalten für die Erfassung von erwarteten Ergebnissen enthalten.

- Die Wahl der Option **Von Upload** erlaubt den Upload eines lokal gespeicherten Dokuments; ebenso ist der Upload mittels Drag & Drop über den in Abbildung 12.5 dargestellten Upload-Bereich möglich.
- Die Option **Aus Vorlage** ermöglicht die Erstellung einer Testnotiz aus der während der Testplanerstellung festgelegten Dokumentenvorlage.
- Die Option **Aus URL** ermöglicht den Verweis auf eine externe Quelle.

**Attribute und Versionen von Testnotizen**

Mit Ausnahme der URL sind Testnotizen Dokumente, die im SAP Solution Manager verwaltet und – wie die Dokumente in der Lösungsdokumentation – auch versioniert werden und über Statuswerte verfügen. Über die Schaltfläche **Attribute verwalten** können Sie den Dokumentenstatus ändern (siehe Abbildung 12.6); die verfügbaren Status entsprechen denen der während der Testplanerstellung ausgewählten Dokumentenvorlage für Testnotizen. Dabei werden auch Signaturstrategien berücksichtigt.

**Abbildung 12.6** Attribute einer Testnotiz

Auf der Registerkarte **Änderungshistorie** können Änderungen im Dokument nachverfolgt werden. Änderungen im Dokument und in seinen Attributen werden jeweils als Zeile einer Tabelle angezeigt; ältere Versionen des Dokuments können selektiert und aufgerufen werden.

**Testnotizen bearbeiten**

Wenn Sie das Fenster geschlossen haben, können Sie über die weiteren Schaltflächen auf der Registerkarte **Testnotiz** eine angelegte Notiz bearbeiten:

- Die Schaltfläche **Neue Version hochladen** erlaubt einen erneuten Upload; in dem entsprechenden Dialog kann zudem ein neuer Dokumentenstatus gesetzt werden. Alternativ kann der Upload-Bereich verwendet werden; hier wird der gegenwärtige Status beibehalten.

- Die Schaltfläche **Online bearbeiten** ermöglicht die direkte Bearbeitung des Dokuments in Microsoft Office, sofern dies vom lokalen Browser unterstützt wird.
- Die Schaltflächen **Auschecken**, **Einchecken** und **Auschecken zurücknehmen** ermöglichen die lokale Bearbeitung des Dokuments; dabei ist für alle Nutzer*innen sichtbar, dass die Testnotiz momentan ausgecheckt ist und nicht durch andere Mitarbeitende bearbeitet werden sollte.
- Die Schaltfläche **Entsperren** hebt eine statusbedingte Sperre auf und setzt den Status gemäß Statusschema zurück, z. B. um ein als abgeschlossen deklariertes Dokument wieder zu öffnen oder um eine Signatur abzubrechen (siehe Abbildung 12.7).



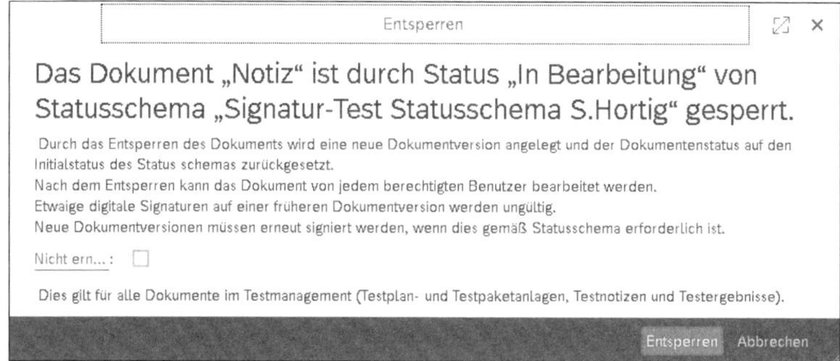


**Abbildung 12.7** Testnotiz entsperren

- Die Schaltfläche **Löschen** löscht die Testnotiz.

Ob die entsprechenden Aktionen ausgeführt werden können, ist dabei von den Berechtigungen des angemeldeten Nutzers oder der Nutzerin abhängig.

Testergebnisse

Alternativ oder ergänzend zu den Testnotizen können Testergebnisse verwendet werden, die pro Tester*in angelegt werden. Ebenso können mehrere Testergebnisse je Testfall angelegt werden. Darüber hinaus verfügt diese Dokumentenart über die gleichen Bearbeitungsmöglichkeiten wie die Testnotiz (siehe Abbildung 12.8).

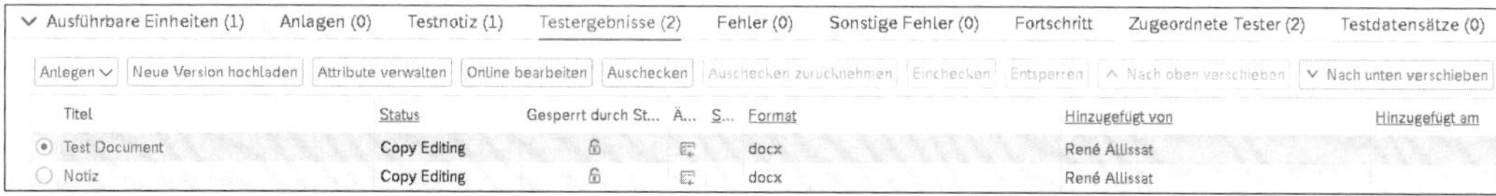


**Abbildung 12.8** Testergebnisse

**Customizing der Testdokumentation**

Art und Umfang der Testdokumentation sind eine organisatorische Entscheidung, die im Rahmen der Testplanung getroffen wird. Während der Testdurchführung müssen Testmanager*innen dafür Sorge tragen, dass die Dokumentationsvorgaben von den Tester*innen eingehalten werden. Technisch kann dies durch die globalen Einstellungen im Customizing unterstützt werden (siehe Abschnitt 9.4.3, »Test-Suite-Vorbereitung«). Neben der Art und Weise, wie Tester*innen Testnotizen und/oder Testergebnisse anlegen können, kann hier insbesondere auch festgelegt werden, ob die Dokumente optional sind oder zwingend erstellt werden müssen. Abbildung 12.9 zeigt die relevanten Einstellungen.

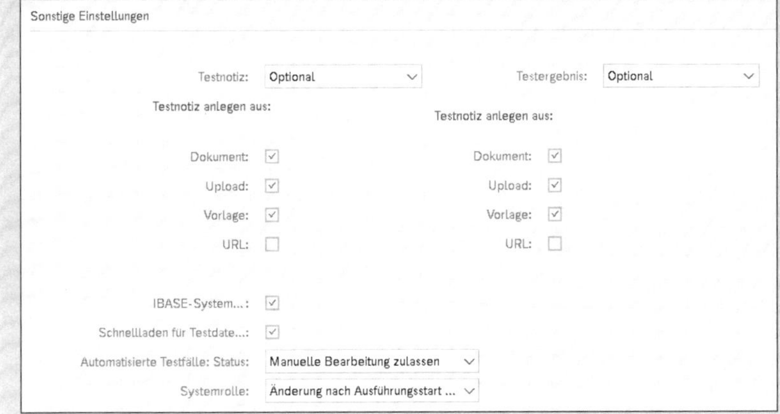


**Abbildung 12.9** Testdokumentation in den globalen Einstellungen

Fehlerverwaltung

Nun wurde der Testfall ausgeführt und bewertet; der Testverlauf wurde gemäß Vorgabe dokumentiert. Doch was geschieht, wenn Tester*innen einen Fehler entdecken? Schließlich ist dies der eigentliche Zweck des Testens. Allgemein stellen Testmanagement-Werkzeuge hierzu Werkzeuge oder zumindest eine Integration für die Fehlerverwaltung (Defect Management) zur Verfügung. In der Test-Suite wird hierzu das IT-Servicemanagement des SAP Solution Managers verwendet, das die entsprechenden Funktionen zur Verfügung stellt. Fehlermeldungen werden als Ticket aufgegeben, das die Bearbeitung von Fehlern über Statuswechsel dokumentiert und von verschiedenen Ansprechpartner*innen bearbeitet wird. Im Detail stellen wir diesen Prozess in Abschnitt 14.1, »Defect Management«, vor.

Fehlermeldung anlegen

Auf der Registerkarte **Fehler** finden Sie eine Liste aller dem Testfall zugeordneten Fehlermeldungen. Mit der Schaltfläche **Anlegen** erstellen Sie eine neue Meldung; alternativ können Sie hier eine bereits vorhandene Meldung **Zuordnen** bzw. eine **Zuordnung aufheben**. Das Zuordnen bestehender Meldungen kann sinnvoll sein, wenn ein zuvor entdeckter Fehler mehrere Tests betrifft und deren Ausführung blockiert; dieser Sachverhalt kann über das konsequente Zuordnen des Fehlers zu allen betroffenen Testfällen abgebildet werden.

Abbildung 12.10 zeigt die Bildschirmmaske zum Anlegen einer neuen Meldung. Durch Informationen aus Testplan und Testfall sind die Felder **System**, **Mandant** und **Konfigurationselement** meist vorbelegt. Ebenso werden – wenn anhand der ausführbaren Einheit möglich – das Feld **Komponente** ausgefüllt und der passende Pfad der Lösungsdokumentation (Feld **Element**) vorbelegt. Tester*innen müssen somit nur noch das Feld **Beschreibung** bzw. den Titel der Meldung und eine Fehlerbeschreibung (Feld **Details**) ergänzen. Optional können Anlagen hochgeladen, vorab Bearbeiter*innen festgelegt und eine mehrstufige Kategorie ausgewählt werden. Nachdem Sie mit einem Klick auf **OK** die Eingabe abgeschlossen haben, wird die Meldung erstellt und in der Liste der Fehler angezeigt. Klicken Sie hier abschließend auf **Sichern**, um die Meldung zu speichern.

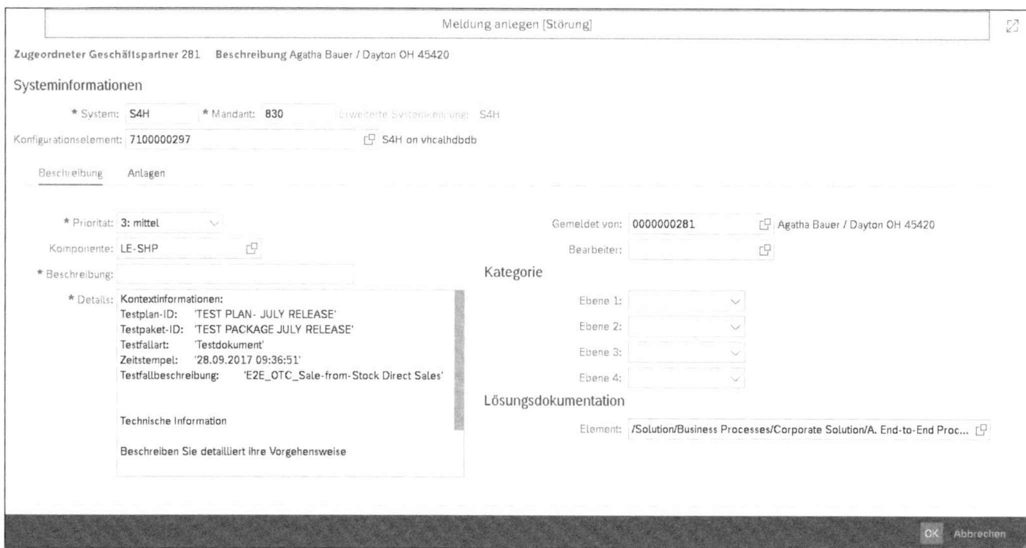


**Abbildung 12.10** Meldung anlegen

Die Meldung liegt nun im Service Desk des SAP Solution Managers vor. Abhängig von der Konfiguration des Meldungstyps können verschiedenste Funktionen des Service Desk genutzt werden. So können z. B. regelbasiert Bearbeiter*innen zugeordnet und E-Mails an die jeweils relevanten Ansprechpartner*innen versendet werden. In Abschnitt 14.1, »Defect Management«, stellen wir Ihnen den Ablauf der Fehlerbehebung sowie die wesentlichen Einstellungen vor, die in der Praxis für das Defect Management verwendet werden.

**Fehlernachtest**

Wurde ein Fehler behoben, erhält der zugeordnete Tester oder die Testerin eine E-Mail-Benachrichtigung und sieht den aktualisierten Status in der Liste der Fehler. Entsprechend kann ein Nachtest durchführt werden, bei dem Dokumentation und Status des Tests aktualisiert werden und – im Erfolgsfall – auch die Fehlermeldung final geschlossen werden kann.

**Weitere Optionen der Testausführung**

Ferner stehen in der Testausführung weitere Registerkarten zur Verfügung: **Sonstige Fehler** zeigt die Meldungen, die von anderen Testern aufgegeben wurden. Auf der Registerkarte **Fortschritt** werden Informationen zum Testaufwand angezeigt; alternativ zum beschriebenen automatischen Erfassen des Aufwands kann dieser hier auch manuell gepflegt werden (siehe Abbildung 12.11). Zusätzlich bietet der Bereich **Einschränkungen** eine alternative Möglichkeit, um die Ursache für einen fehlgeschlagenen Test zu dokumentieren. Die hier gesetzten Haken können im Test-Reporting ausgewertet werden.

Ausführbare Einheiten (0) Anlagen (0) Testnotiz (0) Testergebnisse (0) Fehler (0) Sonstige Fehler (0) Fortschritt Zugeordnete Tester (1)
Fortschritt
Testaufwand - akt. Ausführung: 0 Minute
Testaufwand insges.: 436 Minute
Geändert von: BAUERA
Geändert am: 04.08.2021 07:01:04
Einschränkungen
Funktionen:
Anzeigen:
Benutzungsoberfläche:
Dokumentation:
Übersetzung:
Customizing:
Sonstige:

**Abbildung 12.11** Registerkarte »Fortschritt« der Testausführung

Die letzte Registerkarte **Zugeordnete Tester** zeigt alle Tester*innen an, die auf den Testfall Zugriff haben. Sind hier mehrere Personen eingetragen, erzeugt jede Person einen eigenen **Ausführungsstatus**; die Statuswerte mehrerer Tester*innen werden gemäß der im Customizing festgelegten Aggregationsstrategie im Feld **Gesamtstatus** angezeigt. Der Bereich **Testdatensätze** zeigt hinterlegte Testdatencontainer an (siehe Abschnitt 16.3, »eCATT«).

Die meisten der beschriebenen Funktionen der Testausführung können auch auf dem Einstiegsbildschirm des Tester-Arbeitsvorrats ausgeführt werden, den Sie in Abbildung 12.12 sehen. Ferner finden sich hier auch einige weitere Optionen. Abhängig von Testvorgehen und Dokumentationserfordernissen können die nachfolgend beschriebenen Funktionen eine schnellere Bearbeitung von Testfällen ermöglichen, da Tester*innen nicht für jeden Testfall in die App für die Testausführung wechseln müssen:

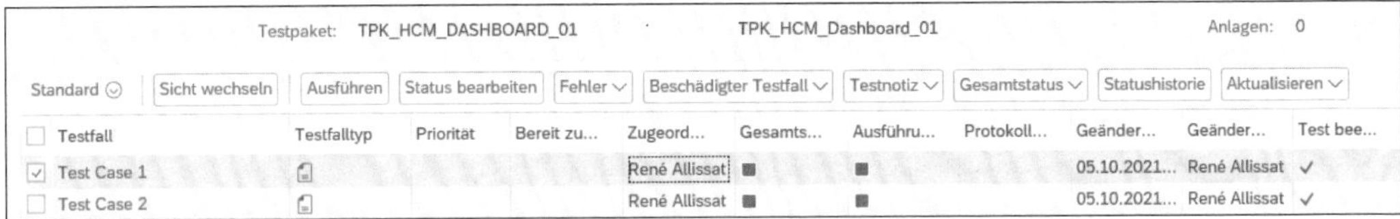


**Abbildung 12.12** Testausführung im Tester-Arbeitsvorrat direkt bearbeiten



**Teststatus und Massenänderung**

- Über die Schaltfläche **Status bearbeiten** kann der Ausführungsstatus eines Testfalls über ein Pop-up-Fenster gepflegt werden. Zusätzlich können Tester*innen hier auch die Daten zu Testaufwand und Fortschritt erfassen (siehe Abbildung 12.13). Werden mehrere Testfälle selektiert, ändert sich die Schaltfläche **Status bearbeiten** in **Massenbearbeitung Status**. Abbildung 12.14 zeigt die Optionen, um den Status mehrerer Testfälle zu setzen.

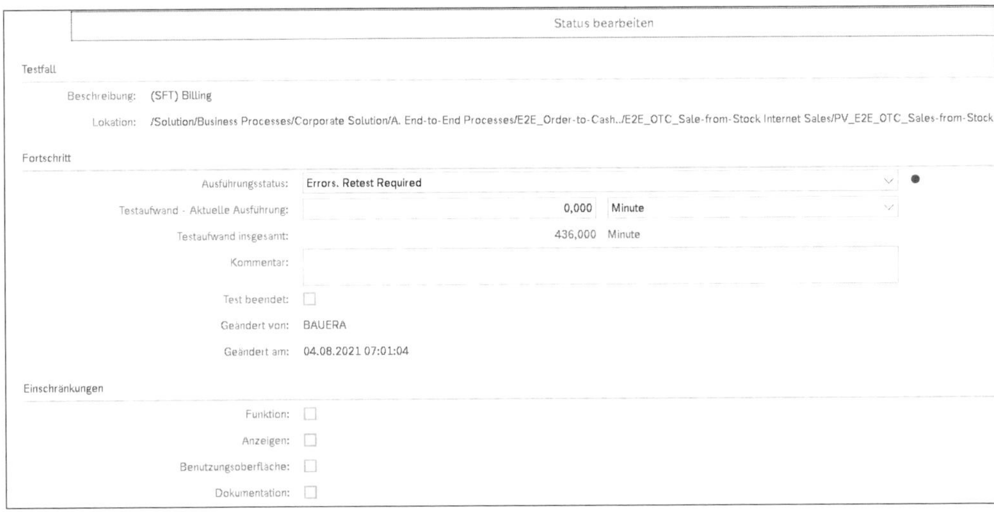


**Abbildung 12.13** Status bearbeiten

**Defects**

- Über die Schaltfläche **Fehler** kann, wie oben beschrieben, eine Fehlermeldung angelegt oder zugeordnet werden. Bei Letzterem ist auch eine Mehrfachauswahl möglich, sodass ein Fehler mehreren betroffenen Testfällen zugeordnet werden kann.

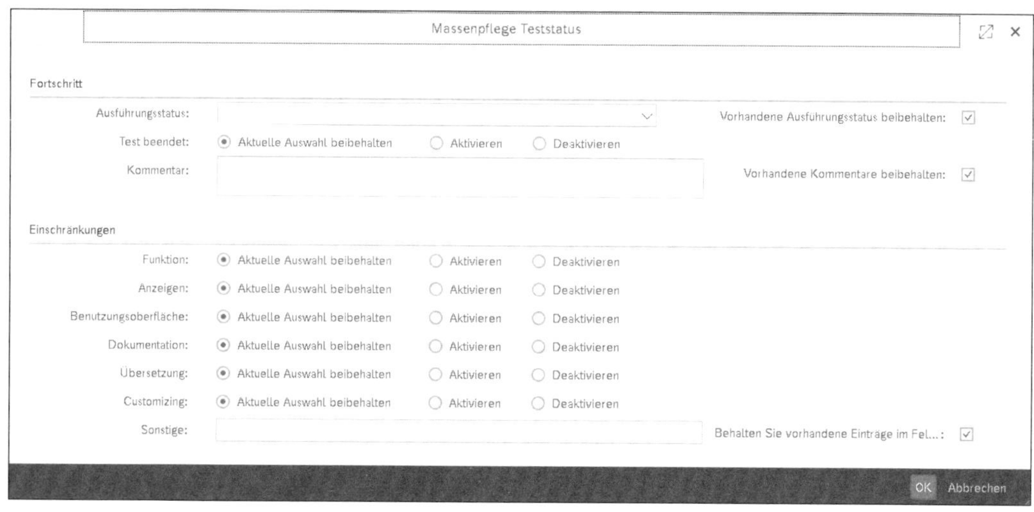


Abbildung 12.14 Massenbearbeitung des Teststatus

**Beschädigte Testfälle**

- Mittels der Funktion **Beschädigter Testfall** kann ein solcher gemeldet werden. Das Vorgehen entspricht weitestgehend einer Fehlermeldung; entsprechend kann eine neue Meldung angelegt oder eine bestehende Meldung zugeordnet werden. Zusätzlich kann ein fehlerhafter Testfall automatisch ohne weitere Angabe von Details erstellt werden. Für fehlerhafte Testfälle steht mit **Meine Aufgaben – Beschädigte Testfälle** eine eigene App in der Test-Suite zur Verfügung, in der z. B. Testfallersteller*innen die Meldungen bearbeiten und entsprechende Testfälle aktualisieren können (siehe Abbildung 12.15).

Abbildung 12.15 Bearbeitung der Meldungen über beschädigte Testfälle

- Die Schaltfläche **Testnotiz** bietet die bereits beschriebenen Optionen zum Anlegen und Verwalten einer Testnotiz.

**Beschädigte Testfälle in der Praxis**

Die Funktion zum Melden beschädigter Testfälle ist sinnvoll, allerdings in der Praxis recht selten anzutreffen. Ein Workflow dieser Art ist nur sinnvoll, wenn eine Testorganisation einen entsprechenden Reifegrad und eine entsprechende Größe hat. Ein Szenario ist z. B. der Einsatz externer Tester*innen im Rahmen eines Outtasking-Modells. Diese Tester*innen sind auf eine hohe Qualität und Korrektheit der Testfälle angewiesen und haben oft keinen direkten Kontakt zu den Testfallersteller*innen aus den Fachbereichen. In diesem Fall leistet die App gute Dienste bei der verteilten Überarbeitung von Testfällen. Testen hingegen Fachbereiche ihre selbst erstellten Testfälle, sorgt die Option **Beschädigter Testfall** oftmals für Verwirrung. Tester*innen (und auch Testmanager*innen) verwechseln mitunter auch die unterschiedlichen Meldungskategorien. Die Funktion sollte daher in entsprechenden Schulungen angesprochen werden, auch wenn sie nicht verwendet wird.



- Über die Schaltfläche **Gesamtstatus** können sämtliche Ausführungen des ausgewählten Testfalls innerhalb des Testplans oder des Testpakets angezeigt werden; Tester*innen erhalten hier einen Überblick über die Ergebnisse anderer Tester*innen.
- Die Option **Statushistorie** listet durch Tester*innen vorgenommene Änderungen, z. B. Statuswechsel oder das Hinzufügen einer Meldung auf (siehe Abbildung 12.16).

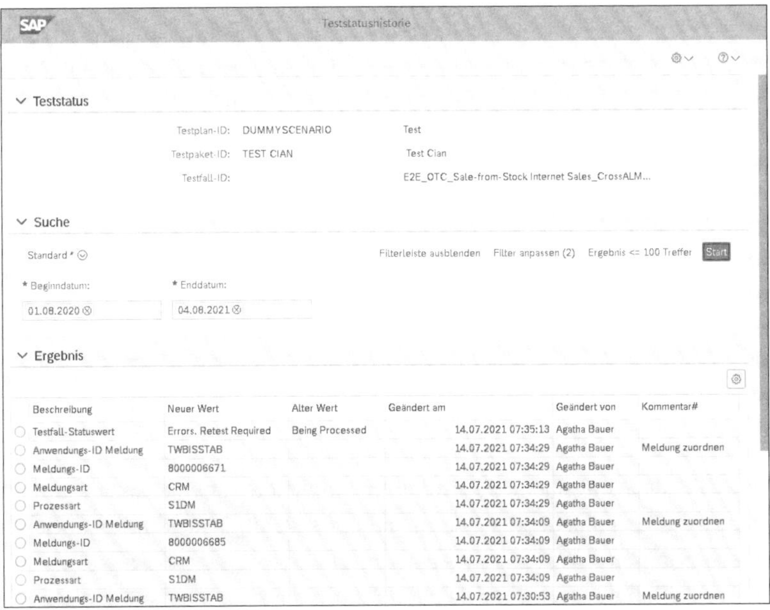


**Abbildung 12.16** Statushistorie eines Testfalls im Tester-Arbeitsvorrat

**Tabellen-Layout anpassen**

Abschließend können Sie auch für die Liste der Testpakete, die angezeigten Spalten sowie deren Reihenfolge, Breite und Sortierung über das Zahnrad-Symbol [⚙] anpassen und Filter definieren. Über die in Abbildung 12.17 gezeigte Funktion können Sie eine eigene Layout-Variante sichern und auch für alle anderen Nutzer*innen über die Schaltfläche **Globale Einstellungen** bereitstellen. Dies ist in der Praxis nützlich, um den Tester*innen nur relevante Informationen anzubieten.

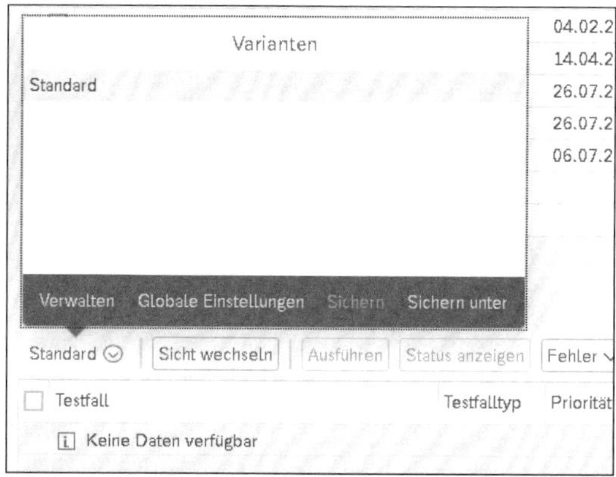


**Abbildung 12.17** Layout-Variante sichern

**Arbeitspakete anderer Tester*innen prüfen**

Die Ansicht im Tester-Arbeitsvorrat bezieht sich immer auf den jeweils angemeldeten Benutzer. In der Praxis kann es sinnvoll und notwendig sein, einen Blick in den Arbeitsvorrat anderer Tester*innen zu werfen. Fällt z. B. ein Tester oder eine Testerin unerwartet aus, ist dies die einfachste Möglichkeit, um deren Aufgaben zu übernehmen. Aber auch für Testmanager*innen kann es sinnvoll sein, die Perspektive einer bestimmten Testerin bzw. eines Testers einzunehmen, um zu prüfen, ob tatsächlich alle Testfälle vorhanden sind, ob alle Informationen zur Verfügung stehen und ob die Dokumentation der Testausführung vollständig ist.

Hierzu steht die App **Tester-Arbeitsvorräte prüfen** zur Verfügung, die Sie als eigene Kachel im Menü **Test-Suite** des SAP Solution Manager Launchpads finden. Diese entspricht dem Tester-Arbeitsvorrat und unterscheidet sich lediglich in der Möglichkeit, über die Kriterienschnellpflege den Arbeitsvorrat anderer Tester*innen auszuwählen, indem Sie im Feld **Im Namen von** die entsprechende Person eintragen (siehe Abbildung 12.18).

Wenn Sie die Schaltfläche **Übernehmen** anklicken, sehen Sie alle Testpakete und deren Testfälle, die der Person zugeordnet sind. Sie können außerdem in deren Namen Änderungen vornehmen und z. B. Testfälle ausführen und bewerten. Dabei wird jedoch selbstverständlich in den entsprechenden Feldern und Protokollen Ihr Name eingetragen.

**Abbildung 12.18** Arbeitsvorrat prüfen



## 12.2 Die App »Meine Testausführungen«

Zu den Test-Suite-Erweiterungen von Focused Build gehören neben dem Testschritt-Designer und weiteren Anwendungen auch Apps zur Testausführung. Über das Menü **Focused Build – Tester** im SAP Solution Manager Launchpad haben Tester*innen Zugriff auf die Apps **Meine Testausführungen** und **Meine Fehler** (siehe Abbildung 12.19).

**Abbildung 12.19** Menü »Focused Build – Tester«

Die App **Meine Testausführungen** bietet eine alternative Benutzeroberfläche für die Ausführung, Bewertung und Dokumentation von Testausführungen. Die App muss verwendet werden, um Testschritt-Testfälle auszuführen; dokumentenbasierte Testfälle werden jedoch ebenfalls unterstützt.

**Meine Testausführungen**

In diesem Fall obliegt die Entscheidung dem Testmanagement, welche Oberfläche für die Testausführung geeigneter ist. Im Allgemeinen eignet sich die App aufgrund der vereinfachten SAP-Fiori-Oberfläche gut bei pragmatischen Testansätzen. Bei sehr stark dokumentengetriebenen Testansätzen finden sich Tester*innen mitunter im klassischen Tester-Arbeitsvorrat besser zurecht.

Die App **Meine Fehler** ist eine alternative Oberfläche zur Bearbeitung von Fehlermeldungen. Im Gegensatz zur typischerweise verwendeten Oberfläche des Service Desk im SAP Solution Manager, die sämtliche Optionen des IT-Servicemanagements bietet, ist die App **Meine Fehler** bewusst einfach gestaltet. In Abschnitt 14.1, »Defect Management«, stellen wir das Defect Management mit Test-Suite und Service Desk im Detail vor.

**Testpaket-übersicht**

Nach dem Aufrufen von **Meine Testausführungen** erscheint zunächst die Übersicht **Meine Pakete**, in der alle Testpakete angezeigt werden, denen Sie als Tester*in zugeordnet sind (siehe Abbildung 12.20). Über die Schaltflächen **Zugeordnet**, **Bereit zum Testen**, **Freigegeben** und **Geschützt** können Sie die Liste der Testpakete entsprechend filtern. In der Zeile darunter können Sie nach einem Testpaket oder Testplan suchen sowie die Anzeige aktualisieren, eigene Sortier- und Filtereinstellungen setzen und die in der Liste darunter angezeigten Spalten anpassen.

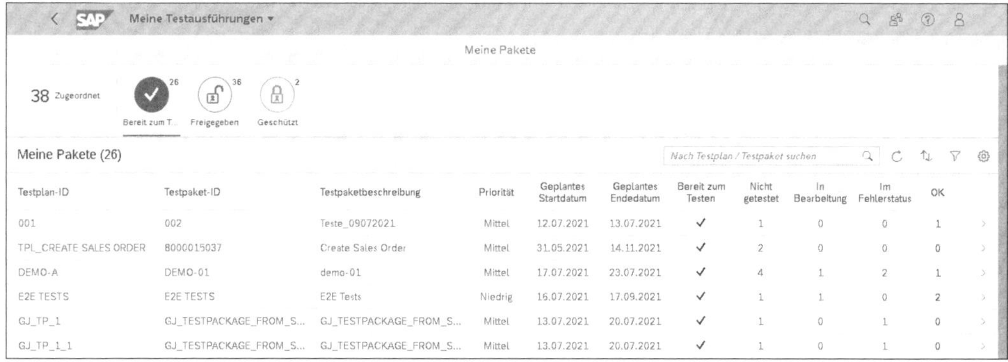


| Testplan-ID | Testpaket-ID | Testpaketbeschreibung | Priorität | Geplantes Startdatum | Geplantes Endedatum | Bereit zum Testen | Nicht getestet | In Bearbeitung | Im Fehlerstatus | OK |
|---|---|---|---|---|---|---|---|---|---|---|
| 001 | 002 | Teste_09072021 | Mittel | 12.07.2021 | 13.07.2021 | ✓ | 1 | 0 | 0 | 1 |
| TPL_CREATE SALES ORDER | 8000015037 | Create Sales Order | Mittel | 31.05.2021 | 14.11.2021 | ✓ | 2 | 0 | 0 | 0 |
| DEMO-A | DEMO-01 | demo-01 | Mittel | 17.07.2021 | 23.07.2021 | ✓ | 4 | 1 | 2 | 1 |
| E2E TESTS | E2E TESTS | E2E Tests | Niedrig | 16.07.2021 | 17.09.2021 | ✓ | 1 | 1 | 0 | 2 |
| GJ_TP_1 | GJ_TESTPACKAGE_FROM_S... | GJ_TESTPACKAGE_FROM_S... | Mittel | 13.07.2021 | 20.07.2021 | ✓ | 1 | 0 | 1 | 0 |
| GJ_TP_1_1 | GJ_TESTPACKAGE_FROM_S... | GJ_TESTPACKAGE_FROM_S... | Mittel | 13.07.2021 | 20.07.2021 | ✓ | 1 | 0 | 1 | 0 |

**Abbildung 12.20** Übersicht zugeordneter Testpakete

Klicken Sie auf ein Testpaket in der Liste, um zur Detailansicht zu gelangen (siehe Abbildung 12.21). Hier werden links die Testpakete angezeigt; das von Ihnen gewählte Paket ist selektiert. Auf der rechten Seite finden Sie eine Liste aller Testfälle des Pakets. Über die Spalte **Bereit zum Testen** sehen Sie, ob ein Testfall von Ihnen ausgeführt werden kann. Weitere Spalten zeigen

u. a. die Priorität des Testfalls, den von Ihnen festgelegten Ausführungsstatus sowie den Gesamtstatus der Testausführung.

**Abbildung 12.21** Meine Testausführungen

Wählen Sie hier einen Testfall aus, um diesen auszuführen sowie Teststatus und -verlauf zu dokumentieren. Das Vorgehen unterscheidet sich abhängig davon, ob Sie einen dokumentenbasierten Testfall auswählen.

**Kopfdaten eines Testfalls**

In beiden Fällen wird zunächst die Registerkarte **Kopf** angezeigt, die allgemeine Details zum Testfall enthält. Bei Testschritte-Testfällen finden Sie hier neben Feldern wie **Ausführungsstatus**, **Priorität** und **Testklassifizierung** u. a. auch die in Abschnitt 10.3.1, »Testschritte in der Lösungsdokumentation«, beschriebenen spezifischen Einstellungen für Testmodus und Schrittsequenz (siehe Abbildung 12.22).

**Dokumentenbasierte Testfälle ausführen**

Um einen dokumentenbasierten Testfall auszuführen, rufen Sie diesen über das Symbol [Symbol] neben dem Namen des Testfalls auf. Auf der Registerkarte **Testfall** werden die zugeordneten ausführbaren Einheiten angezeigt. Ein Klick auf den jeweiligen Link startet die App im zu testenden System. Darunter finden Sie den Bereich **Testnotiz**; hier können Sie diese zur Dokumentation des Testverlaufs und -ergebnisses anlegen. Über die Symbole auf der rechten Seite erreichen Sie die aus dem Tester-Arbeitsvorrat bekannten Optionen **Aus Testdokument anlegen**, **Aus Vorlage erstellen** und **Von Upload anlegen**. Alternativ können Sie eine Testnotiz auch direkt per Drag & Drop in den Bereich **Testnotiz** ziehen und dadurch hochladen. Abbildung 12.23 zeigt die entsprechenden Optionen auf der Registerkarte **Testfall**.

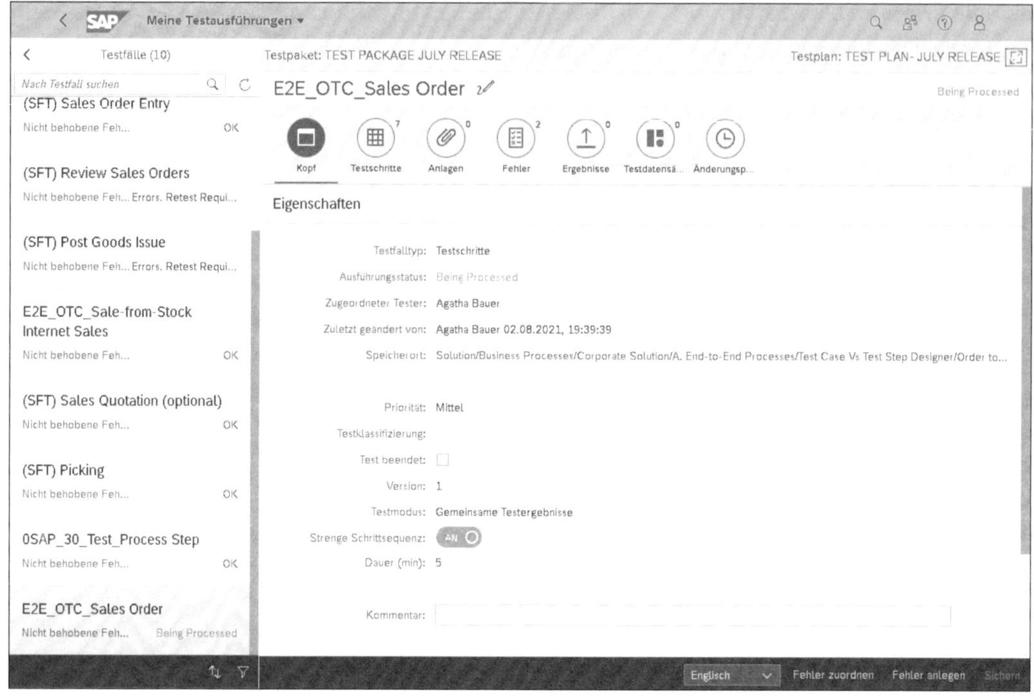

**Abbildung 12.22** Kopfdaten eines Testschritte-Testfalls

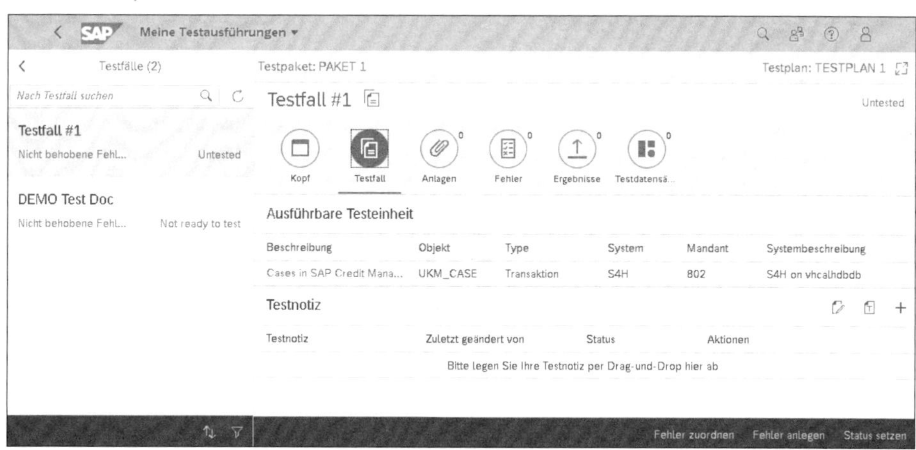

**Abbildung 12.23** Dokumentenbasierten Testfall ausführen

Auf die gleiche Weise können Sie auf der Registerkarte **Ergebnisse** auch Dokumente vom Typ **Testergebnisse** hinzufügen und verwalten. Wie beim Tester-Arbeitsvorrat gilt, dass Testergebnisse testergebunden sind. Anders als Testnotizen können jedoch mehrere Testergebnisse pro Testfall angelegt werden.

Ferner können Sie über die Registerkarten **Anlagen** und **Testdatensätze** auf zuvor hochgeladene Testpaketanlagen bzw. Testdatensätze zugreifen.

Um den Status des Testfalls abschließend festzulegen, klicken Sie rechts unten in der App auf **Status setzen** und wählen den gewünschten Status aus. Hierbei handelt es sich um die gleichen Statuswerte wie im Tester-Arbeitsvorrat; entsprechend können Sie im Customizing die Status anpassen bzw. eigene Status festlegen.

**Fehlermeldung anlegen**

Zusätzlich finden Sie in diesem Bereich die Befehle **Fehler anlegen** und **Fehler zuordnen** zum Erstellen bzw. Zuordnen von Fehlermeldungen. Die Zuordnung erfolgt über eine Suchmaske; eine neue Meldung erstellen Sie über die in Abbildung 12.24 dargestellte Bildschirmmaske. Analog zur Erstellung im Tester-Arbeitsvorrat sind hier, abhängig von Testplan und Testobjekt, Felder vorbelegt. Füllen Sie mindestens die mit Stern gekennzeichneten Pflichtfelder **System**, **Priorität**, **Titel** und **Beschreibung** aus. Zusätzlich haben Sie hier die Möglichkeit, Anlagen hinzuzufügen. Nach einem Klick auf **Anlegen** wird die Meldung im Service Desk des SAP Solution Managers erstellt und dem Testfall zugeordnet. Alle Fehlermeldungen zum aktuellen Testfall sehen Sie auf der Registerkarte **Fehler**.



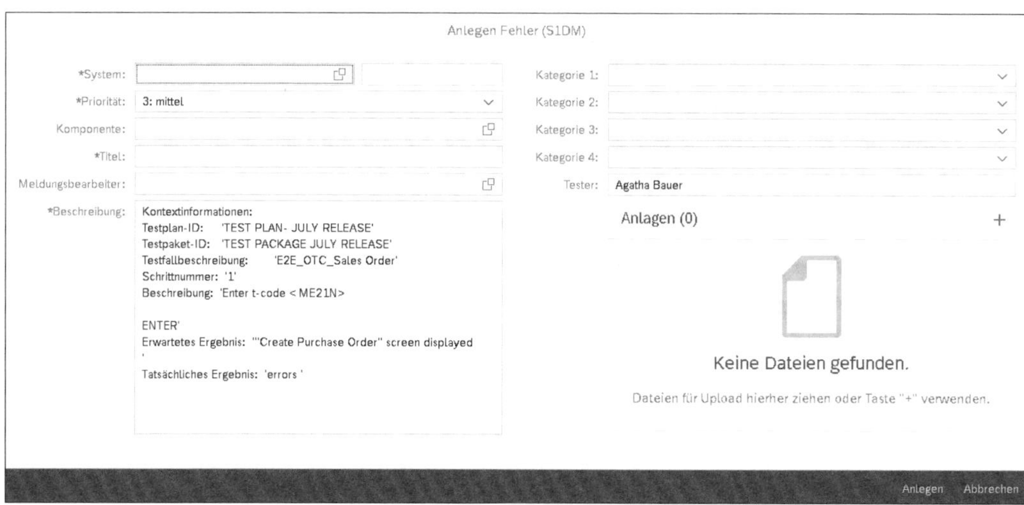


**Abbildung 12.24** Fehlermeldung anlegen

**Testschritte-Testfälle ausführen**

Ein wesentlicher Mehrwert der App **Meine Testausführungen** liegt in der Unterstützung der Testschritte-Testfälle. Wählen Sie einen solchen in der Liste der Testfälle aus, können Sie die Registerkarte **Testschritte** verwenden, um den Testfall auszuführen. Abbildung 12.25 zeigt ein Beispiel.

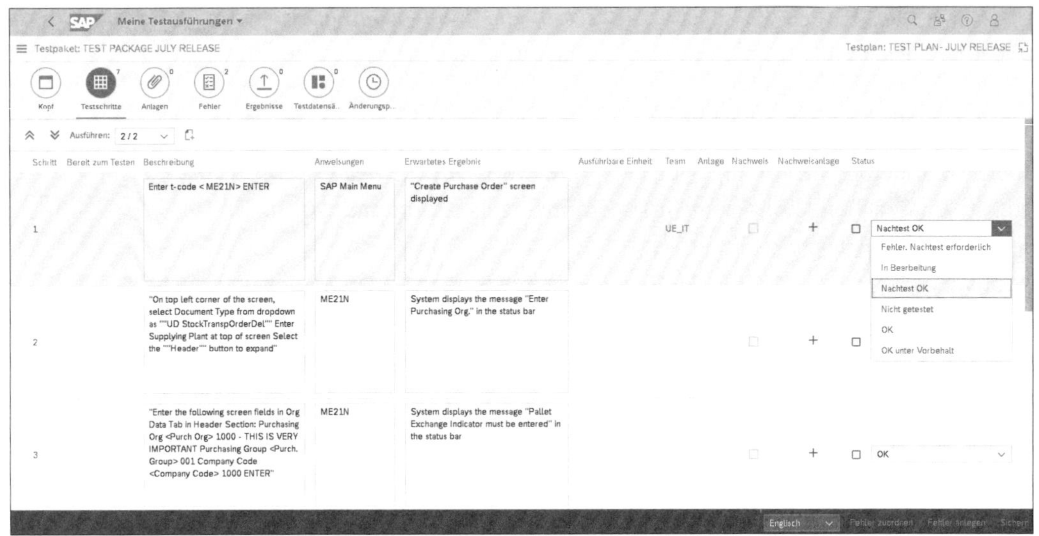


**Abbildung 12.25** Testschritte-Testfall ausführen

Je Testschritt werden die Spalten **Beschreibung**, **Anweisungen** und **Erwartetes Ergebnis** angezeigt. Wurde dem Schritt eine ausführbare Einheit (Spalte **Ausführbare Einheit**) zugeordnet, können Sie diese über den Link in der gleichnamigen Spalte starten.

**Testschritt bewerten**

Jeden Testschritt, der als **Bereit zu Testen** markiert ist, können Sie über das Drop-down-Feld **Status** bewerten. Links neben dem Feld wird ein entsprechender Ampelstatus angezeigt. Zusätzlich können Sie in der Spalte **Nachweisanlage** eine Anlage hochladen; dieses Feld kann bei der Testfallerstellung je Schritt als obligatorisch festgelegt werden.

**Testergebnisse dokumentieren**

Sobald Sie eine Zeile markieren, öffnet sich zudem rechts das in Abbildung 12.26 gezeigte Feld zur Ergebnisdokumentation. Hier können Sie je Testschritt das Testergebnis oder den Testverlauf in einem Textfeld kommentieren. Sofern bei der Testfallerstellung festgelegt worden ist, dass konkrete Testergebnisattribute erfasst werden müssen, finden Sie hier die entsprechenden Eingabefelder, die bei Erreichen des jeweiligen Testschritts auszufüllen sind. Ebenso werden hier vorherige Ergebnisse aus einer Testsequenz angezeigt. Dies bietet eine Möglichkeit, um Testdaten zwischen den Tester*innen auszutauschen.

**Gesamtstatus des Tests**

Haben Sie alle Testschritte des Testfalls bewertet, wird der Gesamtstatus des Testfalls anhand der aggregierten Ergebnisse der Testschritte ermittelt; die entsprechenden Regeln können bei Bedarf bzw. insbesondere bei der Verwendung von eigenen Statuswerten im Customizing angepasst werden.

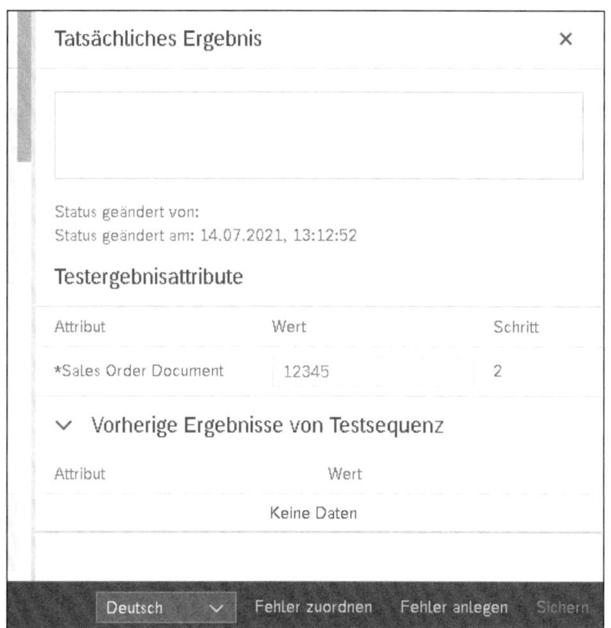


**Abbildung 12.26** Ergebnisdokumentation im Testschritte-Testfall

Genau wie bei der Ausführung manueller Testfälle finden Sie auch bei der Ausführung von Testschritte-Testfällen die Optionen **Fehler zuordnen** und **Fehler anlegen**, mit denen bei einem fehlgeschlagenen Testschritt bzw. generellen Fehlern eine entsprechende Meldung eröffnet oder eine bestehende Meldung zugeordnet werden kann.

**Arbeitspakete anderer Tester*innen aufrufen**

In Abschnitt 12.1, »Die App ›Meine Aufgaben – Tester-Arbeitsvorrat‹«, haben wir die Funktion **Tester-Arbeitsvorräte prüfen** beschrieben, die es Ihnen ermöglicht, einen Blick in die Arbeitspakete anderer Tester*innen zu werfen, um z. B. deren Dokumentation einzusehen oder um in deren Namen Änderungen vorzunehmen. Eine entsprechende Funktionalität steht auch in der App **Meine Testausführungen** zur Verfügung. Wählen Sie dazu nach dem Aufrufen der App das Symbol am rechten oberen Rand aus. Wenn Sie die Funktion erstmalig aufrufen, öffnet sich der Suchdialog **Im Auftrag von**, in dem sie andere Tester*innen auswählen können (siehe Abbildung 12.27).

Haben Sie die Funktion zuvor aufgerufen, sehen Sie eine Liste der zuletzt verwendeten Tester*innen, die Ihnen deren Arbeitsvorräte direkt anzeigt. Auch hier können Sie über die Schaltfläche **Anderen Benutzer aus der Liste auswählen** den Suchdialog öffnen.

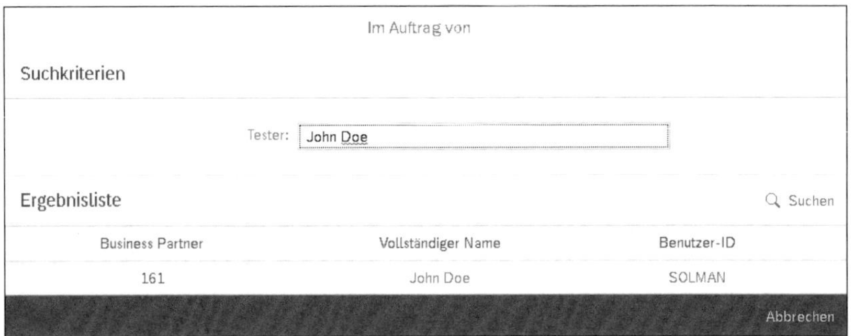


**Abbildung 12.27** Suchfeld »Im Auftrag von«

Mit dieser Funktion sehen Sie alle Testpakete und auszuführenden Testfälle der gewählten Person und können auch in deren Namen Änderungen vornehmen. Dabei gilt auch hier, dass bei Änderungen Ihr Name in den Feldern und Protokollen angezeigt wird, sodass die Nachvollziehbarkeit gewährleistet ist.

# Kapitel 13
# Testauswertung

*Testauswertungen bzw. das Test-Reporting erlauben die Steuerung der Testaktivitäten und schaffen Transparenz für alle am Test beteiligten Rollen. Dieses Kapitel stellt die unterschiedlichen Auswertungsmöglichkeiten der Test-Suite und des SAP Solution Managers vor.*

**Auskunft über den Testverlauf**

Bei der *Testauswertung* soll im Allgemeinen ein Einblick in die im Testprozess gesammelten Daten entstehen. Besonders relevant sind die Auswertungen während der Testausführung, denn sie verschaffen dem Testmanagement einen Überblick über den Ausführungsstatus und die Fehlersituation der jeweiligen Testaktivitäten. Dabei ist es wichtig, dass ein Testmanagement-Werkzeug das Erstellen von Berichten in verschiedensten Aggregationsstufen ermöglicht, damit alle am Test beteiligten Rollen die notwendigen Informationen erhalten – vom Testmanagement selbst über die Tester*innen, die Verantwortlichen in den Fachbereichen und das Projektmanagement bis hin zu weiteren Ebenen des Managements.



**Informationsbedarf des Testmanagements**

Daher benötigt das Testmanagement detaillierte Informationen über den aktuellen Stand und den Verlauf von Testaktivitäten, um Plan- und Ist-Situation zu vergleichen und steuernd eingreifen zu können. Hierzu gehören nicht nur die Status der ausgeführten Testfälle, sondern auch Statuswerte und Kritikalität der im Defect Management aufgegebenen Fehlermeldungen. Ebenso müssen Testmanager*innen jederzeit Zugriff auf Detailinformationen wie die Dokumentation des Testverlaufs durch die Tester*innen haben, um sicherzustellen, dass die Testaktivitäten planmäßig umgesetzt werden.

Die entsprechenden Auswertungen sollen jederzeit abrufbar sein; ebenso muss das Testmanagement Auswertungen für Regeltermine mit Tester*innen, Fachbereichen und weiteren Stakeholdern erstellen. Darüber hinaus sind entsprechende Reports aufzubereiten, um weitere Testbeteiligte wie Managementebenen mit Informationen zu versorgen. Alle diese Informationen sind bedarfsgerecht zusammenzufassen bzw. in grafischer Form zu präsentieren.

Berichte für Testvor- und -nachbereitung

Funktionen für die Auswertung von Testaktivitäten sollten sich jedoch nicht nur auf die Testdurchführung beschränken: Vor der eigentlichen Testphase dienen Auswertungen dazu, die Vollständigkeit der Testvorbereitung zu prüfen, z. B. ob zu jedem zu testenden Prozess ein qualitativ angemessener (im Rahmen eines Review-Prozesses freigegebener) Testfall existiert. Somit können Sie die Auswertungen prüfen und sicherstellen, dass Testeingangskriterien auf der Seite des Testmanagements erfüllt werden. Nach Abschluss der Testphase müssen abgeschlossene Testpläne z. B. für Auditierungen einsehbar sein; entsprechende Auswertungen können hierzu alle benötigten Informationen einer vergangenen Testphase zusammenstellen.

In diesem Kapitel stellen wir die verschiedenen Reporting-Varianten der Test-Suite vor. Diese umfassen Berichte zur Testvorbereitung, listen- und dokumentenbasierte Auswertungen der Testaktivitäten und das integrierte *BW-Reporting* (Business Warehouse), um verschiedenste Informationsbedarfe im Testprozess zu erfüllen. Zusätzlich zeigen wir verschiedene Varianten, wie die Informationen des Testmanagements in den Dashboard-Funktionen des SAP Solution Managers aufbereitet werden können.

Test-Suite – Analysen

Den überwiegenden Teil der Auswertungen für die Test-Suite erreichen Sie über die Kachel **Test-Suite – Analysen** im Menü **Test-Suite** des SAP Solution Manager Launchpads (siehe Abbildung 13.1).

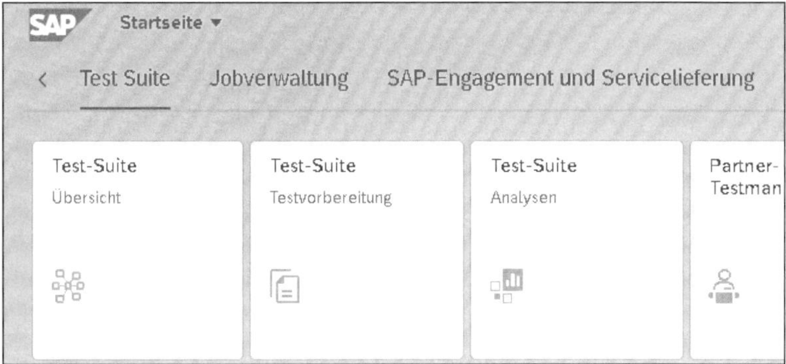


**Abbildung 13.1** Test-Suite – Analysen

Die App zeigt zunächst eine Liste aller verfügbaren Auswertungen, die sich in drei Kategorien aufteilen, die wir nachfolgend vorstellen (siehe Abbildung 13.2).

**Abbildung 13.2** Analysefunktionen der Test-Suite

## 13.1 Vollständigkeits- und Lückenreports

**Analysen für die Testvorbereitung**

Die *Vollständigkeits- und Lückenreports* prüfen Lösungsdokumentation und Testpläne auf Vollständigkeit und Änderungen und können so die Testvorbereitung und -durchführung unterstützen. Insbesondere können Sie mit den Auswertungen dieser Kategorie ermitteln, ob die ausführbaren Einheiten und Dokumente für einen anstehenden Test vollständig vorhanden sind und ob alle zu testenden Prozesse über Testfälle verfügen.

Die Schaltfläche **TBOMs und Testfälle nach ausführbaren Einheiten** führt Sie zu einer Auswertung in der Lösungsdokumentation. Klicken Sie nach der Auswahl des Reports auf **Ausführen**, um sich diese anzeigen zu lassen. Abbildung 13.3 zeigt das listenbasierte Ergebnis. In diversen Spalten sehen Sie, ob den ausführbaren Einheiten einer Lösung und eines Branch ein Testfall zugeordnet ist. Ebenso wird Ihnen angezeigt, ob für die jeweilige Einheit eine TBOM (Technical Bill of Material, dt. technische Stückliste) existiert, wie diese angelegt wurde und in welchem Status sie sich befindet. Somit können Sie einfach die Vollständigkeit der Testfallzuordnung prüfen. Im Falle fehlender technischer Stücklisten können Sie – sofern Sie die in Abschnitt 15.1.3, »Technische Stücklisten«, dargestellte Funktionalität verwenden – über das Kontextmenü TBOM-Aufgaben anlegen und so die fehlenden TBOMs durch die Fachbereiche erstellen lassen.

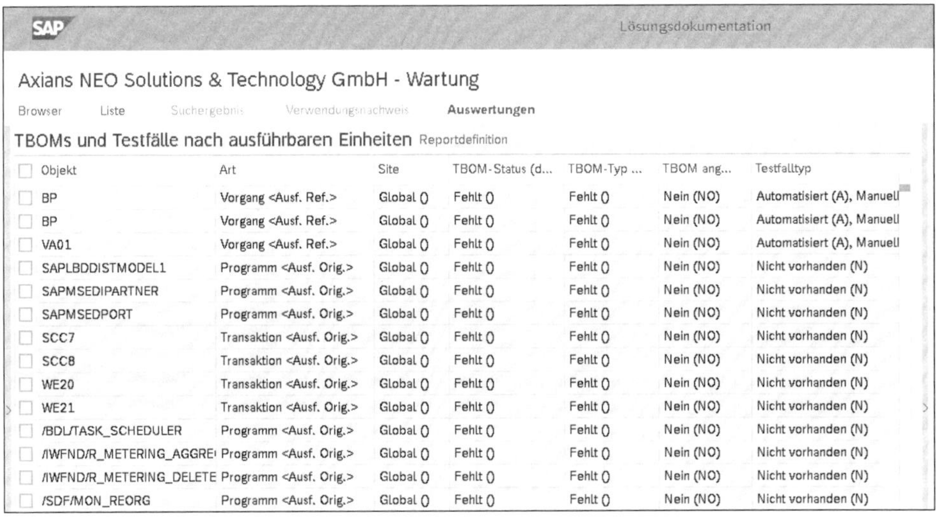

SAP Lösungsdokumentation

Axians NEO Solutions & Technology GmbH - Wartung

Browser Liste Suchergebnis Verwendungsnachweis **Auswertungen**

TBOMs und Testfälle nach ausführbaren Einheiten Reportdefinition

| Objekt | Art | Site | TBOM-Status (d... | TBOM-Typ ... | TBOM ang... | Testfalltyp |
|---|---|---|---|---|---|---|
| BP | Vorgang <Ausf. Ref.> | Global () | Fehlt () | Fehlt () | Nein (NO) | Automatisiert (A), Manuell |
| BP | Vorgang <Ausf. Ref.> | Global () | Fehlt () | Fehlt () | Nein (NO) | Automatisiert (A), Manuell |
| VA01 | Vorgang <Ausf. Ref.> | Global () | Fehlt () | Fehlt () | Nein (NO) | Automatisiert (A), Manuell |
| SAPLBDDISTMODEL1 | Programm <Ausf. Orig.> | Global () | Fehlt () | Fehlt () | Nein (NO) | Nicht vorhanden (N) |
| SAPMSEDIPARTNER | Programm <Ausf. Orig.> | Global () | Fehlt () | Fehlt () | Nein (NO) | Nicht vorhanden (N) |
| SAPMSEDPORT | Programm <Ausf. Orig.> | Global () | Fehlt () | Fehlt () | Nein (NO) | Nicht vorhanden (N) |
| SCC7 | Transaktion <Ausf. Orig.> | Global () | Fehlt () | Fehlt () | Nein (NO) | Nicht vorhanden (N) |
| SCC8 | Transaktion <Ausf. Orig.> | Global () | Fehlt () | Fehlt () | Nein (NO) | Nicht vorhanden (N) |
| WE20 | Transaktion <Ausf. Orig.> | Global () | Fehlt () | Fehlt () | Nein (NO) | Nicht vorhanden (N) |
| WE21 | Transaktion <Ausf. Orig.> | Global () | Fehlt () | Fehlt () | Nein (NO) | Nicht vorhanden (N) |
| /BDL/TASK_SCHEDULER | Programm <Ausf. Orig.> | Global () | Fehlt () | Fehlt () | Nein (NO) | Nicht vorhanden (N) |
| /IWFND/R_METERING_AGGRE | Programm <Ausf. Orig.> | Global () | Fehlt () | Fehlt () | Nein (NO) | Nicht vorhanden (N) |
| /IWFND/R_METERING_DELETE | Programm <Ausf. Orig.> | Global () | Fehlt () | Fehlt () | Nein (NO) | Nicht vorhanden (N) |
| /SDF/MON_REORG | Programm <Ausf. Orig.> | Global () | Fehlt () | Fehlt () | Nein (NO) | Nicht vorhanden (N) |

**Abbildung 13.3** TBOMs und Testfälle nach ausführbaren Einheiten

**Vollständigkeit der Testfallzuordnung**

Der Report **Testfallzuordnung zu Lösungsdokumentation** zeigt Ihnen, ob den Ebenen Ihrer Lösungsdokumentation Testfälle zugeordnet sind. Hierzu können Sie zunächst Lösung, Branch und Umfang auswählen und festlegen, ob das Ergebnis als Positiv-, Negativ- oder in einer Gesamtliste angezeigt werden soll. Nach einem Klick auf die Schaltfläche **Suchen** werden entsprechend Ihrer Auswahl nur Strukturelemente angezeigt, die Testfälle enthalten oder denen Testfälle fehlen. Die Gesamtliste zeigt alle Strukturelemente (siehe Abbildung 13.4). In der Spalte **Gap** sehen Sie jeweils in Form eines Ampelstatus, ob ein Testfall vorhanden ist. Somit können Sie die für Sie relevanten Ebenen der Lösungsdokumentation schnell auf fehlende Testfälle hin überprüfen.

Der den Vollständigkeits- und Lückenreports zugeordnete Report **Testfälle** verzweigt in die Listenansicht der Lösungsdokumentation und filtert diese nach Testfällen. Mit dieser Funktionalität gewinnen Sie einen Überblick über alle Testfälle eines Strukturelements und seiner Unterelemente.

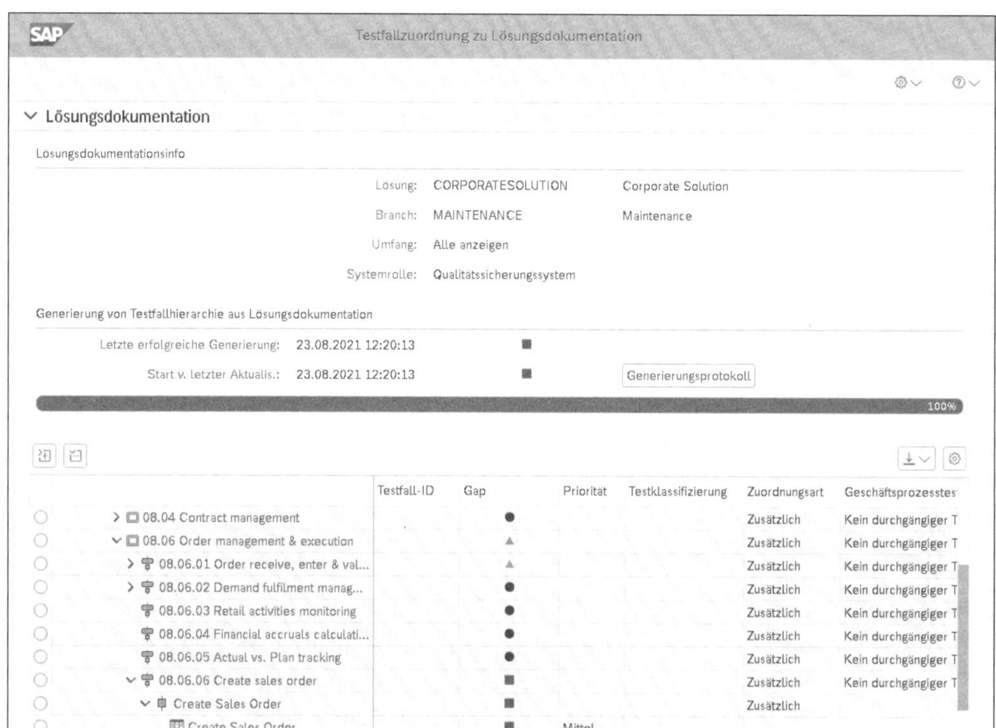


**Abbildung 13.4** Testfallzuordnung zur Lösungsdokumentation

Mit wenigen Klicks können Sie weitere Filter hinzufügen, z. B. um sich alle Testfälle oder Testkonfigurationen mit der Klassifizierung »Integrationstest« für einen bestimmten Ordner anzeigen zu lassen.

**Änderungen an Testplänen ermitteln**

Der Bericht **Testpläne – Knoten- und Testfalländerungen** zeigt, ob sich seit der letzten Änderung eines Testplans dessen Grundlage in der Lösungsdokumentation geändert hat. Wählen Sie im Report zunächst Lösung und Branch (sowie, sofern verwendet, auch Site und Umfang) aus. Über das Feld **Änder. einschl.** legen Sie fest, auf welche Änderungen Testpläne hin untersucht werden sollen. Zur Auswahl stehen Änderungen an der Struktur der Lösungsdokumentation, an den Testfalldokumenten sowie an Testkonfigurationen für die Testautomatisierung. Sie können einen oder mehrere Testpläne auswerten; entweder durch die Auswahl des Testplans selbst (Feld **Testplan-ID**) oder durch die Angabe anderer Filter z. B. Freigabestatus, Testreihe oder geplantes Start- und Enddatum. Klicken Sie abschließend auf die Schaltfläche **Start**, um den Bericht zu generieren. Die Ergebnisse werden in Listenform angezeigt; Änderungen der einzelnen Kategorien werden über Symbole in jeweils einer eigenen Spalte dargestellt. Abbildung 13.5 zeigt eine beispielhafte Auswertung.

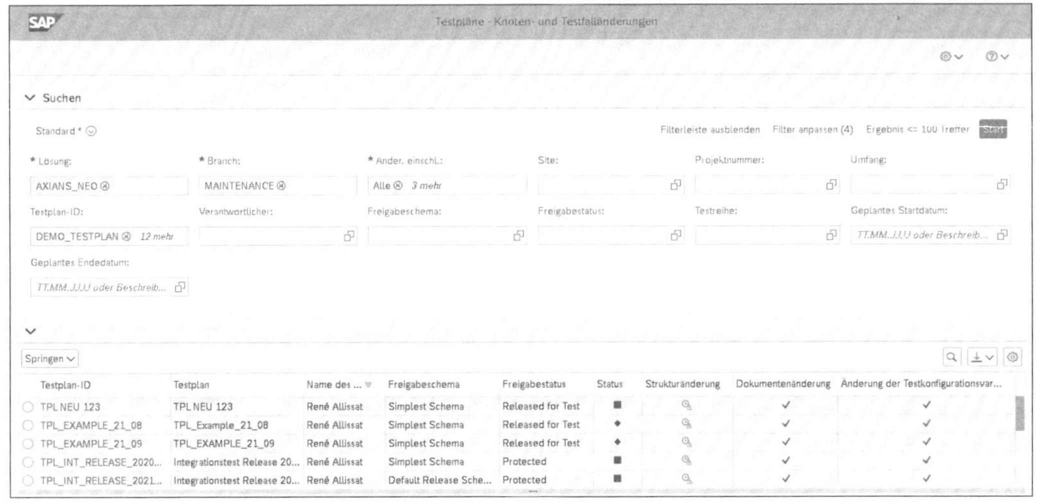


**Abbildung 13.5** Testpläne – Knoten- und Testfalländerungen

**Nicht zugeordnete Testfälle**

Der letzte Bericht in der Kategorie Vollständigkeits- und Lückenreports ist über die Schaltfläche **Testfall nicht in Testplan eingeschlossen** erreichbar. Dieser Report zeigt, welche Testfälle einer Lösungsdokumentation keinem Testplan zugeordnet sind. Dadurch können Sie Testfälle identifizieren, die möglicherweise bei der Testplanerstellung vergessen wurden. Dabei können Sie auch nach bestimmten Testfallarten (z. B. nur Testkonfigurationen), verantwortlichen Personen sowie nach Erstellungs- und Änderungsdatum von Testfällen filtern.

## 13.2 Testausführungsanalyse

**Berichte für die Teststeuerung**

Der Bereich **Testausführungsanalyse** in **Test-Suite – Analysen** beinhaltet überwiegend listenbasierte Auswertungen, mit denen Sie den Bearbeitungsstand von Testplänen und Testpaketen ermitteln können (siehe Abbildung 13.6). Diese Auswertungen zeigen den aktuellen Status der Testaktivitäten und eignen sich insbesondere für die Teststeuerung bzw. für die laufende Überprüfung der Testaktivitäten durch das Testmanagement.

**Filterkriterien festlegen**

Das Prinzip der meisten hier vorhandenen Auswertungen ist ähnlich. Zunächst wählen Sie die zu analysierenden Elemente (z. B. einen oder mehrere Testpläne aus). Neben dem Testplan selbst geben Sie dazu meist auch die Elemente **Lösung**, **Branch** und **Umfang** an. Pflichtfelder werden dabei mit einem Asterisk (*) gekennzeichnet.

**Abbildung 13.6** Testausführungsanalyse



Für die Filterkriterien steht Ihnen zumeist eine Wertehilfe zur Verfügung, über die Sie einen Dialog erreichen, der eine detaillierte Auswahl anhand zusätzlicher Felder unterstützt. Abbildung 13.7 zeigt exemplarisch die Auswahlkriterien für eine Testplan-ID. Sofern der jeweilige Bericht bzw. das gewählte Feld eine Mehrfachauswahl unterstützen, kann hier auch mit Wildcards (z. B. *) gearbeitet werden.

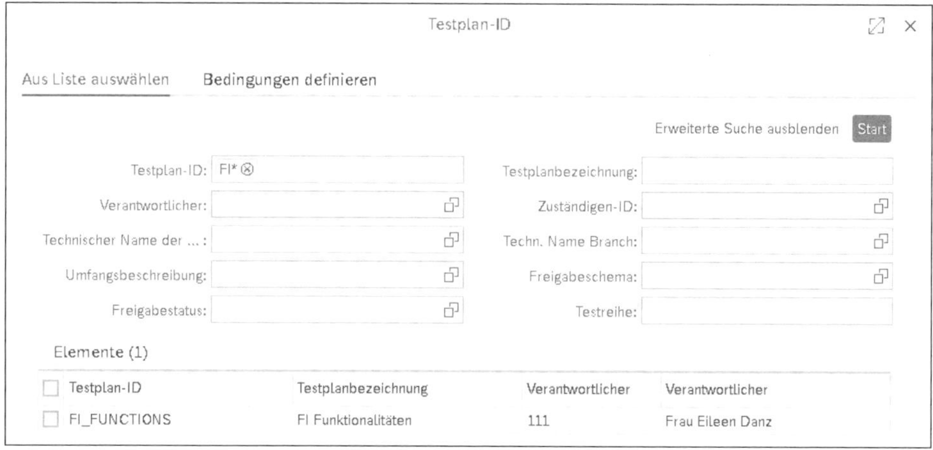


**Abbildung 13.7** Filterkriterien

**Ergebnisliste bearbeiten**

Die Ergebnisliste der Auswertungen können Sie per Klick auf eine Spalte sortieren und filtern. Über das Zahnrad-Symbol im rechten oberen Bereich der Liste können Sie meist zusätzliche Spalten anzeigen, die im Standard nicht ausgewählt sind. Abbildung 13.8 zeigt ein Beispiel. Neben der Registerkarte **Spalten** finden Sie hier auch Optionen für die Darstellung eines PDF-Exports, z. B. Schriftgröße, Spaltenbreite und Papierformat.

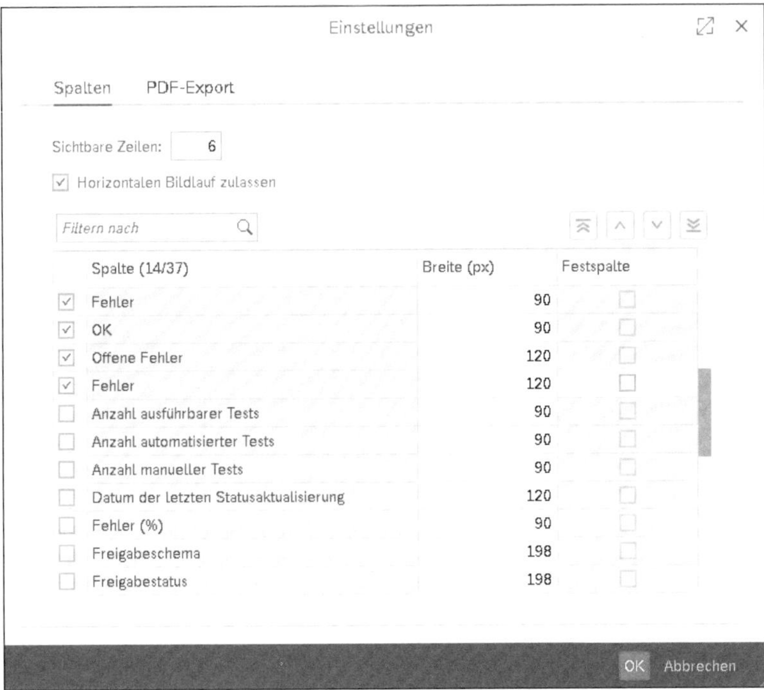


**Abbildung 13.8** Spalten in listenbasierten Ansichten auswählen

**Export der Ergebnisse**

Des Weiteren erreichen Sie über die Schaltflächen am rechten oberen Rand der Ergebnisliste eine Volltextsuche innerhalb der Liste (Lupen-Symbol). Gefundene Ergebnisse werden in der Liste farblich markiert. Wenn Sie auf das Download-Symbol klicken, können Sie die Ergebnisliste in eine Microsoft-Office-Datei, in eine CSV-Datei oder in das bereits erwähnte PDF-Dokument konvertieren und herunterladen.

**Reporting mit Varianten anpassen**

Ihre Eingaben in die Filterleiste zur Ergebnisauswahl sowie die gewählten Spalten der Ergebnisliste können Sie in vielen Reports als Varianten speichern. Das entsprechende Bedienelement finden Sie jeweils links oben an der Filterleiste bzw. an der Ergebnisliste. Abbildung 13.9 zeigt ein Beispiel für eine Variante von Auswahlkriterien. In diesem Dialog können Sie eine bereits gesicherte Variante erneut abrufen oder Ihre Einstellungen mit einem Klick auf **Sichern unter** speichern. Dabei können Sie zudem festlegen, ob diese Variante künftig als Standard ausgewählt werden oder öffentlich für alle Nutzer zur Verfügung stehen soll. Über die Schaltfläche **Verwalten** können Sie angelegte Varianten löschen und weitere Kriterien festlegen, z. B. ob die Variante nach Auswahl der Kriterien direkt ausgewählt werden soll. Über die Schaltfläche **Globale Einstellungen** legen Sie derartige Optionen für die Standardvariante für alle Benutzer fest.

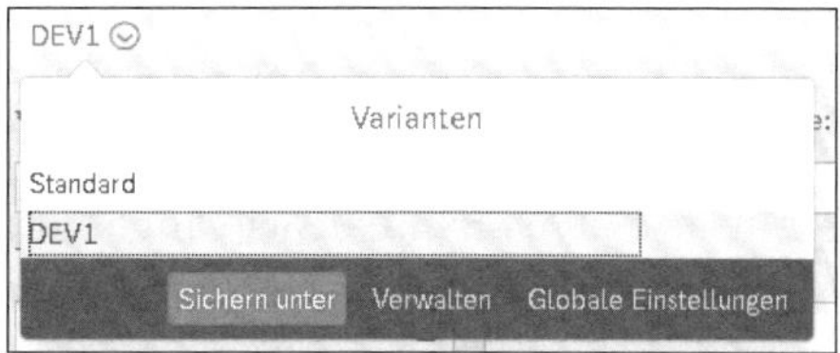


**Abbildung 13.9** Varianten auswählen, sichern und bearbeiten

Die genannten Möglichkeiten zur Bearbeitung von Filtern und Ergebnislisten erlauben es Ihnen, die Berichte der Kategorie Testausführungsanalyse umfassend an die Erfordernisse Ihres Testmanagements anzupassen. Nachfolgend stellen wir Ihnen die einzelnen Reports der Kategorie vor.

**Mehrfachtestplan-Status**

Über die Schaltfläche **Mehrfachtestplan-Status** in der Liste der verfügbaren Test-Suite-Analysen erreichen Sie die Ansicht in Abbildung 13.10. In der Ansicht **Statusübersicht Mehrfachtestplan** wird der Ausführungsstatus mehrerer Testpläne angezeigt. Wählen Sie in dem Report mindestens eine Lösung aus, und geben Sie an, ob abgeschlossene Testpläne berücksichtigt werden sollen. Pflegen Sie optional weitere Parameter. Nachdem Sie den Bericht über die Schaltfläche **Start** generiert haben, wird für jeden Testplan, der den gewählten Kriterien entspricht, eine Zeile angezeigt, die u. a. die Anzahl an Testpaketen, Testfällen und Tester*innen sowie den zusammengefassten Ausführungsstatus der Testfälle anzeigt. Zusätzlich werden offene Fehler und Fehler im Defect Management angezeigt. Nach der Auswahl eines Testplans werden am unteren Rand der App einfache Tortendiagramme zu enthaltenen Testfalltypen, zum Testfallstatus und zu offenen Fehlern pro Priorität angezeigt. Diese Auswertung eignet sich somit für einen schnellen Überblick über eine größere Anzahl von Testplänen.

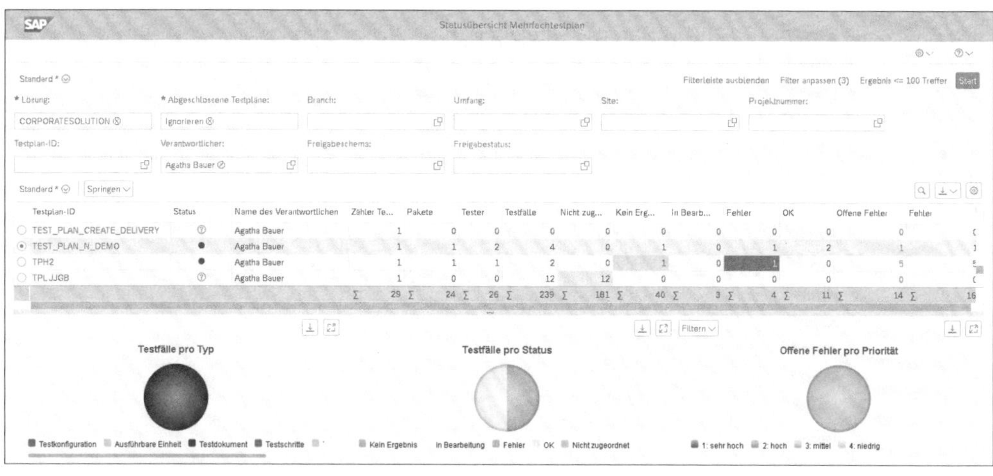


**Abbildung 13.10** Mehrfachtestplan-Status

**Details zum Testverlauf**

Der Bericht **Details zum Mehrfachtestplan-Status** bietet detaillierte Auswertungsmöglichkeiten für einen oder mehrere Testpläne. Abbildung 13.11 zeigt die Auswahlkriterien des Reports. Im Bereich **Layout** können Sie festlegen, ob die Ergebnisse als Liste oder in Form einer Baumansicht angezeigt werden sollen; letztere zeigt die Testfälle eines Testplans in der Ordnerhierarchie der Lösungsdokumentation.

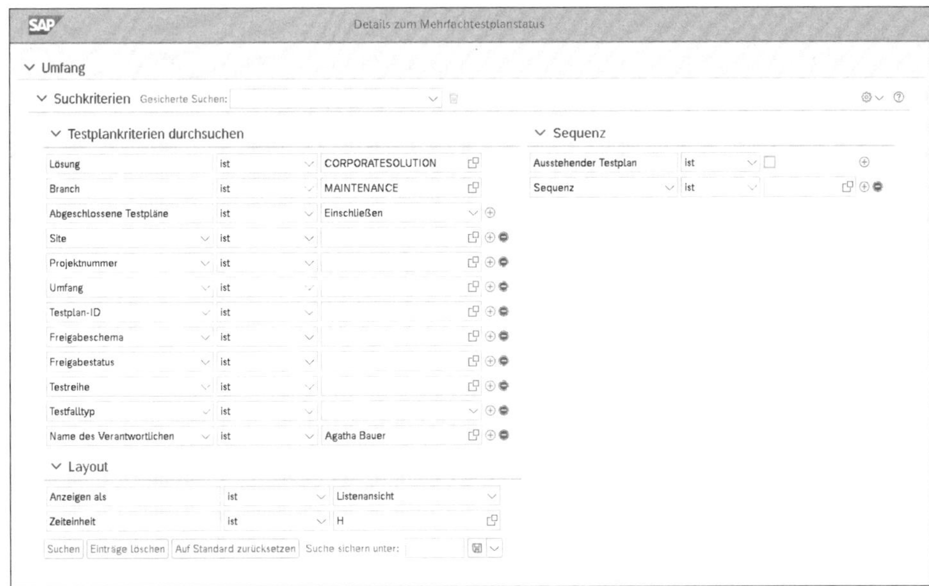


**Abbildung 13.11** Details zum Mehrfachtestplan-Status – Kriterienauswahl

Abbildung 13.12 zeigt ein Beispiel der Ergebnisliste des Reports. Über das Zahnrad-Symbol ⚙ können Sie die Liste umfassend anpassen und insbesondere zusätzliche Spalten hinzufügen. Zudem finden Sie hier Optionen für Berechnungen und bedingte Formatierungen innerhalb der Liste.

SAP Details zum Mehrfachtestplanstatus

> Umfang

100%

Testerstatus

Standard * | Springen

| Testsequenz ausstehend | Typ | Testfall-ID | Testfallbeschreibung | Bereit für ... | Gesamtsta... | Ausführung... | Beschreib... | Zugeordneter Tester | Ausführungsstatus | Pr |
|---|---|---|---|---|---|---|---|---|---|---|
| FI_FUNCTIONS - FI Funktionalitäten (2) (Testplan) | | | | | | | | | | |
| TP_FI - Testpaket FI Funktionalitäten - 2 Testfälle (2) (Testpaket) | | | | | | | | | | |
| ... | | | Test_Stammdaten anlegen | ✓ | ● | ● | Fehler | SolMan Team | Errors. Retest Required | |
| ... | | | Testdokument | ✓ | ◆ | ◆ | Initial | SolMan Team | Untested (reserved by ... | |
| UAT ERP PROJEKT - UAT ERP Projekt (5) (Testplan) | | | | | | | | | | |
| UAT_SONSTIGES - UAT weitere Testfälle - 1 Testfälle (2) (Testpaket) | | | | | | | | | | |
| ... | | | Testdokument | ✓ | ■ | ■ | OK | Frau Eileen Danz | Retest OK | |
| ... | | | Testdokument | ✓ | ■ | ◆ | OK | Michael Markert | Untested (reserved by ... | |
| UAT_STAMMDATENPFLEGE - Test Stammdatenpflege - 1 Testfälle (3) (Testpaket) | | | | | | | | | | |
| ... | | | Test_Stammdaten anlegen | ✓ | ● | ● | Fehler | RALLISSAT2 | Errors. Retest Required | |
| ... | | | Test_Stammdaten anlegen | ✓ | ● | ◆ | Fehler | René Allissat | Untested (reserved by ... | |
| ... | | | Test_Stammdaten anlegen | ✓ | ● | ■ | Fehler | Frau Eileen Danz | Retest OK | |

**Abbildung 13.12** Details zum Mehrfachtestplan-Status – Ergebnisliste

**Testsequenzen auswerten**

Wenn Sie Testsequenzen einsetzen, eignet sich der Report **Details zum Mehrfachtestplan-Status** sehr gut für deren Auswertung. Bei den Auswahlkriterien können Sie gezielt nach Sequenzen filtern. In der Ergebnisliste werden Testfälle entlang ihrer Sequenzreihenfolge angezeigt. Somit können Sie schnell erkennen, wie weit die Testausführung einer Sequenz vorangeschritten ist.

Der Report **Testplan – Testpaketanalyse** zeigt den Teststatus für einen einzelnen Testplan an; die Ergebnisliste zeigt eine Hierarchie aus Testplan, zugehörigen Testpaketen und zugeordneten Tester*innen (siehe Abbildung 13.13). Angaben zu Teststatus und gemeldeten Fehlern werden auf den Ebenen **Testpaket** und **Testplan** aggregiert.



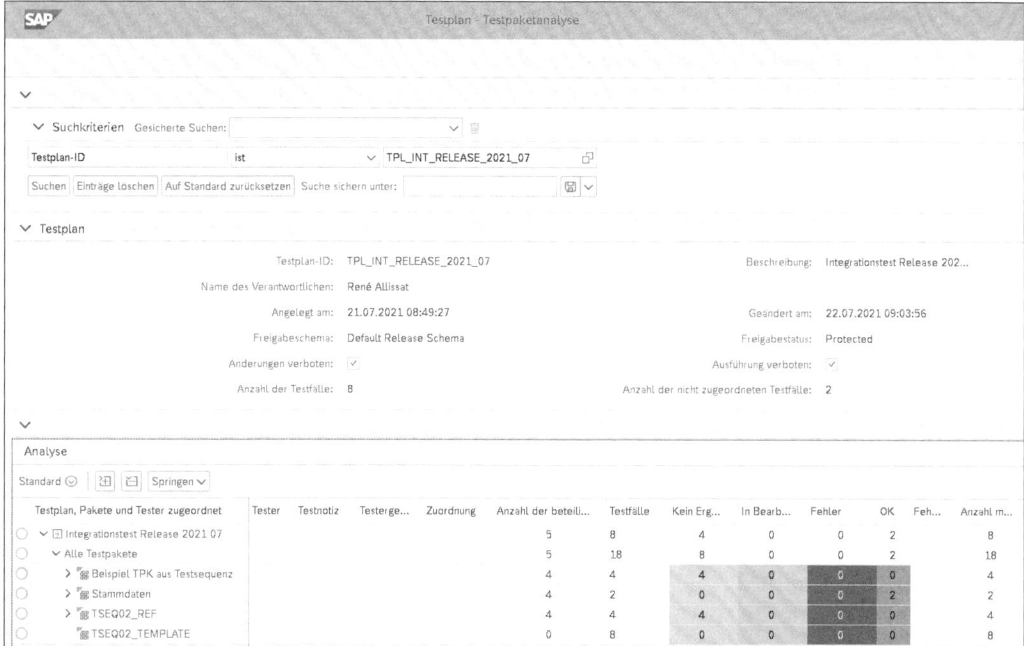


**Abbildung 13.13** Testplan – Testpaketanalyse

Die Berichte **Testplan – Testfallanalyse** und **Testpaket – Testfallanalyse** zeigen die Testfälle eines Testplans bzw. eines Testpakets. Abbildung 13.14 zeigt den Bericht für einen Testplan. Abhängig von Ihrer Auswahl im Bereich **Layout** wird das Ergebnis wie im Beispiel als Baumsicht oder Listenansicht angezeigt. Erstere orientiert sich an der Prozesshierarchie Ihrer Lösungsdokumentation; Letztere stellt alle zugehörigen Testfälle in einer Liste dar.

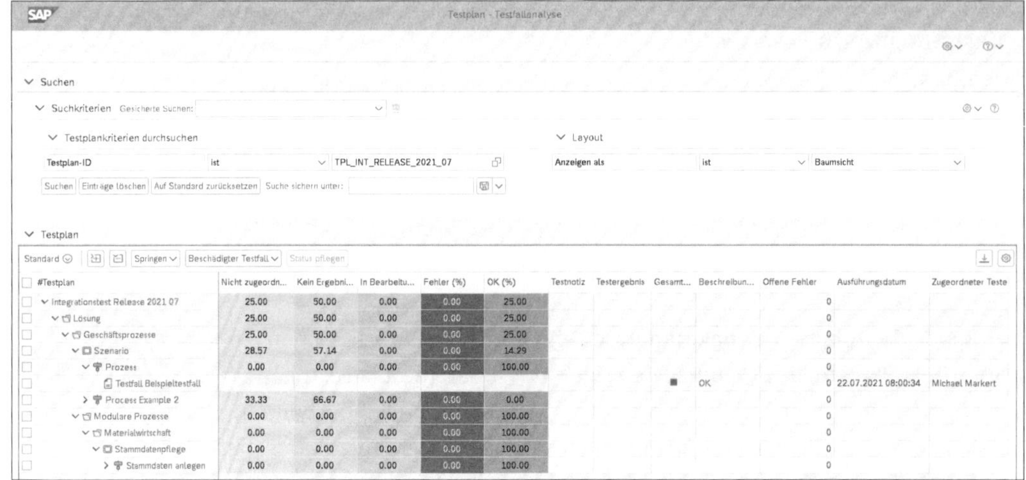

**Abbildung 13.14** Testplan – Testfallanalyse

Auf der Ebene eines einzelnen Testfalls sehen Sie zugehörige Testnotizen und Testergebnisse. Ein Klick auf das entsprechende Symbol zeigt eine Übersicht der Dokumente an. Ebenso sehen Sie hier den Gesamtstatus eines Testfalls. Per Klick auf die Statusbeschreibung gelangen Sie zu einer Detailansicht, die alle Vorkommnisse des Testfalls und alle Testausführungen durch unterschiedliche Tester*innen darstellt (siehe Abbildung 13.15). Hier können Sie sehen, wie der Gesamtstatus gemäß konfigurierter Aggregationsregeln (siehe Abschnitt 9.4.3, »Test-Suite-Vorbereitung«) ermittelt wird.

**Abbildung 13.15** Details der Teststatusauswertung

**Fehleranalyse**

Der Bericht **Testplan – Fehleranalyse** zeigt die für einen oder mehrere Testpläne angelegten Fehlermeldungen. Wählen Sie zunächst die üblichen Filterkriterien wie **Lösung**, **Branch** und **Testplan-ID**. Im Bereich **Fehler** können Sie die von Ihnen verwendete Fehlervorgangsart festlegen. Dies kann relevant sein, wenn Sie mit unterschiedlichen Vorgangsarten für produktive Fehler und Fehler im Testbetrieb arbeiten. Zudem wählen Sie im Bereich

**Fehler** die Darstellungsform der Ergebnisliste: Die Ansicht **Fehleranalyse** zeigt die eröffneten Fehlermeldungen im Kontext der zugehörigen Testfälle (siehe Abbildung 13.16). Entsprechend können Fehlermeldungen mehrfach auftauchen, wenn diese mehreren Testfällen zugeordnet sind. Die Ansicht **Fehleranalyse** können Sie z. B. verwenden, um zu prüfen, ob Teststatus und Fehlermeldung zueinanderpassen. Im Fehlernachtest können Sie so prüfen, ob bei geschlossenen Fehlermeldungen die korrespondierenden Testfälle ebenfalls erfolgreich durchgeführt wurden.



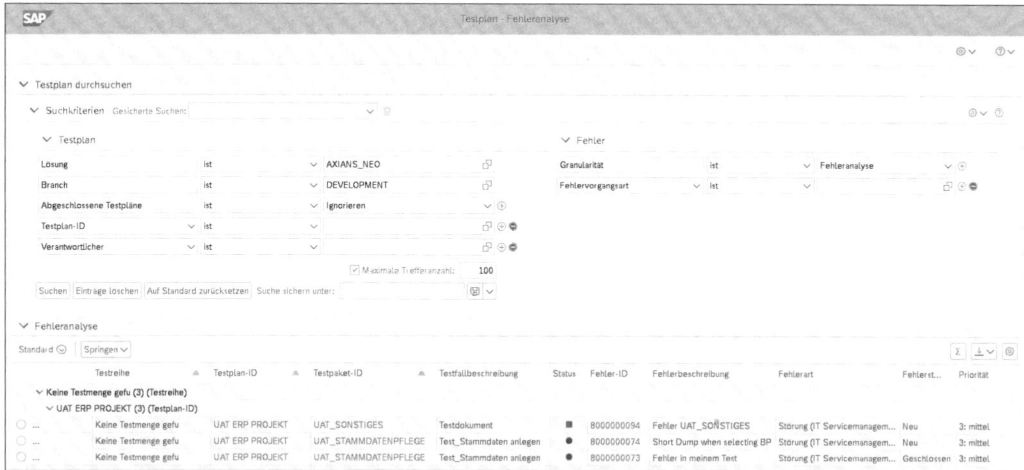


**Abbildung 13.16** Testplan – Fehleranalyse

Die alternative Ansicht **Fehlerübersicht** zeigt die Fehlermeldungen des gewählten Testplans bzw. der Testpläne als einfache Liste, die z. B. eine schnelle Einschätzung der Fehlersituation anhand von Spalten wie **Status** und **Priorität** ermöglicht (siehe Abbildung 13.17). In beiden Ansichten führt ein Klick auf die **Meldungs-ID** direkt zur entsprechenden Fehlermeldung im IT-Servicemanagement des SAP Solution Managers (siehe Abschnitt 14.1, »Defect Management«).

Fehlerübersicht

Standard

| Typ | Meldungs-ID | Beschreibung | Status | Priorität | Komponente | Meldender (ID) Nr. | Name des Melden... |
|---|---|---|---|---|---|---|---|
| Störung (IT Servicemanagem... | 8000000073 | Fehler in meinem Test | Geschlossen | 3: mittel | <Keine Zuor... | 111 | Frau Eileen Danz |
| Störung (IT Servicemanagem... | 8000000074 | Short Dump when selecting BP | Neu | 3: mittel | <Keine Zuor... | 181 | RALLISSAT2 |
| Störung (IT Servicemanagem... | 8000000094 | Fehler UAT_SONSTIGES | Neu | 3: mittel | <Keine Zuor... | 111 | Frau Eileen Danz |

**Abbildung 13.17** Fehlerübersicht

Der Report **Testpaket – Fehleranalyse** entspricht in den Darstellungsmöglichkeiten der vorgenannten Auswertung; bei der Kriterienauswahl kann aber lediglich ein einzelnes Testpaket innerhalb eines Testplans ausgewählt werden.

Zwei weitere Auswertungsoptionen der Kategorie Testausführungsanalyse weichen von den bisher dargestellten listenbasierten Reports ab.

**Testergebnisse als Dokument darstellen**

Der **Testreport** bereitet die Details eines Testplans als Microsoft-Word-Dokument auf. Insbesondere kann dieser Report nach Abschluss eines Tests eingesetzt werden, um eine formale Dokumentation einer Testaktivität zu erstellen, wie dies z. B. im validierten Umfeld erforderlich ist. Vorteil eines solchen Dokuments ist zudem, dass es unabhängig vom Testwerkzeug Test-Suite ist und somit leicht auch von Zielgruppen geöffnet werden kann, die üblicherweise keinen Zugriff auf den SAP Solution Manager haben.

Nach der Auswahl des Reports gelangen Sie zu einer Bildschirmmaske, in der Sie den Umfang des zu erstellenden Dokuments angeben können. Abbildung 13.18 zeigt einen Teil der Auswahlmöglichkeiten.

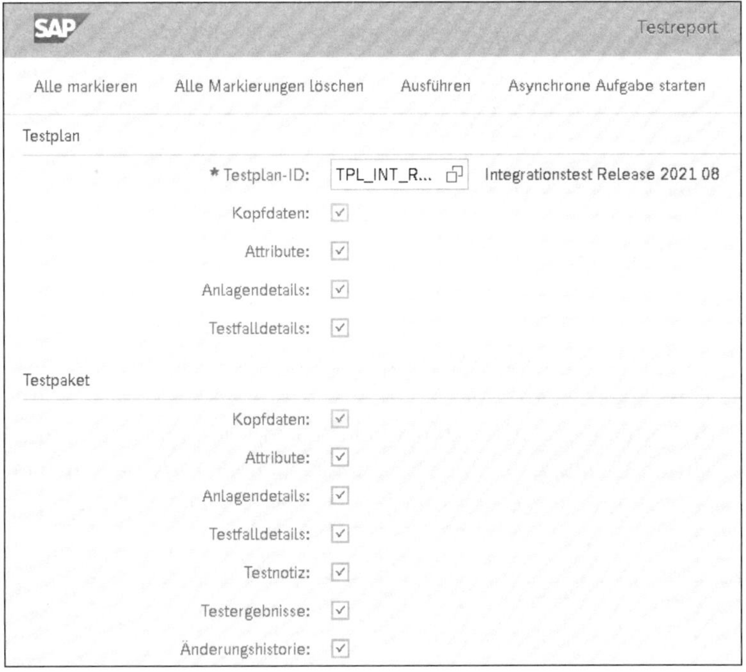


**Abbildung 13.18** Optionen zum Erstellen eines Testreports

Um einen Testreport zu erstellen, wählen Sie eine Testplan-ID aus und markieren die gewünschten Inhalte des Dokuments für die Bereiche **Testplan**, **Testpaket**, **Lösungsdokumentation**, **Fehler** und **Landschaft**. Im unteren Bereich der Bildschirmmaske finden Sie den Bereich **Ausgabe**. Hier können Sie Dateiname und Untertitel des Dokuments festlegen und insbesondere mit der Option **Dokumentinhalt angeben** auswählen, ob die referenzierten Dokumente wie Testfälle und Testnotizen vollständig mit in das Gesamtdokument aufgenommen werden sollen. Nach einem Klick auf Ausführen wird das Dokument erstellt und anschließend heruntergeladen. Sie können das Dokument nun in Microsoft Word weiterbearbeiten. Abbildung 13.19 zeigt beispielhaft einen Auszug aus dem Inhaltsverzeichnis eines Testreports.

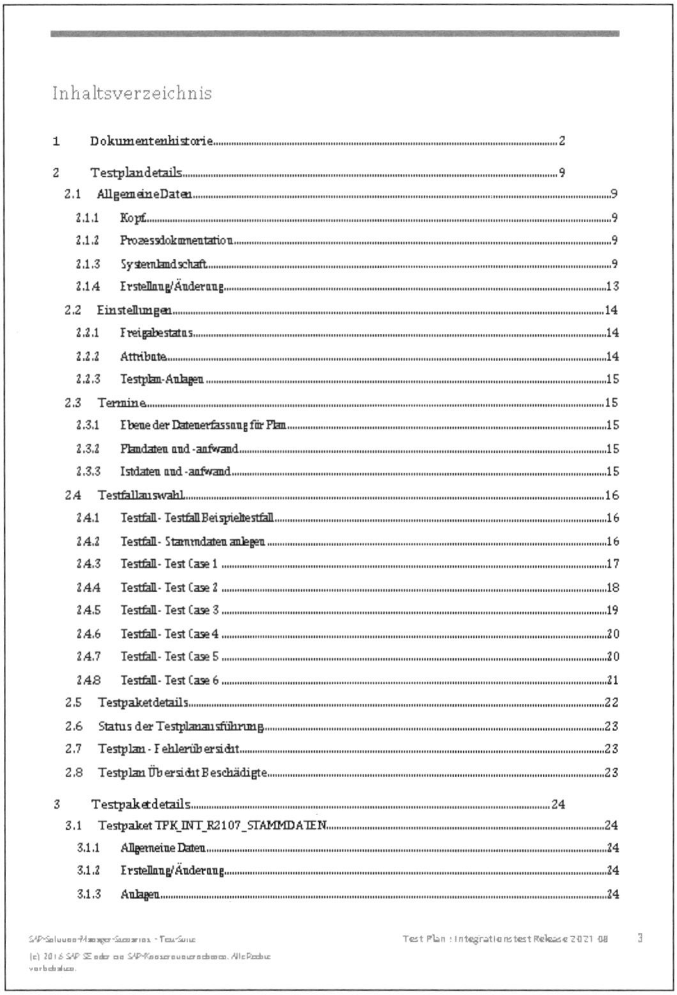

Inhaltsverzeichnis



Test Plan : Integrationstest Release 2021 08 3

**Abbildung 13.19** Testreport – Auszug aus einem Inhaltsverzeichnis

**Build-übergreifende Analyse**

Die letzte Analyse im Bereich der Testausführungsanalysen, die Build-übergreifende Analyse, erreichen Sie alternativ auch über eine eigene Kachel im Menü **Test-Suite** des SAP Solution Manager Launchpads. Die Analyse zeigt Anzahl und Status verschiedenster Dokumente entlang des gesamten Applikationslebenszyklus an – von Anforderungen und Änderungsanträgen über Änderungsdokumente bis hin zu Testpaketen, Testfällen und Fehlern. Die Darstellung basiert dabei auf Projekten (siehe Abschnitt 17.2, »Testmanagement in agilen Projekten mit Focused Build«). Voraussetzung, um die Analyse sinnvoll nutzen zu können, sind demnach der Einsatz von Projekten sowie die konsequente Nutzung der einzelnen Anwendungsszenarien wie Anforderungsmanagement und Change Request Management (ChaRM) erforderlich. Abbildung 13.20 zeigt ein Beispiel der Build-übergreifenden Analyse.

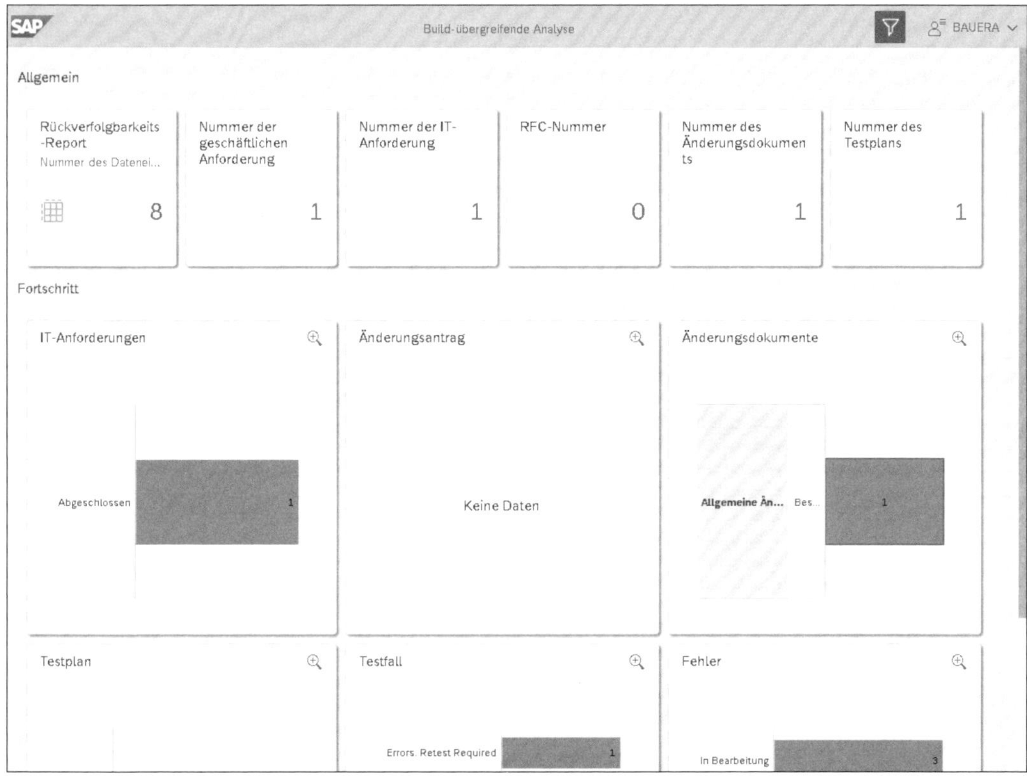


**Abbildung 13.20** Build-übergreifende Analyse

Wenn Sie auf eine Kachel klicken, werden Ihnen jeweils Details der entsprechenden Kategorie angezeigt. Im **Rückverfolgbarkeits-Report** werden zudem alle sich referenzierenden Dokumente und Objekte eines Projekts in einer Tabelle dargestellt (siehe Abbildung 13.21).

Diese Analyse erlaubt eine nahezu lückenlose Dokumentation von Systemänderungen – von der Anforderung bis hin zu deren Umsetzung und Test im System.

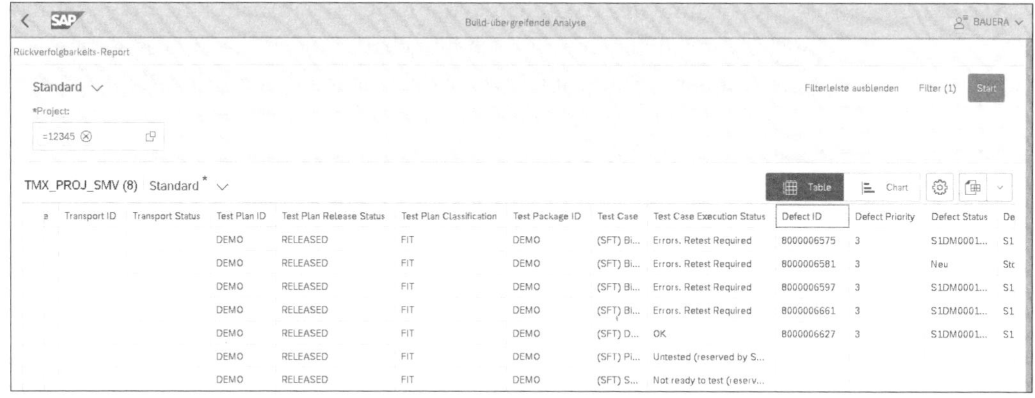


**Abbildung 13.21** Rückverfolgbarkeits-Report

## 13.3 Status- und Fortschrittsanalyse

**BW-basiertes Reporting**

Auswertungen der Kategorie *Status- und Fortschrittsanalyse* in der App **Test-Suite – Analysen** bereiten Daten der Test-Suite grafisch und tabellarisch auf (siehe Abbildung 13.22). Grundlage ist dabei stets das in den SAP Solution Manager integrierte Business Warehouse. Entsprechend muss für Auswertungen dieser Kategorie das BW-Reporting für die Test-Suite aktiviert sein (siehe Abschnitt 9.4.3, »Test-Suite-Vorbereitung«). Die Aktualität der Daten ist abhängig von den gewählten Einstellungen; die Datenextraktion erfolgt regelmäßig (z. B. alle 15 Minuten). Die BW-Berichte können auch große Datenmengen schnell auswerten, insbesondere sind auch Darstellungen von Entwicklungen im Zeitverlauf möglich.

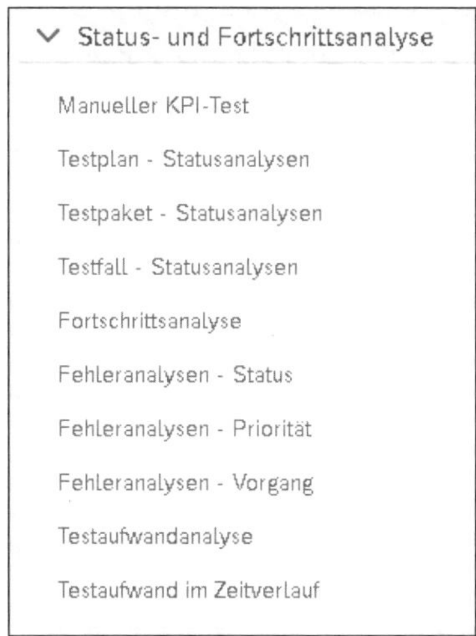


**Abbildung 13.22** Status- und Fortschrittsanalyse

**Statusanalysen**

Mit Ausnahme des Dashboards **Manueller KPI-Test** sind die BW-basierten Auswertungen allesamt ähnlich aufgebaut. Abbildung 13.23 zeigt den Report **Testplan – Statusanalysen**, der den aggregierten Testausführungsstatus eines oder mehrerer Testpläne anzeigt.

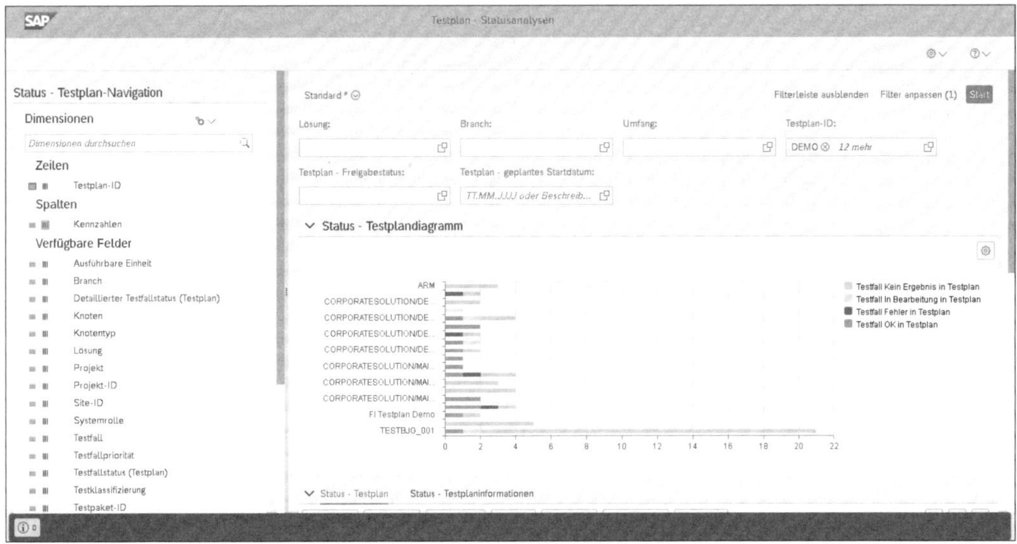


**Abbildung 13.23** Testplan – Statusanalysen

Rechts oben finden Sie die Filterkriterien des Berichts. Hier können Sie den Report nach Elementen wie **Lösung**, **Branch**, **Umfang** und **Testplan-ID** filtern. Die Felder verfügen jeweils über Wertehilfen, die die Auswahl sinnvoller Werte erleichtern.

Auf der linken Seite der Anwendung finden Sie den Bereich **Dimensionen**. Hier können Sie festlegen, welche verfügbaren Felder des jeweiligen Berichts als Zeile oder Spalte dargestellt werden sollen. Klicken Sie im Bereich **Verfügbare Felder** auf das jeweilige Symbol links neben der Feldbeschreibung, um das Feld zu den **Zeilen** oder **Spalten** der Auswertung hinzuzufügen. Ein erneuter Klick auf das Symbol entfernt das Feld aus der Darstellung.

Kern des Reports ist die Darstellung der Daten als Diagramm. Über das Zahnrad-Symbol [⚙] können Sie den Diagrammtyp und dessen grafische Darstellung mit weiteren Optionen anpassen. Unterhalb des Diagramms finden Sie die Darstellung der ausgewählten Daten als Tabelle. Über die Schaltflächen oberhalb der Tabelle oder alternativ mittels Kontextmenü (rechte Maustaste) können Sie die gezeigten Daten filtern und sortieren sowie weitere Darstellungsoptionen festlegen. Dazu gehören z. B. die Darstellung von Feldern als ID oder Beschreibung oder das Zahlenformat von Kennzahlen. Dieses Kontextmenü ist auch im Bereich **Dimensionen** verfügbar.

Unterhalb der Tabelle finden Sie außerdem technische Angaben der jeweiligen BW-Auswertung.

Die beiden Reports **Testpaket – Statusanalysen** und **Testfall – Statusanalysen** lassen sich wie die vorgenannte Auswertung bearbeiten. Der Fokus von Ersterem liegt dabei auf der Darstellung des Testergebnisses einzelner Testpakete für einen oder mehrere Testpläne; Letzteres zeigt den Teststatus im Kontext einzelner Testfälle an.

**Fortschrittsanalyse**

Die **Fortschrittsanalyse** ist in der Praxis die beliebteste Anwendung der BW-basierten Auswertungen. Sie zeigt den Teststatus im Zeitverlauf. Neben den bereits beschriebenen Feldern zum Filtern der Daten gibt das Feld **Snapshot-Tag** an, welcher Zeitraum dabei berücksichtigt wird – voreingestellt sind die letzten 30 Tage. Abbildung 13.24 zeigt ein Beispiel eines Fortschrittsanalyse-Diagramms. Darüber hinaus steht ebenfalls die Auswertung als Tabelle zur Verfügung.



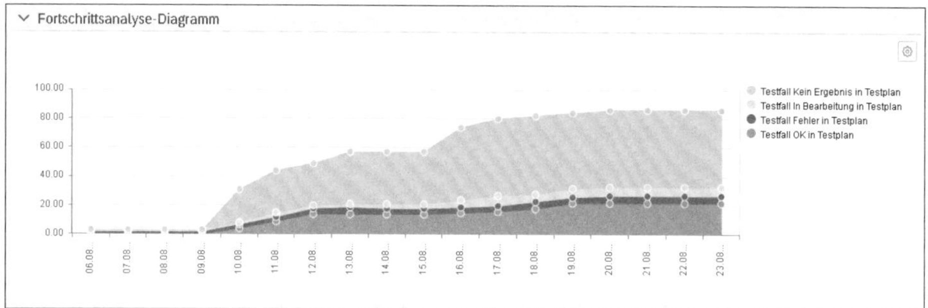


**Abbildung 13.24** Fortschrittsanalyse-Diagramm

**Fehleranalysen**

Die Reports, die mit »Fehleranalysen« beginnen, stellen die Fehlersituation eines oder mehrerer Testpläne dar. Der Report **Fehleranalysen – Status** zeigt den Status aller Fehlermeldungen. Im Standard werden diese als gestapeltes Balkendiagramm dargestellt. Abbildung 13.25 zeigt ein beispielhaftes Statusdiagramm.

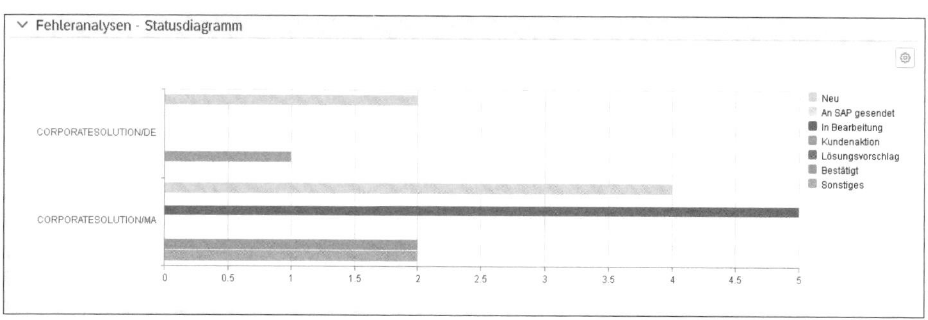


**Abbildung 13.25** Fehleranalysen – Statusdiagramm

Der Report **Fehleranalysen – Priorität** stellt die Priorität der Fehlermeldungen ausgewählter Testpläne als Kuchendiagramm dar, während der Report **Fehleranalysen – Vorgang** die Details von Fehlermeldungen in Tabellenform anzeigt.

**Testaufwandsanalysen**

Sofern bei Testplanung und Testdurchführung die entsprechenden Felder gepflegt worden sind, zeigen die Berichte **Testaufwandsanalyse** und **Testaufwand im Zeitverlauf** Informationen zu Testaufwänden an; insbesondere können Plan- und Ist-Aufwände verglichen werden. Die **Testaufwandsanalyse** zeigt im Standard die Plan- und Ist-Daten ausgewählter Testpläne als vertikales Balkendiagramm. Der Testaufwand im Zeitverlauf zeigt die geplanten und tatsächlichen Aufwände der gewählten Testpläne als horizontales Balkendiagramm, bei dem die x-Achse jeweils einen Tag darstellt (siehe Abbildung 13.26).

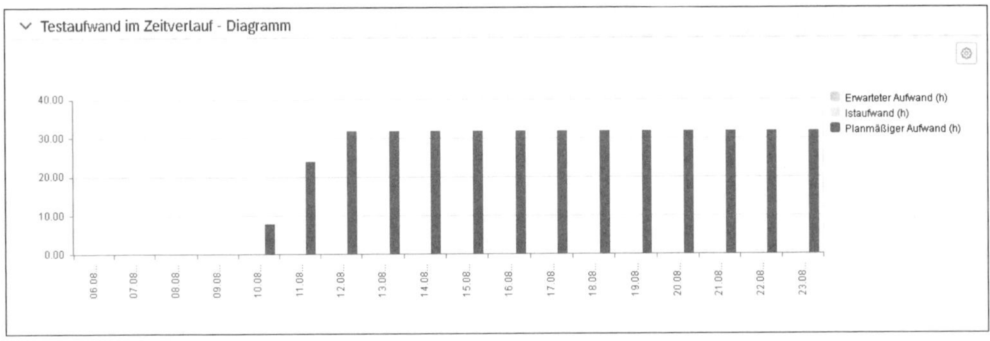


**Abbildung 13.26** Testaufwand im Zeitverlauf (Plandaten)

**KPIs für manuelle Tests**

Abweichend vom Format der bisher dargestellten BW-basierten Auswertungen führt die Option **Manueller KPI-Test** (siehe Abbildung 13.22) zu dem Dashboard **KPIs für manuelle Tests** (siehe Abbildung 13.27). Das Dashboard zeigt verschiedene Informationen und KPIs an, die für die Steuerung manueller Testaktivitäten relevant sind.

Mit einem Klick auf das Filter-Symbol [Y] blenden Sie eine Filterleiste ein, über die Sie die angezeigten Daten mittels verschiedener Felder einschränken können, darunter z. B. **Lösung**, **Branch** und **Testplan-ID**. Im Bereich **Übersicht** werden allgemeine Daten angezeigt, darunter Statistiken zu Testfallstatus und Fehlersituation. Klicken Sie auf eine Kachel, können Sie sich jeweils weitere Details anzeigen lassen.

Der Bereich **Details (je Testplan)** zeigt zwei Kacheln zur tieferen Analyse der Testausführung: Die Kachel **Anzahl der aktiven/passiven Tester (kumulativ)** zeigt, wie viele Tester*innen zumindest einen Testfall bearbeitet haben (bzw. einen Testfall in einem nicht initialen Status in ihrem Arbeitsvorrat haben) – diese gelten als aktiv. Umgekehrt sind passive Tester*innen solche, die noch nicht mit ihrer Arbeit begonnen haben. Diese Auswertung kann dabei helfen, Blockaden im Testfortschritt zu identifizieren. Ein Klick auf die Kachel zeigt die Anzahl der aktiven und passiven Tester*innen je Testplan in einer Tabelle.

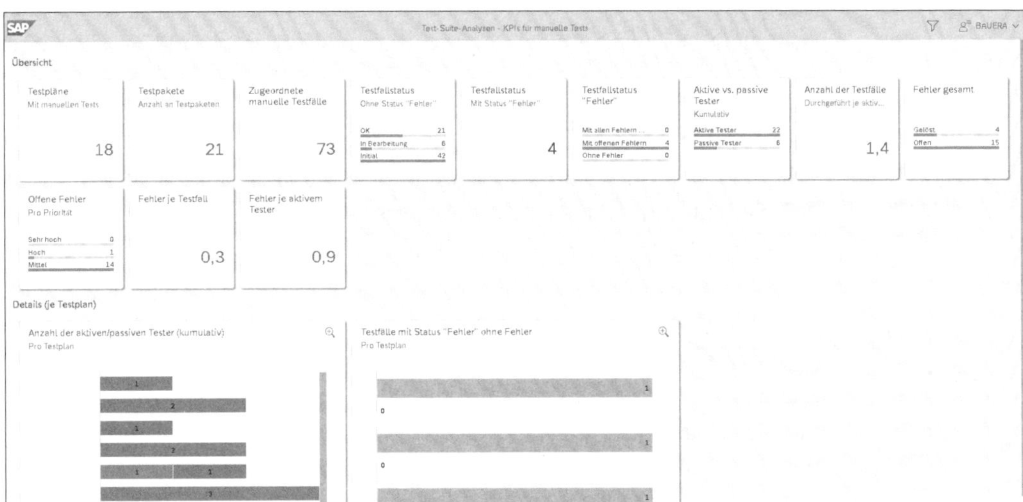


**Abbildung 13.27** KPIs für manuelle Tests

Die Kachel **Testfälle mit Status »Fehler« ohne Fehler** zeigt je Testplan zwei Balken für Testfälle, die von Tester*innen mit einem Fehlerstatus bewertet wurden. Ein Klick auf die Kachel zeigt als weiteres Detail die Anzahl der fehlerhaften Testfälle ohne Fehler, also als fehlgeschlagen bewertete Testfälle, zu denen keine Fehlermeldung eröffnet wurde. Dies kann z. B. auf ein Versäumnis des Testers oder der Testerin hindeuten.

## 13.4 Übersichten und Dashboards

**Aggregierte Statusinformationen**

Die bisher dargestellten Detailberichte lassen sich meist über vielfältige Filter, Einstellungsmöglichkeiten und Varianten an den individuellen Testprozess anpassen. Darüber hinaus existieren einige weitere Funktionen zur Auswertung von Testaktivitäten. Hierbei handelt es sich um Anwendungen, die die Daten der Tests in stark aggregierter Form anzeigen, z. B. in Form von Dashboards oder grafischen Darstellungen. Diese Auswertungen richten sich an Zielgruppen, die einen schnellen Überblick über das Testgeschehen erhalten wollen. In der Praxis ist daher zu prüfen, inwieweit die nachfolgend dargestellten Funktionen die für Ihre individuellen Anforderungen benötigten Informationen bereitstellen.

Nachfolgend werden mit der *Test-Suite-Übersicht* und dem *Test-Suite-Dashboard* zwei weitere Darstellungsoptionen für die Auswertung von Testaktivitäten dargestellt. Anschließend zeigen wir kurz die Möglichkeiten der beiden Dashboard-Baukästen *Dashboard Builder* und *Focused Insights* auf, um Ihnen Impulse für komplexere Dashboard-Projekte zu geben, wie sie z. B. bei großen Testorganisationen oder für die übergreifende Auswertung verschiedener Kennzahlen der IT-Organisation erforderlich sind.

### 13.4.1 Test-Suite-Übersicht

**Übersicht für die Planung und Steuerung**

Über das Menü **Test-Suite** des SAP Solution Manager Launchpads erreichen Sie die **Test-Suite-Übersicht**, die auf jeweils einer Registerkarte einen Überblick über **Testplanung**, **Testausführung** und Aspekte des Business Process Change Analyzers gibt. Abbildung 13.28 zeigt die Registerkarte **Testplanung**, die editierbare und ausführbare Testpläne mit deren wesentlichen Rahmendaten auflistet. Diese Aufstellung kann nach Anlagedatum der Testpläne gefiltert werden. Nach der Auswahl eines Testplans werden in einem Kuchendiagramm Testfälle nach Status sowie die Testpaketliste aller zugehörigen Testpakete mit offenen Testfällen und offenen Fehlermeldungen angezeigt.

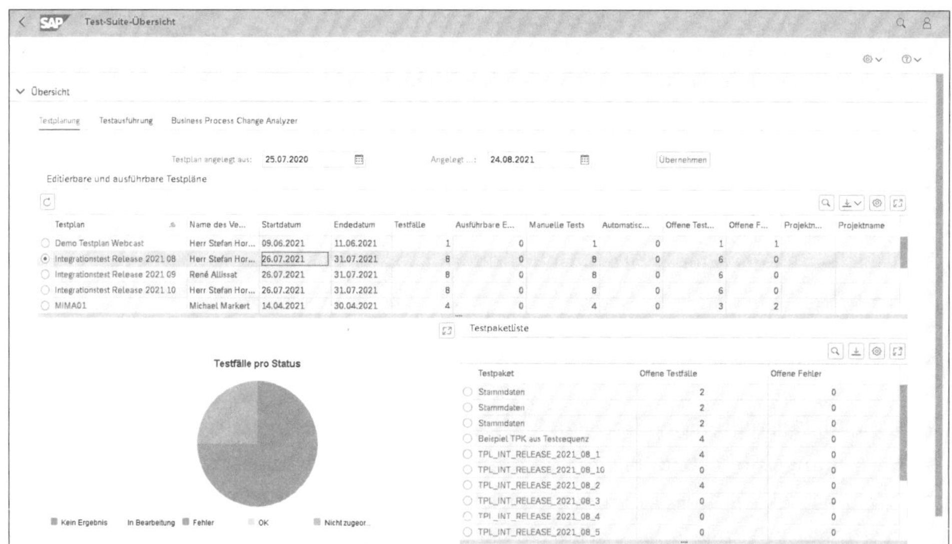


**Abbildung 13.28** Registerkarte »Testplanung« in der Test-Suite-Übersicht

**Testplanung und -steuerung**

Der Begriff *Testplanung* ist an dieser Stelle etwas missverständlich, denn die dargestellten Daten dienen eher der Steuerung laufender Testaktivitäten.

Die beiden anderen Registerkarten sind ähnlich aufgebaut. Auf der Registerkarte **Testausführung** werden Ihrem Benutzer zugeordnete Testpakete angezeigt. Diese können Sie ebenfalls durch die Angabe eines Erstellungszeitraums im oberen Bereich der Anwendung filtern. Nach der Auswahl eines Testpakets wird ein Kuchendiagramm mit den Statuswerten aller Ihnen zugeordneten Testfälle angezeigt. Die Testfall-Liste enthält alle Testfälle; ein Klick auf deren Bezeichnung führt zur manuellen Testausführung.

Die Registerkarte **Business Process Change Analyzer** listet durchgeführte BPCA-Analysen auf; Diagramm und Listenansicht zeigen hier durchgeführte und noch nicht durchgeführte Analysen verschiedener Kategorien (siehe Abbildung 13.29). Die einzelnen Balken des Diagramms können durch Anklicken aktiviert bzw. deaktiviert werden; entsprechend werden die Listeneinträge auf der rechten Seite gefiltert. Bislang nicht analysierte Systemänderungen können selektiert werden. Mit der Schaltfläche **BPCA-Analyse anlegen** wird aus den gewählten Elementen eine neue Änderungsanalyse erstellt (siehe Abschnitt 15.1.4, »BPCA-Analyse durchführen«).



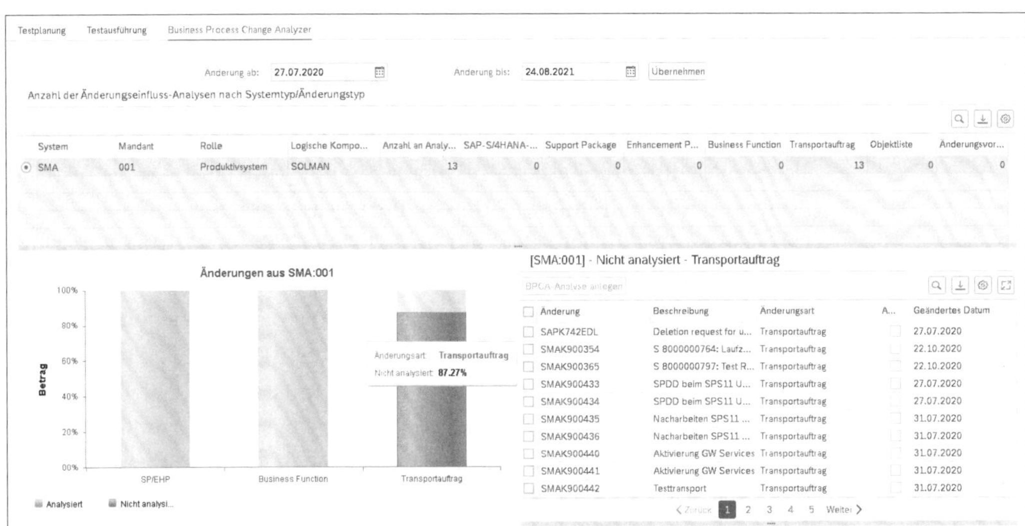


**Abbildung 13.29** Registerkarte »Business Process Change Analyzer« in der Test-Suite-Übersicht

### 13.4.2 Test-Suite-Dashboard

**Vordefinierte Dashboards**

Focused Build enthält mit dem *Test-Suite-Dashboard* eine zusätzliche Auswertungsmöglichkeit für die Test-Suite. Sie starten das Dashboard über die Kachel **Test-Suite-Dashboard** im Menü **Focused Build – Test Manager** im SAP Solution Manager Launchpad. Abbildung 13.30 zeigt den Einstieg in die Anwendung über den Bereich **Auswahlparameter**.

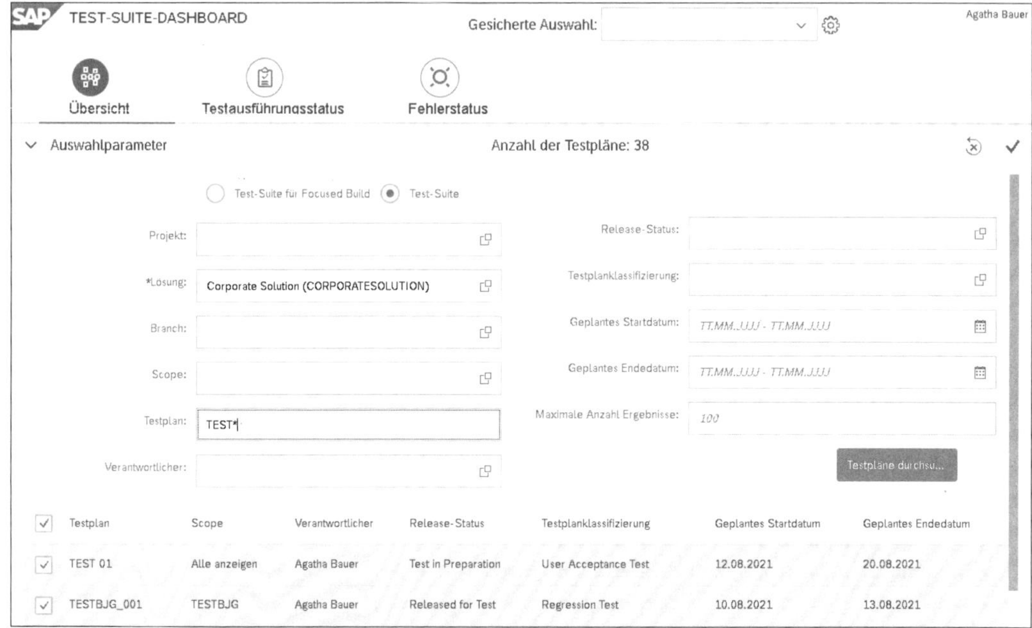


**Abbildung 13.30** Test-Suite-Dashboard – Auswahl von Testplänen

Das Dashboard können Sie unabhängig davon verwenden, ob Sie das »klassische« dokumentenbasierte Testmanagement, Testschritte oder Tests im Kontext des Requirement-to-Deploy-Prozesses einsetzen. Ist Letzteres der Fall, wählen Sie zunächst das Optionsfeld **Test-Suite für Focused Build**. Entsprechend können Sie in der Folge ein Focused-Build-Projekt sowie eine Wave auswählen, um sich die zugehörigen Testpläne anzeigen zu lassen. Wählen Sie das Optionsfeld **Test-Suite**, um, wie in Abbildung 13.30 gezeigt, frei nach Testplänen zu suchen; als Pflichtfeld müssen Sie hier lediglich eine Lösung angeben. In beiden Fällen können Sie die Suche über die Schaltfläche **Testpläne durchsuchen** starten. Testpläne, die Ihren Kriterien entsprechen, werden in der Liste unten angezeigt. Sie können einen oder mehrere Testpläne selektieren und sich deren Daten mit einem Klick auf das Häkchen-Symbol ☑ anzeigen lassen.

**Inhalte der Übersicht**

Das Dashboard zeigt nun die Registerkarte **Übersicht** an (siehe Abbildung 13.31), die die Statusinformationen zu allen ausgewählten Testplänen enthält:

- Anzahl der Testpläne
- Anzahl der nicht bestandenen Testfälle, d. h. solche, die nicht als **OK** bewertet wurden
- offene Fehler der Priorität 1 und 2

- Teststatus anhand der Testklassifizierung
- Fehlerdetails nicht behobener Fehler der Priorität 1 und 2
- Testausführungsstatus als Kuchendiagramm
- Fortschritt Testausführung als Liniendiagramm mit Zeitverlauf
- Testausführungsstatus nach Testplänen als vertikales Balkendiagramm
- Testausführungsfortschritt nach Testplänen als Tabelle
- Nicht behobene Fehler nach Priorität als Kuchendiagramm
- Fehler nach Priorität und Status als vertikales Balkendiagramm
- Fehlerzeitlinie als Liniendiagramm

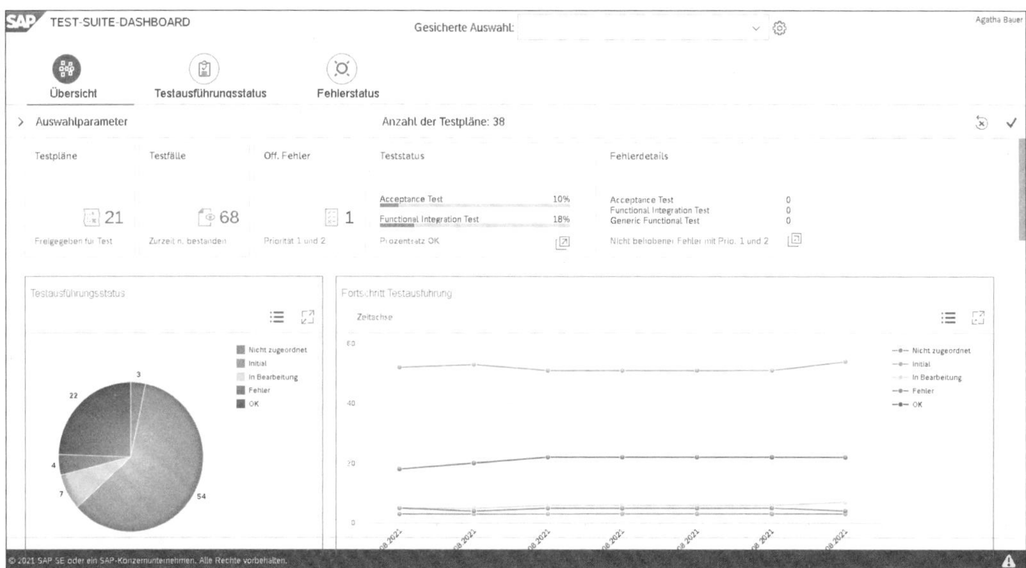


**Abbildung 13.31** Registerkarte »Übersicht« im Test-Suite-Dashboard

Haben Sie einen Testplan für ein Focused-Build-Projekt ausgewählt, variieren die Inhalte, um den Bezug zu Projekten und Work Packages darzustellen. Die aufgezählten Elemente sind interaktiv, meist können Diagrammelemente per Klick hervorgehoben, die Legende ausgeblendet und das jeweilige Diagramm im Vollbildmodus angezeigt werden; Tabellen können als Datei exportiert werden.

Die beiden weiteren Registerkarten **Testausführungsstatus** und **Fehlerstatus** zeigen jeweils Detailinformationen für einen Testplan an. Sofern Sie in der Übersicht mehrere Testpläne selektiert haben, werden Sie durch ein Pop-up-Fenster gebeten, einen einzelnen Testplan auszuwählen.

**Zeitverlaufsdarstellungen ohne BW**

Wenn Sie das in Abschnitt 13.3, »Status- und Fortschrittsanalyse«, dargestellte BW-Reporting nicht eingerichtet haben, aber nicht auf Darstellungen von Test- und Fehlerstatus im Zeitverlauf verzichten möchten, lohnt sich ein Blick in das Test-Suite-Dashboard. Das Business Warehouse des SAP Solution Managers wird für die hier verfügbaren Darstellungen zum Zeitverlauf nicht benötigt.

**Testausführungsstatus**

Die Registerkarte **Testausführungsstatus** zeigt folgende Informationen an (siehe Abbildung 13.32):

- Anzahl der Testfälle in den Status **Initial, In Bearbeitung, Fehler, OK**
- verbleibende Tage im Test gemäß Plandaten
- Testausführungsstatus als Kuchendiagramm
- Testausführungsstatus je Testpaket des Testplans (Testpaketstatus) als vertikales Balkendiagramm
- Detail Testpaketstatus als Tabelle
- Fortschritt Testausführung im Zeitverlauf als Liniendiagramm
- Testfälle mit Fehlern und zugehörigen Fehlern als Tabelle
- Testausführungsergebnisse – manuelle Tests als Tabelle

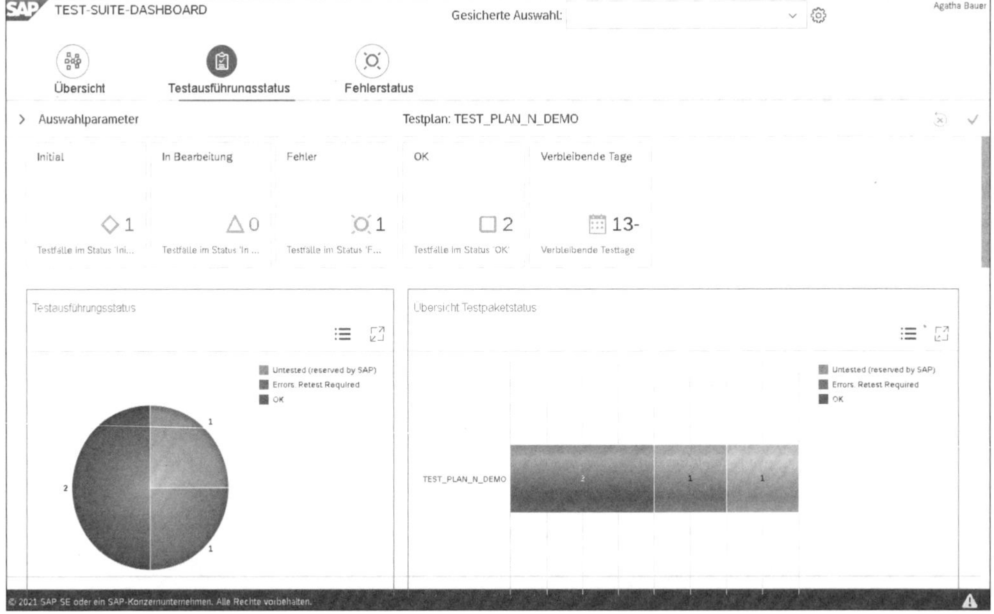


**Abbildung 13.32** Registerkarte »Testausführungsstatus« im Test-Suite-Dashboard

**Fehlerstatus**

Analog dazu zeigt die Registerkarte **Fehlerstatus** Details zu Fehlermeldungen bzw. zur Fehlerbehebung:

- Anzahl aller offenen Fehler sowie Anzahl der Fehler mit Priorität 1 (sehr hoch) und 2 (hoch).
- Fehler im Status **Nachtest erforderlich**
- Nicht behobene Fehler nach Priorität als Kuchendiagramm
- Fehler nach Priorität und Status als vertikales Balkendiagramm
- Fortschritt der Fehlerbehebung im Zeitverlauf als Liniendiagramm
- Statistik Fehlerstatus (Anzahl an Fehlern je Testpaket; Anzahl in Status 1 und 2 sowie deren Bearbeitungsstatus)
- Statusdetails nicht behobene Fehler als Tabelle
- Fehler nach Kategorien als Balkendiagramm, filterbar nach Priorität und Status

**Informationen für Focused-Build-Projekte**

Für Testpläne, die mit Bezug zu einem Focused-Build-Projekt angelegt wurden, werden zudem die Registerkarten **Testvorbereitung** und **Rückverfolgbarkeitsmatrix** angezeigt. Die Registerkarte **Testvorbereitung** zeigt die Zuordnung von Testfällen zu Work Packages (siehe Abbildung 13.33). Insbesondere können im Rahmen der Vorbereitung somit Work Packages ohne Testfälle identifiziert werden.

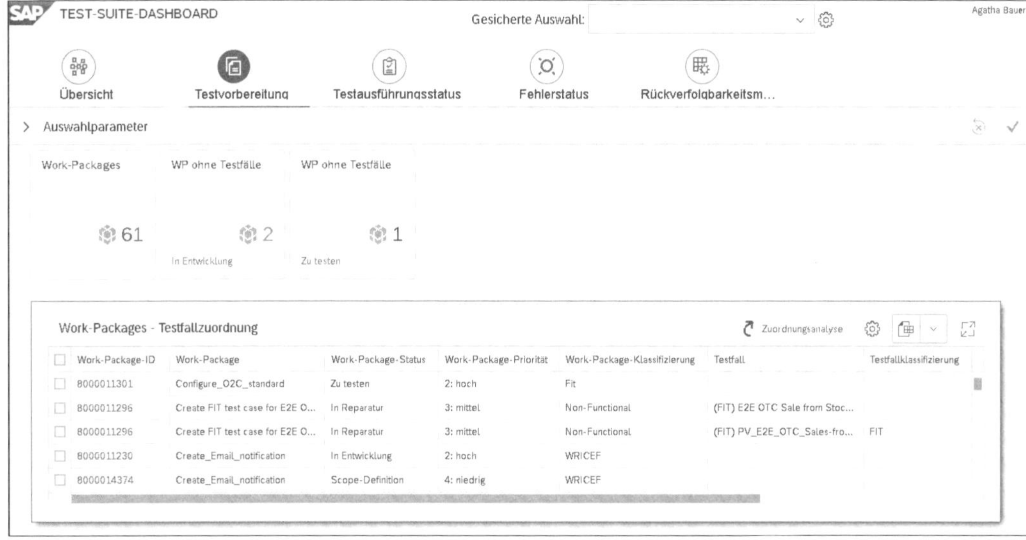


**Abbildung 13.33** Registerkarte »Testvorbereitung« im Test-Suite-Dashboard

Die Rückverfolgbarkeitsmatrix zeigt – ähnlich der in Abschnitt 13.2, »Testausführungsanalyse«, vorgestellten Auswertung – die Beziehung zwischen Anforderungen, Arbeitspaketen und Testaktivitäten (siehe Abbildung 13.34).

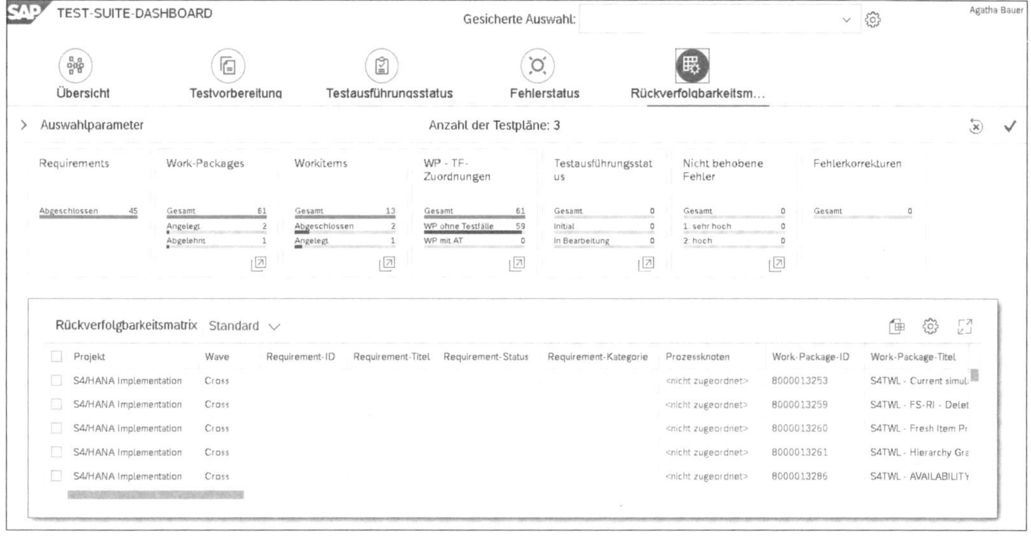


**Abbildung 13.34** Registerkarte »Rückverfolgbarkeitsmatrix« im Test-Suite-Dashboard

### 13.4.3 Dashboard Builder

**Eigene Dashboards erstellen**

Um eigene Dashboards aufzubauen, wird im SAP Solution Manager der *Dashboard Builder* zur Verfügung gestellt. Sie erreichen die Funktionalität über die Kachel **Konfiguration – Dashboard Builder** im SAP Solution Manager Launchpad. Nach dem Start zeigt die Anwendung auf der linken Seite vorhandene Dashboards unterschiedlicher Kategorien an. Im Bereich **Test-Suite** finden Sie auch die in den vorangehenden Abschnitten dargestellten Dashboards **Build-übergreifende Analyse** und **KPIs für manuelle Tests** sowie ein weiteres Test-Suite-Dashboard mit verschiedenen allgemeinen Kennzahlen (siehe Abbildung 13.35). Um im ausgewählten Dashboard Daten Ihrer Testaktivitäten zu sehen, passen Sie den Filter über das Filter-Symbol am oberen Bildschirmrand entsprechend an, indem Sie z. B. im Feld **Testplan-ID** die für Sie relevanten Testpläne auswählen.

Die drei im Standard vorhandenen Dashboards können Sie als Ausgangspunkt für eigene Dashboard-Projekte verwenden. Wählen Sie dazu z. B. die Schaltfläche **Test-Suite-Dashboard** aus, und kopieren Sie das Dashboard mit einem Klick auf das Kopieren-Symbol . Das so erstelle eigene Dashboard können Sie nun nach der Auswahl des Stift-Symbols bearbeiten. Dazu finden Sie an jeder Kachel das Zahnrad-Symbol [⚙], mit dem Sie die angezeigten Daten anpassen können.

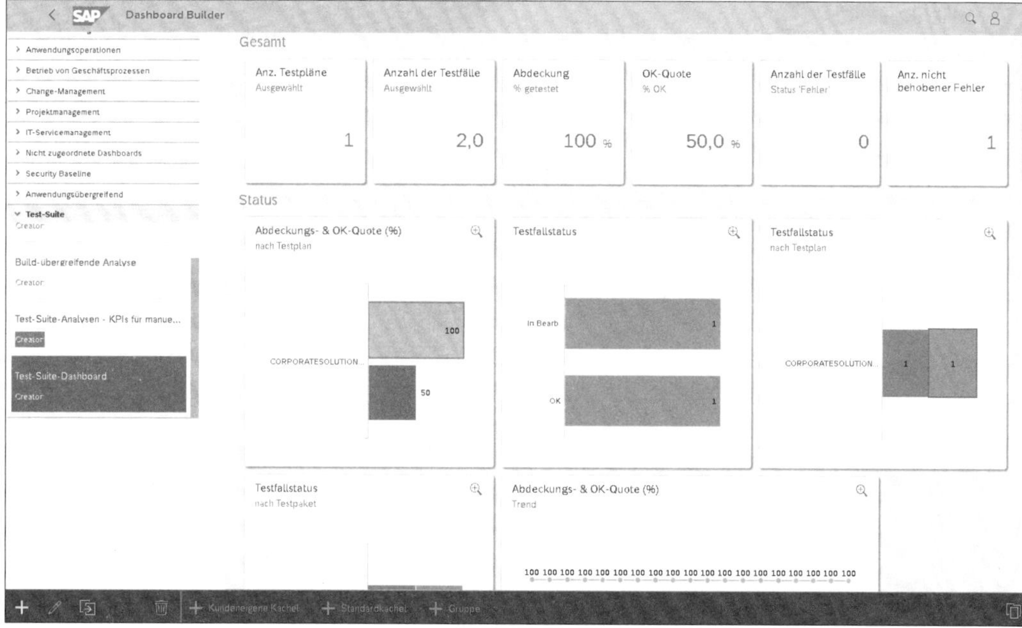


**Abbildung 13.35** Test-Suite-Dashboard im Dashboard Builder

Abbildung 13.36 zeigt exemplarisch den Dialog zum Anpassen der Kennzahl **Anzahl der Testfälle**.

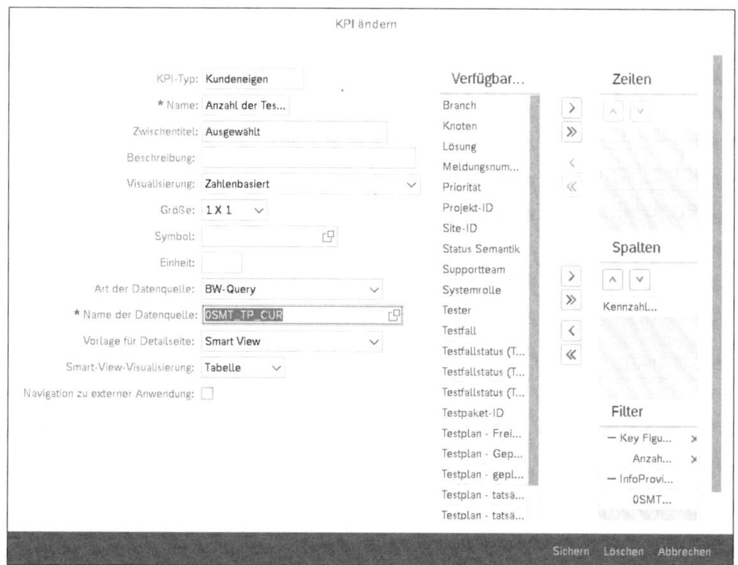


**Abbildung 13.36** KPI im Dashboard Builder ändern

Kennzahlen und Datenquellen

Relevant ist insbesondere die Art der Datenquelle. Für Auswertungen im Umfeld der Test-Suite wird in der Regel der Typ **BW-Query** verwendet, der auf das integrierte Business Warehouse des SAP Solution Managers zugreift. Entsprechend muss für die Nutzung der Dashboards das BW-Reporting für die Test-Suite konfiguriert worden sein (siehe Abschnitt 9.4.3, »Test-Suite-Vorbereitung«). Im Feld **Name der Datenquelle** können Sie die Datenquelle auswählen; filtern Sie die Wertehilfe nach »0SMT*«, um die wesentlichen Datenquellen für die Test-Suite zu sehen (siehe Abbildung 13.37).

**Abbildung 13.37** Datenquellen für die Test-Suite

Darstellungsoptionen

Mit dem Feld **Visualisierung** legen Sie die Darstellungsform der Kachel fest. Die Optionen reichen von einzelnen Zahlen und Tabellen bis hin zu verschiedensten Diagrammen. Über die Spalten **Verfügbare Felder**, **Zeilen**, **Spalten** und **Filter** können Sie die gezeigten Informationen anpassen. Verschieben Sie dazu die gewünschten Felder in das Feld **Zeile** oder **Spalte**. Einen Filterwert können Sie durch Rechtsklick auf ein Feld hinzufügen.

Neue Kacheln einfügen

Alternativ können Sie im Dashboard Builder über die Funktion **+ Kundeneigene Kachel** in der Optionsleiste eine Kachel zur Darstellung von Informationen von Grund auf neu erstellen (siehe Abbildung 13.35). Die Eingabefelder gleichen den in Abbildung 13.36 gezeigten Feldern. Mit **+ Standardkachel** fügen Sie eine KPI aus dem KPI-Katalog von SAP hinzu. Abbildung 13.38 zeigt einige der für das Testmanagement verfügbaren Kennzahlen im Katalog. Hier finden Sie zusätzlich eine Beschreibung der jeweiligen Kennzahl.

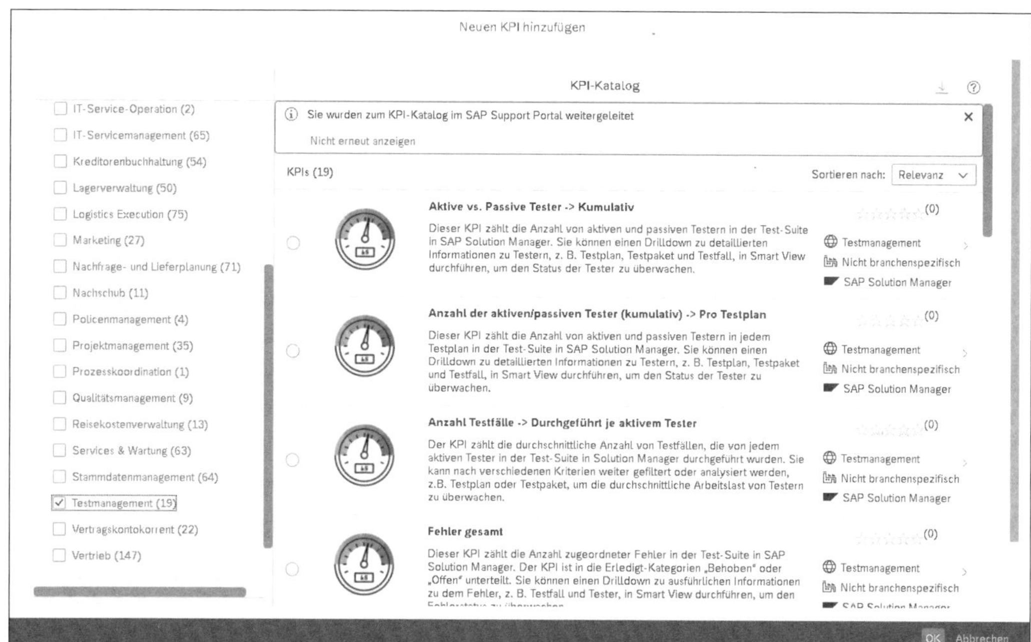


**Abbildung 13.38** Kennzahlen aus dem KPI-Katalog hinzufügen

Mit **+ Gruppe** fügen Sie neue Gruppierungsebenen in Ihr Dashboard ein. Ebenfalls in der Leiste am unteren Bildschirmrand des Dashboard Builder finden Sie das Anzeige-Symbol , mit dem Sie Ihr Dashboard im Anzeigemodus in einem eigenen Browserfenster bzw. Browsertab darstellen können. Die dort verwendete URL können Sie nutzen, um das Dashboard anderen Anwender*innen zur Verfügung zu stellen.

[«]

**Dashboard Builder: Weitere Informationen**

Im Rahmen dieses Buches können wir lediglich einen kurzen Einblick in die Funktionen des Dashboard Builders im Kontext der Test-Suite geben. Mit den gezeigten Funktionen können Sie zügig eigene Dashboards für die Test-Suite erstellen. Um tiefer in die Darstellung von Kennzahlen mit dem Dashboard Builder einzusteigen, stehen weitere Informationen in der SAP-Hilfe unter diesem Link *http://s-prs.de/879006* zur Verfügung.

### 13.4.4 Focused Insights

**Dashboards für die IT-Organisation**

Die Erweiterung Focused Insights dient der Visualisierung von Daten aus dem SAP Solution Manager für verschiedene Zielgruppen. Im Kern ist Focused Insights eine Gestaltungs- und Darstellungsumgebung für verschiedene Arten von Dashboards. Dabei werden Kategorien von Dashboards vorgegeben, die unterschiedliche Zielsetzungen erfüllen und jeweils bestimmte Zielgruppen in der IT-Organisation und im Unternehmen ansprechen. Focused Insights setzt auf eine moderne und dynamische Oberflächengestaltung, sodass die darzustellenden Daten angemessen präsentiert werden können.

Technisch wird die Erweiterung gemeinsam mit Focused Build ausgeliefert, sodass meist beide Funktionen verfügbar sind und in der Praxis häufig gemeinsam zum Einsatz kommen. Ebenso ist der Konfigurationsaufwand für Focused Insights sehr überschaubar, sodass die Funktion zügig eingerichtet und bewertet werden kann. In diesem Abschnitt stellen wir daher kurz die Möglichkeiten vor, die Focused Build für die Auswertung von testmanagementbezogenen Daten bietet. Auf diese Weise erhalten Sie einen Überblick, wie Daten des Testmanagements in einen Darstellungsansatz für die gesamte IT-Organisation eingefügt werden können.

**Grundkonfiguration von Focused Build**

Die grundlegende Einrichtung von Focused Build erfolgt über eine Guided Procedure. Der Zugriff auf diese geführte Konfiguration und deren einzelne Arbeitsschritte werden im Installation Guide for Focused Insights beschrieben, den Sie unter *http://s-prs.de/879007* finden.

Wenn Focused Insights konfiguriert wurde und Sie über die Berechtigungen zu dessen Konfiguration verfügen, finden Sie das Menü **Focused Insights – Administration** in Ihrem SAP Solution Manager Launchpad. Dieses enthält die Kachel **Focused Insights – Launchpad**, über die Sie in eine Übersicht aller Dashboard-Kategorien einsteigen können; von hier können Sie eigene Dashboards erstellen und bearbeiten (siehe Abbildung 13.39).

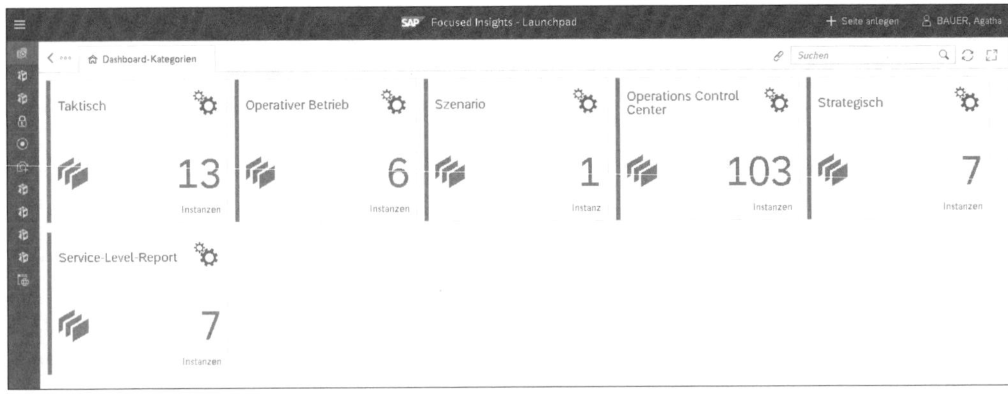


**Abbildung 13.39** Focused Insights – Launchpad

**Operations Control Center**

Unter den verschiedenen Dashboard-Kategorien von Focused Build befindet sich das *Operations Control Center* (OCC). Diese Kategorie bietet wohl die umfassendsten Möglichkeiten, um eigene Dashboards zu realisieren und dabei verschiedenste Datenquellen zu verwenden. Wählen Sie die entsprechende Kachel, um sich vorhandene Dashboards anzeigen zu lassen. Klicken Sie auf das Doppelzahnrad-Symbol, gelangen Sie in den Bearbeitungsmodus zur Bearbeitung von Dashboards und können anschließend über das Plus-Symbol ein neues Dashboard hinzufügen. Abbildung 13.40 zeigt ein beispielhaftes Dashboard für das Testmanagement, das Daten zum Teststatus, zu offenen Fehlermeldungen und zur Systemverfügbarkeit und Systemlast der Testsysteme kombiniert. Dies zeigt die Stärke der OCC-Dashboards: Daten unterschiedlicher Quellen lassen sich in einem Dashboard oder gar in einem Diagramm miteinander kombinieren.

**Abbildung 13.40** OCC-Dashboard für das Testmanagement

Wechseln Sie in einem bestehenden Dashboard mit einem Klick auf das Stift-Symbol in den Bearbeitungsmodus, der ebenfalls aufgerufen wird, wenn Sie ein neues Dashboard erstellen. Abbildung 13.41 zeigt den Bearbeitungsmodus anhand des Beispiels.

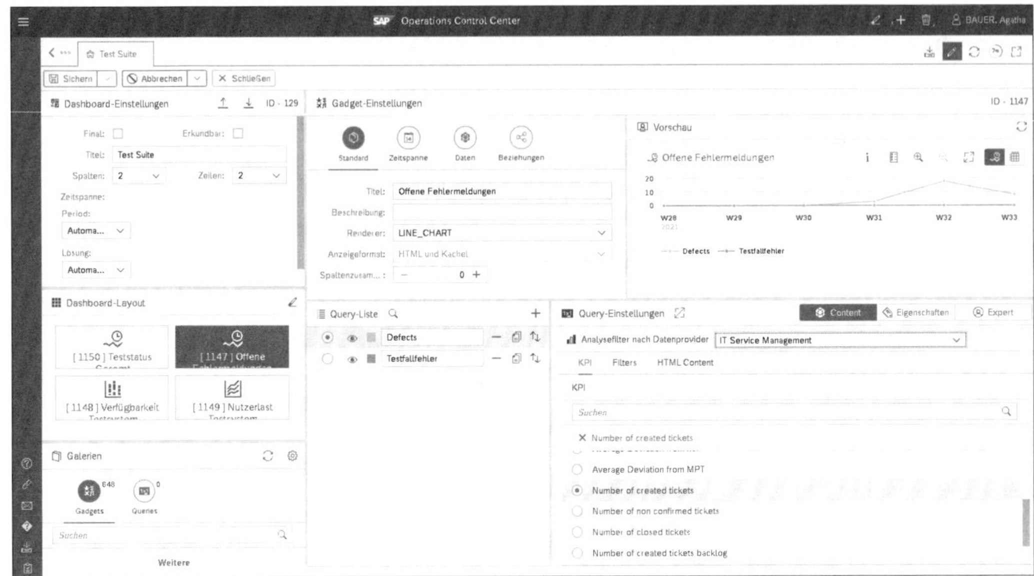

**Abbildung 13.41** Bearbeitungsmodus für OCC-Dashboards

**OCC-Dashboards bearbeiten**

Der Bildschirm zur Bearbeitung des Dashboards teilt sich in verschiedene Bearbeitungselemente: Links finden Sie den Bereich **Dashboard-Einstellungen**, in dem Sie grundlegende Parameter wie die Anzahl der angezeigten Elemente festlegen. Darunter befindet sich der Bereich **Dashboard-Layout**. Hier wählen Sie das Element aus, das Sie bearbeiten möchten; Details zu diesem Element werden rechts angezeigt. Ist das gewählte Element bislang leer, wird ein neues angelegt. Im Bereich **Galerien** können Sie auf bereits erstellte Elemente (**Gadgets**) zugreifen und diese direkt zuordnen.

Rechts oben finden Sie die Gadget-Einstellungen. Hier legen Sie insbesondere den Titel des jeweiligen Elements fest und wählen dessen Darstellungsform über das Feld **Renderer**. Zur Auswahl stehen Ihnen zahlreiche Visualisierungsoptionen, z. B. Tabellen, Balken-, Linien- und Tortendiagramme. Im Bereich **Vorschau** wird stets das von Ihnen aktuell bearbeitete Element angezeigt.

Im Bereich **Query-Liste** in den **Query-Einstellungen** wählen Sie die darzustellenden Daten aus. Dazu können Sie in der Query-Liste zunächst einen oder mehrere Abfragen anlegen; je Query können Sie im Bereich **Query-Einstellungen** auf der Registekarte **Content** einen Analysefilter nach Daten-Provider festlegen: Dieser bestimmt, welche Datenquelle verwendet werden soll.

Daten-Provider für das Testmanagement

Für das Testmanagement bieten sich insbesondere folgende Daten-Provider an:

- **Test** (/STDF/DP_TEST)
  Zeigt Details zu Testplänen an, die einem Focused-Build-Projekt zugeordnet sind.
- **Generic Bex Queries** (/STDF/DP_BEX_QUERIES)
  Ermöglicht Zugriff auf Abfragen des BW-Reportings.
- **IT Service Management** (/STDF/DP_ITSM)
  Zeigt Daten des IT Service Managements und damit auch Details zu Fehlermeldungen im Test.
- **Process Management** (/STDF/DP_SOLDOC)
  Liefert Dokumenteninformationen aus der Lösungsdokumentation.

Abhängig von der gewählten Datenquelle können Sie in den darunterliegenden Registerkarten **KPI** und **Filters** die gewünschte Datenabfrage durch Auswahl der gewünschten Elemente zusammenbauen. Über die Schaltfläche **Eigenschaften** können Sie weitere Darstellungsdetails festlegen. Die Schaltfläche **Expert** zeigt die von Ihnen gebaute Abfrage als Text an – diese kann leicht angepasst und z. B. per Copy & Paste in weiteren Abfragen verwendet werden. Auf diese Weise können Sie zügig einen Prototyp für ein Dashboard erstellen.

**Konfiguration und Datenquellen**

Die Konfiguration des Dashboards **Operation Control Center** wird im »OCC Dashboard 7.2 User Guide« (*http://s-prs.de/879008*) im Detail beschrieben. Insbesondere finden Sie hier eine Dokumentation der verfügbaren Datenquellen. Für viele Quellen werden vorkonfigurierte Beispiele bereitgestellt, die Sie per Copy & Paste in Ihre Dashboard-Projekte übernehmen können.

Kapitel 14

# Individualisieren des Testprozesses mit dem SAP Solution Manager

*In diesem Kapitel stellen wir die zahlreichen Möglichkeiten und Integrationsoptionen vor, mit denen Sie die Test-Suite des SAP Solution Managers an Ihre unternehmensindividuellen Anforderungen anpassen können.*

14

In den vorangehenden Kapiteln haben wir den Testprozess mit der Test-Suite des SAP Solution Managers im Detail vorgestellt und verschiedenste Optionen aufgezeigt, mit denen Sie das Werkzeug an Ihre Bedürfnisse anpassen können. Dabei haben wir uns zunächst auf die Werkzeugunterstützung des Testprozesses selbst konzentriert und die verschiedenen Möglichkeiten detailliert, um die Testvorbereitung, die Testplanung, die Testausführung und das Reporting gemäß Ihres Testkonzepts in der Test-Suite zu gestalten. Um einen vollständigen Testprozess umzusetzen und zusätzliche individuelle Anforderungen zu erfüllen, können diese Grundlagen um weitere Aspekte ergänzt werden, die wir in diesem Kapitel vorstellen:

Das *Defect Management*, also die Fehlererkennung, -analyse, -bearbeitung und -behebung, ist ein wesentlicher Bestandteil des werkzeuggestützten Testprozesses – schließlich ist es die wesentliche Zielsetzung von Testaktivitäten, Fehler aufzudecken und zu beheben. Die Test-Suite nutzt das Anwendungsszenario **IT-Servicemanagement** des SAP Solution Managers, um das Defect Management abzubilden. In diesem Kapitel stellen wir die wesentlichen Aspekte dieser flexiblen Lösung vor.

SAP-typisch verfügen auch die Szenarien des SAP Solution Managers über umfassende Möglichkeiten, um die Berechtigungen von Anwender*innen festzulegen. Entsprechend kann ein Berechtigungskonzept ein gutes Instrument sein, um festzulegen, welche fachlichen Rollen (z. B. Testmanager*in, Tester*in, Automatisierungsexpert*in) Zugriff auf welche Funktionen und Dokumente haben bzw. welche Elemente im System sie bearbeiten dürfen. Daher stellen wir die wesentlichen Berechtigungsobjekte für Lösungsdokumentation, Test-Suite und Defect Management als Grundlage für Ihr individuelles Berechtigungskonzept in Abschnitt 14.2 vor.

Im Anschluss widmen wir uns dann den digitalen Signaturen, die vor allem im validierten Umfeld, z. B. bei Medizingeräteherstellern, ein zwingend benötigter Teil des Dokumentenlebenszyklus sind, um z. B. erfolgte Reviews und Freigaben verbindlich nachzuweisen. Wir zeigen, wie Sie diese Standardfunktionalität des SAP Solution Managers für testrelevante Dokumente einrichten.

Das Konzept des Geschäftspartners wird verwendet, um Tester*innen und andere Testbeteiligte zu identifizieren. Es kann aber noch mehr leisten: In Abschnitt 14.4 stellen wir die Vertretungsregelung und Testergruppen mit dem Geschäftspartner vor.

Mit dem Change Request Management (ChaRM) können Änderungen in SAP-Systemen vom anfänglichen Antrag bis hin zum Produktivtransport dokumentiert und umgesetzt werden. In diesem Prozess spielt auch das Testen eine entscheidende Rolle. In Abschnitt 14.5 zeigen wir die Integration zwischen ChaRM und Test-Suite.

Das in den SAP Solution Manager integrierte Projektmanagement ergänzt dessen Anwendungsszenarien um Funktionen für die Projektplanung und -umsetzung. Wir zeigen Ihnen, wie Sie Test- und Projektmanagement integrieren.

## 14.1 Defect Management

**Belegarten sind Vorgangsarten**

Das IT-Servicemanagement im SAP Solution Manager wird mit einer Reihe verschiedener Belegarten, sogenannter *Vorgangsarten*, ausgeliefert, die in unterschiedlichen Szenarien des SAP Solution Managers verwendet werden. Für das Defect Management sind vor allem zwei Arten relevant:

- **Störung (SMIN)**
  Die Störung gehört zur Kategorie der Anwendungsfehler und ist die Art von Fehlermeldung, die eröffnet wird, wenn ein Fehler zur Laufzeit der Software festgestellt wird. Dies kann sowohl ein Fehler im Produktivbetrieb sein als auch ein Fehler während der Testdurchführung.
- **Testfallfehler (SMDT)**
  Der Testfallfehler gehört zur gleichnamigen Kategorie der Testfallfehler und wird eröffnet, wenn ein Fehler in einem Testfall aufgetreten ist. Dies bedeutet, dass die Ausführung des Testfalls während eines Tests aufgrund einer fehlerhaften Beschreibung des Testfalls nicht möglich ist.

**Verwendung des Testfallfehlers**

In vielen Organisationen wird für das Thema Defect Management im Rahmen der Test-Suite die Vorgangsart SMDT oder eine kundenindividuelle Kopie der Vorgangsart für Anwendungsfehler zur Laufzeit des Tests verwendet. Dies hat zum einen historische Gründe, da im SAP Solution Manager 7.1 die Vorgangsart SMIN noch nicht für das Testmanagement vorgesehen war und zum anderen praktische Gründe, da die Vorgangsart SMIN für Fehler aus dem Produktivsystem reserviert werden kann. Dies erleichtert die Trennung von Test- und Produktivfehlermeldungen. Sie können also auch für Anwendungsfehler in der Test-Suite die Vorgangsart SMDT verwenden. Damit das funktioniert, ist eine kleine Einstellung im Customizing notwendig, die wir in Abschnitt 14.1.2, »Konfiguration in der Test-Suite«, beschreiben.

**Verwendung von Standardvorgangsarten wird nicht empfohlen**

Beide Typen von Fehlern können ohne weitere Einrichtung innerhalb der Test-Suite verwendet werden. Damit der Defect-Management-Prozess allerdings an die eigenen Bedürfnisse angepasst werden kann, empfehlen wir nicht die Verwendung der Standardvorgangsarten, sondern eine Kopie im kundenindividuellen Namensraum. Welche Vorarbeiten für diese Kopie im kundenindividuellen Namensraum notwendig sind, erfahren Sie im nächsten Abschnitt. Falls Sie die Standardvorgangsarten (SMIN und SMDT) verwenden möchten, können Sie Abschnitt 14.1.1, »Grundkonfiguration des IT-Servicemanagements«, auch überspringen. Beachten Sie aber, dass Sie den Defect-Management-Prozess in diesem Fall nicht anpassen können.



### 14.1.1 Grundkonfiguration des IT-Servicemanagements

Auch im IT-Servicemanagement stellt der SAP Solution Manager über die Transaktion SOLMAN_SETUP eine Guided Procedure als Einrichtungshilfe zur Verfügung. Wie Sie in Abbildung 14.1 sehen, ist diese in mehrere Schritte unterteilt. Die Konfiguration des IT-Servicemanagements mithilfe der Guided Procedure ist über weite Strecken sehr gut und selbsterklärend, weshalb wir im Rahmen des Buches nicht auf alle Punkte im Detail eingehen.

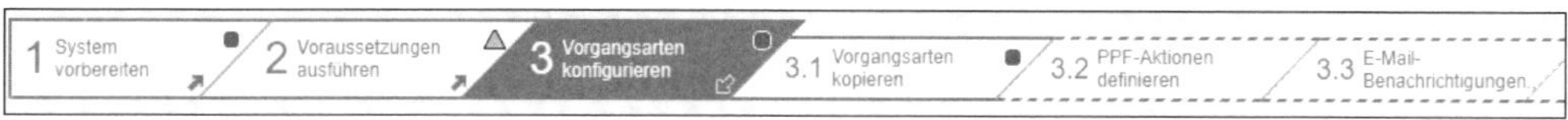


**Abbildung 14.1** Guided Procedure für die Konfiguration des IT-Servicemanagements

In Schritt 1 (**System vorbereiten**) der Guided Procedure werden ein technischer Hintergrundbenutzer und ein periodisch laufender Job angelegt, der von diesem Benutzer ausgeführt wird. Dieser Job sorgt dafür, dass das IT-Servicemanagement regelmäßig aktualisiert wird. Die hier notwendigen Schritte sind weitestgehend automatisiert. Folgen Sie an der Stelle einfach der Dokumentation in der Guided Procedure.

Im zweiten Schritt (**Voraussetzungen ausführen**) werden eine Reihe von Services aktiviert, die für den Betrieb des IT-Servicemanagements notwendig sind. Zusätzlich werden an dieser Stelle einige Voraussetzungen geprüft und bei Bedarf hergestellt. Führen Sie die Schritte der Konfigurationen so, wie in der Dokumentation beschrieben, durch.

Vorgangsarten kopieren

Schritt 3 (**Vorgangsarten konfigurieren**) enthält alle notwendigen Konfigurationsschritte, die zur Anlage und Ausprägung einer Vorgangsart notwendig sind. Wir beginnen mit dem Zwischenschritt 3.1 (**Vorgangsarten kopieren**). Starten Sie die App **Vorgangsart kopieren** mit einem Linksklick, und kopieren Sie die gewünschte SAP-Standardvorgangsart (`SMIN` oder `SMDT`) auf eine neue Vorgangsart im kundenindividuellen Namensraum (z. B. `ZMIN`), wie in Abbildung 14.2 dargestellt. Die zugehörigen Einstellungen wie Partnerschemata, Status- und Aktionsprofile sowie Datums- und Textprofile werden dabei mitkopiert.

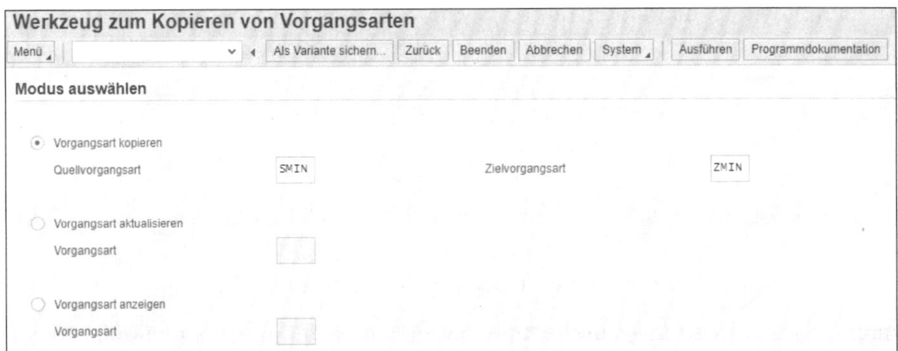


**Abbildung 14.2** Werkzeug zum Kopieren von Vorgangsarten

Nummernkreise anlegen

Den neu erzeugten kundenindividuellen Vorgangsarten müssen noch *Nummernkreise* zugeordnet werden. Diese Nummernkreise sind zehnstellig und für die Vergabe von Vorgangsnummern notwendig. Durch die Verwendung unterschiedlicher Nummernkreisintervalle für verschiedene Vorgangsarten können Sie Ihre Vorgänge allein an der Vorgangsnummer schnell unterscheiden. Nummernkreise werden im unteren Bereich des Abschnitts zugewiesen.

Falls Sie in Ihrem Prozess die Funktion zum Kopieren von Belegen nutzen oder mit Folgevorgängen arbeiten möchten, sollten Sie die Kopiersteuerung für die Quell- und Zielvorgangsart konfigurieren. Führen Sie dazu zuerst den Schritt **Kopiersteuerung für Vorgangsarten definieren** aus. An dieser Stelle legen Sie pro Vorgangsart fest, welche Folgevorgänge daraus erzeugt werden können. Verwenden Sie hierbei immer die Kopierroutine AIC001. Mithilfe des Schritts **Mapping-Regeln für Kopiersteuerung angeben** definieren Sie, welche Inhalte aus dem Quellbeleg in den Zielbeleg übernommen werden. Orientieren Sie sich bei der Kopiersteuerung an den bereits bestehenden Kopiersteuerungen und Mapping-Regeln der verwendeten SAP-Standardvorgangsart.

**PPF-Aktionen**

Die notwendigen Daten für den nächsten Zwischenschritt 3.2 (**PPF-Aktionen definieren**) wurden bei der Kopie der Vorgangsarten bereits entsprechend mitkopiert. Möchten Sie die Standardeinstellungen des Defect Managements beibehalten, ist an dieser Stelle keine Aktion notwendig. Nichtsdestotrotz gehen wir an dieser Stelle kurz auf die Einstellungsmöglichkeiten ein, da dieser Schritt viele Optionen zur Individualisierung des Prozesses bietet. Das *Post Processing Framework* (PPF) führt über Aktionen Aktivitäten innerhalb eines Vorgangs aus. Jeder Vorgangsart ist hierbei eine Sammlung von definierten Aktionsdefinitionen zugeordnet. Diese können entweder manuell oder bei Eintritt eines bestimmten Ereignisses (einer Bedingung) ausgeführt werden. Sie können dabei folgende Bedingungen bestimmen:

- Zeitpunkt, zu dem eine Aktion verarbeitet werden soll (z. B. beim Sichern des Belegs, sofort oder nach Ausführung eines Selektionsreports)
- Regeltyp (Business Add-ins oder als Workflow-Bedingung), über den die Bedingungen erstellt werden sollen, die bestimmen, dass eine Aktion erfolgen soll
- ob die Aktion partnerabhängig ist (wie eine E-Mail an einen Geschäftspartner, der einer bestimmten Partnerfunktion zugeordnet wurde)
- wie oft die Aktion ausgeführt werden soll
- welche Aktion genau ausgeführt werden soll (Verarbeitungsart)

**E-Mail-Benachrichtigungen**

Im Zwischenschritt 3.3 (**E-Mail-Benachrichtigungen einrichten**) finden Sie, wie es der Name bereits andeutet, alle Einstellungen zum Thema E-Mail-Versand innerhalb des IT-Servicemanagements. Abhängig von der Erfüllung bestimmter Bedingungen (beispielsweise dem Erreichen eines bestimmten Status) können Sie automatisiert E-Mails an einen von Ihnen definierten Personenkreis senden. Dabei können lediglich Geschäftspartner, die dem betreffenden Vorgang zugeordnet sind, als E-Mail-Empfänger*innen herangezogen werden. Um diese E-Mail-Benachrichtigung zu konfigurieren, sind die im Folgenden beschriebenen Schritte notwendig.

**E-Mail-Formular anlegen**

Definieren Sie im Schritt **E-Mail-Formulare anlegen und anpassen** E-Mail-Formulare über das CRM Web UI. Verwenden Sie dafür die Benutzerrolle

SOLMANPRO, da diese die Berechtigung enthält, E-Mail-Formulare anzulegen. Legen Sie über die Schaltfläche **Neu** ein neues E-Mail-Formular an, und fügen Sie die gewünschten Attribute des Vorgangs hinzu. Achten Sie darauf, dass Sie im Feld **Attributkontext** die Option **Serviceanforderungsattribute** ausgewählt haben, da andernfalls die falschen Attribute zur Auswahl stehen (siehe Abbildung 14.3). Sie können den WYSIWYG-Editor (What You See Is What You Get) verwenden, um Ihr E-Mail-Formular mithilfe von Formatierungen, Hyperlinks oder Grafiken zu gestalten. Allerdings werden Sie schnell an die Grenzen dieses Editors gelangen, wenn Sie beispielsweise mit Tabellen arbeiten möchten. Mit HTML-Kenntnissen können Sie Ihr E-Mail-Formular noch genauer an Ihre Anforderungen anpassen. Wechseln Sie hierzu in den HTML-Editor, der Ihnen weitreichende Möglichkeiten zur Darstellung Ihres Formulars bietet.

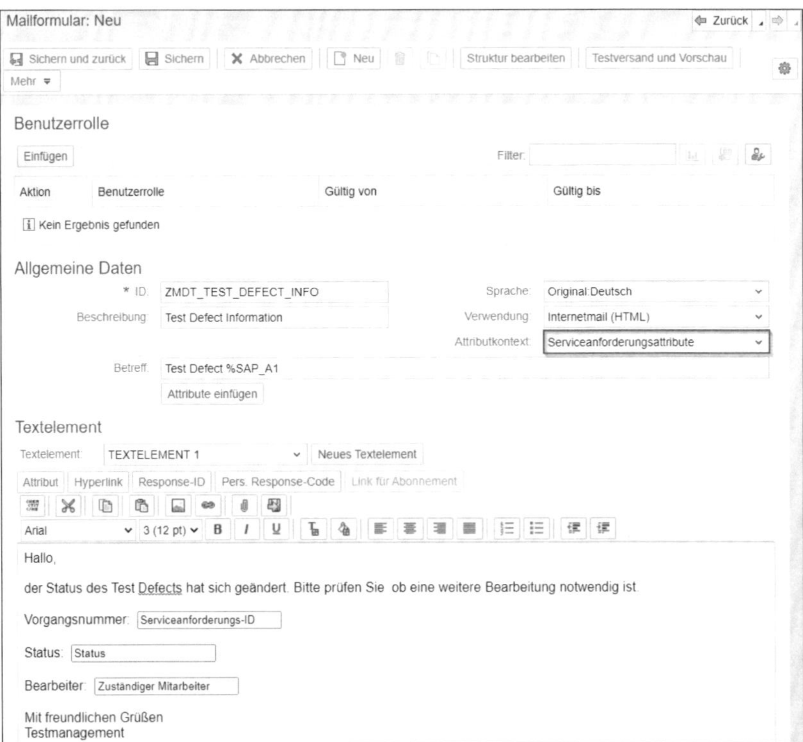


**Abbildung 14.3** Neues E-Mail-Formular anlegen

**PPF-Aktionen aktivieren**

Aktivieren Sie mithilfe des Zwischenschritts 3.2 (**PPF-Aktionen aktivieren**) die standardmäßig deaktivierten Post-Processing-Framework-Aktionen (PPF-Aktionen) für die E-Mail-Benachrichtigungen in den Aktionsprofilen Ihrer Vorgangsarten (siehe Abbildung 14.4). Diese Aktionen sind immer mit einer bestimmten Partnerfunktion verknüpft. Eine Partnerfunktion kann

z. B. ein meldender oder zuständiger Mitarbeiter sein. So bekommt beispielsweise die Person im Feld **Meldender** eine E-Mail bei einer Statusänderung.

Aktionsprofil: ZMIN_STD

Beschreibung: Incident Management Meldung

**Aktionsdefinition**

| Aktionsdefinition | Beschreibung | Sortierung | inaktiv |
|---|---|---|---|
| ZMIN_STD_MAIL_PROCESSOR | E-Mail an Bearbeiter der Meldung | 51 | ☐ |

**Abbildung 14.4** PPF-Aktion für E-Mail-Formular aktivieren

In der gleichen Anwendung wird über die Verarbeitungsparameter der Aktionsdefinitionen festgelegt, welches E-Mail-Formular für den Versand herangezogen werden soll. Hierzu muss der Parameter `MAIL_FORM_TEMPLATE` entsprechend gepflegt werden. Über den Parameter `DEFAULT_SENDER_MAIL` können Sie eine Standardabsenderadresse für Ihre ausgehenden E-Mails festlegen. Falls Sie für diesen Parameter keinen Wert definieren, wird als Absender die E-Mail-Adresse des aktuellen Meldungsbearbeiters oder der aktuellen Bearbeiterin herangezogen.

14

Statusschema definieren

Jeder Vorgangsart im IT-Servicemanagement ist ein Statusschema zugeordnet. Falls das kopierte SAP-Standardschema nicht zu Ihrem Prozess passt, können Sie es in Zwischenschritt 3.4 (**Status- und Prioritätsverwaltung definieren**) anpassen. Über die App **Statusprofil für Benutzerstatus definieren** legen Sie fest, welche Anwenderstatus in Ihren Vorgängen verfügbar sein sollen und in welcher Reihenfolge diese durchlaufen werden dürfen. Diese Reihenfolge wird durch *Ordnungsnummern* festgelegt. Sie können u. a. den Initialstatus sowie einen oder mehrere Finalstatus (Spalte **Vorgang**, Wert: `FINI`), in denen weitere Belegänderungen verboten werden, definieren (siehe Abbildung 14.5).

CRM Web UI

Zu guter Letzt ist noch ein Blick auf die erforderlichen Einstellungen des *CRM Web User Interface* (CRM Web UI), der Benutzeroberfläche zur Bearbeitung der Vorgänge im IT-Servicemanagement, notwendig.

[«]

**Herkunft des CRM Web UI**

Das CRM Web UI stammt ursprünglich aus dem SAP Customer Relationship Management (SAP CRM), das Marketing-, Service- und Vertriebsprozesse über diverse Workflows abbildet. Der SAP Solution Manager nutzt das UI-Framework CRM Web Client, um sämtliche IT-Prozesse zu unterstützen.

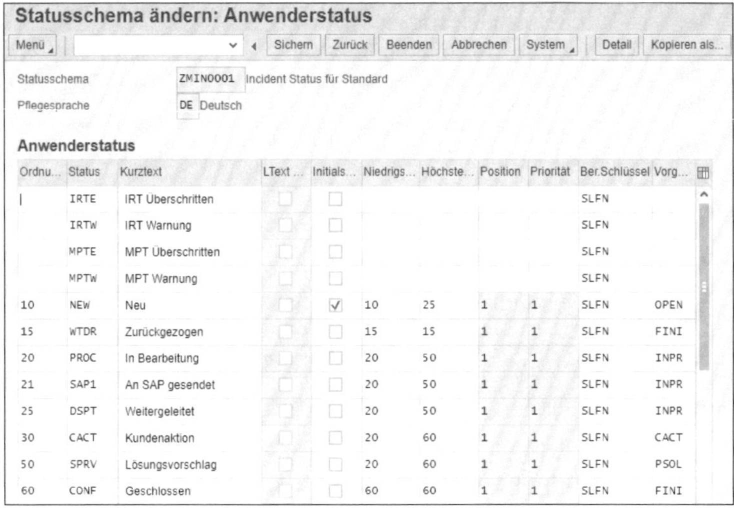


| Ordnu... | Status | Kurztext | LText ... | Initials... | Niedrigs... | Höchste... | Position | Priorität | Ber.Schlüssel | Vorg... |
|---|---|---|---|---|---|---|---|---|---|---|
| | IRTE | IRT Überschritten | | | | | | | SLFN | |
| | IRTW | IRT Warnung | | | | | | | SLFN | |
| | MPTE | MPT Überschritten | | | | | | | SLFN | |
| | MPTW | MPT Warnung | | | | | | | SLFN | |
| 10 | NEW | Neu | | ✓ | 10 | 25 | 1 | 1 | SLFN | OPEN |
| 15 | WTDR | Zurückgezogen | | | 15 | 15 | 1 | 1 | SLFN | FINI |
| 20 | PROC | In Bearbeitung | | | 20 | 50 | 1 | 1 | SLFN | INPR |
| 21 | SAP1 | An SAP gesendet | | | 20 | 50 | 1 | 1 | SLFN | INPR |
| 25 | DSPT | Weitergeleitet | | | 20 | 50 | 1 | 1 | SLFN | INPR |
| 30 | CACT | Kundenaktion | | | 20 | 60 | 1 | 1 | SLFN | CACT |
| 50 | SPRV | Lösungsvorschlag | | | 20 | 60 | 1 | 1 | SLFN | PSOL |
| 60 | CONF | Geschlossen | | | 60 | 60 | 1 | 1 | SLFN | FINI |

**Abbildung 14.5** Aufbau eines Statusschemas

Sie erreichen die Einstiegsseite des CRM Web UI über Transaktion SM_CRM oder über diverse Kacheln innerhalb des SAP Solution Manager Launchpads. Beim ersten Einstieg in die Oberfläche werden Sie, falls Ihrem Benutzer mehrere Rollen zugewiesen wurden, nach der *Benutzerrolle* gefragt, mit der Sie einsteigen möchten. Findet der SAP Solution Manager für Ihren Benutzer lediglich eine Rolle, wird keine Auswahl angeboten. Die Zuweisung der passenden Benutzerrollen folgt der folgenden Logik:

1. **Bestimmung der Benutzerrolle über den Benutzerparameter CRM_UI_PROFILE**
   Falls in diesem Schritt keine Benutzerrolle gefunden worden ist, erfolgt die Findung über den nächsten Schritt.
2. **Bestimmung der Benutzerrolle über die Zuordnung von Benutzerrollen zu bestimmten Organisationseinheiten im Organisationsmodell**
   Falls in diesem Schritt keine Benutzerrolle gefunden worden ist, erfolgt die Findung über den nächsten Schritt.
3. **Bestimmung der Benutzerrolle über die PFCG-Rolle**
   Die PFCG-Rolle wird direkt mit einer Benutzerrolle verknüpft (Verwaltung über Transaktion PFCG)

**Benutzerrollen definieren**

Der Grund für die Auswahl verschiedener Benutzerrollen liegt in der hohen Flexibilität des CRM Web UI, das sich exakt an die speziellen Anforderungen und Bedürfnisse der Mitarbeiter*innen anpassen lässt. Somit lassen sich lediglich die für die tägliche Arbeit benötigten Aufgaben und Funktionen zuweisen.

Die Einstellungen zu den Benutzerrollen finden Sie in der Guided Procedure des IT-Servicemanagements im Zwischenschritt 10.1 (**WebClient UI konfigurieren**). Dort lassen sich u. a. SAP-Standardbenutzerrollen kopieren, um diese im Anschluss individuell anpassen zu können. Da der SAP Solution Manager nur für die Benutzung von Focused Build separate Benutzerrollen für das Testmanagement liefert, muss bei der Verwendung des Defect Managements ohne Focused Build auf eine allgemeinere Benutzerrolle zurückgegriffen werden. In der Praxis hat sich in den meisten Organisationen die Rolle SOLMANPRO bewährt, die alle Funktionalitäten des IT-Servicemanagements enthält.

Mit der Aktion **Benutzerrollen anpassen** können Sie die kopierte Benutzerrolle auf Ihre Bedürfnisse zuschneiden. Sie können u. a. festlegen, wie die Bereichsstartseite der Rolle aussieht, welche Suchfunktionen im CRM Web UI vorhanden sind, welche Gruppen (Funktionsbereiche) zur Verfügung stehen und welche Funktionen diese enthalten (siehe Abbildung 14.6).

**Abbildung 14.6** Benutzerrollen anpassen

Die Benutzerrollen werden den Benutzern über Transaktion SU01 und den Benutzerparameter CRM_UI_PROFILE zugewiesen (siehe Abbildung 14.7).

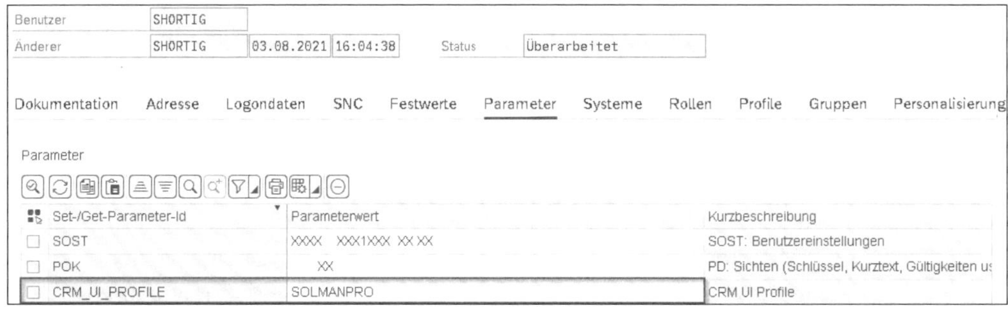


**Abbildung 14.7** Benutzerparameter CRM_UI_PROFILE

Diese Zuweisung muss separat im jeweiligen System erfolgen. Ein Transport der Einstellung ist nicht möglich. Alternativ können sie auch über ein Organisationsmodell oder eine Berechtigung (PFCG-Rolle) zugeordnet werden. Die Zuordnung via PCFG-Rolle behandeln wir in Abschnitt *14.2.3*, »Defect Management«.

[»]

**SAP-Fiori-Apps statt CRM Web UI**

In den letzten Jahren hat SAP für einige Anwendungsfälle *SAP-Fiori-Apps* entwickelt. Die folgenden SAP-Fiori-Apps stehen zur Verfügung:

- **Meldung anlegen**
- **Meine Meldungen** (Nachverfolgung der selbst angelegten Meldungen)
- **Meldungen bearbeiten und versenden** (Bearbeitung der Meldungen durch die Support-Abteilung)

Diese Anwendungen bieten eine moderne und intuitive Benutzeroberfläche, sind allerdings bei Weitem nicht so anpassbar wie das CRM Web UI. Aus diesem Grund verwenden die meisten Unternehmen auch weiterhin das CRM Web UI, weshalb wir uns in diesem Buch auch darauf konzentrieren.

Aus Platzgründen können wir in diesem Buch leider nicht auf alle vielfältigen Anpassungsmöglichkeiten des IT-Servicemanagements eingehen. Weitere Informationen zu den restlichen Schritten der Guided Procedure und zu weiteren Konfigurationsmöglichkeiten sowie zu den SAP-Fiori-Apps im IT-Servicemanagement finden Sie im Buch »SAP Solution Manager. Das Praxishandbuch« (2021).

### 14.1.2 Konfiguration in der Test-Suite

**Test-Suite anpassen**

Zusätzlich zu den grundlegenden Einstellungen des IT-Servicemanagements gibt es noch ein paar kleine Einstellungen, die innerhalb der Guided Procedure der Test-Suite vorgenommen werden müssen. Rufen Sie dazu ebenfalls Transaktion SOLMAN_SETUP auf, und öffnen Sie den Pfad **Test-Suite • Test-Suite-Vorbereitung**. In Schritt 2.2 (**Fehler**) gibt es zwei Aktionen, mit deren Hilfe das IT-Servicemanagement mit der Test-Suite verknüpft und angepasst werden kann. Wenn Sie die SAP-Standardvorgangsarten SMIN und SMDT verwenden, werden bei der Anlage eines neuen Test Defects (Testfallfehler oder Anwendungsfehler) einige standardisierte Systeminformationen und eine kurze Bitte, den Fehler näher zu beschreiben, in das Feld zur Fehlerbeschreibung geschrieben. Dieser Text ist in der Vorlage

TEMPLATE_TWB_MSG gespeichert. Zur Anpassung dieses Standardtexts öffnen Sie die Anwendung **Vorlage für Fehler definieren**, und kopieren das Template in den kundenindividuellen Namensraum (siehe Abbildung 14.8). Achten Sie darauf, dass Sie die Dokumentationsklasse **Allgemeiner Text** auswählen. Andernfalls wird die Standardvorlage nicht gefunden.

**Dokument kopieren**

**Von**

Name: TEMPLATE_TWB_MSG

Dokumentationsklasse: Allgemeiner Text

**Nach**

Name: ZTEMPLATE_TWB_MSG_SHO

Dokumentationsklasse: Allgemeiner Text

sichern in: Aktive Fassung



**Abbildung 14.8** Vorlage in den kundenindividuellen Namensraum kopieren

Im nächsten Schritt können Sie mit der gleichnamigen Anwendung Geschäftsvorgangsarten und Vorlagen zuordnen und die in der Grundkonfiguration angelegte oder kopierte Vorgangsart mit der Test-Suite verknüpfen. Legen Sie dazu eine neue Zeile an, und wählen Sie **Anwendungsfehler** oder **Testfallfehler** als gewünschte Fehleranwendung (die Unterschiede haben wir zu Beginn von Abschnitt 14.1 erläutert). Falls Sie eine neue Vorlage für Fehler angelegt oder kopiert haben, können Sie diese in der entsprechenden Spalte angeben. Sie können aber auch einfach die Standardvorlage oder auch gar keine Vorlage verwenden.

**Löschen nicht verwendeter Vorgangsarten**

Falls Sie die Standardvorgangsarten SMIN und SMDT nicht verwenden möchten, ist es sinnvoll, diese aus der Test-Suite-Verknüpfung zu löschen. Andernfalls werden den Benutzerinnen und Benutzern die Vorgangsarten immer bei der Anlage eines Test Defects vorgeschlagen, und sie müssen die korrekte Vorgangsart daraus auswählen. In der Praxis führt das häufig dazu, dass Fehler mit der falschen Vorgangsart angelegt und manuell bereinigt werden müssen.

### 14.1.3 Prozessablauf der Fehlerbehebung und der Nachtests

Fehler beheben und nachtesten

Nachdem alle Einstellungen vorgenommen worden sind, erfolgen die praktische Umsetzung des in Abschnitt 2.3.3, »Fehlerbehebung und Nachtest«, beschriebenen Prozesses zur Fehlerbehebung und die Einleitung des Nachtests.

Der Prozess startet bei der Testausführung in der App **Meine Aufgaben – Tester-Arbeitsvorrat**, die aus dem SAP Solution Manager Launchpad gestartet werden kann. Wir nehmen für diesen Fall an, dass der zu testende Testfall fehlerhaft ist, da wir andernfalls keinen Test Defect erfassen müssten. Während der Testausführung kann ein Test Defect über die Schaltfläche **Anlegen** auf der Registerkarte **Fehler** angelegt werden. Wurden in der Konfiguration der Test-Suite mehrere IT-Servicemanagement-Vorgangsarten verknüpft, erhalten die Tester*innen jetzt eine Auswahl und müssen die passende Vorgangsart daraus auswählen (siehe Abbildung 14.9).

**Abbildung 14.9** Passende Vorgangsart auswählen

Test Defect anlegen

Nach der Auswahl der Vorgangsart öffnet sich ein Pop-up-Fenster, in dem die Fehlermeldung näher beschrieben und mit weiteren Daten angereichert werden kann. Auf der Registerkarte **Anlagen** können Screenshots und andere Dokumente oder Dateien hinterlegt werden, die für die Nachvollziehbarkeit des Fehlers hilfreich sind. Im Feld **Details** sollten die Tester*innen eine möglichst detaillierte Beschreibung des Fehlers sowie während des Tests erzeugte Belegnummern pflegen. Das Feld ist, wenn die Fehlervorlage `TEMPLATE_TWB_MSG` in der Konfiguration gewählt worden ist, bereits mit einigen Details zum Testfall vorausgefüllt. Dem Bearbeiter bzw. der Bearbeiterin des Defects geben diese Daten einen Hinweis, um welchen Testplan und um welches Testpaket es sich handelt (siehe Abbildung 14.10). Falls den Tester*innen ein Bearbeiter oder eine Bearbeiterin des Test Defects bereits bekannt ist, kann dieser ebenfalls bereits eingetragen werden.

Nach der Eingabe aller Daten des Test Defects speichern die Tester*innen diesen mit einem Klick auf die Schaltfläche **OK**, setzen den Status des Testfalls auf **Fehlerhaft, Nachtest erforderlich** und ergänzen, falls nicht schon geschehen, die Dokumentation in der Testnotiz.

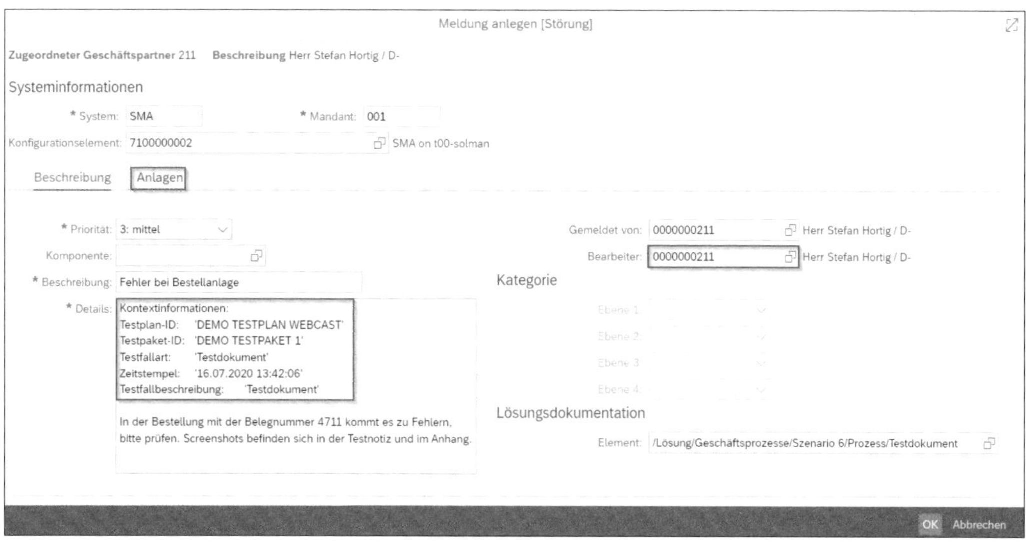


**Abbildung 14.10** Test Defect anlegen

**Bearbeitung von Test Defects**

Die Bearbeitung des Defects erfolgt über die CRM Web UI. Öffnen Sie dazu Transaktion SM_CRM, und wählen Sie die Benutzerrolle SOLMANPRO bzw. Ihre kundeneigene Kopie davon aus. Alternativ können Sie die Oberfläche auch über die Kachel **Professional IT-Servicemanagement** aufrufen. Sie finden die Kachel in Abschnitt **IT-Servicemanagement** des SAP Solution Manager Launchpads. Falls der Test Defect Ihnen als Bearbeiter zugewiesen worden ist, finden Sie diesen auf der Startseite im *Widget* **Meine Meldungen** (siehe Abbildung 14.11). Achten Sie darauf, dass der Meldungstyp **Meldungen** ausgewählt ist. Andernfalls wird der Test Defect nicht angezeigt.

**Abbildung 14.11** Übersicht »Meine Meldungen«

Mit einem Klick auf die **ID** des Test Defects gelangen Sie in die Bearbeitungsansicht. Dort finden Sie im Zuordnungsblock **Text**, die von den Tester*innen eingegebene Beschreibung und im Zuordnungsblock **Anhänge** eventuell hinterlegte Screenshots (siehe Abbildung 14.12). Über den Zuordnungsblock **Lösungsdokumentation** können Sie in das Testfalldokument abspringen.

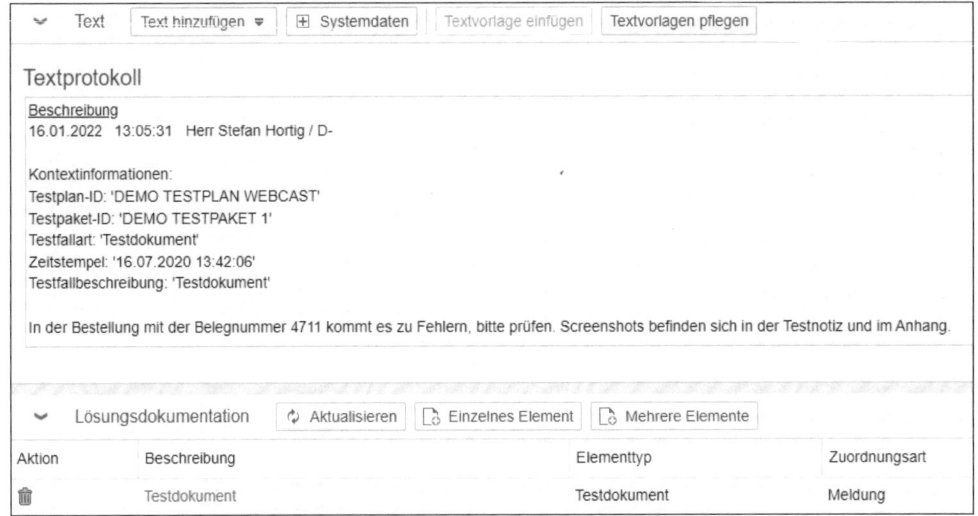


**Abbildung 14.12** Zuordnungsblöcke eines Test Defects

Klicken Sie, um den Test Defect zu bearbeiten, auf die Schaltfläche **Bearbeiten** (nicht auf Abbildung 14.12 zu sehen), und ändern Sie anschließend den Status im Zuordnungsblock **Details** auf **In Bearbeitung**. Nachdem der Fehler behoben worden ist, können Sie die vorgenommenen Änderungen im Zuordnungsblock **Text** dokumentieren. Danach ändern Sie den Status in **Lösungsvorschlag**. Bei entsprechend konfigurierten PPF-Aktionen für den E-Mail-Versand bekommt der Geschäftspartner, der im Feld **Meldender** eingetragen ist (üblicherweise die Tester*innen), beim Statuswechsel eine E-Mail und kann mit dem Nachtesten beginnen.

**Nachtest durchführen**

Der Nachtest des Testfalls wird wieder über die App **Meine Aufgaben – Tester-Arbeitsvorrat** aus dem SAP Solution Manager Launchpad durchgeführt. Verläuft der Nachtest erfolgreich, wird der Status des Testfalls durch den Tester oder die Testerin auf **Nachtest OK** gesetzt. Gleichzeitig sollten die Tester*innen den Test Defect mit einem entsprechenden Kommentar im Zuordnungsblock **Text** versehen und den Status des Test Defects auf **Geschlossen** setzen. Für den Fall, dass der Nachtest nicht erfolgreich war und der gleiche Fehler noch immer besteht, wird der Status des Testfalls nicht verändert. Allerdings sollte der Test Defect mit einem entsprechenden Kommentar versehen und in den Status **In Bearbeitung** gesetzt werden. In diesem Fall bekommt, entsprechend der konfigurierten PPF-Aktionen, der im Feld **Bearbeiter** eingetragene Geschäftspartner eine E-Mail-Benachrichtigung und kann sich nochmals des Test Defects annehmen.

## 14.2 Berechtigungskonzept

**Berechtigungen und Rollen anlegen**

Die Grundeinrichtung von Berechtigungen und Rollen ist innerhalb der für die Grundeinrichtung des SAP Solution Managers zuständigen Transaktion SOLMAN_SETUP in die jeweiligen Szenarien integriert. Dies bedeutet, dass es für jeden Anwendungsfall (z. B. Lösungsdokumentation, Test-Suite usw.) die passenden Rollenvorlagen gibt. Die Berechtigungen der dort zur Verfügung gestellten Vorlagenbenutzer überschneiden sich dabei auch teilweise, da sich auch die Szenarien teilweise überschneiden. So sind beispielsweise umfassende Berechtigungen für die Lösungsdokumentation erforderlich, um Testfälle anzulegen. In diesem Abschnitt gehen wir auf die zur Verfügung gestellten Vorlagenbenutzer und Standardrollen je Szenario ein und nehmen uns dann einige zur Individualisierung notwendigen *Berechtigungsobjekte* im Detail vor.

### 14.2.1 Lösungsdokumentation

**Vorlagenbenutzer in der Lösungsdokumentation**



Die Lösungsdokumentation ist der zentrale Dreh- und Angelpunkt für alle Dokumente im SAP Solution Manager. Innerhalb von Transaktion SOLMAN_SETUP ist die Konfiguration der Lösungsdokumentation im Szenario **Prozesskoordination** angesiedelt. Dort befinden sich auf der Registerkarte **8.2 Vorlagebenutzer anlegen** die Einstellungen zur Anlage der Vorlagebenutzer. Es gibt für die Lösungsdokumentation drei verschiedene Vorlagebenutzer mit leicht unterschiedlichen zugeordneten Rollen:

- **Administrationsbenutzer**
  Der Administrationsbenutzer hat alle relevanten Berechtigungen und darf alle Einstellungen innerhalb der Lösungsdokumentation, ausgenommen des Customizings, vornehmen.
- **Anzeigebenutzer**
  Der Anzeigebenutzer ist für Mitarbeitende gedacht, denen vorwiegend Inhalte in der Lösungsdokumentation angezeigt werden, die aber keine Berechtigungen zur Bearbeitung oder Administration benötigen.
- **Ausführungsbenutzer**
  Der Ausführungsbenutzer darf die Inhalte der Lösungsdokumentation bearbeiten, aber keine Einstellungen administrativer Art vornehmen.

Falls der Konfigurationsschritt zur Anlage der Vorlagebenutzer auf Ihrem System noch nicht ausgeführt worden ist, sollten Sie dies noch tun. Markieren Sie dazu den gewünschten Vorlagebenutzer, und wählen Sie **Aktion: Neuen Ben. anlegen**. Vergeben Sie anschließend einen Benutzernamen und ein Initialkennwort, und stellen Sie sicher, dass alle Rollen, die noch keinen

Eintrag in der Spalte **Aus SAP-Rolle kopieren** haben, mit der Aktion **Neue Kopie der SAP-Rolle anlegen und Benutzer zuordnen** versehen sind (siehe Abbildung 14.13). Klicken Sie anschließend auf **Ausführen**. Diese Aktion führt dazu, dass der Vorlagebenutzer angelegt wird und von allen Rollen Kopien im Kundennamensraum erzeugt werden, für die dies von SAP eingestellt wurde. Dies ist für die spätere Individualisierung wichtig, da Anpassungen an Rollen nicht in den SAP-Standardrollen vorgenommen werden sollten. In Abbildung 14.13 sehen Sie in der Spalte **Aus SAP-Rolle kopieren**, dass es bereits kundeneigene Rollen im Z-Namensraum gibt.

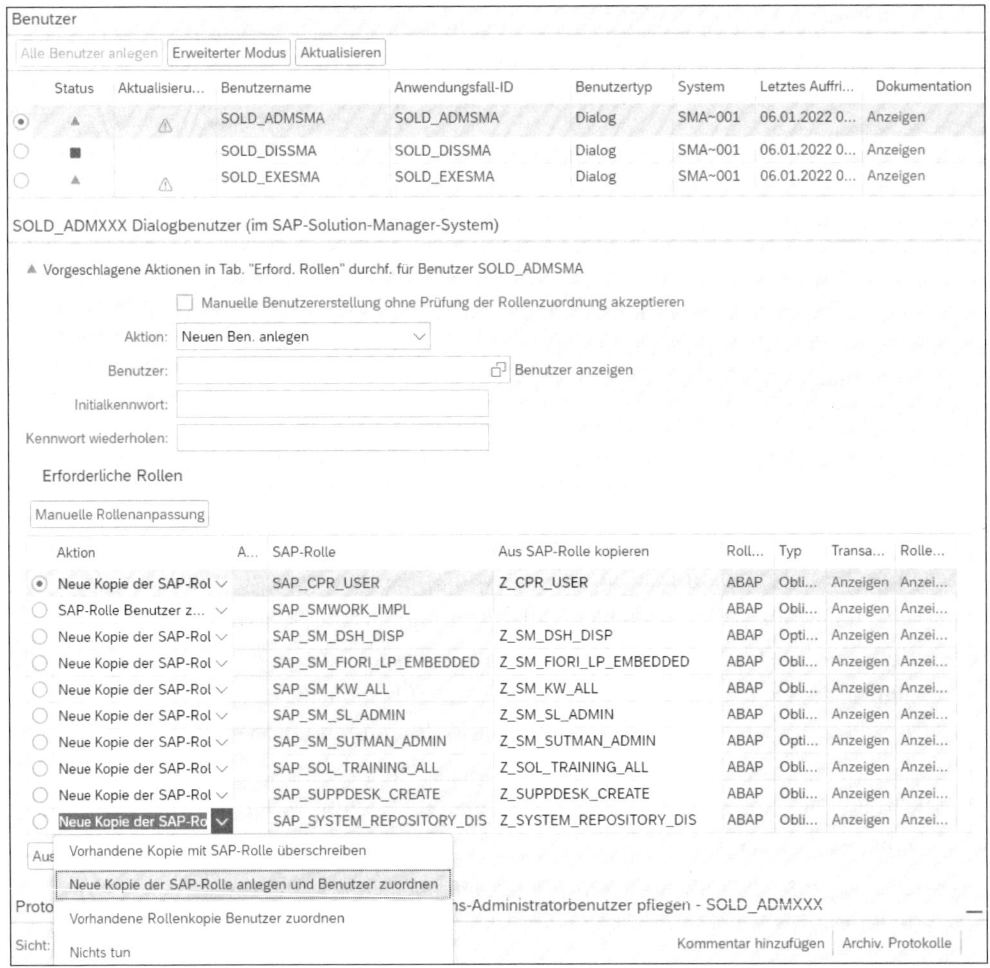


**Abbildung 14.13** Vorlagebenutzer für die Lösungsdokumentation konfigurieren

Betrachten Sie die kopierten und den Benutzern zugeordneten Rollen im Detail, sind vor allem zwei Rollen für die Berechtigungssteuerung der Lösungsdokumentation interessant:

- SAP_SM_KW_ALL
- SAP_SM_SL_ADMIN

**SAP_SM_KW_ALL**

Die Lösungsdokumentation besteht aus zwei Komponenten, der Benutzeroberfläche und dem dahinterliegenden *Knowledge Warehouse* (KW), in dem die Dokumente abgelegt sind. Die Rolle SAP_SM_KW_ALL steuert die Berechtigungen für das Knowledge Warehouse; dafür steht das Kürzel KW in der Rolle. Das Kürzel ALL bedeutet, dass es mit dieser Rolle vollen Zugriff auf alle KW-Dokumente gibt.

**Berechtigungsobjekte**

Innerhalb der Rolle gibt es zwei Berechtigungsobjekte, mit deren Hilfe der Zugriff auf die Dokumente sehr granular gesteuert werden kann:

- **S_SMDATT**
  Dieses Berechtigungsobjekt steuert den Zugriff auf die Dokumentenattribute. Sie können festlegen, auf welche Attribute (Feld SMDPROPN) von Dokumenten einer Dokumentenordnergruppe (Feld SMDFLDGRP) grundsätzlich zugegriffen werden darf (Achtung: nicht auf Ordner in der Benutzeroberfläche).
- **S_SMDDOC**
  Mit diesem Berechtigungsobjekt werden die möglichen Aktionen in Bezug auf die Dokumentenarten gesteuert. Mit den entsprechenden Werten im Feld ACTVT steuern Sie, ob das Dokument nur angezeigt, bearbeitet oder z. B. auch neu angelegt werden darf. Die Aktionen können Sie ebenfalls auf der Ebene einer Dokumentenordnergruppe (Feld SMDFLDGRP), der Dokumentensensitivität (Feld SMDSENSITY) oder des Dokumentenstatus (Feld SMDSTATE) einschränken.

14

Abbildung 14.14 zeigt die relevanten Berechtigungsobjekte in der Standardausprägung ohne Einschränkungen.

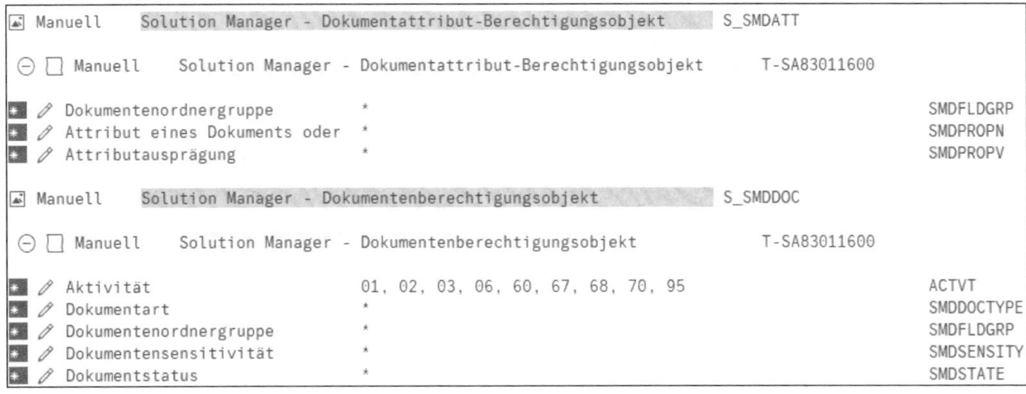


**Abbildung 14.14** Relevante Berechtigungsobjekte in SAP_SM_KW_ALL

SAP_SM_SL_ADMIN

Die Rolle SAP_SM_SL_ADMIN steuert die Berechtigungen in der Benutzeroberfläche; dafür steht das Kürzel SL in der Rolle. Das Kürzel ADMIN verrät, dass diese Rolle neben dem vollen Zugriff für die Bearbeitung aller Dokumente auch Zugriff auf alle administrativen Funktionen der Anwendung **Lösungsverwaltung** (Transaktion SOLADM) erhält. Innerhalb der Rolle gibt es zwei Berechtigungsobjekte, die für die individuelle Anpassung relevant sind:

- SM_SDOC
  Mithilfe dieses Berechtigungsobjekts lassen sich die Aktivitäten (**Anlegen**, **Bearbeiten**, **Anzeigen**, **Löschen** usw.) für Branches (Feld SBRA), Lösungen (Feld SLAN), und die kundenindividuell definierbaren Berechtigungsbereiche (Feld SMUDAREA) und Berechtigungsgruppen (Feld SMUDAUTHGR) steuern.
- SM_SDOCADM
  Dieses Berechtigungsobjekt ist für die Berechtigungen innerhalb der Anwendung **Lösungsverwaltung** zuständig. Die Lösungsverwaltung vereint viele zentrale Einstellungen für das Prozess- und Dokumentenmanagement des SAP Solution Managers. So können dort beispielsweise die Systemlandschaft und logischen Komponentengruppen definiert und auch Branches angelegt oder gelöscht werden. Gleichzeitig ist dort auch die Dokumentenverwaltung zu finden. Sie vereint somit viele mitunter auch kritische Funktionen, die bei fehlerhafter Administration auch schnell viel zerstören können. Aus diesem Grund ist eine Einschränkung der Lösungsverwaltung mittels Berechtigungen essenziell.
  Mit dem Feld ACTVT lassen sich die Aktivitäten (**Anlegen**, **Bearbeiten**, **Löschen** usw.), bezogen auf eine Branch (Feld SBRA) und eine Lösung (Feld SLAN) steuern. Zusätzlich können mithilfe des Aspekts (Feld SBRASPECT) die Aktivitäten mit Bezug zu den einzelnen Einstellungsbereichen der Lösungsverwaltung gesteuert werden und so z. B. nur Bearbeitungsrechte auf die Dokumentenverwaltung vergeben werden.

Abbildung 14.15 zeigt die relevanten Berechtigungsobjekte in der Standardausprägung.

Berechtigungsbereiche und Berechtigungsgruppen

Eine Besonderheit innerhalb der Lösungsdokumentation stellen die *Berechtigungsbereiche* und *Berechtigungsgruppen* dar. Mit ihnen kommen zwei zusätzliche Ebenen zur Berechtigungsteuerung dazu, die nicht direkt über das normale Rollen- und Berechtigungsmanagement gesteuert werden. Die Administration erfolgt über den Report SMUD_AUTHG, der mithilfe von Transaktion SM34 aufgerufen werden kann. Alternativ findet man die Administration auch über SOLMAN_SETUP im Bereich der Prozesskoordination. Beim Einstieg in den Report wird die Lösung ausgewählt, und im Anschluss können Berechtigungsgruppen und -bereiche definiert werden.

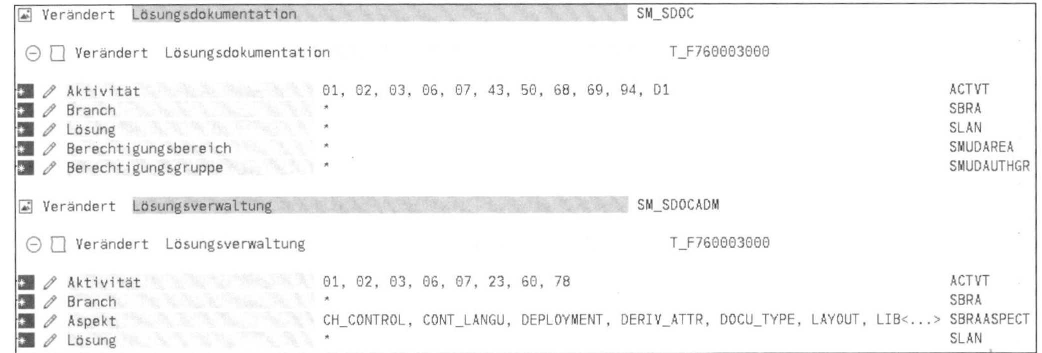


**Abbildung 14.15** Relevante Berechtigungsobjekte in SAP_SM_SL_ADMIN

Berechtigungsgruppen bilden eine Klammer um einzelne, in der Lösungsdokumentation verfügbare Attribute oder Objekte wie Dokumente, Testfälle, Ordner und viele weitere Elemente. Indem Berechtigungsgruppen definiert und anschließend zugewiesen werden, kann beispielsweise sichergestellt werden, dass ein Benutzer oder eine Benutzerin bei bestimmten Ordnern innerhalb der Lösungsdokumentation nur bestimmte Attribute bearbeiten darf. Die Möglichkeiten sind hier nahezu grenzenlos. Achtung: Verwechseln Sie die Berechtigungsgruppen der Lösungsdokumentation nicht mit denen der digitalen Signatur. Auch wenn es sich um den gleichen Begriff handelt, sind es unterschiedliche Elemente, für die unterschiedliche Berechtigungsobjekte zuständig sind.

Berechtigungsbereiche sind erforderlich, um Ordnerpfade innerhalb der Lösungsdokumentation zu berechtigen. Dazu kann ein Ordnerpfad innerhalb der Lösung ausgewählt und einem Berechtigungsbereich zugewiesen werden.

[+]

**Berechtigungsgruppen und -bereiche richtig zuweisen**

Die vollständig definierten Berechtigungsbereiche werden über das Berechtigungsobjekt SM_SDOC zugewiesen. Sind die Bereiche oder Gruppen zugewiesen, haben die Nutzer*innen der Rolle nur noch Zugriff auf diese Bereiche und Gruppen. Alle Elemente und Pfade, die darin nicht enthalten sind, werden nicht mehr angezeigt. Möchten Sie also einem Nutzerkreis spezielle Bearbeitungsrechte auf einem bestimmten Dateipfad geben, während die anderen Ordnerstrukturen und Pfade nur angezeigt werden sollen, ist es notwendig, zusätzlich Anzeigeberechtigungen für den Berechtigungsbereich DEFAULT zu vergeben. In DEFAULT sind immer alle Elemente enthalten, die nicht Teil eines Berechtigungsbereichs oder einer Berechtigungsgruppe sind.

### 14.2.2 Test-Suite

**Vorlagenbenutzer in der Test-Suite**

Die Test-Suite bündelt im SAP Solution Manager alle Funktionen rund um das Testmanagement. Dazu gehören Anwendungen für die Vorbereitung, die Ausführung sowie das Reporting von Tests. Innerhalb von Transaktion SOLMAN_SETUP ist die Konfiguration im Szenario **Test-Suite** angesiedelt. Dort befinden sich unter dem Punkt **Test-Suite-Vorbereitung** auf der Registerkarte **1.3 Vorlagebenutzer anlegen** auch die Vorlagebenutzer. Es gibt für die Test-Suite vier verschiedene Vorlagebenutzer mit leicht unterschiedlichen zugeordneten Rollen (siehe Abbildung 14.16):

- **Tester**
  Wie der Name des Benutzers schon verrät, enthält er ein Paket aus Rollen, die die Tester*innen zur Testausführung benötigen.
- **Anzeigebenutzer**
  Dieser Benutzer hat lediglich Anzeigerechte. Diese erstrecken sich auf Lösungen, Testpläne, Testpakete, Testfälle und Testsequenzen. Außerdem hat der Anzeigebenutzer Zugriff auf Reportings für Testpläne, Testpakete und Fehlerübersichten. Die Rollen des Anzeigebenutzers eignen sich somit gut für Stakeholder, die sich lediglich zum aktuellen Testfortschritt informieren möchten und keine operative Rollen im Testprozess einnehmen.
- **Anwendungsbenutzer für Projektmanager und Test Organizer**
  Mit diesem Vorlagebenutzer sind alle Funktionen der Test-Suite zugänglich. Er eignet sich daher vor allem für Testmanager*innen, Testkoordinator*innen und Test Engineers. Mit diesem Rollenpaket ist es möglich, Testpläne und -pakete anzulegen und zu bearbeiten. Außerdem kann das Customizing der Test-Suite angepasst werden.
- **Anwendungsbenutzer für Berater**
  Dieser Vorlagebenutzer wurde von SAP geschaffen, um die Berechtigungen für Entwickler*innen und Consultants zu bündeln. Mit den darin enthaltenen Rollen können u. a. Testfälle angezeigt und angelegt, allerdings nicht ausgeführt werden.

Falls der Konfigurationsschritt zur Anlage der Vorlagebenutzer auf Ihrem System noch nicht ausgeführt ist, sollten Sie dies noch tun. Gehen Sie dazu wie in Abschnitt 14.2.1, »Lösungsdokumentation«, beschrieben vor.

**Einzelrollen in der Test-Suite**

In der Praxis zeigt sich, dass keiner der Vorlagebenutzer optimal definiert ist. Entweder fehlen einige Berechtigungen, wie beispielsweise die Testausführung beim Vorlagebenutzer für Berater, oder es sind zu viele Berechtigungen enthalten, wie beispielsweise das Customizing beim Vorlagebenutzer für Projektmanager und Test Organizer.

| SAP-Rolle | Aus SAP-Rolle kopieren | Rollenumfang | Typ |
|---|---|---|---|
| SAP_BI_E2E_SMT | Z_BI_E2E_SMT | BW | Obligatorisch |
| SAP_SMWORK_ITEST | | ABAP | Obligatorisch |
| SAP_SM_BI_DISP | Z_SM_BI_DISP | BW | Obligatorisch |
| SAP_SM_DSH_CONF | Z_SM_DSH_CONF | ABAP | Optional |
| SAP_SM_FIORI_LP_EMBEDDED | Z_SM_FIORI_LP_EMBEDDED | ABAP | Obligatorisch |
| SAP_SM_ITPPM_DIS | Z_SM_ITPPM_DIS | ABAP | Optional |
| SAP_SM_KW_ALL | Z_SM_KW_ALL | ABAP | Obligatorisch |
| SAP_SM_SL_ADMIN | Z_SM_SL_ADMIN | ABAP | Obligatorisch |
| SAP_STWB_2_ALL | Z_STWB_2_ALL | ABAP | Obligatorisch |
| SAP_STWB_INFO_ALL | Z_STWB_INFO_ALL | ABAP | Obligatorisch |
| SAP_STWB_SET_ALL | Z_STWB_SET_ALL | ABAP | Obligatorisch |
| SAP_SUPPDESK_CREATE | Z_SUPPDESK_CREATE | ABAP | Obligatorisch |
| SAP_SYSTEM_REPOSITORY_ALL | Z_SYSTEM_REPOSITORY_ALL | ABAP | Obligatorisch |

**Abbildung 14.16** Rollen für die Vorlagebenutzer »Projektmanager« und »Test Organizer«

Aus diesem Grund gehen wir in der Test-Suite näher auf einige Einzelrollen ein, statt auf einzelne Berechtigungsobjekte. Funktionen wie beispielsweise die Ausführung von Tests sind auf mehrere Berechtigungsobjekte verteilt. Diese einzeln zu beschreiben, würde den Rahmen des Buches sprengen. Davon abgesehen ist der Anpassungsbedarf in der Test-Suite anders als bei der Lösungsdokumentation eher gering. In den meisten Organisationen ist es lediglich wichtig, dass einige Personen Testpläne und -pakete anlegen und bearbeiten dürfen, während andere Personen diese nur anzeigen dürfen und stattdessen aber zur Ausführung von Testfällen berechtigt sind.

Test-Suite Rollen beinhalten alle das Kürzel STWB. Zusätzlich werden Rollen mit der Ausprägung zur Anzeige mit der Endung *_DIS versehen und solche mit einer Ausprägung für den vollen Funktionsumfang mit der Endung *_ALL.

Im Folgenden haben wir alle Test-Suite-Rollen und ihre Funktionen nochmal aufgelistet:

- **SAP_STWB_2***

  Diese Rolle enthält in der vollen Ausprägung (SAP_STWB_2_ALL) alle Berechtigungen zur Testplanverwaltung und Testauswertung. Mit ihr können somit Testpläne und Testpakete angelegt und bearbeitet werden. Außerdem können Tester*innen den Testpaketen zugewiesen werden. Zusätzlich bietet die Rolle Zugriff auf das Reporting der Test-Suite. Wird die Rolle als Anzeigerolle (SAP_STWB_2_DIS) vergeben, können lediglich bestehende Testpläne und -pakete eingesehen werden.

- **SAP_STWB_WORK***
  Mit der Rolle SAP_STWB_WORK_ALL erhalten Benutzer*innen Zugriff auf den Tester-Arbeitsvorrat und alle weiteren Rechte, die für die Testausführung notwendig sind. Wird die Rolle als Anzeigerolle (SAP_STWB_WORK_DIS) vergeben, fehlt die Möglichkeit zur Ausführung von Testfällen.
- **SAP_STWB_INFO***
  Diese Rolle enthält grundlegende Anzeigeberechtigungen (SAP_STWB_INFO_DIS) beziehungsweise in der Variante SAP_STWB_INFO_ALL zusätzliche Ausführungsberechtigungen für Testpläne und Testpakete. Weisen Sie diese Rolle je nach gewünschter Funktion immer zusätzlich zu den anderen Test-Suite-Rollen den Benutzern zu.

**Berechtigungsobjekte**

Nachdem wir die wichtigsten Rollen der Test-Suite besprochen haben, gehen wir noch auf zwei Berechtigungsobjekte ein, die in den oben genannten Rollen in unterschiedlichen Ausprägungen enthalten sind.

- **SM_TPCK**
  Dieses Berechtigungsobjekt steuert die möglichen Aktionen im Bezug zu einem Testpaket. Sie können hier u. a. festlegen, ob ein Testpaket (Feld TPCK_ID) eines bestimmten Testplans (Feld TPLN_ID) angelegt, bearbeitet, angezeigt oder auch ausgeführt werden darf (Feld ACTVT).
- **SM_TPLN**
  Mit diesem Berechtigungsobjekt werden die möglichen Aktionen im Bezug zu einem Testplan gesteuert. Sie können hier ebenso festlegen, ob ein Testplan (Feld TPLN_ID) angelegt, bearbeitet, angezeigt oder auch ausgeführt werden darf (Feld ACTVT).

In Abbildung 14.17 finden Sie eine Beispielausprägung der beiden Berechtigungsobjekte in der Rolle SAP_STWB_WORK_ALL.

```
Manuell  Solution Manager                                   SM
  Manuell  Testpaket                                        SM_TPCK
    Manuell  Testpaket                                      T-SA83033100
      Aktivität                     03, 16, A3, AF, UL      ACTVT
      BO-Service-Name für Berechtigu *                      BO_SERVICE
      Testpaket-ID                  *                       TPCK_ID
      Testplan-ID                   *                       TPLN_ID
  Manuell  Testplan                                         SM_TPLN
    Manuell  Testplan                                       T-SA83033100
      Aktivität                     03, 16                  ACTVT
      BO-Service-Name für Berechtigu *                      BO_SERVICE
      Testplan-ID                   *                       TPLN_ID
```

**Abbildung 14.17** Standardkonfiguration der Rolle SAP_STWB_WORK_ALL

### 14.2.3 Defect Management

Vorlagebenutzer des Defect Managements

Das Defect Management des SAP Solution Managers wird mithilfe des IT-Servicemanagements abgebildet. In der Guided Procedure des IT-Servicemanagements (Transkation SOLMAN_SETUP) befinden sich die Rollen für Vorlagebenutzer im Zwischenschritt 9.4 (**Vorlagebenutzer anlegen**). Es gibt für das IT-Servicemanagement insgesamt fünf Vorlagebenutzer; wir stellen an dieser Stelle die für das Defect Management relevanten Vorlagebenutzer vor.

- **Administrator**
  Der Administrator enthält sämtliche Berechtigungen im IT-Servicemanagement. Er kann u. a. Meldungen (Test Defects) anlegen und bearbeiten und außerdem die Benutzeroberfläche CRM Web UI konfigurieren.
- **Anzeigebenutzer**
  Dieser Benutzer hat lediglich Anzeigerechte. Die Rollen des Anzeigebenutzers eignen sich somit gut für Stakeholder, die sich zum aktuellen Stand der Test Defects informieren möchten. Für einen Überblick zu offenen Test Defects gibt es allerdings auch spezielle Reportings in der Test-Suite.
- **Bearbeiter**
  Auch in diesem Fall ist der Name des Vorlagebenutzers »Programm«. Die enthaltenen Rollen erlauben das Anlegen, Weiterleiten, Bearbeiten und Schließen von Meldungen (Test Defects). Die Rollen dieses Vorlagebenutzers eigenen sich für Consultants oder Entwickler*innen, die für die Lösung von Test Defects zuständig sind.
- **Dispatcher**
  Auch mit diesem Vorlagebenutzer können Meldungen (Test Defects) angelegt, bearbeitet und geschlossen werden. Im Gegensatz zum Bearbeiter kann der Dispatcher allerdings Meldungen im Status **Neu** sofort schließen. Die Rollen des Dispatchers eigenen sich für Mitarbeiter*innen, die die noch keinem Bearbeiter zugewiesenen Test Defects sichten und diese anschließend dem passenden Bearbeiter zuweisen.

Tester haben die ITSM-Rolle bereits integriert

Tester*innen benötigen für die Anlage von Test Defects kein Rollenpaket eines Vorlagebenutzers. Im Vorlagebenutzer »Tester« ist bereits die Rolle `SAP_SUPPDESK_CREATE` enthalten, die das Anlegen von Meldungen erlaubt.

Die für das IT-Servicemanagement vorgesehenen Rollen beinhalten meist das Kürzel `SUPPDESK`. Zusätzlich enthalten die Vorlagebenutzer auch Rollen mit dem Kürzel `CRM_UIU` (siehe Abbildung 14.18). Diese Rollen steuern vor allem die Oberfläche des CRM Web UI:

| Aktion | SAP-Rolle | Aus SAP-Rolle kopieren | Rollenumfang |
|---|---|---|---|
| Neue Kopie der SAP-Rolle anlegen und Benutzer zuordnen | SAP_BI_E2E_SD | Z_BI_E2E_SD | BW |
| Vorhandene Rollenkopie Benutzer zuordnen | SAP_BW_SPR_REPORTING | Z_BW_SPR_REPORTING | BW |
| SAP-Rolle Benutzer zuordnen | SAP_SMWORK_INCIDENT_MAN | | ABAP |
| Vorhandene Rollenkopie Benutzer zuordnen | SAP_SM_BI_DISP | Z_SM_BI_DISP | BW |
| Vorhandene Rollenkopie Benutzer zuordnen | SAP_SM_BI_DSH_DISP | Z_SM_BI_DSH_DISP | BW |
| Vorhandene Rollenkopie Benutzer zuordnen | SAP_SM_BI_EXTRACTOR | Z_SM_BI_EXTRACTOR | BW |
| Vorhandene Rollenkopie Benutzer zuordnen | SAP_SM_BI_INCMAN_REPORTING | Z_SM_BI_INCMAN_REPORTING | ABAP |
| Vorhandene Rollenkopie Benutzer zuordnen | SAP_SM_CRM_UIU_FRAMEWORK | Z_SM_CRM_UIU_FRAMEWORK | ABAP |
| SAP-Rolle Benutzer zuordnen | SAP_SM_CRM_UIU_SOLMANPRO | | ABAP |
| Vorhandene Rollenkopie Benutzer zuordnen | SAP_SM_CRM_UIU_SOLMANPRO_PROC | Z_SM_CRM_UIU_SOLMANPRO_PROC | ABAP |
| Vorhandene Rollenkopie Benutzer zuordnen | SAP_SM_DSH_DISP | Z_SM_DSH_DISP | ABAP |
| Vorhandene Rollenkopie Benutzer zuordnen | SAP_SM_FIORI_LP_EMBEDDED | Z_SM_FIORI_LP_EMBEDDED | ABAP |
| Vorhandene Rollenkopie Benutzer zuordnen | SAP_SM_SL_DISPLAY | Z_SM_SL_DISPLAY | ABAP |
| Vorhandene Rollenkopie Benutzer zuordnen | SAP_SUPPDESK_PROCESS | Z_SUPPDESK_PROCESS | ABAP |
| Vorhandene Rollenkopie Benutzer zuordnen | SAP_SYSTEM_REPOSITORY_DIS | Z_SYSTEM_REPOSITORY_DIS | ABAP |

**Abbildung 14.18** Rollen für den Vorlagebenutzer »Bearbeiter«

- **SAP_SUPPDESK_***
  In jedem Vorlagebenutzer ist eine für diesen Benutzer erstellte IT-Servicemanagement-Rolle enthalten. Der Bearbeiter enthält beispielsweise die Rolle SAP_SUPPDESK_PROCESS. Diese Rollen steuern den Zugriff auf die Vorgangsarten des IT-Servicemanagements. Folgende Berechtigungsobjekte sind für die individuelle Anpassung relevant:
  - **B_USERSTAT**
    Mithilfe dieses Berechtigungsobjekts lässt sich festlegen, welche Status in den CRM-Vorgängen (Feld BERSL) gesetzt werden und welche Statusschemata (Feld STSMA) genutzt werden dürfen.
  - **CRM_ORD_PR**
    Dieses Berechtigungsobjekt steuert den Zugriff auf die Vorgangsarten des IT-Servicemanagements. Sie können verschiedene Aktionen wie das Anzeigen, Bearbeiten oder Löschen (Feld ACTVT) für einzelne Vorgangsarten definieren (Feld PR_TYPE).
- **SAP_SM_CRM_UIU_SOLMANPRO**
  Diese Rolle nimmt eine Sonderstellung unter den Rollen der Vorlagebenutzer ein, da sie keinerlei Berechtigungen enthält und auch nicht in den kundenindividuellen Namensraum kopiert wird. Sie dient lediglich dazu, über eine Einstellung im Customizing der Benutzerrollen eine bestimmte Benutzerrolle zuzuweisen. Es gibt für jede SAP-Benutzerrolle eine PFCG-Rolle, die der Zuweisung der Benutzerrolle dient. Die Einstellungen dazu nehmen Sie in der in Abschnitt 14.1.1, »Grundkonfiguration des IT-Servicemanagements«, beschriebenen Funktion **Benutzerrollen anpassen** vor. Dort finden Sie das Feld **PFCG-Rollen-ID** in den Details zur Benutzerrolle, die Sie mit einem Doppelklick darauf erreichen (siehe Ab-

bildung 14.19). Achten Sie darauf, die Einstellung nur in einer kundenindividuell kopierten Benutzerrolle vorzunehmen.

| Benutzerrolle | ZSOLMANPRO |
|---|---|

**Benutzerrollen definieren**

| | |
|---|---|
| Profilart | CRM-WebClient-Benutzerrolle |
| Beschreibung | Solution Manager - ITSM NEO |
| RollenkonfSchl. | ZSOLMANPRO |
| NavLeistenprof. | ZSOLMANPRO |
| Layoutprofil | CRM_UIU_MASTER |
| Technisches Profil | DEFAULT_SOLMANPRO |
| PFCG-Rollen-ID | SAP_SM_CRM_UIU_SOLMANPRO |
| Spezif. Hilfekontext | |
| ✓ BackupSpezHilfe | |
| Logotext | Solution Manager - IT-Servicemanagement |

**Abbildung 14.19** PFCG-Rollen-ID administrieren



- **SAP_SM_CRM_UIU_SOLMANPRO_PROC**
  Korrespondierend zur Rolle `SAP_SM_CRM_UIU_SOLMANPRO` gibt es für jeden Vorlagebenutzer, der wie in diesem Fall die Benutzerrolle `SOLMANPRO` verwendet, eine zugehörige Rolle, die die zugehörigen Berechtigungen enthält. Die Rolle steuert mithilfe des Berechtigungsobjekts `UIU_COMP` den Zugriff auf die verschiedenen Komponenten der CRM Web UI.

## 14.3 Digitale Signaturen

Eine digitale Signatur ist das digitale Pendant zu einer Unterschrift auf einem Dokument aus Papier, eine Standardfunktion in vielen SAP-Systemen. Im Fall des SAP Solution Managers können digitale Signaturen dazu genutzt werden, Dokumente zu unterschreiben. Da Dokumente im SAP Solution Manager hauptsächlich innerhalb der Lösungsdokumentation zur Anwendung kommen, müssen auch dort die meisten Einstellungen zur digitalen Signatur vorgenommen werden.

In Abschnitt 5.7 haben wir den Lebenszyklus von Testfällen bereits vorgestellt. Nachdem die Ausarbeitung der Testfälle abgeschlossen ist, werden die Testfälle in der Regel auf den Status **Freigegeben** gesetzt. In vielen Organisationen, vor allem im validierten Umfeld, wird dieser Status erst gesetzt, nachdem ihn mindestens zwei Personen geprüft haben. Dieses Vier-Augen-Prinzip lässt sich wiederum am besten mithilfe einer digitalen Signatur implementieren und dient in diesem Abschnitt als Beispiel, um Ihnen den Einrichtungsprozess der digitalen Signatur vorzustellen.

Testfälle sind auch Dokumente

Innerhalb der Lösungsdokumentation sind Testfälle aus technischer Sicht nichts anderes als Dokumente (auch wenn sie als eigene Kategorie behandelt werden). Daher können die Einstellungen zur digitalen Signatur auch für Testfälle angewendet werden. Grundsätzlich bietet SAP zwei verschiedene Möglichkeiten an, um die digitale Signatur zu implementieren:

- **Benutzersignatur**
  Zur Verwendung der Benutzersignatur muss ein externes Sicherheitswerkzeug an den SAP Solution Manager angebunden werden. Die Signatur erfolgt dann mittels eines privaten Schlüssels, der beispielsweise auf einer Smartcard gespeichert ist.
- **Systemsignatur**
  Bei der Verwendung der Systemsignatur wird kein externes Sicherheitswerkzeug benötigt. Der unterschreibende Benutzer identifiziert sich mit seiner User-ID und dem dazugehörigen Passwort.

Systemsignatur anlegen

Aufgrund der einfachen Implementierung wird in der Praxis meist die Systemsignatur verwendet. Auf diese gehen wir daher auch näher ein. Alle Einstellungen zur digitalen Signatur finden Sie im Customizing (Transaktion SPRO) des SAP Solution Managers über den Pfad **SAP Solution Manager • Technische Einstellungen • Digitale Signatur • Signaturstrategie**.

Als Erstes muss eine Berechtigungsgruppe angelegt werden. Diese Berechtigungsgruppe wird später allen Benutzern, die diese Signatur nutzen dürfen, über ein Berechtigungsobjekt zugewiesen. Zur Anlage der Berechtigungsgruppe wählen Sie den Punkt **Berechtigungsgruppen definieren** aus dem Customizing-Pfad aus. Wählen Sie die Schaltfläche **Neue Einträge** aus, und vergeben Sie einen Schlüssel im kundeneigenen Namensraum sowie eine entsprechende Bezeichnung. Sichern Sie die Eingaben, und verlassen Sie die Transaktion.

Einzelsignatur definieren

Als Nächstes benötigen wir die eigentliche Signatur. Wählen Sie dazu **Einzelsignaturen definieren**. Auch hier müssen Sie über die Schaltfläche **Neue Einträge** eine neue Einzelsignatur definieren und einen Schlüssel im Kundennamensraum wählen sowie eine Bezeichnung vergeben. Zusätzlich wird an dieser Stelle die vorher angelegte Berechtigungsgruppe in das Feld **BerGruDSig** eingetragen. Um komplexere Signaturprozesse abzubilden, können hier auch einer Berechtigungsgruppe mehrere Einzelsignaturen zugeordnet werden. Sichern Sie die Eingaben, und verlassen Sie die Transaktion.

Für den letzten Schritt in diesem Teil des Customizings klicken Sie auf den Eintrag **Signaturstrategien definieren**. Über die Schaltfläche **Neue Einträge** definieren Sie eine neue Signaturstrategie. Dabei haben Sie folgende Felder bzw. Checkboxes zur Auswahl:

- **Signaturmethode**
  Die beschriebene Signaturmethode wird an dieser Stelle eingestellt. Sie haben die Wahl zwischen Benutzer- oder Systemsignatur.
- **Kommentar**
  Mit diesem Feld legen Sie fest, ob der Signatur ein Kommentar hinzugefügt werden darf.
- **Bemerkung**
  Dieses Feld würde vordefinierte Bemerkungen beim Signieren erlauben. Die Funktion wird jedoch von der Lösungsdokumentation nicht unterstützt. Daher ist die Einstellung irrelevant.
- **Dokument**
  Diese Einstellung regelt, ob das zu signierende Dokument durch die signierende Person geöffnet werden darf oder nicht. Da in unserem Beispiel ein Vier-Augen-Prinzip etabliert werden soll, sollten Sie in diesem Feld die Option **möglich** auswählen.
- **Verifikation**
  Ist der Haken in dieser Checkbox gesetzt, wird die Gültigkeit aller vorherigen Signaturen des Dokuments beim Signieren noch einmal überprüft. Solange keine Probleme auftreten, können Sie diese Funktion aktivieren.



Haben Sie die Einstellungen vorgenommen, sollte es bei Ihnen etwa so wie in Abbildung 14.20 aussehen. Verlassen Sie nun die Maske zur Anlage neuer Einträge, indem Sie die Schaltfläche **Zurück** betätigen.

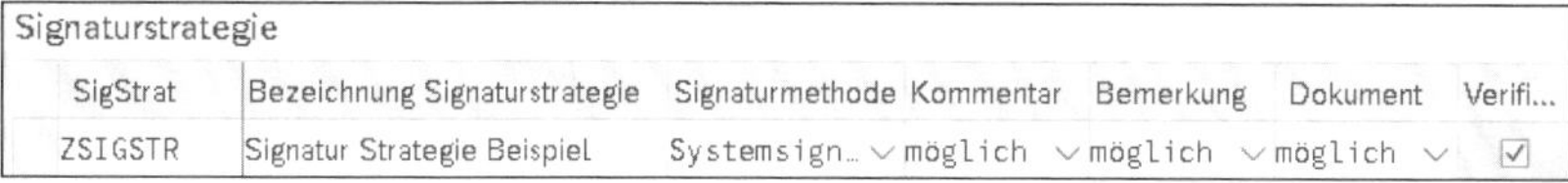

Signaturstrategie

| SigStrat | Bezeichnung Signaturstrategie | Signaturmethode | Kommentar | Bemerkung | Dokument | Verifi... |
|---|---|---|---|---|---|---|
| ZSIGSTR | Signatur Strategie Beispiel | Systemsign... | möglich | möglich | möglich | ☑ |

**Abbildung 14.20** Korrekt angelegte Signaturstrategie

Um die Signaturstrategie zu vervollständigen, müssen ihr noch die angelegten Einzelsignaturen zugeordnet und sie in eine passende Reihenfolge gebracht werden. Markieren Sie dazu Ihre neu angelegte Signaturstrategie, und klicken Sie auf der linken Seite doppelt auf **Einzelsignaturen zuordnen**. Ordnen Sie mit einem Klick auf **Neue Einträge** Ihre angelegten Einzelsignaturen zu. Kehren Sie danach in die Maske **Signaturstrategie definieren** zurück. Markieren Sie zur Festlegung der korrekten Reihenfolge Ihre Signaturstrategie, und klicken Sie rechts auf die Schaltfläche **Signaturen**. In dieser Bildschirmmaske können Sie zu jeder Einzelsignatur in den Zeilen die erforderlichen Vorgänger in den jeweiligen Spalten auswählen.

In Abbildung 14.21 ist die Signatur SHO als Vorgänger der Signatur SHO2 zugeordnet. Das bedeutet, dass die Signatur SHO2 erst ausgeführt werden kann, wenn SHO bereits gesetzt wurde.

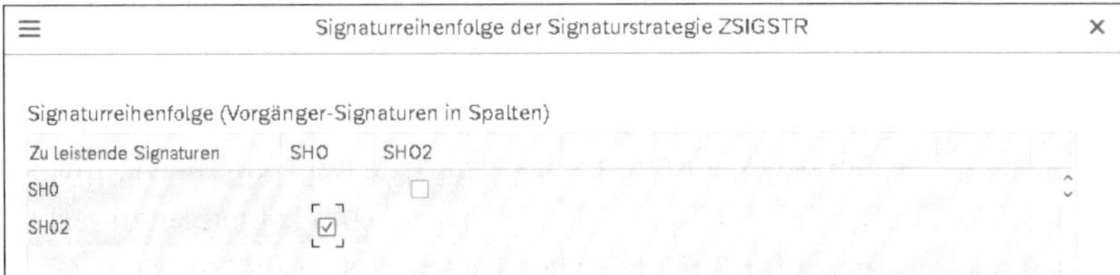


**Abbildung 14.21** Signaturreihenfolge nach dem Vier-Augen-Prinzip

Freigaben definieren

Zusätzlich zur Signaturreihenfolge müssen in einem weiteren Schritt die Freigaben definiert werden. Markieren Sie dazu wieder Ihre Signaturstrategie, und klicken Sie auf die Schaltfläche **Freigabe**. In dieser Bildschirmmaske sind nun alle Kombinationen von Signaturen zu sehen, die mit der angelegten Signaturstrategie möglich sind. Sie können in der Spalte **Freigabezustände** einen Haken bei allen Kombinationen setzten, die das Dokument freigeben dürfen. Da wir in unserem Beispiel ein Vier-Augen-Prinzip umsetzen wollen, wird der Haken so gesetzt, dass beide Signaturen für die Freigabe erforderlich sind (siehe Abbildung 14.22). Sichern Sie die Eingaben, und verlassen Sie die Transaktion.

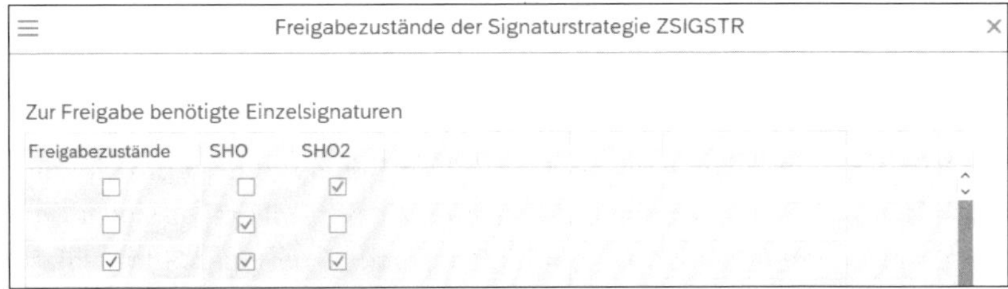


**Abbildung 14.22** Freigabezustand: Vier-Augen-Prinzip

Die jetzt vollständige Signaturstrategie muss im nächsten Schritt dem passenden Dokumentenstatusschema zugeordnet werden. Öffnen Sie dazu Transaktion SOLMAN_SETUP, und navigieren Sie zu **Prozesskoordination • 4 Dokumentenverwaltung anpassen • 4.4 Werte für Dokumentenattribute definieren • Dokumentenstatusschemata definieren**. In dieser Übersicht können Sie Einstellungen für bestehende Dokumentenstatusschemata vornehmen oder neue Einstellungen anlegen. Falls Sie bisher das SAP-Standardstatusschema verwendet haben, empfehlen wir, dieses zu kopieren oder ein neues Schema anzulegen. Generell ist die Verwendung eines bisher nicht benutzten Schemas ratsam, da bei der Verwendung eines bestehenden Schemas alle Dokumente, die das Schema bereits zugeordnet haben, das Vier-Augen-Prinzip erhalten. Bei der Verwendung eines neuen Schemas können Sie dieses selektiv einzelnen Dokumentenarten zuordnen. Für unser Beispiel haben wir das SAP-Standardstatusschema kopiert.

**Signaturstrategie dem Statusschema zuordnen**

Wie Sie in Abbildung 14.23 sehen, haben wir die Signaturstrategie ZSIGST dem Status OREVIEW zugeordnet, den Endstatus auf ORELEASED und den Abbruchstatus auf OIN_PROGRESS gesetzt. Das bedeutet, dass wenn sich das Dokument im Status OREVIEW befindet, der Signaturprozess gestartet werden kann. Wird dieser Signaturprozess erfolgreich durchlaufen, wird der Endstatus ORELEASED gesetzt. Im Falle eines Abbruchs des Signaturprozesses wird im Feld **AbbrStatus** als Status gesetzt. Da wir für den Status ORELEASED den Wert **Niedr.** (Untergrenze des zulässigen Statusbereichs) von ursprünglich 10 auf 40 erhöht haben, kann der Status nicht mehr direkt gesetzt, sondern nur noch durch erfolgreiches Durchlaufen des Signaturprozesses erreicht werden.



Statusschema ZSIG_SHO

Statuswerte

| Status | Initialstatus | Folge | Niedr. | Höchste | Gesp. | Strateg. | Endstatus | AbbrStatus | Status entsperren |
|---|---|---|---|---|---|---|---|---|---|
| ☐ 0IN_PROGRESS | ☑ | 10 | 10 | 40 | ☐ | | | | |
| ☐ 0COPY_EDITING | ☑ | 20 | 10 | 40 | ☐ | | | | |
| ☐ 0REVIEW | ☐ | 30 | 10 | 40 | ☑ | ZSIGSTR | 0RELEASED | 0IN_PROGRESS | |
| ☐ 0RELEASED | ☐ | 40 | 40 | 40 | ☑ | | | | 0IN_PROGRESS |

**Abbildung 14.23** Signaturstrategie zum Statusschema zuordnen

**Gesperrter Status**

Zusätzlich haben wir mithilfe der Checkbox den Status ORELEASED zu einem gesperrten Status gemacht, was dafür sorgt, dass ein Dokument mit diesem Status nicht mehr bearbeitet werden kann. Wird die Sperre aufgehoben, wird das Dokument in den Status OIN_PROGRESS zurückgesetzt. Dafür sorgt der Wert im Feld **Status entsperren**. Letzteres ist optional und gehört nicht direkt zur Einstellung des Signaturprozesses. Allerdings ist es in der Praxis wenig sinnvoll, ein Dokument im Vier-Augen-Prinzip freizugeben und in der freigegebenen Version weiterhin Änderungen zuzulassen. Der Status OREVIEW, der die Signatur enthält, muss zudem ebenfalls ein gesperrter Status sein und darf, ebenso wie der Endstatus ORELEASED, kein Initialstatus sein, weshalb wir die Haken in den entsprechenden Checkboxen entfernt haben. Sichern Sie die Eingaben, und verlassen sie die Transaktion.

Die bisher gemachten Customizing-Einstellungen müssen, falls Sie auf dem Entwicklungssystem vorgenommen wurden, in das Produktivsystem transportiert werden. Die jetzt noch notwendige Zuordnung der Signaturstrategie zum Dokumentenstatusschema muss auf dem Produktivsystem durchgeführt werden, da diese Einstellungen nicht transportiert werden können.

**Signaturstrategie dem Dokumentenstatusschema zuordnen**

Öffnen Sie die App **Lösungsverwaltung** aus dem SAP-Fiori-Launchpad (in der Gruppe **Projekt- und Prozessmanagement**) heraus oder per Transaktion SOLADM. In der Anwendung angekommen, befindet sich in der rechten oberen Ecke die Schaltfläche **Globale Funktionen**. Öffnen Sie im Drop-down-Menü die Ansicht **Dokumentenarten-Verwaltung**. In der Dokumentenarten-Verwaltung befinden sich die Einstellungen zu den in der Lösungsdokumentation verwendeten Dokumentarten. Markieren Sie die gewünschte Dokumentart, in unserem Beispiel die Testfallbeschreibung. Wie in Abbildung 14.24 dargestellt, können Sie im Feld **Statusschema** das neu angelegte Dokumentenstatusschema zuordnen.

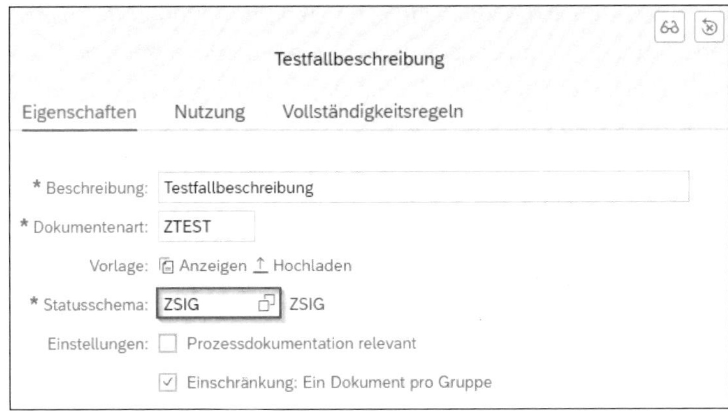


**Abbildung 14.24** Neues Dokumentenstatusschema zuordnen

**Benutzer zuweisen**

Zu guter Letzt müssen die angelegten Berechtigungsgruppen noch den Benutzerinnen und Benutzer zugewiesen werden, die die Dokumente digital unterschreiben sollen. Das dafür zuständige Berechtigungsobjekt C_SIGN_BGR kann entweder in eine bestehende Rolle oder in eine neu angelegte Rolle integriert werden. Zur genaueren Steuerung, welche Benutzer*innen die digitale Signatur erhalten, empfehlen wir die Anlage einer neuen Rolle. Kreieren Sie dazu mit Transaktion PFCG eine neue Einzelrolle, und fügen Sie das Berechtigungsobjekt C_SGN_BGR den Rollenberechtigungen hinzu. Das Berechtigungsobjekt enthält das Feld SIGNAUTH, in das als Parameter die Namen der jeweiligen Berechtigungsgruppen eingetragen werden. Abbildung 14.25 zeigt das mit der Berechtigungsgruppe GRP1SHO ausgeprägte Berechtigungsobjekt.

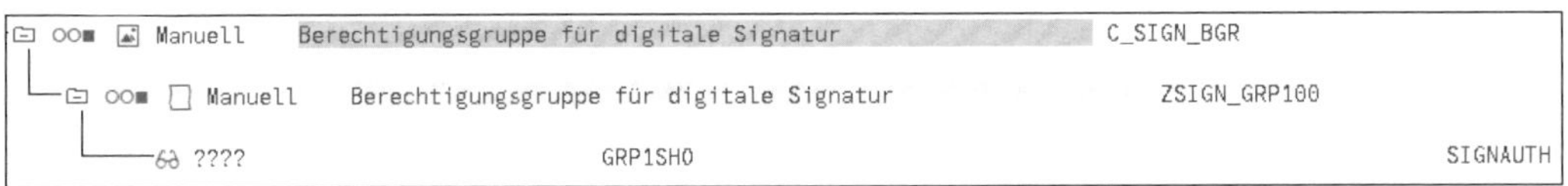


**Abbildung 14.25** Ausgeprägtes Berechtigungsobjekt C_SIGN_BGR

**Signaturprozess starten**

Der Signaturprozess wird gestartet, indem man ein im Status `0IN_PROGRESS` oder `0COPY_EDITING` befindliches Dokument entweder online bearbeitet oder auscheckt und anschließend wieder eincheckt und dabei den Status in `0REVIEW` wechselt. Beim anschließenden Klick auf **Sichern** werden die Nutzer*innen zur Eingabe ihrer User-ID und ihres Passworts aufgefordert.

**Digitale Signatur in der Test-Suite**

Neben der Lösungsdokumentation kann die digitale Signatur auch noch innerhalb der Test-Suite verwendet werden. Dazu muss das neu angelegte Dokumentenstatusschema dem Dokument zugeordnet werden, das im Testplan als Ergebnisdokument fungiert. Im Regelfall ist das die Testnotiz. Ist das Schema zugeordnet, können im Tester-Arbeitsvorrat innerhalb der Testausführung die Testnotiz und das Testergebnis signiert werden. Dazu muss im Vorfeld eine vorhandene Testnotiz (oder ein Testergebnis) markiert und die Schaltfläche **Attribute verwalten** ausgewählt werden. Wie in Abbildung 14.26 zu sehen, werden der Dokumentenstatus sowie der Status des Signaturprozesses in den Attributen angezeigt.

Attribute verwalten

Notizattribute | Änderungshistorie | Verwaltung

| | |
|---|---|
| Gesperrt durch St...: | |
| * Titel: | Test Document |
| Dokumentenart: | Testnotiz |
| Dokumentenstatus: | In Bearbeitung |
| Offener Signaturpr...: | |
| Dokumentformat: | docx |

**Abbildung 14.26** Attribute einer Testnotiz in der Testausführung

[+]

**Workflow für Benachrichtigungen zum Signaturstatus**

Seit Service Pack 5 bietet der SAP Solution Manager auch die Möglichkeit, den Signaturprozess innerhalb der Lösungsdokumentation in einen Workflow einzubetten und so beispielweise E-Mail-Benachrichtigungen zu erzeugen, wenn eine Unterschrift erforderlich ist. Dazu steht eine API inklusive verschiedener Methoden zur Verfügung, die zur Workflow-Programmierung genutzt werden können. Seit Service Pack 9 funktioniert das auch für den Signaturprozess innerhalb der Testausführung. Weiter Informationen dazu finden Sie in den SAP-Hinweisen 2539465 und 2769575.

## 14.4 Geschäftspartner

**Geschäftspartnerkonzept**

Die Verwendung des Konzepts *Geschäftspartner* im Testmanagement erscheint auf den ersten Blick übermäßig komplex. Die erforderlichen Datensätze zur Identifikation von Tester*innen können zunächst automatisch auf der Grundlage von Benutzern eines Systems angelegt werden (siehe Abschnitt 9.5, »Benutzer und Geschäftspartner«). Wirft man im SAP Solution Manager einen Blick in die SAP-GUI-Transaktion BP, mit der die Geschäftspartner bearbeitet werden können, offenbaren sich schnell zahllose Details und Datenfelder, die für Geschäftspartner in verschiedensten Rollen notwendig sein können, für das Testmanagement jedoch nicht relevant sind. Abbildung 14.27 zeigt beispielhaft die Details eines Geschäftspartners in Transaktion BP.

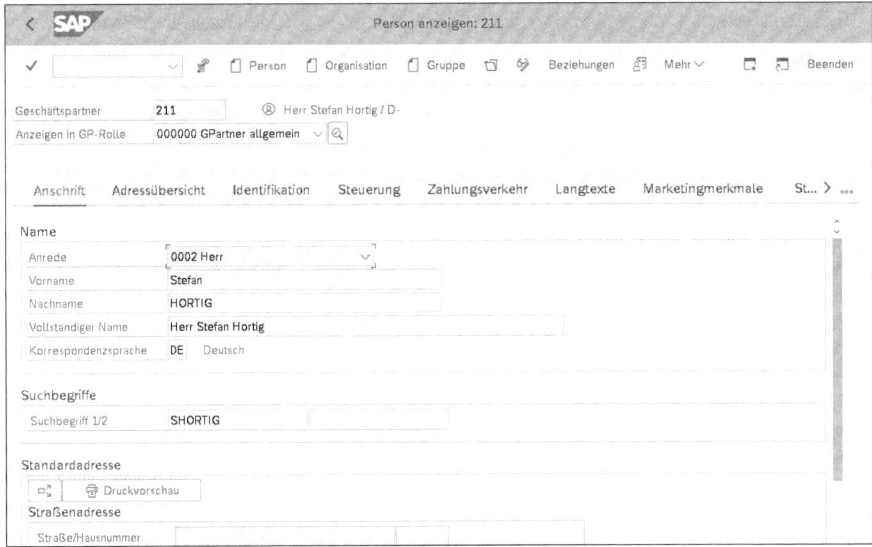


**Abbildung 14.27** Details eines Geschäftspartners

**Geschäftspartner regelmäßig prüfen**

Wir empfehlen die konsequente und regelmäßige Nutzung der in Abschnitt 9.5, »Benutzer und Geschäftspartner«, beschriebenen automatischen Erstellung und Aktualisierung von Geschäftspartnern. Abhängig von der Anzahl der Tester*innen und der Komplexität der Testorganisation kann es zudem sinnvoll sein, die Erstellung und Aktualisierung als regelmäßigen Hintergrundjob einzuplanen. Auf diese Weise können zusätzliche Aufwände und mögliche Fehlerquellen vermieden werden, die z. B. aus fehlenden Geschäftspartnern oder einer falschen Zuordnung zwischen SAP-Benutzer*innen und Geschäftspartnern resultieren.

Beziehungen verwalten

Dennoch sind es genau diese zusätzlichen Eigenschaften von Geschäftspartnern, die auch im Testmanagement Flexibilität schaffen. So können im Testmanagement die Einstellungen zu den Beziehungen eines Geschäftspartners genutzt werden, um Testergruppen und Vertretungen abzubilden. Sie erreichen die Beziehungen über die gleichnamige Schaltfläche, die auch in Abbildung 14.27 zu sehen ist.

Testergruppen

Eine *Testergruppe* ist ein Geschäftspartner vom Typ **Organisation** oder **Gruppe**, dem mehrere Personen zugeordnet werden können. Eine solche Gruppe kann einem Testpaket und insbesondere einem Testfall innerhalb einer Sequenz anstelle einzelner Tester*innen zugewiesen werden. Somit lässt sich die Einschränkung umgehen, dass ein Testfall einer Sequenz nur von einer Person ausgeführt werden kann. Auf diese Art können Sie auch Fachbereiche oder Teams als Testergruppe abbilden. Abhängig vom organisatorischen Aufbau sowie der Gestaltung Ihrer Testfälle, Testpläne und Testpakete kann dies den Aufwand für die Zuordnung von Tester*innen deutlich reduzieren und Mikromanagement vermeiden.

Testergruppe anlegen



Eine Testergruppe legen Sie in Transaktion BP mit den folgenden Arbeitsschritten an.

1. Erstellen Sie einen Geschäftspartner des Typs **Organisation** oder **Gruppe**.
2. Füllen Sie die benötigten Pflichtfelder aus. Sichern Sie anschließend den Geschäftspartner.
3. Wechseln Sie mit der Schaltfläche **Beziehungen** in die Ansicht **Beziehungen bearbeiten**.
4. Wählen Sie hier den Beziehungstyp **Beinhaltet die Tester** aus.
5. Anschließend können Sie über die Zeile **Beziehung zu GP** Geschäftspartner auswählen, die Sie in die Gruppe aufnehmen möchten. Bestätigen Sie die Auswahl jeweils mit der Schaltfläche **Anlegen**.

Abbildung 14.28 zeigt beispielhaft eine Testergruppe mit vier Personen. Wenn Sie in Transaktion BP zu den Beziehungen der hier aufgelisteten Personen wechseln, sehen Sie, dass die Beziehung dort auf der Registerkarte **Ist Tester von** gepflegt ist. Entsprechend ist auch der umgekehrte Weg möglich, um einzelne Personen zu einer bestehenden Gruppe zuzuordnen.

Vertretungen

Das Einrichten von Vertretungen, z. B. im Sinne von Urlaubs- oder Krankheitsvertretungen, ist ebenfalls über die Beziehungen eines Geschäftspartners möglich. Wählen Sie dazu in den Beziehungen den Beziehungstyp **ersetzt** für die Vertretung bzw. **wird ersetzt durch** für die vertretene Person aus. Zusätzlich können Sie jeweils einen Gültigkeitszeitraum angeben. Abbildung 14.29 zeigt ein Beispiel für eine Vertretung.

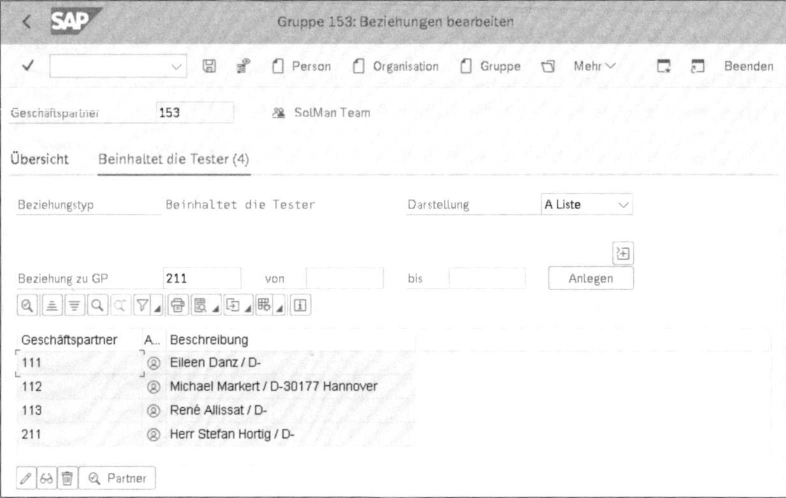


**Abbildung 14.28** Angelegte Testergruppe

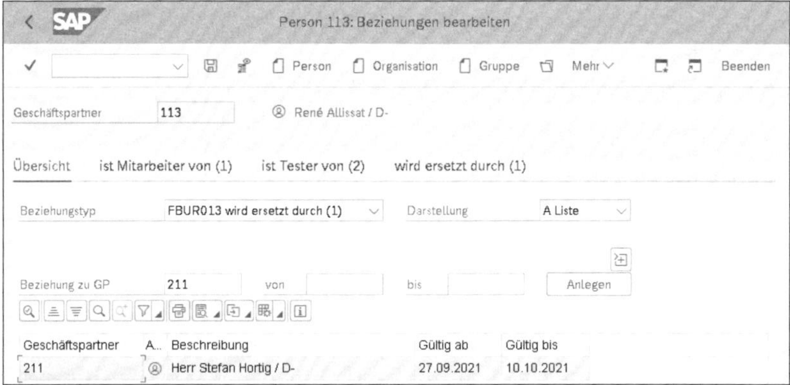


**Abbildung 14.29** Vertretung einrichten

Mit dieser Methode können Sie als Testmanager*in Vertretungen abbilden, ohne die Zuordnung von Tester*innen in Testplänen und Testpaketen ändern zu müssen. Die Vertretungen können auf die Tests der ursprünglichen Tester*innen zugreifen und erhalten Kopien von E-Mail-Benachrichtigungen der Test-Suite.

## 14.5 Integration in das Change Request Management

**Proaktive Änderungskontrolle**

Mit dem ChaRM können Änderungen in einer IT-Systemlandschaft planvoll und strukturiert beantragt, bewertet, freigeben und umgesetzt werden. Zielsetzung des Szenarios ist es, dass jegliche Systemänderung einen definierten Prozess durchläuft und somit ausschließlich Änderungen produktiv gesetzt werden, die genehmigt wurden und durch die Berücksichtigung vorgegebener Arbeitsschritte über eine angemessene Qualität verfügen. Dies schafft zudem eine umfassende Nachvollziehbarkeit von der Anforderung bis hin zum Produktivtransport.

**Änderungen als definierter Vorgang**

Änderungen im ChaRM werden über verschiedene Vorgänge abgebildet, die umgangssprachlich als *Tickets* bezeichnet werden können. Ein Vorgang hat verschiedene Statuswerte, die dessen Bearbeitung abbilden; je Status ist festgelegt, welche Rolle im Unternehmen bzw. in der IT-Organisation welche Tätigkeit innerhalb des Vorgangs ausführt.

Typischerweise kommen bei der Verwendung des ChaRM Änderungsanträge und Änderungsdokumente zum Einsatz. Ein Änderungsantrag dient der Überprüfung, Genehmigung und Klassifizierung einer Anforderung. Ein Änderungsdokument beschreibt die Umsetzung der Änderung, insbesondere die Arbeitsschritte **Entwicklung** oder **Customizing**, Testaktivitäten und abschließend die Produktivsetzung. Abbildung 14.30 zeigt das Zusammenspiel zwischen den beiden Vorgangsarten.



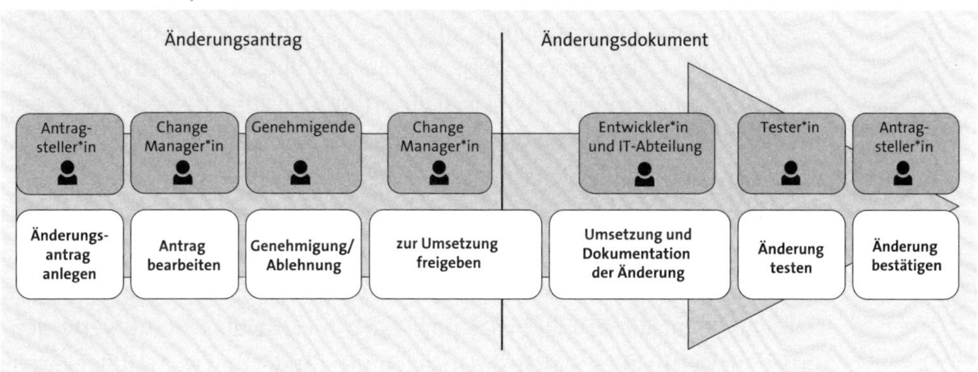


**Abbildung 14.30** Zusammenspiel von Änderungsantrag und Änderungsdokument

**Integration mit dem Transportmanagement**

Vorteil des ChaRM im SAP Solution Manager ist die Integration in das technische Transportmanagement: Änderungen von ABAP-Systemen werden typischerweise in Transportaufträgen abgebildet. Diese enthalten die Anpassungen technischer Objekte, z. B. Änderungen an Programmen oder Tabellen. Wurde eine Änderung im Entwicklungssystem vollständig durchgeführt, wird der Auftrag in ein Qualitätssicherungssystem transportiert und dort getestet. Bei erfolgreichem Test wird der Auftrag weiter in das Produktivsystem transportiert. Die Änderung ist produktiv verfügbar und damit abgeschlossen.

**Integration mit SAP-Transporten**

Bei der Verwendung des ChaRM können Transportaufträge direkt aus einem Änderungsdokument heraus angelegt werden; entsprechend werden der administrative Prozess, die fachliche Dokumentation und die technische Umsetzung der Änderung miteinander verknüpft. Statuswechsel im Änderungsdokument können Aktionen im Transportwesen auslösen, z. B. kann der Wechsel in den Status **Zu testen** den Weitertransport einer Änderung in das Qualitätssicherungssystem starten, sodass diese Änderung für den Test bereitsteht. Ebenso können bei Statuswechseln auch technische Prüfungen ausgeführt werden. Diese zielen darauf ab, typische Fehlersituationen in SAP-Transporten zu vermeiden. Zum Beispiel kann ermittelt werden, ob ein zu transportierendes Objekt in mehreren Transportaufträgen vorkommt und damit potenziell überschrieben werden könnte. Im Sinne der Qualitätssicherung können bei Eigenentwicklungen zudem vor der Freigabe eines Transports statische Codeprüfungen ausgeführt werden (siehe Abschnitt 17.1, »Statische Analyse mit dem ABAP Test Cockpit«), die auf mögliche Optimierungspotenziale im Programmcode hinweisen.

Mit diesem Ansatz können Änderungen fachlich und technisch lückenlos dokumentiert werden; jeder Arbeitsschritt ist nachvollziehbar. Die Integration mit dem Transportmanagement ermöglicht nicht nur die genannten technischen Prüfungen, sondern stellt auch sicher, dass Aktivitäten wie der Test einer Änderung nur dann ausgeführt werden können, wenn die technischen Voraussetzungen vorhanden sind, z. B. wenn die Änderung auch tatsächlich im Qualitätssicherungssystem verfügbar ist.

**Änderungsdokumente**

Für das Thema Testen sind die Änderungsdokumente relevant. Diese beschreiben die konkrete Umsetzung einer zuvor genehmigten Anforderung, insbesondere die Entwicklung oder das Customizing, Testaktivitäten und abschließend die Produktivsetzung. Auch hier ist über Statuswerte definiert, in welcher Phase sich die Umsetzung befindet und wer mit der jeweils anstehenden Aufgabe (z. B. dem Test) betraut ist. Änderungsdokumente werden meist aus einem Änderungsantrag heraus erstellt; dabei kann ein Antrag durchaus mehrere Änderungsdokumente beinhalten, z. B. um Aufgaben in größeren Systemänderungen zu verteilen.

Im Standard sind Änderungsdokumente in verschiedenen Varianten verfügbar, um unterschiedliche Arten von Änderungen abzubilden. Zu den Änderungsdokumenten, die in das SAP-Transportsystem integriert sind, gehören folgende:

- *Normale Änderungen*: Diese folgen einem definierten Prozess, z. B. innerhalb eines Release oder innerhalb eines Einführungsprojekts.
- *Dringende Änderungen*: Diese folgen einem abgekürzten Prozess, um schnellstmöglich produktiv gesetzt zu werden.

- *Fehlerkorrekturen*: Diese dokumentieren die Behebung von Fehlern in einer Testphase.
- *Standardänderungen*: Diese beschreiben Systemänderungen mit geringem Risiko, die keiner gesonderten Genehmigung bedürfen.

Zusätzlich existieren im Standard Änderungsdokumente, die nicht an das Transportsystem gekoppelt sind:

- *Administrative Änderungen:* Diese können für systemspezifische Änderungen verwendet werden, die keinen Transportauftrag benötigen.
- *Allgemeine Änderungen:* Diese können z. B. für Nicht-SAP-Systeme eingesetzt werden.

Jede dieser verschiedenen Änderungsarten muss nach der technischen Umsetzung getestet werden; entsprechend enthält jedes der Änderungsdokumente einen Status, bei dem ein Test durchgeführt oder zumindest die korrekte Umsetzung der Änderung bestätigt wird.

Abbildung 14.31 zeigt exemplarisch die Bildschirmmaske zur Bearbeitung einer normalen Änderung.



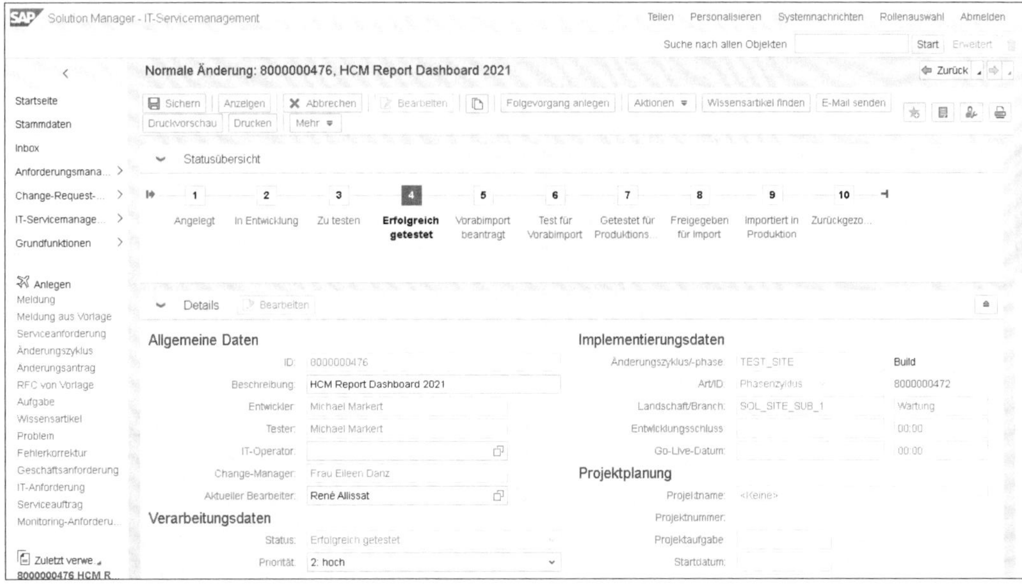


**Abbildung 14.31** Normale Änderung bearbeiten

Die Daten des Änderungsdokuments werden in sogenannten Zuordnungsblöcken dargestellt: Die Statusübersicht zeigt z. B., in welcher Bearbeitungsphase sich das Dokument befindet. Im Bereich **Details** können grundlegende Informationen eingesehen und bearbeitet werden, darunter z. B. die involvierten Rollen oder die zugehörige Systemlandschaft. Die Zuordnungsblöcke lassen sich meist flexibel konfigurieren, und optionale Blöcke können ein- oder ausgeblendet werden. Die Zuordnungsblöcke ermöglichen auch die Integration in andere Bereiche des SAP Solution Managers. So stehen z. B. Blöcke für den Verweis auf Dokumente in der Lösungsdokumentation und insbesondere zum Referenzieren von Objekten in der Test-Suite zur Verfügung.

**Normale Änderung bearbeiten**

Als Beispiel, wie Testaktivitäten in eine mit dem ChaRM verwaltete Änderung eingebettet sind, kann die normale Änderung herangezogen werden. Diese beschreibt typischerweise Systemänderungen im Tagesgeschäft oder in einem Projekt. Mehrere normale Änderungen werden in einem Änderungszyklus gebündelt (der seinerseits verschiedene Statuswerte hat, um z. B. Projektphasen darzustellen); die gesammelten Änderungen werden regelmäßig gemeinsam in die Folgesysteme importiert.

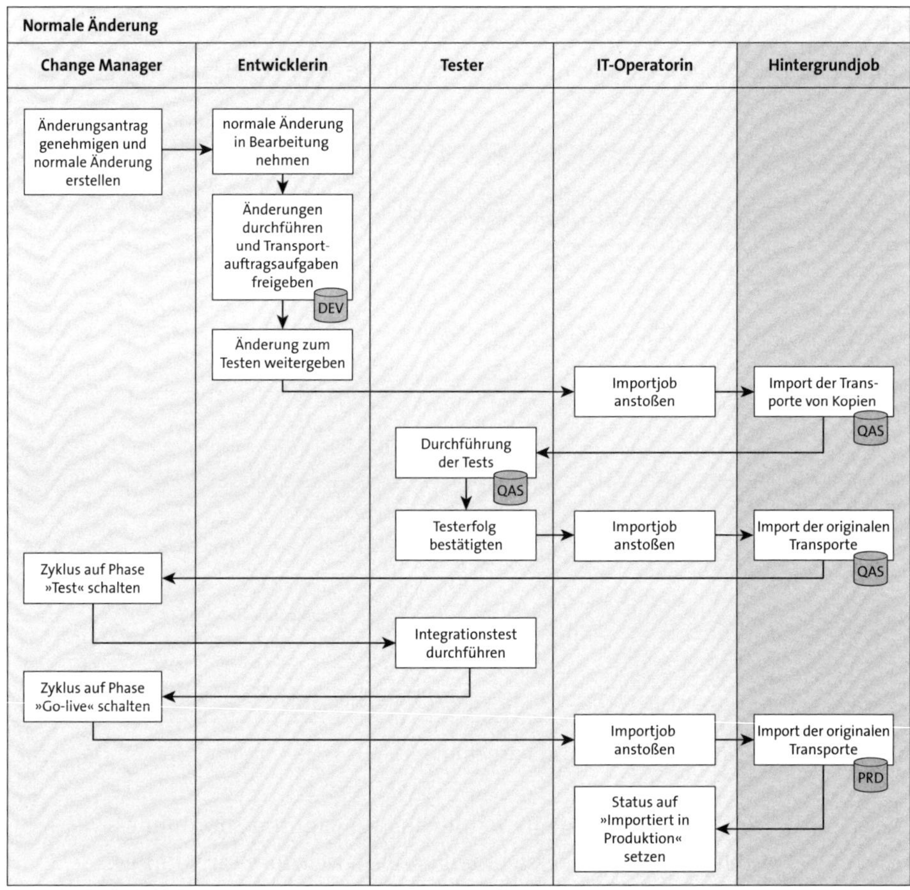


**Abbildung 14.32** Prozess der normalen Änderung (Quelle: Allissat et al., SAP Solution Manager, 2021, S. 458)

**Änderung dokumentieren**

Abbildung 14.32 stellt den grundlegenden Prozessablauf der normalen Änderung mit den dazugehörigen Rollen dar. Das über einen genehmigten Änderungsantrag automatisch erstellte Änderungsdokument wird zunächst im Change Management um relevante Informationen ergänzt, z. B. können dort Prozessbeteiligte wie Entwickler*innen oder Tester*innen eingetragen werden. Ebenso kann die Änderung um weitere Dokumentationen ergänzt werden. Hierzu kann eine textuelle Beschreibung im Bereich **Text** eingefügt werden, in den Zuordnungsblock **Anlagen** hochgeladen oder im Zuordnungsblock **Lösungsdokumentation** referenziert werden (siehe Abbildung 14.33).

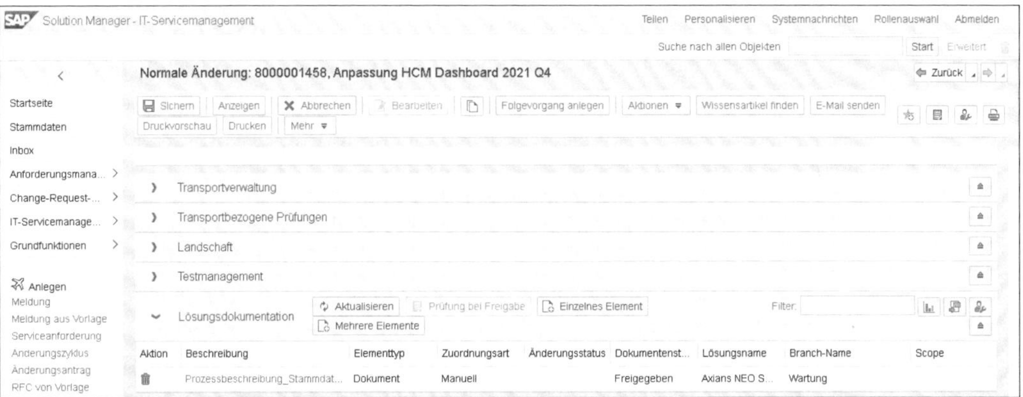


**Abbildung 14.33** Zuordnungsblock »Lösungsdokumentation«

Anschließend wird die Änderung an die Entwicklung weitergereicht. Hier werden aus der Änderung heraus Transportaufträge angelegt, in die die Entwickler*innen die technischen Systemänderungen schreiben. Sind diese vollständig, wird die Änderung an den Test übergeben. Vorab können Entwickler*innen ebenfalls Dokumente pflegen oder diese neu beisteuern. So können z. B. in dieser Phase auch Testfälle erstellt und mit dem Änderungsdokument verknüpft werden, sodass diese für den nun anstehenden Test zur Verfügung stehen. Wird die Änderung an den Test weitergereicht, werden die technischen Änderungen bzw. die Transportaufträge in das Qualitätssicherungssystem übertragen.

**Integration mit der Test-Suite**

Neben den bereits beschriebenen Varianten, Testfälle als Text, Upload oder Verweis auf die Lösungsdokumentation recht pragmatisch zu verwalten, besteht an dieser Stelle die Möglichkeit, die Test-Suite des SAP Solution Managers zu verwenden. Hierzu steht der Zuordnungsblock **Testmanagement** zur Verfügung (siehe Abbildung 14.34).

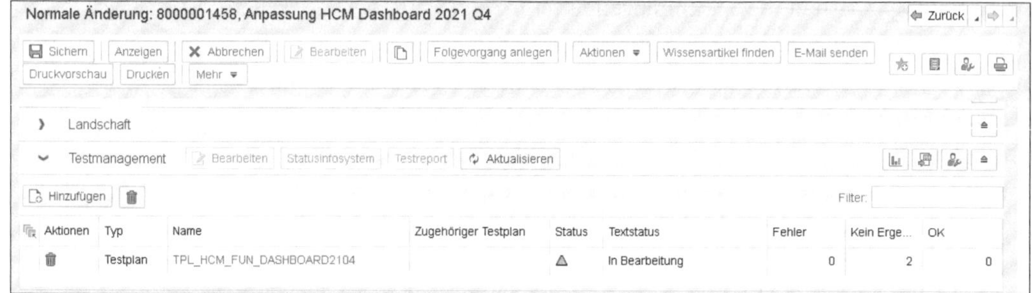


Abbildung 14.34 Zuordnungsblock »Testmanagement«

**Testpläne und -pakete hinzufügen**

Hier können Sie über die Schaltfläche **Hinzufügen** Testpläne und Testpakete aus der Test-Suite referenzieren, um Testaktivitäten einzuplanen und zu dokumentieren. Die entsprechenden Objekte der Test-Suite können nur hinzugefügt werden, solange sich das Änderungsdokument noch nicht im Test befindet.

Wird die Entwicklung an den Test übergeben, führen Tester*innen den Test auf dem Qualitätssicherungssystem anhand der vorliegenden Testfälle aus. Dazu können Tester*innen die Testfälle mit den Werkzeugen der Test-Suite bearbeiten und den Tester-Arbeitsvorrat oder die App **Meine Testausführungen** verwenden (siehe Kapitel 12, »Testausführung mit dem SAP Solution Manager«). Der Status der Testausführung wird dabei im Zuordnungsblock **Testmanagement des Änderungsdokuments** angezeigt. Über die Schaltflächen **Statusinfosystem** und **Testreport** können die entsprechenden Auswertungen der Test-Suite für die jeweiligen Elemente aufgerufen werden.

**Prüfen des Teststatus**

Bei einem Statuswechsel des Änderungsdokuments kann das Ergebnis der im Block **Testmanagement** zugeordneten Testpläne oder Testpakete überprüft werden. Wurden die dort enthaltenen Testfälle nicht oder mit einem fehlerhaften Ergebnis ausgeführt, wird eine entsprechende Meldung ausgegeben; der Folgestatus des Änderungsdokuments kann nicht gesetzt werden (siehe Abbildung 14.35). Im Standard ist diese Prüfung für den Status **Importiert in Produktion** konfiguriert. In der Praxis kann somit der Status **Erfolgreich getestet** auch dann gesetzt werden, wenn die verknüpften Testpläne und Testpakete fehlgeschlagene Testfälle enthalten. So kann zunächst ein funktionaler Test der jeweiligen Änderung durchgeführt werden, der im Änderungsdokument selbst dokumentiert wird. Mit dem Zuordnungsblock **Testmanagement** kann dann vor der Produktivsetzung ein umfassender oder integrativer Test dokumentiert werden. Bevor eine Änderung ins Produktivsystem transportiert wird, wird vorab geprüft, ob alle Testfälle erfolgreich durchgeführt worden sind.

**Abbildung 14.35** Testergebnis prüfen

[+]

### Konsistenzprüfung TWB_TEST_OK

Das ChaRM überprüft Änderungsdokumente inhaltlich und technisch mit sogenannten *Konsistenzprüfungen*. Diese prüfen z. B., ob Transporte erfolgreich importiert wurden oder ob Entwickler*in und Tester*in unterschiedliche Personen sind. In welchem Status diese Prüfungen ausgeführt werden und was im Fehlerfall geschehen soll, kann im Customizing festgelegt werden. Die Konsistenzprüfung `TWB_TEST_OK` ermittelt, ob der Zuordnungsblock Testmanagement gepflegt wurde und – wenn ja – die dort enthaltenen Testfälle mit einem »grünen« Status durchgeführt wurden. Im Standard ist diese Prüfung für die normale Änderung für den Status **Importiert in Produktion** konfiguriert.

**Produktivsetzung der Änderung**

Mit Erreichen des Status **Importiert in Produktion** sind die in dem Änderungsdokument beschriebenen Änderungen abschließend umgesetzt worden. Sind alle Änderungsdokumente eines Änderungsantrags abgeschlossen, wird auch der zugehörige Änderungsantrag automatisch in den Status **Realisiert** gesetzt. Abgeschlossene Änderungsanträge und -dokumente können nicht weiterbearbeitet werden und dienen der Dokumentation der umgesetzten Systemanpassung.

Auch die anderen vorgestellten Änderungsdokumente verfügen über ähnliche Status, um die Testaktivitäten abzubilden; dabei kann stets die Test-Suite mit einbezogen werden. Eine Sonderstellung nimmt hier die Änderungsart **Fehlerkorrektur** ein, mit der in einer Testphase gefundene Fehler behoben werden können.

**Änderungsart »Fehlerkorrektur«**

Die Fehlerkorrektur wird in einer umfangreichen Testphase verwendet, in der viele Änderungen gleichzeitig getestet werden. Dies kann z. B. ein Integrationstest in einem Implementierungsprojekt sein. Voraussetzung für die Nutzung der Fehlerkorrektur ist, dass das jeweilige Projekt über das ChaRM verwaltet wird, sodass das Vorhaben, in dem getestet wird, im ChaRM über einen Änderungszyklus abgebildet wird. Erreicht ein solcher Zyklus z. B. die Testphase, können keine Transportaufträge aus den Änderungsdokumenten mehr freigegeben werden – Änderungen in dieser Phase würden für eine nicht aussagekräftige Qualitätssicherungsumgebung sorgen. Ausnahme von dieser Regel ist die Fehlerkorrektur, mit der eine Änderung aufgrund eines im Test gefundenen Fehlers dokumentiert und technisch umgesetzt werden kann.

Eine umfassende Testphase wird in der Regel in einem Testmanagement-Werkzeug wie der Test-Suite durchgeführt. Die dort gefundenen Fehler werden zunächst als Defect beschrieben; für jeden Fehler wird eine Meldung eröffnet. Ist diese Meldung tatsächlich ein Fehler, der behoben werden muss, rechtfertigt dies das Anlegen einer Fehlerkorrektur, in der genau diese Behebung dokumentiert werden kann. Die Fehlerkorrektur kann dabei aus dem Defect heraus abgeleitet werden oder direkt erstellt werden. Die Zuordnung zu einem Änderungsantrag ist nicht erforderlich. Abbildung 14.36 zeigt den grundlegenden Prozessablauf der Korrektur.

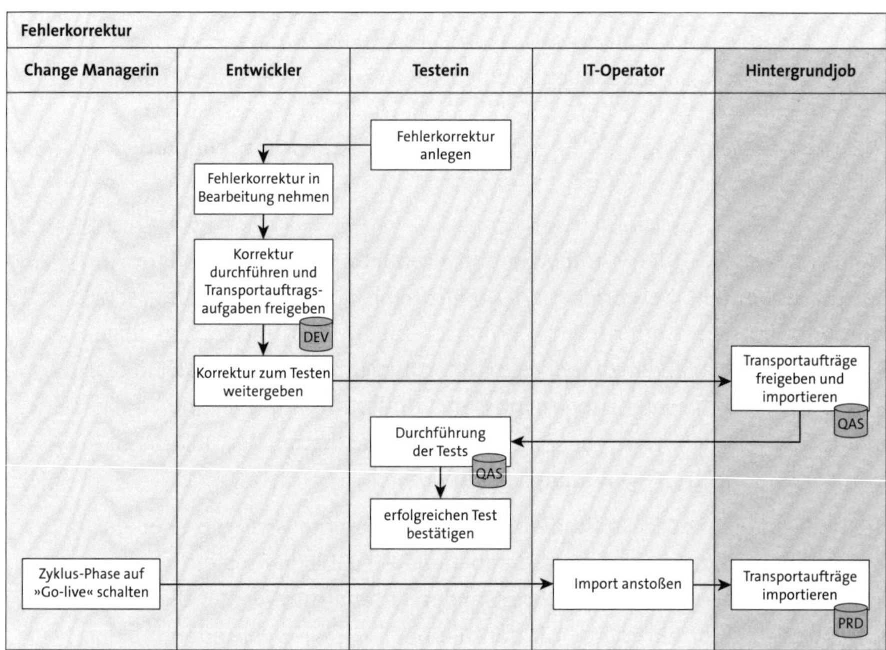


**Abbildung 14.36** Prozessablauf einer Fehlerkorrektur (Quelle: Allissat et al., SAP Solution Manager, 2021, S. 475)

Die Fehlerkorrektur wird durch eine Tester*in angelegt und anschließend an die Softwarenentwicklung weitergeleitet. Hier wird die notwendige Anpassung vorgenommen, in einen Transportauftrag geschrieben und in das Qualitätssicherungssystem transportiert. Anschließend kann die Tester*in prüfen, ob der Fehler mit dieser Änderung beseitigt ist. Da bereits die gesamte Testphase in der Test-Suite abgebildet wird und damit die Korrektur selbst auf einem Testfall basiert, ist die Verwendung des Zuordnungsblocks **Testmanagement** hier meist nicht erforderlich.

Mit der Fehlerkorrektur können Transporte in einer Testphase von regulären Systemänderungen abgegrenzt werden. Ein positiver Nebeneffekt ist die Möglichkeit, mithilfe der Fehlerkorrekturen die tatsächlich in einer Testphase gefundenen und behobenen Fehler auszuwerten.

**Teststufen mit dem Change Request Management unterscheiden**

In der Praxis wird das ChaRM häufig verwendet, um verschiedene Teststufen abzubilden. Die Tests, die über den entsprechenden Status in den Änderungsdokumenten durchgeführt werden, entsprechen meist Einzeltests der jeweils umgesetzten Funktionalität. Ist die zu testende Funktion recht kleinteilig, verzichten viele Unternehmen auch auf die Integration zur Test-Suite; der Testfall wird dann als Dokument angehängt bzw. verknüpft oder als textuelle Beschreibung im Vorgang selbst hinterlegt. Ebenso können Resultate des Tests auf diese Weise im Änderungsdokument hinterlegt werden. Der Nachweis des Tests ist durch den Statuswechsel gewährleistet, mit dem Tester*innen den erfolgreichen Test bestätigen.

Für umfassende Testphasen wie z. B. Integrations- und Nutzerakzeptanztests werden alle erfolgreich getesteten einzelnen Änderungen eines Release gesammelt; die übergreifenden Tests werden mit der Test-Suite geplant und durchgeführt. Das ChaRM unterstützt hierbei, indem die Änderungszyklen in die beschriebene Phase **Test** gesetzt werden können, die keine regulären Transporte erlaubt.

## 14.6 Integration in das Projektmanagement

Mit der Installation des SAP Solution Managers erhalten Sie automatisch eine Version des von SAP eingeständig vertriebenen Produkts *SAP Portfolio and Project Management*. Sie können somit die Projektmanagementkomponente von SAP Portfolio and Project Management direkt über Ihren SAP Solution Manager für IT-Projekte nutzen. In diesem Zusammenhang wird SAP Portfolio and Project Management auch als IT-Portfolio- und Projektmanagement (IT-PPM) bezeichnet. Mit dem SAP-Projektmanagement können Sie die Durchführung Ihrer IT-Projekte sowie die dafür benötigten Ressourcen zentral planen, strukturieren und koordinieren. Anhand von Analysen und Dashboards überwachen Sie den Fortschritt Ihrer Projekte und können so gezielt kritische Entwicklungen identifizieren und bei Bedarf Gegenmaßnahmen einleiten.

**Integration ins Testmanagement**

Das IT-PPM bietet dabei eine Integrationsmöglichkeiten in andere Szenarien des SAP Solution Managers wie z. B. die Lösungsdokumentation, das ChaRM und natürlich das Testmanagement. Die Einrichtung des gesamten IT-PPMs würde den Rahmen des Buches deutlich sprengen, insofern konzentrieren wir uns hier auf die Einbindung des Testmanagements sowie die praktische Anwendung. Falls Sie wissen möchten, wie Sie das IT-PPM grundlegend einrichten, können wir Ihnen auch an dieser Stelle noch einmal das Buch »SAP Solution Manager. Das Praxishandbuch« (2021) empfehlen.

**Projekt zum Testplan zuordnen**

Die Verknüpfung des Testmanagements mit dem IT-PPM nehmen Sie über die Kachel **Testplanverwaltung** im Bereich **Test-Suite** des SAP Solution Manager Launchpads vor. Dort legen Sie, wie in Kapitel 11, »Testplanung mit dem SAP Solution Manager«, beschrieben, einen neuen Testplan an oder öffnen einen bestehenden Testplan. Über das gleichnamige Feld **Projekt** lässt sich dann ein Projekt dem Testplan zuordnen (siehe Abbildung 14.37).

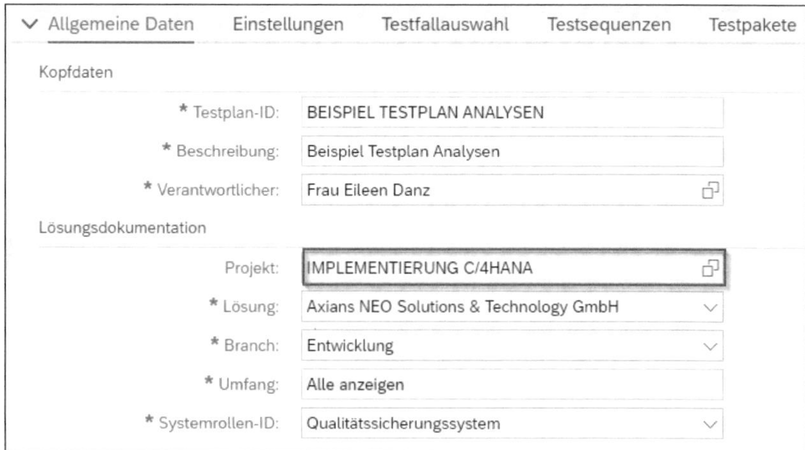


**Abbildung 14.37** Projekt in der Testplanverwaltung zuordnen

Achten Sie bei der Zuordnung darauf, dass sich das Projekt im Status **Freigegeben** befindet und der gleichen Lösung und dem gleichen Branch zugeordnet ist wie der Testplan.

Anschließend können Sie in die Projektverwaltung des IT-PPMs springen. Sie finden diese im Bereich **Projekt- und Prozessmanagement** des SAP Solution Manager Launchpads. Klicken Sie auf die Kachel **Meine Projekte**, und navigieren Sie, falls das gesuchte Projekt nicht in der Liste erscheint, zu **alle Projekte**. Entsprechende Berechtigungen vorausgesetzt, können Sie mit einem Klick auf die Projektbezeichnung in dieses abspringen. Sie finden die zugeordneten Testpläne in den Projektdaten auf der Registerkarte **Testmanagement** (siehe Abbildung 14.38).

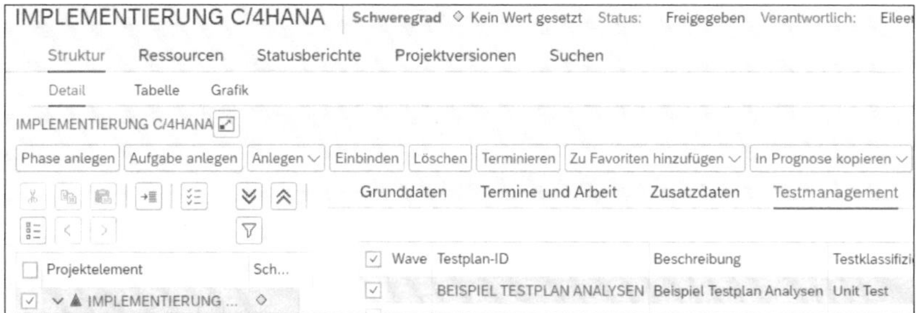


**Abbildung 14.38** Projekt mit einem zugeordneten Testplan

**IT-PPM als Klammer**

Sie sehen innerhalb der Projektoberfläche zu allen zugeordneten Testplänen entsprechende Kennzahlen wie z. B. den Teststatus oder die Anzahl der gefundenen Fehler. Mit einem Klick auf den Testplan springen Sie wieder zur Testplanverwaltung und können den Testplan bei Bedarf bearbeiten. Mithilfe des IT-PPMs können Sie somit eine Klammer um mehrere Testpläne schaffen und diese projektspezifisch im Blick behalten.

TEIL III

# Werkzeuge zur Automatisierung und Verbesserung von Tests

Kapitel 15
# Änderungseinflussanalyse

*Die Werkzeuge zur Änderungseinflussanalyse im SAP Solution Manager helfen durch den Abgleich technischer Objekte bei der Entscheidung, welche Anwendungen oder Testfälle mit welcher Priorität zu testen sind. Dieses Kapitel stellt die Werkzeuge und deren Einsatz in der Praxis vor.*

**Auswahl geeigneter Testfälle**

Die Auswahl der Testfälle für einen bevorstehenden Test ist ein weitestgehend manueller Arbeitsschritt. Testmanager*innen und Mitarbeitende der Fachbereiche bestimmen den Testumfang anhand der fachlichen und technischen Änderungen, die der Auslöser für den jeweiligen Test sind. Diese Auslöser stammen vom Unternehmen selbst. Beispiele dafür sind ein neues Customizing für bestehende Prozesse, Anpassungen der Software durch SAP oder ein Upgrade des Systems in Form eines Support Package. Die Entscheidung über die Auswahl der Testfälle wird anhand verfügbarer, meist fachlicher Informationen getroffen, z. B. anhand von Spezifikationsdokumenten. Hierbei besteht die Herausforderung, zutreffende Testfälle auszuwählen und dabei einen angemessenen Testaufwand einzuhalten.

**Vergleich technischer Objekte**

Das Prinzip der *Änderungseinflussanalyse* haben wir bereits in Abschnitt 6.2.1, »Änderungseinflussanalyse«, vorgestellt. Passende Werkzeuge unterstützen den Arbeitsschritt der Testfallauswahl zudem technisch. Wurden die technischen Objekte einer Systemänderung identifiziert, kann durch einen Vergleich mit dem Ist-Zustand der Objekte im System ermittelt werden, welchen Einfluss diese Änderung auf das System hat. Die Herausforderung besteht darin, aus dem bloßen Vergleich technischer Objekte einen Bezug zu den Elementen herzustellen, die für das Testmanagement relevant sind, also z. B. Anwendungen und Geschäftsprozesse.

**Technische Objekte**

Unter der Bezeichnung *technische Objekte* fassen wir alle Objekte zusammen, aus denen sich die Anwendung eines SAP-ABAP-Systems zusammensetzt, z. B. Programme/Codeobjekte, Tabellen(inhalte) oder Benutzeroberflächen.

Der *Business Process Change Analyzer* (BPCA) ist das Werkzeug des SAP Solution Managers, um den genannten Vergleich durchzuführen und dabei einen Bezug zu fachlichen Inhalten herzustellen. Grundlage hierfür ist eine Zuordnung der technischen Objekte zu den ausführbaren Einheiten oder Testfällen in Ihren Systemen.

Ergänzend dazu liefert der *Scope and Effort Analyzer* (SEA) Empfehlungen und Aufwandsschätzungen zu den Entwicklungs- und Testaufwänden bei der Implementierung von Support Packages und Enhancement Packages in Ihren Systemen. Dabei müssen die zu analysierenden Änderungen – anders als bei der Nutzung des BPCA – noch nicht in der Systemlandschaft vorhanden sein. Der SEA nutzt die SAP-Solution-Manager-Funktionen Custom Code Management und BPCA und stellt diese in einer zentralen Oberfläche dar. Somit kann der BPCA als Spezialwerkzeug für das Testmanagement angesehen werden, während der SEA eher der Projektplanung und -übersicht dient und einen Einstieg in die Themen Änderungseinflussanalyse und Custom Code Management erlaubt.

In diesem Kapitel zeigen wir, wie Sie mit beiden Werkzeugen Analysen erstellen, um die Auswahl geeigneter Testfälle technisch zu unterstützen.

## 15.1 Business Process Change Analyzer

Mit dem BPCA können Sie die Auswirkungen von Änderungen auf ein System analysieren und daraus Aussagen zum Testumfang ableiten. Abbildung 15.1 zeigt den Einstiegsbildschirm des BPCA mit den auswählbaren Änderungsereignissen.

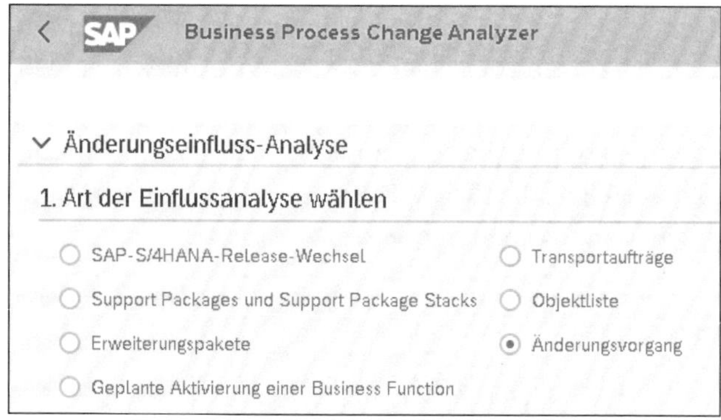


**Abbildung 15.1** Änderungsereignis im BPCA auswählen

Der BPCA vergleicht die technischen Objekte einer Änderung mit den im Produktivsystem der Systemlandschaft tatsächlich verwendeten Objekten.

Das Ergebnis dieses Vergleichs wird in einer für das Testmanagement sinnvollen Form dargestellt. Abhängig von Ihrem Arbeitsansatz mit dem Werkzeug erhalten Sie einen Vorschlag, welche ausführbaren Einheiten, Geschäftsprozesse oder Testfälle getestet werden müssen.

**Voraussetzungen für die Analyse**

Zunächst wird hierzu die Information benötigt, welche Anwendungen im Produktivsystem tatsächlich verwendet werden – schließlich müssen in der Regel nur Anwendungsbereiche getestet werden, die auch tatsächlich eingesetzt werden. Wenn Sie die Lösungsdokumentation im SAP Solution Manager verwenden, haben Sie diese Informationen bereits: Entweder weil Sie dort die Geschäftsprozesse des Unternehmens abgebildet haben und für diese Prozesse auch Testfälle und ausführbare Einheiten vorliegen (siehe Abschnitt 10.1.6, »Aufbau der Prozesshierarchie«) oder durch die Bibliothek der ausführbaren Einheiten, in der die tatsächlich verwendeten Anwendungen automatisch erfasst werden (siehe Abschnitt 10.1.3, »Generierung von Bibliotheken«).

**Technische Stücklisten**

In beiden Fällen sind die erfassten ausführbaren Einheiten für die Nutzung des BPCA relevant: Jede ausführbare Einheit wird um eine *technische Stückliste* (engl. Technical Bill of Material, TBOM) ergänzt, die sämtliche technischen Objekte enthält, die während der Ausführung dieser Einheit verwendet werden. Durch den Vergleich der zu ändernden Objekte mit der Gesamtheit aller technischen Stücklisten werden die ausführbaren Einheiten ermittelt, die von der Änderung betroffen sind und somit getestet werden müssen. Entsprechend müssen Anwendungen, die keines der geänderten Objekte aufrufen, im Test nicht berücksichtigt werden.

Dieses grundlegende Vorgehen wird um verschiedene Aspekte erweitert. So können Sie zwischen verschiedenen Arten von technischen Stücklisten wählen, die sich hinsichtlich ihrer Genauigkeit und dem Erstellungsaufwand unterscheiden. Bei der Änderungsanalyse haben Sie zudem Möglichkeiten, um das Ergebnis des Vergleichs weiter zu optimieren, indem z. B. nur Objekte mit hoher Testabdeckung berücksichtigt werden.

In diesem Abschnitt stellen wir Ihnen die Verwendungsprotokollierung, die minimal erforderlichen Elemente der Lösungsdokumentation und die technischen Stücklisten als Voraussetzungen für die Arbeit mit dem BPCA vor. Anschließend zeigen wir, wie Sie die Analyse mit dem BPCA selbst durchführen.

### 15.1.1 Verwendungsprotokollierung

Die technischen Voraussetzungen für den Einsatz der Verwendungsprotokollierung sind das Usage and Procedure Logging (UPL) und der ABAP Call

Monitor (SCMON). Deren Konfiguration haben wir in Abschnitt 9.4.1, »Technische Voraussetzungen«, detailliert beschrieben.

**Produktive Verwendung protokollieren**

Um den BPCA sinnvoll nutzen zu können, muss die Verwendungsprotokollierung für die Produktivsysteme der zu analysierenden Landschaft aktiviert werden. Die Protokollierung ermittelt die im System verwendeten technischen Objekte und bildet damit die Grundlage für die Erstellung von technischen Stücklisten. Abhängig vom technischen Stand des Systems wird dabei entweder UPL oder SCMON aktiviert. Wir empfehlen die Verwendung von SCMON, da diese Technologie als Quasi-Nachfolger von UPL genauere Ergebnisse liefert: Im Gegensatz zu UPL erfasst SCMON u. a. auch die Einstiegspunkte der technischen Nutzung und kann somit die Objektverwendung besser eingrenzen. Dies kommt den Auswertungen des BPCA zugute.

Eine generelle Empfehlung lautet zudem, dass die Verwendungsprotokollierung Daten von mindestens drei Monaten gesammelt haben sollte, bevor erste Auswertungen mit dem BPCA erstellt werden. So ist eine hinreichend valide Datenbasis verfügbar, die typische Geschäftsvorgänge im Produktivsystem erfasst und z. B. auch Quartalsabschlüsse beinhaltet.

**Verwendungsprotokollierung frühzeitig aktivieren**

Selbst, wenn die Entscheidung, BPCA oder SEA zu nutzen, noch aussteht, ist es ist sinnvoll, die Änderungsprotokollierung frühzeitig zu aktivieren, damit zum Start eines etwaigen (Pilot)projekts eine ausreichende Menge an Verwendungsdaten zur Verfügung steht.

### 15.1.2 Prozesse und Bibliotheken in der Lösungsdokumentation

**Fundament der Analyse**

Die *Lösungsdokumentation* bildet das Fundament für die technischen Stücklisten der Änderungsanalyse: Eine technische Stückliste kann für ausführbare Einheiten in SAP-Systemen angelegt werden und enthält die technischen Objekte, die von der jeweiligen App verwendet werden. Entsprechend gilt: Das Analyseergebnis des BPCA ist umso akkurater, je vollständiger die Sammlung der technischen Stücklisten ist.

Zudem hat der Ort, an dem sich die ausführbare Einheit befindet, Auswirkungen auf die Darstellung und Interpretationsmöglichkeiten des Analyseergebnisses. Grundlegend existieren folgende Möglichkeiten:

**Bibliothek der ausführbaren Einheiten**

Die *Bibliothek der ausführbaren Einheiten* wird automatisch aus den Nutzungsinformationen eines Produktivsystems generiert (siehe Abschnitt 10.1.3, »Generierung von Bibliotheken«). Die einzelnen Einheiten werden in die eher technische SAP-Komponentenhierarchie eingeordnet, die aufgrund der geläufigen Bezeichnungen dennoch Rückschlüsse darauf zulässt, in welchem Fachbereich das jeweilige Element verwendet wird. Abbildung 15.2 zeigt beispielhaft Elemente der Komponente FI in einer Bibliothek.

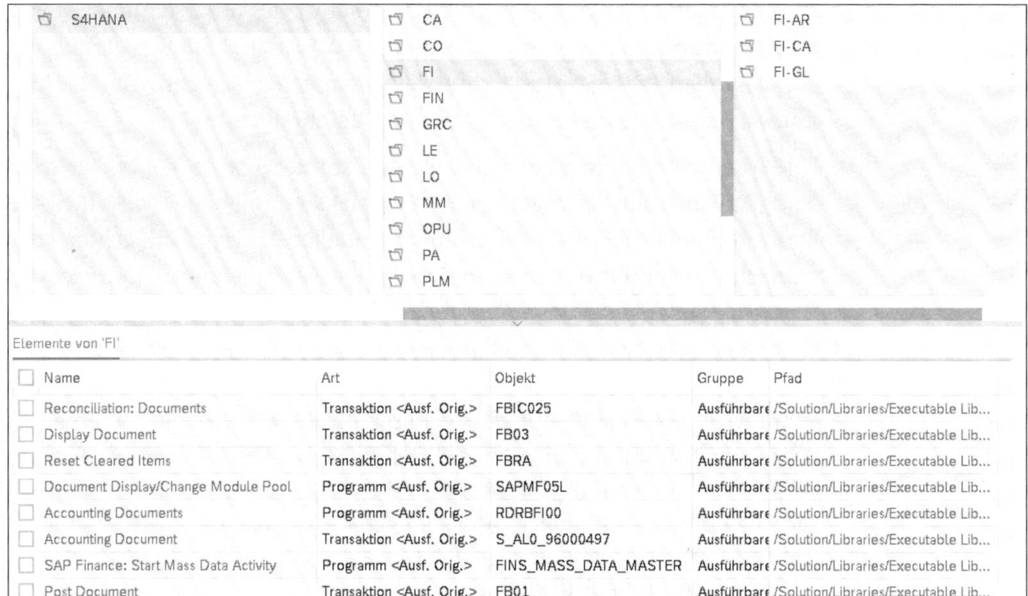


| Name | Art | Objekt | Gruppe | Pfad |
|---|---|---|---|---|
| Reconciliation: Documents | Transaktion <Ausf. Orig.> | FBIC025 | Ausführbare | /Solution/Libraries/Executable Lib... |
| Display Document | Transaktion <Ausf. Orig.> | FB03 | Ausführbare | /Solution/Libraries/Executable Lib... |
| Reset Cleared Items | Transaktion <Ausf. Orig.> | FBRA | Ausführbare | /Solution/Libraries/Executable Lib... |
| Document Display/Change Module Pool | Programm <Ausf. Orig.> | SAPMF05L | Ausführbare | /Solution/Libraries/Executable Lib... |
| Accounting Documents | Programm <Ausf. Orig.> | RDRBFI00 | Ausführbare | /Solution/Libraries/Executable Lib... |
| Accounting Document | Transaktion <Ausf. Orig.> | S_AL0_96000497 | Ausführbare | /Solution/Libraries/Executable Lib... |
| SAP Finance: Start Mass Data Activity | Programm <Ausf. Orig.> | FINS_MASS_DATA_MASTER | Ausführbare | /Solution/Libraries/Executable Lib... |
| Post Document | Transaktion <Ausf. Orig.> | FB01 | Ausführbare | /Solution/Libraries/Executable Lib... |

**Abbildung 15.2** Bibliothek ausführbarer Einheiten – Bereich »FI«

Vorteil der Bibliothek ist der hohe Grad der Vollständigkeit: Wird ein Objekt verwendet, wird es in die Bibliothek aufgenommen. Zudem kann der BPCA selbst dann verwendet werden, wenn nur die Bibliothek der ausführbaren Einheiten verfügbar ist. In diesem Fall gibt das Ergebnis der Änderungsanalyse lediglich die zu testenden ausführbaren Einheiten aus. Zwar fehlt die Information, in welchem Geschäftsprozess die jeweiligen Programme eingesetzt werden, aber dennoch leistet das Ergebnis gute Dienste, um den Umfang der zu testenden Anwendungen und Programme einschätzen zu können.

**Prozesshierarchie**

In der *Prozesshierarchie* bilden Sie die Geschäftsprozesse des Unternehmens ab (siehe Abschnitt 10.1.6, »Aufbau der Prozesshierarchie«). Innerhalb der Ordnerstruktur verwalten Sie Dokumente, Testfälle und technische Objekte – darunter auch die ausführbaren Einheiten. Somit bietet die Prozesshierarchie die Möglichkeit, die genutzten Programme in Relation zu den Prozessen des Unternehmens darzustellen. Wenn Sie diese Möglichkeit nutzen, erhalten Sie zusätzlich die Information, in welchen Geschäftsprozessen bzw. Prozessschritten die betreffenden Einheiten verwendet werden.

**Testfälle**

Verwalten Sie in der Prozesshierarchie auch Testfälle, und sind diese Testfälle mit ausführbaren Einheiten verknüpft, können letztere im Analyseergebnis des BPCA angezeigt werden. Die Analyse des BPCA kann direkt von der Änderung eines Systemobjekts auf einen Testfall schließen. Voraussetzung ist allerdings, dass für den Testfall entsprechende technische Stücklisten vorliegen, wie im nächsten Abschnitt beschrieben.

Die Analyseergebnisse des BPCA werden somit stets im Kontext der Lösungsdokumentation angezeigt. Den einfachsten Fall bildet dabei die Nutzung der Bibliothek, die nahezu ohne manuellen Aufwand mit echten Nutzungsdaten gefüllt werden kann. Soll das Analyseergebnis im Kontext von Prozessen oder Testfällen dargestellt werden, müssen die entsprechenden Informationen zuvor manuell in der Prozesshierarchie erstellt werden. Ist dies nicht der Fall, z. B. wenn Ihre eigene Prozessdokumentation nicht vollständig ist oder nur Kernprozesse dokumentiert, kann für alle anderen Objekte auf die Bibliothek der ausführbaren Einheiten zurückgegriffen werden.

### 15.1.3 Technische Stücklisten

Wurde in der Lösungsdokumentation die Grundlage für eine möglichst vollständige Sammlung der genutzten ausführbaren Einheiten geschaffen, die die tatsächliche Nutzung des Produktivsystems wiedergibt, können im nächsten Schritt technische Stücklisten für (idealerweise) jede ausführbare Einheit angelegt werden. Hier gilt die Maßgabe: Je genauer die technischen Stücklisten alle technischen Objekte erfassen, die durch eine Anwendung aufgerufen werden, desto genauer ist das Analyseergebnis des BPCA.

**Arten technischer Stücklisten**

Es existieren drei Arten von technischen Stücklisten:

- **Statische TBOMs**
  Statische TBOMs können automatisch generiert werden und sind die einfachste, aber auch die am wenigsten genaue Form der technischen Stücklisten. Die technischen Objekte, die in statischen TBOMs aufgezeichnet sind, werden allein durch die Analyse des Quellcodes der jeweiligen Anwendung ermittelt; Verwendungsdaten aus SCMON oder UPL werden nicht berücksichtigt. Diese Form der Analyse zeichnet Objekte auf, die mitunter bei der realen Nutzung nicht verwendet werden. Ebenso werden dynamische Aufrufe und generierte Objekte nicht erfasst; die Analyse des Codes erfolgt nur bis zu einer begrenzten Tiefe. Da durch die Verwendung von Nutzungsdaten in der Praxis bessere Optionen zur Ver-

fügung stehen, empfehlen wir, statische TBOMs nicht bzw. nur in Ausnahmefällen zu verwenden (z. B. wenn für wenig kritische Anwendungen noch keine Nutzungsdaten zur Verfügung stehen).

- **Semidynamische TBOMs**
  Semidynamische TBOMs werden ebenfalls automatisch generiert. Sie greifen auf die Daten der Verwendungsprotokollierung durch SCMON und UPL zurück und können somit die von einem Programm tatsächlich verwendeten Objekte erfassen. Dabei sind die Ergebnisse von SCMON zu präferieren, da sie ein genaueres Bild vermitteln. Ebenso sollte die Verwendungsprotokollierung wenigstens einige Monate im Einsatz sein, um ein reales Bild der Systemnutzung darzustellen. In der Praxis bieten semidynamische TBOMs für den Einstieg in die Änderungsanalyse die beste Aufwand-Nutzen-Relation, da sie automatisch für sämtliche ausführbaren Einheiten angelegt werden können.
- **Dynamische TBOMs**
  Dynamische TBOMs müssen, anders als statische und semidynamische TBOMs, manuell zur Laufzeit des Systems aufgezeichnet werden. Diese Aufzeichnung kann z. B. gestartet werden, wenn einzelne Anwender*innen einen Testfall ausführen. In die TBOM werden dann die technischen Objekte geschrieben, die während der Ausführung der einzelnen Arbeitsschritte aufgerufen werden. Anders als bei den beiden anderen Varianten, die bedingt durch die automatische Aufzeichnung lediglich eine ausführbare Einheit berücksichtigen, geben dynamische TBOMs die verwendeten Objekte am akkuratesten wieder: Wird in einem Testfall beispielsweise nur ein kleiner Teil einer SAP-Transaktion verwendet, werden auch nur die Objekte berücksichtigt, die innerhalb dieses Teils verwendet werden. Erstreckt sich umgekehrt ein Testfall über mehrere Anwendungen, werden diese ebenfalls in einer TBOM aufgezeichnet. Die Erstellung dynamischer TBOMs ist somit immer mit manuellen Aufwänden verbunden, bietet aber die Möglichkeit, Stücklisten flexibel und genau anzulegen, z. B. für den Test von vollständigen Prozessen, Prozessvarianten oder Teilschritten.

In der Praxis empfiehlt sich der Einstieg in die Nutzung des BPCA mit den automatisch generierbaren semidynamischen TBOMs. Zusammen mit der Bibliothek der ausführbaren Einheiten bilden diese die grundlegende Datenbasis des BPCA, die ohne weitere Nutzung der Prozessdokumentation verwendet werden kann. Ebenso kann auf diese beiden Konstrukte zurückgegriffen werden, wenn »höherwertige« Informationen, wie z. B. der Bezug zu eigenen Geschäftsprozessen mit dynamischen TBOMs, nicht verfügbar sind.

### Statische und semidynamische TBOMs generieren

Um semidynamische (bzw. auch statische) TBOMs aufzuzeichnen, stellen Sie zunächst sicher, dass die in Abschnitt 15.1.1, »Verwendungsprotokollierung«, und Abschnitt 15.1.2, »Prozesse und Bibliotheken in der Lösungsdokumentation«, dargestellten Grundvoraussetzungen erfüllt sind: Für die zu analysierenden Produktivsysteme liegt eine hinreichende Menge an Nutzungsdaten der Verwendungsprotokollierung vor. Ebenso wird für diese Systeme die Bibliothek der ausführbaren Einheiten gefüllt und regelmäßig aktualisiert.

Im Menü **Test-Suite** des SAP Solution Manager Launchpads finden Sie die Kachel **Verwaltung – Änderungseinfluss-Analyse**. Wählen Sie hier die Registerkarte **BPCA-Vorbereitung** (siehe Abbildung 15.3).

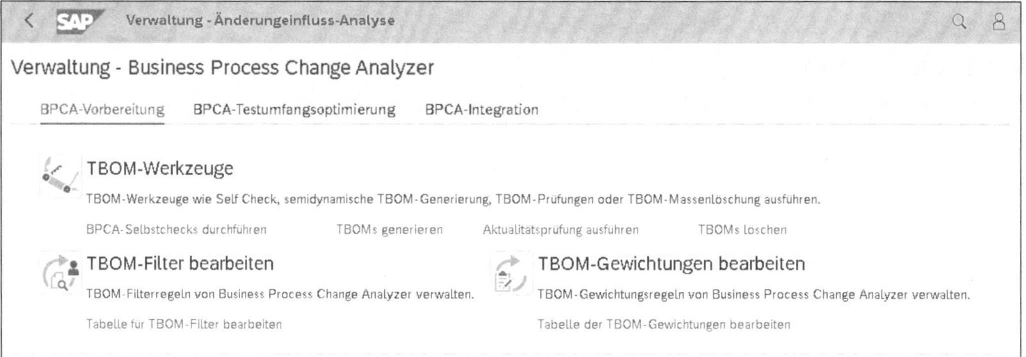


**Abbildung 15.3** BPCA-Vorbereitung

**BPCA-Selbstcheck**

Wählen Sie Sie zunächst die Schaltfläche **BPCA-Selbstchecks durchführen** aus. Hier können Sie überprüfen, ob die technischen Voraussetzungen und die genannten Grundlagen für das Erstellen von TBOMs erfüllt sind. Abbildung 15.4 zeigt die erforderlichen Eingaben für die Prüfung. Geben Sie die Lösung, das System für die TBOM-Generierung, ein, und füllen Sie im Bereich **System mit UPL/SCMON-Daten** die Felder aus. Das System für die TBOM-Generierung ist in der Regel ein Qualitätssicherungssystem. Bei dem System, für das Verwendungsdaten gesammelt werden, sollte stets ein Produktivsystem angegeben werden. Für jedes System wählen Sie zudem den Branch und – falls verwendet – die Site aus. Hierüber wird geprüft, ob das System in der dortigen Systemlandschaft vorhanden ist.

Wenn Sie auf die Schaltfläche **Selbstcheck ausführen** klicken, werden die betreffenden Prüfungen für den SAP Solution Manager und die beiden Zielsysteme gestartet und anschließend in Textform dargestellt. Achten Sie hier auf rot gekennzeichnete Fehlermeldungen.

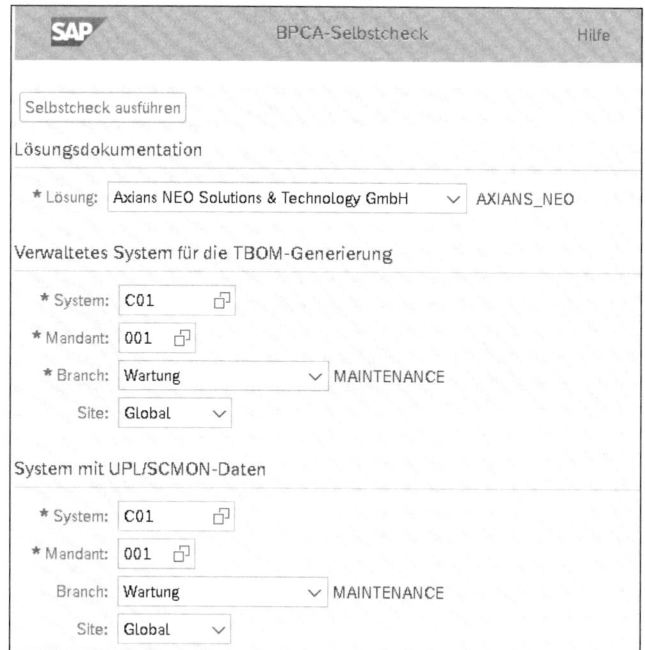


**Abbildung 15.4** BPCA-Selbstcheck



Abbildung 15.5 zeigt einen Auszug aus den Prüfungen der SCMON-Datensammlung. Hier wird u. a. auch die Verfügbarkeit der Daten in Monaten angegeben.

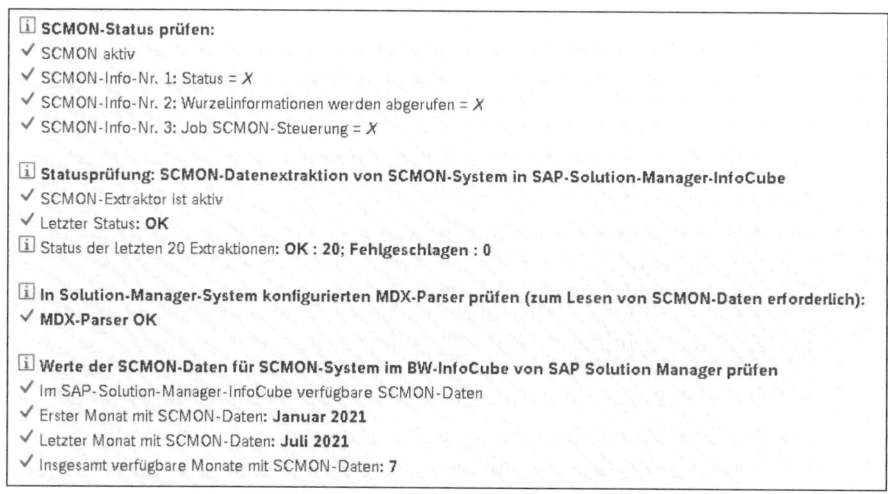


**Abbildung 15.5** Status der Prüfung zur Datensammlung mit SCMON

**TBOMs generieren**

Sind gemäß Selbstcheck alle Voraussetzungen erfüllt, klicken Sie in der Registerkarte **BPCA-Vorbereitung** auf die Schaltfläche **TBOMs generieren** (siehe Abbildung 15.3). So gelangen Sie zu der Bildschirmansicht in Abbildung 15.6.

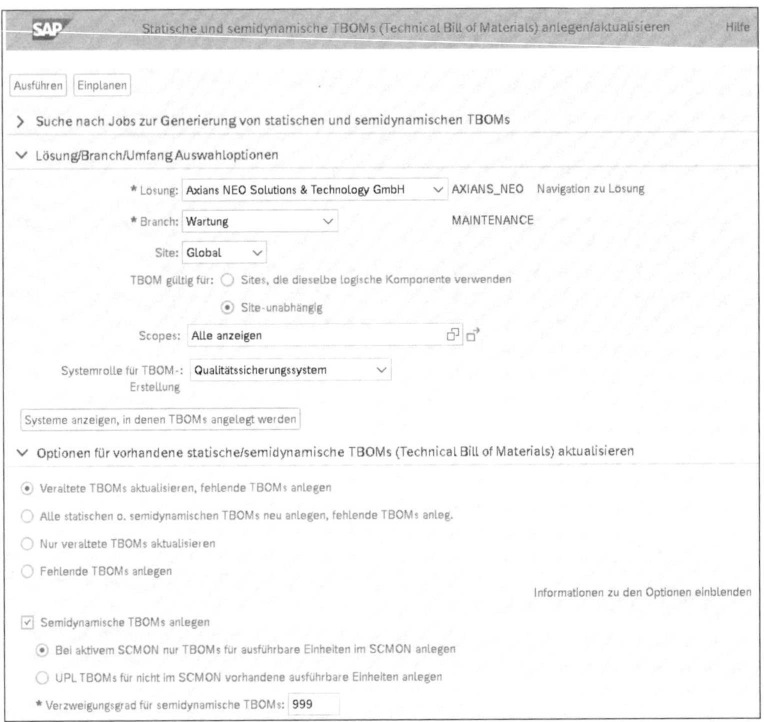


**Abbildung 15.6** Statische und semidynamische TBOMs anlegen/aktualisieren

Tragen Sie hier zunächst Lösung, Branch und – falls verwendet – Site und Umfang (Feld **Scopes**) ein. Wenn Sie das Site-Konzept nutzen, können Sie hier zudem angeben, ob die erstellten TBOMs nur für Sites mit der gleichen logischen Komponentengruppe, d. h. der gleichen Systemlandschaft gültig sein oder ob die TBOMs unabhängig von den Sites angelegt werden sollen. Die Systemrolle für die TBOM-Erstellung ist typischerweise ein Qualitätssicherungssystem.

Um TBOMs anzulegen bzw. zu aktualisieren, können Sie zwischen folgenden Optionen wählen:

- **Veraltete TBOMs aktualisieren, fehlende TBOMs anlegen**: Verwenden Sie diese Einstellung, um TBOMs neu zu erstellen. Zusätzlich werden TBOMs aktualisiert, die als möglicherweise verwaltet gekennzeichnet sind (siehe »TBOM-Status und -Abdeckung«).
- **Alle statischen o. semidynamischen TBOMs neu anlegen, fehlende TBOMs anleg.**: Hierbei werden alle TBOMs neu angelegt und bereits vorhandene TBOMs überschrieben.

- **Nur veraltete TBOMs aktualisieren** und **Fehlende TBOMs anlegen**: Mit dieser Einstellung werden die jeweiligen Aktivitäten einzeln ausgeführt. Da die Erstellung von TBOMs als regelmäßiger Hintergrundjob eingeplant werden kann, können Sie somit z. B. die beiden Tätigkeiten getrennt voneinander einplanen.

Wählen Sie in jedem Fall die Checkbox **Semidynamische TBOMs anlegen**. In den Optionsfeldern darunter können Sie zusätzlich auswählen, ob bei Nicht-Verfügbarkeit von SCMON-Daten auf UPL oder gar auf statische TBOMs zurückgegriffen werden soll.

**Daten für semidynamische TBOMs**

Abbildung 15.7 zeigt den Bereich **Semidynamische Optionen (UPL/SCMON)**, der sich direkt unterhalb der in Abbildung 15.6 gezeigten Optionen befindet. In diesem Bereich legen Sie fest, aus welcher Systemrolle (typischerweise ein Produktivsystem) die Verwendungsdaten gelesen werden sollen. Dabei können Sie eine Liste der Systeme einblenden, die aufgrund Ihrer Einstellungen verwendet werden. Ebenso können Sie hier sehen, für welche Zeiträume jeweils Verwendungsdaten vorhanden sind.

**Abbildung 15.7** Optionen für semidynamische TBOMs mit Verfügbarkeitsdaten

Wählen Sie abschließend am oberen Rand der Anwendung in Abbildung 15.6 eine der Schaltflächen **Ausführen** oder **Einplanen**, um die TBOMs zu generieren. In beiden Fällen erfolgt die Generierung als Hintergrundjob. Bei der Einplanung können Sie vorab Startdatum und -zeit angeben und den

Job periodisch einplanen. Wenn Sie den Bereich **Suche nach Jobs zur Generierung von statischen und semidynamischen TBOMs** ausklappen, können Sie sich aktive und abgeschlossene Generierungsjobs und deren Status anzeigen lassen. Von hier aus gelangen Sie auch zum Jobprotokoll, das das Anlegen der TBOMs und etwaige Fehler detailliert beschreibt.

### Dynamische TBOMs in der Lösungsdokumentation aufzeichnen

Um dynamische TBOMs zu erstellen, muss stets der gewünschte Vorgang im Zielsystem ausgeführt werden. Durch den dynamischen Aufruf der App ist diese Art der technischen Stückliste weitaus genauer, da alle aufgerufenen Objekte zur Laufzeit mitgeschrieben werden können.

**Dynamische TBOMs aufzeichnen**

Es gibt verschiedene Möglichkeiten, um dynamische TBOMs aufzuzeichnen. Das grundlegende Vorgehen zum Anlegen einer dynamischen TBOM ist deren manuelle Erstellung aus der Lösungsdokumentation heraus. Öffnen Sie dazu im SAP Solution Manager Launchpad über den Menüpfad **Projekt- und Prozessmanagement • Lösungsdokumentation** die Lösungsdokumentation. Dort gehen Sie wie folgt vor.

1. Navigieren Sie in der Lösung und im Branch, in dem Sie Ihre Prozesse und Testfälle abgebildet haben, zu einer ausführbaren Einheit.

   Die TBOM wird als Unterelement dieser ausführbaren Einheit angelegt. Sofern noch keine Unterelemente existieren, wählen Sie das Plussymbol neben **Elemente von '...'**, um eine zusätzliche Registerkarte für Unterelemente zu erstellen; andernfalls rufen Sie die bereits vorhandene Registerkarte **Elemente von 'Ausführbare Einheit'** direkt auf.
2. Wählen Sie **Neu • TBOM (Anlegen)** aus (siehe Abbildung 15.8).

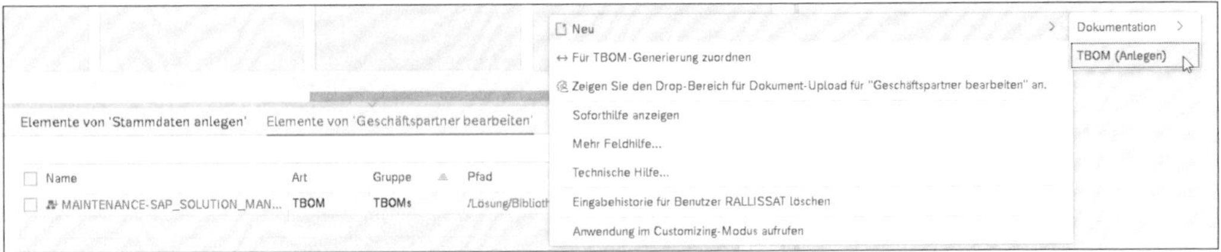


**Abbildung 15.8** TBOM in der Lösungsdokumentation anlegen

3. In dem darauf angezeigten Fenster können Sie die Systemrolle wählen und optional die voreingestellte Beschreibung ändern. Nach einem Klick auf **OK** wird die ausführbare Einheit aufgerufen. Führen Sie dort die entsprechenden Arbeitsschritte durch, und wählen Sie abschließend **Aufzeichnung beenden**.

4. Daraufhin wird die technische Stückliste generiert und ist fortan in der Lösungsdokumentation verfügbar. In Abbildung 15.8 sehen Sie z. B. eine bereits vorhandene TBOM auf der Registerkarte **Elemente von 'Geschäftspartner bearbeiten'**.

**Detailinformationen anzeigen**

Per Klick auf die angelegte TBOM (bzw. über **Anzeigen** im Kontextmenü) können Sie sich Details anzeigen lassen (siehe Abbildung 15.9). Dabei werden zunächst allgemeine Daten auf verschiedenen Registerkarten angezeigt, u. a. Art der TBOM, Erstellungsdatum, Systeme und ein Aktionsprotokoll.

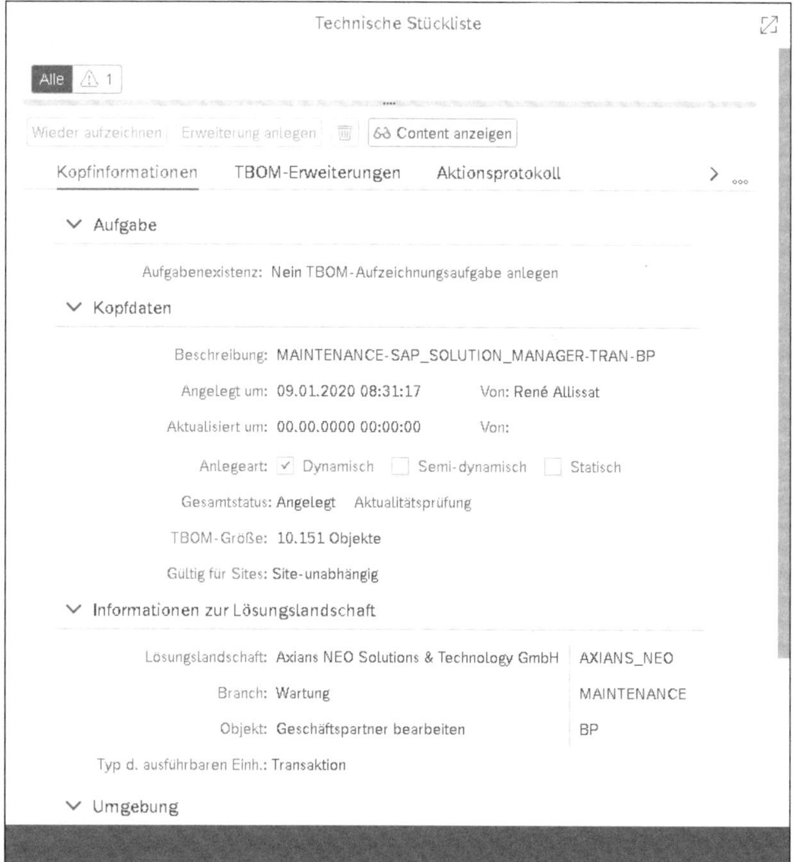


**Abbildung 15.9** Detailinformationen einer technischen Stückliste

**TBOM-Erweiterungen**

Über die Schaltfläche **Wieder aufzeichnen** können Sie die Stückliste erneut aufzeichnen. Über die Schaltfläche **Erweiterung anlegen** erweitern Sie die bestehende TBOM um weitere Objekte. Die einzelnen benennbaren Erweiterungsläufe werden auf der Registerkarte **TBOM-Erweiterungen** angezeigt. Diese Funktionalität kann z. B. genutzt werden, wenn Sie unterschiedliche

Wege durch eine App nehmen, die Sie nicht in einem Durchgang abbilden können oder dies (aus Gründen der Übersichtlichkeit) nicht möchten.

Über die Schaltfläche **Content anzeigen** können Sie sich den genauen Inhalt der TBOM ansehen (siehe Abbildung 15.10).

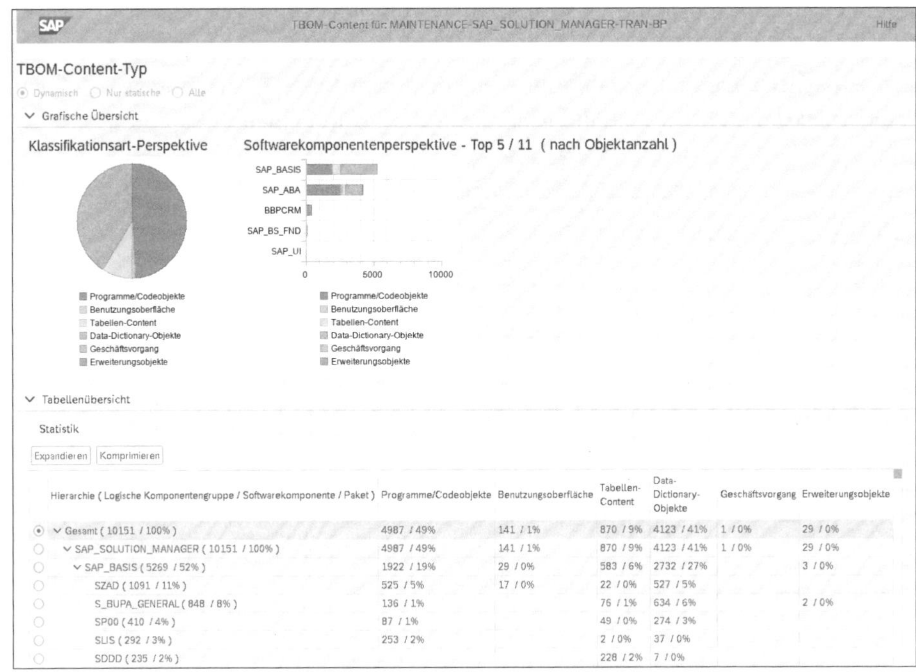


| Hierarchie ( Logische Komponentengruppe / Softwarekomponente / Paket ) | Programme/Codeobjekte | Benutzungsoberfläche | Tabellen-Content | Data-Dictionary-Objekte | Geschäftsvorgang | Erweiterungsobjekte |
|---|---|---|---|---|---|---|
| Gesamt ( 10151 / 100% ) | 4987 / 49% | 141 / 1% | 870 / 9% | 4123 / 41% | 1 / 0% | 29 / 0% |
| SAP_SOLUTION_MANAGER ( 10151 / 100% ) | 4987 / 49% | 141 / 1% | 870 / 9% | 4123 / 41% | 1 / 0% | 29 / 0% |
| SAP_BASIS ( 5269 / 52% ) | 1922 / 19% | 29 / 0% | 583 / 6% | 2732 / 27% | | 3 / 0% |
| SZAD ( 1091 / 11% ) | 525 / 5% | 17 / 0% | 22 / 0% | 527 / 5% | | |
| S_BUPA_GENERAL ( 848 / 8% ) | 136 / 1% | | 76 / 1% | 634 / 6% | | 2 / 0% |
| SP00 ( 410 / 4% ) | 87 / 1% | | 49 / 0% | 274 / 3% | | |
| SLIS ( 292 / 3% ) | 253 / 2% | | 2 / 0% | 37 / 0% | | |
| SDDD ( 235 / 2% ) | | | 228 / 2% | 7 / 0% | | |

**Abbildung 15.10** Inhalt einer technischen Stückliste

An dieser Stelle werden alle aufgezeichneten technischen Objekte als Grafiken und statistische Tabellenübersicht angezeigt. Darunter finden Sie die Tabelle **Detailreport**, in der alle Objekte aufgelistet sind (siehe Abbildung 15.11).

Detailreport

Sicht: * [Standardsicht] | Export | Hierarchiedarstellung | Tabellenschlüssel einblenden | Tabellenbeschreibung einblenden

| SAP-System | Quell... | Text Objekttyp | Objektname | Gewichtung je TBOM-Posit. | TBOM-Klassifikationsart | Schlüssel vorhan... | Softwarekomponente | Logische Komponentengruppe |
|---|---|---|---|---|---|---|---|---|
| SMA | 100 | Tabelle | ADCP | Nicht definiert | Data-Dictionary-Obje... | | SAP_BASIS | SAP_SOLUTION_MAN... |
| SMA | 100 | Tabelle | ADDR1_SEL | Nicht definiert | Data-Dictionary-Obje... | | SAP_BASIS | SAP_SOLUTION_MAN... |
| SMA | 100 | Tabelle | ADDR3_SEL | Nicht definiert | Data-Dictionary-Obje... | | SAP_BASIS | SAP_SOLUTION_MAN... |
| SMA | 100 | Tabelle | ADDR3_VAL | Nicht definiert | Data-Dictionary-Obje... | | SAP_BASIS | SAP_SOLUTION_MAN... |
| SMA | 100 | Tabelle | ADIRACCESS | Nicht definiert | Data-Dictionary-Obje... | | SAP_BASIS | SAP_SOLUTION_MAN... |
| SMA | 100 | Tabelle | ADIR_KEY | Nicht definiert | Data-Dictionary-Obje... | | SAP_BASIS | SAP_SOLUTION_MAN... |
| SMA | 100 | Tabelle | ADRC | Nicht definiert | Data-Dictionary-Obje... | | SAP_BASIS | SAP_SOLUTION_MAN... |
| SMA | 100 | Tabelle | ADRP | Nicht definiert | Data-Dictionary-Obje... | | SAP_BASIS | SAP_SOLUTION_MAN... |
| SMA | 100 | Tabelle | ALVDYNP | Nicht definiert | Data-Dictionary-Obje... | | SAP_BASIS | SAP_SOLUTION_MAN... |
| SMA | 100 | Tabelle | ALV_S_PCTL | Nicht definiert | Data-Dictionary-Obje... | | SAP_BASIS | SAP_SOLUTION_MAN... |
| SMA | 100 | Tabelle | ALV_S_PRNT | Nicht definiert | Data-Dictionary-Obje... | | SAP_BASIS | SAP_SOLUTION_MAN... |
| SMA | 100 | Tabelle | ALV_S_QINF | Nicht definiert | Data-Dictionary-Obje... | | SAP_BASIS | SAP_SOLUTION_MAN... |
| SMA | 100 | Tabelle | ARCH_ENQUE | Nicht definiert | Data-Dictionary-Obje... | | SAP_BASIS | SAP_SOLUTION_MAN... |
| SMA | 100 | Tabelle | ARCH_OBJ | Nicht definiert | Data-Dictionary-Obje... | | SAP_BASIS | SAP_SOLUTION_MAN... |
| SMA | 100 | Tabelle | AUTHB | Nicht definiert | Data-Dictionary-Obje... | | SAP_BASIS | SAP_SOLUTION_MAN... |
| SMA | 100 | Tabelle | BADIISIMPLED | Nicht definiert | Data-Dictionary-Obje... | | SAP_BASIS | SAP_SOLUTION_MAN... |

**Abbildung 15.11** Detailreport für TBOMs

Wählen Sie zuvor einen Eintrag in der Tabellenübersicht, zeigt der Detailreport nur Objekte der ausgewählten Komponente oder des ausgewählten Pakets an.

### Dynamische TBOMs mit TBOM-Workitems aufzeichnen

**TBOM-Aufzeichnung delegieren**

Sofern die Benutzer*innen der Fachbereiche nicht direkt in der Lösungsdokumentation arbeiten (möchten) oder das Erstellen einer Vielzahl von TBOMs koordiniert werden muss, können dynamische TBOMs auch in Arbeitsteilung erstellt werden: Ein Qualitätsexperte oder eine -expertin plant in der Lösungsdokumentation die Erstellung von dynamischen TBOMs als Aufgabe für einzelne Geschäftsprozessexpert*innen ein.

**TBOM-Aufgaben**

Die entsprechende Option **TBOM-Aufzeichnungsaufgabe anlegen** ist beim Anlegen und Bearbeiten einer TBOM aus der Lösungsdokumentation heraus sichtbar (siehe Abbildung 15.9). Alternativ können Sie auch mehrere ausführbare Einheiten gleichzeitig markieren und im Kontextmenü **TBOM-Aufgaben anlegen** auswählen. Abbildung 15.12 zeigt das Erstellen einer Aufzeichnungsaufgabe. Je ausgewählter ausführbarer Einheit enthält die dargestellte Tabelle **Anzulegende Aufgaben** eine Zeile mit den anpassbaren Rahmendaten der Aufgabe. Legen Sie hier in der Spalte **GP-Experte** fest, wer die Aufzeichnung übernehmen soll. Über die Schaltfläche **Massenänderung anwenden** können Sie ausgewählte Felder in mehreren Zeilen gleichzeitig anpassen. Wählen Sie abschließend die Schaltfläche **Aufgabe anlegen**.

15

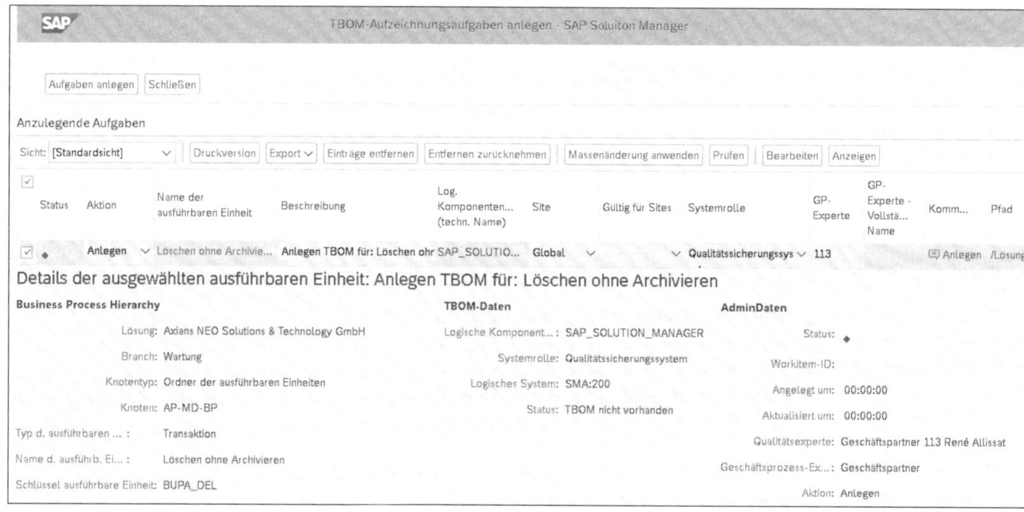


**Abbildung 15.12** TBOM-Aufzeichnungsaufgabe anlegen

**TBOM-Arbeitsvorrat**

Die Geschäftsprozessexpert*innen werden per E-Mail darüber informiert, dass eine neue Aufgabe vorliegt; die E-Mail enthält einen Link zum **TBOM-**

**Arbeitsvorrat**, der auch über das Menü **Test-Suite** des SAP Solution Manager Launchpads erreichbar ist (Kachel **Meine Aufgaben – BPCA-Arbeitsvorrat**). Hier können die Anwender*innen die ihnen zugeordneten Aufgaben sehen und per Klick auf die Schaltfläche **Bearbeiten** die ihnen zugewiesenen TBOMs aufzeichnen (siehe Abbildung 15.13).

**Abbildung 15.13** TBOM-Arbeitsvorrat

**Konfiguration der TBOM-Workitems**

Die Konfiguration der TBOM-Workitems finden Sie in Schritt 3.5 der Konfiguration des BPCA in der SAP-Solution-Manager-Konfiguration. In Abschnitt 9.4.7, »Business Process Change Analyzer«, erhalten Sie dazu weitere Informationen und erfahren außerdem, wie Sie Benutzer definieren und den Workflow, z. B. die E-Mail-Benachrichtigungen, anpassen können.

### Dynamische TBOMs bei manuellen Tests aufzeichnen

**Aufzeichnung während der Testdurchführung**

Um das Aufzeichnen der dynamischen Stücklisten möglichst aufwandsneutral zu gestalten, liegt es nahe, dies während der Testdurchführung zu tun – schließlich werden hier die relevanten Anwendungen und die Geschäftsprozesse ohnehin ausgeführt. Entsprechend wird diese Möglichkeit auch im SAP Solution Manager unterstützt.

Voraussetzung ist, dass Sie, wie in Abschnitt 10.1.6, »Aufbau der Prozesshierarchie«, beschrieben, zuvor Ihrer Prozesshierarchie Testfälle und ausführbare Einheiten zugewiesen und diese miteinander verknüpft haben. Ordnen Sie diese Testfälle, wie in Kapitel 11, »Testplanung mit dem SAP Solution Manager«, beschrieben, einem Testplan und einem Testpaket zu, damit die Tester*innen diese ausführen können.

**Aufzeichnungsoptionen einblenden**

Zusätzlich muss in der Personalisierung die Funktionalität zur Aufzeichnung von TBOMs während der Testausführung über das Feld **TBOM-Optionen** aktiviert sein; Abbildung 15.14 zeigt die Einstellung.

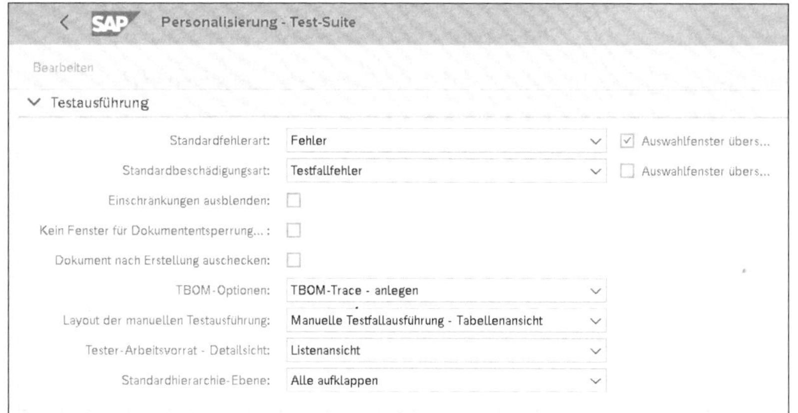


**Abbildung 15.14** Personalisierungsoptionen der Test-Suite – TBOM-Trace in der Testausführung aktivieren



**TBOM-Trace aktivieren**

Sind diese Voraussetzungen erfüllt, ist bei der manuellen Testausführung im Tester-Arbeitsvorrat für Testfälle mit zugeordneter ausführbarer Einheit die Option **TBOM-Trace** verfügbar (siehe Abbildung 15.15).

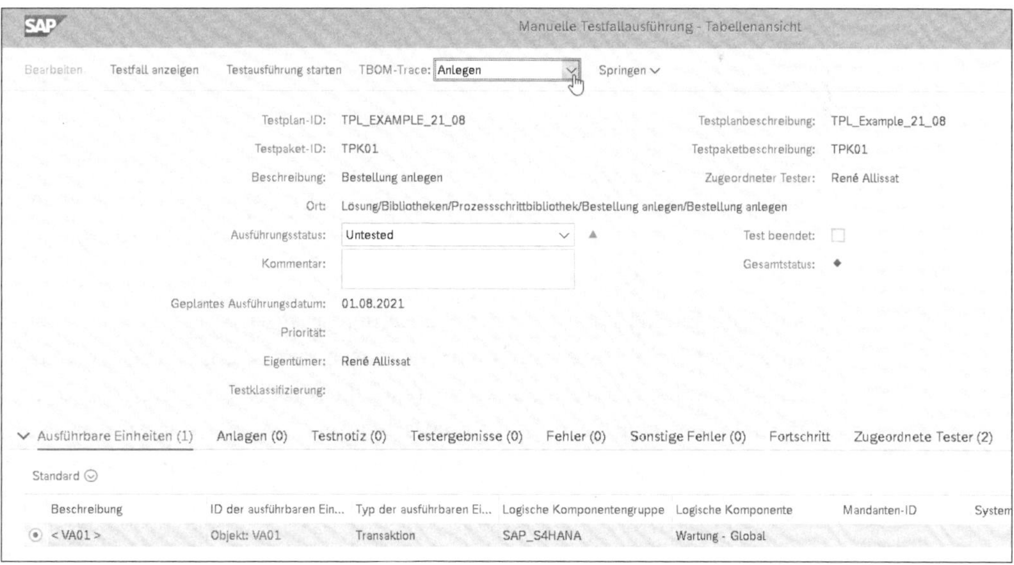


**Abbildung 15.15** TBOM-Trace bei der manuellen Testausführung anlegen

Ist im Drop-down-Menü **TBOM-Trace:** die Option **Anlegen** ausgewählt, rufen die Tester*innen mit einem Klick auf **Testausführung starten** nicht nur die Anwendung im Zielsystem auf, sondern starten auch die TBOM-Aufzeichnung. Dazu werden vorab Pop-up-Fenster angezeigt, die den Speicherort der TBOM und Anlege-Optionen abfragen; beide Fenster können in der Regel mit **OK** bestätigt werden.

### Dynamische TBOMs mit automatischen Testfällen aufzeichnen

**Aufzeichnung mit automatischen Tests**

Ebenso können dynamische TBOMs während der Ausführung automatischer Testfälle aufgezeichnet werden. Dazu weisen Sie einem Ordner in Ihrer Prozesshierarchie der Lösungsdokumentation eine ausführbare Einheit und einen automatischen Testfall in Form einer Testkonfiguration zu (siehe Abschnitt 16.2, »Testautomatisierungs-Framework«). Über das Kontextmenü der ausführbaren Einheit können Sie anschließend über die Option **Für TBOM-Generierung zuordnen** beide Elemente miteinander verknüpfen (siehe Abbildung 15.16).

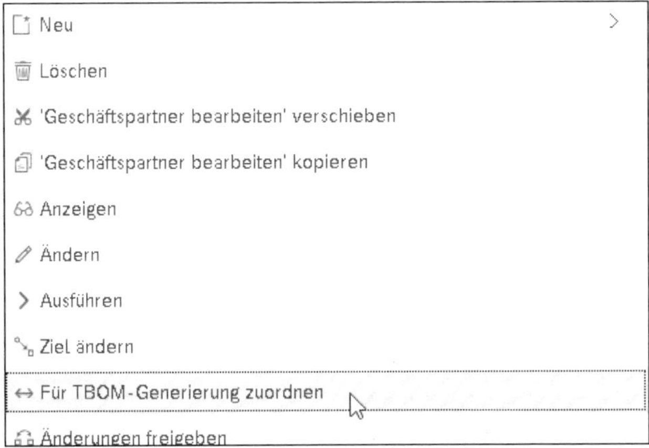


**Abbildung 15.16** Automatischen Testfall für TBOM-Generierung zuordnen

**Automatische Tests einplanen**

Weisen Sie die Testkonfigurationen wie in Kapitel 11, »Testplanung mit dem SAP Solution Manager«, beschrieben, einem Testplan und einem Testpaket zu. Zugeordnete Tester*innen können anschließend ein solches Testpaket, das ausschließlich automatisierte Testfälle enthält, im Tester-Arbeitsvorrat über die Schaltflächen **Automatischer Test • Ausführung einplanen** sofort ausführen oder einmalig oder auch periodisch einplanen (siehe Abbildung 15.17).

**TBOM-Aufzeichnung aktivieren**

In dem geöffneten Fenster finden Sie auch eine Option, um die TBOM-Aufzeichnung während der Ausführung zu aktivieren (siehe Abbildung 15.18).

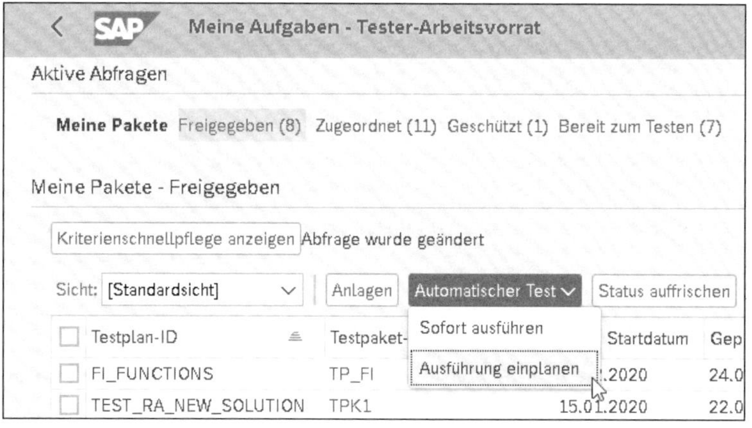


**Abbildung 15.17** Ausführung automatischer Tests einplanen

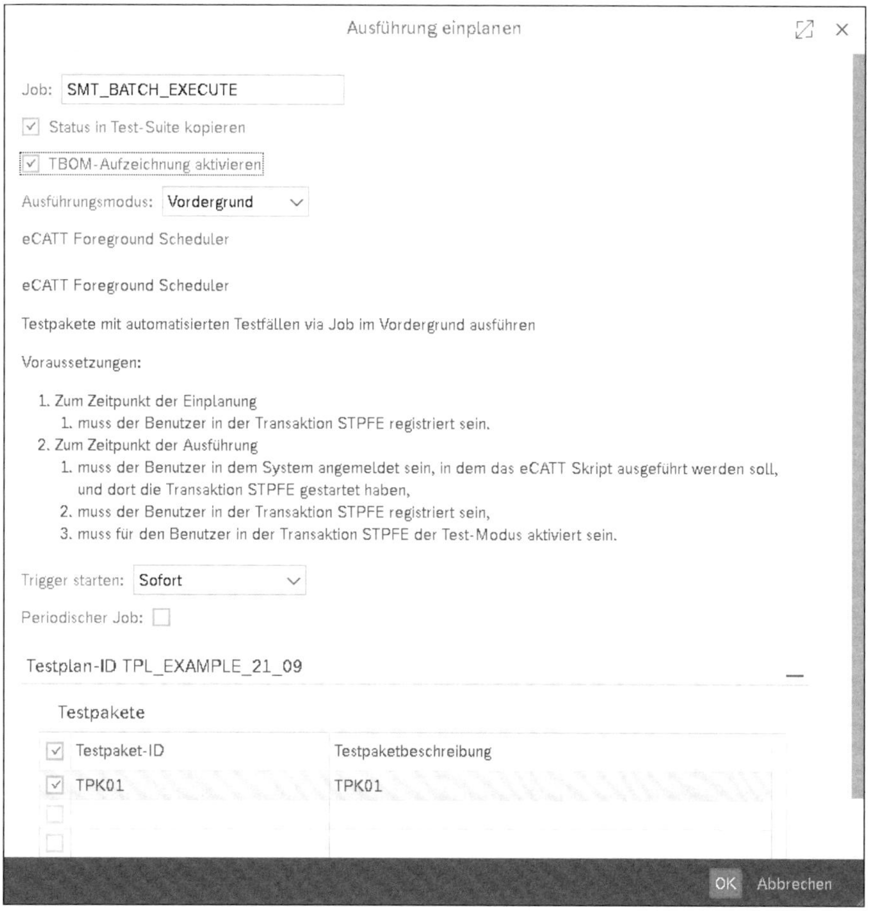

Ausführung einplanen

Job: SMT_BATCH_EXECUTE

☑ Status in Test-Suite kopieren

☑ TBOM-Aufzeichnung aktivieren

Ausführungsmodus: Vordergrund

eCATT Foreground Scheduler

eCATT Foreground Scheduler

Testpakete mit automatisierten Testfällen via Job im Vordergrund ausführen

Voraussetzungen:

1. Zum Zeitpunkt der Einplanung
   1. muss der Benutzer in der Transaktion STPFE registriert sein.
2. Zum Zeitpunkt der Ausführung
   1. muss der Benutzer in dem System angemeldet sein, in dem das eCATT Skript ausgeführt werden soll, und dort die Transaktion STPFE gestartet haben,
   2. muss der Benutzer in der Transaktion STPFE registriert sein,
   3. muss für den Benutzer in der Transaktion STPFE der Test-Modus aktiviert sein.

Trigger starten: Sofort

Periodischer Job: ☐

Testplan-ID TPL_EXAMPLE_21_09

Testpakete

| Testpaket-ID | Testpaketbeschreibung |
|---|---|
| TPK01 | TPK01 |

OK Abbrechen

**Abbildung 15.18** TBOM-Aufzeichnung bei automatischen Tests aktivieren

**TBOM-Aufzeichnungsstatus beachten**

Kann während der Ausführung eines automatisierten Tests die technische Stückliste nicht aufgezeichnet werden, wird der Testfall auf einen Fehlerstatus (rote Ampel) gesetzt, obwohl die Testausführung selbst erfolgreich gewesen sein kann. Daher kann es sinnvoll sein, Testfälle zur Aufzeichnung von TBOMs separat bzw. zusätzlich zu regulären Tests einzuplanen.

### TBOM-Status und -Abdeckung

**Veraltete TBOMs**

Werden Änderungen in ein System eingespielt, können TBOMs veraltet sein und damit zunehmend weniger akkurat werden. In Schritt 3.3 der Konfiguration des BPCA wird ein Hintergrundjob eingeplant, der überprüft, bei welchen TBOMs dies möglicherweise der Fall ist (siehe Abschnitt 9.4.7, »Business Process Change Analyzer«). Alternativ erreichen Sie die Bildschirmmaske zum Anlegen dieses Jobs über die Option **Aktualitätsprüfung durchführen** auf der Registerkarte **BPCA-Vorbereitung** (siehe Abbildung 15.3).

Das Analyseergebnis beruht auf einem Vergleich von Änderungen in Transportaufträgen oder Versionen von Entwicklungsobjekten mit den jeweiligen Objekten in TBOMs. Es ist lediglich als Hinweis zu verstehen, dass die entsprechende technische Stückliste möglicherweise veraltet ist.

**TBOM-Status und -Abdeckung auswerten**

Der TBOM-Status wird z. B. in dessen Detailansicht im Feld **Gesamtstatus** angezeigt (siehe Abbildung 15.9); hier können Sie auch eine erneute Aktualitätsprüfung starten. Zusätzlich kann der Status als Feld in der Lösungsdokumentation angezeigt werden und steht entsprechend auch in den Auswertungen zur Verfügung. Sie erreichen einen entsprechenden Report z. B.:

- Über das SAP Solution Manager Launchpad im Menü **Test-Suite** über die Kachel **Test-Suite – Testvorbereitung**. Hier können Sie eine Lösung und einen Branch auswählen und für diese TBOMs und Testfälle anzeigen lassen.
- In der Lösungsdokumentation im globalen Menü über **Reports • TBOMs und Testfälle nach ausführbaren Einheiten**.

Über diesen Bericht können Sie fehlende und möglicherweise veraltete TBOMs identifizieren und somit die Abdeckung Ihrer Lösungsdokumentation mit TBOMs bestimmen. Abbildung 15.19 zeigt beispielhaft ein Ergebnis des Berichts, der in der Lösungsdokumentation aufbereitet wird.

SAP Lösungsdokumentation

Corporate Solution - Maintenance

Browser Liste Suchergebnis Verwendungsnachweis **Auswertungen** Maintenance Qualitätssicherungssystem

TBOMs und Testfälle nach ausführbaren Einheiten Reportdefinition

| Objekt | Art | Site | Site-unabhängige TBOM | TBOM-Status (der ausfü... | TBOM-Typ (der ausf |
|---|---|---|---|---|---|
| /BDL/TASK_SCHEDULER | Programm <Ausf. Orig.> | Global () | Ja (YES) | Aktualisiert (U) | Semidynamisch (AB |
| BTCAUX07 | Programm <Ausf. Orig.> | Global () | Ja (YES) | Aktualisiert (U) | Semidynamisch (AB |
| BTC_DELETE_ORPHANED_IVA | Programm <Ausf. Orig.> | Global () | Ja (YES) | Aktualisiert (U) | Semidynamisch (AB |
| RPM_COLLECTOR_RUN | Programm <Ausf. Orig.> | Global () | Ja (YES) | Aktualisiert (U) | Semidynamisch (AB |

**Abbildung 15.19** Auswertung des TBOM-Status

### 15.1.4 BPCA-Analyse durchführen

**Analysekriterien auswählen**

Liegen technische Stücklisten in hinreichendem Umfang vor, können Sie den BPCA für die Änderungseinflussanalyse nutzen. Dazu erstellen Sie zunächst eine Analyse durch die Auswahl einer Änderung und deren Vergleichsbasis. Anschließend können Sie die Analyseergebnisse auswerten und die Funktion zum Optimieren des Testumfangs nutzen.

15

#### BPCA-Analyse anlegen

Um eine neue Analyse anzulegen, starten Sie die Anwendung **Business Process Change Analyzer** im Menü **Test Suite** des SAP Solution Manager Launchpads. Abbildung 15.20 zeigt den Einstieg in die App. Hier sehen Sie im Bereich **1. Art der Einflussanalyse wählen** die verschiedenen Änderungsarten, für die Sie eine Analyse durchführen können. Dabei können Sie im Bereich darunter System und Mandant auswählen, in denen die Änderung implementiert wurde. Typischerweise handelt es sich dabei um ein Entwicklungssystem. In Bereich 3 können Sie, abhängig von der gewählten Art der Analyse, Details zu der Änderung eingeben; in Abbildung 15.20 sind dies z. B. Transportaufträge.

**Änderungsarten**

Folgende Änderungsarten können Sie mit dem BPCA analysieren:

- **SAP-S/4HANA-Releasewechsel**
  Haben Sie ein Upgrade eines SAP S/4HANA-On-Premise-Systems mit dem Maintenance Planner implementiert, können Sie hier dessen Auswirkungen analysieren bzw. den Testumfang bestimmen. Dazu können Sie ab Schritt 3 das **SAP-S/4HANA-Start- und Ziel-Release auswählen** und anschließend die **SAP-S/4HANA-Installationspakete auswählen** (siehe Abbildung 15.21).

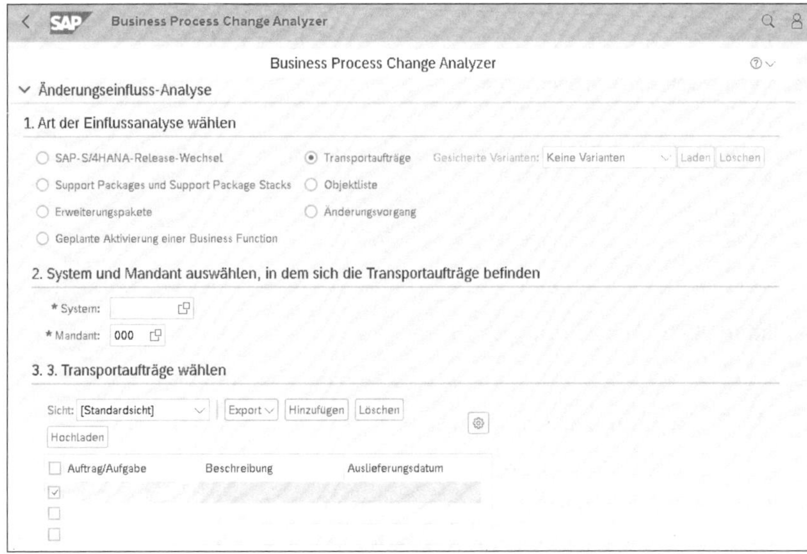


**Abbildung 15.20** Art der Einflussanalyse im BPCA wählen

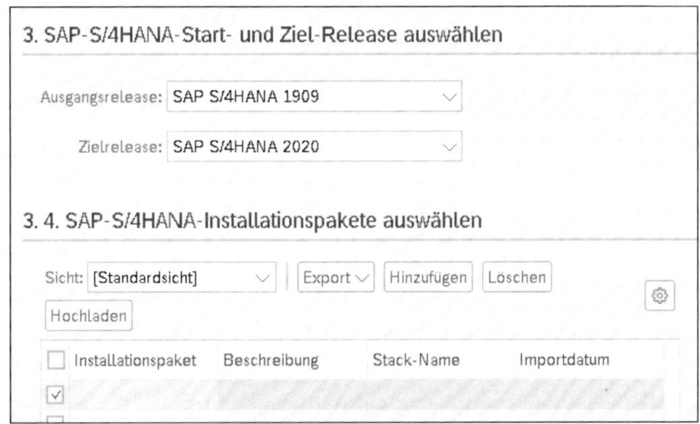


**Abbildung 15.21** SAP-S/4HANA-Releasewechsel analysieren

- **Support Packages und Support Package Stacks**
  Haben Sie die betreffende Änderung mit dem Maintenance Planner geplant und bereits in einem Entwicklungssystem installiert, können Sie in Schritt 3 Support Packages oder Support Package Stacks auswählen.
- **Erweiterungspakete**
  Wählen Sie diese Option, um – ähnlich wie bei den Support Packages – in Schritt 3 eine vereinfachte Auswahl von Enhancement Packages zu erhalten.

- **Geplante Aktivierung einer Business Function**
  Wenn Sie eine Business Function aktivieren möchten, können Sie mit dieser Option vorab die Auswirkungen feststellen, ohne die Business Function zuvor aktivieren zu müssen. In Schritt 3 können Sie die Business Functions aus einer Liste auswählen (siehe Abbildung 15.22).

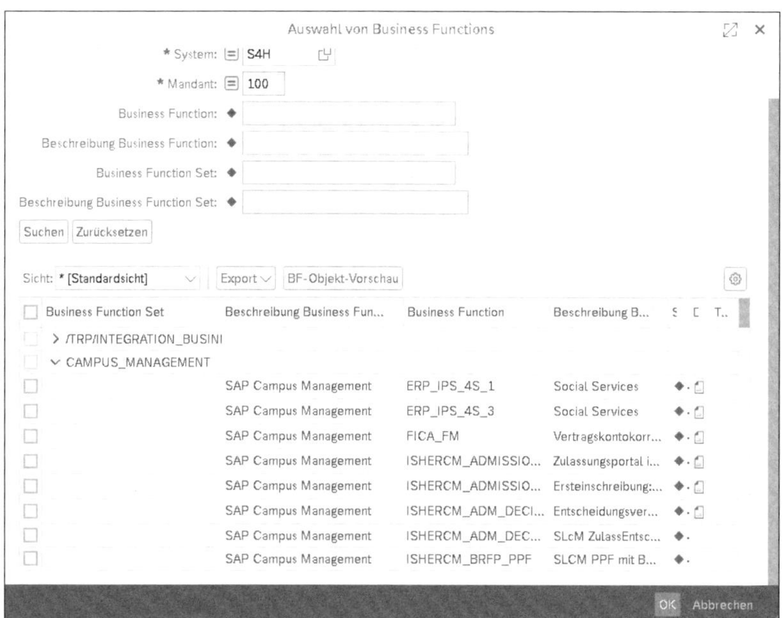


**Abbildung 15.22** Business Functions zur Analyse auswählen

- **Transportaufträge**
  Hier können Sie im dritten Schritt die im ausgewählten System vorhandenen Transportaufträge auswählen. Dabei können Sie u. a. nach Änderungsintervall, Status (z. B. **Änderbar** oder **Freigegeben**), Beschreibung und Eigentümer sowie nach der Art des Transportauftrags suchen. Neben regulären Workbench- und Customizing-Aufträgen werden auch andere Typen unterstützt, z. B. Transportkopien, Stücklisten für Patches und Upgrades oder der Umzug von Objekten. Abbildung 15.23 zeigt beispielhaft die Suche nach Customizing-Transportaufträgen.

- **Objektliste**
  Wenn Sie die Option **Objektliste** wählen, können Sie im dritten Schritt direkt die Entwicklungsobjekte angeben. In der Suchhilfe können Sie z. B. nach Anwendungskomponente und Objekttyp suchen. Die Analyse einer Objektliste eignet sich, wenn Sie z. B. den Einfluss von Änderungen bestimmter Tabellen simulieren oder veranschaulichen möchten, in welchen ausführbaren Einheiten bestimmte Objekte verwendet werden.

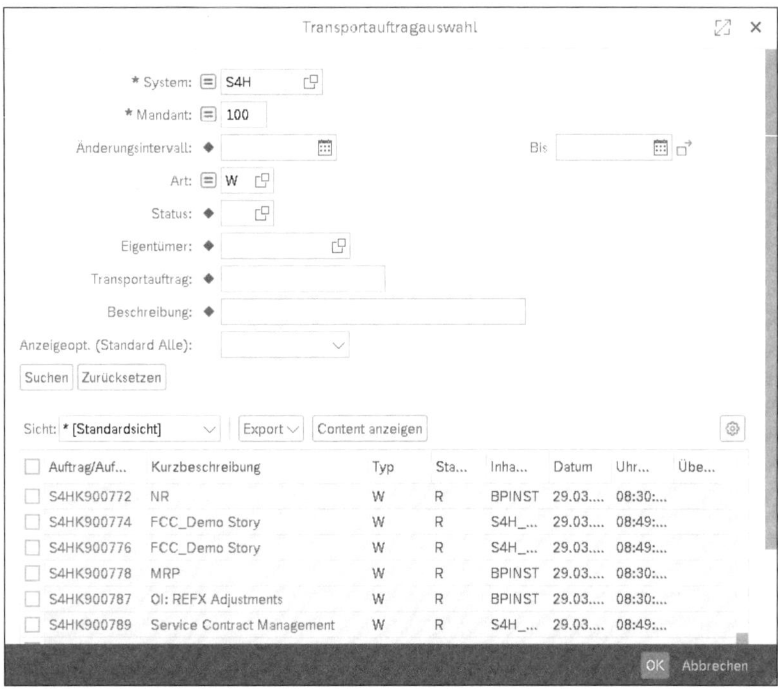


**Abbildung 15.23** Transportaufträge auswählen

- **Änderungsvorgang**
  Nutzen Sie bereits das Change Request Management (ChaRM) im SAP Solution Manager, um Ihre Systemänderungen zu verwalten, können Sie hier direkt auf die entsprechenden Objekte des ChaRM zugreifen. Dabei werden Änderungszyklen, Änderungsanträge und die verschiedenen Arten von Änderungsdokumenten unterstützt, aber auch Anforderungen und Work Packages. Da ein Dokument im ChaRM auch die Information enthält, in welcher Systemlandschaft eine Änderung umgesetzt wird, müssen Sie im zweiten Schritt hier kein System angeben.

**Upload von Änderungsdetails**

Die Eingabemaske für die Details der Änderung (meist Schritt 3, siehe z. B. Abbildung 15.24) bietet die Möglichkeit, die Liste durch Upload einer CSV-Datei zu befüllen. Verwenden Sie hierzu die Schaltfläche **Hochladen**; im daraufhin angezeigten Pop-up-Fenster können Sie eine Datei zum Upload auswählen, zusätzlich finden Sie per Klick auf **Soforthilfe** die erforderliche Syntax der Datei. Auf diese Weise können Sie z. B. eine Liste mit Transportaufträgen oder technischen Objekten aus einer anderen Quelle einfach in den BPCA übernehmen.

2. Änderungsvorgangstyp auswählen

Änderungszyklus | Arbeitspaket / IT-Anforderung/Änderungsantrag | Arbeitsauftrag / Änderungsdokument

3. Arbeitsauftrag/Änderungsdokumente auswählen

Sicht: [Standardsicht] | Export | Hinzufügen | Löschen | Branch verwenden | Springen | Hochladen | Details

Kennung | Beschreibung | Vorgangsart | Vorgängervorg...

**Abbildung 15.24** Änderungsvorgang des ChaRM für die BPCA-Analyse auswählen

**Vergleich mit Lösungsdokumentation**

Haben Sie die Art der Änderung und die Änderung selbst festgelegt, können Sie im nächsten Schritt die Vergleichsbasis wählen, die Analyse benennen und optional weitere Parameter festlegen. Abbildung 15.25 zeigt die drei Schritte.

4. Geschäftsprozessumfang der Einflussanalyse auswählen

* Lösung: Corporate Solution | CORPORATESOLUTION Navigation zu Lösung

* Branch: Development | DEVELOPMENT

Scopes: Alle anzeigen

Verwendete ausführbare Einheiten und Prozessschrittoriginale ausschließen

5. Beschreibung der Einflussanalyse eingeben

* Analysebeschreibung: Analyse 210724

6. Optionale Parameter definieren

> Details

Ausführen | Einplanen | Als Variante sichern | Zurücksetzen | Löschen

**Abbildung 15.25** Prozessumfang der Analyse auswählen

**Optionale Parameter**

Geben Sie im Bereich **Geschäftsprozessumfang der Einflussanalyse auswählen** die Lösung, den Branch und die Scopes (Umfänge) an, deren technische Stücklisten für den Vergleich herangezogen werden sollen. Lassen Sie die Checkbox **Verwendete ausführbare Einheiten und Prozessschrittoriginale ausschließen** aktiviert, um sicherzustellen, dass die ausführbaren Einheiten und Prozessschritte, die Sie in Ihrer eigenen Prozesshierarchie verwenden, nicht nochmals in der Bibliothek analysiert werden. Somit haben die Inhalte Ihrer eigenen Struktur Vorrang. Vergeben Sie anschließend im Feld **Analysebeschreibung** einen Namen für die Analyse.

Im Bereich **Optionale Parameter definieren** können Sie hauptsächlich weitere Filteroptionen definieren, z. B. um die Analyse auf bestimmte Knoten der Prozesshierarchie oder auf bestimmte technische Objekte zu beschränken (siehe Abbildung 15.26).

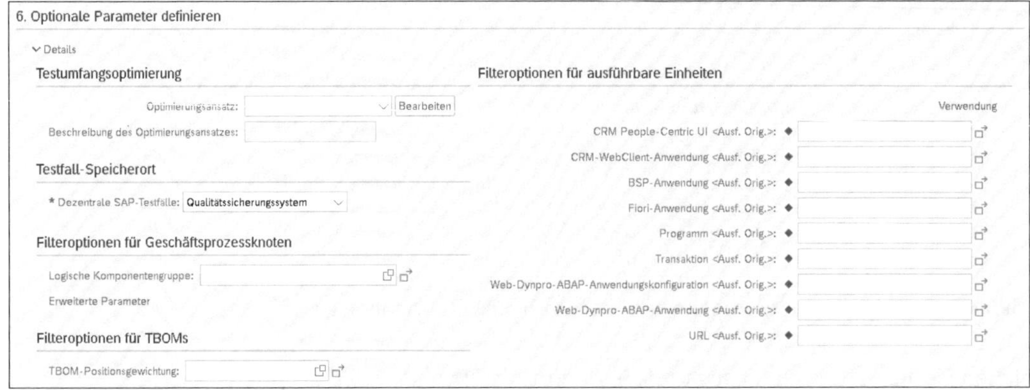


**Abbildung 15.26** Optionale Parameter definieren

Wählen Sie abschließend **Ausführen**, um die Analyse zu starten oder **Einplanen**, um diese zu einem späteren Zeitpunkt ausführen zu lassen.

### Analyseergebnisse auswerten

Die Ergebnisse Ihrer Analyse werden im Bereich **Ergebnisse** angezeigt, dessen Inhalte Sie im Bereich **Aktive Abfragen** filtern können; zusätzlich können Sie eigene Abfragen definieren (siehe Abbildung 15.27). Neben den fertigen Analysen werden auch geplante Analysen angezeigt, die Sie über die Schaltfläche **Eingeplanten Job stornieren** abbrechen können. Über die Schaltfläche **Parameter** können Sie sich die ursprünglichen Parameter der Analyse (z. B. Änderungsart und ausgewählte Objekte) anzeigen lassen.

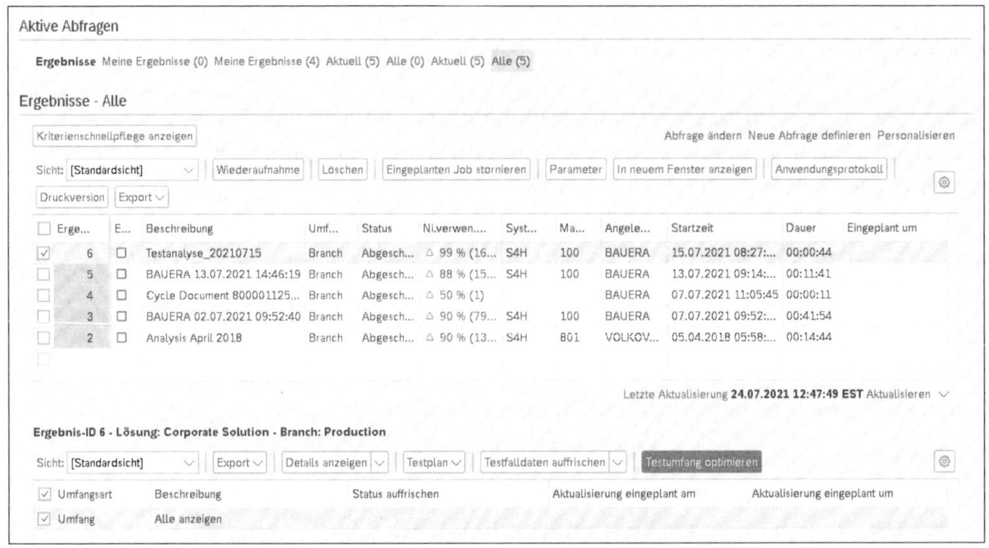


**Abbildung 15.27** Analyseergebnisse des BPCA

**Analysedetails**

Unterhalb der Ergebnisliste werden die Details der ausgewählten Analyse angezeigt. Dabei wird im Bereich **Details von Umfang** das eigentliche Analyseergebnis dargestellt (siehe Abbildung 15.28).

**Details von Umfang : Alle anzeigen**

Sicht: [Standardsicht] | Export | Gesamte Schnittmenge | Alle Vereinfachungselement-Details | Zusätzliche Spalten

| | Pfad | Knot... | Typ der ausfü... Einheit | Refer... Objekt | Logische Komponentengruppe | Testfä... verfü... | Vereinfachun... | TBOM-Status | N. - A.. |
|---|---|---|---|---|---|---|---|---|---|
| ☑ | Business Processes/Corporate Solution/A. End-to-End Proce... | Prozess... | Vorgang... | MIRO | S4HANA | ☐ | | Aktualisiert | 5 |
| ☐ | Business Processes/Corporate Solution/B. Modular Processe... | Prozess... | Vorgang... | MIRO | S4HANA | ☐ | | Aktualisiert | 5 |
| ☐ | Business Processes/Corporate Solution/B. Modular Processe... | Prozess... | Vorgang... | MIGO | S4HANA | ☐ | Change of exis... | Aktualisiert | 13 |
| ☐ | Libraries/Process Step Library/Archive/Create Billing Docume... | Prozess... | Vorgang... | VF01 | S4HANA | ☐ | Change of exis... | Aktualisiert | 76 |
| ☐ | Libraries/Process Step Library/Archive/Create Outbound Deli... | Prozess... | Vorgang... | VL01N | S4HANA | ☐ | Change of exis... | Aktualisiert | 27 |
| ☐ | Libraries/Process Step Library/Archive/Create Sales Order | Prozess... | Vorgang... | VA01 | S4HANA | ☐ | Change of exis... | Aktualisiert | 1... |
| ☐ | Libraries/Process Step Library/Archive/Create Rush Order | Prozess... | Vorgang... | VA01 | S4HANA | ☐ | Change of exis... | Aktualisiert | 1... |
| ☐ | Libraries/Process Step Library/Archive/Enter Incoming Invoice | Prozess... | Vorgang... | MIRO | S4HANA | ☐ | | Aktualisiert | 5 |
| ☐ | Libraries/Process Step Library/Archive/Post Goods Movement | Prozess... | Vorgang... | MIGO | S4HANA | ☐ | Change of exis... | Aktualisiert | 13 |
| ☐ | Libraries/Process Step Library/Archive/Create Sales Order | Prozess... | Vorgang... | VA01 | S4HANA | ☐ | Change of exis... | Aktualisiert | 1... |

**Abbildung 15.28** Details eines Analyseergebnisses

**Schnittmengen**

Hier werden die ausführbaren Einheiten aufgelistet, deren TBOMs eine Schnittmenge mit den Objekten der analysierten Änderung aufweisen. Über das Drop-down-Feld **Gesamte Schnittmenge** bzw. dessen Unterpunkt **Schnittmenge** können Sie sich diese Schnittmenge für alle Objekte oder zuvor ausgewählte Objekte anzeigen lassen.

**Vereinfachungs-elemente**

Wurde ein SAP-S/4HANA-Releasewechsel analysiert, ist zusätzlich das Drop-down-Feld **Details Vereinfachungselement** bzw. **Alle Vereinfachungselement-Details** sichtbar. Für ausführbare Einheiten, die von SAP S/4HANA Simplification List Items betroffen sind, können Sie hier die Details der entsprechenden Elemente sehen (siehe Abbildung 15.29).

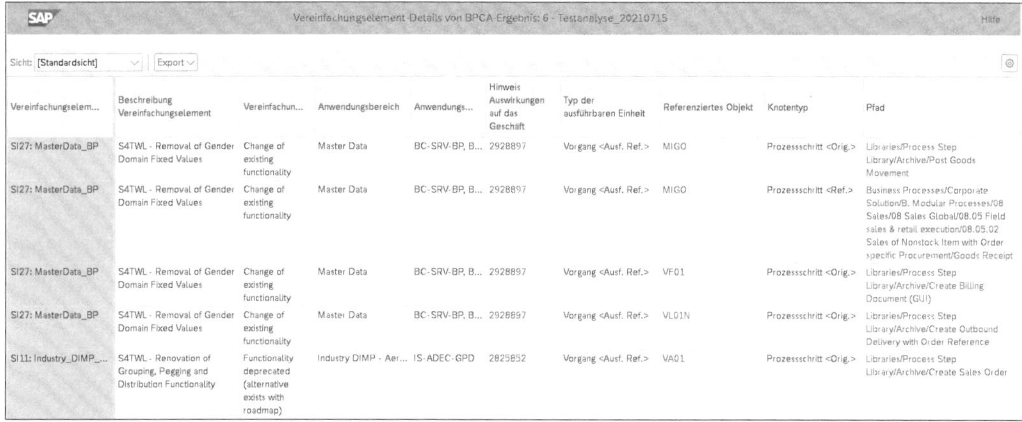

SAP Vereinfachungselement-Details von BPCA-Ergebnis: 6 - Testanalyse_20210715 Hilfe

Sicht: [Standardsicht] | Export

| Vereinfachungselem... | Beschreibung Vereinfachungselement | Vereinfachun... | Anwendungsbereich | Anwendungs... | Hinweis Auswirkungen auf das Geschäft | Typ der ausführbaren Einheit | Referenziertes Objekt | Knotentyp | Pfad |
|---|---|---|---|---|---|---|---|---|---|
| SI27: MasterData_BP | S4TWL - Removal of Gender Domain Fixed Values | Change of existing functionality | Master Data | BC-SRV-BP, B... | 2928897 | Vorgang <Ausf. Ref.> | MIGO | Prozessschritt <Orig.> | Libraries/Process Step Library/Archive/Post Goods Movement |
| SI27: MasterData_BP | S4TWL - Removal of Gender Domain Fixed Values | Change of existing functionality | Master Data | BC-SRV-BP, B... | 2928897 | Vorgang <Ausf. Ref.> | MIGO | Prozessschritt <Ref.> | Business Processes/Corporate Solution/B. Modular Processes/08 Sales/08 Sales Global/08.05 Field sales & retail execution/08.05.02 Sales of Nonstock Item with Order specific Procurement/Goods Receipt |
| SI27: MasterData_BP | S4TWL - Removal of Gender Domain Fixed Values | Change of existing functionality | Master Data | BC-SRV-BP, B... | 2928897 | Vorgang <Ausf. Ref.> | VF01 | Prozessschritt <Orig.> | Libraries/Process Step Library/Archive/Create Billing Document (GUI) |
| SI27: MasterData_BP | S4TWL - Removal of Gender Domain Fixed Values | Change of existing functionality | Master Data | BC-SRV-BP, B... | 2928897 | Vorgang <Ausf. Ref.> | VL01N | Prozessschritt <Orig.> | Libraries/Process Step Library/Archive/Create Outbound Delivery with Order Reference |
| SI11: Industry_DIMP_... | S4TWL - Renovation of Grouping, Pegging and Distribution Functionality | Functionality deprecated (alternative exists with roadmap) | Industry DIMP - Aer... | IS-ADEC-GPD | 2825852 | Vorgang <Ausf. Ref.> | VA01 | Prozessschritt <Orig.> | Libraries/Process Step Library/Archive/Create Sales Order |

**Abbildung 15.29** Vereinfachungselement-Details

**Testplan anlegen**

Aus dem Analyseergebnis können Sie über die Schaltfläche **Testplan** einen neuen **Testplan anlegen** oder einen bereits vorhandenen **Testplan erweitern** (siehe Abbildung 15.27). Möchten Sie einen Testplan anlegen, können Sie zunächst die administrativen Rahmendaten des zu erstellenden Testplans erfassen. Abbildung 15.30 zeigt die erforderlichen Eingaben, die bereits in Abschnitt 11.1.1, »Testplan anlegen«, im Detail dargestellt wurden.

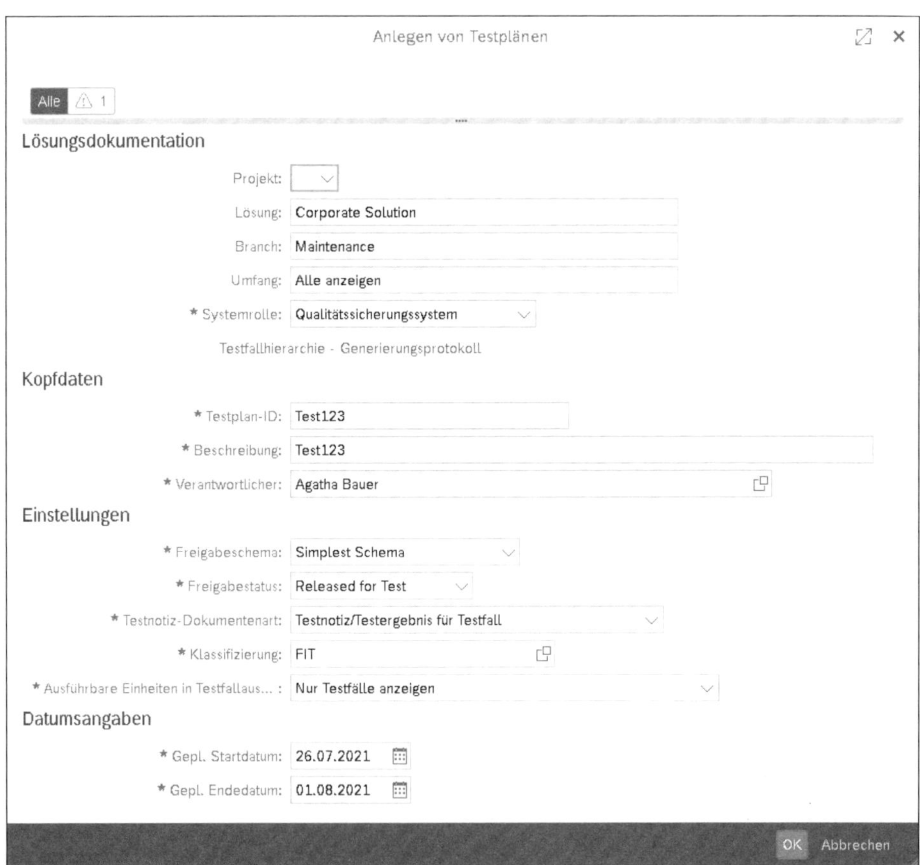


**Abbildung 15.30** Testplan aus der BPCA-Analyse heraus anlegen

**Vorselektierte Testfälle**

Nachdem Sie mit **OK** bestätigt haben, gelangen Sie zur bekannten Bildschirmmaske **Testplan bearbeiten** (siehe Abschnitt 11.1.1, »Testplan anlegen«). Auf der Registerkarte **Testfallauswahl** werden die von der Analyse identifizierten Testfälle bzw. ausführbaren Einheiten vorselektiert angezeigt (siehe Abbildung 15.31).

**Abbildung 15.31** Vorselektierte Testfälle

## Testumfang optimieren

Abhängig vom Umfang der ausgewählten Änderung liefert die Analyse nur einzelne oder zahlreiche ausführbare Einheiten. Während kleinere Änderungen wie z. B. Transportaufträge meist sehr gut eingegrenzt werden können, ist bei großen Systemänderungen wie dem Einspielen von Support Packages oftmals die gesamte Lösungsdokumentation bzw. Bibliothek davon betroffen. Viele der geänderten Objekte sind in mehreren ausführbaren Einheiten enthalten. Gemäß Testfallauswahl der Analyse müssten diese allesamt getestet werden; Gleiches gilt für ausführbare Einheiten, die mehreren Knoten der Prozesshierarchie zugeordnet sind.

**Testabdeckung berücksichtigen**

Mit der Testumfangsoptimierung kann der Testumfang in diesem Fall weiter reduziert werden. Die Optimierung setzt auf das Prinzip, dass jedes von einer Änderung betroffene technische Objekt nur einmal getestet werden soll, damit es als vollständig getestet gilt. Die zu testenden ausführbaren Einheiten werden in eine Reihenfolge gebracht, die auf deren Testabdeckung basiert: Ausführbare Einheiten, die möglichst viele zu testende technische Objekte umfassen, landen in der Reihenfolge vorne.

**Testumfang optimieren**

Die Optimierung starten Sie nach der Auswahl eines Analyseergebnisses über die gefärbte Schaltfläche **Testumfang optimieren** (siehe Abbildung 15.27).

Zunächst sehen Sie in einem neuen Fenster die Registerkarte **Ergebnisübersicht** (siehe Abbildung 15.32), die u. a. die Testaufwände für einen vollständigen Test aller Elemente der Lösungsdokumentation, für das reguläre Analyseergebnis des BPCA und für die Testumfangsoptimierung anzeigt. Darunter sind die für jede Variante betroffenen Elemente der Lösungsdokumentation grafisch und zusammen mit weiteren Details in Tabellenform zu sehen.

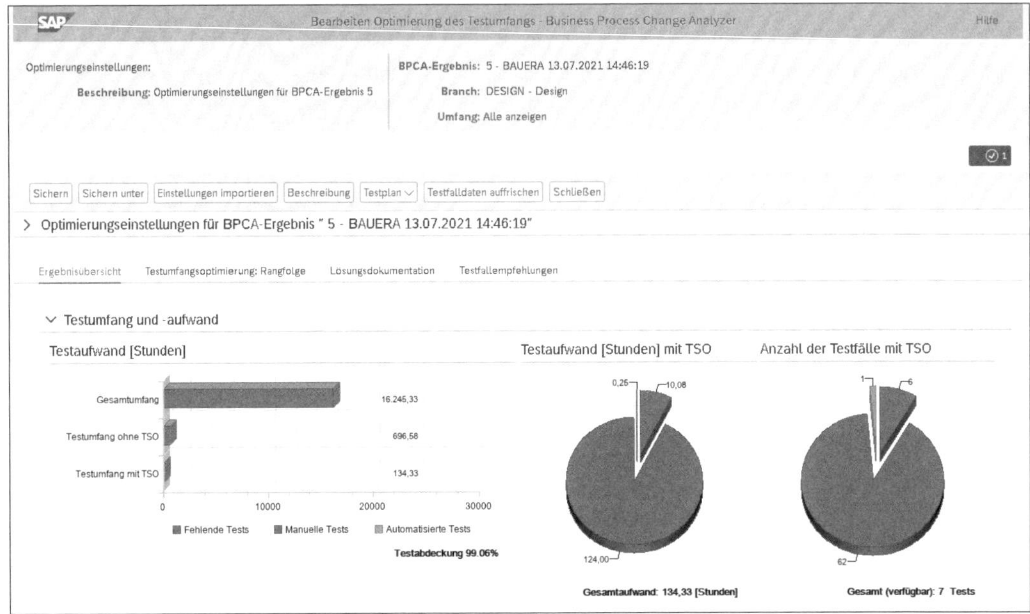


**Abbildung 15.32** Testumfang optimieren

**Grafische Darstellung der Testabdeckung**

Wechseln Sie zur Registerkarte **Testumfangsoptimierung: Reihenfolge**, um die Details zu den auszuführenden Testfällen zu sehen. Hier finden Sie zunächst den Bereich **Grafische Sicht**, in dem die Testabdeckung in Form eines Liniendiagramms dargestellt wird (siehe Abbildung 15.33). Die horizontale Achse zeigt die auszuführenden Testfälle in der von der Optimierung festgelegten Reihenfolge; eine blaue Linie repräsentiert die Testabdeckung. Die grafische Darstellung kann über die Felder in Grafikgröße und Knotenrangfolge-Zoom angepasst werden. Setzen Sie hier z. B. wie in der Abbildung die Granularität auf »1«, sodass jeder Wert der horizontalen Achse einem Testfall bzw. einer ausführbaren Einheit entspricht, sehen Sie unmittelbar, wie stark ein Testfall zur Abdeckung der zu testenden technischen Objekte beiträgt.

**Rangliste der empfohlenen Tests**

Unterhalb der grafischen Sicht befindet sich die Rangliste der zu testenden Einheiten (siehe Abbildung 15.34). Dabei zeigt die Spalte **Kumulierte Testabdeckung**, wie stark ein Test der jeweiligen Einheit bzw. des jeweiligen Testfalls zur gesamten Testabdeckung beiträgt.

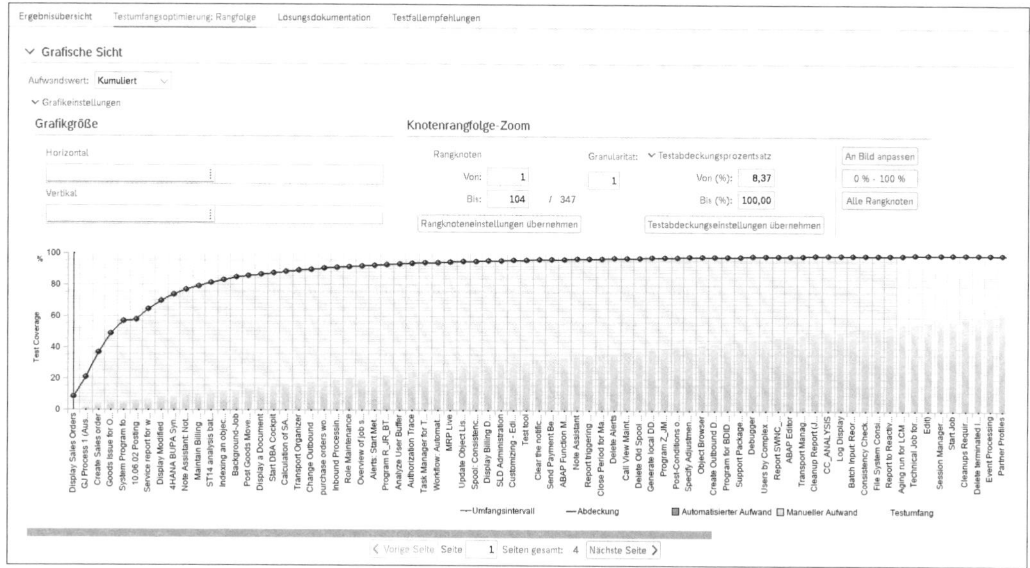


**Abbildung 15.33** Grafische Sicht in der Testumfangsoptimierung

Eine Abdeckung von 100 % bedeutet, dass jedes geänderte technische Objekt einmal von den aufgelisteten Einheiten erfasst worden ist. Zusätzliche Spalten zeigen u. a. die von der Einheit erfassten Objekte, die einzelne Testabdeckung und die geschätzte Dauer der Durchführung. Die Spalte **Anzahl der Testfälle** zeigt, ob in einer Einheit wie z. B. einem Prozess oder Prozessschritt auszuführende Testfälle hinterlegt sind. Über die Schaltfläche **Ausführbare Einheiten anzeigen** wird die Liste um die zu testenden ausführbaren Einheiten ergänzt. Mit einem Klick auf die Schaltfläche **Auf Testumfang nach Optimierung beschränken** daneben werden nur die Elemente angezeigt, die den gewählten Optimierungseinstellungen entsprechen (z. B. bis eine Testabdeckung von 100 % erreicht ist).

Rangliste

Sicht: [Standardsicht] | Export | Auf kundeneigene Entwicklungen/Modifikationen beschränken | Auf Testumfang nach Optimierung beschränken | Ausführbare Einheiten anzeigen

| Rang | Pfad | Kumulierte Testabdeckung | Typ | Anzahl der Objekte | Testabdec... | Einzeltestau... (Minuten) | Kumulierter Testaufwa... | Kundeneige... Entwicklung... | Anzahl der Testfälle | Im Umf... |
|---|---|---|---|---|---|---|---|---|---|---|
| 1 | Business Processes/Test Demo - MG/CBTA/CBTA Test/OTC/D... | 8,36 | Referenzprozessschritt | 691 | 8,37 | 15,00 | 0,25 | | 1 | ✓ |
| 2 | Business Processes/Corporate Solution/GJ Scenario/GJ Proc... | 20,61 | Prozess | 1.012 | 12,25 | 120,00 | 2,25 | | 1 | ✓ |
| 3 | Business Processes/Corporate Solution/A. End-to-End Proces... | 36,50 | Referenzprozessschritt | 1.312 | 15,89 | 365,00 | 8,33 | | 4 | ✓ |
| 4 | Libraries/Executable Library/S4HANA/LE/LE-SHP/LE-SHP-GF... | 48,61 | Programm <Ausf. Orig.> | 1.000 | 12,11 | 120,00 | 10,33 | | 0 | ✓ |
| 5 | Libraries/Executable Library/S4HANA/BC/BC-DWB/BC-DWB-... | 56,64 | Programm <Ausf. Orig.> | 663 | 8,03 | 120,00 | 12,33 | | 0 | ✓ |
| 6 | Business Processes/Corporate Solution/B. Modular Processe... | 57,42 | Prozess | 65 | 0,79 | 120,00 | 14,33 | | 1 | ✓ |
| 7 | Libraries/Executable Library/S4HANA/BC/BC-BMT/BC-BMT-... | 64,13 | Programm <Ausf. Orig.> | 554 | 6,71 | 120,00 | 16,33 | | 0 | ✓ |
| 8 | Libraries/Executable Library/S4HANA/BC/BC-DWB/BC-DWB-... | 69,66 | Transaktion <Ausf. Orig.> | 457 | 5,53 | 120,00 | 18,33 | | 0 | ✓ |
| 9 | Libraries/Executable Library/S4HANA/CA/CA-HR/CA-HR-S4/... | 73,50 | Programm <Ausf. Orig.> | 317 | 3,84 | 120,00 | 20,33 | | 0 | ✓ |
| 10 | Libraries/Executable Library/S4HANA/BC/BC-UPG/BC-UPG-... | 76,65 | Programm <Ausf. Orig.> | 260 | 3,15 | 120,00 | 22,33 | | 0 | ✓ |
| 11 | Libraries/Executable Library/S4HANA/SD/SD-BIL/Maintain Bil... | 78,98 | Programm <Ausf. Orig.> | 192 | 2,32 | 120,00 | 24,33 | | 0 | ✓ |
| 12 | Libraries/Executable Library/S4HANA/SV/SV-SMG/SV-SMG-... | 80,94 | Programm <Ausf. Orig.> | 162 | 1,96 | 120,00 | 26,33 | | 0 | ✓ |
| 13 | Libraries/Executable Library/S4HANA/BC/BC-EIM/BC-EIM-E... | 82,89 | Programm <Ausf. Orig.> | 161 | 1,95 | 120,00 | 28,33 | | 0 | ✓ |
| 14 | Libraries/Executable Library/S4HANA/BC/BC-ESI/BC-ESI-ES... | 84,51 | Programm <Ausf. Orig.> | 134 | 1,62 | 120,00 | 30,33 | | 0 | ✓ |
| 15 | Business Processes/Corporate Solution/B. Modular Processe... | 85,49 | Referenzprozessschritt | 81 | 0,98 | 120,00 | 32,33 | | 0 | ✓ |

**Abbildung 15.34** Rangliste der zu testenden Einheiten

Die Registerkarte **Lösungsdokumentation** zeigt die betroffenen Elemente im Kontext Ihrer Prozesshierarchie an. Die letzte Registerkarte **Testfallempfehlungen** gibt, basierend auf Aufwandsschätzungen, Empfehlungen zum Erstellen fehlender oder automatisierter Testfälle.

**Aufwände für Schätzungen anpassen**

Die Standardzeiten für die Schätzung der Testaufwände und Testerstellung können Sie ebenfalls über die Kachel **Verwaltung – Änderungseinfluss-Analyse** im Menü **Test-Suite** des SAP Solution Manager Launchpads anpassen. Auf der Registerkarte **BPCA-Testumfangsoptimierung**, die Sie in Abbildung 15.35 sehen, finden Sie Links zu den entsprechenden Einstellungen.

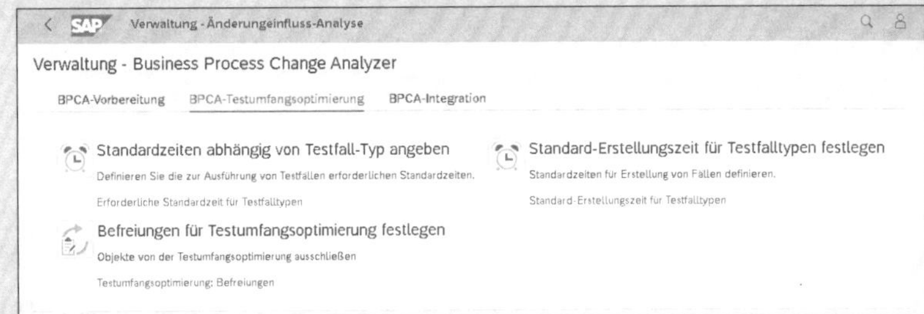


**Abbildung 15.35** Standardzeiten für die BPCA-Umfangsoptimierung festlegen

**Abdeckung und Aufwände anpassen**

Die von der Testumfangsoptimierung gewählte Strategie können Sie über den Bereich **Optimierungseinstellungen** anpassen (siehe Abbildung 15.36). Über die Schieberegler bzw. die Felder **Testabdeckung (%)**, **Manueller Testaufwand**, **Automatischer Testaufwand** und **Gesamter Testaufwand** können Sie für das entsprechende Kriterium Vorgaben machen. So können Sie z. B. definieren, dass 100 % (technische) Testabdeckung erreicht werden oder möglichst viele Objekte mit einem Testaufwand von 15 Tagen gemäß Aufwandsschätzung getestet werden sollen. Wählen Sie in der Rangliste **Auf Testaufwand nach Optimierung beschränken**, um sich nur die Objekte anzeigen zu lassen, die den hier gewählten Kriterien entsprechen.

Über die Felder **Optionen für die Testplangenerierung** und **Optimierungsoptionen** erreichen Sie weitere Einstellungen (siehe Abbildung 15.37).

Im Bereich **Optionen für die Testplangenerierung** können Sie auswählen, dass Testpläne in der Prozesshierarchie auf ausführbare Einheiten zurückgreifen, wenn kein Testfall vorhanden ist. Dies entspricht der in Abschnitt 11.1.1, »Testplan anlegen«, beschriebenen Option bei der Testplanerstellung.

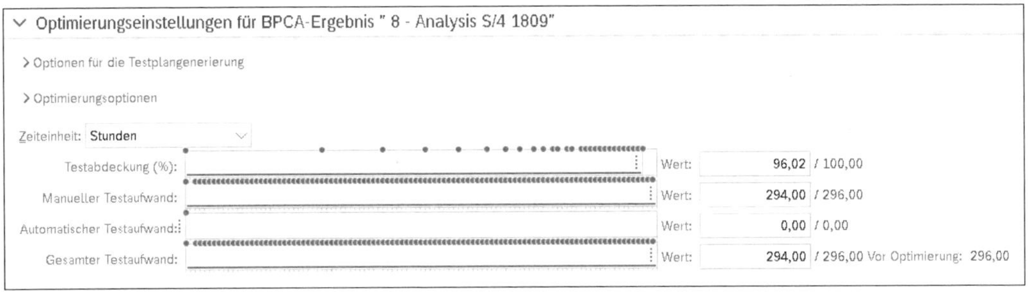

**Abbildung 15.36** Optimierungseinstellungen für ein BPCA-Ergebnis vornehmen

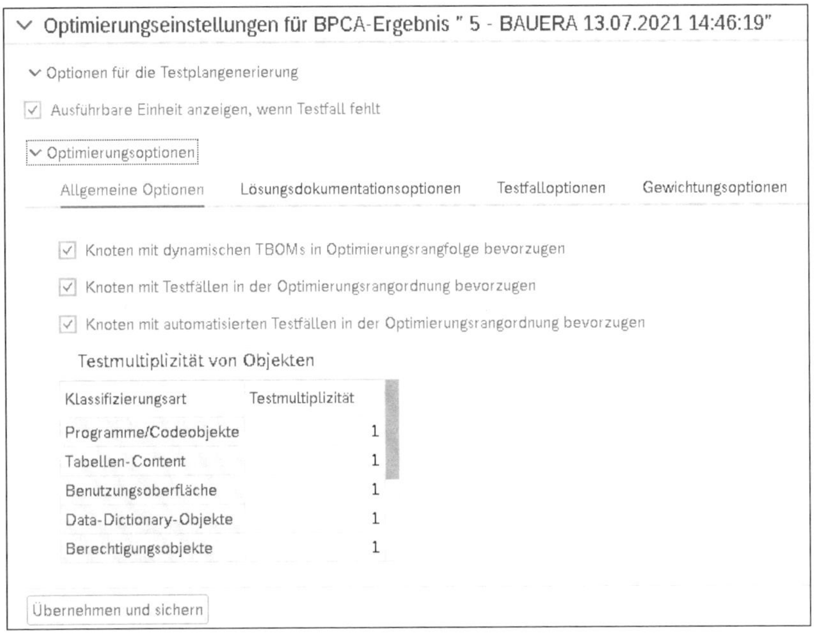

**Abbildung 15.37** Allgemeine Optionen auf der Registerkarte »Optimierungsoptionen«

**Optimierungsstrategie anpassen**

Mit den Optimierungsoptionen passen Sie die Optimierungsstrategie an Ihre Anforderungen an. Auf der Registerkarte **Allgemeine Optionen** können Hierarchieknoten mit dynamischen TBOMs, vorhandenen Testfällen oder automatischen Testfällen in der Rangfolge bevorzugt werden. Die Tabelle **Testmultiplizität von Objekten** gibt an, wie häufig ein Objekt getestet werden muss, damit es als abgedeckt gilt. Erhöhen Sie den Wert, damit die Objekte der jeweiligen Kategorie mehrfach getestet werden müssen.

Auf der Registerkarte **Lösungsdokumentationsoptionen** können Sie Hierarchieelemente der Lösungsdokumentation anhand ihrer Attribute in die Optimierung einbeziehen. Für jedes Attribut und dessen Wert können Sie wählen, ob ein Element mit diesen Kriterien in der Optimierung enthalten sein muss (**Muss umfassen**), bevorzugt betrachtet werden (**Bevorzugt umfassen**) oder ausgeschlossen werden soll (**Darf nicht umfassen**).

Die Testfalloptionen auf der gleichnamigen Registerkarte funktionieren ähnlich. Hier können Sie Testfälle anhand ihrer Attribute zwingend oder bevorzugt mit in die Optimierungsstrategie aufnehmen. Abbildung 15.38 zeigt hierzu ein Beispiel. Zusätzlich können Sie Bereichsregeln für Testfälle festlegen, um nur bestimmte Testfalltypen in den Bereichen der Rangliste zuzulassen.

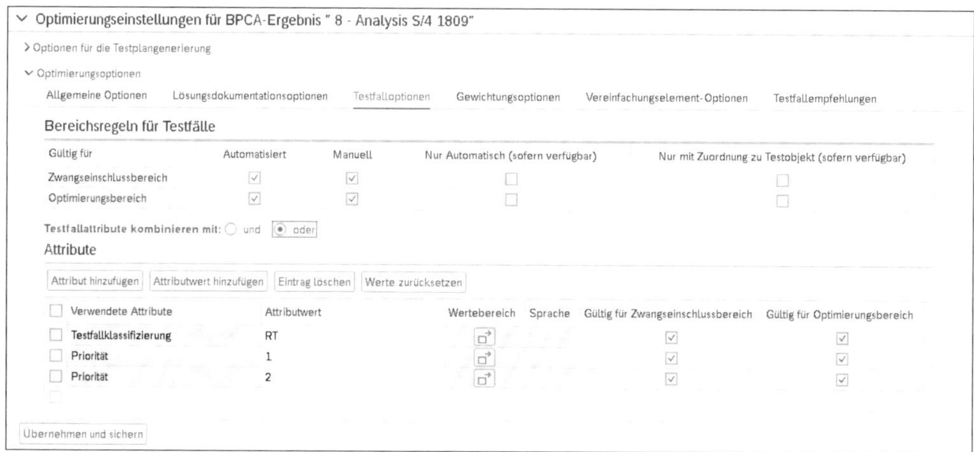


**Abbildung 15.38** Registerkarte »Testfalloptionen« in den Optimierungsoptionen

Haben Sie einen SAP-S/4HANA-Releasewechsel analysiert, können Sie nach dem gleichen Prinzip auf der Registerkarte **Vereinfachungselement-Optionen** die Optimierungsstrategie anhand Kategorien der Simplification List ausrichten (siehe Abbildung 15.39).

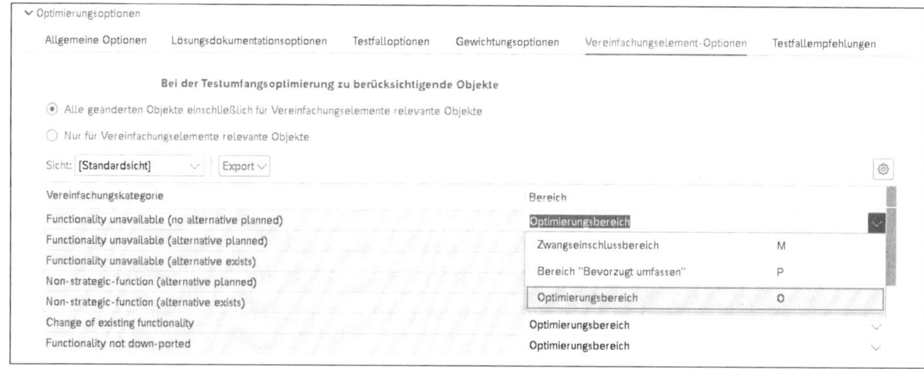


**Abbildung 15.39** Registerkarte »Vereinfachungselement-Optionen« in den Optimierungsoptionen

In den Einstellungen des BPCA können Sie einzelnen technischen Objekten eine Gewichtung zuweisen. Zu dieser Einstellung gelangen Sie über die in Abbildung 15.3 dargestellte Registerkarte **BPCA-Vorbereitung**. In den Gewichtungsoptionen können Sie anschließend festlegen, ob diese Gewichtung verwendet werden soll, ab welcher Gewichtung Objekte aufgenommen werden (Spalte **Schwellenwert Testumfang**) und welchen Einfluss die Gewichtungen haben sollen (Spalte **Multiplikatoren**).

Für die Testfallempfehlungen können Sie ebenfalls Kriterien festlegen, z. B. bis zu welcher Testabdeckung die Erstellung automatischer Testfälle empfohlen und berechnet werden soll.

Die vorgenommenen Einstellungen können Sie als Optimierungsansatz und über die Schaltfläche **Sichern unter** speichern.

## 15.2 Scope and Effort Analyzer

**Upgrade-Umfang und -Aufwand bestimmen**

Mit dem SEA können Sie Umfang und Aufwand der Implementierung von Enhancement Packages und Support Packages bestimmen, ohne diese vorab in ein System einspielen zu müssen. Es ist ausreichend, dass das betreffende Upgrade zuvor über das SAP Support Portal mit dem Maintenance Planner geplant worden ist.

Die Analyse des SEA nutzt die Werkzeuge des Custom Code Managements und des BPCA und fasst deren Ergebnisse in einer gemeinsamen Oberfläche zusammen. Damit kann der SEA einen Überblick über Umfang und Aufwand von Test- und Entwicklungsaktivitäten geben. Das Erstellen der Analyse ist assistentengeführt und vergleichsweise einfach. Dementsprechend eignet sich der SEA auch als Einstieg in die eher komplexen Funktionen des Custom Code Managements und des BPCA.

[«]

**Verwendungsprotokollierung benötigt**

Der SEA greift für seine Analysen auf die Daten der Verwendungsprotokollierung zurück bzw. nutzt den BPCA für die Durchführung von Analysen zu Testumfang und -aufwand. Daher gilt auch hier: Daten der Verwendungsprotokollierung im Umfang von mehreren Monaten sollten vorhanden sein, idealerweise in Form von SCMON-Daten.

Den SEA starten Sie über das Menü **Test-Suite** im SAP Solution Manager Launchpad mit der Kachel **Umfangs- und Aufwandsanalyse – Upgrade-Planung**. Abbildung 15.40 zeigt den Einstieg in die App. Hier erhalten Sie zunächst eine filter- und sortierbare Liste aller vorhandenen Analysen. Die

Analysen können Sie per Klick auf die Bezeichnung ansehen bzw. bearbeiten und über die betreffende Schaltfläche löschen. Wählen Sie **Neu**, um eine neue Analyse anzulegen.

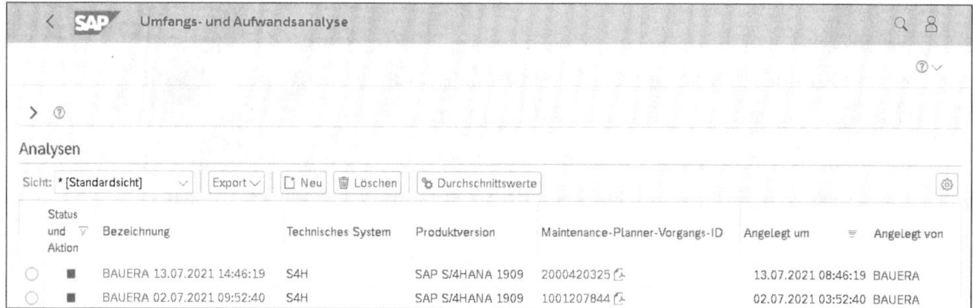


**Abbildung 15.40** Umfangs- und Aufwandsanalyse

**Durchschnittsplanwerte** Vorab können Sie über die Schaltfläche **Durchschnittswerte** die Planaufwände für diverse Tätigkeiten, insbesondere auch für die Testfallerstellung und -ausführung, prüfen und anpassen. Sobald die Analyse gestartet worden ist, können die Planwerte für den Test nicht mehr geändert werden. Die hier hinterlegten Werte bilden die Grundlage für die Aufwandsschätzungen des SEA. Abbildung 15.41 zeigt die Durchschnittsplanwerte für das Erstellen und Ausführen von Testfällen.

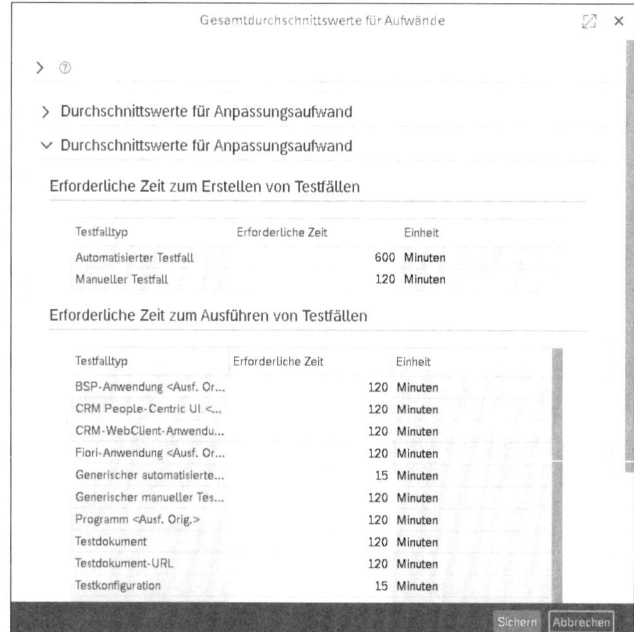


**Abbildung 15.41** Übersicht der erforderlichen Zeiten für das Erstellen und Ausführen von Testfällen

### 15.2.1 Erstellen einer Umfangs- und Aufwandsanalyse

**SEA-Analyse anlegen**

Das Erstellen einer neuen SEA-Analyse erfolgt in fünf Schritten; wählen Sie nach jedem Schritt jeweils **Weiter**, um zum nächsten Eingabeschritt zu gelangen.

1. Wählen Sie im Schritt **System auswählen und Wartungsplan zuordnen** zunächst das zu aktualisierende System und – falls das System mehrere SAP-Produkte beinhaltet – die Produktversion für die Analyse aus (siehe Abbildung 15.42). Wählen Sie anschließend den Maintenance-Planner-Vorgang aus, in dem das Upgrade des Systems geplant wurde. Der Vorgang muss dabei im SAP Support Portal komplett durchgeführt worden sein und sich im Status **Abgeschlossen** befinden.

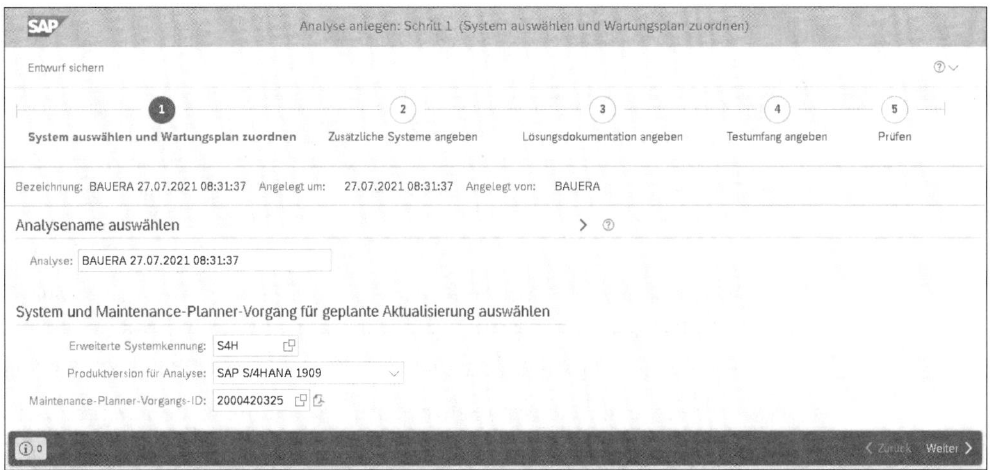


**Abbildung 15.42** SEA-Analyse anlegen – Schritt 1: System auswählen und Wartungsplan zuordnen

2. Wählen Sie im Schritt **Zusätzliche Systeme angeben** die folgenden technischen Systeme der zu aktualisierenden Landschaft aus (siehe Abbildung 15.43):
   - **Technisches System zum Lesen kundeneigener Entwicklungen und Modifikationen angeben**: Dies ist meist das Produktivsystem, da hieraus die tatsächlich verwendeten Eigenentwicklungen und Modifikationen abgeleitet werden können.
   - **Technisches System zum Lesen der Verwendungsstatistik angeben**: Hier sollten Sie in jedem Fall ein Produktivsystem angeben, da nur ein solches die tatsächlichen Nutzungsdaten des Tagesgeschäfts enthält.
   - **Technisches System für die Aktivitäten der Testumfangsoptimierung angeben**: In diesem System werden TBOMs erstellt (siehe Abschnitt

15.1.3, »Technische Stücklisten«); hier eignet sich ein Qualitätssicherungssystem, da bei der Erstellung der TBOMs meist über einen längeren Zeitraum Systemlast erzeugt wird.

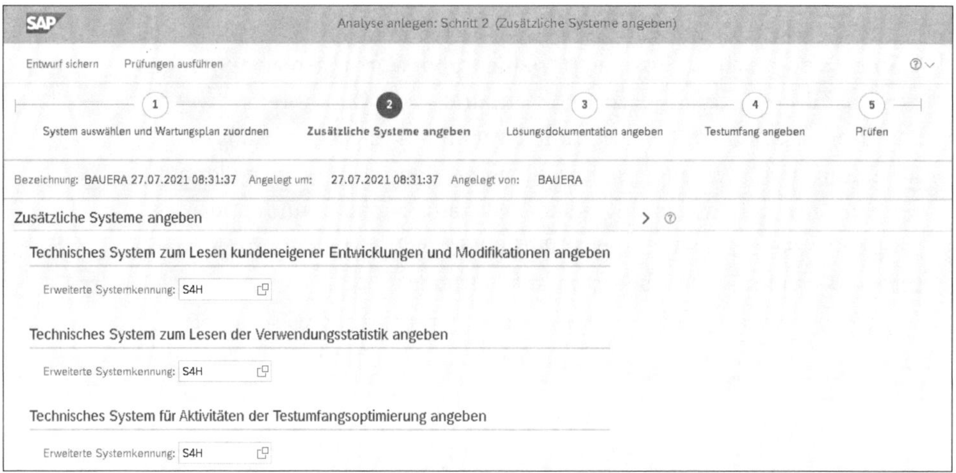


**Abbildung 15.43** SEA-Analyse anlegen – Schritt 2: Zusätzliche Systeme angeben

Nach einem Klick auf **Weiter** wird geprüft, ob alle Voraussetzungen für die Analyse erfüllt sind. Ist dies nicht der Fall, wird das Prüfergebnis mit entsprechenden Meldungen angezeigt.

3. Wählen Sie im nächsten Schritt **Lösungsdokumentation angeben** durch die Angabe von Lösung, Branch, Umfang und, sofern genutzt, von Site den Ort Ihrer Prozesshierarchie aus (siehe Abbildung 15.44). Sollte keine aktuelle Bibliothek der ausführbaren Einheiten vorhanden sein, wird diese im Rahmen der Analyse automatisch erstellt. Somit ist auch eine umfassende eigene Prozesshierarchie nicht zwingend für die Analyse notwendig.

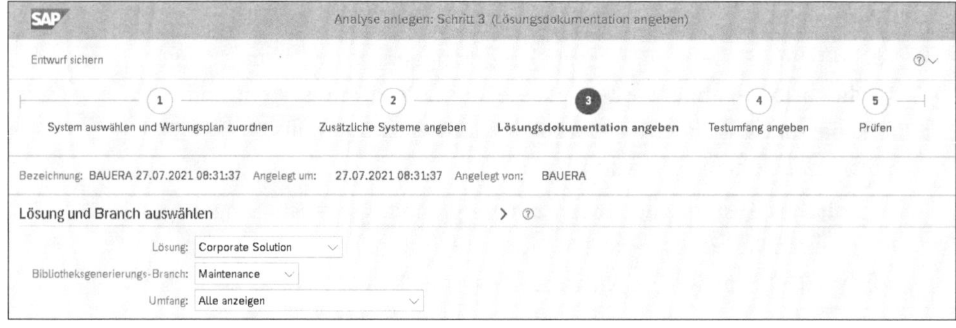


**Abbildung 15.44** SEA-Analyse anlegen – Schritt 3: Lösungsdokumentation angeben

4. Im Schritt **Testumfang angeben** (siehe Abbildung 15.45) legen Sie fest, welche Arten von TBOMs erstellt werden (siehe Abschnitt 15.1.3, »Technische Stücklisten«). Die Voreinstellung, nur SCMON zu verwenden, ist hinsichtlich der Genauigkeit des Analyseergebnisses sinnvoll. Als Testverwaltungsanwendung kommt in der Regel der SAP Solution Manager zum Einsatz. Wenn ein anderes Werkzeug in den Einstellungen registriert ist, kann dieses hier ausgewählt werden. Die weiteren Einstellungen betreffen die vom SEA durchgeführte BPCA-Analyse; für diese können Sie einen zuvor gespeicherten Optimierungsansatz auswählen und Kriterien für Empfehlungen zum Anlegen von Testfällen anpassen (siehe Abschnitt 15.1.4, »BPCA-Analyse durchführen«).

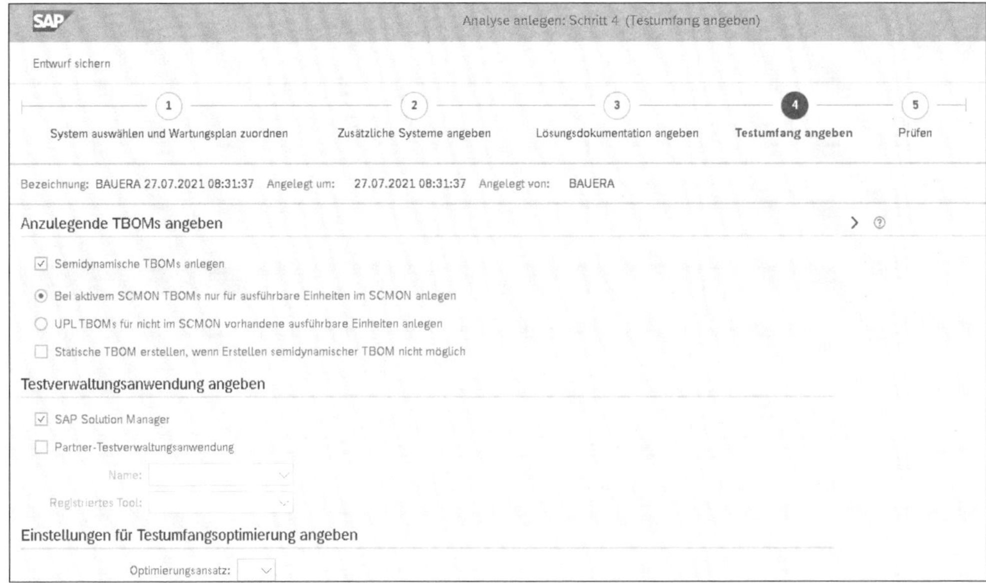


**Abbildung 15.45** SEA-Analyse anlegen – Schritt 4: Testumfang angeben

5. Im letzten Schritt **Prüfen** finden Sie alle vorgenommenen Einstellungen in einer Übersicht (siehe Abbildung 15.46). Wählen Sie abschließend die Schaltfläche **Analyse starten** am oberen linken Rand des Bildschirms.

Das Erstellen der Analyse kann einige Zeit in Anspruch nehmen, da mitunter die Bibliothek der ausführbaren Einheiten und semidynamische TBOMs generiert werden. Die einzelnen Arbeitsschritte und deren Status können Sie auch bei einer laufenden Analyse im Verarbeitungsprotokoll sehen. Wählen Sie dazu eine laufende Analyse per Klick auf ihre Bezeichnung aus. Auf der ersten Registerkarte sehen Sie die Einstellungen der Analyse; die Karte **Verarbeitungsprotokoll** zeigt deren Status und Fortschritt (siehe Abbildung 15.47).

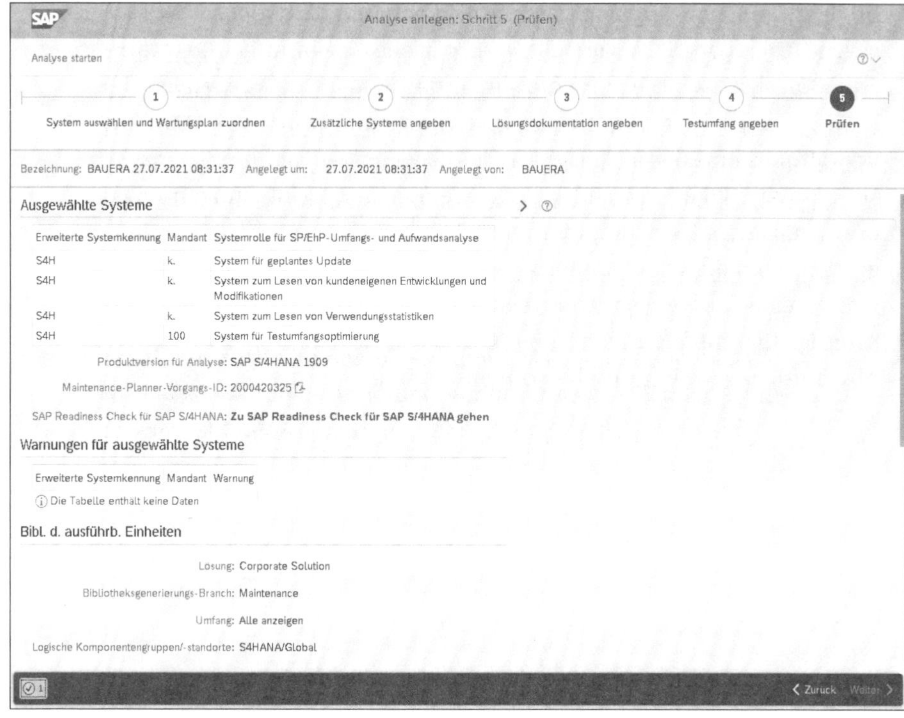


**Abbildung 15.46** SEA-Analyse anlegen – Schritt 5: Prüfen und Analyse starten

**Abbildung 15.47** Verarbeitungsprotokoll einer laufenden SEA-Analyse

### 15.2.2 Analyseergebnisse des SEA anzeigen

**SEA-Analyse auswerten**

Wählen Sie eine abgeschlossene Analyse aus, um deren Ergebnisse anzuzeigen. Diese werden auf vier Seiten angezeigt, zwischen denen Sie über das Drop-down-Feld am oberen rechten Rand der Anwendung wechseln können.

**Übersicht über das Upgrade-Projekt**

Die Seite **Übersicht** zeigt die Analyseergebnisse der Detailseiten in Kurzform mit grafischen Darstellungen und tabellarischen Informationen, deren Fokus auf den Aufwandsschätzungen für das Upgrade-Projekt liegt. Auf der Registerkarte **Zusammenfassung** finden Sie einen Überblick zum geplanten Upgrade, zu den betroffenen Objekten und zu den geschätzten Aufwänden (siehe Abbildung 15.48). Die Registerkarte **Aktualisierte SAP-Objekte** zeigt statistische Informationen zu den Objekten, die mit dem Upgrade ausgeliefert werden.



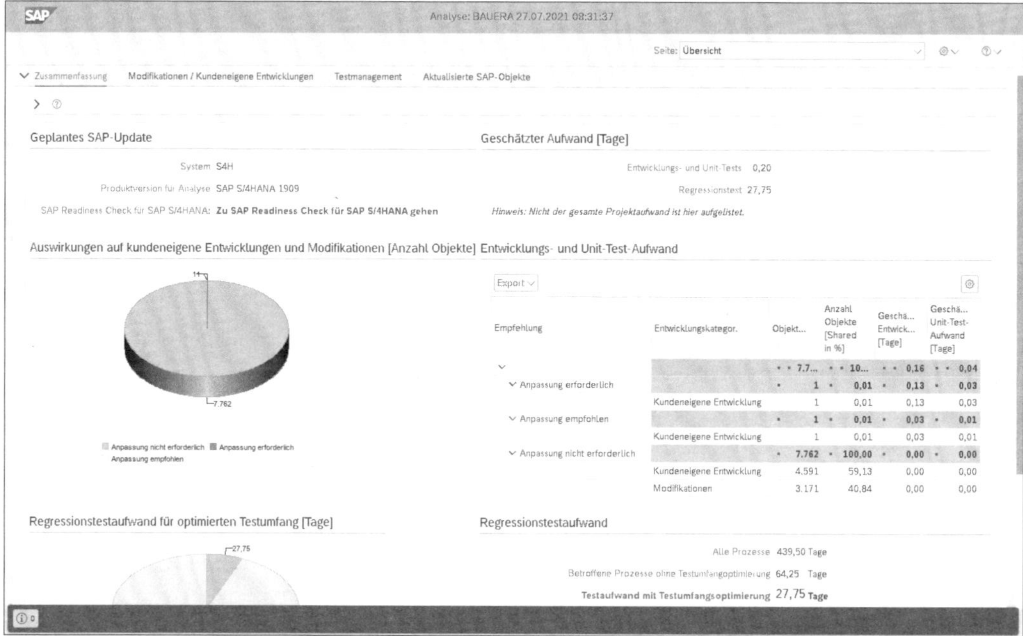


**Abbildung 15.48** Analyseergebnis auf der Seite »Übersicht«

**Modifikationen und Eigenentwicklungen**

Die Seite **Details – Modifikationen/Kundeneigene Entwicklungen** zeigt diese in jeweils eigenen Registerkarten an. Neben Grafiken und Tabellen zu den betroffenen Objekten und errechneten Aufwänden finden Sie hier insbesondere auch jeweils eine Liste der Objekte. Für Eigenentwicklungen wird in der Spalte **Auswirkungskategorie** sowie in den darauffolgenden Spalten dargestellt, warum ein Objekt im Rahmen des Upgrades untersucht werden sollte (z. B., weil es auf Objekte verweist, die mit dem Upgrade geändert werden). Abbildung 15.49 zeigt die Registerkarte **Details – Modifikationen/Kundeneigene Entwicklungen** mit der beschriebenen Tabelle.

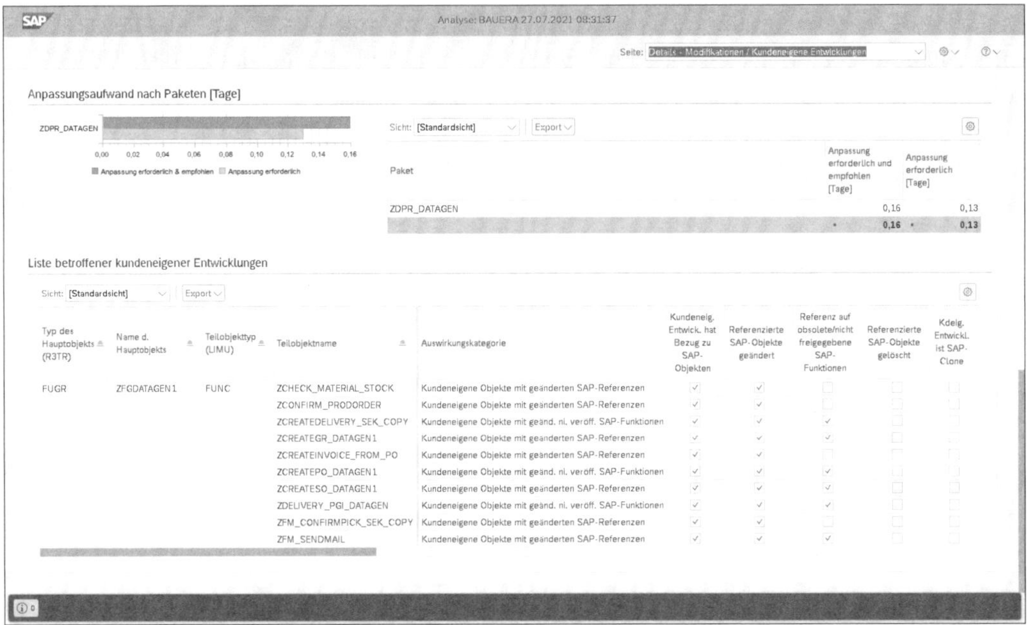


**Abbildung 15.49** Seite »Details – Modifikationen/Kundeneigene Entwicklungen«

**Testmanagement**

Die Seite **Details – Testmanagement** entspricht einer BPCA-Analyse mit Testumfangsoptimierung für das analysierte Upgrade (siehe Abbildung 15.50). Entsprechend können Sie die Analyse, wie in Abschnitt 15.1.4, »BPCA-Analyse durchführen«, dargestellt, bewerten und bearbeiten, z. B. indem Sie die Optimierungseinstellungen anpassen oder einen Testplan aus den Ergebnissen erstellen.

Die Seite **Einstellungen und Verarbeitungsprotokoll** zeigt die beiden bereits beschriebenen Übersichten und enthält bei den abgeschlossenen Analysen zusätzlich die Registerkarte **Durchschnittswerte für Aufwände**, auf der selbige dargestellt werden.

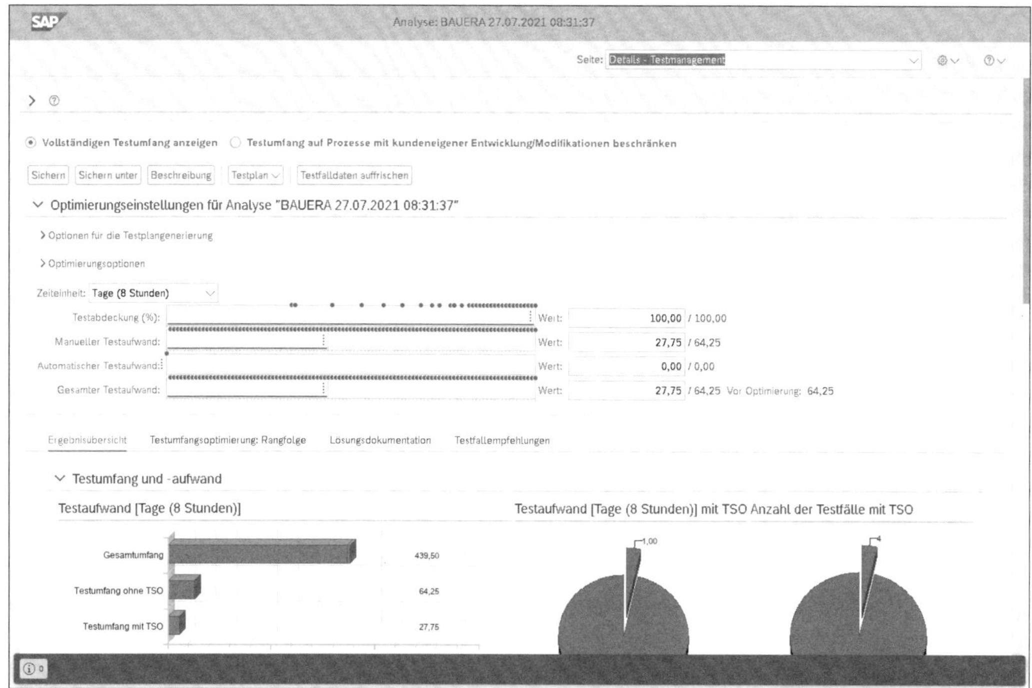


Abbildung 15.50 Seite »Details – Testmanagement«

Kapitel 16

# Testautomatisierung

*In diesem Kapitel liefern wir einen Überblick über die Testautomatisierung im SAP-Umfeld, geben Hinweise zur Einführung der Automatisierung und stellen die ersten Schritte in den von SAP angebotenen Automatisierungswerkzeugen vor.*

**Grundprinzip der Automatisierung**

In Kapitel 6, »Testwerkzeuge«, haben wir bereits das grundlegende Prinzip der Testautomatisierung dargestellt: Funktionale Testfälle und deren Durchführung sind zunächst manuell. Das heißt, dass Tester*innen in einem Testfall formulierte Arbeitsschritte im System ausführen und das laut Dokument erwartete Ergebnis mit dem Resultat im Testsystem überprüfen. Dieses Vorgehen ist mit hohen zeitlichen Aufwänden und damit mit Kosten verbunden; sind die Tester Fachbereichsmitarbeiter*innen, führt diese Testdurchführung zudem zu zusätzlicher Arbeitsbelastung in deren Tagesgeschäft. Es liegt daher nahe, die manuell ausgeführten Benutzerinteraktionen mit dem System technisch aufzuzeichnen und bei Bedarf automatisch wieder abzuspielen. Diesem Grundprinzip, das Capture-and-Replay-Verfahren genannt wird, folgen die meisten Testautomatisierungswerkzeuge. Moderne Werkzeuge erweitern das Prinzip noch durch verschiedene Mechanismen, um Anwender*innen bei der Erstellung von automatischen Testfällen zu entlasten und die Robustheit von Testfällen gegenüber Systemänderungen zu erhöhen.



**Voraussetzungen für die Automatisierung**

Durch die konsequente Nutzung der Testautomatisierung können Tester*innen und Fachbereichsmitarbeiter*innen entlastet werden, und der manuelle Testaufwand kann reduziert werden. Dies gilt umso mehr, je zeitaufwendiger die manuelle Ausführung der Testfälle wäre und je häufiger die Testfälle ausgeführt werden müssen. Entsprechend eignet sich die Testautomatisierung vornehmlich für den Regressionstest – also eben für jene Testfälle, die bei (nahezu) jeder Systemänderung ausgeführt werden sollten, um die grundlegenden Funktionen kritischer Geschäftsprozesse abzusichern. Allerdings sollten Sie beachten, dass die Testautomatisierung einen angemessenen Reifegrad des Testmanagements voraussetzt und insbesondere von der Qualität der manuellen Testfälle abhängig ist.

Die Testautomatisierung ist eine eigenständige Disziplin innerhalb des Testmanagements, die neben eigenen administrativen Prozessen und Methoden auch erfordert, dass sich die Beteiligten das Wissen zu den jeweiligen Werkzeugen aneignen. Die Beschreibung aller relevanten Funktionen von Testautomationswerkzeugen ist im Rahmen dieses Buches nicht möglich und gerade für die Zielgruppe Testmanager*innen auch nicht erforderlich.

**Automatisierungswerkzeuge**

Daher zeigen wir in Abschnitt 16.1 zunächst den Einstieg in die Testautomatisierung mit einem Pilotprojekt auf und schildern die hierzu erforderlichen Voraussetzungen und Arbeitsschritte. Anschließend beschreiben wir in Abschnitt 16.2 das Test Automation Framework des SAP Solution Managers, mit dem Sie die Automatisierungsskripte verschiedener Werkzeuge in Lösungsdokumentation und Test-Suite verwalten und ausführen können. Zusätzlich schildern wir in Abschnitt 16.3 kurz die Relevanz von eCATT (Extended Computer Aided Test Tool). Das Automationswerkzeug war seit 2002 fester Bestandteil der SAP-Basis und ist auch heute noch in den aktuellen Versionen von SAP NetWeaver enthalten. Aufgrund seiner langen Historie findet das Werkzeug in der Praxis noch immer Verwendung; daher lohnt ein kurzer Einblick in die wesentlichen Funktionen. Für die beiden Testautomatisierungswerkzeuge CBTA (siehe Abschnitt 16.4) und Tricentis Tosca (siehe Abschnitt 16.5) aus dem SAP-Produktportfolio stellen wir den Einstieg in die Automatisierung dar und zeigen jeweils, wie Sie mit den Werkzeugen ein einfaches Automationsskript aufzeichnen und bearbeiten. Dies gibt Ihnen als Testmanager*in einen Überblick über die praktische Funktionsweise der Werkzeuge und erlaubt Ihnen eine Einschätzung über deren wesentlichen Leistungsmerkmale sowie über den Aufwand der Automatisierung im Allgemeinen.

## 16.1 Einstieg in die Testautomatisierung

**Einstieg mit einem Pilotprojekt**

Sofern Sie in Ihrer Testorganisation Werkzeuge für die Testautomatisierung noch nicht (konsequent) einsetzen, empfiehlt es sich, mit dem Aufbau eines Pilotprojekts einzusteigen. Auf diese Weise können am Testprozess beteiligte Zielgruppen wie Testmanagement, Tester*innen, Fachbereiche und zukünftige Automatisierungsexpert*innen schon einmal Erfahrung mit dem jeweiligen Automatisierungswerkzeug, aber auch mit den administrativen Aspekten der Testautomatisierung sammeln. In Kombination mit der Kosten-Nutzen-Betrachtung kann der Einsatz eines solchen Werkzeugs zur Testautomatisierung mit überschaubarem Aufwand bewertet werden. Fällt die Bewertung positiv aus, haben Sie bereits erste methodische und technische Erfahrungen gemacht, und auch erste automatische Testfälle liegen vor, was den Einsatz der Automatisierung in größeren Projekten erleichtert.

**Voraussetzungen prüfen**

Das Pilotprojekt bietet Ihnen auch die Chance, organisationsindividuell zu prüfen, ob die für die Testautomatisierung benötigten Voraussetzungen erfüllt sind oder mit angemessenem Zeit- und Personalaufwand erreicht werden können. Dass die Voraussetzungen stimmen, ist langfristig für den Erfolg der Testautomatisierung entscheidend.

**Manuelle Testfälle als Grundlage**

Kurz- und mittelfristig entscheiden jedoch die manuellen Testfälle über den Erfolg der Automatisierung: Jeder automatisierte Testfall muss auf einem oder mehreren manuellen Testfällen basieren. Andernfalls ist nicht nachvollziehbar, auf welchen Grundlagen das Skript basiert bzw. welche Geschäftsvorfälle mit dem automatischen Testfall geprüft werden. Wenn ein Automatisierungsskript von den Testfällen abweicht, muss dies ebenfalls dokumentiert werden. Dies ist z. B. der Fall, wenn ein Skript vorab passende Testdaten erstellt, für die Prüfung von Ergebnissen ein anderes Vorgehen als im manuellen Testfall verwendet oder mehrere manuelle Testfälle zusammenfasst.

**Detailgrad der Testfälle**

Besonders wichtig ist, dass die manuellen Testfälle, die als Ausgangspunkt der Automatisierung dienen, ausreichend detailliert beschrieben sind: Der Personenkreis, der mit der Erstellung automatischer Testfälle beauftragt ist, muss den Testfall einschließlich aller Vorbedingungen, Testdaten, Verzweigungen, Varianten und Prüfungen nachvollziehen können. Die Automatisierungsexpert*innen sollten sich voll und ganz auf die Automatisierung selbst konzentrieren können. Wenn Unklarheiten auftreten oder mangelnde Details im Testfall Nachfragen erforderlich machen, führt dies zu oft langwierigen Abstimmungen mit den Testfallersteller*innen und Fachbereichen. Außerdem erzeugen implizite Annahmen und nicht dokumentierte Änderungen Unschärfen im Test. Da die Automatisierung eine technische Tätigkeit bleibt, kann selten gewährleistet werden, dass Automatisierungsexpert*innen über umfassende Kenntnisse der zu testenden unternehmensspezifischen Prozesse verfügen. Deshalb gilt hier ebenso wie bei den manuellen Testfällen: Die Dokumente sollten derart beschaffen sein, dass sie problemlos an andere Mitarbeitende übergeben werden können. Die manuellen Testfälle sollten daher möglichst folgende Informationen enthalten:

- eindeutige Ein- und Ausgangskriterien
- genau definierte Testdaten
- klare Anweisungen
- deutlich beschriebene erwartete Resultate

Dieser hinreichende Detailgrad sollte sich auch in den Metadaten der manuellen Testfälle fortsetzen. Eine konsequente Klassifizierung und Priorisierung erleichtern es den Mitarbeitenden, Testfälle auszuwählen, die sich für eine Automatisierung eignen. Insbesondere sollte für jeden Testfall die Geschäftskritikalität bzw. Eignung als Regressionstest erfasst werden.

**Reifegrad des Testprozesses**

Auch der Reifegrad des Testprozesses ist für die erfolgreiche Testautomatisierung entscheidend. Während ein Pilotprojekt noch recht pragmatisch aufgebaut werden kann, indem geeignete Testfälle gesammelt und automatisiert werden, ist spätestens bei der produktiven Nutzung der Automatisierung ein fest etablierter Prozess, insbesondere für die Erstellung und Wartung der Testfälle, erforderlich. Bereits bei der Erstellung der manuellen Testfälle kann die Automatisierung berücksichtigt werden, z. B. indem für Testfälle, die aufgrund ihrer Kritikalität und Ausführungshäufigkeit Kandidaten für die Automatisierung sind, angemessen hohe Anforderungen eingeführt werden, die auch im Rahmen von Reviews geprüft werden.

**Lebenszyklus für Testfalldokumente**

Wollen Sie die Testautomatisierung im Tagesgeschäft einsetzen, muss dem Dokumentenlebenszyklus von manuellen und zugehörigen automatischen Testfällen angemessene Aufmerksamkeit gewidmet werden. Bereits vor Beginn der Testautomatisierung sollte ein Lebenszykluskonzept für manuelle Testfälle im Einsatz sein und auch gelebt werden. Testfälle werden erstellt und idealerweise in Form von Reviews geprüft und freigegeben. Bei jeder Änderung des zugrundeliegenden Geschäftsprozesses und seiner Dokumentenbasis muss geprüft werden, ob der Testfall ebenfalls angepasst werden muss. Entsprechend wird der Bearbeitungszyklus für diese neue Version erneut durchlaufen. Ein korrespondierender automatischer Testfall wird mit seiner Erstellung in diesen Bearbeitungszyklus aufgenommen. Nur wenn sichergestellt ist, dass der automatische Testfall auf der aktuellen Version des manuellen Testfalls basiert, ist dessen Testergebnis valide. Hier sollte die Kombination aus Testmanagement- und Testautomatisierungswerkzeug dafür Sorge tragen, dass ein entsprechender Workflow abgebildet werden und der manuelle Testfall und das zugehörige Automatisierungsskript gemeinsam verwaltet werden können.

Ferner sind auch vermeintlich »weiche« Aspekte des Testprozesses zu berücksichtigen: So können z. B. Testergebnisse, Fehlersituation und Testaufwände vergangener Tests wertvollen Input für mögliche Automatisierungen liefern. Gleiches gilt für Feedback-Zyklen vergangener Tests. Je konsequenter derartige Informationen eingeholt werden und verfügbar sind, desto genauer können geeignete automatische Testfälle ermittelt werden.

**Automatisierungswerkzeug auswählen**

Sind die Voraussetzungen erfüllt, kann das Pilotprojekt für die Testautomatisierung aufgebaut werden. Hierbei ist eine der ersten Entscheidungen die Auswahl des Testautomatisierungswerkzeugs. SAP bietet dazu zwei Optionen, um ohne große Investments in Werkzeuglizenzen in die Testautomatisierung einzusteigen:

- Component-Based Test Automation (CBTA)
- Tricentis Test Automation for SAP

Die beiden Automatisierungslösungen können ohne Lizenzkosten verwendet werden. Somit kann – zumindest für die Automatisierung von SAP-Oberflächen – ein Pilotprojekt aufgesetzt werden, ohne dass Sie zuvor in weitere Werkzeuglizenzen investieren müssten.

Dennoch ist es in jedem Fall empfehlenswert, entweder vorab oder parallel zu dem Pilotprojekt eine formale Werkzeugauswahl, wie in Abschnitt 6.5, »Werkzeugauswahl«, beschrieben, durchzuführen. Zum einen können die Erfahrungen mit dem im Pilotprojekt verwendeten Werkzeug (oder gar mit mehreren Werkzeugen) in die finale Auswahlentscheidung einfließen. Zum anderen können Aspekte der Werkzeugauswahl berücksichtigt werden, die für ein begrenztes Beispiel (noch) nicht oder weniger relevant sind, z. B.:

- Unterstützung von Nicht-SAP-Systemen und -Benutzeroberflächen
- Kompatibilität mit Remote-Szenarien, z. B. Einsatz von Citrix
- tatsächliche Lizenzkosten (gegebenenfalls abhängig davon, welche Nutzer*innen das Werkzeug einsetzen oder welche Oberflächen automatisiert werden sollen)
- Integration in das Testmanagement-Werkzeug
- Erfordernis zusätzlicher Hardware und Software sowie damit einhergehende Kosten und Aufwände (bei On-Premise-Installationen oder Werkzeugen mit lokal installierten Komponenten)
- Zukunftssicherheit, z. B. in Form von Support durch den Hersteller
- Aufwand für die Ausbildung von Mitarbeitenden für die Nutzung des Werkzeugs

**Auswahl von Testfällen**

Parallel können für das Pilotprojekt geeignete Testfälle ausgewählt werden. Idealerweise kann ein bestehendes Set an manuellen Regressionstestfällen als Ausgangspunkt für das Pilotprojekt dienen. Wie eingangs beschrieben, ist bei derartigen Testfällen sichergestellt, dass sie kritische Geschäftsprozesse absichern und regelmäßig verwendet werden. Zu prüfen ist jeweils die Umsetzbarkeit der Testfälle in automatisierter Form, insbesondere vor dem Hintergrund der gegebenenfalls noch geringen Erfahrung mit einem neuen Automatisierungswerkzeug. Für das Pilotprojekt eignen sich daher Testfälle, die hohe manuelle Aufwände verursachen, aber vergleichsweise leicht umzusetzen sind, z. B. weil zahlreiche repetitive Arbeitsschritte und Dateneingaben erforderlich sind. Sukzessive können dann komplexere Testfälle automatisiert werden, die z. B. aufwendigere Datenprüfungen erfordern.

Im Pilotprojekt ist es ebenfalls sinnvoll, einen Querschnitt an Testfällen aus unterschiedlichen Fachbereichen zu betrachten, da sich Arbeitsschritte und Anforderungen an Datenprüfungen in verschiedenen Bereichen deutlich unterscheiden. Ebenso schwankt erfahrungsgemäß die Testfallqualität innerhalb verschiedener Fachbereiche. Auch dies kann durch eine Auswahl verschiedener Testfälle berücksichtigt werden.

**Mitarbeitende festlegen**

Für das Pilotprojekt können Sie Mitarbeitende festlegen, die gegebenenfalls auch später entsprechende Aufgaben wahrnehmen. Hier sollte das Testmanagement mindestens eine koordinierende Rolle sowie Testautomatisierungsexpert*innen benennen. Zusätzlich können z. B. über eine RACI-Matrix auch Zulieferungen der Fachbereiche und die Unterstützung des Managements dokumentiert werden.

**Kosten-/Nutzen-Rechnung**

Im Rahmen des Pilotprojekts sollten Einsparungen und Aufwände, die mit der Testautomatisierung einhergehen, protokolliert und gegenübergestellt werden. Dadurch lässt sich einschätzen, inwieweit die möglichen Einsparungen den eigenen Erwartungen (oder den Marketingversprechen des Werkzeugherstellers) entsprechen, und die gewonnenen Werte können genutzt werden, wenn die Automatisierung in größerem Umfang eingesetzt werden soll.

Ein wesentlicher Vorteil, der in der Kosten-Nutzen-Abwägung eine Rolle spielt, ist die Reduktion von Personal- und Zeitaufwand. Automatisierte Tests laufen nach dem Start selbsttätig ab – und das in der Regel mit technisch maximal möglicher Geschwindigkeit.

**Rüst- und Koordinationszeiten**

Neben den Aufwänden für die eigentliche Ausführung des manuellen Tests entfallen auch die Rüstzeiten der Tester*innen, z. B. das Aufrufen des Testmanagement-Werkzeugs oder des Testsystems und die Einarbeitung in einen Testfall. Auch der Koordinationsaufwand, der während der manuellen Tests für die Mitarbeitenden entsteht, insbesondere wenn mehrere Tester*innen involviert sind, fällt gänzlich weg.

Diesen möglichen Einsparungen sind jedoch auch entstehende Aufwände und Kosten gegenüberzustellen.

Zu den einmaligen und laufenden Kosten zählt die Einführung des Automatisierungswerkzeugs, darunter die erwähnten Lizenzkosten, etwaige Hard- und Software sowie Aufwände für Installation und Wartung des Werkzeugs. Außerdem muss bei der Einführung die geeignete Organisationsstruktur bereitgestellt werden. Testkonzept und gelebter Testprozess müssen um die Automatisierung erweitert werden – mit entsprechenden Aufwänden für das Testmanagement. Mitarbeiter*innen müssen neue Rollen wie Automatisierungsexpert*innen ausfüllen sowie Wissen (z. B. in Schulungen) und Praxiserfahrung aufbauen.

**Aufwand für die Automatisierung**

Einen nicht zu unterschätzenden Arbeitsaufwand erzeugt die Erstellung der Automatisierungsskripte mit dem gewählten Werkzeug. Wie aufwendig dies ist, ist von den zugrundeliegenden manuellen Testfällen abhängig, die den Automatisierungsexpert*innen als Vorlage für die Erstellung der automatischen Testfälle dienen. Ist deren Qualität unzureichend bzw. setzen die Testfälle implizit Kenntnis des zu testenden Prozesses und der dort verwendeten Daten voraus, müssen diese Testfälle entsprechend erweitert werden. Selbst wenn die Automatisierungsexpert*innen Kenntnis des jeweiligen Prozesses haben, sollten im automatisierten Testfall keine Annahmen getroffen werden, die nicht im manuellen Testfall dokumentiert sind. Denn sonst schafft ein solches Automatisierungsskript eine trügerische Sicherheit. Idealerweise wird der automatische Testfall von der Person, die den manuellen Testfall erstellt hat, oder zumindest von Key Usern des jeweiligen Fachbereichs abgenommen.

**Administrative Aufwände**



Genau wie für manuelle Testfälle muss auch bei automatisierten Testfällen der Lebenszyklus berücksichtigt werden. Wann immer ein manueller Testfall, z. B. aufgrund einer Systemänderung, aktualisiert wird, muss der korrespondierende automatisierte Testfall ebenfalls geprüft und überarbeitet werden. Es muss ersichtlich sein, dass der automatische Testfall auf der aktuellen gültigen Version des manuellen Testfalls basiert. Etwaige Review-Zyklen sind bei beiden Testfällen mit jeder Änderung erneut durchzuführen.

**Testdaten und Prüfungen**

Zusätzlich sollten Sie bei der Abwägung zwischen Aufwand und Nutzen der Testautomatisierung neben der Erstellung und Wartung automatisierter Testfälle auch weitere Aspekte berücksichtigen, die weniger offenkundig erscheinen. Denken Sie z. B, auch daran, dass bei der Durchführung von automatischen Tests Testdaten erstellt werden und Prüfungen erfolgen müssen.

**Prüfroutinen**

Automatische Testskripte liefern ein Testergebnis, das auf den im Skript hinterlegten Prüfungen basiert. Entsprechend gilt, dass das Testergebnis nur so valide wie die dort implementierte Prüfung ist. Auch diese Prüfungen müssen gestaltet werden (z. B. das Verifizieren von Werten in weiteren SAP-Anwendungen, auf der Tabellenebene oder unter der Verwendung einer Schnittstelle), was den Erstellungsaufwänden zuzurechnen ist. Auch hier gilt: Die entsprechenden Prüfungen sollten im manuellen Testfall dokumentiert sein. Für menschliche Tester*innen aus den Fachbereichen ist es oftmals offensichtlich, ob ein Testfall erfolgreich oder fehlgeschlagen ist; die entsprechenden Prüfungen werden implizit durchgeführt. Ein Testskript benötigt hingegen verbindliche Regeln, die mit vertretbarem Aufwand technisch umgesetzt werden können.

**Passende Testdaten erzeugen**

Ähnliches gilt für die Testdaten: Während Tester*innen bei der Durchführung von manuellen Tests vielfach in der Lage sind, für einen (unzureichend spezifizierten) Testfall die richtigen Testdaten auszuwählen oder fehlende Testdaten während der Testausführung zu erstellen, benötigt ein automatisierter Testfall genaue Angaben, welche Testdaten zu verwenden sind. Ebenso muss stets sichergestellt sein, dass die entsprechenden Daten vorhanden sind – sonst schlägt der Test fehl, obwohl der Testfall ansonsten erfolgreich durchlaufen werden könnte. Deshalb muss eine ausreichende Datenbasis vorhanden sein. Es hat sich bewährt, vorgelagerte Skripte zu erstellen, die im Rahmen der Testausführung z. B. in Form einer Prozesskette benötigte Daten erstellen, sodass der Testfall stets geeignete Daten vorfindet.

Zusätzlich sind bei der Betrachtung von Nutzen und Aufwänden einige Aspekte als neutral zu werten. Abhängig von Testprozess, Automatisierungswerkzeug, den zu automatisierenden Geschäftsprozessen und weiteren Faktoren können diese Punkte entweder Aufwände reduzieren oder verursachen.

**Analyse fehlgeschlagener Tests**

Ein Beispiel für einen solchen Punkt ist die Art und Weise, wie fehlerhafte Tests ausgewertet werden. Im manuellen Test eröffnen Tester*innen im Fehlerfall eine entsprechende Meldung, die als Fließtext mit fachlichen Informationen detailliert ist und erfahrungsbasiert eine erste Einschätzung der Fehlerpriorität enthält. Ein automatischer Testfall liefert zunächst die eher technisch formulierte Information zurück, dass der Test fehlgeschlagen ist. Die Ursache muss anhand der vom Automatisierungswerkzeug bereitgestellten Log-Dateien erfolgen. Dabei ist keines der beiden Vorgehen als besser oder schlechter zu bewerten: Das kontextuelle Prozessverständnis »echter« Tester*innen ist der Genauigkeit und »Unbestechlichkeit« eines Automatisierungsskripts gegenüberzustellen.

**Vorteile bei der Testdurchführung**

Auch bei der Testdurchführung ist das Duell »Mensch gegen Maschine« testfallindividuell zu entscheiden. Automatisierungsskripte arbeiten schnell, genau und unermüdlich – und können damit auch eine Vielzahl von Prozessvarianten mit unterschiedlichen Daten in kürzester Zeit prüfen – gerne auch außerhalb der Kernarbeitszeiten. Menschliche Tester*innen sind hingegen bei monotonen und aufwendigen Testaktivitäten fehlbar, können aber über den Tellerrand schauen und durch Erfahrung und Intuition Fehlersituationen aufdecken, die ein Skript ignorieren würde.

Qualitative Aspekte

Abschließend sind neben den Einsparungen und Kosten auch qualitative Aspekte zu betrachten, die sich mitunter schwer quantifizieren lassen. Hierzu gehört insbesondere die Möglichkeit, ein einmal etabliertes Set an automatisierten Regressionstestfällen regelmäßig auszuführen bzw. einzuplanen, z. B. bei jeder Systemänderung. Damit kann die Systemqualität in einem Umfang abgesichert werden, der mit manuellen Tests nicht möglich wäre.

Nutzen der Automatisierung prüfen

Wird die Kosten-/Nutzen-Analyse auf den späteren Regelbetrieb übertragen, ist zu berücksichtigen, dass mit zunehmendem Grad der Testautomatisierung weitere Automatisierungsmaßnahmen aufwendiger und damit weniger sinnvoll werden. Hier muss regelmäßig und individuell entschieden werden, bei welchen Testfällen eine Automatisierung eher nicht sinnvoll ist. Bei den folgenden Testfällen sollten Sie auf eine Automatisierung eher verzichten:

- Testfälle, die nur selten ausgeführt werden
- Testfälle, die häufigen Änderungen unterliegen
- Testfälle, die übermäßig komplex bzw. für die vorhandene Erfahrung im Bereich der Testautomatisierung zu komplex sind
- Testfälle, die eine »kreative« Bewertung menschlicher Tester erfordern (z. B., ob ein Formular ästhetischen Ansprüchen genügt).



Die Entscheidung, wann die Automatisierung nicht länger wirtschaftlich ist, sollte kontinuierlich geprüft werden; oft sind Testfälle hinsichtlich Komplexität und Qualität zu unterschiedlich, um pauschale Ziele wie das Erreichen eines festgelegten Automatisierungsgrads in einer bestimmten Zeit vorzugeben. Je besser die vorhandenen manuellen Testfälle klassifiziert und priorisiert sind, desto leichter kann entschieden werden, in welchen Bereichen eine Automatisierung den größten Nutzen stiftet.

## 16.2 Testautomatisierungs-Framework

Automatische Testfälle verwalten

Das *Testautomatisierungs-Framework* (*Test Automation Framework*) ist ein Baustein der Test-Suite des SAP Solution Managers, über den die Funktionen für die Testautomatisierung bereitgestellt werden. Insbesondere dient das Framework der Erstellung, Verwaltung und Ausführung automatisierter Testfälle unter der Verwendung bereits vorhandener Funktionen und Systemdaten im SAP Solution Manager. So können automatisierte Testskripte in der Lösungsdokumentation gemeinsam mit manuellen Testfällen verwaltet werden. Die Testdurchführung erfolgt ebenfalls mit den bereits beschriebenen Möglichkeiten der Test-Suite, zu denen auch der Aufbau von Testplänen mit automatisierten Tests gehört, die anschließend zur (regelmäßigen) Ausführung eingeplant werden können. Auch der Systemzugriff auf die zu automatisierenden Systeme wird über die vorhandenen Systemanbindungen des SAP Solution Managers umgesetzt.

Mit dem Testautomatisierungs-Framework können die in diesem Kapitel beschriebenen Automatisierungswerkzeuge von SAP – eCATT und CBTA – in den bereits bestehenden Testprozess integriert werden. Auf die gleiche Weise kann auch das Automatisierungswerkzeug von Tricentis integriert werden, das in Abschnitt 16.5, »Tricentis Test Automation for SAP«, vorgestellt wird. Aber auch Werkzeuge von Drittherstellern werden vom Testautomatisierungs-Framework unterstützt.

[»]

**Zertifizierte Werkzeuge**

Dritthersteller von Testautomatisierungswerkzeugen können sich von SAP zertifizieren lassen, um die Eignung des Produkts für die Testautomatisierung bzw. die Integration zu dokumentieren.

Eine Übersicht der zertifizierten Testautomatisierungslösungen von Drittherstellern finden Sie in der Übersicht zertifizierter Lösungen unter *http://www.sap.com/sapcertifiedsolutions*, indem Sie nach der Komponente SM-TSTR suchen.

Grundvoraussetzung für die sinnvolle Verwendung des Testautomatisierungs-Frameworks ist der Einsatz von Lösungsdokumentation und Test-Suite. Technisch sollte die Konfiguration der Testautomatisierung, wie in Abschnitt 9.4.5, »Komponentenbasierte Testautomatisierung«, und Abschnitt 9.4.6, »Umfangs- und Aufwandsanalyse«, beschrieben, abgeschlossen sein.

**Testkonfiguration anlegen**

Sind diese Voraussetzungen erfüllt, können automatische Testskripte mit dem SAP Solution Manager verwaltet werden. Sinnvoll ist dabei der Einstieg über die Lösungsdokumentation; auf diese Weise können die gewünschten Testfälle gemeinsam mit den manuellen Testfällen in einer prozessorientierten Struktur abgelegt werden. Wählen Sie dazu den Punkt **Lösungsdokumentation** im Menü **Projekt- und Prozessmanagement** des SAP Solution Manager Launchpads aus. Navigieren Sie anschließend zu einem Element (z. B. einem Geschäftsprozess) in der Prozesshierarchie, in dem Sie einen automatisierten Testfall erstellen möchten. Dort können Sie über das Kontextmenü **Neu • Testfälle • Testkonfiguration (Anlegen)** eine neue Testkonfiguration erstellen (siehe Abbildung 16.1).

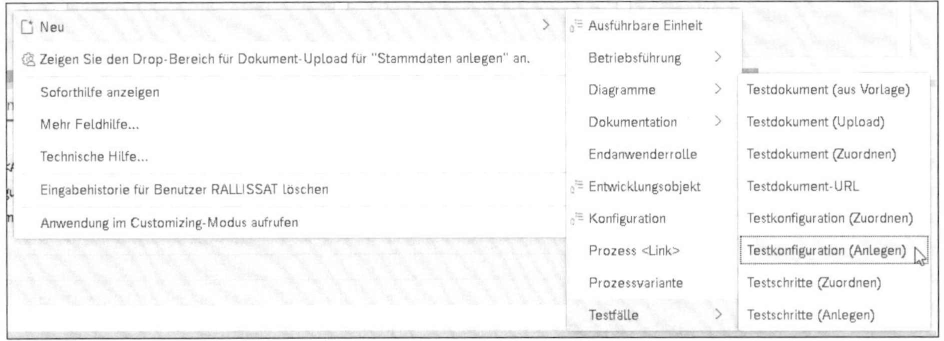


**Abbildung 16.1** Testkonfiguration anlegen

Abbildung 16.2 zeigt die erforderlichen Eingaben zum Anlegen einer Testkonfiguration. Vergeben Sie hier sowohl einen Namen für die Testkonfiguration als auch für das Testskript; das Feld **Version** wird automatisch gefüllt. Der Titel ist eine textuelle Beschreibung der Testkonfiguration. Wählen Sie anschließend das passende Testwerkzeug und ein Paket aus.

Neue Testkonfiguration

* Lösung: Axians NEO Solutions &...
* Testkonfiguration: Z_BP_ERSTELLEN
* Testwerkzeug: CBTA
* Testskript: ZTS002_BUSINESS_PARTNER
* Version: 00000001
* Titel: Geschäftspartner anlegen
* Paket: $TMP Lokales Objekt

OK Abbrechen

**Abbildung 16.2** Neue Testkonfiguration

**Testplanung und -durchführung**

Durch das Konstrukt der Testkonfigurationen können manuelle und automatische Testfälle gemeinsam in einer prozessorientierten Struktur abgelegt werden. Entsprechend können derart verwaltete automatische Testfälle auch in der Testplanung und -durchführung verwendet werden. Das entsprechende Vorgehen entspricht der Verwaltung, Planung und Durchführung manueller Tests wie in den Kapiteln 10 bis 12 beschrieben. Ferner eröffnet sich durch Testkonfigurationen die Möglichkeit, je nach Anforderung verschiedene Automatisierungswerkzeuge zu verwenden. Nachfolgend stellen wir die von SAP zur Verfügung gestellten Werkzeuge vor, die mit dem Testautomatisierungs-Framework verwendet werden können.

## 16.3 eCATT

Seit der Veröffentlichung des SAP NetWeaver Application Server 6.20 im Jahr 2002 war das Testautomatisierungswerkzeug *Extended Computer Aided Test Tool* (eCATT) fester Bestandteil der SAP-Basis. Dadurch, dass es in nahezu jedem SAP-ABAP-System unmittelbar verfügbar ist und aufgrund seiner langen Historie in Unternehmen häufig bereits bekannt ist, kommt eCATT auch heute noch zum Einsatz. Zudem ist es auch in aktuellen Versionen von SAP NetWeaver verfügbar. Die von dem Werkzeug etablierten Konstrukte wie Testkonfiguration, Testdatencontainer und Systemdatencontainer bilden eine Grundlage des im vorangehenden Abschnitt vorgestellten Testautomatisierungs-Frameworks.

Wir empfehlen nicht, ein neues Automatisierungsprojekt ausschließlich mit eCATT aufzubauen: Aktuelle SAP-Benutzeroberflächen werden nicht oder nur eingeschränkt unterstützt; ebenso gibt es modernere Werkzeuge – vor allem in Bezug auf die Benutzerfreundlichkeit. Dennoch lohnt aufgrund der unmittelbaren Verwendbarkeit und des oft bestehenden Know-hows ein kurzer Einblick in die wesentlichen Eigenschaften des Werkzeugs. Dies gilt insbesondere dann, wenn in Ihrer Testorganisation historisch bedingt eCATT-Skripte zum Einsatz kommen.

**Konfiguration und weitere Informationen**

Um eCATT nutzen zu können bzw. insbesondere um die Aufzeichnung von Skripten in SAP-Systemen zu ermöglichen, müssen diverse Einstellungen getätigt werden. Wesentliche Einstellungen wie z. B. das Erlauben von eCATT in den Mandanteneinstellungen oder das Aktivieren des SAP-GUI-Scripting nehmen Sie dabei über die Testautomatisierungsvorbereitung in der Konfiguration des SAP Solution Managers vor (siehe Abschnitt 9.4.4, »Testautomatisierungs-Vorbereitung«). Weitere Details finden Sie in der SAP-Hilfe zu eCATT, die auch Details zur Nutzung des Werkzeugs vermittelt: *http://s-prs.de/879009*.

**Aufrufen von eCATT**

Wie beschrieben, ist eCATT grundlegend in nahezu jedem SAP-NetWeaver-System verfügbar und kann dort über das SAP GUI mit der Transaktion SECATT aufgerufen werden. Dies gilt ebenfalls für den SAP Solution Manager. Abbildung 16.3 zeigt den Einstieg in die Transaktion, die zunächst das Erstellen und Bearbeiten verschiedener Objekte erlaubt. Im gezeigten Beispiel wird ein neues Testskript `Z_BUSINESS_PARTNER_CHANGE` erstellt. Das Skript legen Sie an, indem Sie auf das Symbol [ ] klicken.

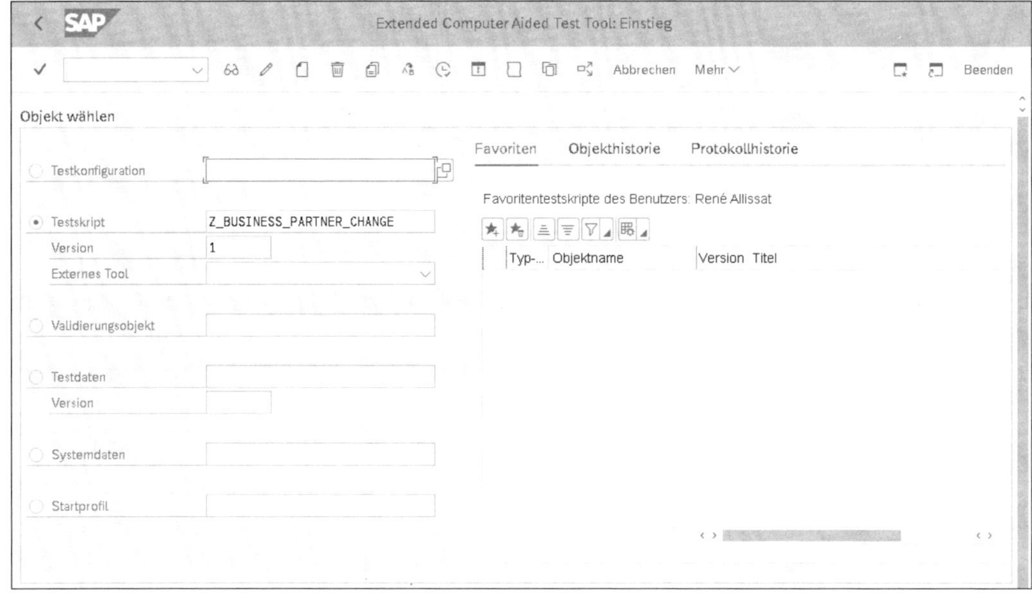


**Abbildung 16.3** Einstieg in eCATT

Ein mit eCATT automatisierter Testfall besteht dabei aus den folgenden, bereits aus dem vorangehenden Abschnitt bekannten Komponenten:

- Das *Testskript* enthält die eigentlichen Anweisungen, die im zu testenden System ausgeführt werden.
- *Testdatencontainer* beinhalten Testdaten in Form konkreter Datenausprägungen für vorgegebene Parameter. Ein Satz an Testdaten wird dabei als Variante bezeichnet.
- Ein *Systemdatencontainer* steuert den Zugriff auf die zu testenden Systeme.
- Die *Testkonfiguration* fasst die vorgenannten Elemente zu einem ausführbaren Testfall zusammen, der das Testskript in der im Systemdatencontainer genannten Systemlandschaft für jede gewählte Testdatenvariante ausführt und dabei die im Testdatencontainer enthaltenen Testdaten verwendet.

**Modularer Ansatz**

Mit dem modularen Ansatz ist eCATT darauf ausgerichtet, auf einem zentralen System betrieben zu werden. So können bei der Verwendung des Testautomatisierungs-Frameworks die Testkonfigurationen, wie im vorangehenden Abschnitt beschrieben, in der Lösungsdokumentation des SAP Solution Managers verwaltet werden; entsprechend kann auch die Planung und Durchführung der Testfälle mit der aktuellen Test-Suite erfolgen.

**Testtreiber**

Testskripte können in eCATT unter der Verwendung verschiedener Testtreiber erstellt werden. Für die in der Vergangenheit vorherrschende Benutzeroberfläche SAP GUI stehen zwei Treiber zur Verfügung:

- TCD
- SAPGUI

Der Testtreiber *TCD* ist historisch interessant. TCD kann für einfache SAP-GUI-Transaktionen verwendet werden, die keine Bildschirmelemente nutzen, die die Verarbeitungslogik auf das Frontend auslagern (die sogenannten *Controls*). Die Besonderheit des Treibers liegt darin, dass damit erstellte Skripte ohne die grafische Benutzeroberfläche abgespielt werden können, was die Geschwindigkeit der Testausführung drastisch erhöht. Entsprechend wurde dieser Treiber auch gern zur Anlage von Massendaten verwendet.

Für die Aufzeichnung von Skripten im SAP GUI kann in allen anderen Fällen der Treiber *SAPGUI* verwendet werden; die entsprechenden Skripte werden über das SAP GUI auf einem Frontend abgespielt.

Darüber hinaus bietet eCATT weitere Treiber an, mit denen auf Web Dynpro basierende Anwendungen, Webservices und technische Objekte angesteuert werden können. So ist es über Treiber der letzten Kategorie z. B. möglich, direkt auf Funktionsbausteine oder Tabellen zuzugreifen, um die von einem Testskript erzeugten Daten im System zu überprüfen.

Abbildung 16.4 zeigt beispielhaft den Start der Aufzeichnung eines Testfalls mit dem SAP-GUI-Treiber über den Dialog **Muster**.

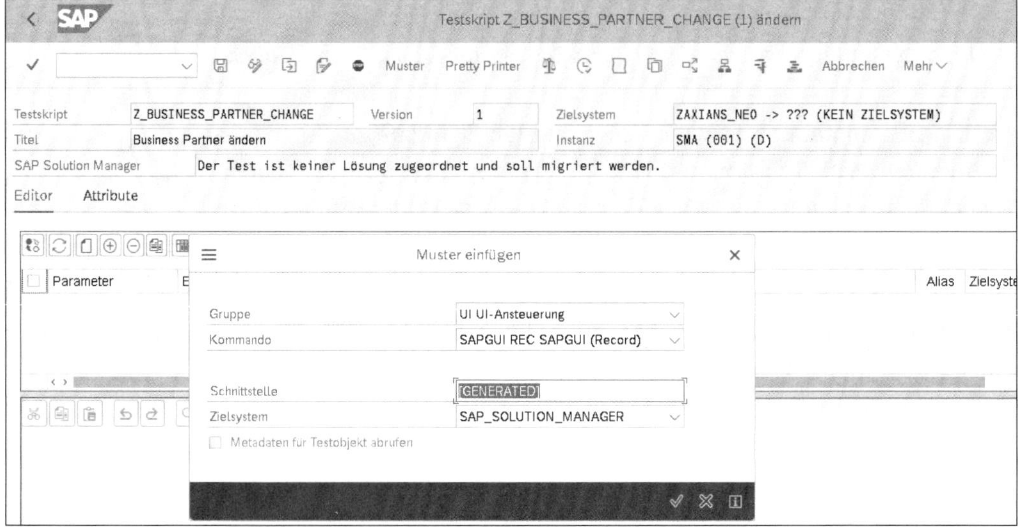


**Abbildung 16.4** Testfall mit dem Treiber SAPGUI aufzeichnen

Über die dort enthaltenen Bausteine kann das Testskript aus Aufzeichnungen, Ablauflogiken und Prüfungen zusammengestellt werden. Dabei ist die Aufzeichnung von Benutzeraktionen mit einem der Testtreiber typischerweise der erste Schritt für die Erstellung eines Testskripts. Über einen Assistenten wird die jeweilige Benutzeroberfläche gestartet; fortan werden alle Arbeitsschritte aufgezeichnet. Nach Abschluss der Aufzeichnung werden die einzelnen Schritte im Testskript dargestellt. Je nach Treiber variiert die Darstellung, und auch die Granularität der Aufzeichnung kann vorab eingestellt werden.

**Skripte aufzeichnen**

Ein derart aufgezeichnetes Skript kann bereits abgespielt werden. Entsprechend werden die gleichen Aktionen, die im System ausgeführt werden, erneut wiederholt. Können die aufgezeichneten Schritte auf die gleiche Weise wiederholt werden, gilt der Testfall als erfolgreich.

Für komplexere Testfälle müssen meist zwei Aspekte ergänzt werden, die an dieser Stelle nur kurz vorgestellt werden: Parameter und Prüfungen.

**Parameter**

Parameter sind Variablen, mit denen sich neue Testdaten zuspielen lassen bzw. Ergebnisse ausgelesen und übergeben werden können. Abbildung 16.5 zeigt die Parameteransicht der Skripterstellung, in der Sie neue Import- oder Exportparameter anlegen können.



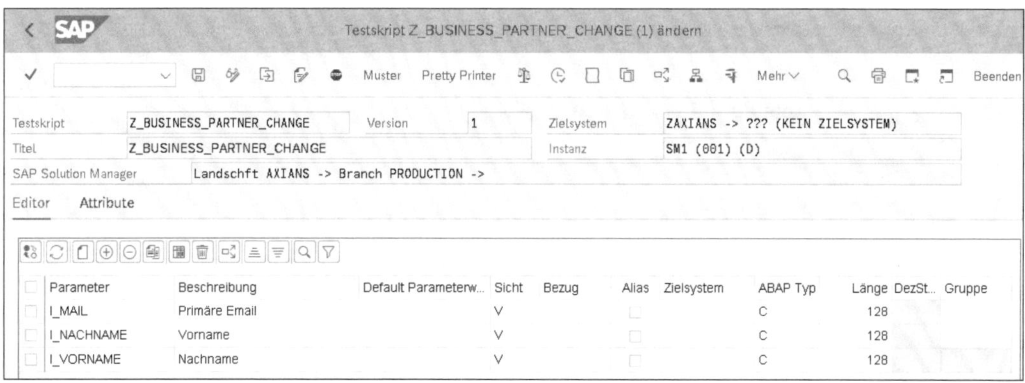


**Abbildung 16.5** Parameter in einem eCATT-Skript

In unserem Beispiel werden Importparameter für die Bearbeitung eines Geschäftspartners definiert. Diese Importparameter können anschließend den Datenfeldern der Aufzeichnung zugeordnet werden. Die auf diese Weise angelegten Parameter können innerhalb des Skripts einmalig mit neuen Daten befüllt werden; über einen Testdatencontainer können dem Skript mehrere Datensätze übergeben werden. Somit können vor der Skriptausführung die passenden Testdaten zusammengestellt werden, sodass das Skript nicht aufgrund fehlender oder verbrauchter Daten fehlschlägt. Ebenso können über Variablen Skripte verkettet werden. In der Praxis hat es sich bewährt, mit dieser Methode die Testdaten, die ein Skript zur Ausführung benötigt, vorab durch ein weiteres Skript erstellen zu lassen.

**Prüfungen im Skript**

In komplexeren Testfällen sind ebenso Prüfungen zu berücksichtigen. Dafür stehen über den Dialog **Muster einfügen** verschiedenste Befehle zur Verfügung (siehe Abbildung 16.6). Exemplarisch seien die in Skripten häufig verwendeten Befehle `CHEGUI` und `MESSAGE` erwähnt. Mit Ersterem kann der Inhalt eines SAP-GUI-Elements (z. B. ein Textfeld) ausgelesen und geprüft werden. `MESSAGE` fängt Nachrichten des Systems ab und prüft diese anhand von Filterregeln. Für die Verwendung dieser und weiterer Prüfungen verweisen wir nochmals auf die SAP-Hilfe für eCATT.

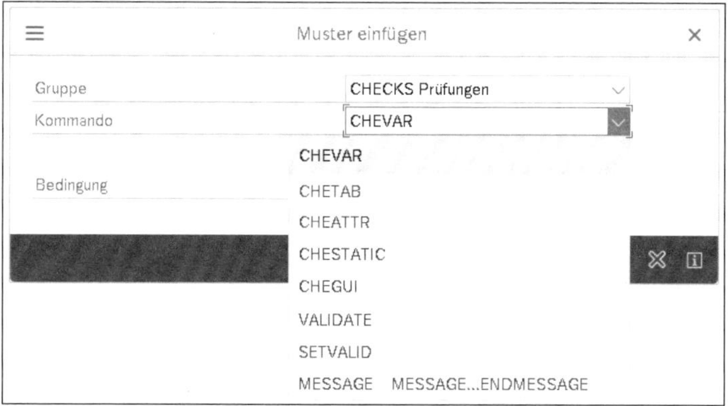


**Abbildung 16.6** Prüfungen einfügen

## 16.4 CBTA

**Komponentenbasierter Test**

Das Testautomatisierungswerkzeug *Component-Based Test Automation* (CBTA) kann als Quasi-Nachfolger von eCATT betrachtet werden. Auch CBTA setzt zunächst auf das Capture-and-Replay-Prinzip zur erstmaligen Aufzeichnung automatisierter Testfälle: Mit einer lokal installierten Anwendung werden Benutzerinteraktionen in einem SAP-System aufgezeichnet. Der wesentliche Unterschied besteht in der Darstellung der aufgezeichneten Befehle. Während »klassische« Werkzeuge wie z. B. eCATT sämtliche Benutzeraktionen als programmcodeähnliches Skript aufbereiten, stellt CBTA diese in Form von Komponenten dar. Aktionen von Benutzern, z. B. das Auswählen von Objekten mit der Maus oder die Eingabe von Daten in ein Feld, werden als Baustein dargestellt. Dies erleichtert zunächst die Lesbarkeit des jeweiligen Automatisierungsskripts – statt kryptischer Befehle werden grundlegende Aktionen in natürlicher Sprache formuliert. Abbildung 16.7 zeigt ein Beispiel eines solchen Skripts.

**Abbildung 16.7** CBTA-Testskript

Die Aufteilung des Skripts in Komponenten erleichtert zudem dessen Wartung: Abschnitte eines Skripts, die bearbeitet werden müssen, können schneller gefunden werden; Tätigkeiten und Systemmeldungen werden direkt als Text angezeigt. Ebenso vereinfacht die Aufteilung in Komponenten die Wiederverwendung einzelner Teile des Skripts.

**Unterstützte Oberflächen**

CBTA unterstützt die wesentlichen SAP-Oberflächen, insbesondere SAPUI5, SAP Fiori und SAP GUI. Die Aufzeichnung von Skripten in Weboberflächen kann in verschiedenen, marktgängigen Browsern erfolgen.

### Unterstütze Oberflächen und Browser

Details zu den von CBTA unterstützen Betriebssystemen, Browsern und SAP-Oberflächen für die Aufzeichnung von Automatisierungsskripten finden Sie in SAP-Hinweis 1835958. Hier werden auch mögliche Einschränkungen für bestimmte Oberflächen bzw. Elemente innerhalb der Oberflächen aufgelistet.

Details zum Download und zur Installation der Frontend-Komponente für CBTA, die zur Aufzeichnung von Skripten benötigt wird, finden Sie in SAP-Hinweis 2007325.

In diesem Abschnitt zeigen wir, wie Sie ein einfaches Testskript mit CBTA aufzeichnen, damit Sie einen Überblick über die wesentlichen Arbeitsschritte mit dem Werkzeug gewinnen. Für die nachfolgend beschriebenen Aktivitäten setzen wir voraus, dass die Grundkonfiguration des CBTA, wie in Abschnitt 9.4.5, »Komponentenbasierte Testautomatisierung«, beschrieben, erfolgt ist und Sie die Frontend-Komponente zum Aufzeichnen von Skripten gemäß SAP-Hinweis 2007325 installiert haben.

**CBTA-Testskript erstellen**

Im Menü **Test-Suite** des SAP Solution Managers finden Sie die App **Test-Repository – Testskripts**, mit der Sie Testskripte erstellen und bearbeiten können. Abbildung 16.8 zeigt den Einstieg in die App. Wählen Sie hier die Schaltfläche **Anlegen**, um ein neues Skript zu erstellen.

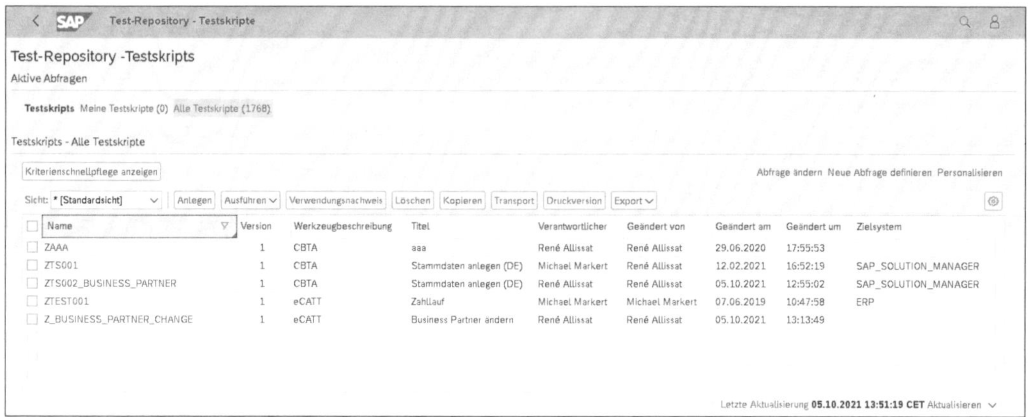


**Abbildung 16.8** Testskripte

Daraufhin erscheint zunächst ein Pop-up-Fenster, in dem Sie die grundlegenden Daten eintragen (siehe Abbildung 16.9). Geben Sie zunächst die Lösung an, in der das Skript gespeichert werden soll. Tragen Sie in das Feld **Testskript** den technischen Namen des Skripts ein, und vergeben Sie als Titel eine fachliche Beschreibung. Als Testwerkzeug wählen Sie CBTA. Im Feld **Paket** wird das Entwicklungspaket ausgewählt, in dem das Skript systemseitig gespeichert wird. Oft ist hier die Einstellung **Lokales Objekt** ausreichend. Geben Sie ein anderes Paket an, wenn die Testfälle zu einem späteren Zeitpunkt in ein anderes SAP-Solution-Manager-System transportiert werden sollen. Schließen Sie die Eingabe mit **OK** ab.

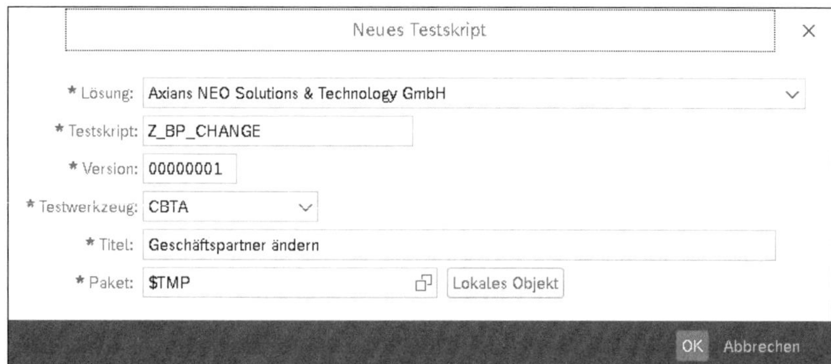


**Abbildung 16.9** Neues Testskript anlegen

[+]

**Namenskonventionen verwenden**

Für automatisierte Testfälle gilt, ebenso wie für manuelle Testfälle, dass Namenskonventionen sinnvoll sind, um Skripte zu gruppieren und zu kategorisieren. Über entsprechende Präfixe oder Suffixe in der technischen Bezeichnung des Skripts können Sie z. B. auf den jeweiligen Fachbereich oder auf eine Teststufe verweisen. Ebenso ist es nützlich, Konventionen und Bezeichnungen für manuelle und automatische Testfälle anzugleichen. Dies schafft Übersicht und erlaubt die Verknüpfung manueller und automatischer Test über die Ablage in der Lösungsdokumentation hinaus.

**Ausführbare Einheit zuordnen**

Anschließend gelangen Sie auf die Übersichtsseite des neu angelegten Skripts (siehe Abbildung 16.10). Wählen Sie hier zunächst aus, für welche Anwendung Sie Ihre Eingaben automatisieren möchten. Mit der Schaltfläche **Ausführb. Einheit zuordnen** wählen Sie eine entsprechende ausführbare Einheit in einem System aus.

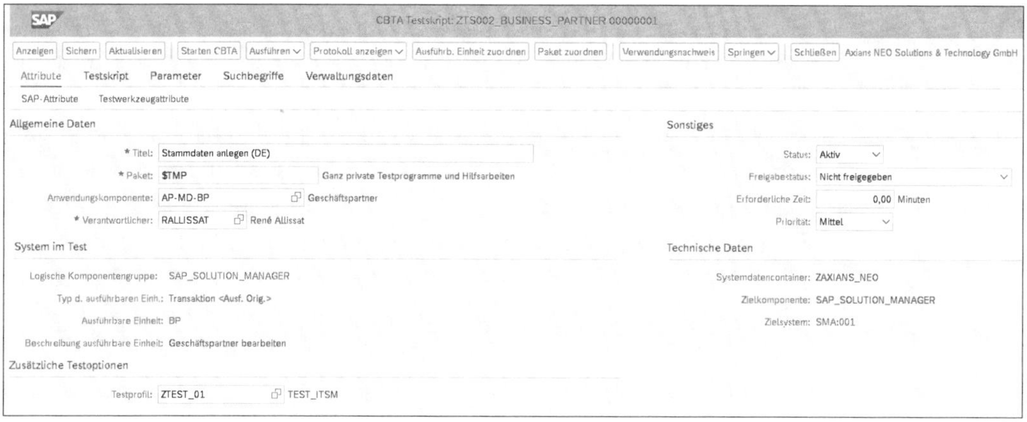

**Abbildung 16.10** Attribute des neuen Testskripts



Über die in Abbildung 16.11 gezeigte Suchmaske können Sie die Einheiten über die Auswahl von logischer Komponentengruppe und Typ der ausführbaren Einheit (z. B. SAP-Transaktion oder SAP-Fiori-App) eingrenzen und anschließend über **Ausführbare Einheit** die gewünschte App selbst angeben. Klicken Sie auf **Suchen**, um sich alle Elemente anzeigen zu lassen, die den gewählten Kriterien entsprechen.

Die Auswahl der ausführbaren Einheit ist die minimale Voraussetzung, um mit der Aufzeichnung eines Skripts zu starten. Optional können Sie auf der Registerkarte **Attribute** noch weitere Felder wie z. B. **Status**, **Freigabestatus**, **Erforderliche Zeit** und **Priorität** ausfüllen.

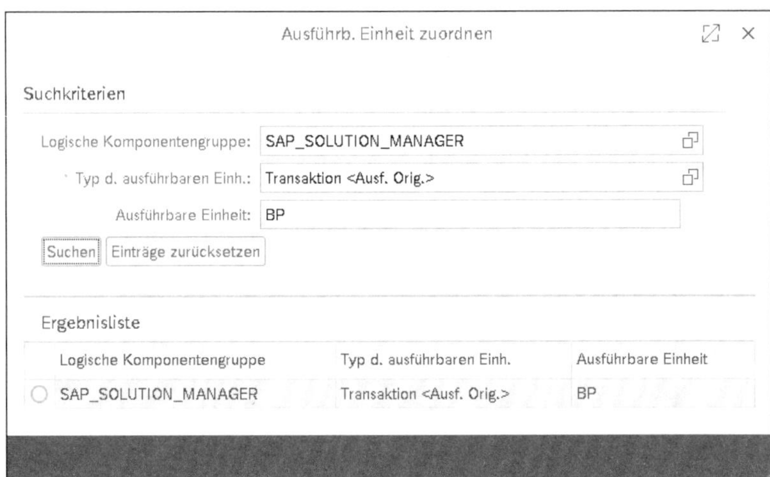


**Abbildung 16.11** Ausführbare Einheit zuordnen

**Testprofil**

Zusätzlich sollte hier ein Testprofil angegeben werden. Mit diesem Profil wird der Zugriff auf das zu testende System gesteuert – dies beinhaltet auch den zu verwendenden Benutzer und dessen Passwort. Über das Testprofil kann das Skript auf ein System zugreifen, ohne dass ein Passwort eingegeben werden müsste oder gar im Klartext im Skript sichtbar wäre. Testprofile können über die Schaltflächen **Springen • SUT-Verwaltung** angelegt und bearbeitet werden. Abbildung 16.12 zeigt die Bildschirmmaske, in der Sie je Kombination aus logischer Komponentengruppe, Branch und System (linke Seite) eine RFC-Verbindung zum Zugriff auf das jeweilige System sowie das eigentliche Testprofil mit Benutzer und Passwort anlegen können (rechte Seite). Auf diese Weise können Sie nicht nur den Zugriff auf die zu testenden Systeme allgemein steuern, sondern auch für unterschiedliche Testfälle oder Testarten Benutzer bereitstellen, die über jeweils passende Berechtigungen verfügen.

**Nutzeraktionen aufzeichnen**

Die Aufzeichnung des Skripts beginnen Sie aus der Einstiegsseite heraus über die Schaltfläche **Starten CBTA** (siehe Abbildung 16.10). Dies startet den Testanlegeassistenten, der als Frontend-Komponente lokal auf Ihrem PC installiert ist. Abbildung 16.13 zeigt die erste Seite des Assistenten; hier können Sie vor dem Beginn der Aufzeichnung noch einige grundlegende Einstellungen vornehmen.

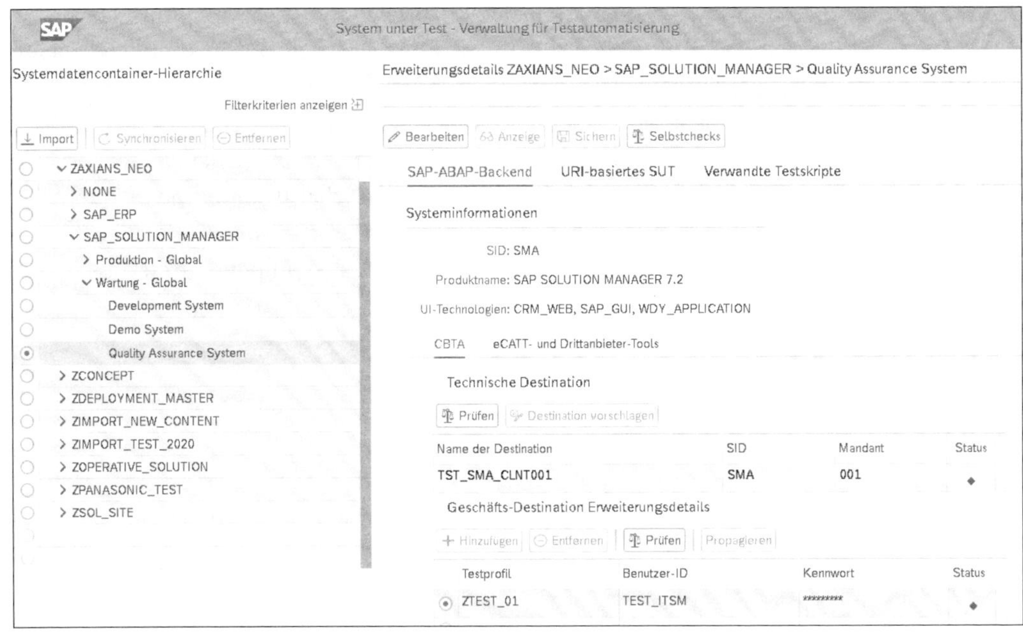


**Abbildung 16.12** Testprofile anlegen und bearbeiten

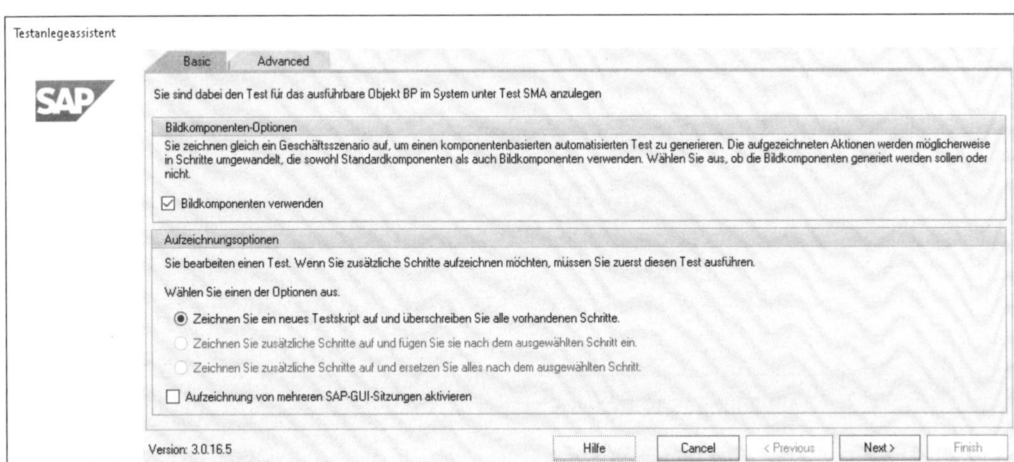


**Abbildung 16.13** Testanlegeassistent

Wenn Sie die Checkbox **Bildkomponenten verwenden** anklicken, wählen Sie aus, dass das Skript neben Standardkomponenten auch die bearbeiteten Bildschirmmasken beinhalten soll. Zusätzlich können Sie hier zwischen verschiedenen Optionen zur Aufzeichnung des Skripts wählen; neben Überschreiben bzw. der vollständigen Neuanlage eines Skripts können die aufgezeichneten Schritte an ein bereits vorhandenes Skript angehängt werden.

Per Klick auf **Next** starten Sie die Aufzeichnung des Testskripts. Haben Sie kein Testprofil ausgewählt, müssen Sie sich gegebenenfalls am zu testenden System anmelden. Jeder Arbeitsschritt, den Sie nun im System ausführen, wird von der CBTA-Frontend-Komponente aufgezeichnet. Den Fortschritt können Sie dabei im Testanlegeassistenten verfolgen. Hier können Sie auch die Aufzeichnung über die entsprechende Schaltfläche beenden. Alternativ können Sie das Fenster, dessen Eingaben Sie aufzeichnen, schließen. Wurde die Aufzeichnung beendet, zeigt die Frontend-Komponente die aufgezeichneten Schritte an (siehe Abbildung 16.14).

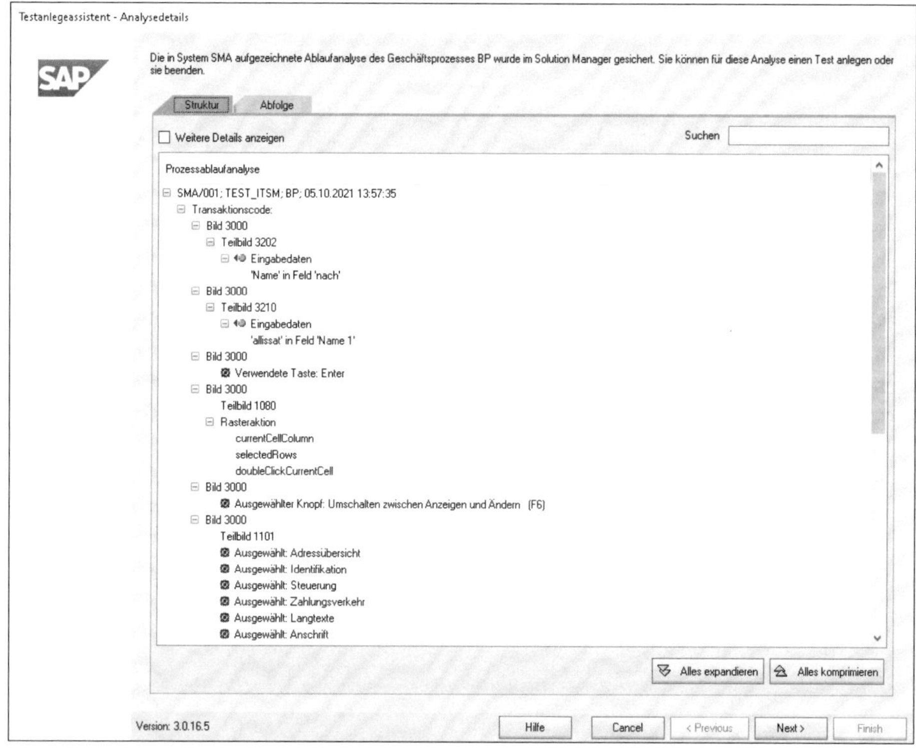


**Abbildung 16.14** Analysedetails

Nach einem erneuten Klick auf **Next** werden einige Aktivitäten automatisch durchgeführt – die Aufzeichnung wird gesichert, geprüft und in den SAP Solution Manager hochgeladen. Hier können Sie sich das aufgezeichnete Skript auf der Registerkarte **Testskript** ansehen und bearbeiten (siehe Abbildung 16.15). Nutzeraktionen werden als Abfolge einzelner Komponenten dargestellt: Aktionen, wie z. B. ein Klick auf eine Schaltfläche, werden über eine entsprechende CBTA-Standardkomponente umgesetzt; Bildschirmmasken und die dort getätigten Eingaben werden als CBTA-Bildkomponente dargestellt.

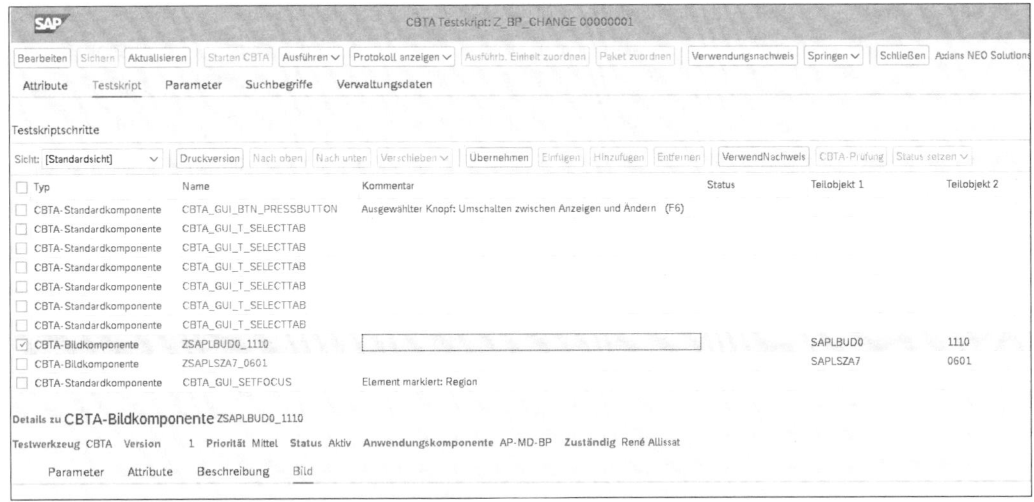


**Abbildung 16.15** Aufgezeichnetes Testskript

Über die Registerkarten im unteren Drittel der App können Sie ein Bild des jeweiligen Arbeitsschritts aufrufen. So können Sie schnell erkennen, welches Bildschirmelement mit der jeweiligen Komponente bearbeitet wird.



**Parameter**

Auf der Registerkarte **Parameter** sehen Sie die Ein- und Ausgabewerte der jeweiligen Komponente (siehe Abbildung 16.16). Importparameter sind z. B. die Eingabefelder einer Bildschirmmaske, und Exportparameter sind z. B. vom System angezeigte Fehler- oder Erfolgsmeldungen. Haben Sie bei der Aufzeichnung ein Eingabefeld bearbeitet, wird in der Spalte **Verwendung** der Status **Exponiert** gesetzt.

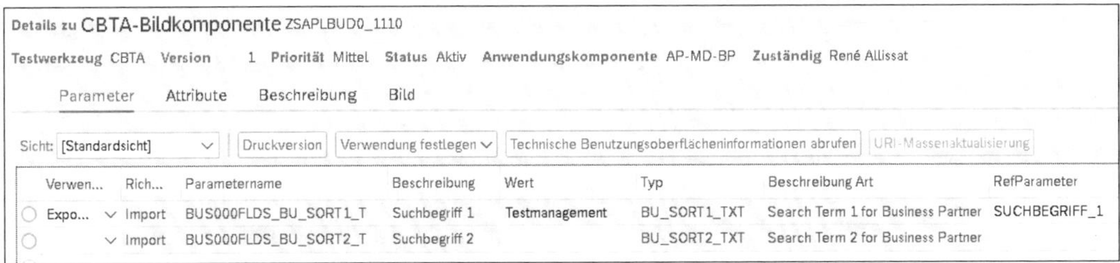


**Abbildung 16.16** Parameter einer CBTA-Bildkomponente

Derart gekennzeichnete Parameter können als Eingabeparameter verwendet werden, um das Skript mit anderen Eingabewerten auszuführen. Ebenso können Ausgabeparameter exponiert werden, um Variablen, z. B. für Prüfungen, weiterzuverwenden Alle Ein- und Ausgabeparameter aller Komponenten finden Sie auf der Registerkarte **Parameter** im oberen Bereich der Anwendung; wählen Sie im Feld **Anzeigen** die Option **Skriptparameter**, um sich nur exponierte Parameter anzeigen zu lassen oder **Alle möglichen Parameter**, um alle verfügbaren Parameter des Skripts aufzulisten (siehe Abbildung 16.17). Für Eingabeparameter können Sie hier auch den verwendeten Eingabewert (**Standardwert**) für die einmalige Ausführung des Skripts ändern.

**Abbildung 16.17** Eingabeparameter eines Skripts

**Testfall ausführen**

Über das Drop-down-Menü **Ausführen** können Sie das aufgezeichnete Skript ausführen. Wählen Sie dort **Ohne Startoptionen ausführen**, um das Skript direkt zu starten oder **Ausführen**, um zuvor Optionen, wie z. B. das Verhalten im Fehlerfall, festzulegen.

Nach der Ausführung eines automatischen Testfalls wird ein Testausführungsbericht erstellt, der den Testverlauf im Detail beschreibt (siehe Abbildung 16.18). Das Protokoll listet jede Komponente bzw. jeden Arbeitsschritt und deren Ergebnisse auf; ebenso werden z. B. Dateneingaben dargestellt. Das automatisch nach der Ausführung angezeigte Protokoll kann auch aus dem Testfall heraus aufgerufen werden. Verwenden Sie hierzu die Schaltfläche **Protokoll anzeigen**.

**Testprotokoll**

Hier können Sie zwischen Testwerkzeugprotokoll und SAP-Solution-Manager-Protokoll wählen. Letzteres erreichen Sie zudem auch über die Kachel **Automatisierte Tests – Ergebnisse** im Menü **Test-Suite** des Launchpads. In dieser Anwendung haben Sie Zugriff auf die Protokolle aller Ausführungen automatischer Testfälle (siehe Abbildung 16.19).

Mit den gezeigten Arbeitsschritten können Testfälle automatisiert werden, bei denen ein korrekter Prozessablauf überprüft werden soll. Trifft das Skript auf eine Abweichung, die nicht in der Aufzeichnung erfasst wurde, schlägt die Ausführung des Skripts fehl, und entsprechend wird ein »roter« Status gesetzt.

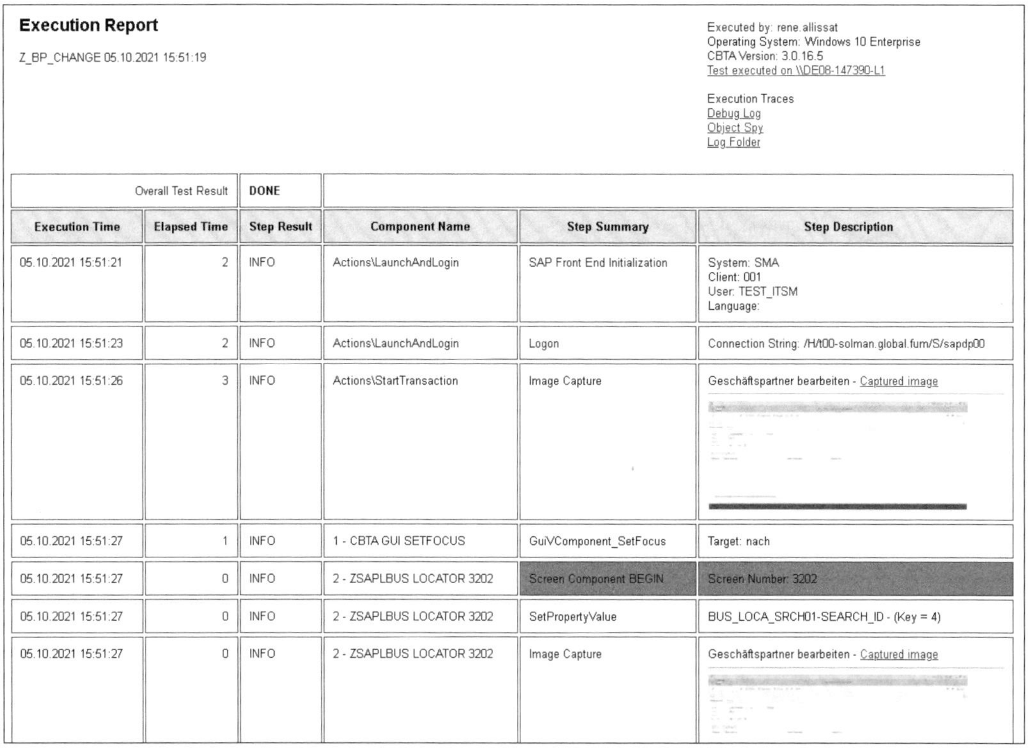

**Execution Report**

Z_BP_CHANGE 05.10.2021 15:51:19

Executed by: rene.allissat
Operating System: Windows 10 Enterprise
CBTA Version: 3.0.16.5
Test executed on \\DE08-147390-L1

Execution Traces
Debug Log
Object Spy
Log Folder

| Overall Test Result | DONE | | | | |
|---|---|---|---|---|---|
| **Execution Time** | **Elapsed Time** | **Step Result** | **Component Name** | **Step Summary** | **Step Description** |
| 05.10.2021 15:51:21 | 2 | INFO | Actions\LaunchAndLogin | SAP Front End Initialization | System: SMA<br>Client: 001<br>User: TEST_ITSM<br>Language: |
| 05.10.2021 15:51:23 | 2 | INFO | Actions\LaunchAndLogin | Logon | Connection String: /H/t00-solman.global.fum/S/sapdp00 |
| 05.10.2021 15:51:26 | 3 | INFO | Actions\StartTransaction | Image Capture | Geschäftspartner bearbeiten - Captured image |
| 05.10.2021 15:51:27 | 1 | INFO | 1 - CBTA GUI SETFOCUS | GuiVComponent_SetFocus | Target: nach |
| 05.10.2021 15:51:27 | 0 | INFO | 2 - ZSAPLBUS LOCATOR 3202 | Screen Component BEGIN | Screen Number: 3202 |
| 05.10.2021 15:51:27 | 0 | INFO | 2 - ZSAPLBUS LOCATOR 3202 | SetPropertyValue | BUS_LOCA_SRCH01-SEARCH_ID - (Key = 4) |
| 05.10.2021 15:51:27 | 0 | INFO | 2 - ZSAPLBUS LOCATOR 3202 | Image Capture | Geschäftspartner bearbeiten - Captured image |

**Abbildung 16.18** Testausführungsprotokoll

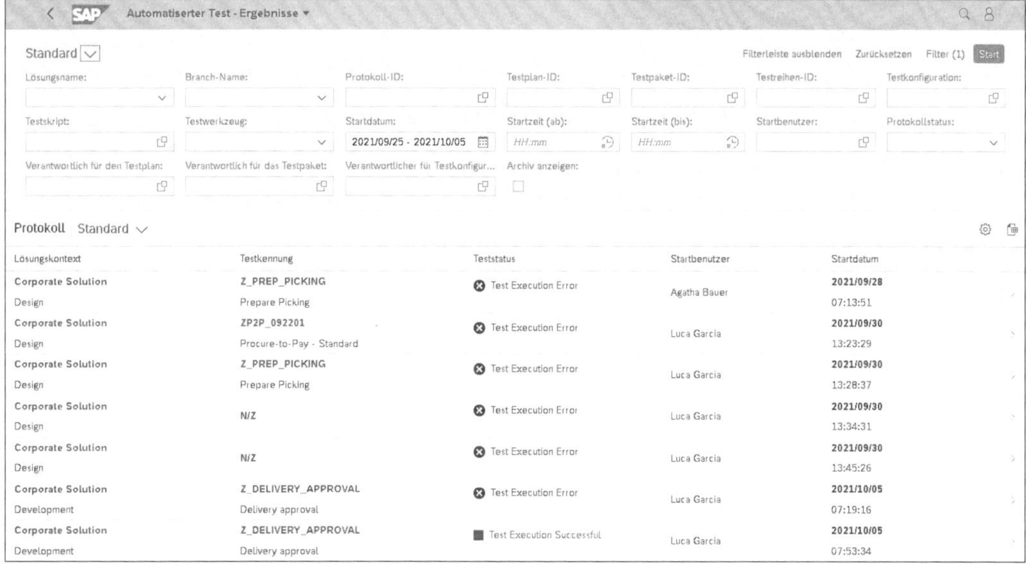


| Lösungskontext | Testkennung | Teststatus | Startbenutzer | Startdatum |
|---|---|---|---|---|
| **Corporate Solution**<br>Design | **Z_PREP_PICKING**<br>Prepare Picking | Test Execution Error | Agatha Bauer | **2021/09/28**<br>07:13:51 |
| **Corporate Solution**<br>Design | **ZP2P_092201**<br>Procure-to-Pay - Standard | Test Execution Error | Luca Garcia | **2021/09/30**<br>13:23:29 |
| **Corporate Solution**<br>Design | **Z_PREP_PICKING**<br>Prepare Picking | Test Execution Error | Luca Garcia | **2021/09/30**<br>13:28:37 |
| **Corporate Solution**<br>Design | N/Z | Test Execution Error | Luca Garcia | **2021/09/30**<br>13:34:31 |
| **Corporate Solution**<br>Design | N/Z | Test Execution Error | Luca Garcia | **2021/09/30**<br>13:45:26 |
| **Corporate Solution**<br>Development | **Z_DELIVERY_APPROVAL**<br>Delivery approval | Test Execution Error | Luca Garcia | **2021/10/05**<br>07:19:16 |
| **Corporate Solution**<br>Development | **Z_DELIVERY_APPROVAL**<br>Delivery approval | Test Execution Successful | Luca Garcia | **2021/10/05**<br>07:53:34 |

**Abbildung 16.19** Automatisierte Tests: Ergebnisse

**Systemmeldungen prüfen**

Ebenso wie bei den eCATT-Skripten gilt, dass dieses Vorgehen bei komplexeren Testfällen nicht ausreicht. Damit ein Skript auswerten kann, ob ein Testfall erfolgreich ist, müssen Prüfungen hinzugefügt werden, die z. B. Daten in Feldern oder auf der Bildschirmmaske angezeigte Erfolgsmeldungen abfragen. Exemplarisch sei die Prüfung `CBTA_WEB_A_GETMESSAGEPARAMS` genannt, mit der Systemmeldungen abgefragt und überprüft werden können (siehe Abbildung 16.20).

Abbildung 16.20 Erfolgsmeldung im System überprüfen

**Weitere Informationen**

In der SAP-Hilfe zu CBTA finden Sie weiterführende Informationen sowie Details zu den in der Praxis häufig verwendeten Prüfungen und zu den Funktionen zur Skripterstellung: *http://s-prs.de/879010*.

## 16.5 Tricentis Test Automation for SAP

**Teil des SAP-Solution-Manager-Lizenzmodells**

Zusätzlich zu den bereits genannten Testautomatisierungs-Tools, die in die Test-Suite integriert sind, gibt es diverse Drittanbieterlösungen auf dem Markt. Eine dieser Lösungen ist das Programm Tricentis Tosca der Firma Tricentis, mit der SAP im Jahre 2020 eine umfangreiche Partnerschaft angekündigt hat. Inzwischen ist das Produkt Tricentis Test Automation for SAP auch Teil des Lizenzmodells des SAP Solution Managers und lässt sich, den Enterprise Support vorausgesetzt, kostenfrei zur Testautomatisierung für SAP-Systeme nutzen. SAP empfiehlt konkret die Nutzung des Produkts, vor allem dann, wenn das Thema Testautomatisierung neu etabliert werden soll. Im Unterschied zu Testautomatisierungs-Tools wie eCATT oder CBTA werden von Tricentis Test Automation for SAP auch SAP-Cloud-Produkte wie z. B. *SAP S/4HANA Cloud* unterstützt.

Das Produkt besteht aus zwei Komponenten:

- **Tricentis Test Automation for SAP**
  In diesem Programmteil ist die Grundfunktionalität enthalten. Damit können automatische Testfälle aufgezeichnet und ausgeführt und mit dem SAP Solution Manager synchronisiert werden. Sie können die Komponente auf verschiedenen Windows-Umgebungen installieren, u. a. Windows 7 und Windows 10, jeweils in der 32- oder 64-Bit-Version, sowie Windows Server 2016 in der 64-Bit-Version. Auch eine Nutzung über Citrix ist möglich. Optional können Sie zur Verwaltung größerer Datenmengen einen Microsoft-SQL-Server anbinden.
- **Tricentis Test Automation Server for SAP**
  Die Serverkomponente ist optional und bietet weitere Möglichkeiten, die in der Grundfunktionalität nicht enthalten sind. Unter anderem sind folgende Funktionen enthalten:
  - *Test Automation for SAP Administration Console*: Über die Administrationskonsole können Sie u. a. die Benutzerverwaltung vornehmen.
  - *Test Data Service*: Mit Test Data Service können Sie Testdaten in verschiedenen Umgebungen verwalten.

  Sie können den Tricentis Test Automation Server for SAP auf Windows Server 2008 R2, auf Windows Server 2016 sowie auf einem Client mit Windows 7, 8.1 oder 10 installieren.



Im Rahmen des Buches konzentrieren wir uns auf die Grundfunktionen von Tricentis Test Automation for SAP sowie auf die Synchronisation mit dem SAP Solution Manager.

### 16.5.1 Installation und Konfiguration

Download

Die notwenigen Installationspakete können Sie im *SAP Support Launchpad* (*http://s-prs.de/879011*) herunterladen. Installieren Sie diese beiden Pakete in der aktuellsten Version auf einem unterstützten Windows-System:

- Support Package TRICENTIS TTA CLNT 14.2 Win32
- Support Package TRICENTIS TTA RECDR 14.2 Win32

**Tricentis Test Automation for SAP, Version 14.2**

Die in diesem Abschnitt gemachten Angaben beziehen sich auf die Version 14.2 von Tricentis Test Automation for SAP. Zum Zeitpunkt der Drucklegung dieses Buches im März 2022 war diese Version die aktuellste verfügbare Version im Download-Portal von SAP.

Starten Sie nach einer erfolgreichen Installation das Programm Tosca Commander. Der Tosca Commander ist die zentrale Oberfläche des Tools. Erstellen Sie mit einem Klick auf das Neu-Symbol einen neuen Arbeitsbereich. Damit dieser später mit dem SAP Solution Manager verbunden werden kann, muss ein Multiuser-Arbeitsbereich angelegt und eine Datenbanktechnologie im Feld **Repository-Typ auswählen** ausgewählt werden (siehe Abbildung 16.21). Falls Sie keine externe Datenbank anbinden möchten, können Sie beispielsweise den Typ **SQLite** wählen. Beim ersten Einstieg in den neuen Arbeitsbereich werden Sie nach einem Benutzernamen und einem Passwort gefragt. Solange Sie die Angaben nicht ändern, lautet der Benutzername »Admin«, und das Passwort-Feld bleibt leer.

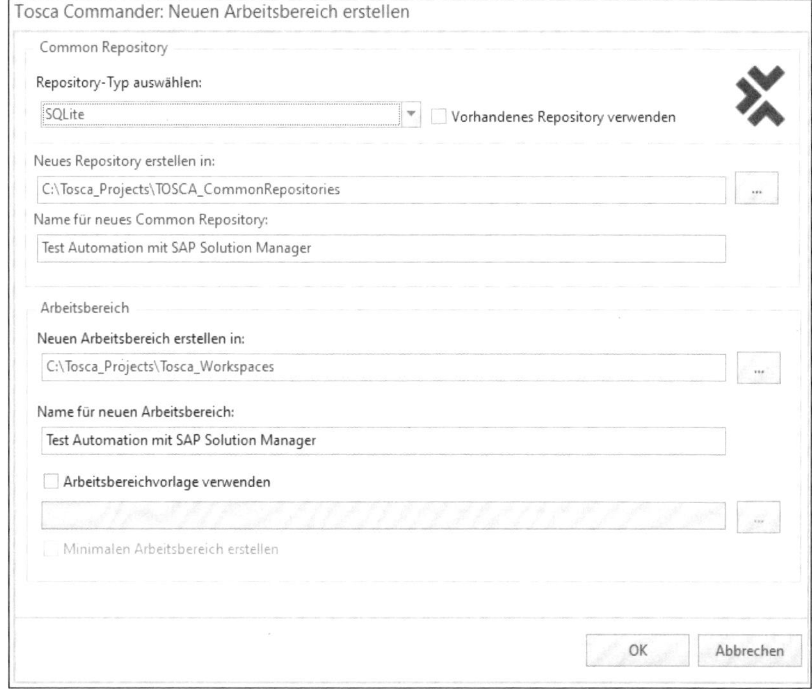


**Abbildung 16.21** Arbeitsbereich erstellen

Zur Synchronisierung mit dem SAP Solution Manager sind noch einige DLL-Dateien für die Verbindung zum *SAP .NET Connector 3.0* notwendig, die aus dem *SAP Support Portal* heruntergeladen und in den Installationsordner des Tosca Commanders eingefügt werden müssen. Weitere Informationen dazu finden Sie in der Tricentis-Dokumentation unter folgender URL: *http://s-prs.de/879012*.

Zur Einrichtung der Synchronisation stellt der Tosca Commander einen Assistenten zur Verfügung. Navigieren Sie, wie in Abbildung 16.22 dargestellt, innerhalb Ihres neu angelegten Arbeitsbereichs zu den Projekteigenschaften (**START • Projekt**).

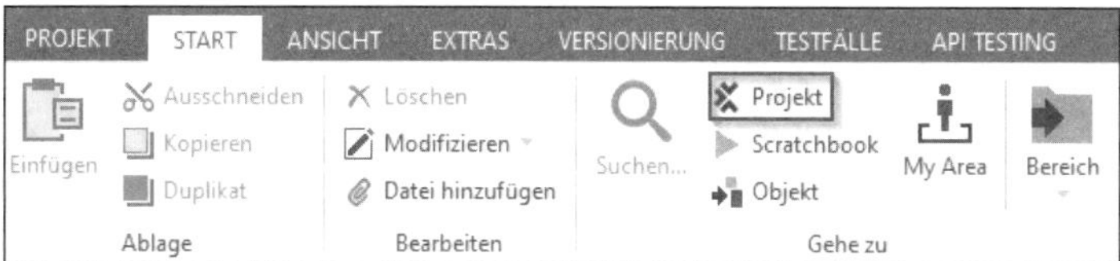


**Abbildung 16.22** Navigation zu den Projekteigenschaften

**Einrichtungsassistent ausführen**

Mit einem Rechtsklick auf den Projektknoten (Name Ihres angelegten Arbeitsbereichs) gelangen Sie zum Einrichtungsassistenten (siehe Abbildung 16.23). Im ersten Schritt werden die Voraussetzungen noch einmal geprüft. Wird Ihnen hier ein Fehler angezeigt, prüfen Sie noch einmal, ob Sie einen Multiuser-Arbeitsbereich angelegt und die DLLs korrekt abgelegt haben. Folgen Sie anschließend den Schritten des Assistenten.

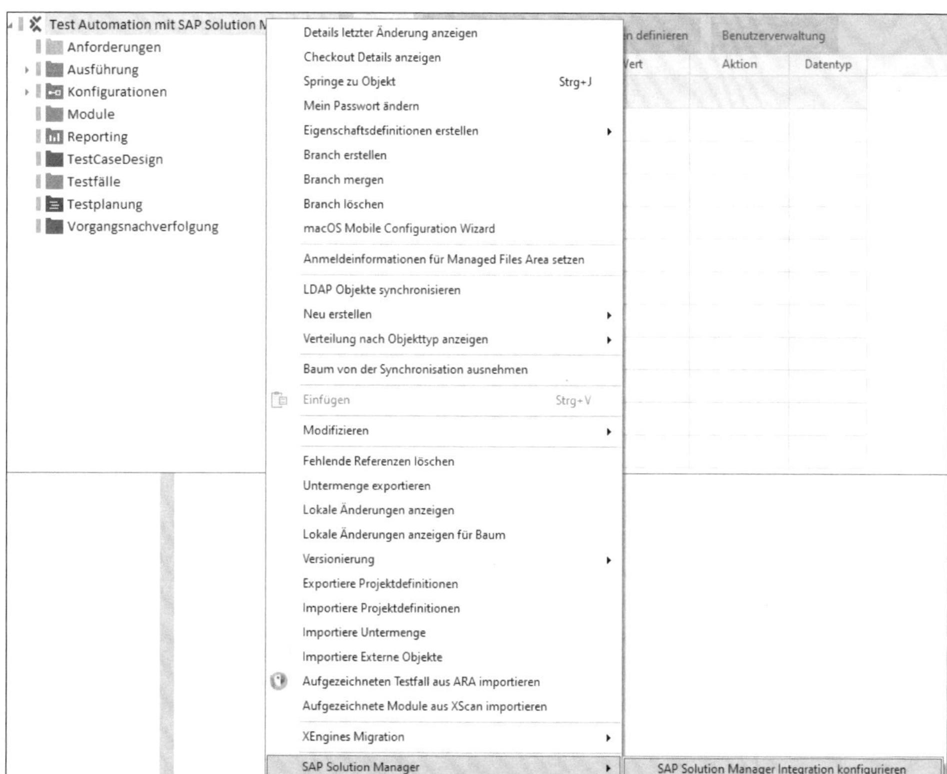


**Abbildung 16.23** Einrichtungsassistent starten

**Registrierung des Service**

Nach Abschluss des Einrichtungsassistenten steht noch die Ausführung einer Batch-Datei an, um den SAP-Solution-Manager-Service auf der Betriebssystemebene zu registrieren. Führen Sie das Programm `unregisterSapSolManAddin.bat` aus, um eventuell bereits vorhandene Registrierungen zu entfernen. Starten Sie danach das Programm `registerSapSolManAddin.bat`, um den neuen Service zu registrieren. Sie finden beide Dateien im Installationsverzeichnis des Tosca Commanders.

Sind diese Punkte erledigt, geht es an die Konfiguration des SAP GUI und des SAP Solution Managers. Öffnen Sie dazu die App **SAP GUI Configuration**. Navigieren Sie zu **Sicherheit • Sicherheitskonfiguration**, und wählen Sie die Schaltfläche **Sicherheitskonfiguration öffnen**. Fügen Sie in einer leeren Zeile den Eintrag »ToscaTestSuite.eCattIntegration« hinzu. Entnehmen Sie dazu alle Einstellungen aus Abbildung 16.24.

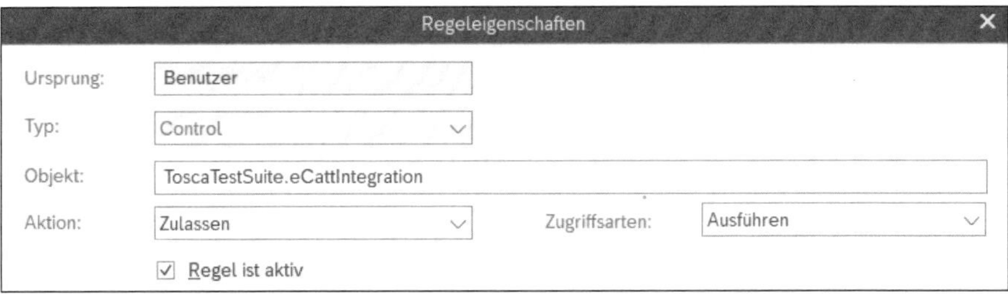


**Abbildung 16.24** Tosca zur Sicherheitskonfiguration hinzufügen

Speichern Sie Ihre Einstellungen mit einem Klick auf **OK**, und kehren Sie ins SAP-GUI-Optionsmenü zurück. Navigieren Sie zu **Visuelles Design • Anwendungen**, und fügen Sie mit einem Klick auf die Schaltfläche **Hinzufügen** den Pfad zur Datei **Tricentis.Automation.SapServer.exe** hinzu. Sie finden die Datei über den Pfad **...\TRICENTIS\Tosca Testsuite\TBox**. Sichern Sie Ihre Einstellungen erneut mit **OK**.

Kehren Sie danach wieder in das SAP-GUI-Optionsmenü zurück, navigieren Sie zu **Barrierefreiheit & Skripting • Skriptunterstützung**, und deaktivieren Sie die beiden Optionen **Benachrichtigen wenn sich ein Skript an SAP GUI anbindet** und **Melden wenn ein Skript eine Verbindung öffnet**. Verlassen Sie anschließend das SAP-GUI-Optionsmenü mit einem Klick auf **OK**.

**Einstellungen innerhalb des SAP Solution Managers**

Der nächste Schritt findet nun innerhalb des SAP Solution Managers statt. Starten Sie Transaktion SE16, und wählen Sie die Tabelle `ECCUST_ET`. Fügen Sie der Tabelle, wie in Tabelle 16.1 beschrieben, mit einem Klick auf das Symbol ▢ einen neuen Eintrag hinzu, und sichern Sie anschließend Ihre Eingaben.

| Parameter | Wert |
|---|---|
| TOOL NAME | TRICENTIS TOSCA |
| PROG ID | TOSCATESTSUITE.ECATTINTEGRATION |
| TOOL DATABASE | TOSCA |
| TOOL RUN DB | TOSCA |

**Tabelle 16.1** Eintrag in der Tabelle ECCUST_ET

Als Nächstes müssen noch einige Prüfungen durchgeführt werden, um sicherzustellen, dass die Verbindung korrekt funktioniert und die Ausführung von eCATTs erlaubt ist. Öffnen Sie dazu Transaktion SICF, und klicken Sie auf das Symbol [Symbol]. Filtern Sie im Feld **Servicename** nach »RFC«, und klappen Sie anschließend den dargestellten Menübaum so weit auf, bis Sie beim Element **SOAP-HTTP-Handler für RFC-fähige Funktionsbausteine** angelangt sind (siehe Abbildung 16.25). Prüfen Sie, ob der Service aktiv ist. Falls nicht, aktvieren Sie diesen mit einem Rechtsklick.

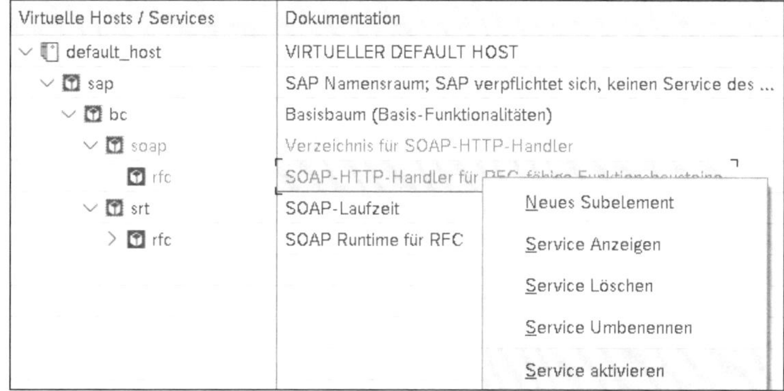


**Abbildung 16.25** SOAP-HTTP-Handler aktivieren

Öffnen Sie anschließend Transaktion SCC4 und darin mit einem Doppelklick auf die entsprechenden Mandanten die Detailansicht. Prüfen Sie, ob die Ausführung von eCATT erlaubt ist (siehe Abbildung 16.26).

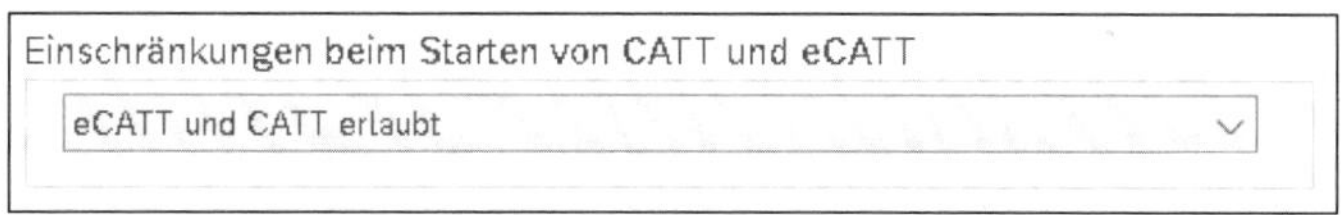


**Abbildung 16.26** SCC4 – Prüfung der eCATT-Einstellungen

Berechtigungen

Zu guter Letzt müssen die Benutzer noch mit den entsprechenden Rechten ausgestattet werden. Wir verweisen an dieser Stelle auf den Konfigurationsleitfaden des Herstellers Tricentis (*http://s-prs.de/879013*). Dort finden Sie Informationen zur Vergabe von Berechtigungen für drei unterschiedliche Nutzergruppen.

### 16.5.2 Anlage automatischer Testfälle

Automatikfunktion im Tosca Commander

Tests mit Tricentis Test Automation for SAP können sowohl aus dem SAP Solution Manger heraus als auch direkt im Tosca Commander gestartet werden. Nachdem wir im vorangehenden Abschnitt die erfolgreiche Koppelung mit dem SAP Solution Manager besprochen haben, können wir uns an dieser Stelle darauf konzentrieren, die Tests aus dem SAP Solution Manager heraus anzulegen. Für diesen Zweck bietet der Tosca Commander eine Komfortfunktion zur automatischen Aufzeichnung der Testfälle. Aktvieren Sie dazu unter **Projekt • Einstellungen • Settings • Engines • SAP** die Option **Automatic TestCase creation** (siehe Abbildung 16.27). Wählen Sie den Wert **True**, und schließen Sie anschließend das Einstellungsfenster. Tricentis wechselt nun nach der Erstellung einer neuen Testkonfiguration und der erstmaligen Synchronisation mit dem SAP Solution Manager automatisch in den Aufnahmemodus zur Erzeugung neuer Testfälle.

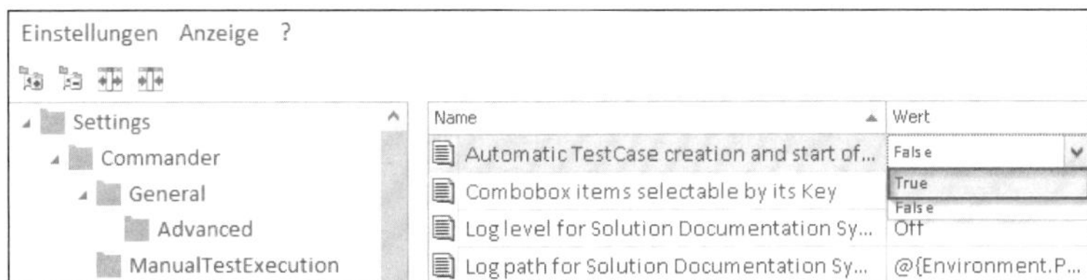


**Abbildung 16.27** Tosca Commander: automatische Testfallerstellung

Anlage einer Testkonfiguration

Um mit dem automatischen Testen im SAP Solution Manager zu beginnen, muss eine Testkonfiguration angelegt werden. Sie können dazu entweder, wie in Abschnitt 16.4 beschrieben, verfahren oder eine Testkonfiguration über die Lösungsdokumentation anlegen. Wechseln Sie dazu in die Kachel **Lösungsdokumentation**, die Sie im SAP Solution Manager Launchpad im Bereich **Projekt- und Prozessmanagement** finden. Navigieren Sie im nächsten Schritt zu einem Prozess aus der vorhandenen Lösungsdokumentation, der Prozessschritte und zugeordnete ausführbare Einheiten enthält. Legen Sie anschließend mit einem Rechtsklick eine neue Testkonfiguration an. Wählen Sie dazu **Neu • Testschritte • Testkonfiguration (anlegen)**. Vergeben Sie im kundenindividuellen Namensraum einen Namen Ihrer Wahl, und wählen Sie im Feld **Testwerkzeug** die Option **Tricentis Tosca** aus (siehe Abbildung 16.28).

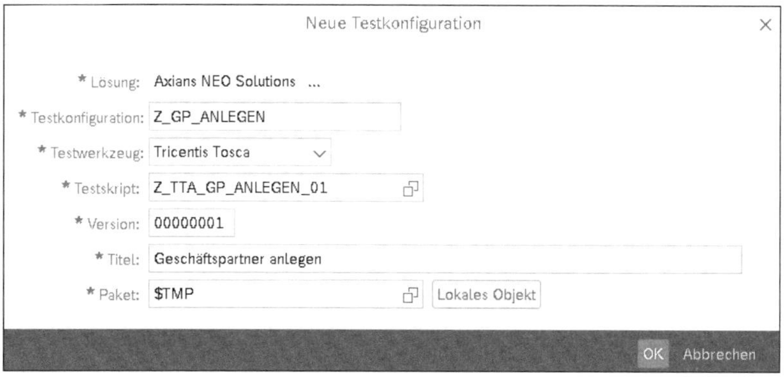

Neue Testkonfiguration

* Lösung: Axians NEO Solutions ...
* Testkonfiguration: Z_GP_ANLEGEN
* Testwerkzeug: Tricentis Tosca
* Testskript: Z_TTA_GP_ANLEGEN_01
* Version: 00000001
* Titel: Geschäftspartner anlegen
* Paket: $TMP Lokales Objekt

OK Abbrechen

**Abbildung 16.28** Neue Testkonfiguration anlegen

In den Details zur Testkonfiguration müssen Sie nun noch eine ausführbare Einheit referenzieren. Klicken Sie dazu auf **Ausführb. Einheit zuordnen** ❶ (siehe Abbildung 16.29). Im Pop-up-Fenster gelangen Sie mit einem Klick auf **Suchen** zu den ausführbaren Einheiten, die Ihrem Prozess zugeordnet sind. Falls Sie im Anschluss an die Zuordnung Fehler erhalten, sind vermutlich die logischen Komponentengruppen ihrer ausführbaren Einheiten bzw. die dahinterliegenden Systeme nicht korrekt angebunden. Speichern Sie Ihre Testkonfiguration mit einem Klick auf **Sichern**.



Tricentis Tosca Testkonfiguration: Z_GP_ANLEGEN - Z_TTA_GP_ANLEGEN_01 00000001

Anzeigen | Sichern | Aktualisieren | Starten Tricentis Tosca ❷ | Ausführen | Protokoll anzeigen | Ausführb. Einheit zuordnen ❶ | Skript zuordnen | Paket zuordnen | Verwendungsnachweis | Springen | Schließen | Axians NEO

Attribute | Parameter | Testdaten | Suchbegriffe | Verwaltungsdaten

SAP-Attribute | Testwerkzeugattribute

Testkonfigurations-Attribute

Allgemeine Daten
* Titel: Geschäftspartner anlegen
* Paket: $TMP Ganz private Testprogramme und Hilfsarbeiten
Anwendungskomponente:
* Verantwortlicher: SHORTIG Stefan HORTIG

Sonstiges
Status: Aktiv
Freigabestatus: Nicht freigegeben
Erforderliche Zeit: 0,00 Minuten
Priorität: Mittel

Testskript-Attribute

System im Test
Logische Komponentengruppe:
Typ d. ausführbaren Einh.:
Ausführbare Einheit:
Beschreibung ausführbare Einheit:

Technische Daten
Systemdatencontainer: ZAXIANS_NEO
Zielkomponente:
Zielsystem:

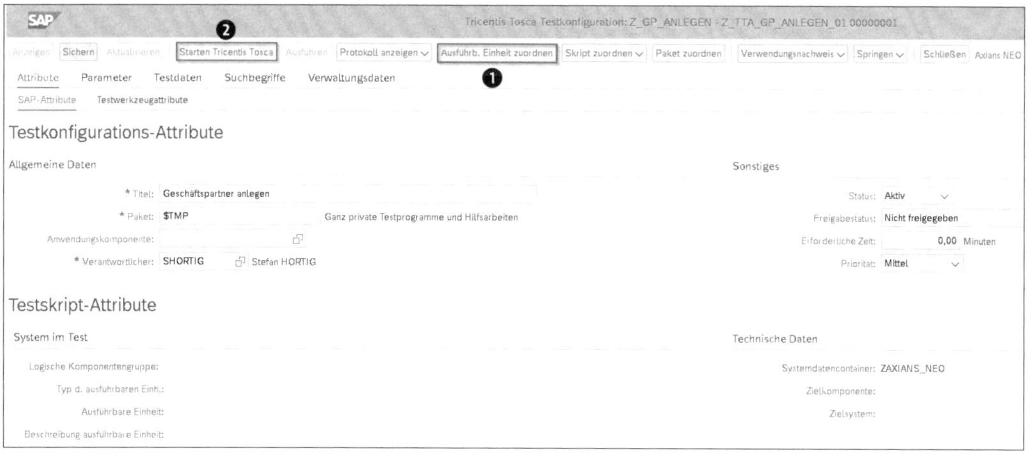

**Abbildung 16.29** Details einer Testkonfiguration

**Testfall aufzeichnen**

Zur Aufzeichnung eines automatischen Testfalls wird nun Tricentis Tosca aus der Testkonfiguration heraus gestartet. Wählen Sie dazu **Starten Tricentis Tosca** ❷.

Nach dem Start von Tosca Commander befinden Sie sich in Ihrem Arbeitsvorrat. Beim Absprung aus dem SAP Solution Manager legt der Tosca Commander automatisch einen Ordner für Testfälle an und übernimmt die Bezeichnung aus dem Testskript des SAP Solution Managers. Sie können nun mit der Anlage der Testfälle beginnen. Tricentis Tosca bietet dafür die folgenden Möglichkeiten:

- automatische Anlage mit Recorder
- automatische Anlage mit ARA
- manuelle Anlage

**Automatisch anlegen mit Recorder**

Tosca Commander bietet einen integrierten Recorder, mit dem Sie eine zu testende Anwendung aufzeichnen können. Starten Sie dazu einfach die Anwendung, die aufgezeichnet werden soll, und anschließend den Recorder direkt aus dem Tosca Commander heraus (siehe Abbildung 16.30). Führen Sie die notwendigen Schritte aus, und schließen Sie anschließend die Aufzeichnung mit einem Klick auf **Speichern und Beenden** ab. Der Tosca Commander erstellt für die Aufzeichnung ein eigenes Verzeichnis (Konfiguration), in dem sowohl der aufgezeichnete Testfall als auch die erkannten Module abgelegt werden.

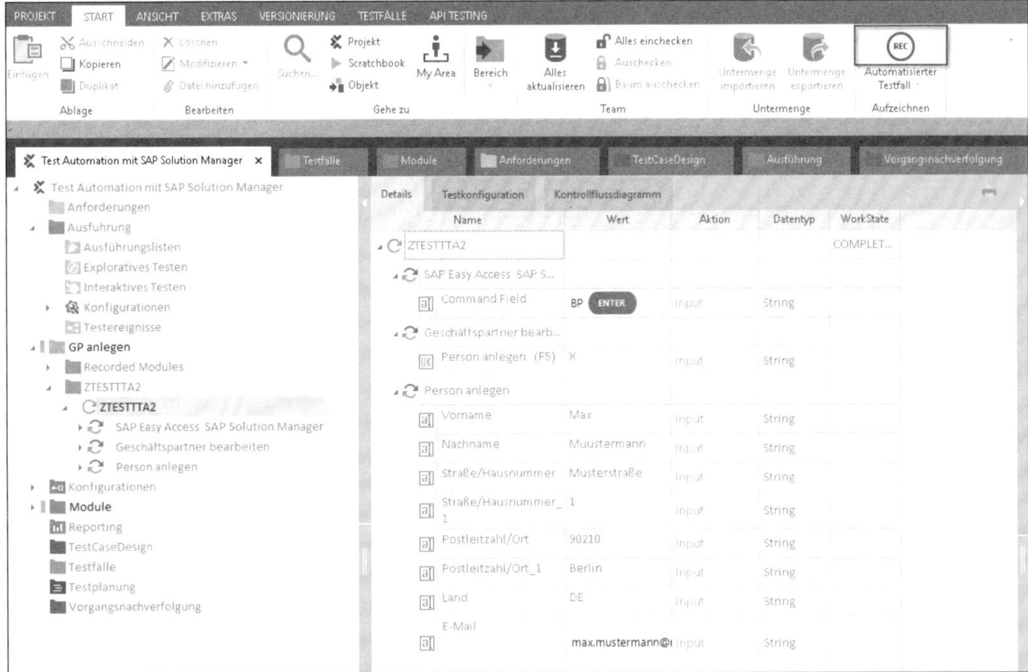


Abbildung 16.30 Start des Tosca Recorders über das Menü

**Automatisch anlegen mit ARA**

Der *Automation Recording Assistant* (ARA) ist eine modernere Version des direkt integrierten Recorders. Das Programm wird zusammen mit der Installation von Tricentis Test Automation für SAP ausgeliefert. Die Anwendung funktioniert ähnlich wie der Recorder. Starten Sie das Programm (unabhängig vom Tosca Commander), und beginnen Sie die Aufzeichnung in einer Anwendung Ihrer Wahl. Im Unterschied zum integrierten Recorder können Sie in ARA auch während der Laufzeit der Aufnahme manuelle Schritte hinzufügen. Ist die Aufzeichnung abgeschlossen, können Sie diese mit einem Klick auf **Fertigstellen** beenden und speichern. ARA fragt Sie nach einem Dateipfad zur Ablage; von dort können Sie den Testfall anschließend in den Tosca Commander importieren.

**Manuell anlegen**

Neben den beiden weitestgehend automatisierten Möglichkeiten zur Anlage eines Testfalls haben Sie auch die Möglichkeit, einen Testfall manuell auf Basis der Module einer Anwendung anzulegen. Dazu muss im ersten Schritt das Zielsystem gescannt werden. Der Scan dient dazu, die enthaltenen Module und Schaltflächen zu erkennen und aufzunehmen. Klicken Sie zum Start des Scans im Tosca Commander mit einem Rechtsklick im Projektbaum auf **Module** oder auf einen der darin enthaltenen Unterordner. Wählen Sie im anschließend angezeigten Kontextmenü **Scan • Applikation** aus. Nun öffnet sich ein Fenster mit den geöffneten Anwendungen. Wählen Sie die zu scannende Anwendung. Innerhalb der Anwendung, können Sie nun Bild für Bild die relevanten Elemente (z. B. Eingabefelder) markieren und sie so dem Scan hinzufügen.

Im Anschluss können Sie dann aus den hinterlegten Modulen im Order **Testfälle** Ihre Testfälle zusammenbauen. Legen Sie dazu mit einem Klick auf **Objekt anlegen** (⟳) einen neuen Testfall an. Fügen Sie dann innerhalb des Testfalls neue Testschritte mit einem Klick auf **Suchen und Testschritt hinzufügen** (+) hinzu.

[«]

### Ein- und Auschecken von Elementen

Bedingt durch den Multiuser-Arbeitsbereich müssen die Strukturen und Elemente innerhalb des Tosca Commanders »ausgecheckt« werden, um sie zu bearbeiten. Während die Elemente ausgecheckt sind, können keine anderen Benutzer*innen auf dasselbe Element zugreifen. Markieren Sie zum Auschecken den gewünschten Knoten im Strukturbaum, und wählen Sie die Schaltfläche **Auschecken** aus der oberen Menüleiste im Bereich **START**. Die Schaltfläche, um die Elemente nach getaner Arbeit wieder einzuchecken, finden Sie direkt darunter.

**Testfall bearbeiten**

Die über die jeweilige Methode erstellen Testfälle können Sie im Anschluss im Tosca Commander nach Belieben nachbearbeiten. Tricentis Test Automation for SAP bietet zur Bearbeitung der Testfälle vielfältige Möglichkeiten. Sie können u. a. die Reihenfolge der Testschritte und die zu benutzenden Testdaten anpassen. Außerdem können Sie Ein- und Ausgabeparameter für den SAP Solution Manager festlegen. Durch diese Parameter ist es möglich, Werte (z. B. Testdaten) vom SAP Solution Manager beim Aufruf der Testdurchführung an Tricentis Tosca zu übergeben, die dann für den automatisierten Test genutzt werden. Ebenso können Sie Testergebnisse auf diesem Weg an den SAP Solution Manager zurückliefern. Führen Sie zur Erstellung von Parametern einen Rechtsklick auf den verknüpften Testfall durch, und wählen Sie im angezeigten Kontextmenü **SAP Solution Manager • Testparameter bearbeiten** (siehe Abbildung 16.31).

SAP Solution Manager Testparameter bearbeiten

| Name | Richtung | Standardwert | Beschreibung |
|---|---|---|---|
| Vorname | IMPORT | Max | |
| Nachname | IMPORT | Mustermann | |

**Abbildung 16.31** Testparameter für die Anlage eines Geschäftspartners

Weitere Möglichkeiten sowie Informationen zur Bearbeitung von Testfällen bzw. zur Arbeit mit Tricentis Test Automation for SAP finden Sie auf der zugehörigen Support-Webseite (*http://s-prs.de/879014*) oder auch auf dem YouTube-Kanal der Firma Tricentis (*https://www.youtube.com/c/Tricentis-Academy*).

Um herauszufinden, ob der von Ihnen erstellte Testfall korrekt funktioniert, bietet der Tricentis Commander eine Demofunktion. Um eine Demo zu starten, klicken Sie auf die Schaltfläche **Im Scratchbook ausführen** (). Sind Sie mit dem Ergebnis zufrieden, können Sie Ihren Testfall einer Ausführungsliste hinzufügen und ihn somit für die Ausführung vorbereiten. Wechseln sie dazu auf die Registerkarte **Ausführung**, und erstellen Sie mit einem Klick auf **Objekt anlegen** eine neue Ausführungsliste (siehe Abbildung 16.32). Anschließend ziehen Sie Ihren Testfall per Drag & Drop auf die Ausführungsliste.

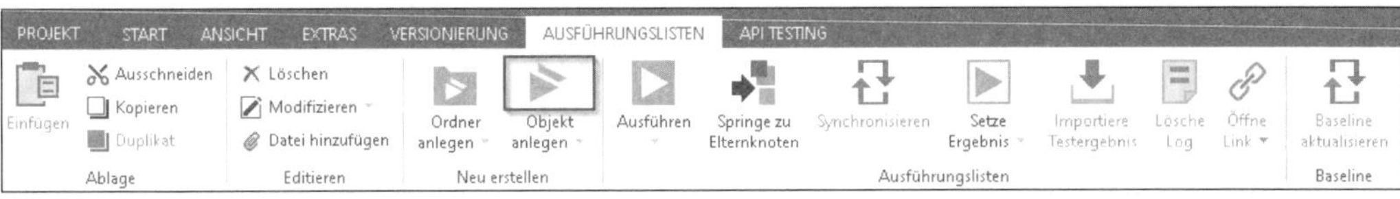


**Abbildung 16.32** Ausführungsliste anlegen

Nachdem die Bearbeitung abgeschlossen ist, können Sie die Testfälle wieder mit dem SAP Solution Manager synchronisieren. Dazu klicken Sie mit einem Rechtsklick auf den zu synchronisierenden Testfall und wählen im eingeblendeten Kontextmenü **SAP Solution Manager • Testskript synchronisieren**.

### 16.5.3 Testdurchführung mit dem SAP Solution Manager

**Testdurchführung planen**

Innerhalb des SAP Solution Managers können Sie anschließend mit der Planung der Testdurchführung beginnen. Wie bei den anderen Testautomatisierungsmethoden auch, können Sie die Testdurchführung entweder direkt aus dem Testskript heraus starten, indem Sie das Testskript aus der Lösungsdokumentation oder der Anwendung **Test-Repository – Testskripts** öffnen und anschließend die Schaltfläche **Ausführen** wählen oder indem Sie das Testskript einem Testplan und Testpaket hinzufügen und anschließend über die Anwendung **Meine Aufgaben – Tester-Arbeitsvorrat** das Testskript markieren und ebenfalls **Ausführen** wählen.

16

In beiden Fällen startet im Anschluss ein Download, der die SAP-Benutzeroberfläche öffnet und das Testskript noch einmal anzeigt. In dieser Ansicht können Sie letzte Änderungen am Skript und an den hinterlegten Parametern für Testdaten vornehmen (siehe Abbildung 16.33). Um die Ausführung endgültig zu starten, klicken Sie auf **Ausführen** (⏱). Anschließend startet der SAP Solution Manager den Tosca Commander, und dieser beginnt mit der Ausführung des Tests.

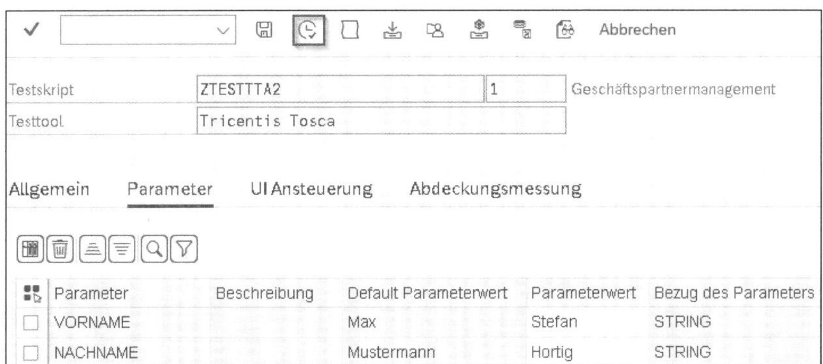


**Abbildung 16.33** Ausführung eines Testskripts

Nach erfolgter Durchführung wird Ihnen im SAP GUI das Testergebnis in Form eines Protokolls präsentiert. Der Tosca Commander legt ebenfalls ein Protokoll in Ihrer Ausführungsliste ab.

# Kapitel 17
# Weitere Testwerkzeuge

*In diesem Kapitel stellen wir Ihnen weitere Testwerkzeuge vor, darunter die statische Analyse mit dem ABAP Test Cockpit, die frühzeitig genutzt werden kann, um Fehlerkosten gering zu halten, sowie Focused Build und SAP Cloud ALM, die das Testen in eine Implementierungsmethodik einbetten.*

In den bisherigen Kapiteln haben wir Ihnen Methoden und Werkzeuge für das Testmanagement und die Testoptimierung vorgestellt, die umfassende Möglichkeiten bieten, um einen unternehmensindividuellen Testprozess zu gestalten und umzusetzen. Die Test-Suite wurde als die Kernanwendung des SAP Solution Managers vorgestellt, die dabei hilft, das Testmanagement aufzubauen und schrittweise zu optimieren, indem Arbeitsschritte in Testplanung und -ausführung konsequent administrativ unterstützt und vereinfacht werden. Wir haben außerdem aufgezeigt, wie die Testorganisation mit der Änderungsanalyse und der Testautomatisierung die Qualität und Geschwindigkeit der Testaktivitäten erhöht und die Fachbereiche entlastet. Dabei haben wir gesehen, dass das Testmanagement mit den vorgestellten Werkzeugen und Funktionen eine hohe Bandbreite an Anforderungen unterstützt: Pragmatische Tests in einem überschaubaren Umfang können ebenso abgebildet werden wie umfassende länderübergreifende Testaktivitäten, die von einer zentralen Testorganisation koordiniert werden.

**Testen in agilen Projekten**

Dabei muss das Testmanagement stets als Teil der gesamten IT-Organisation begriffen und daher insbesondere in den Implementierungsprojekten der Projektmethodik angepasst werden. Bei agilen Ansätzen, die sich durch eine hohe Dynamik und schnelle Entwicklungszyklen auszeichnen, müssen Projekt- und Testmanagementmethodik gut verzahnt sein. Hier kann es daher abhängig von der Art des Projekts und der verwendeten Methodik sinnvoll sein, Projekt und Testmanagement stärker zu integrieren.

In diesem Kapitel möchten wir Ihnen deshalb mit dem Requirement-to-Deploy-Prozess von Focused Build und dem Testansatz von SAP Cloud ALM zwei Varianten vorstellen und die wesentlichen Unterschiede zum »klassischen« Testprozess aufzeigen.

Dabei setzt der erste Ansatz mit Focused Build auf den bereits beschriebenen Funktionen des SAP Solution Managers auf. Die Kombination aus Focused Build und SAP Solution Manager ermöglicht es, ausgewählte Projekte mit dem agilen Ansatz des Requirement-to-Deploy-Prozesses umzusetzen, während andere Projekte, Tagesgeschäft und Regressionstests weiterhin das reguläre Testmanagement verwenden. Ebenso können im Requirement-to-Deploy-Prozess bestehende Inhalte wie Ihre Prozessstruktur oder Testfälle weiterverwendet werden.

SAP Cloud ALM stellt eine hochintegrierte Methodik für die Implementierung von u. a. SAP S/4HANA bereit und richtet sich im gesamten Aufbau primär an SAP-Kunden, die vorwiegend Cloud-Anwendungen implementieren möchten. Hierzu gehört auch ein Testvorgehen, das in die Gesamtmethodik eingebettet ist.

Vorab gehen wir auf eine weitere Thematik ein, die sich an der Schnittstelle zwischen Softwareentwicklung und Testmanagement befindet und daher oftmals unterschätzt wird: die statische Analyse mit dem ABAP Test Cockpit (ATC). Sie bietet einen einfachen und sinnvollen Einstieg, um die Tätigkeiten von Testmanagement und Softwareentwicklung miteinander zu integrieren und damit zur Gesamtqualität Ihrer SAP-Lösung beizutragen.

## 17.1 Statische Analyse mit dem ABAP Test Cockpit

**Ausweiten des Testprozesses**

Die statische Analyse von Eigenentwicklungen kann dazu beitragen, Fehlerkosten zu reduzieren, indem potenzielle Fehler bereits in der Entwicklungsphase aufgedeckt werden. Denn grundsätzlich gilt, dass je früher Fehler aufgedeckt werden, desto geringer die Kosten für deren Behebung sind. Haben Sie den grundlegenden Testprozess einmal im Griff, ist es für Ihre Testorganisation also sinnvoll, Methoden und Werkzeuge in Betracht zu ziehen, mit denen Sie mögliche Fehler bereits in frühen Projektphasen entdecken und beheben können.

**Reviews und Analysen**

Zu diesen Methoden gehören die in Abschnitt 5.1.1, »Statische Tests«, beschriebenen Reviews von Dokumenten: In einem formalen Prozess wird sichergestellt, dass die für den Testprozess relevanten Dokumente, wie Prozessbeschreibungen, Anforderungen und Testfälle, den zuvor definierten Kriterien genügen. Auf diese Weise kann z. B. in der Testphase zusätzlicher Aufwand durch fehlende Informationen oder unklare Testanweisungen vermieden werden. Auf technischer Seite leisten statische Analysen einen ähnlichen Beitrag: Kundeneigener Quellcode wird anhand standardisierter Prüfungen und zuvor definierter Kriterien automatisch analysiert; das Ergebnis der Analyse kann auf mögliche Fehlerquellen hinweisen. Es wird z. B. geprüft, ob die formalen Kriterien, die zuvor in einer Entwicklungsrichtlinie definiert worden sind, eingehalten wurden. Auch Programmcode kann auf Aspekte hin geprüft werden, die sich negativ auf die Performance oder Sicherheit des Systems auswirken.

**ABAP Test Cockpit**

Im Umfeld der SAP-Entwicklung kann für derartige Analysen das ABAP Test Cockpit genutzt werden. Das ABAP Test Cockpit ist ein Werkzeug, mit dem primär statische, aber auch dynamische Prüfungen von ABAP-Quellcode und zugehörigen Repository-Objekten durchgeführt werden können. Mit dem ABAP Test Cockpit können Qualitätsexpert*innen und Entwickler*innen entsprechende Prüfläufe vornehmen. Das ABAP Test Cockpit bietet eine Umgebung, in der die Prüfungen geplant und deren Ergebnisse verwaltet und ausgewertet werden können. Aus dem ABAP Test Cockpit heraus können die Funde dann angesteuert und im Zielsystem behoben werden.

Das ABAP Test Cockpit ist keine Funktionalität des SAP Solution Managers, sondern Bestandteil von SAP NetWeaver und ab folgenden Versionen verfügbar:

- SAP NetWeaver 7.0 EHP 2 Support Package 12
- SAP NetWeaver 7.3 EHP 1 Support Package 5
- SAP NetWeaver 7.4

**Zentrales Prüfsystem**

Eine grundlegende technische Entscheidung, die Sie beim Einsatz des ABAP Test Cockpits treffen müssen, ist, auf welchem System die Prüfungen ausgeführt werden sollen. Im einfachsten Fall ist dies das jeweilige Entwicklungssystem der Systemlandschaft. In der Praxis ist jedoch meist der Einsatz eines zentralen ATC-Systems sinnvoll, in dem die ATC-Prüfungen für alle Entwicklungssysteme Ihrer Systemlandschaft ausgeführt werden. So können bei einer komplexen Systemlandschaft mit mehreren Entwicklungssystemen einheitliche Vorgaben und Prüfungen etabliert werden. Zudem hängen die verfügbaren ATC-Prüfungen von der verwendeten SAP-NetWeaver-Version ab. Ein zentrales System, das einzig für das ABAP Test Cockpit verwendet wird, kann mit überschaubarem Aufwand aktuell gehalten werden. Die dort vorhandenen Prüfungen stehen dann allen Systemen zur Verfügung, auch wenn diese einen älteren Versionsstand haben oder auf diesen das ABAP Test Cockpit nicht verfügbar ist. Somit können z. B. die jeweils aktuellen SAP-S/4HANA-Readiness-Checks für alle angebundenen Entwicklungssysteme verwendet werden.

Auch wenn der SAP Solution Manager für diese Aufgabe prädestiniert wäre, eignet er sich aufgrund der älteren SAP-NetWeaver-Version leider nicht als zentrales System. Ebenso wäre dessen Update weitaus aufwendiger als das eines separaten Systems, in dem lediglich das ABAP Test Cockpit eingesetzt wird.

**ATC-Ergebnisse im SAP Solution Manager**

Im Zusammenspiel mit dem SAP Solution Manager ergeben sich interessante Möglichkeiten für die Software-Qualitätssicherung: Im Szenario **Verwaltung kundeneigener Entwicklungen** des SAP Solution Managers können ATC-Ergebnisse verwendet werden, um einen zentralen Überblick über die Qualität von Eigenentwicklungen aller Systeme zu erlangen. Mit der Funktionalität Qualitäts-Cockpit können zudem die Analyseergebnisse von ATC-Läufen über einen längeren Zeitraum verfolgt werden, um z. B. die Verbesserung der Codequalität im Rahmen eines Optimierungsprojekts zu verfolgen. Die Detailinformationen des ABAP Test Cockpits werden hierbei stark aggregiert. Die zentrale Auswertung der Ergebnisse ist auch für das Testmanagement interessant – hiermit können z. B. Eingangskriterien für die funktionalen Tests ermittelt und überprüft werden.

Ebenso können die ATC-Ergebnisse im Change Request Management (ChaRM) angezeigt werden. Dabei kann festgelegt werden, ob kritische Befunde die Weiterbearbeitung einer Systemänderung verhindern sollen. Schließlich ist es wenig sinnvoll, eine Entwicklung funktional zu testen, die den grundlegenden Anforderungen an die Programmqualität nicht genügt.

Im nächsten Abschnitt geben wir Ihnen Einblick in die grundlegende Funktionsweise der Codeanalyse mit dem ABAP Test Cockpit, sodass Sie im funktionalen Testmanagement die Möglichkeiten der statischen Analyse im SAP-Umfeld bewerten können und diese als Teilaspekt Ihrer Testkonzeption verwenden können.

**ABAP Test Cockpit und darauf aufbauende Werkzeuge einrichten und nutzen**

Im Rahmen dieses Buches können das ABAP Test Cockpit und die darauf aufbauenden Anwendungen nur grob skizziert werden, um Ihnen einen Eindruck über die Möglichkeiten der Funktionalität zu vermitteln. Wenn Sie in die entsprechenden Werkzeuge für die Ausweitung Ihrer Qualitätssicherungsstrategie tiefer einsteigen möchten, verweisen wir für das ABAP Test Cockpit auf die Dokumentation von SAP: *https://s-prs.de/879015*

### 17.1.1 Code Inspector

**Programmcode analysieren**

Die mit dem ABAP Test Cockpit durchgeführten Prüfungen werden durch die Funktionalität *Code Inspector* bereitgestellt, die ebenfalls Bestandteil von SAP NetWeaver ist. Code Inspector kann über das SAP GUI mit Transaktion SCI aufgerufen werden. Abbildung 17.1 zeigt den Einstieg in die Funktionalität. Für die Arbeit mit dem ABAP Test Cockpit sind insbesondere die Prüfvarianten relevant – hierüber wird definiert, welche Analysen konkret ausgeführt werden. In dem entsprechenden Bereich können Sie sich bestehende Varianten anzeigen lassen oder mit einem Klick auf das Symbol [Symbol] eine neue Variante anlegen.

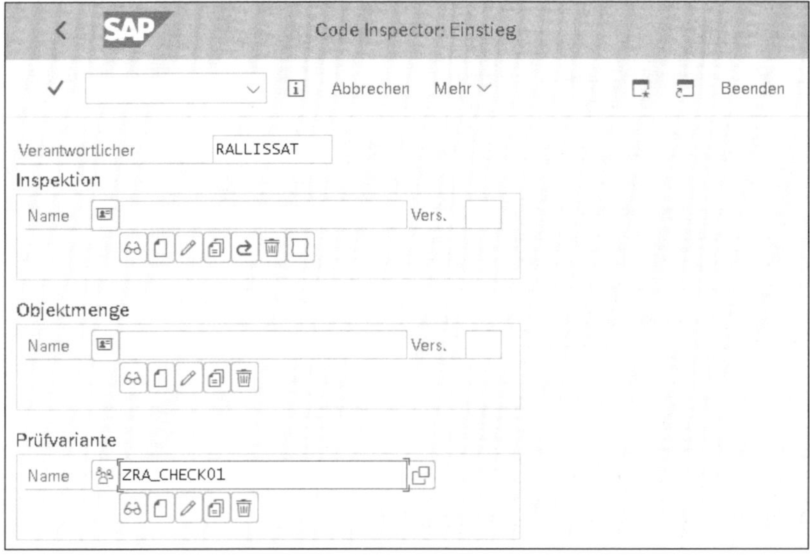


**Abbildung 17.1** Einstieg in Code Inspector

**Liste aller Prüfungen**

Innerhalb einer Prüfvariante sehen Sie eine Hierarchie aller verfügbaren Prüfungen (siehe Abbildung 17.2). Wenn Sie auf das Info-Symbol ([i]) klicken, wird Ihnen eine kurze Beschreibung der jeweiligen Prüfung angezeigt. Viele Prüfungen können weiter konfiguriert werden, indem Sie auf das Detail-Symbol [Symbol] klicken. So können je Prüfung die zu überprüfenden Unterelemente selektiert werden. Teilweise erlauben detaillierte Einstellungen eine genaue Anpassung der zu testenden Sachverhalte, z. B. um die Einhaltung eigener Namenskonventionen sicherzustellen. Auf diese Weise können Sie eine individuelle Liste an Prüfungen zusammenstellen, die mit dem ABAP Test Cockpit ausgeführt werden können und somit z. B. Elemente einer hauseigenen Entwicklungsrichtlinie als Prüfvariante abbilden.

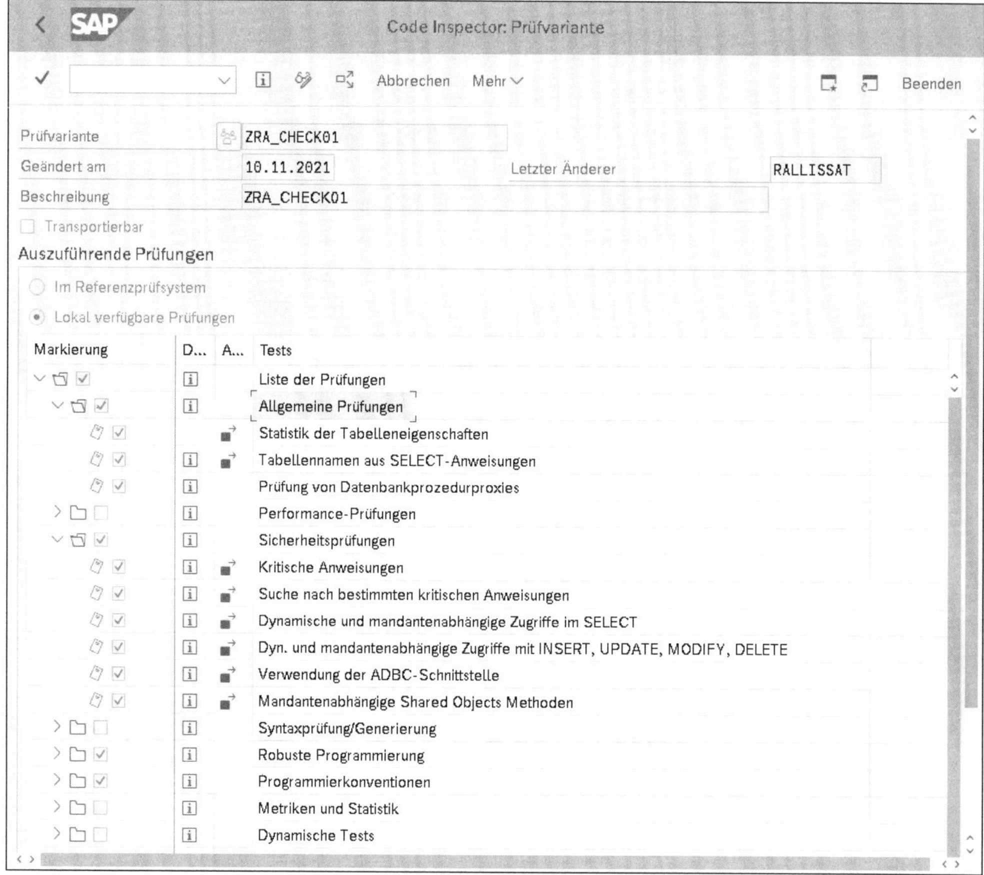


**Abbildung 17.2** Prüfvariante bearbeiten

### 17.1.2 ABAP Test Cockpit

Das ABAP Test Cockpit öffnen Sie mit Transaktion ATC, die zunächst einen Überblick über die Konfiguration und die einzelnen Funktionen des ABAP Test Cockpits anzeigt (siehe Abbildung 17.3).

**Grundkonfiguration des ATC**

Wenn Sie die Zeile **ATC konfigurieren** auswählen, können Sie z. B. grundlegende Einstellungen für das ABAP Test Cockpit vornehmen. Abbildung 17.4 zeigt die entsprechende Bildschirmmaske. Mit einer globalen Prüfvariante und den entsprechenden Einstellungen im Bereich Transportwerkzeugintegration können z. B. sämtliche Transporte des jeweiligen Systems mit dem ABAP Test Cockpit analysiert werden.

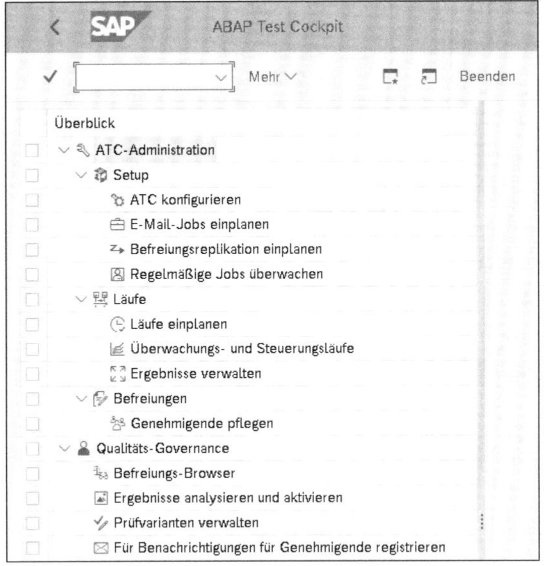


**Abbildung 17.3** ABAP Test Cockpit

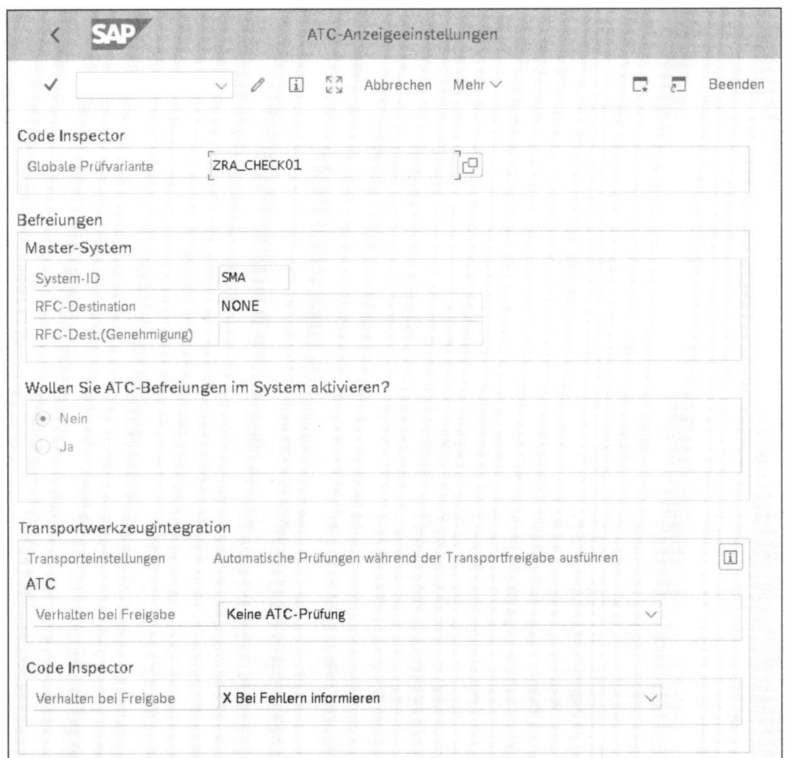


**Abbildung 17.4** ABAP Test Cockpit konfigurieren

**ATC-Prüfung einrichten**

Um eine neue ATC-Prüfung einzurichten, wählen Sie aus dem Einstiegsbildschirm die Option **Läufe einplanen** (siehe Abbildung 17.3). In der daraufhin angezeigten Bildschirmmaske sehen Sie alle derzeit eingerichteten ATC-Läufe. Wählen Sie hier die Schaltfläche **Anlegen**, und vergeben Sie anschließend im angezeigten Pop-up-Fenster einen Namen für den neuen Prüflauf. Im Bildschirm, der dann erscheint, legen Sie die Konfiguration des ATC-Laufs fest; wählen Sie hier eine zuvor in Code Inspector erstellte **Prüfvariante** aus, und legen Sie in den **Objektauswahldetails** die Objekte fest, die mit dieser Variante überprüft werden sollen (siehe Abbildung 17.5). Nach dem Sichern wird die neue Variante in der Gesamtliste angezeigt; hier können Sie diese über die entsprechende Schaltfläche einplanen.

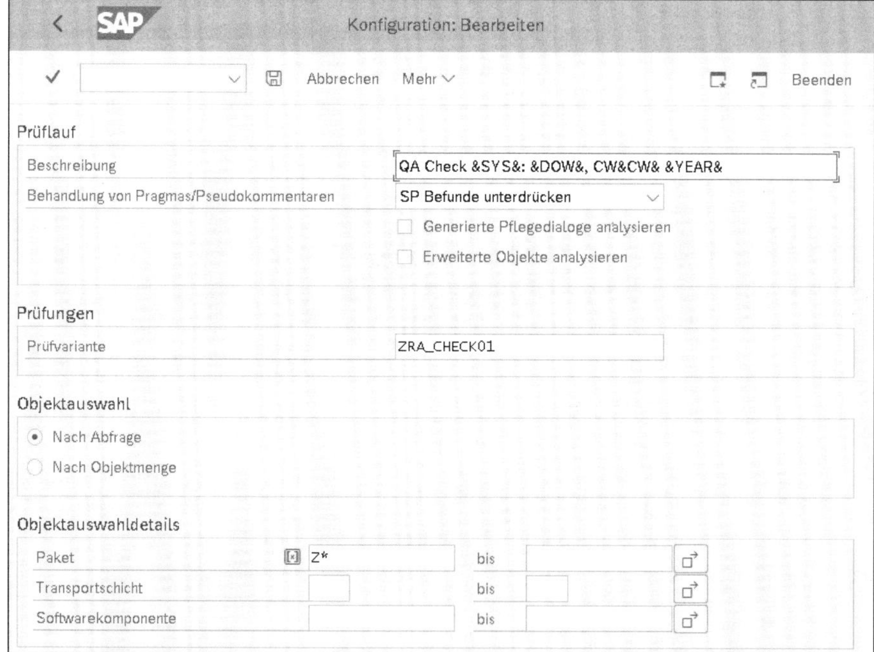


**Abbildung 17.5** Konfiguration eines ATC-Laufs bearbeiten

**Analyseergebnisse anzeigen**

Die Ergebnisse eines solchen Prüflaufs können Sie sich anschließend direkt über die Menü-Option **Ergebnisse verwalten** anzeigen lassen. Nach der Auswahl eines Ergebnisses sehen Sie die in Abbildung 17.6 angezeigte Arbeitsumgebung. Hier werden die einzelnen Befunde dargestellt. Entwickler*innen können durch die Auswahl eines Befundes jeweils in die entsprechende Stelle im Programmcode abspringen und diese direkt bearbeiten.

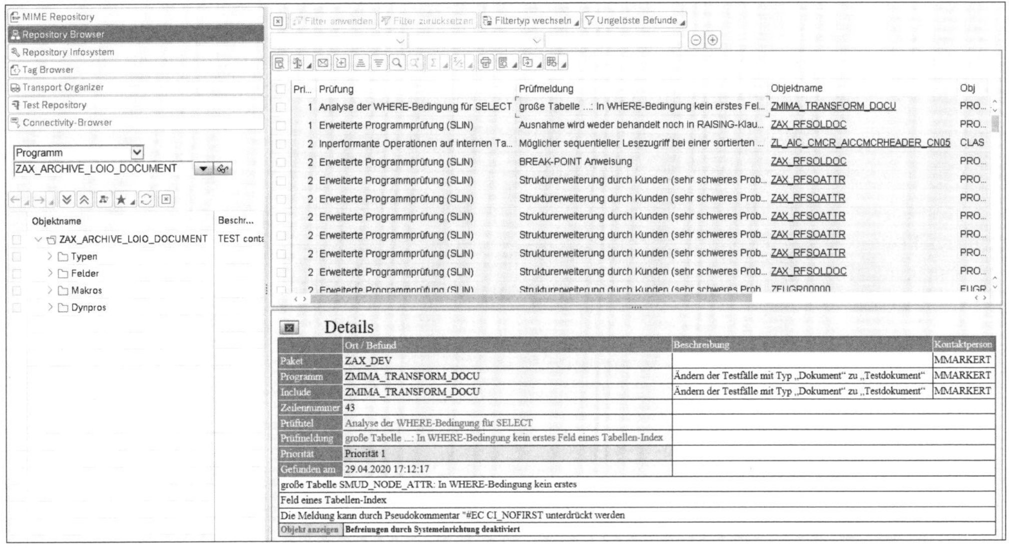

**Abbildung 17.6** ATC-Befunde bearbeiten

**Weiterführende Funktionen**

In diesem Abschnitt kann nur ein grober Einblick in die grundlegende Funktionalität der Codeanalyse mit dem ABAP Test Cockpit gegeben werden. Über die gezeigte Basisfunktionalität hinaus bietet das ABAP Test Cockpit jedoch zahlreiche weitere Funktionen, mit denen das Werkzeug zu einer umfassenden Umgebung für Testaktivitäten in der Softwareentwicklung ausgebaut werden kann. Hierzu gehören u. a. folgende Möglichkeiten:

- Die Prüfungen des ABAP Test Cockpits können in die ABAP-Entwicklungsumgebungen ABAP Development Workbench (Transaktion SE80) und ABAP Development Tools for Eclipse integriert werden, sodass Entwickler*innen die zuvor festgelegten Prüfungen direkt aus ihrer gewohnten Entwicklungsumgebung heraus ausführen können.
- Das ABAP Test Cockpit bietet einen Workflow für Ausnahmegenehmigungen. Befunde können kommentiert und z. B. als falsch positiv abgelehnt werden. Eine solche Rückmeldung kann per dualer Kontrolle durch eine weitere Person genehmigt werden; daraufhin taucht der entsprechende Befund nicht länger in Arbeitsvorrat und Statistiken auf.
- Über eine Baseline können Befunde ausgeschlossen werden, z. B. um für ausgewählte bestehende Eigenentwicklungen gefundene Fehler zu unterdrücken und Prüfungen nur für neue Entwicklungen zu verwenden.
- Die Prüfungen von ABAP Test Cockpit und Code Inspector gehen über die statische Analyse hinaus; mit beiden Werkzeugen können auch dynamische Unit Tests abgebildet werden. Das ABAP Test Cockpit ist somit eine Arbeitsumgebung für verschiedenste Entwicklertests.

### 17.1.3 Integration in den SAP Solution Manager

Die Ergebnisse des ABAP Test Cockpits können im SAP Solution Manager weiterverwendet werden und werden damit auch Zielgruppen zur Verfügung gestellt, die nicht direkt mit den Detailergebnissen im jeweiligen Entwicklungssystem arbeiten.

**ABAP Test Cockpit im Change Request Management**

Das Change Request Management haben wir bereits in Abschnitt 14.5, »Integration in das Change Request Management«, vorgestellt und dort dessen Integration mit dem Testmanagement dargestellt. Änderungsdokumente im ChaRM beschreiben eine technische Systemänderung; Transportaufträge, d. h. die tatsächliche Umsetzung dieser Änderung, können direkt mit dem Änderungsdokument verknüpft werden. Wird der Status des Dokuments geändert, z. B. von **In Entwicklung** in **Zu testen**, können entsprechende Transportaktionen ausgelöst werden, um die Änderung durch die Systemlandschaft zu transportieren. Ist das ABAP Test Cockpit so konfiguriert, dass z. B. bei der Freigabe eines Transports eine ATC-Prüfung ausgeführt wird, werden die Prüfergebnisse auch im ChaRM angezeigt. Hierzu steht der in Abbildung 17.7 gezeigte Zuordnungsblock **Transportbezogene Prüfungen** zur Verfügung, der alle konfigurierten Transportprüfungen zusammenfasst. Wenn ein negatives ATC-Prüfergebnis die Freigabe oder den Transport eines Auftrags verhindern soll, wird dies auch im ChaRM berücksichtigt. Auf diese Weise kann in die Dokumentation und Umsetzung von Systemänderungen ein Qualitätssicherungsprozess für Eigenentwicklungen integriert werden.

**Abbildung 17.7** Transportbezogene Prüfungen im Change Request Management

**ATC-Ergebnisse für das Testmanagement**

Für die Nutzung der ATC-Ergebnisse im Testmanagement ist deren Darstellung in der Verwaltung von kundeneigenen Entwicklungen relevant. Im Kern sammelt dieser Funktionsbereich des SAP Solution Managers Informationen zu allen Eigenentwicklungen in allen angeschlossenen Systemen und bereitet diese für unterschiedliche Zwecke auf. Die zentrale Anwendung der Verwaltung von kundeneigenen Entwicklungen ist die **Bibliothek für kundeneigene Entwicklungen**, die Sie über den Pfad **Auf Bibliothek für kundeneigene Entwicklungen zugreifen • Objekte** im Menü **Verwaltung von kundeneigenen Entwicklungen** im SAP Solution Manager Launchpad erreichen. In dieser Liste kundeneigener Objekte werden sämtliche im Kundennamensraum angelegten Entwicklungsobjekte aller angeschlossenen und analysierten Systeme angezeigt. Dabei stehen für jedes Objekt zahlreiche Informationen zur Verfügung, darunter auch die jeweiligen ATC-Ergebnisse. Abbildung 17.8 zeigt beispielhaft eine nach kritischen ATC-Befunden gefilterte Objektliste.

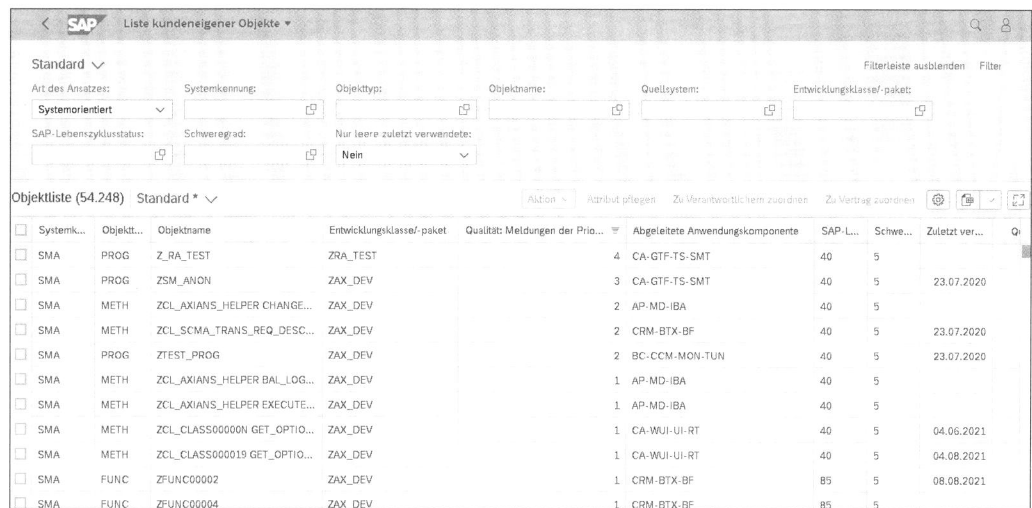


| Systemk... | Objektt... | Objektname | Entwicklungsklasse/-paket | Qualität: Meldungen der Prio... | Abgeleitete Anwendungskomponente | SAP-L... | Schwe... | Zuletzt ver... |
|---|---|---|---|---|---|---|---|---|
| SMA | PROG | Z_RA_TEST | ZRA_TEST | 4 | CA-GTF-TS-SMT | 40 | 5 | |
| SMA | PROG | ZSM_ANON | ZAX_DEV | 3 | CA-GTF-TS-SMT | 40 | 5 | 23.07.2020 |
| SMA | METH | ZCL_AXIANS_HELPER CHANGE... | ZAX_DEV | 2 | AP-MD-IBA | 40 | 5 | |
| SMA | METH | ZCL_SCMA_TRANS_REQ_DESC... | ZAX_DEV | 2 | CRM-BTX-BF | 40 | 5 | 23.07.2020 |
| SMA | PROG | ZTEST_PROG | ZAX_DEV | 2 | BC-CCM-MON-TUN | 40 | 5 | 23.07.2020 |
| SMA | METH | ZCL_AXIANS_HELPER BAL_LOG... | ZAX_DEV | 1 | AP-MD-IBA | 40 | 5 | |
| SMA | METH | ZCL_AXIANS_HELPER EXECUTE... | ZAX_DEV | 1 | AP-MD-IBA | 40 | 5 | |
| SMA | METH | ZCL_CLASS00000N GET_OPTIO... | ZAX_DEV | 1 | CA-WUI-UI-RT | 40 | 5 | 04.06.2021 |
| SMA | METH | ZCL_CLASS000019 GET_OPTIO... | ZAX_DEV | 1 | CA-WUI-UI-RT | 40 | 5 | 04.08.2021 |
| SMA | FUNC | ZFUNC00002 | ZAX_DEV | 1 | CRM-BTX-BF | 85 | 5 | 08.08.2021 |
| SMA | FUNC | ZFUNC00004 | ZAX_DEV | 1 | CRM-BTX-BF | 85 | 5 | |

**Abbildung 17.8** Nach ATC-Befunden gefilterte Objektliste

**Qualitätsprojekte**

Bereits diese Liste kann das Testmanagement dabei unterstützen, die Eingangsqualität von zu testenden Entwicklungen zu ermitteln. Einen Schritt weiter geht das *Qualitäts-Cockpit*. Die ebenfalls in der Verwaltung von kundeneigenen Entwicklungen verfügbare Funktionalität bereitet die Ergebnisse von ATC-Prüfläufen in Form von *Qualitätsprojekten* auf: Qualitätsverbesserungen bzw. das Beheben von ATC-Befunden können im Zeitverlauf visualisiert werden; diese Darstellung kann um Zielsetzungen und Aufwandsschätzungen ergänzt werden. Je Qualitätsprojekt können dabei die gewünschten Systeme und ATC-Prüfreihen festlegt werden. Abbildung 17.9 zeigt die Auswertung eines solchen Projekts mit Analysehistorie und grafischer Darstellung.

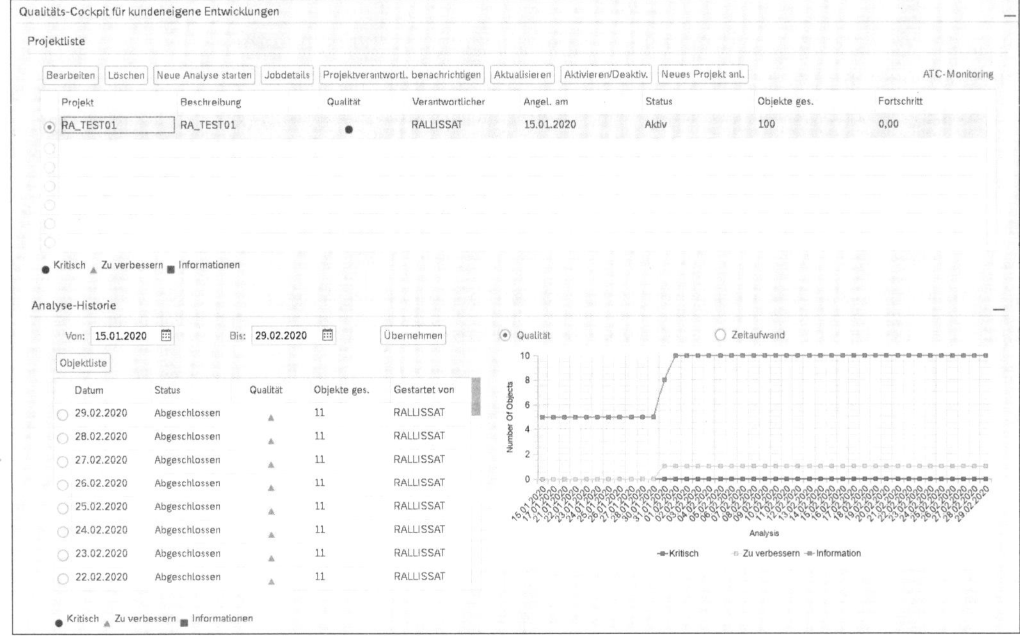


**Abbildung 17.9** Beispiel einer Auswertung im Qualitäts-Cockpit

Ein solches Qualitätsprojekt dient typischerweise konkreten Optimierungsinitiativen, z. B. der Überarbeitung kundeneigener Entwicklungen im Rahmen einer SAP-S/4HANA-Migration. Gleichzeitig können diese Projekte auch ein wertvoller Indikator für das Testmanagement sein: Erst wenn die Codequalität der analysierten Objekte ein zuvor definiertes Maß erreicht hat, ist ein fachlicher Test sinnvoll. Auf diese Weise können formal definierte Testeingangskriterien abgebildet werden.

## 17.2 Testmanagement in agilen Projekten mit Focused Build

In Abschnitt 9.2, »Die Rolle von Focused Build und Focused Insights für das Testen«, haben wir die Grundlagen von Focused Build und dem zugehörigen Requirement-to-Deploy-Prozess bereits kurz vorgestellt. In diesem Abschnitt gehen wir näher auf die Integration von Testaktivitäten im Requirement-to-Deploy-Prozess anhand eines Beispiels im SAP Solution Manager ein.

**Anlage von Requirements**

Der Requirement-to-Deploy-Prozess beginnt mit der Erstellung von Anforderungen (engl. Requirements). Mithilfe der App **Anforderungsmanagement**, die Sie im Focused-Build-Bereich des SAP Solution Manager Launchpads finden, können Sie Requirements anlegen. Neben der Beschreibung der Anforderung sollten Sie diese einem Prozess in der Lösungsdokumentation zuordnen, für den die Anforderung relevant ist (siehe Abbildung 17.10). Requirements durchlaufen nach vollständiger Dokumentation einen Genehmigungsprozess, der über das Statusschema des Belegs abgebildet wird. Über die Schaltfläche **Aktion** können Sie den Status der Belege wechseln.

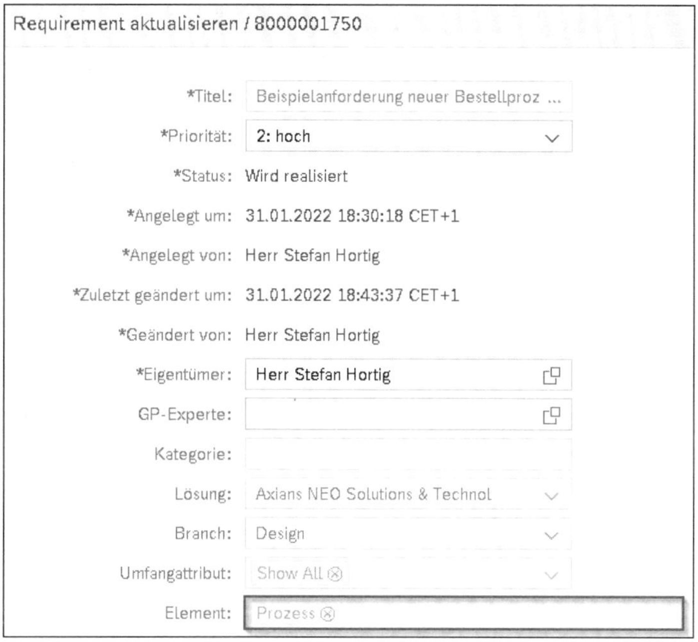

Requirement aktualisieren / 8000001750

*Titel: Beispielanforderung neuer Bestellproz ...
*Priorität: 2: hoch
*Status: Wird realisiert
*Angelegt um: 31.01.2022 18:30:18 CET+1
*Angelegt von: Herr Stefan Hortig
*Zuletzt geändert um: 31.01.2022 18:43:37 CET+1
*Geändert von: Herr Stefan Hortig
*Eigentümer: Herr Stefan Hortig
GP-Experte:
Kategorie:
Lösung: Axians NEO Solutions & Technol
Branch: Design
Umfangattribut: Show All ⊗
Element: Prozess ⊗

**Abbildung 17.10** Zuordnung eines Elements in der Lösungsdokumentation

**Anlage eines Arbeitspakets**

Ist ein Requirement im Status **Genehmigt** angekommen, kann aus dieser Anforderung ein Arbeitspaket (*Work Package*) erzeugt werden. Markieren Sie dazu das gewünschte Requirement, und wählen Sie den Menüpfad **Work-Package • Neues Work-Package anlegen** aus. Die Texte des Requirements werden automatisch in das Arbeitspaket übernommen. Auch können Sie mehrere Anforderungen zu einem Paket bündeln. Die Ihnen zugeordneten Arbeitspakete können Sie in der App **Meine Arbeitspakete** einsehen. Work Packages müssen zwingend einer *Wave* zugeordnet werden. Eine Wave ist eine organisatorische Einheit der agilen Projektmethodik, die mehrere Arbeitspakte bündelt. Im Requirement-to-Deploy-Prozess von Focused Build werden die Arbeitspakete einer Wave in der Regel zusammen getestet und live genommen. In der weiteren Bearbeitung des Work Package wird dieses in ein oder mehrere *Work Items* zerlegt (siehe Abbildung 17.11).

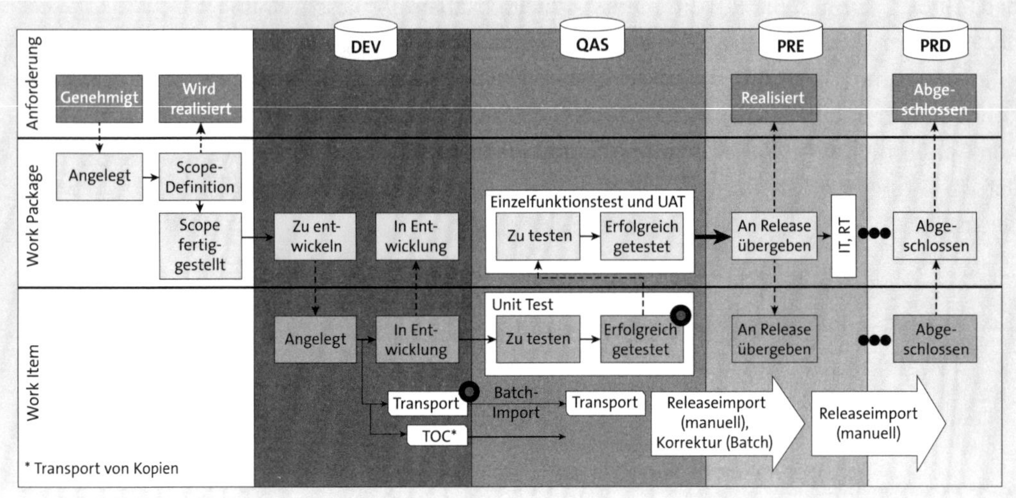


**Abbildung 17.11** Integrierter Prozessablauf in Focused Build (Quelle: Allissat et al., SAP Solution Manager, 2021, S. 799)

**Work Items anlegen**

Work Items sind kleine Tätigkeitspakete, die beispielsweise einem Entwickler oder einer Entwicklerin zugeordnet werden können. Auf der Ebene des Work Items können bei funktionalen Änderungen auch Transporte erzeugt werden, die dann, je nach Status des Work Items und der hinterlegten Transportlandschaft, in das zugehörige Testsystem importiert werden. Sie können ein Work Item anlegen, wenn das Work Package den Status **Scope-Definition** erreicht hat. Auf der Registerkarte **Scope** können Sie nun ein oder mehrere Work Items anlegen. Sie können zwischen den zwei Typen von Work Items wählen. *General Change* (GC) steht für ein nicht funktionales Work Item, also beispielsweise für eine Prozessänderung – ohne, dass Entwicklung oder Customizing notwendig wären. *Normal Change* (NC) bezeichnet eine Änderung, für die Entwicklung oder Customizing notwendig sind und die somit einen Transportauftrag benötigt. Sie können so lange Work Items hinzufügen, wie sich das Work Package im Status **Scope-Definition** befindet. Tatsächlich werden die Belege der Work Packages aber erst angelegt, wenn Sie das Work Package mithilfe der Schaltfläche **Aktion** der Entwicklungsabteilung übergeben und der Status in **Zu entwickeln** wechselt (siehe Abbildung 17.12).

Das Work Item befindet sich kurz nach der Anlage im Status **Angelegt**. Bevor Sie mit der Erzeugung von Transportaufträgen und der eigentlichen Entwicklung beginnen, muss das Work Item einem *Sprint* zugeordnet und der Status auf **In Entwicklung** gesetzt werden (siehe Abbildung 17.13).

**Abbildung 17.12** Scope-Definition in einem Work Package

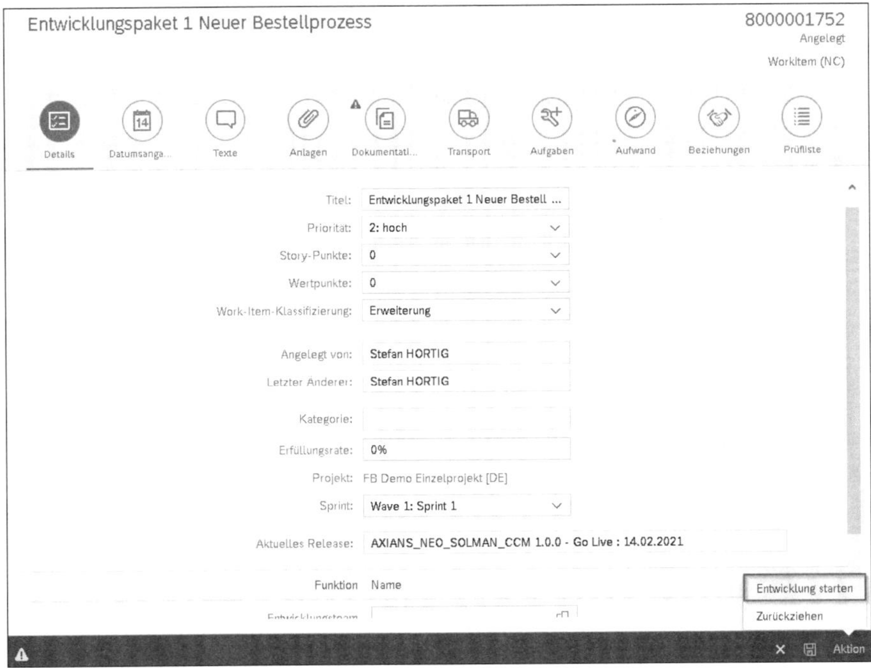


**Abbildung 17.13** Statusänderung im Work Item

**Freigabe der zugehörigen Projektphasen**

Falls Sie bei der Anlage des Work Items keine Sprints zuordnen können, liegt das vermutlich daran, dass die zugehörige Wave im Projektplan noch nicht freigegeben ist. Der Status des Focused-Build-Projekts muss immer dem Projektverlauf angepasst werden. Andernfalls sind bestimmte Aktionen innerhalb des Prozesses nicht möglich. Weitere Informationen zur gesamten Konfiguration und Anwendung des Focused-Build-Requirement-to-Deploy-Prozesses finden Sie im Buch »SAP Solution Manager. Das Praxishandbuch« von Allissat et al. (2021).

Unit Test

Im Status **In Entwicklung** können Sie bei einem Work Item vom Typ **NC** über die Registerkarte **Transport** Transportaufträge für Ihre Entwicklungen anlegen. Ist die Entwicklung abgeschlossen, steht die nächste Statusänderung des Work Items an. Über **Aktion • Zum Testen weitergeben** wechselt das Work Item in den Status **zu Testen**, und der in Abbildung 17.11 dargestellte *Unit Test* steht an. Dabei wird der zugehörige Transport per Transport von Kopien im Hintergrund in das Qualitätssicherungssystem importiert. Der Unit Test ist der Entwicklungstest innerhalb des Requirement-to-Deploy-Prozesses. Die Durchführung des Unit Tests bleibt in diesem Fall den Entwickler*innen vorbehalten und läuft ohne die Erstellung separater Testfälle und ohne die Beteiligung des Testmanagements im SAP Solution Manager ab. War der Unit Test erfolgreich, wird der Status des Work Items auf **Erfolgreich getestet** gesetzt. Befinden sich alle Work Items eines Work Package in diesem Status, wechselt der Status des Work Package automatisch auf **Zu testen**.

User Acceptance Test

Nach Abschluss aller Sprints einer Wave sollten sich alle Work Packages, die der zu testenden Wave zugeordnet sind, im Status **Zu testen** befinden. Das Testmanagement plant nun mithilfe der Testmanagementanwendungen in Focused Build die User Acceptance Tests. Für diese Aufgabe gibt es die App **Testplanverwaltung – Zuordnungsanalyse und Testplangenerierung**. Sie finden diese App im SAP Solution Manager Launchpad im Bereich **Focused Build – Test Manager**. Die Funktion **Work-Packages ohne Testplanabdeckung** verschafft Ihnen einen Überblick über alle Work Packages, denen noch kein Testdokument zugeordnet ist. Auf der Registerkarte **Zuordnungsanalyse und Testplangenerierung** können Sie anschließend die relevanten Testfälle aus der Lösungsdokumentation zuordnen. Sichern Sie zum Abschluss den Testplan als neu. Im nun erscheinenden Pop-up-Fenster können Sie die wichtigsten Grundeinstellungen zum Testplan vornehmen (siehe Abbildung 17.14).

Sie können den Testplan nun auch mit den normalen Werkzeugen der Test-Suite zur Testplanverwaltung bearbeiten, Testpakete anlegen und Tester zuordnen.

Testdurchführung

Auch bei der Testdurchführung haben Sie die Wahl, ob Sie diese mit der neuen Focused-Build-App **Meine Testausführungen** oder mit der App **Meine Aufgaben – Testarbeitsvorrat** erledigen. Wurden alle Testfälle erfolgreich getestet und der Teststatus entsprechend gesetzt, kann das zugehörige Work Package ebenfalls auf den Status **Erfolgreich getestet** gesetzt werden. Die Bearbeitung des Work Package ist somit abgeschlossen, und die Änderung kann für das Release freigegeben werden.

Als neuen Testplan sichern

Lösungsdokumentation

* Lösung: AXIANS_NEO
* Branch: DEVELOPMENT
* Scope: Alle anzeigen
* Systemrollen-ID: Qualitätssicherungssystem

Projektinformationen

Projekt: FB_DEMO_SINGLE_PROJECT
Wave: Wave 1

Kopfdaten

* Testplan-ID: TPL_SHORTIG_20220131
* Beschreibung: TPL_SHORTIG_20220131
* Verantwortlicher: 211 Stefan HORTIG

Release-Status

* Release-Schema: Default Release Schema
* Release-Status: Test in Preparation Statusinformationen: Änderungen zugelassen / Ausführung verboten

Attribute

* Testklassifizierung: User Acceptance Test
* Dokumentenart: Testnotiz

Plandaten

* Geplantes Startdat...: 31.01.2022
* Geplantes Endedatum: 06.02.2022

Testpakete

Testpaketerstellung: Ein Testpaket pro Arbeitspaket
Testpakete anpassen: ☑

**Abbildung 17.14** Testplan sichern

Alle am Prozess beteiligten Belege können auf der Registerkarte **Beziehungen** innerhalb des Work Package eingesehen werden. So gelingt es Ihnen, mit dem Requirement-to-Deploy-Prozess von Focused Build einen durchgängigen Belegfluss von der Anforderung bis zum Release sicherzustellen und gerade im Testmanagement die umfangreichen Funktionen des SAP Solution Managers geschickt zu integrieren.

## 17.3 Testmanagement mit SAP Cloud ALM

*SAP Cloud ALM* ist ein Application-Lifecycle-Management-Tool von SAP, das speziell für das Management von Cloud-Software neu entwickelt wurde. Zum Zeitpunkt der Entstehung dieses Buches Anfang 2022 werden *On-Premise-Systeme* nur im Betriebsteil der Software unterstützt. Somit ist ein System-Monitoring für On-Premise-Landschaften möglich. Das Thema Projektumsetzung, zu dem auch das Testmanagement zählt, ist allerdings den Cloud-Landschaften vorbehalten. Falls Sie also nicht ausschließlich SAP-Cloud-Produkte einsetzen, bleibt der SAP Solution Manager weiterhin das

Tool der Wahl für Softwareentwicklungsprojekte. In Tabelle 17.1 sehen Sie, welches ALM-Tool SAP für welchen Anwendungszweck empfiehlt.

| | SAP S/4HANA Cloud (Public Cloud) | SAP S/4HANA Cloud (Private Edition) | SAP S/4HANA (on-premise) |
|---|---|---|---|
| Implementierung | SAP Cloud ALM | SAP Cloud ALM oder Solution Manager | SAP Solution Manager |
| Betrieb | SAP Cloud ALM | SAP Cloud ALM | SAP Cloud ALM |

**Tabelle 17.1** Übersicht der ALM-Tools von SAP nach Verwendungszweck (Stand: 25.01.2022; Quelle: SAP)

**Schlanke Konfiguration**

Mit SAP Cloud ALM geht SAP einen etwas anderen Weg als mit dem SAP Solution Manager. Da die aktuellen Cloud-Produkte von SAP noch mehr darauf ausgerichtet sind, diese mit wenig Aufwand zu konfigurieren und im SAP-Standard zu nutzen, setzt sich das in SAP Cloud ALM fort. Die gesamte Konfiguration und Einrichtung fallen deutlich weniger aufwendig aus als beim SAP Solution Manager. Die Kehrseite der Medaille ist ein gegenüber dem Solution Manager deutlich abgespeckter Funktionsumfang und deutlich reduzierte Individualisierungsmöglichkeiten. Auf den folgenden Seiten beleuchten wir den Umfang der Testfunktionen in SAP Cloud ALM und zeigen, wie man dort schnell Testfälle erstellen und nutzen kann.

**Vorbereitung**

Damit in SAP Cloud ALM Testfälle angelegt werden können, müssen einige Voraussetzungen erfüllt sein:

1. **Anlage eines Implementierungsprojekts**
   Zuerst muss in der Kachel **Projekte**, diese finden Sie auf der Startseite im Bereich **SAP Cloud ALM für Implementierung**, ein neues Projekt angelegt werden. Wählen Sie dazu auf der linken Seite die Schaltfläche **Anlegen**, und vergeben Sie einen Projektnamen. Sie können außerdem eine Aufgabenvorlage und verschiedene Projekttermine und Meilensteine hinzufügen.

2. **Definition eines Umfangs**
   Im nächsten Schritt muss dem Projekt ein Umfang zugeordnet werden. Der Umfang definiert den Projektinhalt. Sie können den Umfang über die Kachel **Umfänge verwalten** im Bereich **SAP Cloud ALM für Implementierung** hinzufügen. Wählen Sie dazu zuerst das zuvor angelegte Projekt aus dem Drop-down-Menü **Projekte** aus, und klicken Sie auf **Anlegen**. Sie haben nun die Möglichkeit, den Umfang aus verschiedenen SAP-Produkten zu wählen. Mit der Auswahl werden produktspezifische Standardprozesse in Ihr Projekt importiert (siehe Abbildung 17.15).

Abbildung 17.15 Neuen Umfang anlegen

3. **Auswahl der verwendeten Prozesse**
   Der soeben angelegte Umfang sollte im nächsten Schritt noch etwas detailliert werden. Dazu werden die im Umfang enthaltenen Prozesse für die Implementierung ausgewählt. Öffen Sie dazu die App **Prozesse**. Diese finden Sie ebenfalls im Bereich **SAP Cloud ALM für Implementierung**. Klicken Sie zur Auswahl der Prozesse auf **Umfang bearbeiten**, und wählen Sie die gewünschten Prozesse aus (siehe Abbildung 17.16).

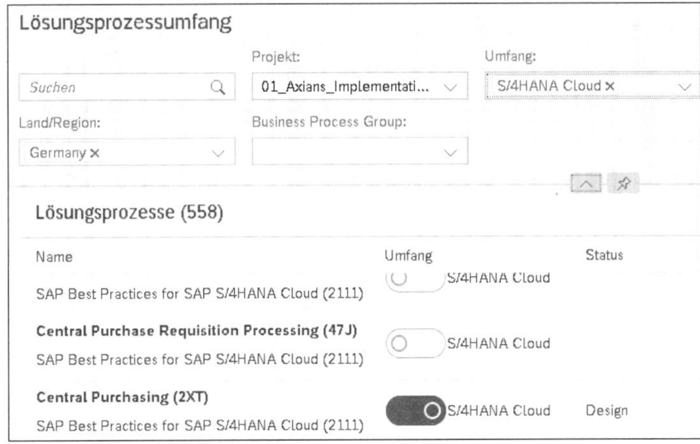


Abbildung 17.16 Best-Practice-Prozesse auswählen

**Testfälle anlegen**

Nachdem die Voraussetzungen gegeben sind, kann mit der Anlage der Testfälle begonnen werden. Navigieren Sie dazu in die App **Testvorbereitung** im

Bereich **SAP Cloud ALM für Implementierung**. Filtern Sie im ersten Schritt nach dem gewünschten Projekt, und klicken Sie auf die Schaltfläche **Anlegen**. Damit gelangen Sie zur ersten Eingabemaske für den Testfall. An dieser Stelle können Sie die Grunddaten wie den Titel sowie den Umfang, den Lösungsprozess und das Lösungsprozessablaufdiagramm angeben. Mit einem Klick auf **Sichern** gelangen Sie zur Auswahl der einzelnen Testschritte. Je nach ausgewähltem Prozessablauf lassen sich nun verschiedene Prozessschritte Ihrem Testfall zuordnen. Diese sind vorkonfiguriert und somit direkt mit der entsprechenden Anwendung, in der sie ausgeführt werden, verknüpft. Mit einem Klick auf das Stift-Symbol (✎) lässt sich die Reihenfolge der Testschritte ändern. Mit einem Klick auf **Hinzufügen** können Sie weitere Testschritte manuell hinzufügen (siehe Abbildung 17.17).

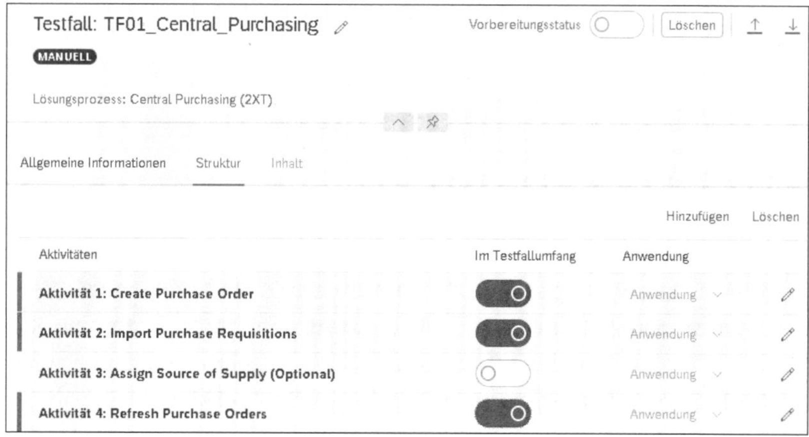


**Abbildung 17.17** Testschritte anlegen

Sichern Sie Ihre Eingaben erneut, und Sie werden zur Pflege der Testschrittinhalte weitergeleitet. In dieser Ansicht können Sie über die Schaltfläche **Hinzufügen** für jeden Testschritt (Aktivität) ein oder mehrere Aktionen anlegen. Diese Aktionen enthalten die Anweisungen für die Tester*innen, was genau im Testschritt zu tun ist. Außerdem wird auch das erwartete Ergebnis je Aktion definiert, sodass eine Kontrolle des Testerfolgs möglich wird. Setzen Sie, wenn Sie mit der Testfalldefinition fertig sind, den Vorbereitungsstatus des Testfalls auf **Vorbereitet**, und sichern Sie den Testfall.

**Testdurchführung**

Steht die zugehörige Entwicklung zum Test bereit, kann mit der App **Testausführung** der Test begonnen werden. Die Anwendung finden Sie ebenfalls auf der Startseite im Bereich **SAP Cloud ALM für Implementierung**. Filtern Sie, um Ihre vorbereiteten Testfälle zu finden, auf das entsprechende Projekt und den entsprechenden Umfang. Anschließend werden alle Testfälle angezeigt, die den Vorbereitungsstatus **Vorbereitet** angenommen haben. Mit einem Klick auf **Ausführen** können Sie mit der Testausführung beginnen. Anschließend sehen Sie die zuvor angelegten Testschritte (Aktivitäten) mit den durchzuführenden Aktionen. Pro Aktion kann ein Teststatus gesetzt werden. Wird ein Testfall auf **Fehlgeschlagen** gesetzt, öffnet sich ein Kommentarfeld, in dem die Fehlerdetails beschrieben werden können (siehe Abbildung 17.18). Jede Testausführung wird in einem eigenen *Lauf* gespeichert, sodass eine Historie entsteht.

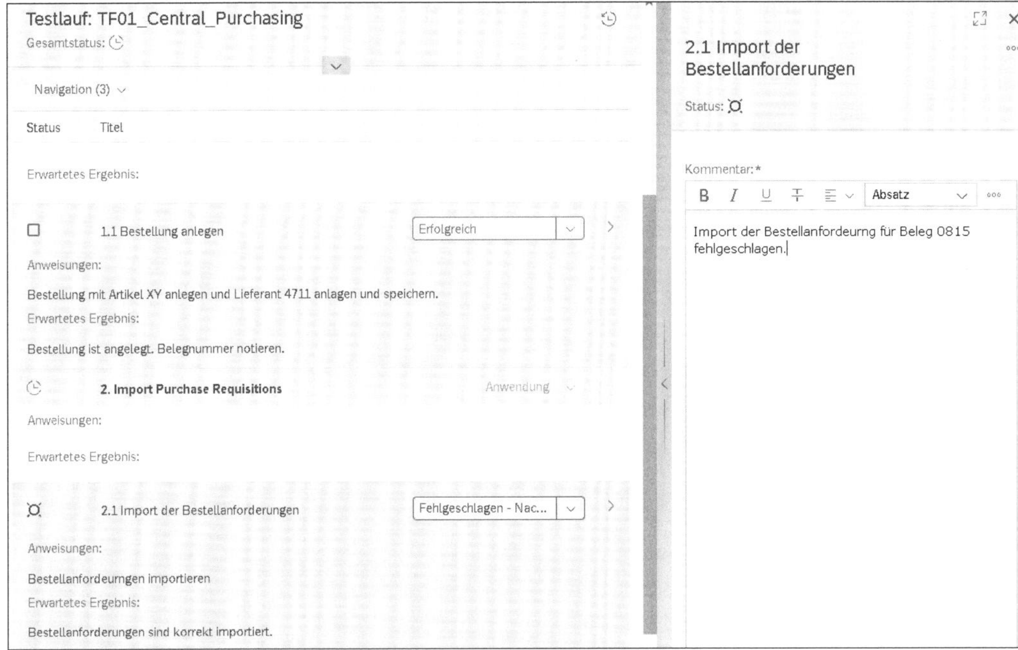


**Abbildung 17.18** Testausführung

Aktuell bietet SAP Cloud SALM noch kein Defect Management an. Dies bedeutet, dass die Abarbeitung der Fehler, die während des Tests aufgetreten sind, außerhalb des Tools sichergestellt werden müssen. SAP hat aber bereits ein Defect Management mit der Möglichkeit, Incidents aus der Testdurchführung heraus zu erstellen, angekündigt.

**Testpläne und Testpakete**

Im Vergleich zum SAP Solution Manager ist die Testplanung in SAP Cloud ALM stark vereinfacht. Zum Zeitpunkt der Drucklegung dieses Buches, ist es in SAP Cloud ALM nicht möglich, einen Testplan oder Testpakete anzulegen. Ebenso können Testfälle nicht spezifischen Tester*innen zugeordnet werden. Dies erfordert während der Testdurchführung ein erhöhtes Maß an Organisation außerhalb von SAP Cloud ALM.

**Testauswertung**

Mit der App **Analytics**, die Sie ebenfalls im Bereich **SAP Cloud ALM für Implementierung** finden, bietet SAP Cloud ALM eine Möglichkeit, um den aktuellen Testfortschritt auszuwerten. Öffnen Sie dazu den Report **Testausführungsanalyse**. Der Report zeigt den zeitlichen Verlauf des Testgeschehens und ermöglicht einen Absprung in die App **Testausführung**, in der die Details zum Testfall eingesehen werden können.

Neben der beschriebenen Möglichkeit des manuellen Testens bietet SAP Cloud ALM auch eine Schnittstelle zur Integration von Testautomatisierungs-Tools an.

# Die Autoren

**René Allissat** ist seit 15 Jahren in den Themenbereichen Software-Qualitätssicherung und SAP Solution Manager tätig. Als Teamleiter SAP Solution Manager bei der Axians NEO Solutions & Technology GmbH berät er zahlreiche Kunden bei der Implementierung, dem Ausbau und der Wartung verschiedenster ALM-Szenarien. Seine Schwerpunkte liegen im Testmanagement, in der Prozessdokumentation, im Change Request Management sowie im Custom Code Management. Als »ISTQB Certified Tester Advanced Level – Test Manager« nimmt er auch gerne Rollen als Testmanager wahr und unterstützt Kunden methodisch und werkzeugseitig bei der Optimierung ihrer Testprozesse.

**Stefan Hortig** ist seit 2014 als Experte für Service Operation, Testmanagement und Anwendungsszenarien des SAP Solution Managers tätig. Seine Schwerpunkte umfassen Prozessdokumentation, Prozessdesign und -modellierung mit dem SAP Solution Manager sowie sämtliche Aspekte des Testmanagements im SAP-Umfeld, darunter Teststrategie, -konzeption und -koordination in SAP-Projekten sowie die Begleitung von Testwerkzeugauswahl und -einführung. Aktuell berät er als SAP Solution Manager Consultant bei der Axians NEO Solutions & Technology GmbH Kunden zum Thema Application Lifecycle Management (ALM). Er ist zertifizierter »ISTQB Certified Tester Advanced Level – Test Manager« und war zuvor mehrere Jahre beim deutschen Bekleidungshersteller s.Oliver u. a. als Testmanager und Testkoordinator tätig.

# Index

## A



## B

## G



## H



## I



## K



## L



## M



## N



## O



## P

## T